經典第七版

行動與無線通訊

Mobile & Wireless Communications

第七版作者序

本書從 2003 年第一次出版至今已有將近 20 年的時間，近年來約每 3 年會進行一次改版更新，每次的更新都會回想一下行動與無線通訊的發展，從 2003 年的 2G 慢慢演進到現在的 5G，以及研發中的 6G，除了技術上的進化，行動應用的改變更是讓日常的生活改觀。Uber 叫車、物聯網、行動支付、無人超市與智慧城市，這些發展都跟行動與無線通訊技術緊緊相繫。元宵燈會以無人機排出立體的燈型，也是行動與無線通訊的應用，讓人驚艷。

這次的改版嘗試縮減篇幅，變成 16 週對應到 16 章的教材，留下的 2 週可考試或是做重點複習，讓本書更適合用來教學。同時花了不少時間來更新書中的內容與實例，畢竟這個領域包羅萬象卻也變化快速。在此也特別感謝之前在中華電信服務的史明德工程師針對 TEM 提供的更正建議，已在此版中修正。

感謝碁峰資訊持續地邀約改版，也謝謝碁峰同仁們長期以來對於本書出版的付出。當然，也要謝謝學校老師以及讀者們不吝提供建議與指導，期待下次能持續改版，將這一個領域的有趣知識以更新穎的方式呈現。

顏春煌

謹識於台北

2022 年 8 月

目錄

Chapter 1 認識圍繞在生活環境中的電磁波

Chapter 2 承載訊號的傳輸介質

Chapter 3 訊號與通訊

Chapter 4 隱藏在訊號中的資訊

Chapter 5 通訊的工程：談多工與交換

Chapter 6 無線通訊的多重存取技術

Chapter 7 電信與電腦網路

Chapter 8 無線通訊網路

Chapter 9 無線通訊系統的工程實務

Chapter 10 無線通訊的世代

Chapter 11 無線廣域網路（WWAN）

Chapter 12 無線區域網路（WLAN）

Chapter 13 短距離無線通訊

Chapter 14 無線寬頻技術

Chapter 15 行動定位服務與行動商務

Chapter 16 無線通訊的其他相關發展

Appendix A 參考文獻

Appendix B 詞彙表

導讀

行動與無線通訊對我們的生活影響非常大，經常低頭滑動智慧型手機的人都是行動與無線通訊的愛用者，要以一本書的篇幅來仔細探討這個領域是不容易的。烏克蘭與俄國的戰爭，烏克蘭透過星鏈（SpaceX）替代被炸毀的固定網路，並進而用無人機攻擊俄軍，都是行動與無線通訊的運用。本書試著從初學者的角度來看行動與無線通訊的技術，當我們讚賞行動通訊帶來的神奇應用時，不妨花點時間來思考一下是什麼造就了這一切？未來可以期待什麼樣的新用途？這些都是本書內容希望帶來的啟發。

本書的起源與目的

國內無線通訊的產業與市場相當龐大，以手機的數量與無線網路的佈建為例，在世界各國中名列前茅，現在 5G 的服務也推展迅速。但是無線通訊的原理與無線通訊網路的特徵，就比較少有書籍做詳細而完整的介紹。本書在內容上，可以分成幾部分來看：

1. 解開電磁波的迷思：無線通訊帶來的方便是大家所喜愛的，但是電磁波的生物效應卻也是眾人的隱憂，所以建立正確的認知是很重要的。
2. 通訊的原理：本書對於通訊中的訊號（signal）、調變（modulation）與多重存取（multiple access）的技術有詳細的介紹，可以建立自己通訊原理的專業背景。
3. 認識無線通訊的術語：行動與無線通訊裡的專業術語多而分岐，像 1G、2G、3G、4G、5G 與 6G 代表什麼？CDMA 與 TDMA 有何不同？IMT 2000、UMTS 與 LTE 有何關聯？什麼是無線寬頻上網？都在書裡頭有相當白話而清楚的解說。
4. 了解無線通訊的環境：天線在生活環境中經常看得到，但是我們可能很少去注意。本書中有基地台、無線基地台與天線塔台等無線通訊設施的照片與介紹，所謂百聞不如一見，引導大家發現這些生活中的鄰居。

5. 想像行動與無線通訊的應用：電視廣告裡已經開始有很多這一類的影片，非常有趣，本書將介紹相關的應用與開發的技術，包括 SMS、MMS、MVPN、公眾無線區域網路（Public Wireless LAN）、WiMAX、LTE、LTE-Advanced、NFC、RFID、行動商務與物聯網等主題。

6. 行動與無線通訊的應用開發與行動化安全防護的問題：大家一定都聽到 app，或是行動定位服務，或是雲端服務，這些都跟行動與無線通訊的技術有關，要成為這一類應用的開發者，同樣也需要該領域內的基本背景。面對行動裝置與應用越來越普及的趨勢，必須對行動化安全的防護採取積極的作為。

哪些人應該閱讀本書

行動與無線通訊是相當專業卻又十分生活化的科技，當然對於不同的讀者來說，本書的效用是不同的：

1. 通訊一族增長見聞：對於電信網路、電腦網路與無線通訊有興趣的人，可以在本書中發現很多有趣的介紹，加深對於這些領域的了解。

2. 進修的基礎：行動與無線通訊的人才需求目前是看好的，研究領域也相當寬廣。有意在這個領域中發展的話，可以將本書當成入門的基礎。

3. 學校或推廣教育的老師：本書的撰寫曾審慎考量教學上的需求，所以在內容的編排上約可對應到一個 36 小時的密集課程，或是 54 小時的正規課程，教學時間的分配可參考教學投影片。

4. 認識潛在的商機：行動與無線通訊的潛在商機來自所謂的 mobile Internet 與 mobile business，以及社交網路的應用，值得深入地認識與觀察。

涵蓋的內容及建議的閱讀方式

本書的內容對於行動與無線通訊領域的涵蓋相當完整，當然要每個主題都深入研討解說是不容易的，因此撰寫時盡量加註參考文獻與資料來源，讀者對任何的主題有意深入研究時可以從這些參考資料再出發。在閱讀上最好習慣在書上做筆記，加註自己的心得。很多有趣而重要的觀念最好加深印象，例如 cellular concept、near-far problem、Doppler effect、Fresnel zone、LBS（location-based services）、RFID、femtocell、MIMO、software-defined radio 等，因為這些都是專業進修與溝通的基礎。

本書撰寫及標示方式

本書共分成 5 篇 16 章，內文對於圖與表格都以圖次與表次標示，重點的部分會以不同的方式呈現，表示該部分的內容十分重要。部分重要的關鍵字會再加粗體，提醒讀者注意。書後的索引相當詳細，而且製作成無線通訊小辭典的格式，主要是希望讀者在查閱時能迅速找到自己馬上需要的內容所在，尤其是行動與無線通訊裡的專業術語很多，對於想迅速了解某種術語或觀念的人來說會很有用。每章所附的「常見問答集」單元針對理論或是實務上的常見問題做比較直截的解析。書內經常看到的思考活動等小單元是為了增加讀者閱讀時的變化，讓讀書變成有動態的活動。

本書習題

各章後面所附的自我評量著重於學習後的反芻與深入專研，自學者可以當做練習，老師在課堂上可以適當地鼓勵同學參與互動討論或是當作分組的作業。另有自我評量解答與 PowerPoint 教學投影片供老師們參考使用。

認識圍繞在生活環境中的電磁波

CHAPTER 1

本章的重要觀念

- 電磁波是什麼？
- 電磁波有什麼用？跟行動與無線通訊有什麼關係？
- 電磁波會害我們生病嗎？

絕大部分的電磁波看不見也聽不到，更嗅不出氣味來，所以大多數人對於電磁波並沒有什麼特殊的觀感。但是事實上在我們生存的環境裡頭到處充斥著電磁波，而且對於日常生活有十分重要的影響。在進入行動與無線通訊的主題之前，我們先來認識一下這個似無形又有形的鄰居：**電磁波（electromagnetic wave）**。這裡可以先建立一個重要的觀念，電磁波讓通訊能在無線的（wireless）方式下進行，既然沒有線材的束縛，進行通訊者就能自由行動（mobile），這也就是行動與無線通訊的由來。

人類有追求自由的天性，對於「通訊」也是一樣，期望能隨時隨地隨自己的需求來進行通訊，而電磁波正是實現這個願望的任意門，因為「訊息」能蘊藏在電磁波裡頭，快速地移動。雖然電磁波的傳遞還受光速的限制，但至少在多數人類活動的空間，電磁波已經滿足了通訊自由的需求。

1.1 簡易電磁學

無線通訊的媒介是電磁波，雖然我們生活的環境中到處有電磁波，但是一般人倒是很少注意到電磁波的存在。到底什麼是電磁波呢？高中物理曾經介紹過電生磁與磁生電的觀念，**變動的電場會產生磁場，變動的磁場會產生電場**。交互循環之下，**交流變化的電場會感應產生交流變化的磁場，而交流變化的磁場會接著感應產生交流變化的電場，於是就形成了電磁波**。電磁波可以不必在實體的導向介質上傳送，在真空中電磁波以光速行進。無線通訊所傳送的資訊就是透過電磁波來輸送的。

1.1.1 早期的發現

西元 1820 年丹麥的物理學家厄司特（Hans Christian Oersted）發現有電流通過的導線會影響導線旁邊的磁針。厄司特的發現讓人們想到電與磁的現象是有關聯的，後來馬克士威（Maxwell）在 1864 年完成完整的電磁場理論。當電子（electron）從一個地方流到另一個地方時會產生電流（electricity），當電流在導線中流動時會在導線周圍產生磁場（magnetic field），厄司特的發現可以用圖 1-1 左邊的實驗來說明，當導線中有電流通過時磁針會向與導線垂直的方向偏轉。這是因為導線周圍產生了磁場！

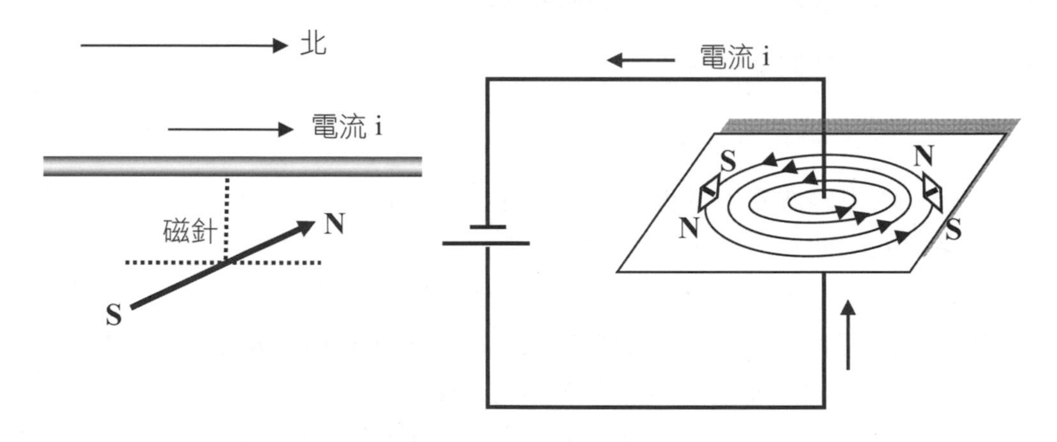

圖 1-1 電流產生的磁場（國立師大，1994）

圖 1-1 右邊的實驗可以用來找出磁場的分布，我們用一個紙板垂直於導線放置，當電流通過導線時，紙板上的鐵屑會分布成以導線為中心的同心圓。依照安培右手定則，我們可以用右手握住導線，拇指伸出指向電流的方向，則其他 4 個手指彎曲代表磁場圍繞導線的方向。**安培定律為承載電流導線產生磁場的現象提供了理論的基礎，是一般人熟悉的電動機的原理。**

磁場的定義與磁場強度

磁場也常稱為**磁感應（magnetic induction）**或磁通密度（magnetic flux density），以前常用高斯（gauss）為單位來度量磁場，另外特士拉（Tesla）也可以用來度量磁場，1 特士拉（即 1 T）相當於 10^4 高斯。地球表面的地球磁場約 0.5 高斯，普通小磁鐵棒的磁場約 100 高斯，大型電磁鐵的磁場約 20000 高斯。一毫高斯則相當於 0.001 高斯。

電磁感應

厄司特發現電流產生磁場的現象，1831 年法拉第發現了電磁感應，圖 1-2 顯示法拉第的實驗裝置。最左邊的裝置表示線圈上沒有電流，檢流器的指針指向零點。中間的裝置將磁棒的 N 極插入線圈，檢流器的指針會偏向一邊，表示線圈上有電流，若是磁棒保持不動，則檢流器的指針會回到中央的零點，表示線圈上沒有電流。右邊的裝置將磁棒的 N 極從線圈抽出來，則檢流器的指針往零點的另一個方向偏轉，表示線圈上有電流。

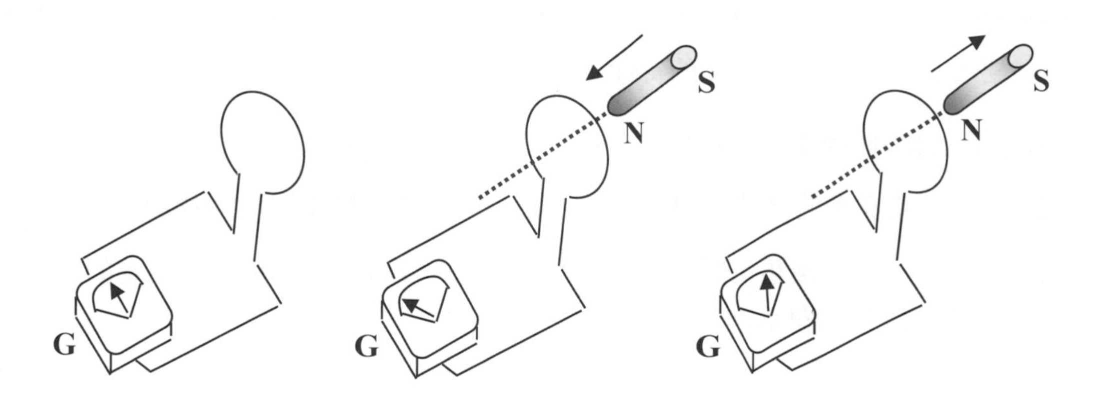

圖 1-2　電磁感應的實驗

法拉第的實驗發現磁場與線圈有相對運動時，線圈上會產生感應的電流。假如磁場與線圈沒有相對運動，不管磁場有多強都不會產生感應的電流。事實上，只要線圈所在的地方的磁場發生改變，就會產生感應電流。**法拉第定律為電磁感應的現象提供了理論的基礎，是發電機的原理。**

1.2 認識電磁波

若是磁場與電場是穩定的，沒有特意做改變，則產生的磁場與電場也是穩定的。假如電荷加速度運動或是電流改變流向與大小，會產生因時間而變的電場與磁場，這時候電場與磁場會形成電磁波，由波源往外發射。法拉第發現隨時間而改變的磁場會產生電場，西元 1865 年馬克思威推論出隨時間而改變的電場會產生磁場，因此綜合前人的發現，發展出馬克思威電磁場方程式，成為電磁場的理論基礎。由此理論可以推測出振盪的電荷或是隨時間變化的電流會產生電磁波，而且**電磁波傳播的速度可以依據同樣的理論計算而得，跟真空中光波的速度一樣，約 3×10^8 公尺/秒，光也是一種電磁波**。

電磁波的頻率範圍很廣，不同波長的電磁波是由不同的方法產生的，電磁波中頻率最低的是無線電波（radio wave），由電路系統產生。高溫物體會幅射紅外線、可見光與紫外線。X 射線由陰極射線管產生，放射性元素會產生「加瑪（Gamma）」射線，是頻率最高的電磁波。雖然各種電磁波有個別的名稱，但是彼此之間的頻率範圍有時候會重疊，這些名稱主要是由於電磁波產生的方式與探測儀器不同而衍生出來的。電磁波具有以下幾項基本的特性：

1. 電磁波的傳送不需要實體的介質，在真空中也能傳遞。
2. 所有的電磁波在真空中傳播的速度都一樣，與其頻率或波長無關。
3. 電磁波中含有電場與磁場，隨時間而變化強度與方向，電場與磁場的振動方向與波的傳遞方向垂直，就如圖 1-3 所顯示的。

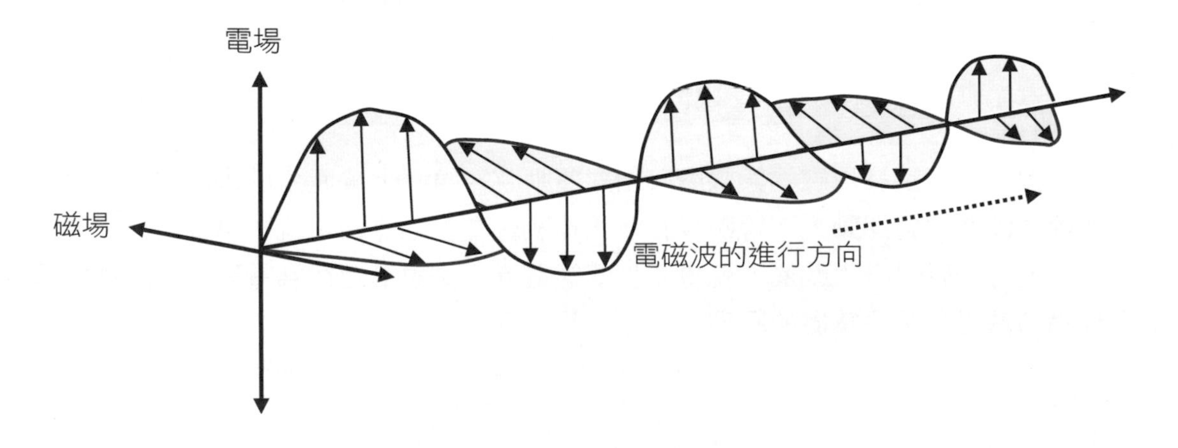

圖 1-3　天線發射的電場與磁場

1.2.1 電磁波的來源

電磁波從那裡來呢？宇宙射線就是一種電磁波，大自然中的太陽或是大家平時熟悉的電器用品都是電磁波的產生源，一般人常接觸的手機更是以電磁波為訊號收送的方式。這些不同種類的電磁波最主要的差異在於頻率的不同，人的眼睛看到的可見光大約在 4.0×10^{14} Hz 到 7.5×10^{14}Hz 的頻率範圍，也算是一種電磁波。微波爐裡頭用來加熱食物的也是電磁波，這麼說來，除了能傳訊之外，電磁波還是很好的一種傳遞能量的方法。

100 多年前（1901 年）義大利的物理學家馬可尼（Guglielmo Marconi）最先成功地利用無線電波（radio wave）來傳遞訊息。我們生活環境中充滿了各種能量波（wave of energy），像我們看得見的光，或是來自太陽的射線，這些都是自然產生的。至於平時收音機接收的或是遙控器的紅外線則是人為產生的能量波。這些能量波也叫做電磁幅射（electromagnetic radiation），產生的電磁光譜（electromagnetic spectrum）包含了各種電磁波。

無線電波（radio waves）指適合用來通訊的電磁波，頻率約在 9 KHz 到 30 GHz 的範圍。屬於整個電磁光譜中波長較長而頻率較低的部分。不同的無線電波的通訊用途也不太一樣，一般說來，頻率越高的波所能行進的距離越短，頻率越低的波所能行進的距離越長，因此，大家熟悉的 AM 廣播使用的頻率低，傳送的距離就比較長，手機用的頻率高，訊號只要傳送到基地台即可，距離比較短。

電視遙控器（TV Remote Control）使用紅外線（Infrared），車庫鐵捲門遙控器使用的頻率低於 100 MHz，家用無線電話（Cordless phone）使用的頻率在 1 GHz 至 3 GHz，呼叫器使用的頻率低於 1 GHz，早期一般蜂巢式手機（cellular phone）使用的頻率低於 2 GHz。

1.2.2 電磁波的種類

前面曾經介紹過各種不同名稱的電磁波，主要是從電磁光譜的角度來觀察的，假如把電磁輻射看成是傳遞能量的一種方式，依其輻射的種類可分為三種，如表 1-1 所列。

表 1-1 電磁輻射的種類

電磁輻射	分類的特性
游離輻射	會引起電子游離現象的電磁波，例如 X 光與加瑪（Gamma）射線等。游離輻射對於生物的危害發現得比較早。
有熱效應的非游離輻射	非游離輻射無法引起電子游離的現象，例如可見光、紫外線、超音波、紅外線與雷達等。
無熱效應的非游離輻射	非游離輻射不一定有熱效應，例如手機也會產生非游離輻射，但並沒有熱效應。無熱效應的非游離輻射同樣會對生物產生危害。

1.2.3 電磁波的傳遞（propagation）

電磁波大約以每秒約 300 公里的速度在真空中傳遞，當電磁波穿過非傳導性的物質（dielectric material）時，傳遞的速度會降低，例如空氣。形成電磁波的電場與磁場不但成 90 度角垂直，都與傳遞的方向垂直，而且其振幅（amplitude）會一起增減，互相產生對方，這種傳遞也叫做 TEM（transverse electromagnetic）propagation。

我們都生活在地球上，所以在地表與大氣層中傳遞的電磁波對一般人的影響最大，電磁波傳遞的模式（propagation modes），圖 1-4 顯示地球上的大氣層構造，離子層（Ionosphere）與對流層（Troposphere）對於不同頻率的電磁波有不同的效應。一般會以距離地表 100 公里處當作地球大氣層與外太空的分界線。

1. **地面波的傳遞（ground wave propagation）**：沿著地表（earth contour）傳遞，傳遞的距離長，頻率達 2 MHz，例如 AM radio。
2. **大氣波的傳遞（sky wave propagation）**：訊號遇到離子層之後反射，回到地表以後可能會再度反射。例如 amateur radio 與 CB radio。
3. **視線（line-of-sight）的傳遞**：傳送端與接收端之間要有直接的視線，也就是所謂的 LOS（line-of-sight）。

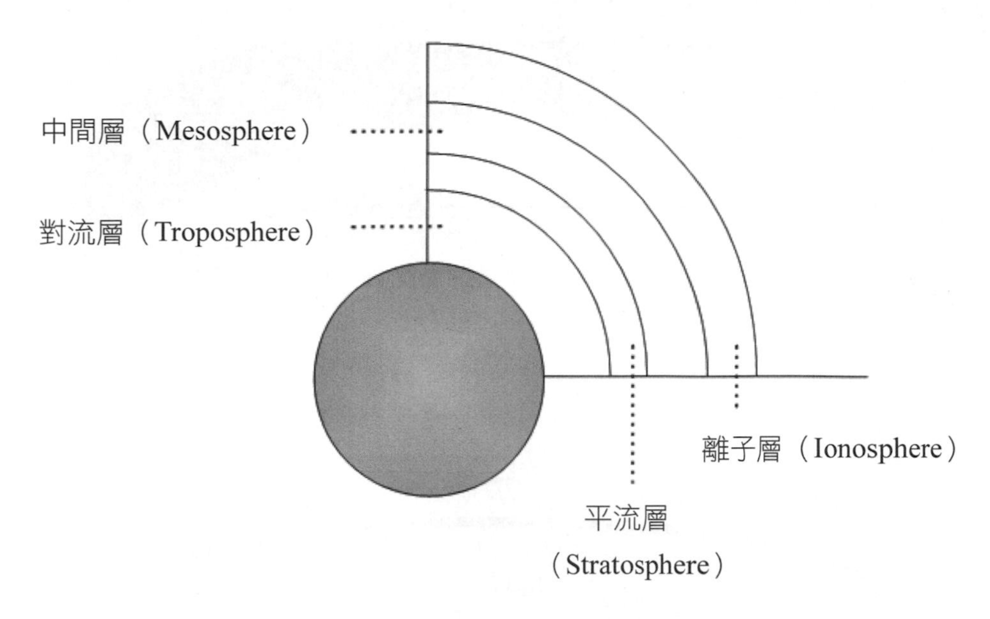

圖 1-4　地球上的大氣層

圖 1-5 顯示地面波傳遞的特性。地面波在地表的對流層中傳遞，VLF 與 LF 都是在這個範圍內，MF 也屬於地面波。地面波沿著地表傳遞，傳送的距離長，AM radio 就是一種地面波，通常頻率在 2 MHz 以下。

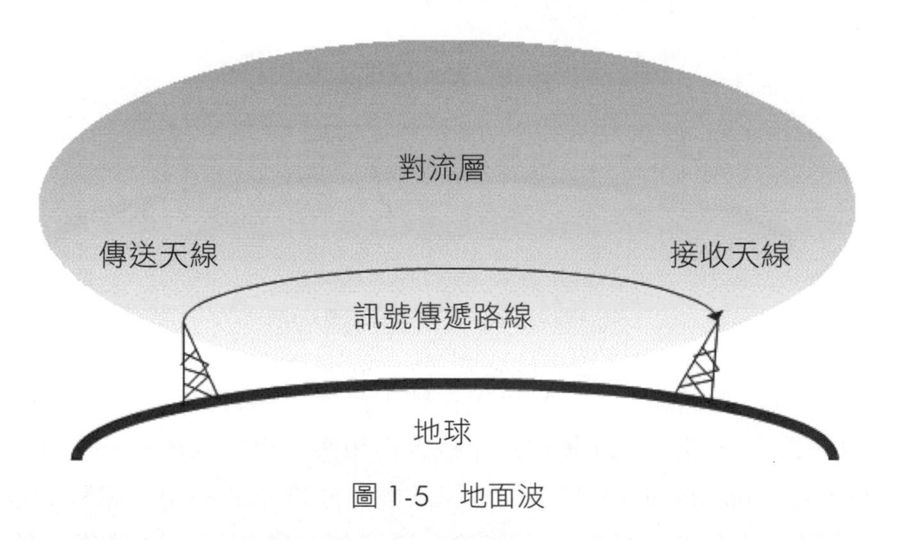

圖 1-5　地面波

圖 1-6 顯示大氣波的傳遞（sky wave propagation），離子層位於地球與太空之間，電磁波訊號在離子層與地表之間可能經過幾次的反射。訊號的頻率通常在 30 MHz 以下，所謂的業餘無線電（amateur radio）就是利用大氣波的傳遞，也俗稱為火腿族。

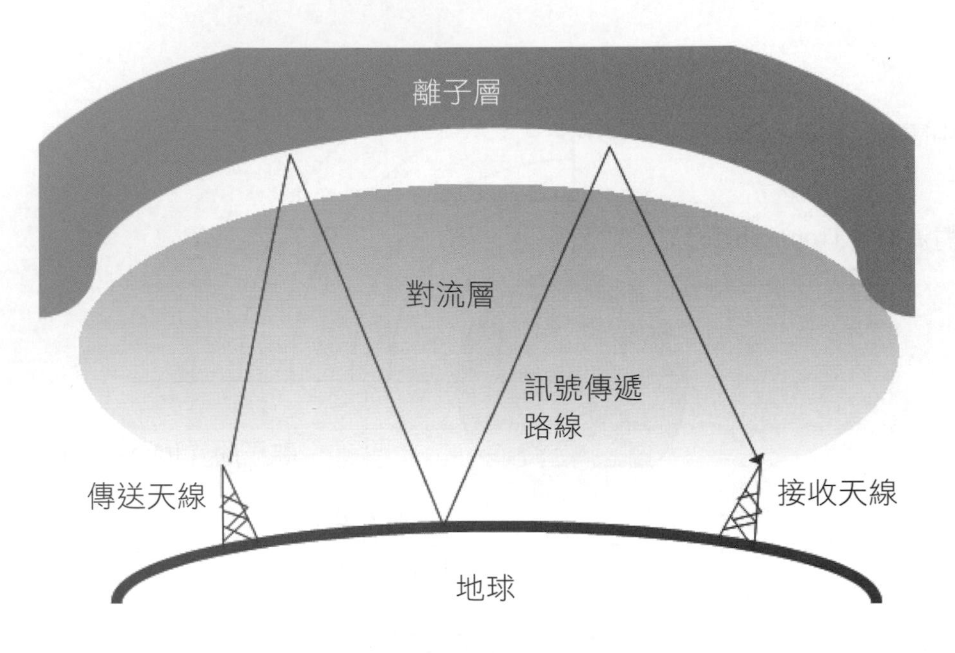

圖 1-6　大氣波的傳遞（sky wave propagation）

圖 1-7 顯示 LOS 的傳遞方式，電視的 VHF 訊號、FM radio 的訊號、電視的 UHF 訊號、行動電話與微波通訊都屬於 LOS 的傳遞模式。衛星通訊也算是 LOS 的傳遞方式。訊號的頻率通常在 30 MHz 以上。

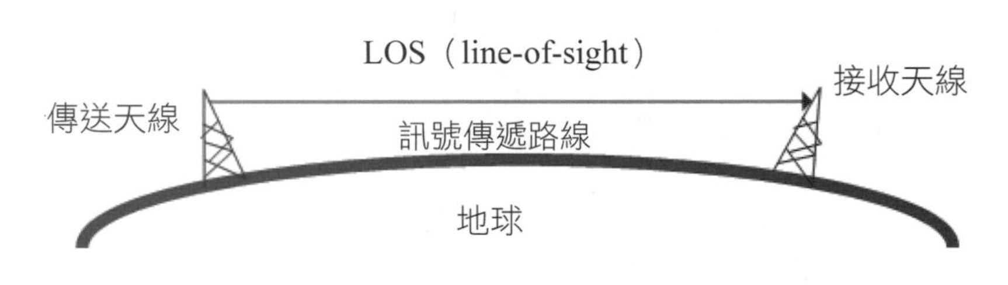

圖 1-7　LOS 的傳遞

早期的通訊以電話網路為主，所以現在幾乎家家戶戶有電話。未來的通訊會以無線的傳輸為主，認識無線通訊以後將會比較容易想像未來的世界是什麼樣子的。訊號（signal）的頻寬（bandwidth）是指構成訊號的組成頻率的範圍，訊號的組成頻率指含有訊號絕大部分能量的各種頻率，傳輸介質在傳訊時所能承載的頻率範圍是有限的，為了有效地承載某種訊號，介質的承載頻率範圍（transmission band）必須能涵蓋訊號的有效頻寬（effective bandwidth）。

無線通訊的基本原理也是以訊號的傳送為基礎，利用天線（antenna）送出電磁能量（electromagnetic energy）到空氣中，傳送的型式如圖 1-8 所示主要有兩大類：單向性的（directional）與多向性的（omni-directional）。單向性的傳送要靠天線發射聚集的能量，而收受雙方的天線在方位上必須要對應無阻礙。多向性的傳送則向四面八方發送訊號，通常越高頻的訊號越能採用單向性的傳送方式。

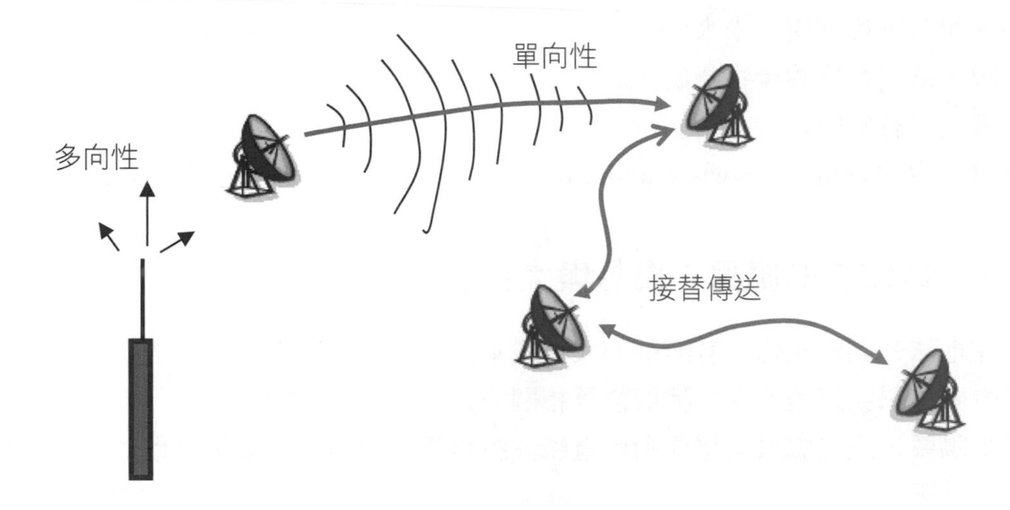

圖 1-8　無線電波傳送的方向性

在現實生活的環境中，無線電波的傳送並沒有那麼順利，因為自然環境中的阻礙與干擾很多，尤其是所謂的多路徑的衰減效應（multipath fading），會造成接收端收到的訊號跟原來傳送的訊號長得不一樣。圖 1-9 顯示在實際的環境中傳遞時電磁波會因為受到干擾而變得和原來的訊號不一樣，因此不論在理論上或技術上都要針對這些問題發展出解決的辦法來！

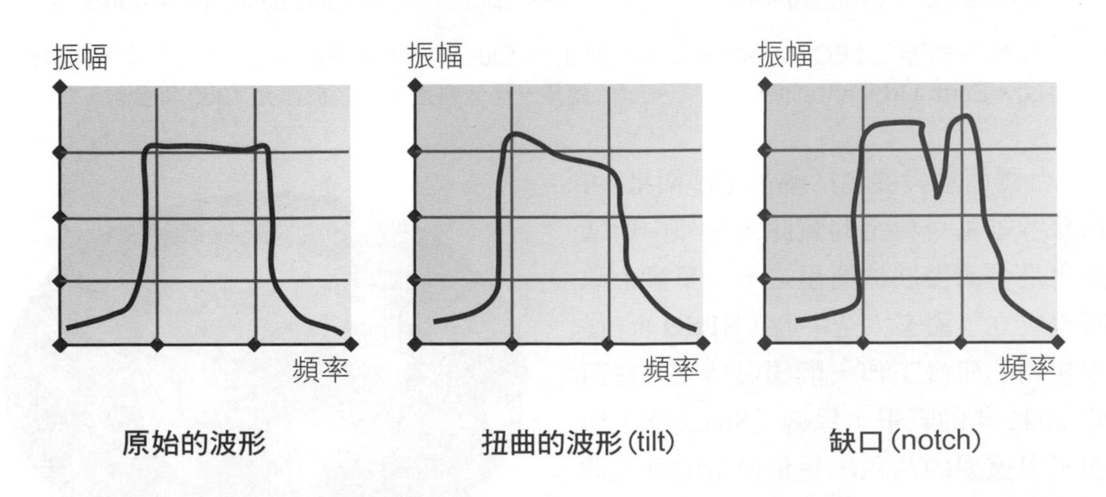

圖 1-9　在實際的環境中傳遞時電磁波會受到干擾

1.3 從電磁波的應用開始認識無線通訊

不知道大家是否曾聽過用手機向自動販賣機買飲料，這是已經存在的技術，也是無線通訊的一種應用，未來會有更多有趣的應用建立在無線通訊的基礎上，對於使用者來說，這些科技的產物將使我們的生活更方便。很多網站上有豐富的資訊介紹各種與無線通訊有關的發展，例如行動商務、無線通訊網路等，大家可以透過各種管道開始吸收相關的新知。「www.emfsite.org.tw」的網站上有和電磁波相關的基本常識。

1.3.1 電磁波的應用：衛星與太空通訊

在地球外圍的軌道上有無數的人造衛星繞行著，這些衛星可以監測氣候資料、發送電視廣播訊號或是傳送各種與位置相關的資訊。有些太空機具航行得更遠，甚至離開了太陽系，這些機具同樣要利用電磁波將訊號傳回地球。衛星可以分成幾大類，如表 1-2 所列。

表 1-2　衛星的種類

衛星的種類	分類的特徵
同步衛星（Geostationary satellites）	在距離地球 35784 公里的軌道上繞行，24 小時繞行地球一圈，與地球自轉的速度一樣。因此這一類的衛星可以固定在地球的某一定點的上方。
中軌道衛星（MEO satellites, Middle Earth Orbit satellites）	在地球上方 5000 到 15000 公里的高度運行，包括全球定位系統（GPS, Global Positioning System）所用的衛星。
低軌道衛星（LEO satellites, Low Earth Orbit satellites）	在地球上方 100 到 1000 公里的高度運行，最早的通訊衛星 Echo 就是一種低軌道衛星，於西元 1960 年發射。

台灣衛星發展包括福爾摩沙衛星，可以參考維基百科上的資訊，另外中新衛星也是台灣發展的衛星之一。事實上政府也成立了國家太空中心（NPSO），從事相關的研發工作。俄國與烏克蘭在西元 2022 年的戰爭，星鏈（Space X）扮演了很重要的角色，星鏈使用的就是低軌道衛星的技術，當俄國摧毀烏克蘭的地面固定網路線路之後，星鏈提供了連

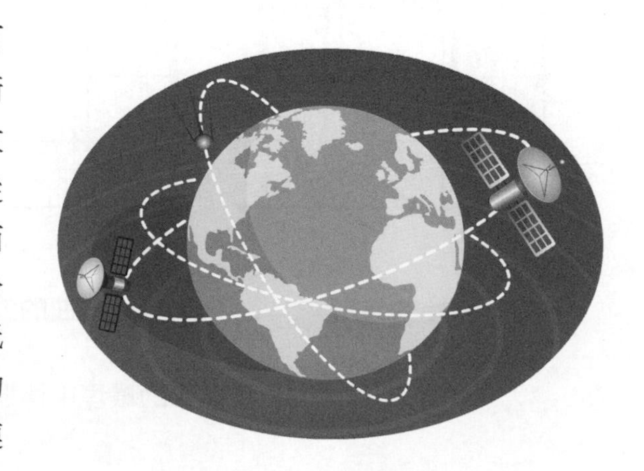

接低軌道衛星與全球網路的通道，也間接讓烏克蘭得以運用無人機針對俄國的武裝部隊進行攻擊。我國的國家通訊傳播委員會（NCC）也宣布開放衛星通訊服務，低軌道衛星可以支援達到等同於 5G 的傳輸速率，用戶可不經過基地台就能通訊，而且在世界各地都不須仰賴漫遊。

全球定位衛星（GPS, Global Positioning Satellites）

GPS 的原理是 3 角定位法，假如我們知道自己距離 3 個不同的地點有多遠，就能決定所在的位置。例如自己目前的位置和某個衛星之間的距離已知，那麼可能的位置是環繞該衛星的球體表面，若是又量出和其他兩個衛星之間的距離，則 3 個球體的兩個交點是我們所在的可能的位置，由於其中一點在太空中，所以另外一點就是所定位的地方。若是連所在的高度也要決定的話，必須再量出與第 4 個衛星之間的距離。

GPS 系統開始發展的時候是為了軍事用途，GPS 的衛星在 1978 年首度發射，1990 年開始全面作業，一般人使用 GPS 需要支援 GPS 的器具，器具本身能量出使用者與 4 個衛星之間的距離，然後決定所在的位置，誤差在幾英呎以內。我們可以想像在地球外圍的軌道上有 24 個 GPS 的衛星，分佈的方式可以讓地球上的每一點在任何時間都能看到至少 4 個衛星。這些衛星以 1575.42 MHz 與 1227.60 MHz 兩種頻率傳訊。

GPS 的接收器內含有各 GPS 衛星位置的資料，能在任何時刻決定任何一個衛星的位置，只要量出訊號從衛星送達 GPS 接收器的時間即可計算出兩者之間的距離。GPS 的接收器依據同樣的程序與另外 3 個衛星通訊即可決定接收器使用者的位置，包括經緯度的資料。在實際的應用裡，GPS 接收器可能含有地圖，可以即時地顯示我們所在的位置。像某些汽車導航系統（car navigation system）就能利用這樣的技術，讓開車的人能從地圖上看到自己車子的移動方向。

衛星電話（Satellite Phones）的原理

衛星電話可以讓我們在世界上的任何地方通話，最有名的是 Iridium 系統，使用 GSM 的技術，使用者要有 SIM（subscriber identity module）卡，用來做身份辨識與計費，如此一來，就能在任何支援 Iridium 的電話上通話，費用是跟著 SIM 卡的。Iridium 衛星屬於 LEO 衛星，距離地表約 450 英哩。

其他的通訊衛星距離地表遠多了，可以達 36000 英哩之遙。由於 Iridium 衛星離地球近，所以一般的手持器具就能用來收送訊號。不過 Iridium 衛星涵蓋的範圍也比較小，Iridium 有 66 個衛星環繞地球。

衛星電話以 L-band 的頻率（1616 MHz 到 1626.5 MHz）發送訊號給衛星，Iridium 衛星的轉送器（transponder）把訊號從 L-band 轉成 Ka band（23.18 GHz 到 23.38 GHz），送往離接收目的最近的衛星。Iridium 衛星之間必須合作，使通話訊號能在衛星之間轉送。訊號由衛星以 L-band 送往離目的最近的匝通道（gateway），匝通道連上 PSTN 與蜂巢網路，可以直接送訊號給任何的電話。Iridium 的名稱源於元素的週期表（periodic table of elements），由於原先預計要使用 77 個衛星，所以用週期表上的第 77 個元素當作系統的名稱。

太空探測衛星（Space Exploration Satellites）的無線通訊

航海家 1 號（Voyager 1）太空船在西元 1977 年 9 月發射，於 1979 年 3 月經過木星（Jupiter），1980 年 11 月經過土星（Saturn），然後繼續由太陽系往外飛行。航海家 2 號（Voyager 2）太空船在西元 1977 年 8 月發射，，於 1979 年 7 月經過木星，1981 年 8 月經過土星，1986 年 1 月經過天王星（Uranus），1989 年 8 月經過海王星（Neptune），這兩艘太空船深入外太空，但是仍然需要與地球通訊，事實上，這些太空船上的傳送裝置只能傳送 23 瓦特（watts）的能量，比起一些能傳送數千瓦特能量的傳送器差距甚遠，不過太空船上所用的天線巨大，直徑可達 14 英呎，天線本身是高增量具有方向性的（high-gain directional），可以將所有的能量集中在一個方向上，而且直接對準地球上的接收器。

太空探測衛星以 8 GHz 的頻率傳訊，雜訊與干擾較少，可以穿越大氣層，地球上的接收天線也非常巨大，直徑可達 100 英呎，而且特別敏銳，由於收到的訊號十分微弱，必須經過一些特別的處理，將訊號放大，並盡量消除雜訊。

1.3.2 電磁波的應用：數位電視（DTV, digital TV）的原理

電視的存在已經有將近 100 年的歷史了，陰極射線管（cathode-ray tube）的使用讓電視的普及往前跨了一大步。電視廣播的原理跟一般的無線通訊技術差不多，只是訊號會分成紅、藍與綠 3 種組成，然後以無線電載波訊號來傳送。當然電視訊號也可以透過其他的介質來傳送，例如電纜（cable）。電視技術本身也一直在演進中，像使

用數位技術的衛星電視（satellite TV）與數位電視。未來電視還會有與人互動的功能呢！

數位電視（DTV, digital TV）是一種完全數位化的系統，電視的訊號在發送、接收與播放的過程都使用數位化的技術。數位電視的標準很多，目前最受重視的是 HDTV（high-definition TV），在 DTV 的標準中使用的解析度最高，而且支援數位環場音效。一般的類比電視技術的解析度是 535 條掃描線，數位電視的解析度可以達到 720 或 1080 條線。

解析度越高代表需要傳送與處理的資訊量也越大，由於頻寬仍然有限，所以 HDTV 使用 MPEG-2 的壓縮技術來處理資料，MPEG-2 的原理是利用記載相鄰畫格（frame）之間的差異來減少需要傳送的資料量，譬如在某個場景中背景都沒變，那麼我們可以只記載變動的物件。MPEG-2 的技術可以達到 55：1 的壓縮效果，同時維持高畫質。

壓縮以後的資料可以使用高達 19.39 Mbps 的頻道來廣播，頻道本身可分成幾個子頻道同時傳送幾個資訊流，包括視訊流與資料流，也可完全用來廣播傳送單一的視訊流。當然，HDTV 也需要特別的接收器與電視，不但訊號的解析度高，音效好，而且影像也比較大。HDTV 的電視能夠解譯（decode）MPEG-2 的檔案，所以也能播放一般的光碟。

電磁波的應用很廣泛，無線通訊當然是電磁波最主要的舞台，當我們在手機上看到生動的影像時一定很好奇，到底這些資訊是如何傳遞的？為什麼移動中的通訊器具還能傳訊？太空船與衛星是如何從那麼遙遠的地方把資料傳回地球的？汽車上的定位裝置是如何辦到的？這些問題都和電磁波與無線通訊有關，所以還是讓我們一起來探索這個有趣又奧妙的領域吧！

1.3.3 與個人電腦有關的無線通訊小常識

無線通訊的技術主要是應用在通訊上，但是除了通訊之外，還有一些其他有趣而方便的用途。例如電視的遙控器（remote control）、鐵捲門的遙控器等，電腦更是常用到無線通訊的功能，因為電腦與電腦之間或是電腦與周邊設備之間有簡易的通訊需求。

無線滑鼠（wireless mouse）與無線鍵盤（wireless keyboard）

一般的電腦都需要以線材與滑鼠或是鍵盤相連，假如要採用無線的方式，可以運用紅外線或是無線電的技術。使用紅外線的話，滑鼠或是鍵盤必須指向電腦的紅外線接收埠，無線電就沒有這樣的要求。以無線電來說，滑鼠或鍵盤內為含有無線電的傳送器，使用 27 MHz 的頻率，當無線電接收器收到訊號以後，會轉成電腦能處理的數位訊號。以 Logitech 的無線滑鼠或鍵盤來說，傳送器與接收器之間大約能相隔 6 英呎，即使範圍內有其他的無線滑鼠或鍵盤，還是不會產生干擾的情況，因為無線滑鼠與鍵盤及其對應的接收器會有一個辨識碼，接收器只會接收來自某個辨識碼的設備的訊號。

紅外線列印（Infrared printing）技術

電腦的列印也可以利用紅外線的技術，電腦和印表機兩方都要有紅外線的通訊埠，同時要有相關的軟體，符合 IrDA（Infrared Data Association）的標準，以此作為設備之間溝通的依據。目前大多數的手提式電腦都有內建的紅外線通訊埠，但是一般的桌上型電腦就比較少見了！紅外線的通訊要求通訊設備之間有通透的視線（clear line of sight），因為紅外線會被障礙物阻隔。通常電腦與印表機的距離在 1 公尺以內。當電腦要列印時，會送出列印的指令，接著由印表機驅動程式來處理列印的請求。資料會送往名稱為 UART（Universal Asynchronous Receiver and Transmitter）的晶片，上面的電路會將資料送給傳送接收器（transceiver），將數位訊號轉換成紅外線送往印表機。電腦與印表機之間以 IrDA 的協定堆疊來溝通，當印表機收到紅外線的訊號以後會轉換成印表機能處理的數位訊號。

1.4 電磁波的生物效應

我們生活環境中的各種電磁波對人體有害嗎？**電磁波對生物的效應很複雜，每一種電磁波在不同來源、不同頻率與不同強度的組合下，對於人體的影響程度有很大的差異**（金忠孝 2000）。既然如此，為了我們自己的健康著想，最好了解一下周遭是否有危害人體健康的電磁波存在。國家通訊傳播委員會（NCC）的網站上（www.ncc.gov.tw）有很多與電磁波或無線通訊相關的法規與資料。對行動電話基地台電磁波有疑慮時，可申請免費電磁波量測，經受理後，由 NCC 認可之量測機構執行電磁波量測服務，申請人免負擔量測費用。

1.4.1 電磁波對人體可能產生的危害

首先，我們要知道很多電器用品都是電磁波的產生源，當鄰座的人打開電腦螢幕時，我們就已經暴露在可能對身體產生危害的電磁波下了！電磁爐是冬天吃火鍋的必需品，但是電磁爐產生的電磁波強度相當高，微波爐也是一般廚房中常用的電器，微波爐啟動時產生的電磁波很強，有些微波爐會有微波外洩的現象，成為人體潛在的危害。行動電話的電磁波在新聞媒體中已經經常報導，是一般人最常接觸的電磁波來源。辦公室大樓的配電系統、刮鬍刀、影印機、印表機、吹風機等都是電磁波來源，當然平時和這些電器接觸的時間長短不一，到底受到多少影響是很難預估的，但是心裡最好有所警覺。

那麼到底電磁波對我們身體會產生什麼危害呢？最顯著的例子是癌症的發生，有很多統計資料顯示電磁波的強度超過某種限度以後會增加癌症的發生率。也有研究報告指出行動電話在使用時因為距離頭部很近，會提高腦瘤的發生率。雖然直接的證據尚不顯著，但是幾乎已經可以證實強度高的電磁波會對人體造成危害。

目前公認電磁波強度在 2 毫高斯以上的就可能對人體不好，圖 1-10 顯示電磁波強度的量測儀器，我們可以透過儀器來了解生活環境中是否有些地方存在著可能對人體健康有害的電磁波。在圖 1-10 的畫面中顯示的是 0.03μT，相當於 0.03×10^{-6}T，T 代表特士拉（Tesla），也相當於 0.0003 高斯，或是 0.3 毫高斯，低於一般認定對人有害的 2 毫高斯。

圖 1-10　電磁波強度的量測儀器

1.4.2 我們要如何保護自己免於受到電磁波的危害呢？

對於生活環境中存在的電磁波要有基本的認識，由於電磁幅射會隨著距離而衰減，離有害的電磁波越遠越安全，一般的電器用品要注意後方及兩側的幅射較強。電磁波的存在可以透過偵測的裝置或是一些現象來發覺，例如高壓電線附近的住家最好了解一下周圍的電磁波強度是否已經超過危險範圍。假如是平時無法避免使用的電器用品，還是可以想辦法減低電磁波產生的影響，譬如使用免持聽筒的方式來接電話，或是不要讓手機離頭部太近或太久。

1.5 科技新發展：電磁波遮蔽材

根據美國科學雜誌的報導，有事實顯示超過 60 Hz 的電磁波會對人類去氧核醣核酸（即 DNA）的結構產生傷害。300 MHz 以上的電磁波主要以電場的形式存在（黃繼遠 2003），金屬或導電的材料對這些高頻的電磁波有比較好的遮蔽性。300 MHz 以下的電磁波主要以磁場的形式存在，需要以導磁的材料來遮蔽，例如磁性材料或超導體。目前複合材料的電磁波遮蔽材是相當活躍的研發領域，可能很快就有新的產品出現。

手機的電磁波可以參考 SAR（電磁波能量比吸收率）規範的說明，例如有採用金屬薄片、強磁性材料（ferrite）薄片、或應用後設性材料（metamaterial）等，在手機靠近使用者頭部方向減少電磁波強度以降低吸收量，使得 SAR 值符合規範。

常見問答集

Q1 什麼叫做未法定的頻段（unlicensed spectrum）？

答：電磁光譜上有很多頻段並不需要申請執照（license）就能使用，這些頻段就是未法定的頻段（unlicensed spectrum）。不過使用者還是要遵循一些規範，避免發生干擾。

Q2 什麼叫做頻道（channel）？

答：頻道（channel）是通訊網路的領域中讓人相當困擾的名詞，因為使用的地方很多，但是有時候說法又都不太相同，以廣義來說，頻道代表網路節點間的傳輸介質，狹義來說，頻道指介質或介質中訊號的安排方式。不過後來又衍生出實體頻道（physical channel）與邏輯頻道（logical channel）的觀念，實體頻道與傳統的頻道觀念比較接近，邏輯頻道傾向於描述頻道的功能與編碼的方式。因此，有時候必須從上下文的內容來判斷 channel 到底表示什麼。

自我評量

1. 電磁波的強度要如何計算與測量？
2. 各種電磁波是如何產生的？大自然中有那些電磁波的產生源？
3. 不同的空氣密度對於電磁波的傳遞有什麼樣的影響？
4. 電磁波也能在有線的介質中傳遞嗎？
5. 國內有汽車導航系統（car navigation system）嗎？像這樣的服務要如何計費？
6. 衛星電話跟一般的電話或手機有什麼差別？
7. 太空探測衛星與地球之間的通訊需要做什麼特別的處理嗎？
8. 電磁波對於人體可能產生那些危害？
9. 試透過網路上的資料了解手機的電磁波 SAR（電磁波能量比吸收率）規範。
10. 星鏈（Space X）要如何支援一般的用戶進行無線通訊？用戶需要什麼樣的設備？

承載訊號的傳輸介質

2 CHAPTER

本章的重要觀念

- 了解什麼是傳輸介質。
- 了解傳輸介質有那些種類。
- 了解各種傳輸介質的特性。
- 了解傳輸介質對於通訊的品質有什麼影響。
- 了解各種傳輸介質的實際應用。

傳輸介質讓訊號的能量由發送端傳遞到接收端，所謂的通訊系統其實就是在傳輸介質的兩邊放上訊號的發送器（transmitter）與接收器（receiver），形成通訊的頻道（communications channel）。不管是有線或是無線通訊都需要傳輸介質來傳導訊號，通訊系統的設備必須有效地讓訊號從發送端傳遞到接收端，而且接收端能夠進行正確的處理與使用，為了達到這樣的目的，我們必須了解傳輸介質對於各種訊號頻率組成的傳遞效果，以及傳輸介質受干擾與雜訊的影響程度。

傳輸介質分成導向式介質（Guided Media）與非導向式介質（Unguided Media）兩大類，導向式介質提供實體的路徑（physical path）讓訊號傳遞，非導向式介質利用天線透過電磁波在空氣、水或真空中傳送訊號。換句話說，電磁波可以承載訊號，用來表示訊號，當然，訊號本身就代表所要傳送的實際內容。大氣層與外太空是非導向式介質傳訊的主要範圍。

為什麼要探討傳輸介質呢？通常資料通訊的特性與品質決定於兩個主要的因素：傳輸介質的特性與訊號的特性。以導向式介質來說，介質本身的特性對於傳輸的影響比較大，非導向式介質則以訊號頻寬的因素比較重要。所以設計通訊系統的時候，我們會從下面幾個角度來考量傳輸介質與訊號的特徵。

1. 頻寬（bandwidth）：假如其他的條件不變，則訊號的頻寬越大，可以達到的資料速率越高。
2. 傳輸的減損（transmission impairment）：訊號的減損會限制傳送的距離，以導向式介質來說，雙絞線造成的減損情況比同軸電纜嚴重。同軸電纜造成的減損情況則比光纖要嚴重。
3. 干擾（interference）：頻率相近或重疊的訊號產生的干擾會使訊號扭曲甚至完全被消除，以導向式介質來說，鄰近的纜線也會造成干擾，因此導向式介質常需要加遮蔽層（shield）。
4. 接收端的數目：導向式介質可以建立點對點與多點共享同一介質的網路，在共享的情況下，多個節點連上介質會造成一些減損（attenuation）與扭曲（distortion），限制通訊的距離與資料速率。所以在空曠人少的地區跟在大都會人口密集區的行動無線通訊設計的要求是不同的。

2.1 傳輸介質的種類

資料轉換成訊號以後，是透過傳輸介質（Transmission Medium）來傳送的。一般說來，資料傳輸的特性與品質主要決定於訊號的本質與介質的特性，傳輸介質可以分成兩大類：

1. 導向式介質（Guided Media）：例如雙絞線（Twisted Pair）、**同軸電纜線（Coaxial Cable）**與**光纖（Optical Fiber）**。這些介質是實體可見的線材，也是目前大多數的電腦網路在建立與連接時所使用的介質。**以資料傳輸速率來比較，一般而言，光纖＞同軸電纜＞雙絞線**。不過，所使用的終端設備也會影響線材的傳輸速率，例如雙絞線就有各種不同的傳輸速率，像早期的 9600 bps、28.8Kbps、64Kbps 等，bps 指每秒傳送的位元數，也就是 bits per second。圖 2-1 列出常見的導向式介質的外觀。圖 2-2 顯示常見的導向式介質的減損（attenuation）效應，以雙絞線來說，訊號減損的幅度和頻率的關係顯著，對於相同的介質來說，所傳遞的訊號頻率不同，減損的程度也不一樣。

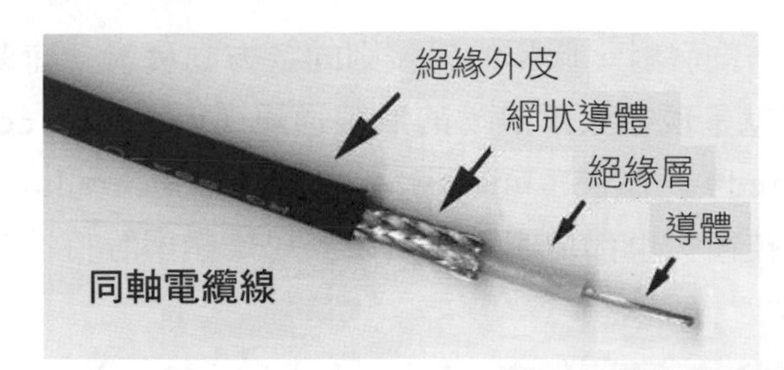

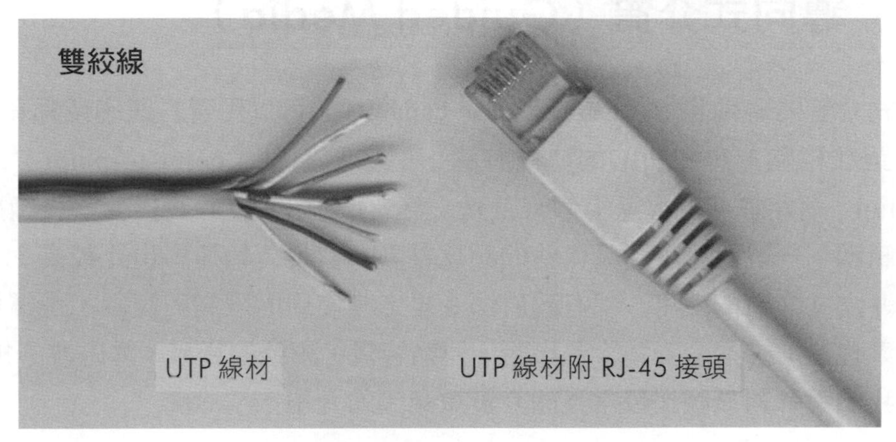

圖 2-1　常見的導向式介質的外觀

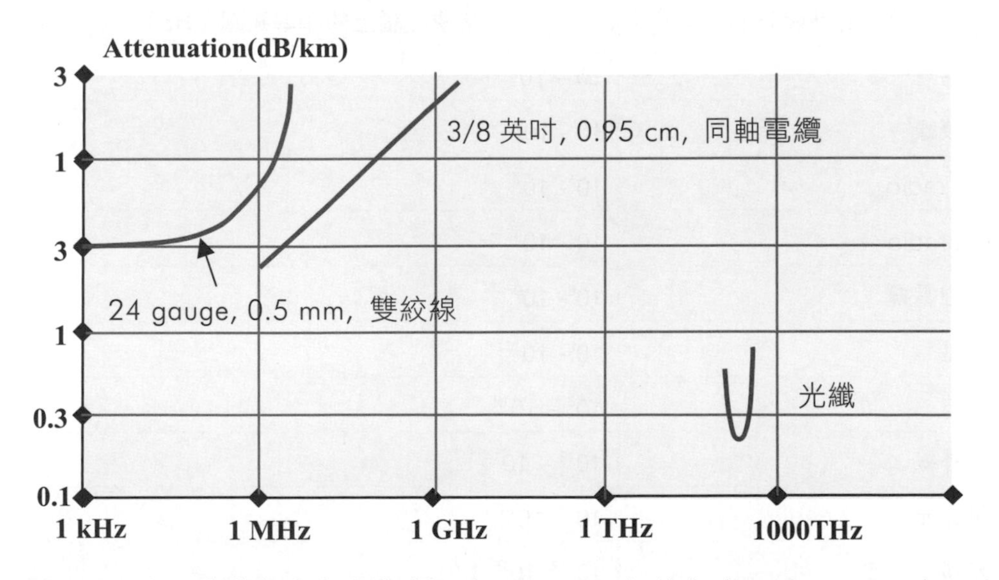

圖 2-2　常見的導向式介質的減損（attenuation）效應（Stallings 2000）

2. 非導向式介質（Unguided Media）：**對於非導向式介質來說，訊號的頻譜是決定傳輸特性的關鍵**；訊號是以電磁波（Electromagnetic Wave）的型式來傳送的，所以電磁波就是一種非導向式介質，這些訊號是經由天線（Antenna）來發射的，發射的方向可能是單向的，也有可能是四面八方的放射。高頻的訊號可以聚成單一方向發射，低頻的訊號則向各方向發射。簡單地說，**非導向式介質的傳訊方式就是現在大家熟悉的無線通訊（wireless communication）**。紅外線（Infrared）、微波（microwave）和無線電（radio）都算是以非導向式介質來通訊的技術，也都是運用電磁波，只是頻率等特性各不相同。

2.2 導向式介質（Guided Media）

導向式介質的傳輸容量（transmission capacity）可以用資料速率或頻寬來估計，與傳輸的距離相關，也和網路的特徵有關，例如點對點（point-to-point）或是多點（multipoint）網路在傳輸容量上都有差異。表 2-1 列出各種介質與傳輸技術所傳送訊號的頻率範圍；一般說來，高頻傳輸的頻寬較高，資料傳輸速率也比較高。不論是導向式或非導向式介質的使用，都有政府法令規定其使用的限制與範圍。選擇傳輸媒體考慮的因素包括：成本、安裝容易與否、傳輸容量、訊號的衰減、電磁波干擾（EMI）等。下面我們就針對幾種比較常見的介質做深入的介紹。

表 2-1　各種介質與傳輸技術所傳送訊號的頻率範圍

介質/傳輸技術	電磁光譜上的頻率範圍（Hz）
電話	$10 – 10^{3}$
雙絞線	$10 - 10^{6}$
AM radio	$10^{5}- 10^{7}$
FM radio	$10^{7}- 10^{9}$
同軸電纜	$10^{5}- 10^{9}$
衛星	$10^{9}- 10^{10}$
微波	$10^{8} – 10^{12}$
紅外線	$10^{12} – 10^{14}$
可見光	$10^{12-} 10^{15}$
光纖	$10^{12-} 10^{15}$
紫外線	$10^{15} – 10^{16}$

2.2.1 雙絞線

雙絞線是最具歷史而且廣泛使用的媒體之一，成本最低廉，可以分成所謂的無遮蔽式雙絞線（UTP，unshielded twisted pair）與遮蔽式雙絞線（STP，shielded twisted pair）。一般常見的電話線或網路線屬於無遮蔽式雙絞線，容易安裝使用，但會受外在的電磁干擾（electromagnetic interference），包括鄰近的雙絞線或是來自環境的干擾。假如加上金屬的包線（braid）或被覆（sheath），就可以降低干擾，在較高的資料速率下達到比較好的效能，但是成本高而且不容易使用。

圖 2-3 顯示雙絞線「雙絞」的特性，兩條銅線絞在一起，但各有絕緣的被覆，其中一條傳導訊號，另外一條傳導接地參考的訊號（ground reference），由於使用兩條線，容易與鄰近的線路發生交替干擾（crosstalk）的現象，無遮蔽式雙絞線則會受外在的電磁干擾。因此當接收端收到訊號以後，會偵測資料訊號與接地參考訊號的電位差（voltage difference）。若是任一條線受到較大的交替干擾（crosstalk）或電磁干擾，都很容易造成錯誤。

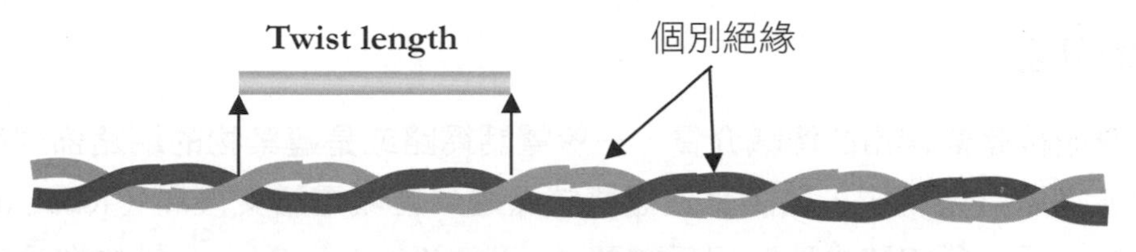

圖 2-3　雙絞線

以目前的技術來講，在約 100 公尺的距離內，雙絞線支援的傳輸速度大約在 1 Mbps 到 1 Gbps 的範圍。在最常用的無遮蔽式雙絞線的乙太網路中，每個網路的節點數目上限大約在 100 個節點以內。當然實際的網路特徵還是決定於所採用的技術與網路結構。Electronic Industries Association 在 1991 年發布的 EIA-568 標準中曾訂出一些雙絞線的標準規格。無遮蔽式雙絞線可以分成多個等級：

1. Category 1 UTP：僅能傳送聲音訊號，通常用於電話線，也俗稱為語音級線路（voice-grade lines）。傳輸的距離與資料速率有限。
2. Category 2 UTP：除了能傳送聲音訊號外，資料傳輸速度達 4MBytes。
3. Category 3 UTP：除了能傳送聲音訊號外，資料傳輸速度達 16MBytes。
4. Category 4 UTP：除了能傳送聲音訊號外，資料傳輸速度達 20MBytes。
5. Category 5 UTP：除了能傳送聲音訊號外，資料傳輸速度達 100MBytes。

6. Category 6 UTP：除了能傳送聲音訊號外，資料傳輸速度達 10 Gbps。
7. Category 7 UTP：傳輸速度為 10G，頻寬 600MHz 的雙遮蔽線材。將 4 對雙絞線各自遮蔽後，再將此 4 對絞線包覆在另一外層遮蔽內，達成雙重信號遮蔽的隔離目的。
8. Category 8 UTP：支援短距離 5 道 30 公尺的通訊，提供 25Gbps 與 40 Gbps 的傳輸速率。

傳輸特性與物理特性

雙絞線是由兩根直徑約 1 釐米的銅纜線，外層以絕緣材料包成螺旋狀互絞而成的。互絞的目的在於降低與鄰近雙絞線的干擾，如雜訊中所謂的交替干擾（crosstalk）現象。在長途的傳輸線路中，大型的纜線常包含數百對的雙絞線。以點對點的類比傳訊來說，雙絞線的頻寬約 1 MHz，可以涵蓋數個語音頻道，長距離的點對點的數位傳訊能達到數個 Mbps 的資料速率，短距離的資料速率可以達到 100 Mbps 甚至 1 Gbps。

實際的用途

目前雙絞線是最常用的傳輸介質，一般電話網路或是建築物的網路佈線都經常見到雙絞線。在電話系統中，電話是透過雙絞線連到區域電話交換局（local telephone exchange），這一段線路也稱為用戶迴路（subscriber loop），一般的辦公室大樓裡可能使用了內部的交換機，電話一樣是用雙絞線連到私有的交換機（PBX, private branch exchange）。在電話線路上，雙絞線使用類比訊號傳輸。另一個常見的應用是區域網路中的雙絞線，可以支援達到 10 Mbps、100 Mbps 與 1 Gbps 的資料速率。假如手邊有一般乙太網路卡連接的雙絞線，可以拆開來看看，應該和圖 2-4 所顯示的很像，注意觀察總共有幾條線，以及如何纏繞在一起。

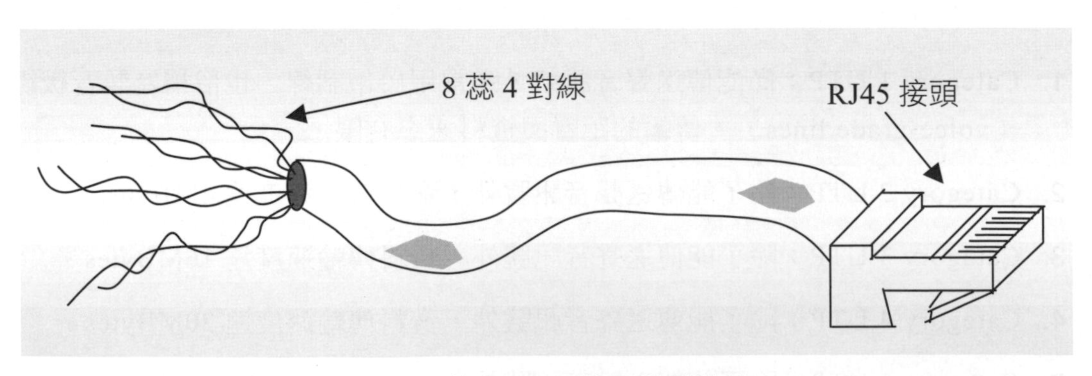

圖 2-4　接了 RJ45 接頭的雙絞線

2.2.2 同軸電纜

同軸電纜（coaxial cable）的頻寬與傳輸距離均優於雙絞線，同軸電纜線以一根銅質內導線及網狀導體（conducting mesh）為主，兩者之間以另一個絕緣材料分隔，最外層是另一個具有保護作用的絕緣體，由於都同一圓心，所以稱為同軸電纜。在同軸電纜線中，真正用於訊號傳輸的部份是內導線（inner conductor），網狀導體用於防止電磁波能量散射以及接地（ground）功能。同軸電纜的構造降低了交替干擾（crosstalk）與一般干擾（interference）的情況。圖 2-5 顯示同軸電纜的外觀與構造。

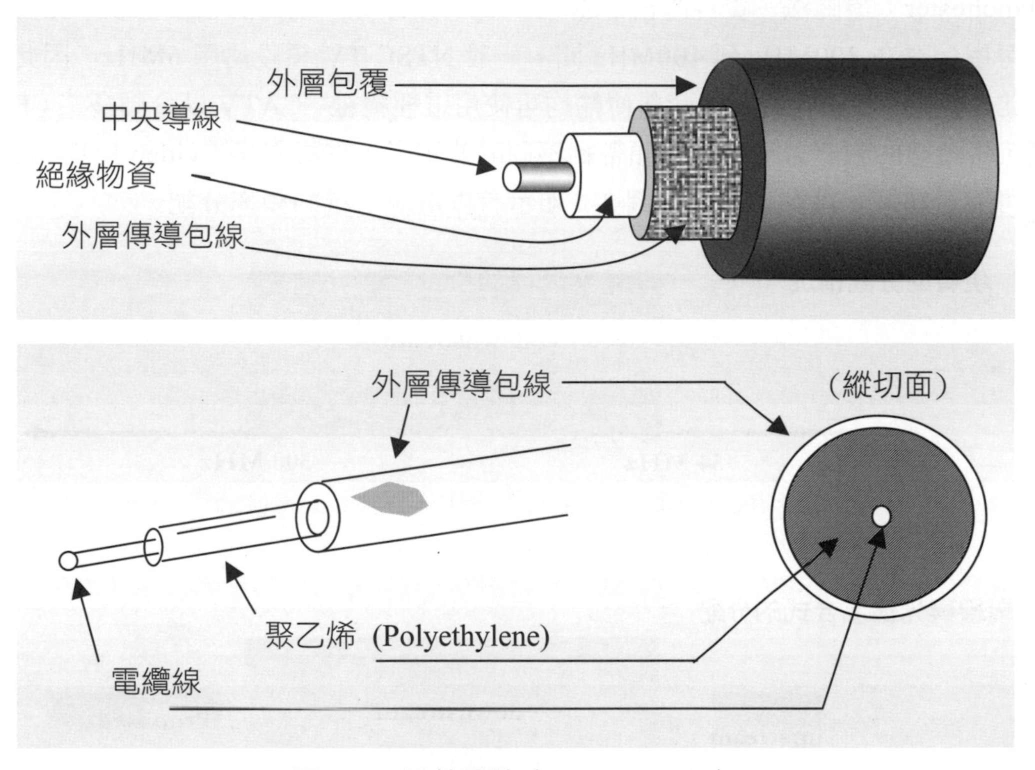

圖 2-5　同軸電纜（coaxial cable）

傳輸特性與物理特性

一般的同軸電纜的直徑約 1 公分到 2.5 公分，在傳送距離上比雙絞線遠，共用介質時可以連接更多的節點。同軸電纜可以用來傳送類比訊號與數位訊號，同軸電纜會受一般的減損（attenuation）、熱雜訊（thermal noise）與調變間雜訊（intermodulation noise）的影響。假如用來做長程的類比傳訊，需要使用放大器（amplifier），頻率越高則放大器間距越小，一般的纜線電視（cable TV）使用的頻寬約 500 MHz。用來做數位傳訊時，約每公里就需要一個接續器（repeater），資料速率越高則接續器的間距越小。

實際的用途

區域網路所使用的同軸電纜規格可分為 50 與 75 歐姆兩種，前者用基頻傳輸，後者則使用於寬頻系統，75 歐姆纜線也是有線電視（CATV, community antenna TV）的標準規格。50 歐姆同軸纜線使用於數位訊號傳輸，大部份採用曼徹斯特（Manchester）編碼法，資料傳輸率達 10 Mbps 以上。75 歐姆同軸纜線以類比傳輸為主，可用頻寬在 300MHz 到 400MHz 間。一般 NTSC TV 頻段佔用 6MHz，因此，包含類比、影像、數據與聲音等資料傳輸均可使用這種纜線。CATV 以分頻多工（FDM）技術，將纜線的頻寬分成多個次頻帶給不同的使用者，電視視訊（video）與一般數據資料可混合在同一線路內傳送。圖 2-6 顯示有線電視系統的頻率分配。

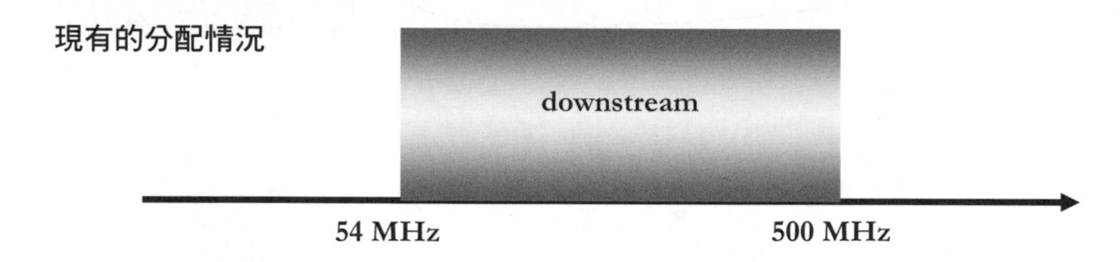

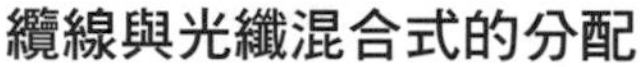

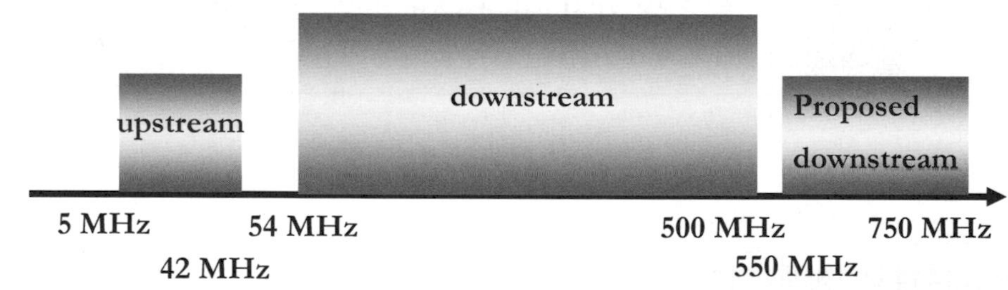

圖 2-6　有線電視系統的頻率分配（Leon-Garcia 2000，pp 143）

2.2.3　光纖

在 1960 與 1970 年代時，數位通訊系統的建置使用了雙絞線與同軸電纜，跟類比系統比較起來經濟多了。圖 2-7 顯示光纖的外觀，光纖的結構包含三種同心的材料，即外層被覆（jacket）、中層纖覆（cladding）及內層纖核（core）。**光纖傳輸**

系統（optical fiber transmission system）在 1970 年代開始使用，效能與經濟效益比同軸電纜更高，近年來光纖急速發展而且逐漸被接納成為廣泛使用的通訊媒體。主要原因包括：

1. 光波傳輸的頻寬非常大：用於傳送的光為可見光波，頻率在 10^{14}Hz 到 10^{15}Hz 間，光纖的頻寬約 2GHz 左右。技術上已經發展出能同時傳送數萬通電話的光纖。
2. 光纖能在惡劣環境使用：光纖並非以一般纜線用的電子來傳送訊息，而是以非傳導性的質子，不會產生火花，在高溫與易燃氣體的工作環境中安全性比較高。光纖也比較不會受到電腦內電氣元件的干擾。
3. 光纖的訊號減損率很低：光纖訊號傳送幾公里後，只有輕微的衰減，因此訊號接續器（repeater）的間隔可以提升到 30 公里到 50 公里左右的距離。
4. 資料的位元錯誤率（BER，bit error rate）很低：資料傳遞發生錯誤的比例很低而且不會隨訊號頻率增加而增加。
5. 部署的優勢：光纖十分輕巧，不佔空間。

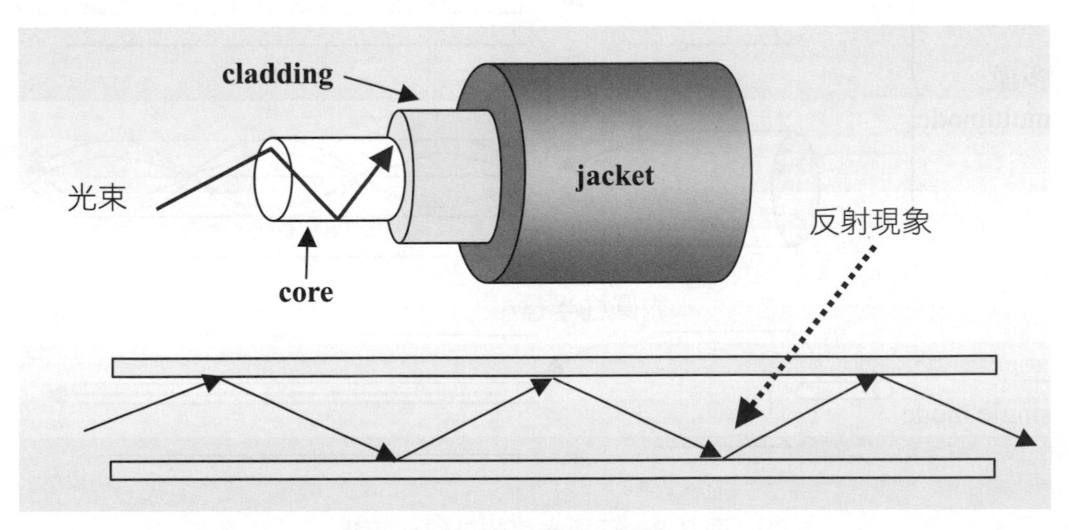

圖 2-7　光纖的外觀

由於光纖將在未來的寬頻及高速網路中會扮演重要的角色，下面我們就以光纖為例，來說明傳輸介質的特性。光纖（Optical Fiber）是很薄約 2μm 到 125μm 而且有彈性的介質，可以傳導光射線（Optical Ray）。光纖可以由各種玻璃與塑膠材料製成。圖 2-8 是三種光纖的外觀與結構，光源將光束射入光纖的內圓柱，在多模光纖中，光束會折射，在單模光纖中，光束不會折射。圖 2-8 中間的多模斜射率（Multimode Graded

Index）光纖效能與特性介於單模與一般的多模光纖之間，可以比較有效率地聚集光束。單模光纖的效能最高。和雙絞線與同軸電纜比較起來，光纖有下列的優點：

1. 頻寬高：光纖在較長的距離可以提供較高的頻寬。
2. 光纖體小質輕：在佈線時，光纖由於體積小、質量輕，不需要很多結構上的支撐，施工較容易。
3. 衰減率低：光纖所傳送的訊號可以經長距離而不衰減。雙絞線和同軸電纜則缺乏這樣的特性。
4. 電磁干擾的免疫力：光纖系統不會受電磁場的干擾，同時不容易被抄截，安全性較高。
5. 訊號接續器（Repeater）之間的距離比較長，可以降低成本，而且減少佈線的工作量。

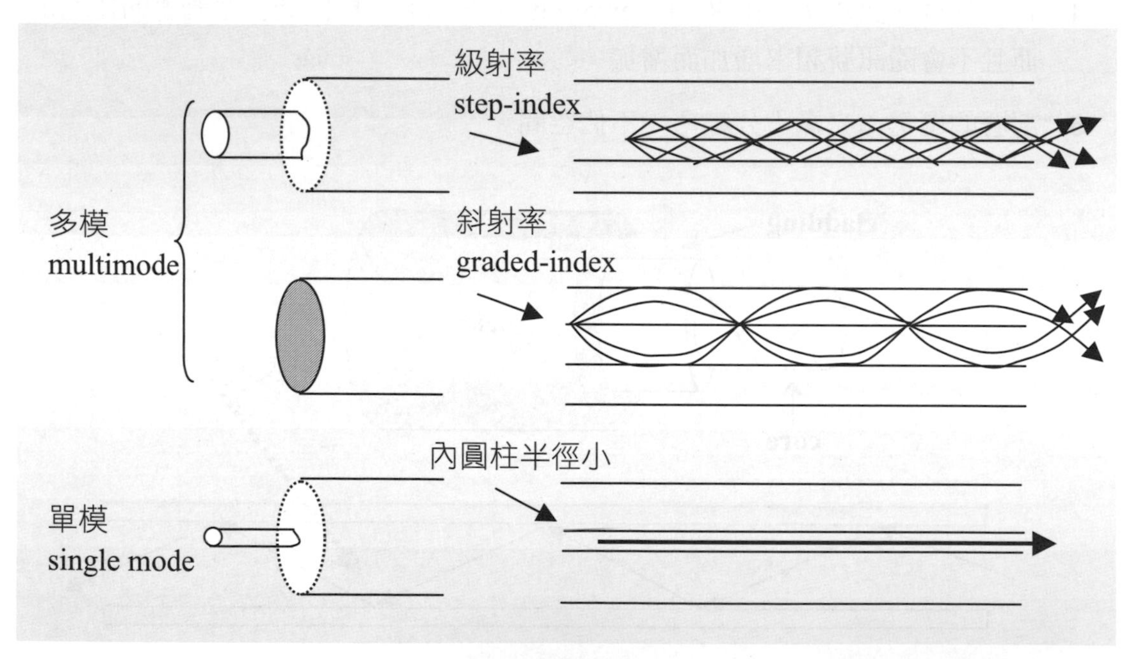

圖 2-8　三種光纖的外觀與結構

傳輸特性與物理特性

基本上，光訊號是以開/閉（on/off）的光脈波形式來表示數位資料流，在光纖纜線中傳送。光纖內層纖核的折射率（refractive index）比中層纖覆大，當光波進入纖核後，在纖核／纖覆介面處被反射回來，因此，光波沿著光纖軸線反射，隨著光纖媒體通往接收端。光纖通訊系統中只傳導光脈波，因而純粹以光波來說只能傳送類比式的訊號。但是對資料源而言，可以先經過適當的調變，傳送數位與類比訊號。圖 2-9 顯示一個光傳輸系統（optical transmission system）的結構，傳送器包含一個光產生源，可以依據輸入的電子訊號調變成傳導的光束。

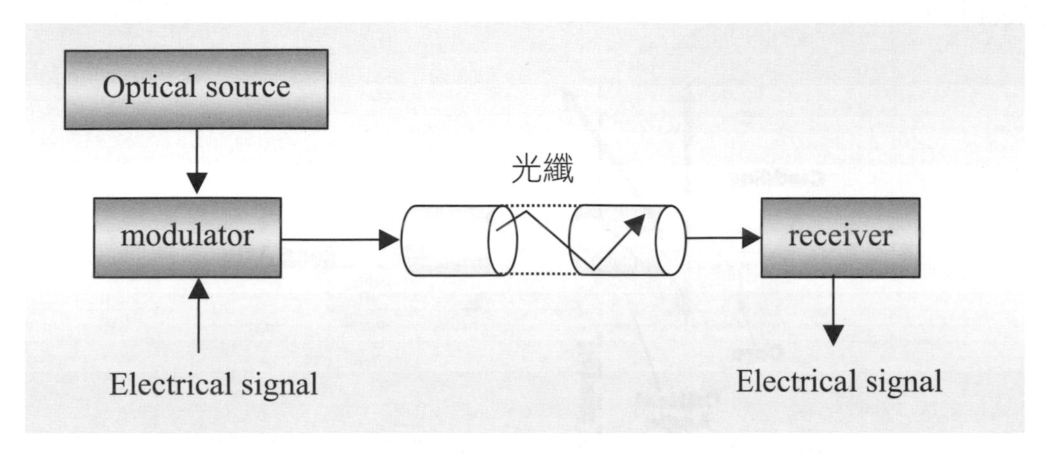

圖 2-9　光傳輸系統（optical transmission system）

光（light）也算是一種電磁波，只不過我們把電磁波的特定頻率範圍界定為光譜的範圍，光本身又分成可見光（visible light）與不可見光（invisible light），圖 2-10 特別把光通訊使用的訊號頻率附近的光譜畫出來，通訊系統使用的部分集中在紅外線（infrared）附近，屬於不可見光，可以透過 LED 或紅外線雷射（infrared laser）產生，因此光纖裡頭的光是沒有顏色的，肉眼看不到。

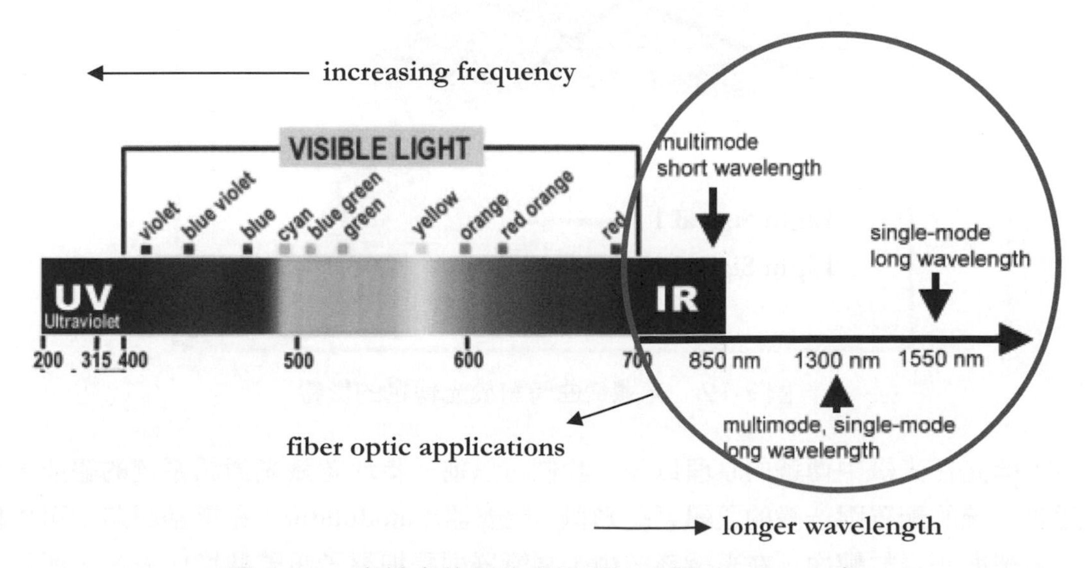

圖 2-10　光纖中使用的光訊號的光譜（spectrum）

當光由折射率（index of refraction）為 m_1 的介質進入折射率為 m_2 的介質時，若是 $m_1>m_2$，則折射以後光會偏離與介質介面垂直的線，即圖 2-11 中的 normal line，假如入射的角度越大，偏離的角度也越大，當入射的角度到達臨界角度（critical angle）時，光會沿著介質表面前進，一旦入射角大於臨界角度以後，光就會開始反射（reflect）。

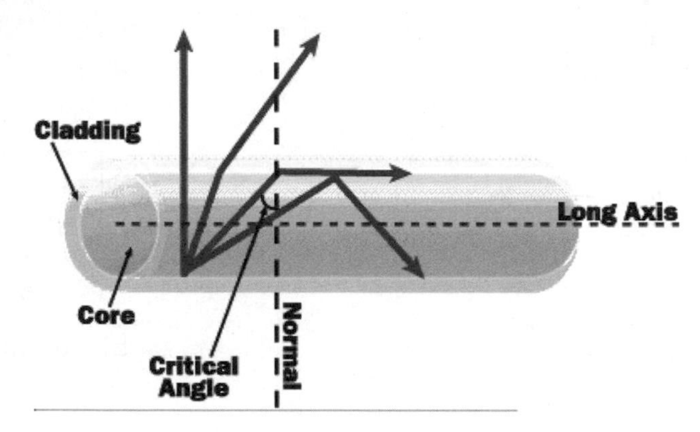

圖 2-11　光纖內部光的反射作用（資料來源：@2001 How Stuff Works）

光纖裡頭的光就是在不斷反射的情況下傳遞，即使光纖纜線有部分彎曲，光還是可以在同樣的原理下傳送，如圖 2-12 所示，而且一條光纖內部可以傳送很多種不同波長的光訊號。

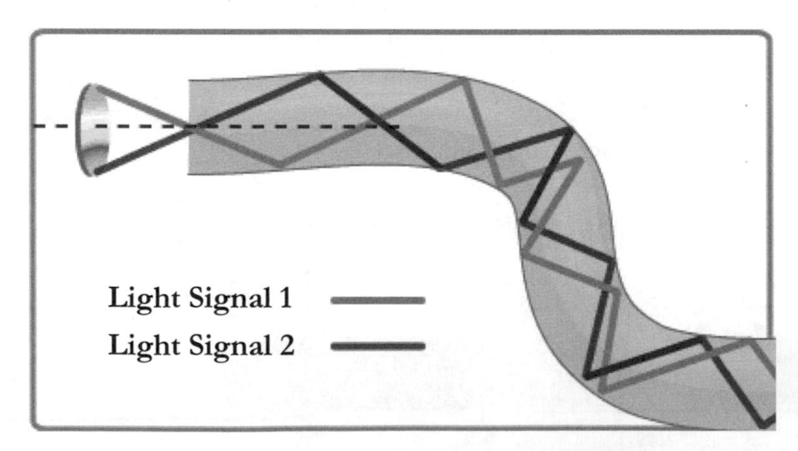

圖 2-12　光纖彎曲時對於光傳遞的影響

了解光在光纖中傳遞的原理以後，我們可以進一步地認識光通訊系統的組成，光纖通訊系統的配置跟一般的通訊系統類似。調變器（modulator）在電話網路中可以做電子訊號與語音的轉換，在光纖系統中，調變器則是把電子訊號轉換成光波，所謂的 modem 是 modulator-demodulator 的縮寫，可以做雙向的轉換。

實際的用途

光纖在通訊網路上的使用逐漸普及，已經應用在長途電信網路的主幹（Long-haul trunks）、都會網路主幹（Metropolitan trunks）、城郊主幹（Rural exchange trunks）、區域迴路（Local loops）以及區域網路中。早在 1980 年代，電信交換中心之間的光纖幹線，已經可以達到 30 Mbps 以上的速率。相似的幹線在目前更能提供高達幾 Gbps 以上的速率。長達數千英哩的光纖主幹，也可以提供 10 Gbps 以上的速率。圖 2-13 顯示出光纖幹線的外觀，在內部的圓柱軸中，包含許多條圖 2-7 中所介紹的光纖，傳輸速率是這些光纖的總和。雙絞線與同軸電纜雖然也可以集成類似的幹線，但是因為體積較大、質量又重，佈線比較困難，傳輸速率也遠低於光纖。圖 2-14 顯示實際光纖的外觀。

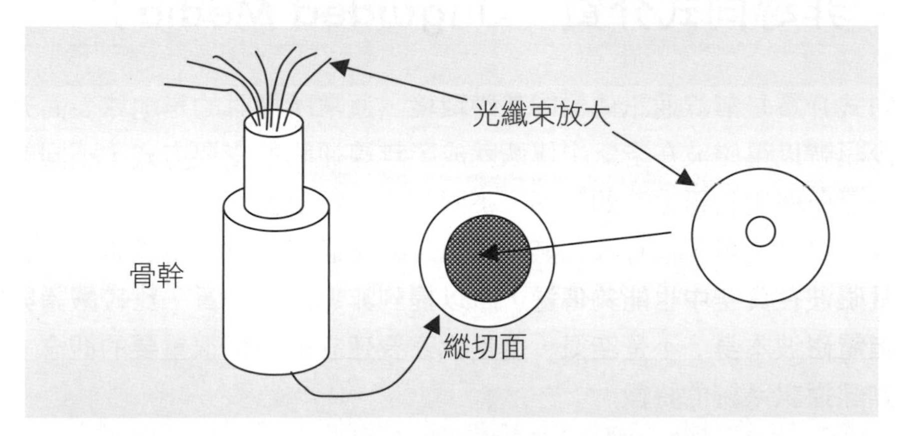

圖 2-13　光纖幹線的外觀

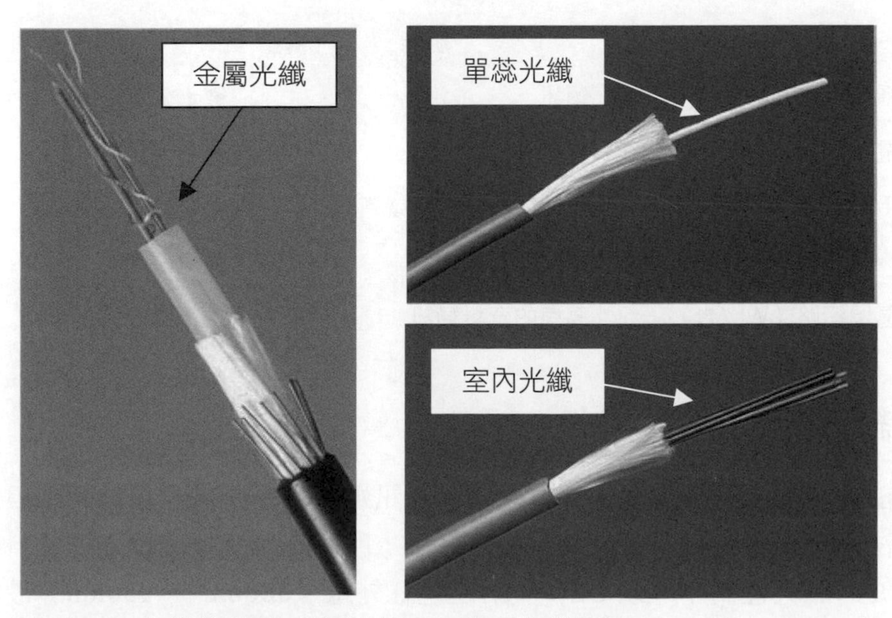

圖 2-14　光纖的外觀（資料來源：聯合光纖通訊 www.ufoc.com.tw）

到底光纖有多大的潛力呢？以 1300 nm 的波長來說，頻段的減損只有 0.5 dB/km，頻寬有 25 terahertz，相當於 25×10^{12}Hz，或是 25000 GHz，以 1550 nm 的波長來說，頻段的減損只有 0.2 dB/km，頻寬也差不多有 25THz，這些都是目前還沒有用到的光通訊頻段。WDM（Wavelength-Division Multiplexing）的技術是希望能善加利用現有的頻寬，在同一個光纖中使用多個波長來承載資訊流。WDM 也算是一種多工的技術。早期 WDM 可以使用 16 種波長，每個波長提供 2.5Gbps 的容量，總共是 40 Gbps，傳送距離超過 300 公里。稠密 WDM（DWDM, dense WDM）技術使用 160 種波長，每個波長提供 10Gbps 的容量，總共是 1600 Gbps。

2.3 非導向式介質（Unguided Media）

非導向式介質是無線通訊傳輸的基礎環境，通常所探討的是地球表面充滿空氣的空間，然後訊號以電磁波在空氣中傳遞就成了無線通訊的主要方式，不同的無線通訊的差異之一是所使用的電磁波的頻率，不同頻段的電磁波有時候會賦與特殊的名稱，例如紅外線、可見光等。也有人把無線通訊分成光通訊與無線電通訊，其實都是電磁波。**由於電磁波在真空中也能夠傳遞，所以提到非導向式介質，比較嚴謹與明確的說法應該是指電磁波本身，不是空氣，這是大家要建立的一個很重要的觀念。**表 2-2 列出常見的無線通訊系統的特徵。

表 2-2　常見的無線通訊系統（Leon_Garcia 2000，pp 149）

通訊系統	功能	通訊範圍
呼叫系統（paging）	短訊	數十公里
無線電話（cordless）	類比與數位語音	數十公尺
蜂巢手機	類比與數位語音或資料	數公里
PCS	數位語音或資料	數百公尺
無線區域網路（WLAN）	高速的資料通訊	約 100 公尺

2.3.1 紅外線（Infrared）

我們前面章節所討論的雙絞線、纜線等通訊媒體都是屬於有線通訊，但是由於有線通訊無法達到不定方位、不定點工作的需求，所以有無線控制及傳送資料的需求。在無線光波通訊與控制中，以 LED 發射之近紅外線（880nm ～ 950nm）最常用，因為它的電流反應率最高，且此種元件及材料製作成本低廉，技術相當成熟，紅外線也可以避免無線電波及聲波干擾，它的調變技術及光電介面容易製作。

1. 點對點紅外線傳輸：點對點紅外線傳輸頻寬在 100 Kbps 至 16Mbps 之間（1 公里距離），會受強光影響，不易被竊聽。
2. 廣播式紅外線傳輸：廣播式紅外線傳輸頻寬一般低於 1Mbps，具機動性不須固定位置，易被竊聽。

2.3.2 無線電微波

無線電微波的頻率範圍在 2GHz 到 40GHz 之間。微波傳輸屬於一種有向的（line-of-sight）傳播方式，即傳送與接收端間不能存有障礙物體阻擋，才能收到良好的聲音與影像。通常，微波用於寬頻段（wideband）及雷達（radar）系統，不過，電話系統也有使用微波傳輸的情況。1931 年，英國的多弗（Dover）使用第一個商業化的微波系統。

電視也使用微波傳輸，因為微波提供視訊影像所需的傳送容量。加拿大擁有一個全世界最廣泛的微波系統，此外，美國也有幾個微波系統，作為語言及資料通道。微波系統所使用的訊號是一種直線波，也就是說，微波並不沿著地球曲面傳送，而是以直線方式直接由傳送端送達接收端。因此，兩端的距離與彼此的天線高度間有重要的關係。微波傳輸的衰減必須考慮兩端的氣候、風速、雨量以及實際所使用的頻段，天線兩端的距離也是要考慮的因素。衛星也是一種微波通信系統。在衛星傳輸中，由地面的發射天線將訊號送上固定在地球軌道上的衛星，再由衛星轉送下來，廣播訊號給地面上其它的接收天線

2.3.3 無線電波（radio waves）

無線電波包括很多種類型：短波、高頻電視訊號（VHF）、調頻（FM）無線電與超高頻（UHF）等。低功率單頻以單頻運作，傳輸頻率在 20MHz 到 30MHz 之間，可以穿透某些物質，高功率單頻除了傳輸距離較遠外，其他方面與低功率單頻類似，可以利用大氣層反射原理，傳到地平線以外的區域，所以很適合陸上、海上、空中與行動式的網路，無線電也可以同時使用數個頻率進行傳輸。表 2-3 顯示各種無線電頻段的傳輸特性。表 2-3 中的 FSK 指 Frequency Shift Keying、ASK 指 Amplitude Shift Keying、PSK 指 Phase Shift Keying，SSB 指 single-sideband modulation。

表 2-3　無線電頻段的傳輸特性

頻段	Analog data		Digital data	
	modulation	bandwidth	modulation	Data rate
LF	罕用		ASK, FSK, MSK	0.1-100 bps
MF	AM	4 KHz	ASK, FSK, MSK	10-1000 bps
HF	AM, SSB	4 KHz	ASK, FSK, MSK	10 – 3000 bps
VHF	AM, SSB,FM	5 KHz-5 MHz	FSK, PSK	100 Kbps
UHF	FM, SSB	20 MHz	PSK	10 Mbps
SHF	FM	500 MHz	PSK	100 Mbps
EHF	FM	1 GHz	PSK	570 Mbps

2.4 可靠的通訊方式

電影常以隕石或慧星撞地球、或是外星人入侵為題材，描述災難發生的景況，其中一個很特別的場景就是「通訊的中斷」，或是「通訊的干擾」，讓人無法跟外界聯絡。台灣在 921 地震發生時大家也曾經歷過類似的情況。假如要從有線與無線介質的角度來看，其實大家可以發現停電的時候通常電話還是暢通的，但是電信設施若遭毀壞還是可能造成電話網路的癱瘓。無線網路雖然是在自由的空間傳遞，但是仍然倚賴地面的通訊設施來轉接，所以同樣會受影響。因此，越簡單的通訊方式在急難時反而比較不受影響，例如簡易的民用無線電，甚至以最原始的方式傳遞摩斯碼（Moss code），都是電影中常見的場景。

常見問答集

Q1 什麼是 soliton？

答：一般的光脈波（light pulse）經光纖傳播時，脈波會展開（spread），連續脈波之間的最短時間間隔受限制，使資料速率也受限制。soliton 是一種特別的脈波形狀（pulse shape），當它傳導經過光纖時形狀不會改變，因此實驗上曾經達到 80 Gbps 傳播 10000 公里的記錄。未來可望發展出以 soliton 為基礎，不需要訊號接續器（repeater）的數位傳輸系統。

Q2 什麼是 10Base-FP Ethernet、1000Base-X、1000Base-SX 與 1000Base-LX？

答：10Base-FP Ethernet 是採用光纖的乙太區域網路的一種標準，100Base-FX 是採用光纖的 fast Ethernet 的標準，1000Base-SX 與 1000Base-LX 則是採用光纖的 Gigabit Ethernet 的標準。

自我評量

1. 導向式介質（Guided Media）與非導向式介質（Unguided Media）有何差異？非導向式介質所指的是空氣嗎？
2. 在空曠人少的地區跟在大都會人口密集區的行動無線通訊設計的要求會有什麼樣的差異？
3. 電話線路與一般的區域網路上所使用的雙絞線一樣嗎？
4. 各種場合所使用的同軸電纜（coaxial cable）一樣嗎？例如有線電視使用的與區域網路所使用的同軸電纜。
5. 光傳輸系統（optical transmission system）有什麼樣的架構與特性？
6. 無線電磁波有那些常見的種類？各有何用途？

3 CHAPTER 訊號與通訊

本章的重要觀念

- 認識訊號的特性。
- 了解訊號與通訊的關係。
- 了解訊號與資料的關係。
- 無線通訊的訊號和有線通訊的訊號有什麼不同？
- 無線通訊的環境對於訊號有什麼影響？

初學網路時對於和訊號處理有關的公式或電路是最讓人頭疼的，但是訊號的處理是通訊系統最主要的工作，必須先對它有深入的了解，才能明白通訊的原理。其實通訊服務是透過訊號來提供的，訊號品質佳，送達的速度快，代表服務好，譬如說講電話時聽不清楚、看電視的時候我們會在乎畫質的清晰不跳格，或是上網瀏覽的時候最好不要等待。無線通訊的訊號處理與有線通訊有許多相似之處，也有些比較特別的地方。讓我們先來認識訊號吧！

網路上傳送的訊號都可以用電磁波的訊號來表示，任何的電磁波訊號若非**數位的（digital）**就是**類比的（analog）**的訊號，**電磁波訊號本身可視為由數種不同頻率的訊號組成的，這些頻率的範圍決定了電磁波訊號的頻寬（bandwidth），同時也影響所能傳送的資料速率**。訊號的品質與傳輸介質的特性是影響資料通訊的兩個主要因素，訊號在介質中傳送的過程中發生的減損（impairment）幾乎是無法避免的，所以設計通訊系統時一定要先釐清這些問題。

3.1 認識訊號

在通訊系統中，所謂的訊號（signal）是指電磁波的訊號，訊號的傳遞是一種能量（energy）的傳送，其中隱含著資訊。首先，我們從電路來看通訊的原理，資訊要轉換成電子訊號，在技術上已經相當地成熟，就以人類講話所產生的聲波為例，當聲波刺激到麥克風時，線路的電阻改變，根據歐姆定律，線路上的電流也會跟著改變，當電流的改變傳遞到耳機以後，重新產生出原來的聲波。像這樣簡單的電路設計，其實就已經有資訊傳遞的功能。圖 3-1 畫出從聲波到電波並且還原成聲波的簡單電路。以這樣的電路來說，我們真正要傳遞的有用資訊是聲波，電波只是傳送的型式，電話銅線則是傳遞的媒介。

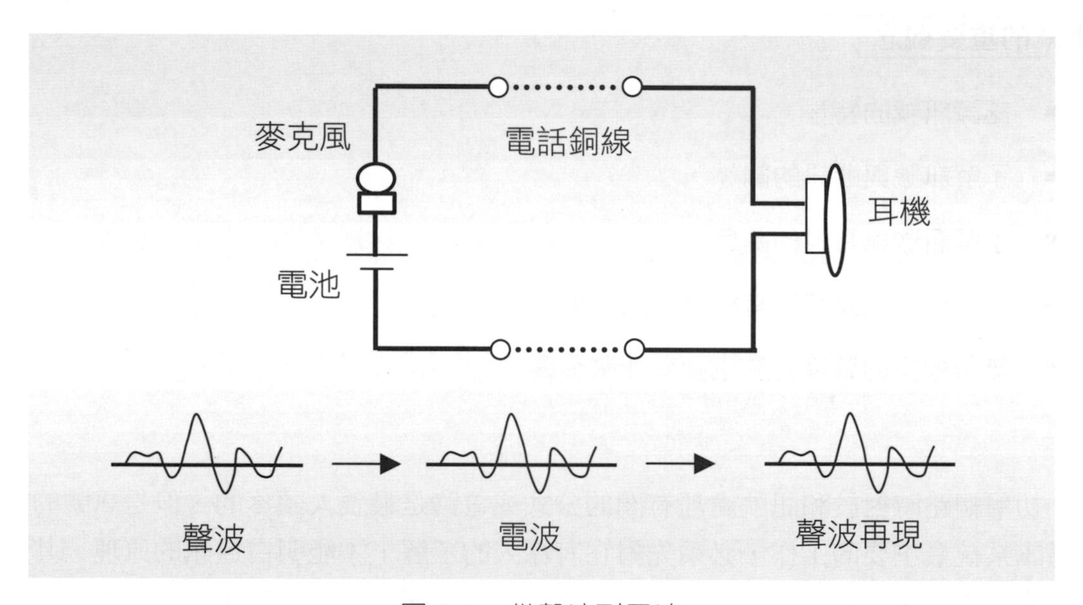

圖 3-1　從聲波到電波

3.1.1 訊號的特徵

通訊系統最基本的功能，是將資料轉換成訊號（Signals），以電磁波的方式，經由傳輸介質，從某一地點傳到遠距離外的另一點，所接收到的訊號，可以被還原成原先的資料。資料（Data）也稱為數據，經過處理後，可以變成具有涵義的資訊（Information）；例如，「23」是資料，「某人的年紀 23 歲」則代表資訊。只要通訊系統的兩端點具有資料處理的功能，我們也可以把傳輸的內容當成資訊。因此，通訊系統（Communications System）最基本的架構就如圖 3-2 所示，是經由某種傳輸管道，將資訊由甲地傳至乙地。資訊是以訊號（Signal）的型態在管道上傳送的。我們把傳輸管道的材質稱為傳輸介質，不同的介質可以傳送特徵不同的訊號。

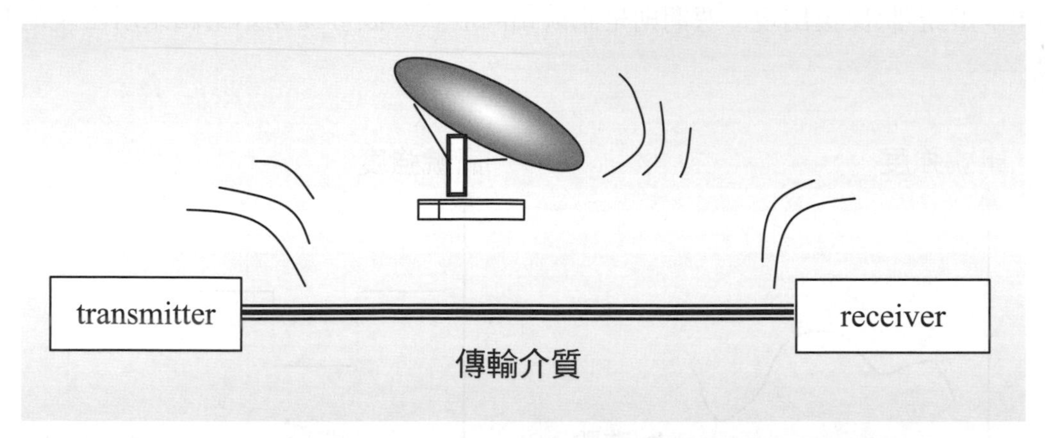

圖 3-2　通訊系統（Communications System）最基本的架構

資訊與訊號的基本類別與型式

資料（data）是介於資訊與訊號之間的一種型式。我們可以把資訊看成是資料的組合，呈現時具有某種涵義，而資料則純粹是為處理上的方便所使用的型式或格式；資料可以轉換成訊號，在通訊系統中傳送。資料和訊號的特性，是通訊系統最重要的問題之一。基本上，資料或是訊號可用下面表 3-1 的兩種特性來分類。

表 3-1　資料與訊號特性的分類

特性	說明
類比（Analog）	類比訊號或是類比資料具有連續性，假如把資料或訊號的特徵以數值來表示，這些數值會對應到連續的數值。例如人的聲音就屬於類比資料或類比訊號。
數位（Digital）	數位訊號或是數位資料具有不連續性，以數值來表示時，會像數學中的整數一樣，無法涵蓋數線上的連續值。所以，常見的數字資料就是數位資料的例子，而常聽到的 0 與 1 與高低電壓之間的對應，則是數位訊號的一例。

訊號有一個簡單的分類方式，即依訊號的型態分成下列兩種：類比訊號（Analog Signal）與數位訊號（Digital Signal）。圖 3-3 表示這兩種訊號的主要差異。圖 3-3 是將訊號的強度對時間繪圖得到的結果。我們可以看到，類比訊號強度的數值是連續的，而數位訊號強度只有某些不連續的特定值。**訊號的特性可以從訊號的振幅（Amplitude）、頻率（Frequency）與週期（Period）來描述**。訊號的振幅代表訊

號的強度，振幅越大表示訊號的強度高，所具有的能量也越大。頻率指訊號重複出現的速率，以赫茲（Hertz 或 Hz）為單位，即每秒幾次，所謂的重複出現是指訊號的波形以相同的形狀反復出現。週期則是訊號相同形狀的波形從開始到結束所出現的時間長度。

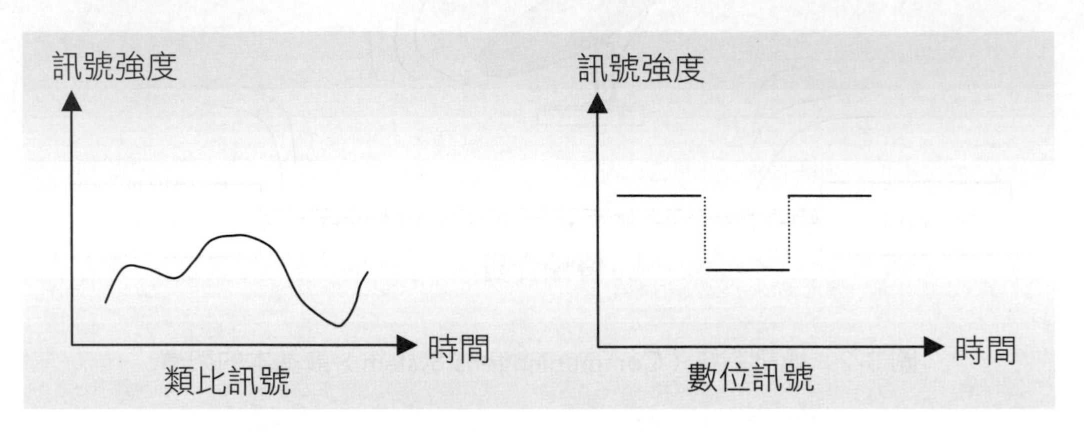

圖 3-3　類比訊號（Analog Signal）與數位訊號（Digital Signal）的主要差異

所謂的週期性訊號是指訊號的振幅，有規律性的變化。圖 3-4 是一個週期性訊號的例子。其振幅在數值 1 與 0 之間，週期是 0.5×10^{-6} 秒，頻率是週期的倒數，亦即 2×10^{6} 次／秒，若是以 M(Mega) 代表 10^{6}，Hz(Hertz) 代表（次／秒），則圖 3-4 中訊號的頻率就是 2 MHz。

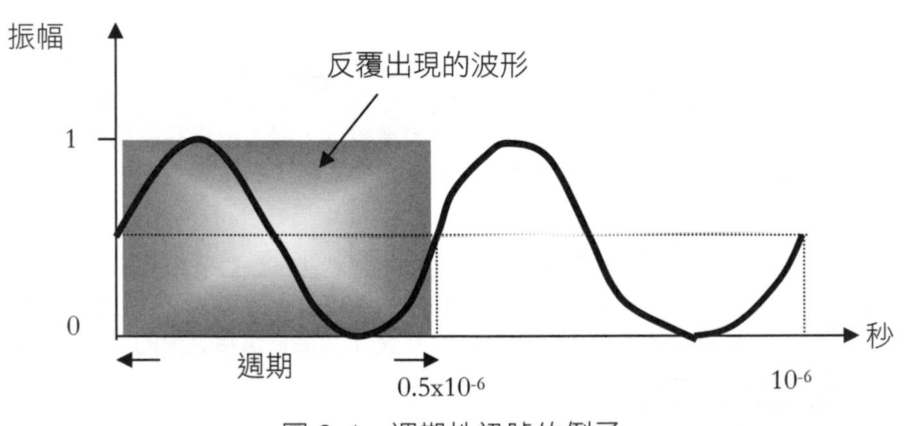

圖 3-4　週期性訊號的例子

訊號的另一個重要的特徵是相位（phase），相位用來計算單一週期內在時間點上的相對位置，假如以 0 到 2π 來計算，就可以把相位看成是由 0 度到 360 度的範圍。從圖 3-5 可以比較清楚地了解相位（phase）的觀念。

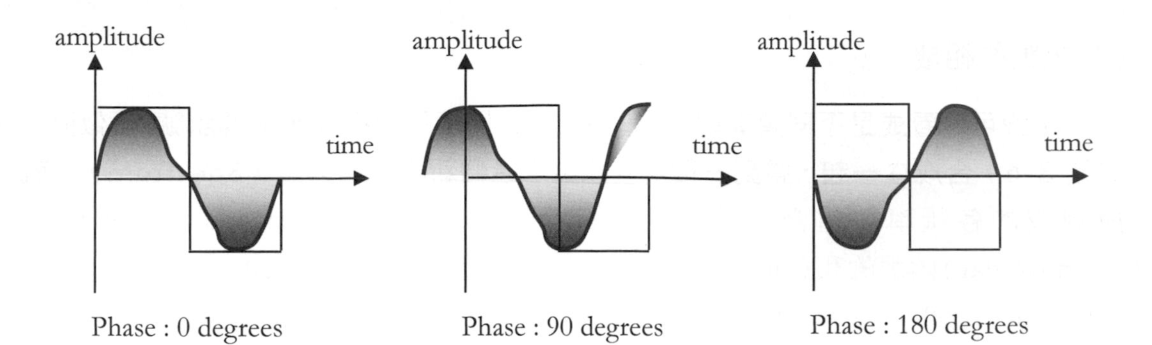

圖 3-5　相位（phase）的觀念

下面的函數代表訊號強度 s 與時間 t 的關係，以週期函數來說，會有 $s(t+T)=s(t)$ 的關係，圖 3-6 試著改變 A、f 與 ϕ，看 $s(t)$ 的值有什麼樣的改變。

$$s(t) = A\ \sin(2\pi ft + \phi)$$

簡單地說，A 改變 s(t) 的振幅，f 可以控制 s(t) 的週期，ϕ 則是讓 s(t) 移動某個相位。訊號還有一個特性叫做波長（wavelength），我們把波長 λ 定義為訊號在一個週期的時間內移動的距離，由於電磁波在空間裡的傳遞速度大約等於光速，即 3×10^8m/s，所以電磁波訊號的波長可以用這個速度除以訊號的頻率來計算。

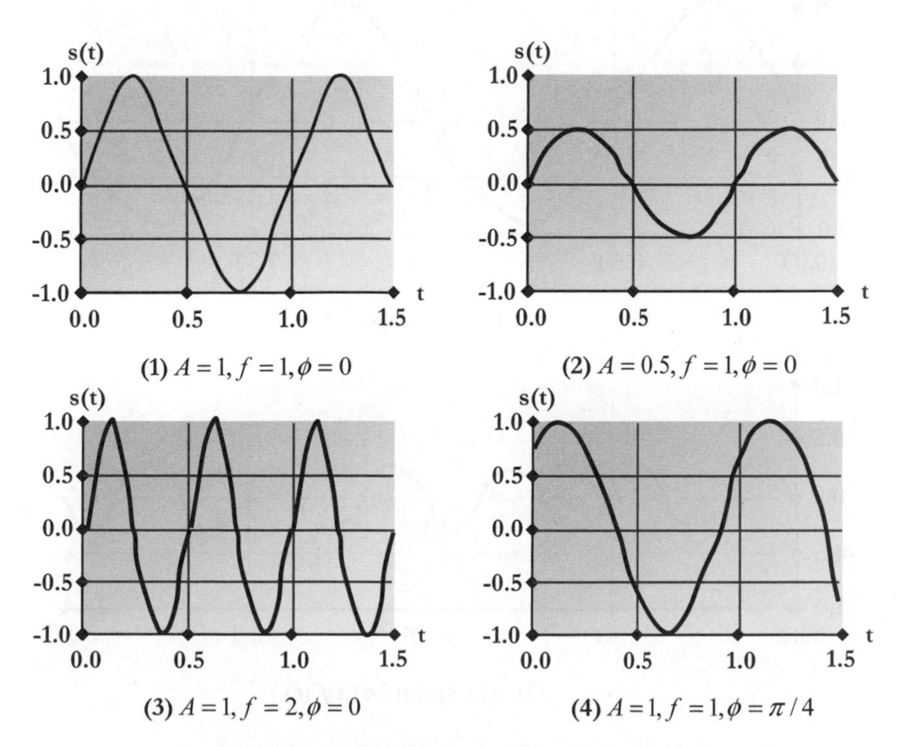

圖 3-6　改變參數對於訊號波形的影響

訊號的組成

訊號可以看成是不同頻率電磁波的合成，我們可以把不同頻率的訊號(類似圖 3-4 或圖 3-6）合成在一起，得到一個新的訊號；這個新訊號的頻譜（Spectrum），就是所組成的各頻率的組合。任何的週期訊號（periodic signal）都能表示成正弦（sinusoidal）函數的和（sum），我們把這個和（sum）稱為傅立葉級數（Fourier series）（Stallings 2000）。

$$x(t) = \frac{A_0}{2} + \sum_{n=1}^{\infty}[A_n \cos(2\pi n f_0 t) + B_n \sin(2\pi n f_0 t)]$$

既然訊號可以用這樣的級數來表示，那麼傳輸介質對於訊號的影響就能用頻率來表示了！直流電（direct current）的波形的頻率是 0，所謂的 dc component 就是指訊號中含有頻率為 0 的成份。以方波（square wave）來說，其頻率的組成有那些呢？圖 3-7 把兩個正弦波的訊號加成以後，得到了近似於方波的訊號，事實上，我們可以加入更多的組成頻率的訊號，使加成之後的波形更接近方波，因此，我們可以說數位訊號是由無數的組成頻率的訊號所合成的，因此其頻寬是無限的。

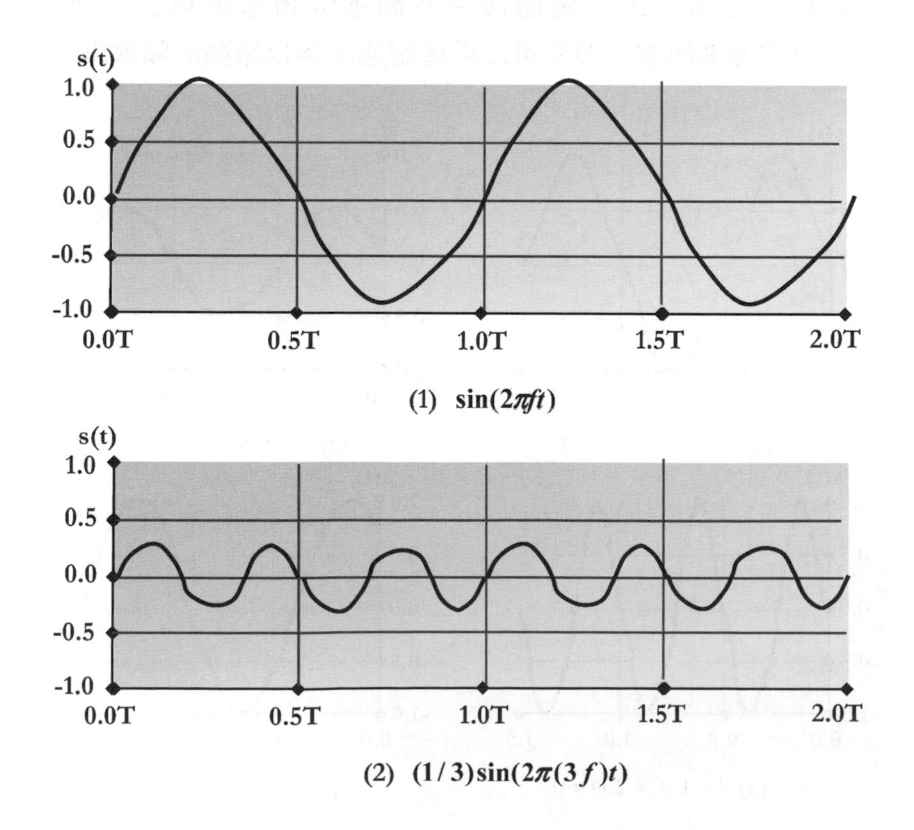

(1) $\sin(2\pi ft)$

(2) $(1/3)\sin(2\pi(3f)t)$

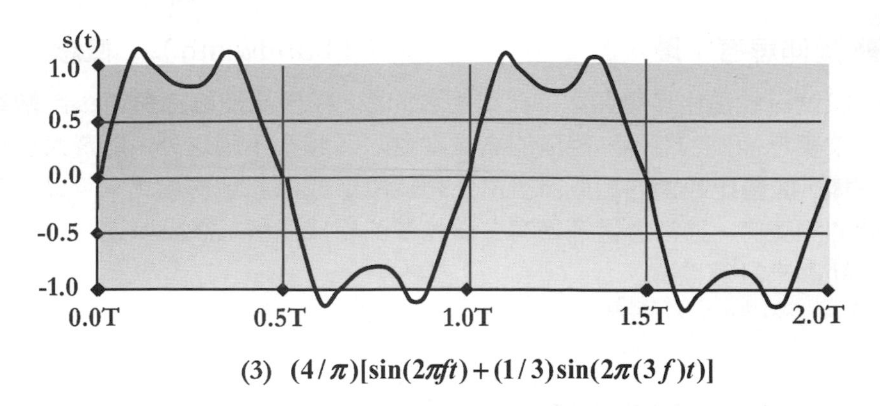

(3) $(4/\pi)[\sin(2\pi ft)+(1/3)\sin(2\pi(3f)t)]$

圖 3-7　訊號的頻率組成觀念

頻寬（Bandwidth）與資料傳輸速率（Data Rate）

頻譜的範圍就是訊號的頻寬（Bandwidth）；一般而言，訊號的大部分能量集中在整個頻寬中的某一小段，稱為訊號的有效頻寬（Effective Bandwidth）。因為資料可以隱含在訊號振幅的週期變化裡，頻率愈高，表示內含的資料量愈大，因為有效頻寬是實際上傳輸介質可以運用的頻率範圍；所以，有效頻寬越大，資料傳輸速率（Data Rate）也就越高。

由於網路終端設備的差異，同樣的頻寬可能會產生不同的資料傳輸速率。對於數位訊號而言，其頻寬的可能數值是無限的，但所使用的傳輸介質特性將限制實際上可達到的頻寬。**一般而言，要使實際上的頻寬越大，若是在介質相同的情況下，則所需的成本也越高，這是因為相關的網路設備越複雜**。我們從上面的討論可以建立下面的重要觀念：資料在通訊系統中的傳輸速率決定於訊號、介質與終端設備的特徵與品質。一般而言，介質可以同時傳送數種不同頻率的訊號，這些頻率的高低與範圍，將決定有效頻寬並影響資料的傳輸速率。

提到頻寬（bandwidth），有兩個需要特別注意的觀念，一般來說，**頻寬有兩個涵義，一種是指頻率範圍（width of a frequency band），以 Hz（Hertz）為單位，另一種則是我們熟悉的通訊線路的資料速率（data rate），可用 bits per second 來表示。另一個和頻寬有關的觀念是所謂的傳輸效率（throughput），代表實測的頻寬。**

延伸思考：擾人但是有趣的「頻寬（bandwidth）」概念

一個訊號可能是由多種頻率的訊號組合而成，在通訊理論裡頭可以用數學式子來表示他們的關係。組成的訊號本身除了頻率不同之外，能量大小也不一樣，能量比較大的組成訊號當然對於所形成的訊號影響大，所以定義訊號的頻寬時，通常會選擇帶有主要能量的組成訊號，然後以這些訊號的頻率範圍來計算頻寬。

3.1.2 資料與訊號之間的轉換

通訊的目的是為了把資料從源頭送達目的地，我們必須了解資料（data）本身的特性，資料在傳送時的型態，以及傳送過程中所需要的處理，使收到的資料對於接收端來說是可以接受的。資料在傳送時的型態就是訊號（signal），傳送過程中所需要的處理也叫做傳輸（transmission）。不管是探討資料、訊號或是傳輸，都有所謂的數位與類比的特性。

認識生活裡的資料與訊號

語音（audio）屬於類比資料，通常人的耳朵可以聽見。語音的頻率組成大約在 100 Hz 到 7 KHz 的範圍內。語音的能量大部分集中在低頻的範圍。另外一種常見的類比資料是視訊（video）。一般電視螢幕成像的原理是利用電子束（electron beam）打在螢幕上，由左而右由上而下，以黑白電視來說，電子束的強度決定了光點的亮度，這個強度的變化是以類比的方式隨時間而改變的，所以視訊可以看成是一種隨時間而改變的類比訊號。

語音資料在傳送時只要把 300 Hz 到 3400Hz 這個頻率範圍的組成資料送出，接收端就能清楚地辨識出語音的涵義。所以語音的傳送可以直接把語音資料轉換成 300Hz 到 3400Hz 範圍內相同頻率組成的電磁波，透過電話系統來傳輸。視訊資料要轉換成什麼樣頻率組成的資料呢？這可以從掃描的頻率來估計，因為每個光點掃描過時產生的亮度在下次掃描時會再改變，所產生的類比訊號來自光點的亮度。計算得到的電視視訊的頻寬大約是 4 MHz，包括顏色與語音的訊號在內。基本上，**類比資料是時間的函數，占有限的頻寬，可以直接以相同頻寬的電磁波訊號來表示。**

傳輸（transmission）

資料在經過網路傳送前，必須轉換成訊號，然後再以電磁波的型式，在介質中傳播。資料有類比與數位的特性；在技術上，數位或類比資料，都可以經數位訊號或類比訊號傳輸，在實際應用上，則有各種考量。圖 3-8 列出常見的資料與訊號的型式及轉換。

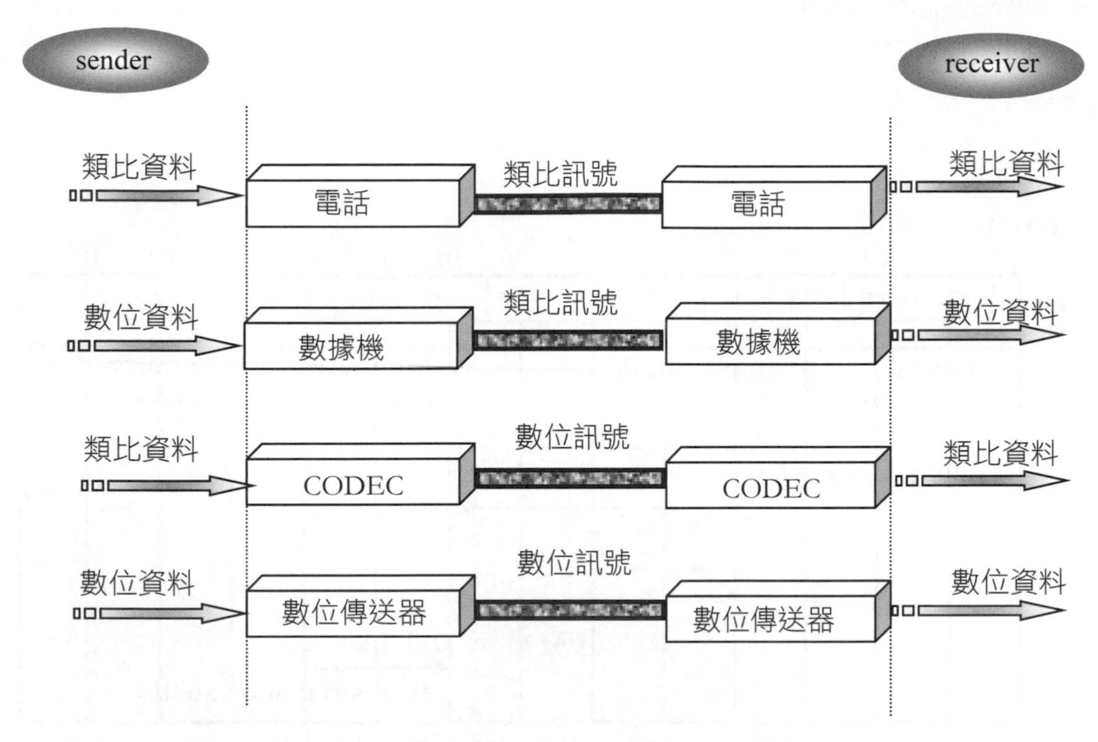

圖 3-8　常見的資料與訊號的型式及轉換

所謂的數位與類比對於資料（data）、訊號處理（signaling）與傳輸（transmission）來說都有特別的涵義，資料是有特殊意義的訊息，應用系統使用的資料常有個別的詮釋，訊號是資料以電磁波來表示的一種型式，訊號處理（signaling）負責將訊號利用介質傳送到其他的地方，傳輸（transmission）代表的意義比較廣泛，除了資料之外還要負責訊號的處理。

3.2 無線通訊裡使用的訊號

訊號必須透過介質來傳送，介質的特性會影響其傳送訊號的能力。無線通訊裡經過的介質是空氣、真空或是水，所以在無線通訊的文獻中常提到所謂的空氣介面（air interface），就是指透過空氣來傳送電磁波的訊號。圖 3-9 列出常見的傳輸介質所能承載的電磁波訊號之頻率與波長，包括有線與無線的介質在內，雖然使用的介質不一樣，我們還是可以用類比與數位這兩大類特徵來了解無線通訊世界裡的資料、訊號與傳輸。

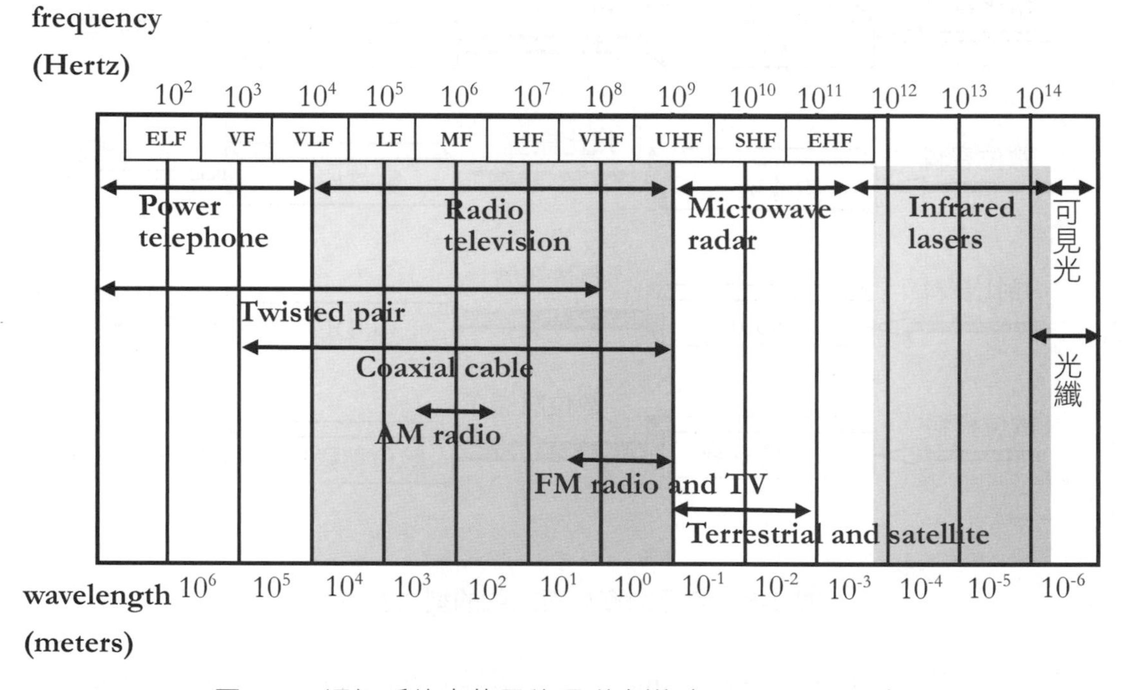

圖 3-9　通訊系統中使用的電磁光譜（Stallings 2000）

在無線通訊系統中我們希望傳送的資料也包括類比資料與數位資料，這些資料需要轉換成電磁波的訊號，才能在空氣中傳送。除了要考慮如何轉換之外，由於無線通訊的環境有很多障礙與干擾，在理論與實務上必須有完善的解決方法。還有就是頻寬是有限的，該如何分配電磁波的使用頻率是很重要的問題，分配到的頻率如何再分成通訊的頻道以及如何讓多人共用，都是無線通訊裡要解決的難題。

3.2.1 無線電頻譜（radio spectrum）

無線電磁波以空氣為介質來傳送，電磁波訊號的特性與無線通訊的技術關係密切。無線的網路服務（wireless networking services）採用的電磁波訊號頻率目前還集中在 1 GHz 附近，如圖 3-10 所示。我們可以把圖 3-10 裡頭的頻率分成 3 大區域，30 MHz 到 1 GHz 適合用於多向性的無線通訊，也常稱為廣播無線電（broadcast radio），2 GHz 到 40 GHz 大約是微波頻率的範圍，微波範圍可用來做單向性的無線通訊，提供點對點的（point-to-point）傳訊，微波也使用於衛星通訊（satellite communications）中，300 GHz 到 2×10^5GHz 則是紅外線（infrared）的頻率範圍，紅外線常用於小區域內的無線通訊，譬如在同一個房間裡頭，遙控器（remote control）用的就是紅外線，紅外線無法穿牆而過。以我們平時收聽的廣播來說，AM 約在 550KHz 到 1650KHz 的頻率範圍內，FM 則是在 88 MHz 到 108MHz 的頻率範圍內。微波包括了部分 UHF 和整個 SHF（super high frequency）的頻率範圍，廣播無線電包括了 VHF 和部分的 UHF。

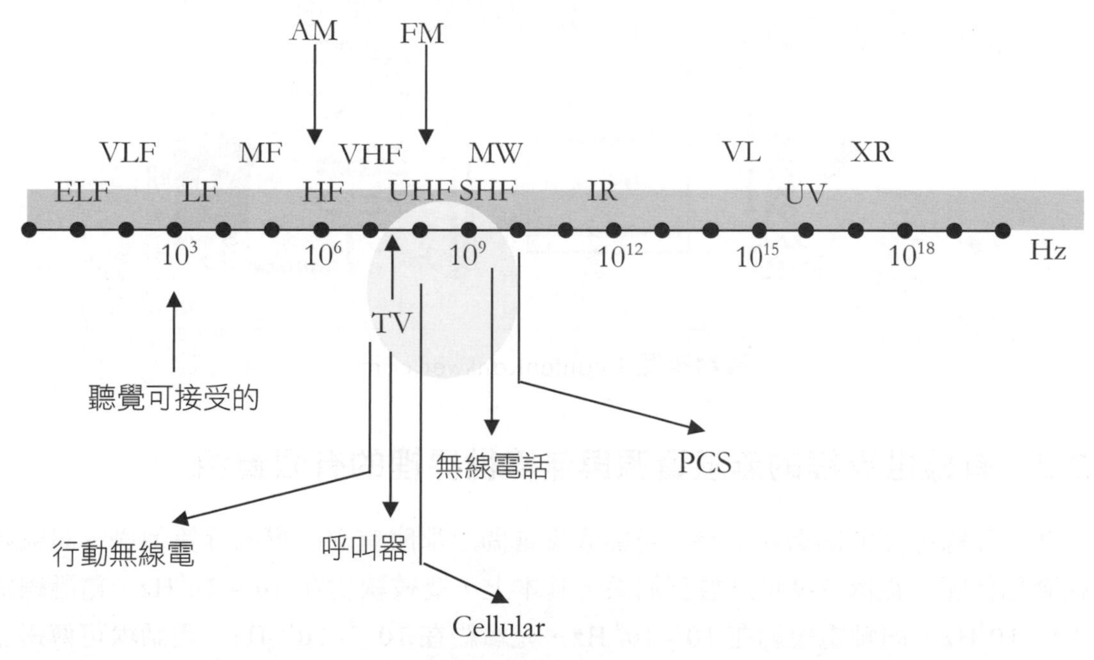

圖 3-10　無線電頻譜（radio spectrum）

除此之外，圖 3-10 還列出其他各種無線通訊的頻率範圍，包括 ELF（Extremely low frequencies）、VLF（Very low frequencies）、MF（Medium frequencies）、HF（High frequencies）、VHF（Very high frequencies）、UHF（Ultra high frequencies）、MW（Microwave）、IR（Infrared）、VL（Visible light）、UV（Ultraviolet）與

XR（X ray）。很多可能大家都聽過，但是除了 AM 與 FM 之外，大概很少會去關心通訊的頻率範圍。

直覺地觀察圖 3-10 的資料可以發現，我們聽得到的頻率範圍約在 20 Hz 到 20 KHz，無線電話與 PCS（Personal Communication Services）約在 2 GHz 的頻率，看得到的可見光（VL）的頻率更高，經過這樣的了解，大家應該能想像一下在天際裡傳送的訊號原來有那麼多的種類。至於無線的網路服務採用的電磁波訊號頻率為什麼集中在 1 GHz 附近呢？主要和技術有關，以矽（Silicon）為基礎的積體電路處理的訊號頻率範圍可達到 1 GHz 左右，要處理更高頻的訊號，比較適合採用砷化鎵（GaAs, Gallium Arsenide）的技術。**頻率範圍移向高頻的好處之一是頻寬大大地增加了。**

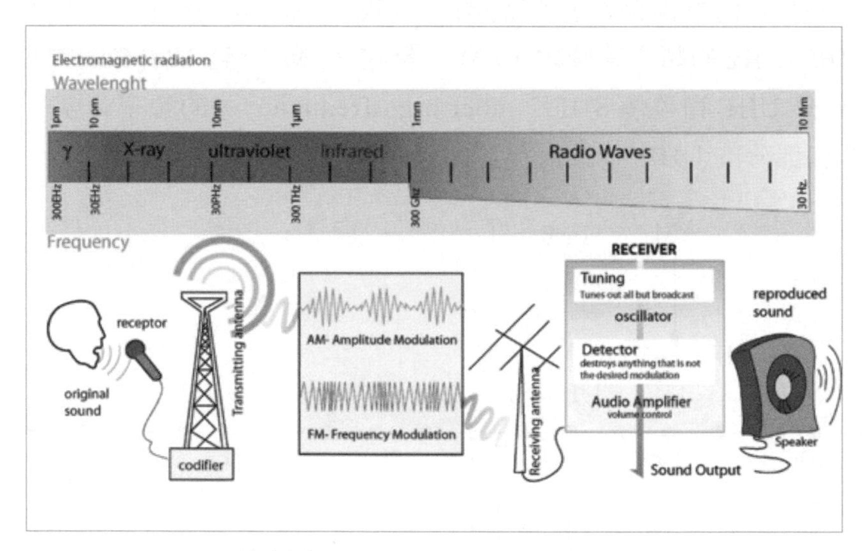

資料來源：content.answer.com

3.2.2 有線世界裡的無限資源與無線世界裡的有限資源

談到無線通訊的訊號頻率時，可能大家會問：那麼有線的導向介質傳送的訊號頻率範圍如何呢？從圖 3-9 可以看到結果。基本上，雙絞線約在 10 - 10^6Hz，電話線約在 10 – 10^3Hz，同軸電纜約在 10^5- 10^9 Hz，光纖約在 10^{14}- 10^{15} Hz。電話線可傳送語音，所以和圖 3-10 中聽覺可接受的頻率範圍是相符合的，**我們在訊號與通訊技術的探討上，有很多特性與原理可以同時應用在有線與無線的世界裡，例如訊號的頻率、資料速率、頻寬、交換與多工等，但是由於介質特性的差異，在通訊的技術上當然也有很多不同的地方。**

對於無線通訊來說，由於訊號是在自由的空氣中傳送，而通訊的頻道使用的頻率可能會互相干擾，因此整個電磁光譜的使用如何分配是很重要的問題，頻寬對於無線通訊來說是有限的資源。有線通訊在這一方面倒是很有彈性，一來是因為訊號限制在介質中傳送，干擾情況降低，使用頻率比較沒限制，二來是整體資料速率可以透過佈線來增加，好像是無限的資源一般。不過關鍵是對於使用者來說，無線式的網路存取模式還是最方便而有彈性的。在實務上由於有線與無線網路能連接在一起，所以應用上可各取所長。

3.3 傳送的減損（transmission impairment）

任何的通訊系統所傳送的訊號與所接收到的訊號會因為訊號的減損而有差異，對於類比訊號來說，減損會降低訊號的品質，對於數位訊號來說，減損會增加位元的錯誤。訊號的減損也會影響一個通訊系統所能承載的通訊容量（capacity）。（Stallings 2000）把通訊的減損分成 3 大類：

1. 減弱（attenuation）與減弱失真（attenuation distortion）。
2. 延遲失真（delay distortion）。
3. 雜訊（noise）。

電磁波也稱為射頻，大多數人都有射頻訊號傳遞的迷思，因為電磁波在我們生活環境中到處流竄，影響傳遞的變因很多。無線電磁波在傳遞的時候並沒有線材導向，不像有線的介質，可以充分掌握訊號在傳送過程中的特性。假設無線電磁波是在真空（vacuum）中傳送，我們可以用圖 3-11 來表示無線電磁波在傳遞時隨範圍遞變的特性，當無線電磁波在**傳遞範圍（transmission range）**內時，錯誤率低於無法接受的程度，可以正常地進行通訊。若是範圍擴大到 **detection range**，則訊號能被偵測到，但是錯誤率高於無法接受的程度，所以無法正常地進行通訊。**當範圍更大到 interference range 時，則雜訊與干擾已經完全讓原來 sender 發出的訊號失去效用。**假如不是在真空裡，則因素更為複雜，因為多了地形地物、空氣與物體的影響。

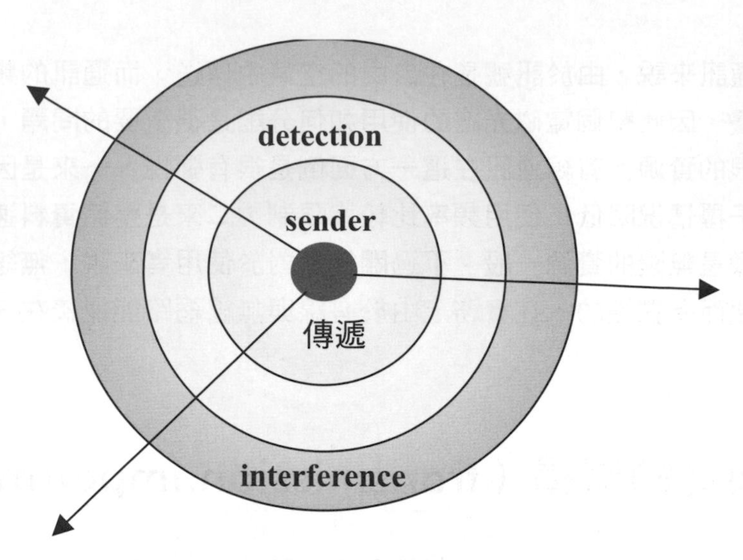

圖 3-11　無線電波傳遞隨範圍遞變的特性

3.3.1　減弱（attenuation）

訊號在媒體中傳送會隨著經過的距離而衰減，對於導向式介質來說，這種衰減可以用分貝（dB）來表示，是一種對數規模（logarithmic）的衰減。對於非導向式介質來說，衰減的效應與距離、地形，還有空氣中的成份都有關係。在工程上我們會考慮到在衰減之後，接收端的電路是否還能偵測到訊號、訊號的強度是否能克服雜訊的干擾，以及頻率高時對於衰減的加強效應。使用放大器（amplifier）或接續器（repeater）可以解決訊號強度的問題。

以點對點（point-to-point）的連線來說，發送器（transmitter）送出的訊號必須夠強，接收器（receiver）才有辦法辨認，但也不能強到發送器或接收器的電路無法接受，造成訊號的扭曲（distortion）。因此當距離遠到一個程度以後，勢必要使用放大器（amplifier）或接續器（repeater）固定地加強訊號的強度。對於多點的連線（multipoint lines）來說，問題會變得更複雜。

由於不同頻率的訊號組成衰減的程度不一，當接收端收到訊號時會有失真（distortion）的情況，也就是說，訊號和原來的長像不一樣了！這時候會發生辨識上的困難，導入「等化（equalizing）」的技術是一種解決方法，另外一種方式是使用放大器，讓高頻部分的訊號組成放大得多一點。圖 3-12 左邊的函數曲線顯示各種頻率相對於 1000 Hz 的減弱幅度（dB 的定義請參照本章末的說明），大於 0 的值表示減弱幅度比 1000 Hz 頻率的訊號大。從曲線的趨勢來看，頻率高的部分減弱的幅度比較大。由於訊號是由不同頻率的訊號所組成的，這些組成訊號減弱的幅度不一樣，則收到的訊號會扭曲變形（distortion）。虛線的部分表示經過等化（equalizing）以後讓減弱的影響均衡的效應，可以避免因減弱造成訊號的扭曲變形。

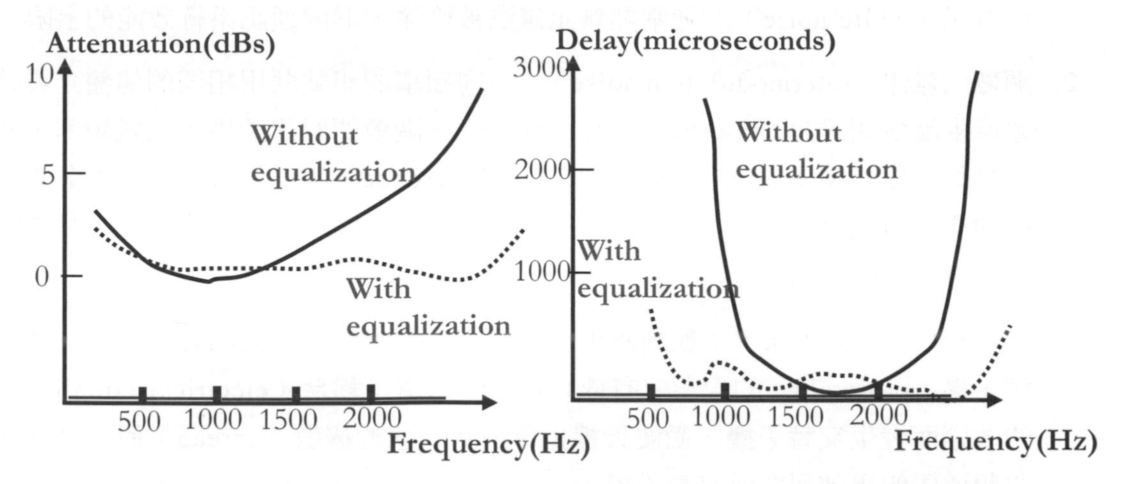

圖 3-12　減弱（attenuation）與延遲失真（delay distortion）的效應

3.3.2　延遲失真（delay distortion）

延遲失真主要發生在導向介質中，主要是因為不同頻率的訊號組成在介質中傳導的速度也不一樣，因此接收端收到的訊號會失真。以 bandpass 的訊號來說，center frequency 的訊號傳遞的速度最快，center frequency 往外兩邊的訊號傳遞的速度離 center frequency 越遠則越慢。換句話說，不同頻率的訊號組成到達接收端的時間不一樣，造成不同頻率的訊號組成之間有相位差（phase shift）。這種效應就叫做延遲失真（delay distortion）。**對於數位通訊來說，延遲失真會造成符號間的干擾（ISI, intersymbol interference），因為屬於某個位元的訊號組成可能因為延遲抵達而影響了下一個位元的訊號。延遲失真會限制通訊頻道所能支援的最高資料速率。**圖 3-12 右邊的函數顯示延遲失真的效應，虛線的部分則是經過等化（equalizing）以後所得到的效果。值得注意的是圖 3-12 中的訊號頻率剛好在一般語音頻率的範圍內，所以也可以看成是一般語音線路（voice-grade lines）的特性。

3.3.3　雜訊（noise）

在通訊系統中，傳送的訊號會由於一些本身的因素造成失真，也會在傳送過程中與雜訊加成在一起，造成一些問題。因此實際所收到的訊號除了原來傳送的訊號之外，還要加上失真（distortion）的部分與雜訊（noise signal）的部分。雜訊可以分成以下 4 大類：

1. 熱雜訊（thermal noise）：電子（electrons）受熱影響而產生的雜訊，在各種電子儀器與傳輸介質上都會有這樣的現象，熱雜訊均勻分佈在頻譜上，也稱為白雜訊（white noise）。通常熱雜訊無法被移除，形成通訊系統效能的上限。
2. 調變間雜訊（intermodulation noise）：不同頻率的訊號共用相同的傳輸介質時會產生調變間雜訊（intermodulation noise）。調變間雜訊產生的訊號頻率可能會是原始訊號頻率的加成（sum）、差（difference）或是倍數，例如頻率 f_1 與 f_2 的訊號可能會衍生出頻率為（f_1+f_2）的訊號，進而干擾原始訊號中頻率為（f_1+f_2）的訊號組成。
3. 交替干擾（crosstalk）：我們使用電話通話時聽到別人的通話聲音就是一種交替干擾（crosstalk）的現象。有線介質會因為電子耦合（electrical coupling）的效應而發生交替干擾，微波天線也會因為訊號的擴散（spread）而收到非接收頻道內的訊號而造成交替干擾。
4. 脈波雜訊（impulse noise）：前面介紹的雜訊比較容易預期與估計，脈波雜訊是因為一些無法預期的因素而造成的，例如閃電或是通訊系統的突然失效。脈波雜訊發生的時間短，但是幅度較大，對於類比訊號的影響較輕微，但是對於數位訊號有可能造成嚴重的資料錯誤。

3.3.4 頻道的容量（channel capacity）與 Nyquist Bandwidth

各種無線電頻道的減損因素會導致訊號變形甚至破壞，對於數位資料來說，我們必須進一步地考慮到這些現象對資料傳輸速率所產生的影響。資料在通訊頻道上傳送的最大速率叫做頻道的容量（channel capacity）。在定義頻道的容量之前，我們先考慮一個沒有雜訊的頻道，以這種情況來說，資料速率的唯一限制是頻寬，**根據 Nyquist 提出來的理論，假設訊號傳送的速率是 2B，那麼訊號頻率不用高於 B 就可以承載這樣的訊號傳送速率，以數位訊號來說，B Hz 的頻率能承載 2B bps 的資料，這是在訊號分成兩種層次的情況下得到的結果**。假如訊號是多層次的（multilevel signaling），則 Nyquist 的理論可由下面的公式來表示：

$$C = 2B\log_2 M$$

C 代表頻道的容量（capacity），M 代表訊號層次的數目，雖然 M 越大似乎頻道的容量也越高，但是接收端處理訊號的工作也加重了，而且雜訊與減損因素也會限制 M 的值。根據 Nyquist 的理論，假如其他的狀況都不變，則頻寬加倍時資料速率也會加倍。

3.3.5 著名的薛南容量（Shannon Capacity）公式

頻寬增加可以增加資料速率是 Nyquist 得到的結論，但是資料速率增加以後，即使雜訊程度一樣，更多的位元（bits）會受到雜訊的影響，增加錯誤率（error rate）。數學家 Claude Shannon 導出有名的薛南容量（Shannon Capacity）公式，把這些觀念結合起來。Shannon 使用了所謂的訊號雜訊比（SNR，signal-to-noise ratio）的觀念，也就是訊號的能量（power）與雜訊的能量之間的比值：

$$(SNR)_{dB} = 10\log_{10}\frac{signal\ \ power}{noise\ \ power} = 10\log_{10} SNR$$

增廣見聞

電信工程人員在檢測線路的通訊品質時，可以要求電信機房人員回報某一段線路的 SNR 值，假如 SNR 值太低則可能線路無法正常地支援比較高速率的資料通訊。至於 SNR 值該在什麼範圍內才正常，就要看實務的狀況，所以 SNR 不光只是理論上的探討。

在雜訊強度不變的情況下，當然訊號能量越強則受雜訊的相對影響就比較低，通常 SNR 是在接收端測量的，因為這是通訊系統試著去消除雜訊的地方。SNR 的值越高表示訊號品質越高，傳輸時所需要的接續器（repeater）越少。薛南容量（Shannon Capacity）公式以下面的式子來表示最高的頻道容量（maximum channel capacity）：

$$C = B\log_2(1+SNR)$$

C 表示頻道容量，單位是每秒傳送的位元數目（bits per second），B 是頻道的頻寬，單位是 Hertz。以上的公式表示理論上能達到的最高頻道容量，但是實際上得到的容量會比較低，主要是因為 Shannon 的公式假設雜訊的來源是 white noise，沒有考慮到 impulse noise、attenuation 與 delay distortion。**薛南容量（Shannon Capacity）公式引發了不少有趣的結論，我們知道在雜訊效應固定的情況下，增加訊號強度或頻寬都會增加資料速率，但是訊號強度增加以後會使調變間雜訊（intermodulation noise）加重，頻寬增加則使 white noise 增加，SNR 的值變小，這些結論說明了通訊頻道的資料速率有一些難以克服的限制。**

範例

假設頻道的頻譜（spectrum）在 3 MHz 到 4 MHz 之間，（SNR）dB 的值是 24 dB。則該頻道的 SNR 為多少？理論上的頻道容量為何？根據 Nyquist 的結論，最多需要多少訊號的層次（signaling level）？（Stallings 2000）

答 依據前面的公式，先算出 B = 4 MHz – 3 MHz = 1 MHz。

所以 SNR_{dB} = 24dB = $10\log_{10}(SNR)$，SNR = $10^{2.4}$ = 251.18。

依據薛南容量（Shannon Capacity）公式，$C=10^6\times\log_2(1+251.18) = 7.97\times10^6$，大約是 8 Mbps，是理論上資料速率的上限。再代入 Nyquist 的公式，$C = 2B\log_2 M$，則 $7.97\times10^6 = 2\times10^6\times\log_2 M$，M 約等於 16。

通訊系統的 SNR 與 BER 是兩個很重要的通訊品質指標，所謂的「位元錯誤率（BER，bit error rate）」是指在數位通訊中收到錯誤的位元資訊的比例，譬如說原本傳遞的位元串是「1001101000」，由於通訊頻道受到雜訊、干擾、位元同步問題等影響，收到的位元串變成「1101100111」，10 個傳遞的位元中的第 2、7、8、9 與 10 個位元發生錯誤，則 BER 就等於 5/10，即「錯誤的位元數目/傳遞的總位元數」，也就是 50%發生錯誤的比例。通常通訊系統具有比較高的 SNR 值才能達到較低的 BER，以無線通訊來說，很多技術發展的目的就在於提高 SNR 與降低 BER。

3.4 無線電波傳遞的原理與特性

無線頻道不像有線頻道那麼平穩，無線頻道有許多干擾與不確定性，比較難以分析。通常我們會以統計與實地測試的方式配合適當的模型來了解無線電磁波傳遞的特性。無線頻道傳送訊號雖然是在開放的空間中進行，仍然會遇到阻礙物，**假如傳送的路徑上沒有任何的障礙物，則可以看成是一種直射（LOS, line-of-sight）的情況，假如因為障礙物產生反射（reflection）、繞射（diffraction）、折射（refraction）與散射（scattering）等現象，則可以看成是一種非直射（N-LOS, non-line-of-sight）的情況。**

無線電頻道的減損因素（radio channel impairments）

雜訊（noise）是訊號減損的原因之一，雜訊的來源很多，增加接收端的 SNR（signal-to-noise ratio）可以減低雜訊的影響，例如增加傳輸的能量（transmitted power）就能增加 SNR，但是成本較高，而且有可能會超過政府所訂的干擾（interference）與安全標準。當電磁波傳遞時，除了雜訊之外，電磁波傳遞的方式與距離，甚至於地理環境的特徵，都會影響電磁波的減損情況，只是這些情況真是錯綜複雜，必須綜合理論與實務上的探討才能全盤了解。

無線電訊號的傳遞模型

我們可以把無線電訊號的傳遞情況分成兩大類，即大規模的傳遞模型與小規模的傳遞模型，大規模的傳遞模型又可分成戶外（outdoor）與戶內（indoor）的情形，小規模的傳遞模型也常稱為漸弱（fading）的效應，與訊號的多路徑（multipath）傳遞特性、通訊標的的移動速度，以及訊號的頻寬都有關係。

1. 大規模的傳遞模型（large-scale propagation model）：傳送與接收雙方的距離不限定，預測平均的訊號強度，適當用來估計傳訊涵蓋的範圍。
2. 小規模的傳遞模型（small-scale propagation model 或 fading model）：預測比較短距離內（例如數個波長）或比較短時間內（例如數秒）所收到的訊號之強度的變化。

3.4.1 理論上預測的模型：大規模的傳遞模型

路徑減損(path loss)是無線通訊裡最複雜的問題，主要是因為發送器(transmitter)與接收器（receiver）之間的狀況太多了，而且可能會隨時間而改變，不是靜態的。**傳遞模型（propagation model）通常是用來估計距離發送器多遠時所接收到的平均訊號強度，或是在某個地點附近的訊號強度的變化**。以大規模的傳遞情況來說，我們需要知道在各種比較大的距離（transmitter 與 receiver 的距離）時訊號的強度。

當我們探討無線電磁波傳遞的衰減（attenuation）時會以直射（LOS）的假設來導出一個簡單的關係，也就是所謂的 free-space propagation。衛星通訊與 LOS 的微波通訊屬於這一類型的傳遞。假如非直射（N-LOS）的情況比例越高，衰減的幅度也會越高。在各種無線通訊網路中，無線電磁波的傳遞以 LOS 伴隨 N-LOS 的情況居多，因此有很多模型試著要找出預測無線電磁波因傳遞路徑而產生的衰減（path loss），例如 Hata model 與 Lee's model 等。

自由空間裡的傳遞模型（free space propagation model）

自由空間裡的傳遞模型假設接收端與傳送端之間有無阻礙的 LOS 的通訊路徑，衛星通訊與微波通訊是常見的例子。無線電磁波訊號的減損與載波頻率，以及傳訊雙方的距離有關，接收端天線收到的訊號平均能量可以用下面的公式來表示：

$$P_r = P_t\left[\frac{\lambda}{4\pi d}\right]^n g_t g_r$$

P_r：收到訊號的能量

P_t：送出訊號的能量

λ：載波訊號的波長（carrier wavelength）

d：傳訊雙方的距離

g_r：接收端天線增量（receiver antenna gain）

g_t：傳送端天線增量（transmitter antenna gain）

收到的訊號的能量與載波訊號波長的 n 次方成正比，所以傳送的訊號頻率越高，則訊號能量的減損幅度越大。傳訊雙方的距離越遠同樣的收到的訊號也會越弱。Friis 提出來的 free space equation 令上面式子中的 n 為 2，等於是說訊號的強度會與距離的平方成反比。

基本的無線電傳遞機制（propagation mechanism）

繞射（diffraction）、散射（scattering）與反射（reflection）是 3 種無線電波傳遞的基本方式，這些傳遞方式可以透過各種傳遞模型來描述。不管是大規模的傳遞或是小規模的傳遞都和這些傳遞的基本方式有關，而且多路徑（multipath）的現象也是因為這些傳遞方式所產生的。圖 3-13 畫出各種傳遞方式的特徵。

表 3-2　無線電波傳遞的基本方式

傳遞的基本方式	說明
繞射（diffraction, 或稱 shadow fading）	當電磁波的直接路徑（direct line-of-sight）遇到無法穿透的障礙物時，會造成僅有部分的電磁波繞射後到達接收端，因此接收到的電磁波的強度比直接傳送沒有障礙物的情況要小。造成繞射的表面通常是尖銳而不規則的邊。
散射（scattering）	當電磁波遇到比較小的無法穿透的障礙物時，會產生散射的情況，效應與繞射類似，障礙物的大小比電磁波的波長要小，單位空間內障礙物的數目很高。路燈、紅綠燈與樹葉等是可能造成散射的物體。

傳遞的基本方式	說明
反射（reflection）	當電磁波遇到大的障礙，例如牆壁、地球表面與建築物等，遠比電磁波的波長要巨大，則電磁波會被反射，形成多路徑。

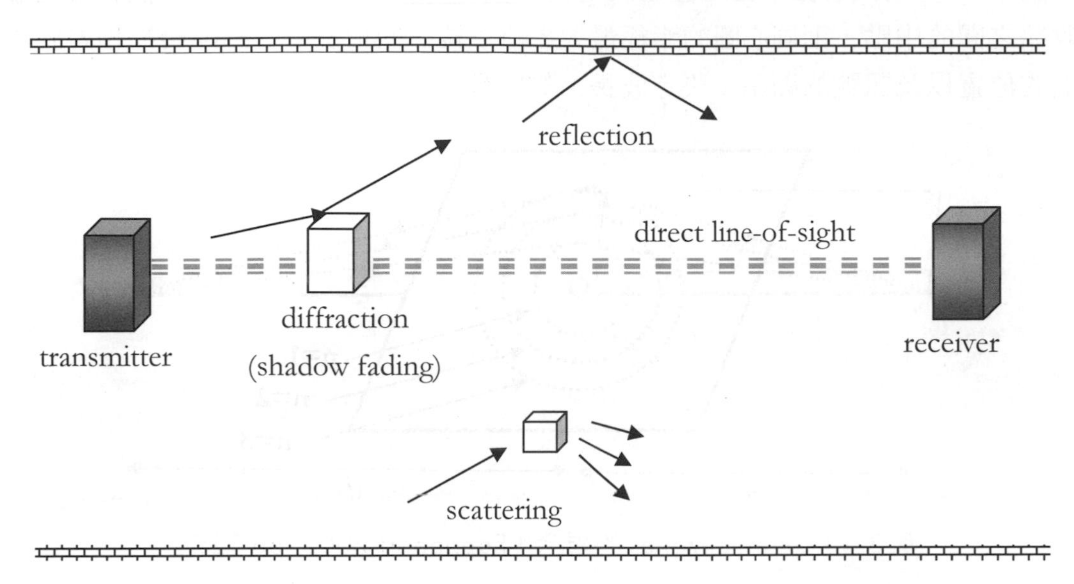

圖 3-13　基本的無線電傳遞機制：多路徑（multipath）的現象

Fresnel zones 的觀念

繞射（diffraction）可以讓無線電訊號傳遞經過地球圓形的表面，或是繞過阻礙物，當接收器越深入被阻礙的背影區時，訊號強度會減弱得很快。繞射的現象可以用 Huygen's principle 來解釋：波前（wavefront）的點可以看成是次波（wavelet）的產生源，次波在傳遞方向上組成新的波前。繞射是次波往阻礙物背影區傳遞所產生的現象。

在理論上可以證明 LOS 的訊號與繞射的訊號之間的相位差（phase difference）是障礙物的高度與位置的函數，同時也和傳送器與接收器的位置有關。Fresnel zones 可以解釋繞射減損（diffraction loss）是障礙物周圍路徑差異的函數。第 n 個 Fresnel zones 代表的區域會讓訊號比 LOS 的長度多走 $n\lambda/2$ 的路徑長度。

假設第 n 個 Fresnel zones 的半徑是 r_n，則 r_n 可以用下面的式子來表示，其中所用的參數可參考圖 3-14。同心圓代表次波（secondary waves）的起源，從這個源頭到接收器的距離就跟同心圓的半徑有關了。既然每個 Fresnel zone 的半徑都不一樣大，那麼接收端所收到的訊號的特徵就有很多變化了。

$$r_n = \sqrt{\frac{n\lambda d_1 d_2}{d_1 + d_2}}$$

圖 3-14 中的同心圓平面的位置決定於障礙物所在的位置，假如剛好位於傳送端與接收端之間的中點，則同心圓的半徑最大。所以繞射的情況會受到障礙物相對於收送兩端的位置以及訊號的頻率（決定波長）的影響。

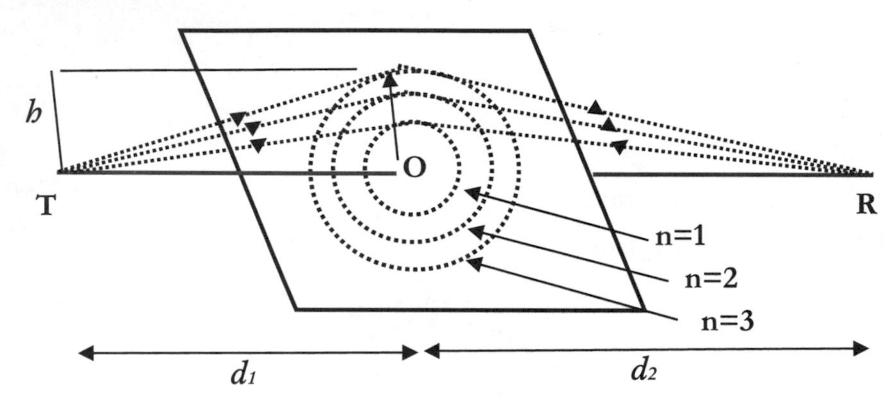

圖 3-14　Fresnel zones 的觀念（Rappaport 2002, pp 129）

Fresnel zones 的觀念可以引伸到行動通訊系統中，繞射所造成的訊號減損（diffraction loss）來自於因阻礙物使電磁波繞射，僅有部分而非全部的能量可以到達接收端。因此，阻礙物的形狀會影響接收端所收到的訊號總能量，因為電磁波繞過阻礙物的位置不同使訊號傳遞的距離不同，到達接收端時訊號的相位也產生了差異。

室內的傳遞模型

電磁波在室內傳遞的情況很多，例如大型商場、辦公大樓等，這些建築物內有許多物體會造成電磁波的反射、繞射或散射。建築物內的陳設有一些不同的情況，例如沒有隔間的大房間，沒有什麼障礙物或是有很多障礙物，小房間也可能有不同數量的障礙物。除了隔間與障礙物的數目之外，建材也可能是影響電磁波傳遞的因素之一。如此一來，要發展出一般化的傳遞模型就不容易了。為了能比較明確地描述各種室內傳遞的情況，我們以基地台所在的位置、基地台處理通訊的方式與基地台在室內或室外來區分各種通訊的區域組態（zone configurations）。

1. 廣大區域（extra large zone）：在廣大區域的情況下，我們可以在建築物外架設基地台，處理建築物內的通訊。適用的狀況包括含有多個小辦公室的建築物或是多個相連的建築物。

2. 大區域（large zone）：建築物本身很大，但是人口密度低，在這種情況下可以在建築物內建置基地台，訊號的接收端與發送端可能在不同的樓層。

3. 中等大小的區域（middle zone）：建築物本身很大，但是人口密度高，一般的購物中心就有這樣的特徵，數個基地台可以建置在建築物的結構內。

4. 小區域（small zone 或 microzone）：有些建築物有很多小隔間，訊號的傳送受牆壁與隔間建材的影響，使得每個房間內都需要有基地台。

室外的傳遞模型（Outdoor propagation models）

室外的無線電傳遞會受到不規則地形的影響，例如多山的起伏區域就跟一般的地表不同，地上的樹與建築物等也都有影響。大多數的傳遞模型是根據實測資料來進行系統化的詮釋。有些傳遞模型是用來估計不規則地形下的路徑減損（path loss），有的則是預測某個地點或區域的訊號強度：

1. Longley-Rice model：適用於點對點的通訊，訊號頻率在 40 MHz 到 100 GHz 的範圍，經過各種不同的地形，也稱為 ITS irregular terrain model，透過所謂的地形路徑特徵（terrain path profile）與幾何光學的技術來計算傳輸的減損，用來描述各種傳遞機制的模型可以應用在因地形而引起的各種傳遞的方式。

2. Durkin's model：採用類似於 Longley-Rice 的方法，以電腦程式來計算出指定區域內各點的訊號強度分布圖（signal strength contour）。電腦程式本身需要讀取區域內的地理資訊，然後計算發送點到接收點的減損（Rappaport 2002）。

3. Okumura model：都市區最常用的模型，適於 150 MHz 到 1920 MHz 的頻率範圍，以及 1 公里到 100 公里的區域範圍。基地台的高度在 30 公尺到 1000 公尺。Okumura 的模型得到相對於自由空間傳遞的中間減損（median attenuatiuon），其以量測資料為基礎，沒有提供分析式的詮釋。不過在實務上，Okumura 的模型在蜂巢式無線電系統中得到的結果不錯。

4. Hata model：Hata 模型以 Okumura 模型提供的資料發展出一個實驗性質的公式，在 150 MHz 到 1500 MHz 的頻率範圍內有效。標準的公式可以計算都市區的傳遞減損，其他的區域必須再配合修正公式的使用，Hata 模型並沒有像 Okumura 模型那樣提供依路徑特性使用的修正，但是所得到的結果很實用，適合使用於大型細胞的行動通訊系統，不適用於 PCS。

5. Walfisch and Bertoni model：考慮屋頂與建築物高度的影響，使用繞射來預測訊號在街道的平均強度。圖 3-15 顯示模型所採用的傳遞幾何（propagation geometry），ITU-R 考慮在 IMT-2000 的標準中使用此模型。

6. Wideband PCS microcell model：由 Feuerstein 等人於 1991 年發展出來的模型，在 microcell 的行動通訊環境中測量路徑減損的效應。

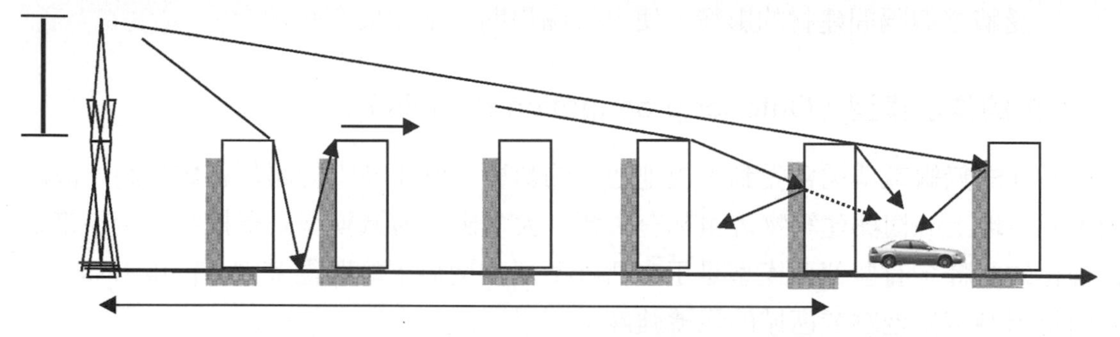

圖 3-15　Walfisch 與 Bertoni 提出來的傳遞幾何（propagation geometry）

3.4.2　理論上預測的模型：小規模的傳遞模型

傳輸的減損隨距離與時間而改變的現象可以用所謂的漸弱（fading）現象來描述，當訊號離開發送器以後，會在經過路徑上受各種物體影響而產生繞射（diffract）、反射（reflect）、散射（scatter）與折射（refract）的情況，傳輸的減損會在一個中間值（median value）或平均值（mean value）附近異動，使得訊號的減損對於時間或空間的變化形成雜亂（random）的情況，這就是漸弱所要描述的情形。在理論上對於漸弱效應的探討可以分成幾個方向：

1. 以主要原因來探討，即多路徑（multipath）與都普勒（Doppler）效應。
2. 收到訊號的統計分布（statistical distribution of received envelope）。
3. 漸弱的時間長短（duration of fading）。
4. 漸弱的快慢。

小規模的漸弱效應（small-scale fading effects）主要用來描述無線電訊號在很短的時間或很短的距離內，在振幅、相位或是多路徑的延遲上產生大幅的變化。因此，在探討小規模的漸弱效應時，我們可以忽略大規模的路徑減損（large-scale path loss）。再深入一點想像可以發現，其實所傳遞的訊號受到環境的影響之後，真正送達接收端的訊號會分成好幾個，在不同的時間到達，造成所合成的訊號與原來大不相同，結果決定於訊號強度的分布，以及所傳送訊號的頻寬。當然，小規模的漸弱效應主要還是由多路徑的現象所造成的，主要的特徵是：

1. 訊號強度在很短的時間或很短的距離內就大幅衰減。
2. 對於不同的多路徑訊號產生不同的都普勒效應（Doppler shifts），造成雜亂隨機的頻率調變（random frequency modulation）。
3. 由於多路徑傳遞延遲（multipath propagation delay）造成的時間散佈（time dispersion）。

在都市中，行動天線（mobile antenna）的高度通常都遠低於周圍物體的高度，基地台與天線之間沒有 LOS 的路徑，這是造成漸弱的主要因素。即使接收端是固定的，周圍物體的移動一樣會造成漸弱。影響漸弱效應的因素包括下列各項：

1. 多路徑的傳遞（multipath propagation）：對傳遞產生障礙的物體會分散訊號的能量，單一的訊號變成循多路徑傳送的多個訊號，抵達接收端時交互影響，產生了雜亂的訊號特徵，造成漸弱、訊號扭曲（signal distortion）與符號間的干擾（intersymbol interference）。
2. 行動台移動的速度：基地台與行動台之間的相對速度會造成雜亂的頻率調變，主要是因為都普勒效應（Doppler effect）對於多路徑的頻率組成產生不同的影響。都普勒效應可能為正向或是負向的，決定於行動台接收器是向著基地台移動或是遠離基地台。
3. 周圍物體的移動速度：無線電頻道內的物體移動會對多路徑的訊號產生都普勒效應，假如周圍物體的移動速度大於行動台的速度，則會對漸弱產生影響，否則周圍物體的移動可以忽略。
4. 訊號的傳送頻寬：假如傳送的訊號的頻寬大於多路徑頻道的頻寬，則所收到的訊號會扭曲。但是所收到的訊號強度在小區域內的漸弱效應不明顯。

多路徑（multipath）的漸弱（fading）效應

多路徑是無線電頻道的減損因素中最嚴重的一種，無線電訊號多路徑產生的原因主要有以下幾種：散射（scatter）、繞射（diffract）、反射（reflect）與折射（refract）。 假設訊號經過多路徑後各自獨立地抵達接收端，我們可以把收到的訊號表示成個別訊號的向量和（vector sum）。假設接收端是固定不動的，下面的式子可用來表示收到的訊號：

$$e_r(t) = \sum_{i=1}^{N} a_i p(t - t_i)$$

a_i 代表多路徑訊號組成的振幅，$p(t)$ 是傳送的脈波形狀，t_i 為脈波到達接收端所花的時間，N 是各種不同路徑的數目。我們這裡也假設了發送端與接收端之間沒有 LOS 的路徑。上面的式子並不是唯一的表示法，不過我們可以想像從這樣的公式與各種假設與參數，將能導出很多複雜的傳遞漸弱模型。從圖 3-16 可以看到在實際的狀況裡，多路徑的情形非常多，所以這一方面的分析很繁複，有很多時候都需要實測資料來佐證，並且限制模型應用的範圍與條件。

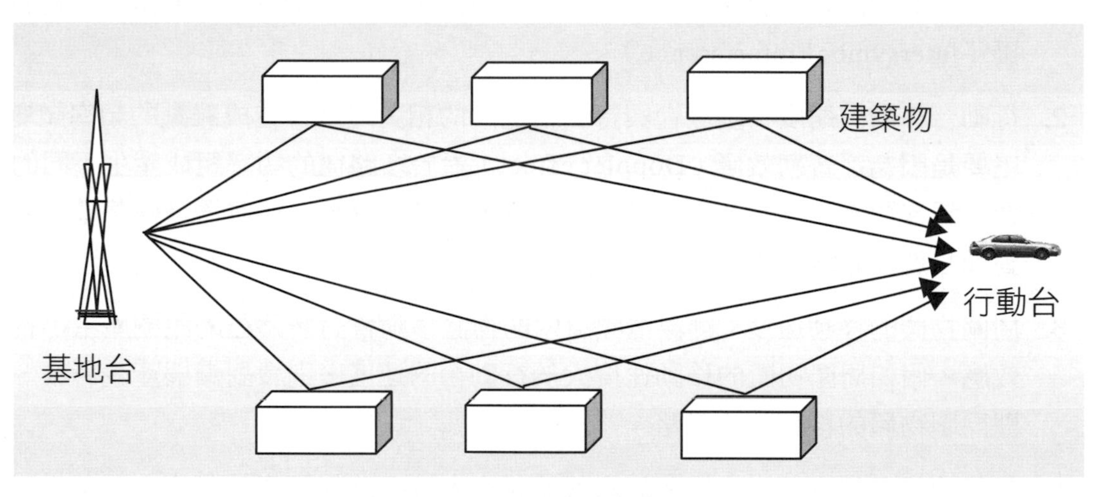

圖 3-16　多路徑傳遞的觀念

都普勒效應（Doppler effect）

假設一個行動台在 X 與 Y 兩點之間以 v 的速度往 Y 移動，行動台接收從 S 發出的訊號，各物件之間的位置關係如圖 3-17 所示。顯然行動台在 X 點與 Y 點所收到的訊號經過的距離是不一樣的，這段距離的差距可以用下面的式子來計算：

$$\Delta l = d\cos\theta = v\Delta t\cos\theta$$（Δt 是行動台從 X 移動到 Y 所花的時間）

若訊號源 S 很遠的話，我們可以假設從 S 連到 X 與 Y 的兩條線是平行的。由於距離的差距所造成的收到訊號相位的改變（phase change）可由以下的式子來計算：

$$\Delta\phi = \frac{2\pi\Delta l}{\lambda} = \frac{2\pi v\Delta t}{\lambda}\cos\theta$$

由於訊號相位的改變也造成了訊號頻率的異動（shift），都普勒效應所造成的頻率異動增加了訊號的頻寬，我們稱這種現象為都普勒擴張（Doppler spreading）。

$$f_d = \frac{1}{2\pi}.\frac{\Delta\phi}{\Delta t} = \frac{v}{\lambda}.\cos\theta$$

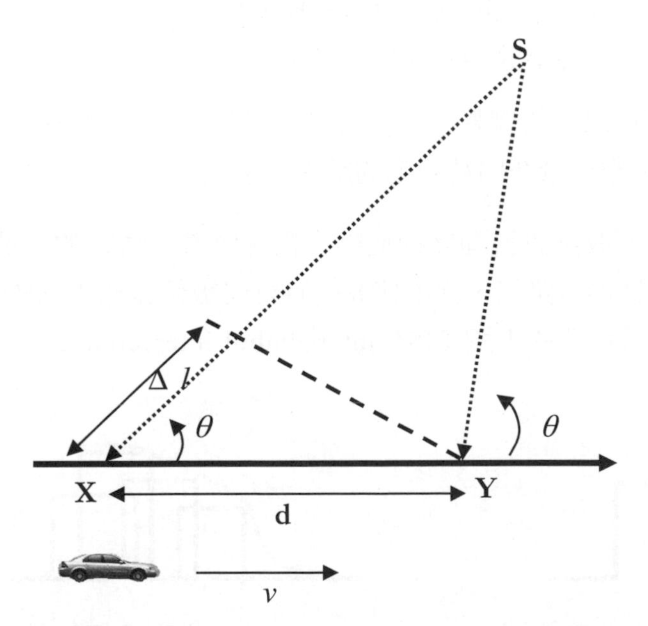

圖 3-17　都普勒效應（Doppler effect）（Rappaport 2002, pp 180）

範例

假設行動台以每小時 60 公里的速度向北移動，訊號由正東的方向傳過來，試估算因為都普勒效應所造成的訊號頻率變化？

答 凡是有現成的模型都可以代入公式來計算，由於行動台移動的方向與送達的訊號的角度剛好垂直，$\cos\theta = \cos 90^0 = 0$，在這種情況下沒有都普勒效應。

行動無線電頻道（mobile radio channel）特性的描述

既然要考慮通訊雙方的運動與相對位置，當我們要描述這樣的通訊頻道時就得加入時間與位置的因素。脈衝回應模型（impulse response model）就是這種描述通訊頻道的方法（Rappaport 2002），把頻道看成具有濾波（filtering）的特性，行動無線電頻道（mobile radio channel）可以用線性濾波器（linear filter）來描述，由於接收端在移動，所以脈衝回應會隨時間而改變，同時也是接收端位置的函數。

1. 頻寬（bandwidth）與所收到的訊號強度（received power）之間的關係：當頻寬不同時，所收到的訊號強度也不一樣，我們可以保持多路徑的狀況不變，看不同頻寬的訊號在接收端的強度是多少。
2. 小規模多路徑訊號的測量：我們可以利用頻道探測的技術（channel sounding techniques）來測量多路徑頻道的脈衝回應。

漸弱不但造成所收到訊號強度的變動，也會影響所傳送的訊號的波形。圖 3-18 中的方波在傳送時經過多路徑，到達接收端時變成數個特徵不同的方波，使原來的波形擴大了，會造成符號間的干擾（ISI, intersymbol interference）

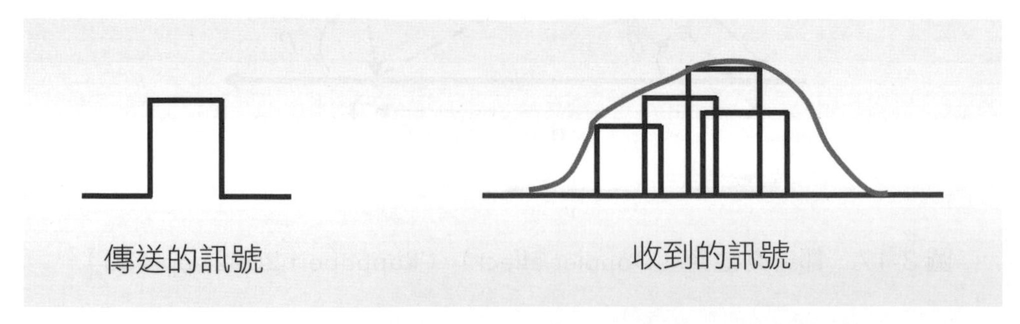

圖 3-18 頻道的散佈特性（dispersive characteristics）

到底訊號脈衝（impulse）在不同路徑下到達接收端時有什麼樣的特徵決定於途中散射、反射、折射與繞射的狀況。當多路徑的訊號都到達接收端以後，所得到的頻道的脈衝回應（impulse response）會像圖 3-19 所描述的，含有多個脈衝。不過在不同的地區，同樣的訊號在不同的多路徑的情況下，也會有不同的結果。

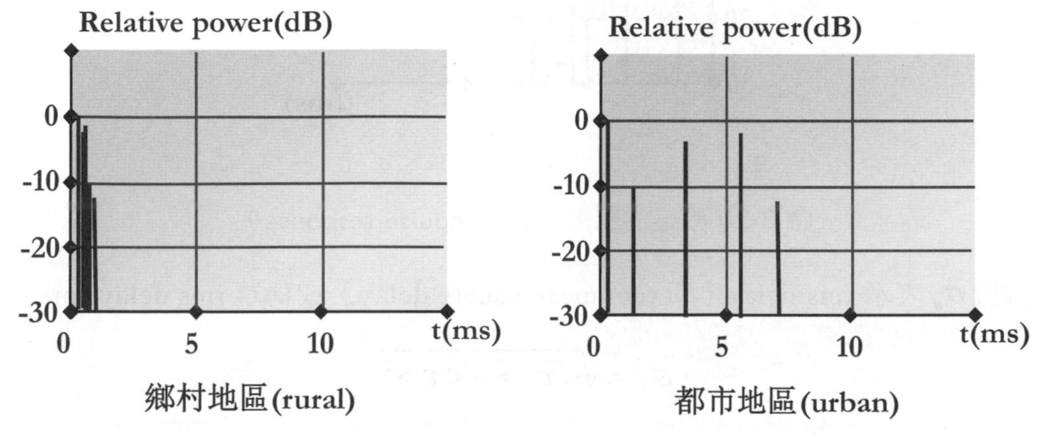

圖 3-19 頻道在不同地區的脈衝回應（impulse response）

例如圖 3-19 的左邊是鄉村地區的情況，由於高的障礙物比較少，多路徑訊號組成到達的時間差異不大，圖 3-19 右邊的都市地區由於多路徑的狀況很多，所以訊號抵達的時間與特徵就有很廣的分佈。

行動多路徑無線電頻道（mobile multipath radio channel）的參數

在多路徑的情況下，漸弱會產生頻率散佈（frequency dispersion）的效應，當行動台移動時，漸弱會產生時間散佈（time dispersion）的效應。下面幾個公式可以用來計算脈波抵達接收端的平均時間，假設頻道的脈衝回應（impulse response）如圖 3-20 所示，$<\tau>$代表平均延遲（average delay）或稱為 mean excess delay：

$$<\tau> = \frac{\sum_{i=1}^{N} p_i \tau_i}{\sum_{i=1}^{N} p_i}$$

p_i表示沿著路徑 i 傳送的訊號功率，τ_i 是第 i 個訊號組成抵達所花的時間。

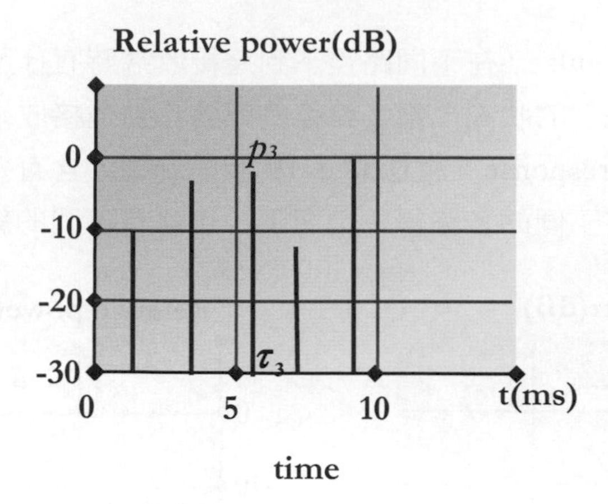

圖 3-20 頻道的脈衝回應（impulse response）

假設 σ_d 表示 rms delay（即 root mean square delay）或稱為 rms delay spread：

$$\sigma_d = \sqrt{<\tau^2> - <\tau>^2}$$

假設 $<\tau^2>$ 代表 mean square delay，公式如下：

$$<\tau^2> = \frac{\sum_{i=1}^{N} p_i \tau_i^2}{\sum_{i=1}^{N} p_i}$$

所謂的脈衝回應（impulse response）其實就是功率延遲特徵（power delay profile），都可以用相對功率對延遲時間繪圖來表示。Maximum excess delay（X dB）代表多路徑功率掉到比最大功率低 X dB 的時間延遲，可以定義成 $\tau_X - \tau_0$，τ_0 對應第一個抵達的訊號，τ_X 是某一個多路徑組成的時間延遲，其功率與最強的訊號組成之間的差距在 X dB 以內，而且是該類多路徑組成中最大的時間延遲。

在理想狀況下，若 $i \neq 1$ 時 $p_i = 0$，則表示只有單一的路徑。也就是說，若 $\sigma_d = 0$，則脈波沒有分佈（spreading）。假如 σ_d 的值很高，則表示脈波會擴大（broadening）很多。因此，我們可以試著把脈波的擴大量化，定義頻道的 low-pass bandwidth，假如 frequency correlation function（Rappaport 2002）大於 9，則諧和頻寬（coherence bandwidth）B_c 可以用下面的公式表示：

$$B_c \approx \frac{1}{50\sigma_\tau}$$

諧和頻寬（coherence bandwidth）代表一種統計上的頻率範圍，在這個範圍以內，頻道可以看成是平坦的（flat），也就是說，頻道通過的頻率組成有相同的增量（gain）與線性的相位（linear phase）。兩個脈波的頻率差若是大於諧和頻寬，則受到頻道的影響會有很大的差異。假如 frequency correlation function 大於 0.5，則諧和頻寬（coherence bandwidth）B_c 可以用下面的公式表示：

$$B_c \approx \frac{1}{5\sigma_\tau}$$

諧和頻寬與延遲分佈（delay spread）之間的關係與脈衝回應（impulse response）以及訊號有函數上的關係，以上兩個公式都是粗略估計的值。

範例

假設多路徑傳遞的特徵（multipath profile）如圖 3-21 所示，試計算 mean excess delay、rms delay spread 與 maximum excess delay（10 dB），試估算頻道 50%的諧和頻寬（coherence bandwidth）。假如沒有使用 equalizer，這樣的頻道適用於 AMPS 或 GSM 中嗎？（Rappaport 2002, pp 202）

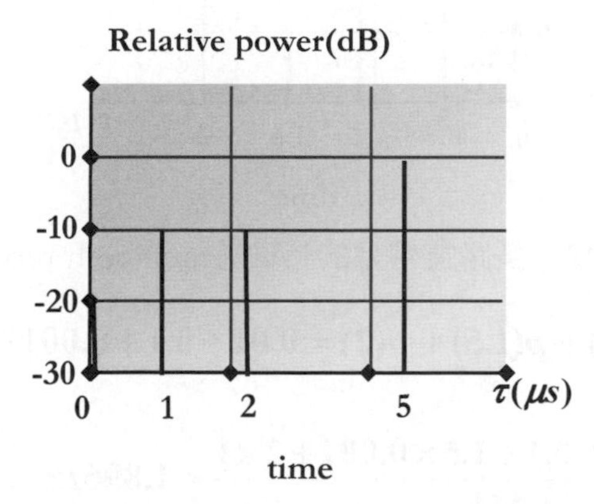

圖 3-21　多路徑傳遞的特徵（multipath profile）

答　根據 maximum excess delay 的定義，$\tau_{10dB} = 5\mu s$。接下來可以依據前面介紹的公式來計算 mean excess delay：

$$<\tau>=\frac{1\times5+0.1\times1+0.1\times2+0.01\times0}{0.01+0.1+0.1+1}=4.38\mu s$$

$$<\tau^2>=\frac{1\times5^2+0.1\times1^2+0.1\times2^2+0.01\times0}{0.01+0.1+0.1+1}=21.07\mu s$$

rms delay spread $\sigma_d = \sqrt{21.07 - 4.38^2} = 1.37\mu s$

coherence bandwidth $B_c = \frac{1}{5\sigma_d} = \frac{1}{5\times 1.37\mu s} = 146KHz$

146 KHz 比 30 KHz 高，所以在 AMPS 系統中需要用 equalizer，GSM 的 200KHz 頻寬比 146 KHz 高，所以不需要用 equalizer。

範例

假設無線頻道的脈衝回應（impulse response）如圖 3-22 所示，資料速率為 240 Kbps，試判定此頻道為平坦的（flat）或是會因頻率不同而產生不同的影響（frequency-selective）？（Shanker 2002）

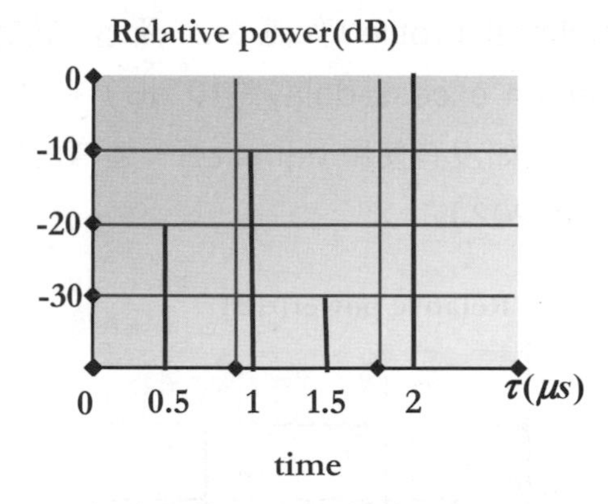

圖 3-22　多路徑傳遞的特徵（multipath profile）

答 $\sum_i p_i = p(0.5) + p(1) + p(1.5) + p(2) = 0.01 + 0.1 + 0.001 + 1 = 1.111$

$$<\tau> = \frac{0.5\times 0.01 + 1\times 0.1 + 1.5\times 0.001 + 2\times 1}{1.111} = 1.896\mu s$$

$$<\tau^2> = \frac{0.25\times 0.01 + 1\times 0.1 + 2.25\times 0.001 + 4\times 1}{1.111} = 3.695\mu s$$

$$\sigma_d = \sqrt{3.695 - 1.896^2} = 0.315\mu s$$

$$B_c = 0.2\sigma_d = 675KHz > 240KHz$$

所以頻道是平坦的（flat）。

前面介紹的延遲分佈（delay spread）與諧和頻寬（coherence bandwidth）可以描述區域性的頻道在時間分散（time dispersive）上的特性，但是當基地台與行動台之間有相對運動，或是頻道範圍內有物體的移動，頻道會有隨時間而變的（time varying）特性，都普勒分佈（Doppler spread）與諧和時間（coherence time）可以描述頻道在小區域內隨時間而變的特性。

假設行動台以 v 的速度移動，這段時間內會產生都普勒位移（Doppler shift），也就是收到的訊號的頻率會有變化，maximum Doppler shift f_d 可以表示如下：

$$f_d = f_0 \frac{v}{c}$$

c 是電磁波在自由空間裡傳遞的速度，f_0 是所傳送的訊號的頻率。換句話說，所收到的訊號頻譜會在 $f_0 - f_d$ 到 $f_0 + f_d$ 的範圍內，也稱為 Doppler spectrum。頻譜的擴大與行動台的移動速度以及移動方向有關。假如基頻訊號頻寬（baseband signal bandwidth）遠大於 Doppler spread，則 Doppler spread 的效應在接收端可以忽略，這種情況的頻道也稱為 slow fading channel。都普勒分佈（Doppler spread）f_m 與諧和時間（coherence time）T_C 之間有下面的關係：

$$T_C \approx \frac{1}{f_m}$$

在諧和時間的期間，頻道的脈衝回應（impulse response）維持不變（invariant），諧和時間可以用來比較不同頻道的回應在不同時間的相似程度。也就是說，在諧和時間內，兩個收到訊號之間的振幅有相當大的相關性（amplitude correlation）。假如基頻訊號頻寬的倒數大於頻道的諧和時間，則頻道會在基頻訊號傳送時改變，造成接收端的訊號扭曲，假如 time correlation function（Rappaport 2002）大於 0.5，諧和時間可以用下面的公式來估計：

$$T_C \approx \frac{9}{16\pi f_m}$$

簡單地說，諧和時間代表當兩個訊號抵達接收端的時間大於諧和時間時，所受到的頻道的影響會不相同。目前數位通訊使用下面的公式來估計諧和時間：

$$T_C = \sqrt{\frac{9}{16\pi f_m^2}} = \frac{0.423}{f_m}$$

範例

假設天線以 900 MHz 的頻率傳訊，行動台以每小時 30 公里的速度移動，資料收送的速率為 200 Kbps，試判定頻道漸弱為快或慢（fast fading or slow fading）？

答 先計算 Doppler shift，然後算出 coherence time，再與 data rate 比較，決定是屬於那一種漸弱。

$$f_d = \frac{9\times10^8 \times 30\times1000}{3600\times3\times10^8} = 25Hz$$

$$T_C = \frac{9}{400\pi} = 7162\mu s >> \frac{1}{200\times10^3}$$

因此該頻道為 slow fading。

小規模漸弱的分類

漸弱效應可以從頻率領域（frequency domain）或是時間領域（time domain）來觀察，當多路徑的效應存在時，頻道有頻率散佈（frequency dispersive）的行為，若是行動台移動，則頻道會有時間散佈（time dispersive）的特徵。當資料速率很低時，脈波間隔大，頻道的特性是 slow and flat，假如資料速率很高而且行動台移動慢，則頻道的特性為 slow and frequency selective。假如資料速率很高而且行動台移動快，則頻道的特性為 fast and frequency selective，在這種情況下，頻道同時受頻率散佈與時間散佈的影響，會產生很嚴重的扭曲（distortion）。圖 3-23 顯示各種不同型式的漸弱（fading）的特徵。

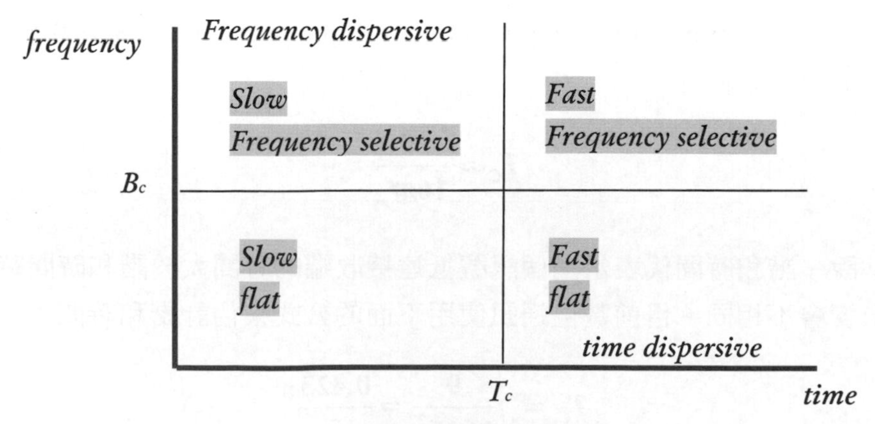

圖 3-23　不同型式的漸弱（fading）

圖 3-24 針對各種不同的漸弱型式做更詳細的分類，在通訊系統中，訊號透過行動無線電頻道來傳遞，訊號與頻道的特性都會影響到訊號在傳送過程中所受到的漸弱效應。訊號本身的特性包括頻寬與資料速率等，可以稱之為訊號參數（signal parameters）。頻道的特性包括 rms delay spread 與 Doppler spread，可以稱之為頻道參數（channel parameters）。總而言之，頻率散佈與時間散佈的現象在通訊頻道中造成 4 種不同的效應，與訊號特徵、頻道特性以及移動速度相關。多路徑散佈（multipath spread）造成 frequency dispersion 與 frequency selective fading，Doppler spread 導致 frequency dispersion 與 time selective fading。

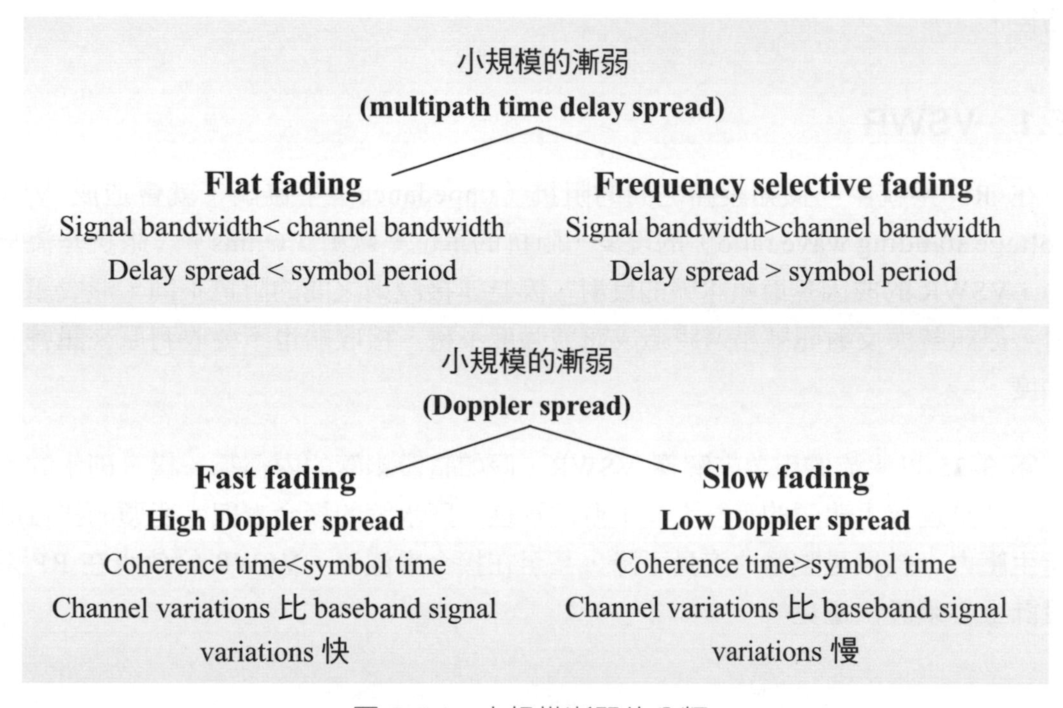

圖 3-24　小規模漸弱的分類

常見的漸弱模型（fading models）簡介

在行動無線電頻道中，Rayleigh distribution 常用來描述受 flat fading 影響的訊號的時變（time varying）特性。或是描述某個多路徑訊號組成的特徵（envelope）。假如收到的訊號有不受漸弱影響的組成，例如有經過 LOS 傳遞的組成，則所用的模型為 Ricean fading distribution。前兩種模型屬於短期（short-term）的漸弱，假如通訊環境中有很高的建築物，訊號可能會經歷多次的散射（multiple scattering），這是所謂的長期（long-term）的漸弱，可以用 Lognormal fading 來描述。Suzuki distribution 考慮到短期的漸弱與長期的漸弱同時發生的情況。

3.5 無線電訊號強度的迷思

從前面的介紹，我們可以發現無線電訊號的傳遞實在是非常的複雜，有很多現象還無法很有效地用理論上的模型來精確地描述。最簡單地直覺是無線電訊號的強度會隨距離而減弱，除了強度減弱的效應之外，更嚴重的是訊號經過多路徑之後，以及受到通訊物體移動性的影響之下，變得跟原來傳送的不一樣，這些就是通訊技術必須解決的首要問題。我們進行通訊時所在的位置對於通訊的品質也會有影響，例如在建築物內部時，高層的收訊會比較好，因為可以離都會擁擠區遠一點，而且可能有 LOS 的路徑。

3.5.1 VSWR

在 RF 系統中，假如設備之間的阻抗（impedance）不協調，就會造成 VSWR（voltage standing wave ratio）的現象，阻抗的單位是歐姆（Ohms），阻抗是流量的阻力，VSWR 的成因是射頻訊號的反射，因為連接設備之間的阻抗不同，形成訊號的反射，原訊號與反射訊號相遇將造成訊號強度不穩，接收端也不會收到原來訊號的穩定強度。

圖 3-25 以水流的現象來解釋 VSWR，假如整段水管的內徑都一樣，則水的流量平順，若是連接水龍頭的管徑大於下游的管徑，則水管的接合處與水龍頭的接合處都會產生壓力，結果是整體的流量下降，甚至在接合處溢流。VSWR 的效應在 RF 系統的設計上必須設法避免。

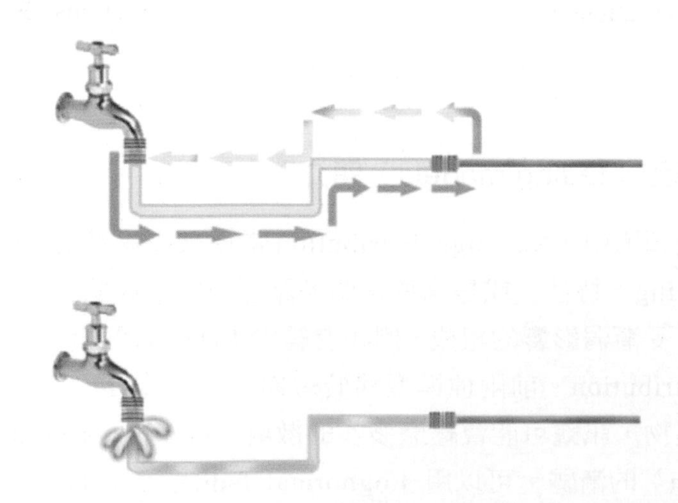

圖 3-25　VSWR（voltage standing wave ratio）的現象

VSWR 可以用兩個數的比率（ratio）來表示，典型的比率是 1.5：1。兩個數值分別決定於阻抗不符（impedance mismatch）與阻抗相符（impedance match）的程度。第 2 個數值永遠是 1，表示完全的阻抗相符。要避免 VSWR 的現象，必須注意纜線（cables）、連接器（connectors）與設備的阻抗能夠儘量相符（match）。大多數的無線區域網路（WLAN）設備具有 50 Ohms 的阻抗，所以在建置 WLAN 的時候可以試著盡量讓相關的設備阻抗相符。

3.5.2 EIRP 的定義

依照 FCC 的定義，輻射主體（intentional radiator）是一種專門用來產生與輻射無線電訊號的設備，以硬體來說，輻射主體包括天線以外的 RF 設備與相關的纜線及連接器。所以圖 3-26 中 C 點以前的範圍都算是輻射主體的部分。

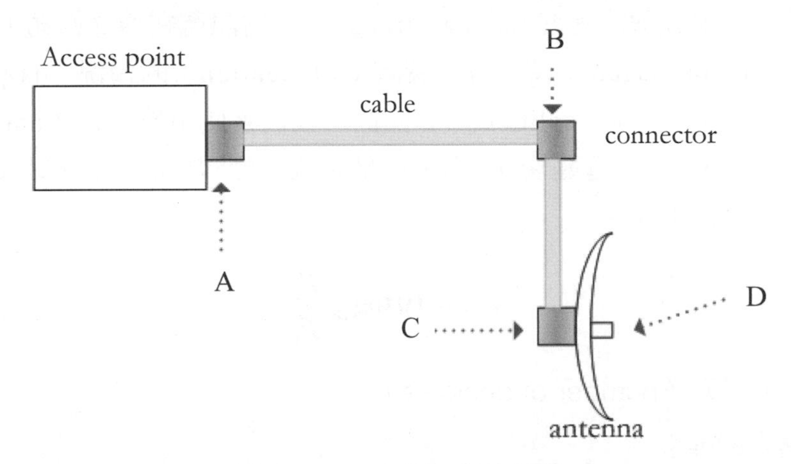

圖 3-26　AP 與天線的連接

幅射主體的功率輸出（power output）指到達天線以前的纜線（cable）或是連接器（connector）的功率輸出。假設傳送器（transmitter）的輸出是 30 milliwatts，在纜線上減損 15 milliwatts，在連接器上減損 5 milliwatts，則幅射主體的功率輸出為 10 milliwatts。**EIRP（equivalent isotropically radiated power）指實際上天線本身所幅射的功率，FCC 針對幅射主體與天線本身的功率輸出都有明確的規範。**

3.5.3 測量的單位

功率的基本單位是瓦特（W, watts），1 watt 指電壓為 1 伏特（V, volt）的 1 安培（A, ampere）電流，一般的夜燈功率大約是 7 watts，FCC 規定 2.4 GHz 點對多點的 WLAN 所使用的天線功率不能超過 4 watts。1 毫瓦（milliwatt）等於千分之一瓦，簡寫為 mW。一般 WLAN 單一的區段（segment）使用的功率很少超過 100 mW，access point 幅射的功率約在 30 mW 到 100 mW 的範圍。以下是跟 WLAN 或是一般無線通訊有關的一些功率上的計算：

1. 傳送設備的功率（power）。
2. 傳送設備與天線之間的連接設備的增益與減損。
3. 幅射主體的功率。
4. 天線的功率。

分貝（decibel）

無線通訊採用了特定的訊號（signal）強度的表示法，計算的時候經常會用到。通訊系統中常會提供訊號的強度（signal strength），當訊號在傳送媒體（transmission medium）中傳播（propagate）時，會有衰減（attenuation）的情況，有些衰減是發生在接合處（taps）與分接處（splitters）。因此，我們會使用放大器（amplifier）為訊號強度加入增量（gain）。不管是衰減、增量或是訊號強度，都可以用分貝（dB, decibels）來表示（Stallings 2000）。

$$N_{dB} = 10\log_{10}\frac{P_2}{P_1}$$

N_{dB} ：分貝數（number of decibels）

P_1：輸入的強度

P_2：輸出的強度

範例

假設 10mW 的訊號輸入傳輸線路之後，在一段距離之外測量到的強度為 5mW，則該訊號的衰減（loss）有多少？

答 代入公式得到 N_{dB} = 10 log(5/10) = 10(-0.3) = -3 dB。分貝的度量表示一種相對的差距而不是絕對的差距，所以從 1000 mW 衰減到 500 mW，其衰減的幅度也是 3 dB。衰減 3 dB 表示訊號強度變成原來的一半，增量（gain）3 dB 則表示訊號強度變成原來的兩倍。

分貝也可以用來表示電壓（以 voltage 為單位）的差距，基本上，能量強度與電壓的平方成正比，我們用下面的式子來表示：

$$P=\frac{V^2}{R}$$

R 代表電阻（resistence），V 代表通過 R 的電壓，P 代表在 R 的電阻下產生發散的能量，由以上的公式可以進一步地推導出：

$$N_{dB}=10\log\frac{P_2}{P_1}=10\log\frac{V_2^2/R}{V_1^2/R}=20\log\frac{V_2}{V_1}$$

範例

假設 4mW 的訊號輸入傳輸線路之後，經過一段傳輸線路強度衰減 12 dB，經過放大器之後增量（gain）35 dB，最後再經過一段傳輸線路之後強度衰減 10 dB，到達時訊號強度變成多少？

答 衰減與增量以 dB 為單位時可以直接加減，因此 (-12+35-10) = 13 dB，表示最後的訊號強度是增加的。代入前面的公式，13 = 10 log(P_2/4mW)，所以 $P_2 = 4\times10^{1.3}$Mw = 79.8mW。

微波（microwave）應用中常使用 dBW（decibel-watt）的單位，1 W 當成基準點，相當於 0 dBW，因此 1000W 的能量相當於 30 dBW，1mW 相當於-30dBW。下面的公式可以把一般 W 的單位換算成 dBW 的單位：

$$P_{dBW}=10\log\frac{P_w}{1\ W}$$

在纜線電視（cable television）與寬頻區域網路（broadband LAN）的應用中常用 dBmV（decibel-millivolt）的單位，我們讓 0 dBmV 等於 1 mV，電阻為 75 ohm，則可得到下面的式子：

$$V_{dBmV}=20\log\frac{V_{mV}}{1\ mV}$$

功率的增益（power gain）與功率的減損（power loss）以 dB 為單位，因為增益與減損是相對的觀念，而 dB 是一種相對的度量。假如射頻訊號的強度變成原來的一半，則其減損可以用-3dB 來表示，若是強度再減半，則同樣是減損-3dB，但是跟原來的訊號比較起來則是減損了 3/4 的強度，由此可以看到 dB 的微妙之處。

dBm 與 dBi

dBm 中的 m 表示參考的基準點是 1 milliwatt，即 1 mW，所以 dBm 是功率的一種相對度量，換句話說，$1\ m^{W} = 0$ dBm。dBi 代表天線增益的度量，參考的基準是理想的天線（isotropic antenna），或是理想的輻射體（isotropic radiator），i 代表 isotropic，理想的輻射體會對所有的方向發出強度一樣的電磁波，太陽可以算是最接近理想輻射體的實例。假設 10 dBi 的天線的功率輸入是 1 watt，則其 EIRP 為 10 watts。以下是幾個 dBm 與 dBi 計算的實例：

10 mW + 3 dB = 20 mW

上面這個式子的涵義是 10 mW 的功率在增益 3 dB 以後會變成 20 mW 的功率，由前面的定義，我們可以透過以下的運算證明上面的式子成立：

$3\ \text{dB} = 10 \log(X/10)$

$0.3 = \log(X/10)$

$10^{0.3} = (X/10)$

$2 = (X/10)$

$X = 20$

既然 1 mW = 0 dBm，那麼-9 dBm 是多少 W 呢？根據定義，-9 dBm = 10 log(X/1)，則 $X = 10^{-0.9} = 0.125$ mW = 125uW。從這些例子看起來，在計算的時候會需要用到科學計算機。雖然 dB、dBm 與 dBi 的單位開始會覺得有點不習慣，但是很多無線通訊設備的規格會以這些單位來表示，必須要知道如何換算。

常見問答集

Q1 什麼是共用頻道的干擾（co-channel interference）？

答：當兩個或多個無線通訊系統中的傳訊設備使用相同的頻率時，可能會造成干擾。例如相同頻率的訊號從兩個不同的傳送源（transmitter）送達接收器具時，就會產生干擾，我們把這種干擾稱為共用頻道的干擾。

Q2 什麼是 EMF compliance？

答：EMF（Electromagnetic force）輻射就是現在一般人提到的電磁輻射，EMF compliance 是指電磁輻射符合法規的限制，避免對人體健康產生不好的影響。

Q3 假如圖 3-27 中實線部分表示 $\sin(2\pi t)$，則虛線部分代表什麼？

答：我們可以看到虛線部分改變了實線部分的相位與振幅，所以應該可以用類似於 $A\sin(2\pi ft+\varphi)$ 的函數來表示。

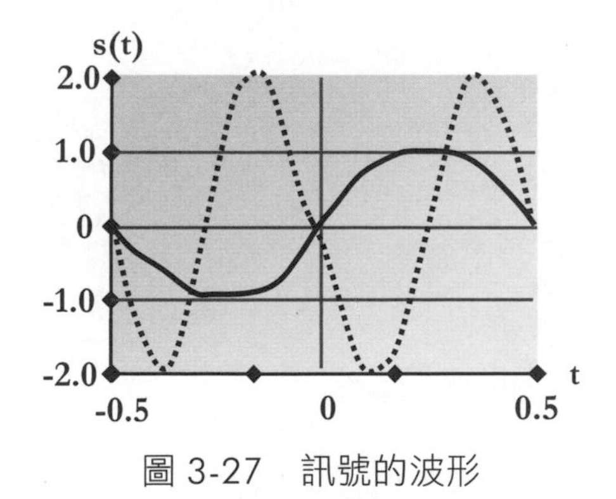

圖 3-27　訊號的波形

Q4 能否用簡單的描述說明什麼是都普勒效應（Doppler effect）？

答：由於行動台與基地台之間的相對運動，造成所收到的訊號在頻率上產生的改變（frequency shift）稱為都普勒效應（Doppler effect）。

自我評量

1. 我們要如何描述訊號（signal）的特徵？
2. 什麼是傅立葉級數（Fourier series）？跟訊號有什麼關係？
3. 資料（data）與訊號（signal）有什麼樣的關係？
4. 有線通訊與無線通訊在頻寬的運用上有何限制與差異？
5. 延遲失真（delay distortion）對於通訊頻道會產生什麼樣的影響？
6. 薛南容量（Shannon Capacity）的公式與 Nyquist criterion 之間有什麼關係？
7. 試整理出各種訊號傳遞模型（propagation model）。
8. 無線電訊號的傳遞實在是非常的複雜，在實務上要如何克服一些先天上的減損與漸弱（fading）效應？
9. 對於一個通訊系統來說，通常 SNR 與 BER 有什麼樣的關聯？

隱藏在訊號中的資訊

4 CHAPTER

本章的重要觀念

- 編碼（encoding）是什麼？
- 調變（modulation）是什麼?
- 資訊是如何隱藏在訊號中的？
- 數位通訊技術有什麼優點？
- 訊號的特性對於資料速率有什麼影響？

類比或數位的「資訊」都可以轉換成類比或數位的「訊號」，這種轉換也稱為「編碼（encoding）」，編碼的方式決定於通訊的需求、所用的介質與通訊的設施。訊號在傳送之前必須「調變（modulate）」成承載介質所用的訊號特徵，例如某個頻段（spectrum），接收端收到訊號以後經過「解調變（demodulate）」得到原來的訊號。數位調變技術在無線通訊系統中扮演非常重要的角色，一旦無線電頻譜的分配確定之後，這些技術可以幫我們將資訊轉換成所分配的電磁波承載頻率能傳送的訊號，而且能在接收端還原成原來的資訊。

假如資料傳送時必須以數位訊號的型式來處理（digital signaling），則不管原來的資料是數位或是類比的，都要先編碼（encode）成數位訊號。若是資料傳送時必須以類比訊號的型式來處理（analog signaling），則不管原來的資料是數位或是類比的，都要先調變（modulate）成類比訊號。圖 4-1 顯示編碼與調變技術的訊號處理的情況。

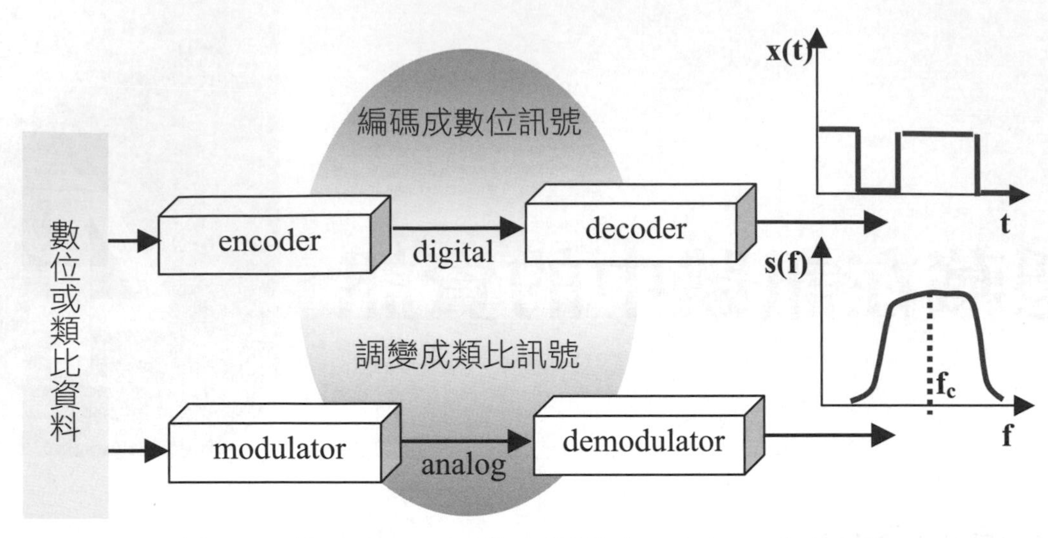

圖 4-1 編碼（encoding）與調變（modulation）的技術

調變時的輸入訊號稱為調變訊號（modulating signal）或基頻訊號（baseband signal），調變的結果是載波訊號（carrier signal），也稱為 modulated signal。傳送時所用的類比訊號的頻寬可以用 f_c（center frequency）來表示，可以算是一種 bandlimited 或稱 bandpass 的訊號。

4.1 通訊頻道（communication channel）的特徵

通訊頻道是指實體的介質與設備組成的系統，可用來傳送資訊。通常通訊頻道可以用來做數位或是類比通訊，數位通訊所傳送的訊號決定於所要傳送的 0 與 1 的序列，類比通訊所傳送的訊號決定於原來的類比資料的特性。一般我們可以從頻率或是時間的角度來分析通訊頻道的特徵，透過這樣的分析來了解頻道對所收到的訊號有什麼樣的影響。

4.1.1 頻率領域（frequency domain）的特徵

圖 4-2 顯示一個以頻率 f(Hz)振盪的正弦波通過一個頻道以後的特徵，通常頻道輸出的訊號頻率也是 f，但是在振幅與相位上會改變，假設輸入的訊號為 $x(t) = A_i \cos(2\pi ft)$，則輸出的訊號 $y(t)$ 可以表示如下：

$$y(t) = A(f)\cos(2\pi ft + \varphi(f)) = A(f)\cos(2\pi f(t - \tau(f)))$$

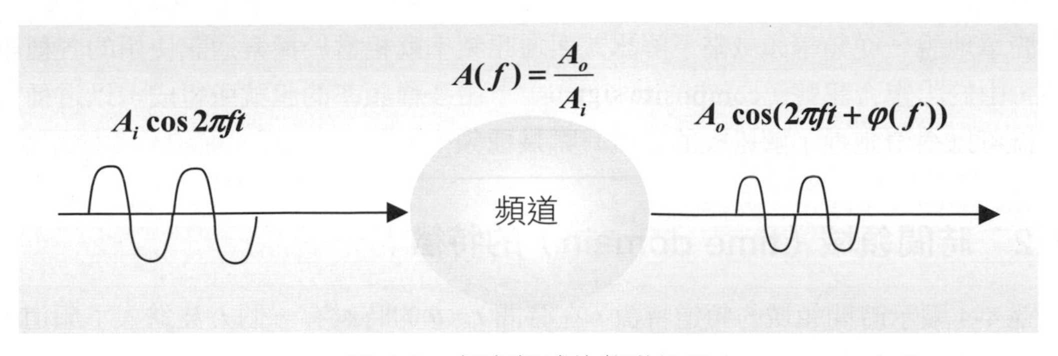

圖 4-2　頻率領域的頻道特徵

頻道對於訊號振幅的影響可以用振幅回應函數(amplitude-response function)***A(f)*** 來表示，也就是輸出訊號的振幅除以輸入訊號的振幅。另外是對於相位（phase）的影響，稱為相位改變（phase shift）$\varphi(f)$，是輸出訊號與輸入訊號之間相位的差異。振幅回應函數與相位改變都與訊號的頻率有關，從前面的式子可以看到 ***y(t)***是輸入 ***x(t)*** 被減損 ***A(f)***與延遲$\tau(f)$的結果。我們可以改變頻率 f，然後計算 ***A(f)***與$\varphi(f)$。得到的結果代表頻道在頻率領域（frequency domain）的特徵。通常頻率越高，頻道的減損也越大，圖 4-3 所畫的是典型的 low-pass channel 的特性，非常高頻率的部分可忽略，低頻的訊號組成相位幾乎不變，非常高頻率的部分相位的改變幾乎達 90 度。

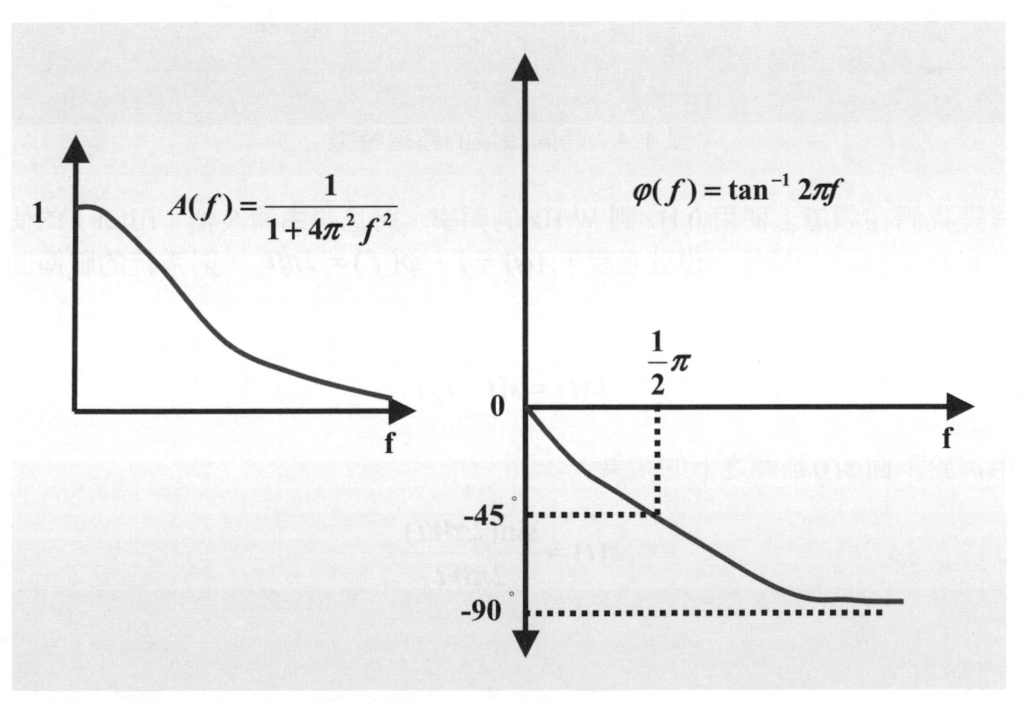

圖 4-3　振幅回應函數與相位改變函數（Leon_Garcia 2000）

簡單地說，從頻率領域來了解訊號與通訊頻率就相當於探索通訊使用的各種訊號頻率，由於「複合訊號（composite signal）」由多種頻率的訊號所組成，以這種方式來分析可以很清楚地了解組成的訊號有哪幾種頻率。

4.1.2 時間領域（time domain）的特徵

圖 4-4 顯示時間領域的頻道特徵，在時間 $t = 0$ 的時候有一個方波進入了頻道，接收端在一段傳遞時間之後收到的訊號的能量變成 $h(t)$，$h(t)$ 稱為頻道的脈衝回應（impulse response），我們可以看到 $h(t)$ 擴展（spread）的效應，波形的寬度代表輸出訊號是否跟得上輸入訊號，以及訊號在頻道上傳遞得有多快。**在數位通訊中，單位時間內傳遞的脈波越多代表資料速率越高，因此連續脈波之間的間隔長短是很重要的因素，基本上會決定於相鄰訊號之間的干擾情況。**

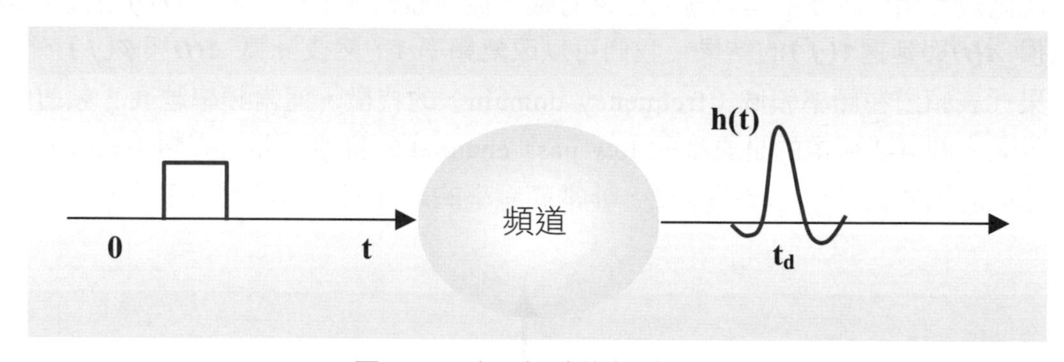

圖 4-4　時間領域的頻道特徵

假設我們在頻道上使用 0 Hz 到 W Hz 的頻率，而且經由濾波器（filter）的使用讓頻道具有 low-pass 的特性，也就是說，$A(f) = 1$，$\varphi(f) = 2\pi f t_d$，則系統的脈衝回應可以表示如下：

$$h(t) = s(t - t_d)$$

相當於下面 $s(t)$ 延遲之下的結果：

$$s(t) = \frac{\sin(2\pi W t)}{2\pi W t}$$

圖 4-5 顯示 ***s(t)***的曲線，當 t=0 時，***s(t) = 1***，脈波主要集中在-T 與 T 之間，所以脈波的寬度約為 1/W 秒，**當頻寬 W 增加時，脈波的寬度變小，則脈波之間的間隔更短，表示資料速率可以提高**。我們可以看到輸出的 ***h(t)***在 t=0 之前就有輸出，在實務中只能看成是一種理想濾波器的狀況，無法實現，不過 ***s(t)***倒是可以在真實的系統中做到。

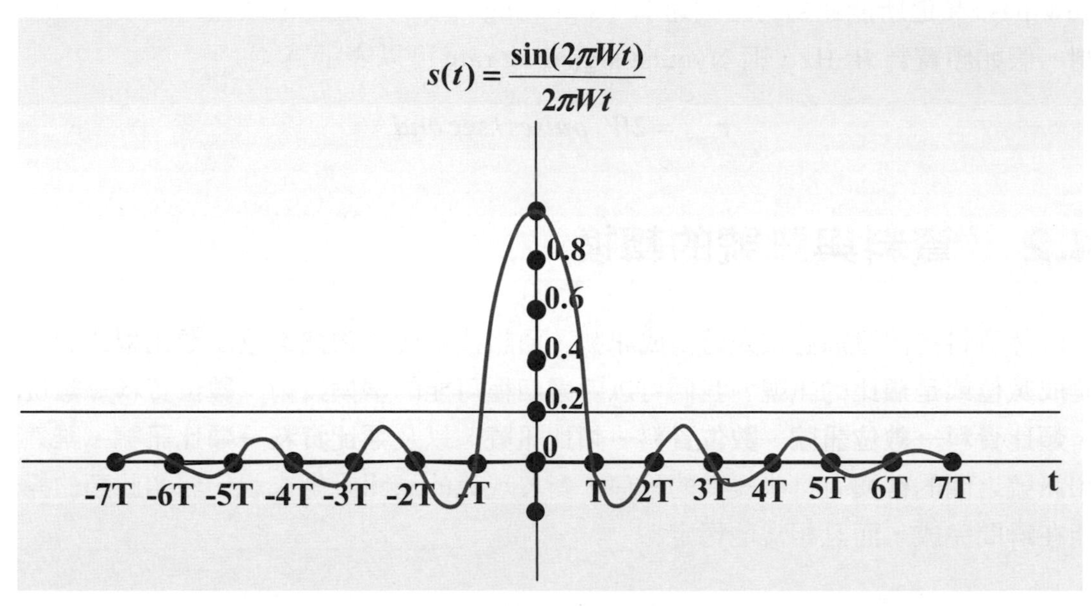

圖 4-5　s(t) 的曲線

4.1.3　數位通訊頻道的基本限制

所謂的基頻傳輸（baseband transmission）是指在 low-pass 頻道上傳送數位資訊，數位傳輸系統的品質決定於資料速率，即 bit rate 與位元錯誤率（BER, bit error rate），而這兩個因素會受到頻道頻寬與 SNR 的影響。我們下面用一個簡單的傳輸系統來探討相關的觀念，假設 p(t)代表接收端收到的基本波形，t=0 時送出第一個脈波，若輸入的位元為 1，則收到的訊號應為***+Ap(t)***，若輸入的位元為 0，則收到的訊號應為***-Ap(t)***，假設傳遞延遲為 0。T 秒之後，傳送器送出另一個脈波，則可能的值為***+Ap(t-T)***或***-Ap(t-T)***。接收端所收到的訊號可以用下面的式子來表示：

$$r(t)=\sum_k A_k\, p(t-kT)$$

當接收端在檢視所收到的脈波時，所見到的其實是上面的式子，也就是在檢視時間之間所有抵達的脈波的和（sum），這樣會造成所謂的符號間的干擾（ISI, intersymbol interference）。不過假如所用的基本波形在 t=kT（k 不為 0）時剛好為 0，例如圖 4-5 的 ***s(t)***，則在 t=kT 時剛好都沒有符號間的干擾（zero intersymbol interference），***s(t)*** 可稱為是一種 Nyquist pulse。Nyquist rate 可以定義為在沒有符號間的干擾情況下一個 low-pass 頻道所能達到的訊號速率（signaling rate），這就是數位通訊頻道的基本限制。假如頻寬為 ***W*** Hz，則 Nyquist signaling rate 可以表示為：

$$r_{\max} = 2W \ pulses/\sec ond$$

4.2 資料與訊號的轉換

既然資料在傳遞前必須先轉換成訊號，通訊技術要能夠把數位或類比型式的資料轉變成數位或是類比的訊號。我們可以考慮四種可能的轉換技術：**數位資料→數位訊號**、**類比資料→數位訊號**、**數位資料→類比訊號**、以及**類比資料→類比訊號**。雖然資料和訊號之間的轉換有這些複雜的程序，對於現代的通訊設備來說，諸如此類的操作都能在瞬間完成，而且相當地穩定。

4.2.1 數位資料轉換成數位訊號

所謂的線路編碼（line coding）的技術就是數位通訊系統中把二元資訊（binary information）轉換成數位訊號的方法。數位訊號（Digital Signals）可以看成是一連串不連續的電壓脈衝（Voltage Pulses），每個脈衝代表一個訊號單元（Signal Element）。數位資料（Digital Data）則是一連串 0 與 1 的組合。把 0 與 1 的組合（即數位資料）轉換成訊號單元（即數值訊號）的技術也叫做「編碼方法」（Encoding Scheme）。**另外一種說法是把二元的資訊（binary information）轉換成數位訊號，這種方法也叫做 line coding**（Leon-Garcia 2000, pp 122）。圖 4-6 是兩種編碼方法的例子。0 或 1 各代表一個位元。這兩種方法分別代表兩大類的數位訊號編碼：

1. 以目前狀態來編碼的方法：例如高電壓表示 0，低電壓表示 1。
2. 以狀態轉變來編碼的方法：例如在時限內由高電壓到低電壓表示 0，由低電壓到高電壓表示 1。

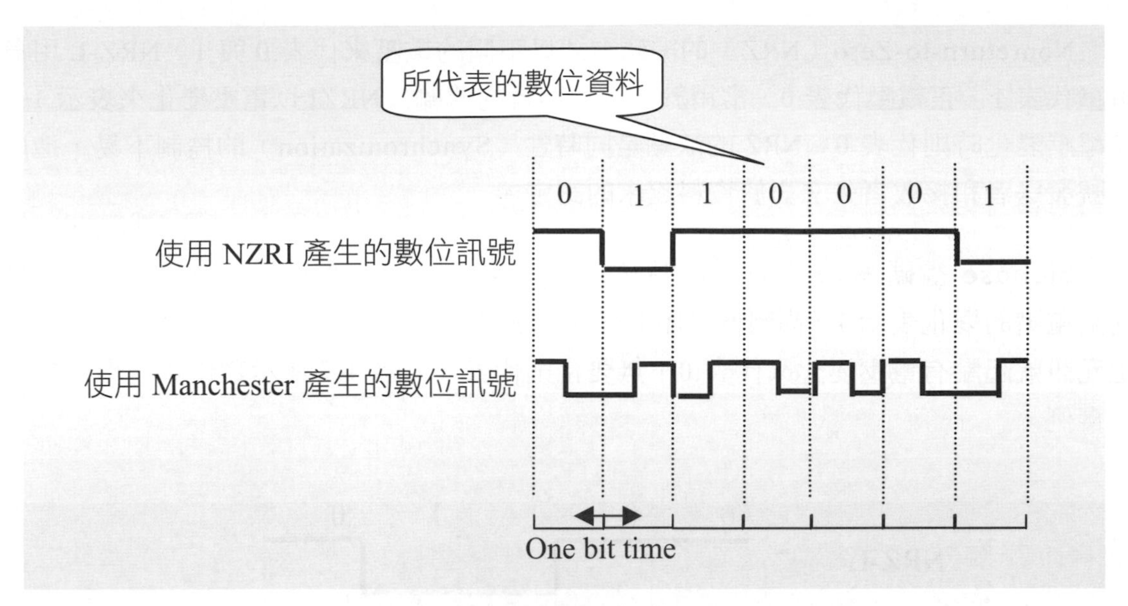

圖 4-6　兩種編碼方法的例子

NRZI（Non -Return to Zero Inverted）的編碼方式在傳送一個位元（bit）的時間內（也稱做 One-bit time），保持一定的電壓，假如傳送之初有電壓的變化（即從低電壓到高電壓或是從高電壓到低電壓），則所傳送的是 1，若是傳送之初沒有電壓的變化，則所傳送的是 0；Manchester 的編碼方法則是以傳送一個位元的時間內，所產生的電壓變化來代表 0 或 1，假如在位元傳送時間的中點，電壓由高變低，則代表 0，若是電壓由低變高，則代表 1。

和編碼相關的有兩個重要的觀念：資料傳輸速率（Data Rate）與調變速率（Modulation Rate）。「資料傳輸速率」以每秒傳送的位元數目來表示（bits／sec），「調變速率」則以每秒產生的訊號單元數目來表示，以 baud 為衡量的單位。我們把數位訊號調變編碼技術的主要觀念綜合一下，數位資料用數位訊號的型式來傳送，得用到所謂的編碼技術（encoding scheme），大致上有兩大類的編碼技術：

1. NRZ codes

    (1) NRZ-L

    (2) NRZI

2. Biphase codes

    (1) Manchester

    (2) Differential Manchester

Nonreturn-to-Zero（NRZ）的編碼方式以不同的電壓來代表 0 與 1，NRZ-L 用負電壓代表 1，正電壓代表 0，常用於非常短距離的傳輸。NRZI 以電壓變化來表示 1，無電壓變化時則代表 0。NRZ 的缺點是同時性（Synchronization）的控制不易，造成訊號發送者和接收者失去對於資料起末的認定。

biphase 編碼[1]解決了同時性控制的問題，Manchester 編碼以每位元訊號中點低到高電壓的變化表示 1，高到低電壓的變化代表 0。Differential Manchester 則是以每位元訊號起點有電壓變化來代表 0，無變化則代表 1。圖 4-7 顯示數位訊號編碼技術的實例。

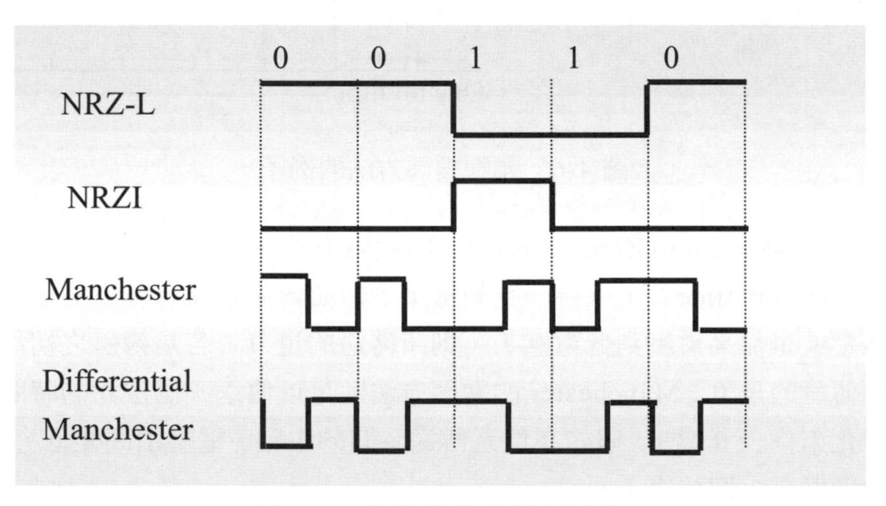

圖 4-7　數位訊號的編碼技術

4.2.2　數位資料轉換成類比訊號

在傳輸介質只能傳送類比訊號的情況下，數位資料必須先轉換成類比訊號才能傳送。類比訊號的傳送，是在連續而有固定頻率範圍的情況下進行的，這個頻率也稱為「載波頻率」（Carrier Frequency），必須和傳輸介質的特性相容。將數位資料調變成類比訊號，可以藉著「振幅」（Amplitude）、「頻率」（Frequency）、和「相位」（Phase）三種載波訊號參數的變化來進行。圖 4-8 列出三種常見的調變編碼技術。

[1] 雙相位（biphase）編碼中，位元訊號中點是用來做同時性控制的。

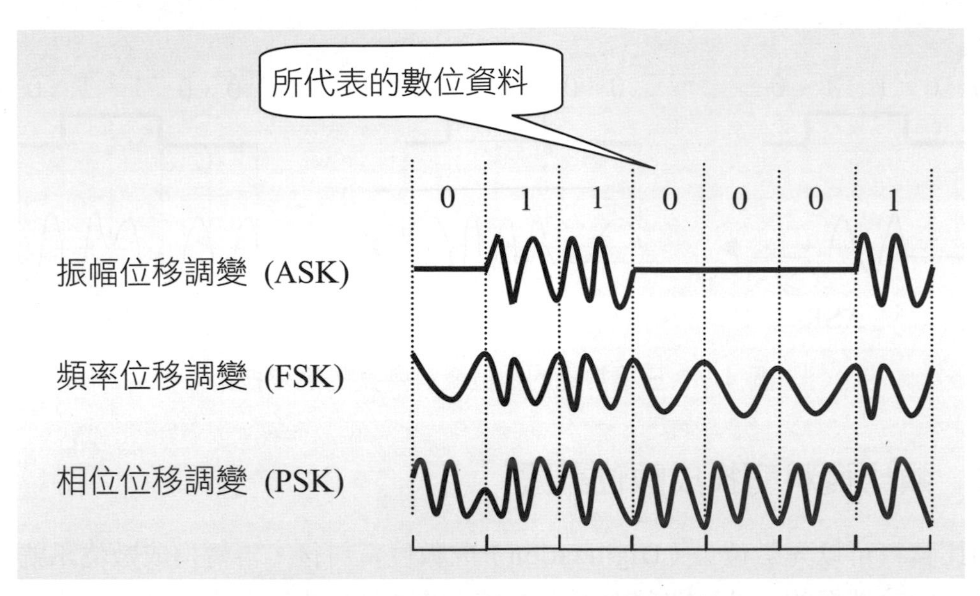

圖 4-8　三種常見的調變編碼技術

振幅位移調變（ASK, Amplitude-Shift Keying）利用載波頻率的兩種不同的振幅來代表 0 與 1。頻率位移調變（FSK, Frequency-Shift Keying）利用接近載波頻率的兩種不同頻率來代表 0 與 1。相位位移調變（PSK, Phase-Shift keying）則是以相位的改變來代表 0 與 1。我們把調變編碼技術的主要觀念綜合一下，訊號頻率的轉換也常被稱為調變（modulation）。把數位資料用類比訊號的型式來傳送，得用到調變（modulation）的技術，有 3 種常見的數位資料轉換的調變技術，圖 4-9 顯示調變技術的實例：

1. Amplitude-Shift Keying（ASK）：ASK 用不同的振幅（Amplitude）來表示 0 與 1，突然的電流強度變化有可能造成錯誤。在一般的語音級線路上可達到 1200bps 的傳輸速率。

2. Frequency-Shift Keying（FSK）：FSK 以不同的頻率（Frequency）來代表 0 與 1，比較不受電流強度變化的影響。

3. Phase-Shift Keying（PSK）：PSK 以相位（Phase）的反轉來代表 1，無相位反轉則代表 0。PSK 又要比 FSK 更穩，在語音級的線路上，可達到 9600 bps 的傳輸速率。

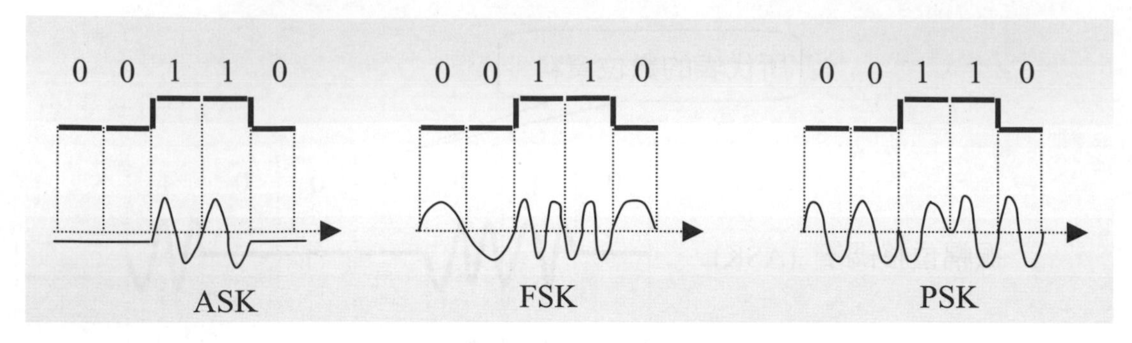

圖 4-9　三種常見的數位資料轉換的調變技術

4.2.3　類比資料轉換成數位訊號

類比資料可以先數位化（Digitization）成數位資料後，再轉換成數位訊號或是類比訊號，由於轉換的方法已在前面兩段中介紹過了，我們這裡直接探討類比資料數位化的方法；最常見的數位化方法是所謂的「脈衝碼調變」（PCM, Pulse Code Modulation），其由來是根據**「抽樣理論」（Sampling Theorem）：若是將連續產生的訊號，在固定的時間間隔抽樣，而抽樣的速率高於訊號最高有效頻率的兩倍，則抽樣所得的不連續資料，可以用來重建原來的連續訊號。抽樣理論是可以證明的，我們常聽到的「編碼解碼器」（CODEC, Coder-Decoder），就是把類比資料轉換成數位訊號的設備。我們可以用 PCM（Pulse Code Modulation）的技術來把類比資料轉換成數位訊號。**

數位訊號其實可以看成是 1 與 0 的成串組合，要用這些組合來描述類比資料，必須能「定時取值（sampling）」，或稱為取樣，這是對類比資料來做的，所取的值要用 0 與 1 的字串來表示。所以 PCM 只是儘量描述原始的類比資料，並非絕對精確。在學理上有一個很重要的發現叫做 Nyquist criterion，根據這個學理，為了要合理的描述類比資料，得到可接受的結果，取樣速率至少要是類比資料頻率的兩倍。所以要用數位訊號來傳送一般的語音資料，取樣速率大約是 4KHz 的兩倍，也就是每秒取樣 8000 次，假設取值以 8 位元來表示，則一般承載語音的數位線路之資料傳輸速率大約是 8 x 8000=64000 位元／秒=64Kbps，所以常聽到 64Kbps 的數位傳輸速率，就是這個道理。圖 4-10 的例子可用來了解 PCM 的原理。

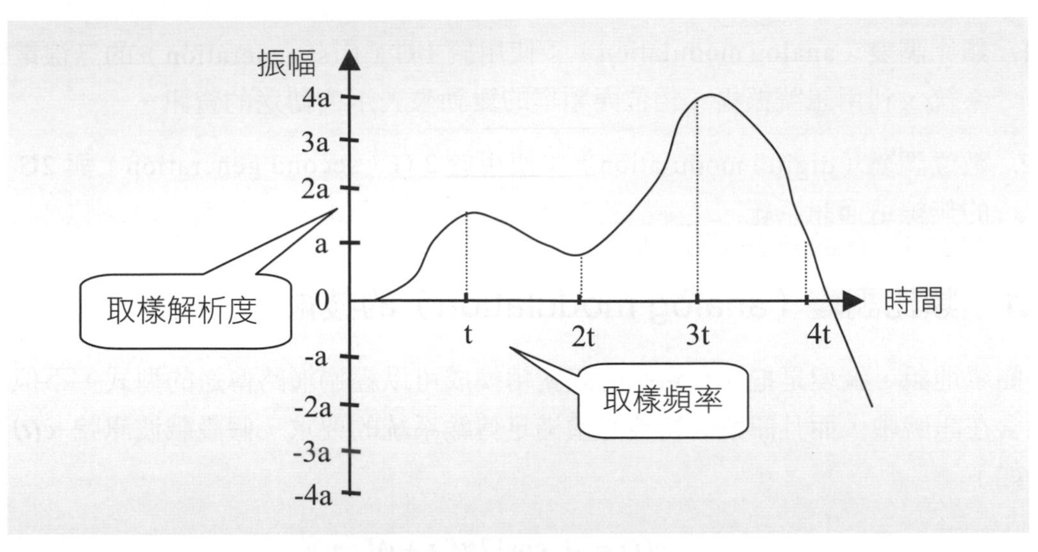

圖 4-10　PCM 的原理

4.2.4　類比資料轉換成類比訊號

類比資料可以直接以類比訊號的型式傳送，因為很多類比資料本身就是以電訊的型式產生的，也稱為「基頻訊號」（Baseband Signals）。例如：聲音的傳送可以直接在音頻級（Voice-Grade）線路上傳送。為了要共享傳輸介質，提高介質使用效能，可以把基頻訊號經由調變的方式，使其頻寬位移到頻譜（Spectrum）上的另一段位置，配合傳輸介質所用的頻段。這是類比資料有時也要轉換成類比訊號的原因。調變的方法有「振幅調變」（AM, Amplitude Modulation）、「頻率調變」（FM, Frequency Modulation）與「相位調變」（PM, Phase Modulation）。

4.3 調變技術簡介

調變技術已經很廣泛地應用在各種通訊領域中，行動無線電通訊也是其中的一種。數位調變優於類比調變，但是類比系統目前仍然在使用中。調變（modulation）是一種把原始資訊編碼（encode）成傳輸型式的程序，通常原始資訊的訊號屬於 baseband message signal，經過調變後成為頻率高的 bandpass signal。原來的訊號稱為 modulating signal，調變以後的訊號稱為 modulated signal。調變的方法是依照原始訊號的振幅來調整高頻載波（high frequency carrier）的振幅（amplitude）、相位（phase）或頻率（frequency）。接收到訊號的另一方利用反調變（demodulation）來取得原始的資訊。

1. 類比調變（analog modulation）：使用於 1 G（first generation）的無線電通訊系統，利用訊號振幅、相位與頻率的變動來表示所傳送的資訊。
2. 數位調變（digital modulation）：使用於 2 G（second generation）與 2G 以上的無線電通訊系統。

4.3.1 類比調變（analog modulation）的技術

簡單地說，調變是把含有資訊的訊號轉換成可以經過網路傳送的型式，不但資訊要隱含在訊號中，而且訊號的特性必須滿足傳輸系統的要求。假設載波訊號 $c(t)$可以表示如下：

$$c(t) = A_0 \cos[2\pi f_0 t + \phi]$$

若是 $m(t)$代表訊息的訊號（message signal），則振幅調變（AM, amplitude modulation）的訊號 $s_{AM}(t)$可以由以下的式子來表示：

$$s_{AM}(t) = A_0[1 + k_a m(t)]\cos(2\pi f_0 t)$$

上面的式子中 k_a 代表 modulation index，相位 $\phi = 0$ 。AM 的 modulation index 是訊息的最大振幅與載波訊號最大振幅的比值。頻率調變所得到的訊號 $s_{FM}(t)$可以由以下的式子來表示：

$$s_{FM}(t) = A_0 \cos\left[2\pi f_0 t + 2\pi k_f \int_{-\infty}^{t} m(\tau)d\tau\right]$$

k_f為 frequency deviation，以 Hz/V 為單位。相位調變所得到的訊號 $s_{PM}(t)$可以由以下的式子來表示：

$$s_{PM}(t) = A_0 \cos(2\pi f_0 t + k_\phi m(t))$$

k_ϕ 為 phase deviation，以 radians/Volt 為單位。AM 利用載波訊號振幅的改變來表示所傳送的訊息，載波的頻率維持不變。以語音通訊（voice communication）為例，語音型式的訊息以類比訊號的型式產生。調變裝置（modulator）將訊息加入載波（carrier wave）中，所收到的訊號與原來的訊息是成比例的（proportional），所以 AM 算是一種線性調變（linear modulation）。FM 與 PM 的情況中，所收到的訊號的形狀（envelope）不會跟著原來的訊息（message）改變，也稱為非線性的調變（nonlinear modulation）。FM 與 PM 都算是一種角度調變（angle modulation），因為兩者都會改變正弦波的訊號使得載波的角度（angle）依據 modulating baseband signal（即訊息訊號）的振幅而變化，但是載波訊號本身的振幅是維持不變的，即 constant envelope。

AM 的調變方式比較容易受到干擾（interference）與雜訊（noise）的影響，而且 AM 有一些變化的使用方式，假如要用載波訊號傳送一個以上的訊息，可以使用多種頻率，每種頻道與一個訊息調變，如此一來，傳送訊號的頻寬加大了。還有一種方式是**以傳送單一訊息的頻寬來傳送兩種訊號，也就是所謂的 QAM（quadrature amplitude modulation），即正交振幅調變**。正交（quadrature）是指載波同時使用 sine 與 cosine 的波形（waveform），頻率則只有一種，我們後面會詳細介紹 QAM 的原理。圖 4-11 顯示振幅調變（AM, amplitude modulation）的例子，注意原始訊號的大小與所接收到的訊號的振幅大小之間的關係，同時與前面的公式一起比較思考一下。圖 4-12 顯示頻率調變（FM, frequency modulation）的例子，注意原始訊號的大小與所接收到的訊號的頻率大小之間的關係，同時與前面的公式一起比較思考一下。

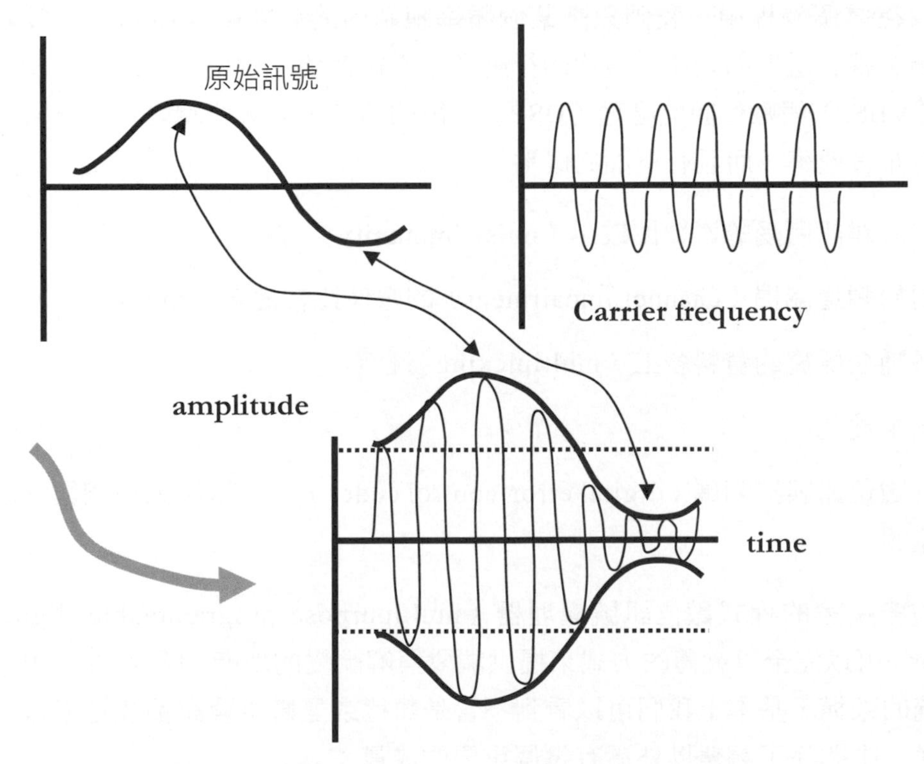

圖 4-11　振幅調變（AM, amplitude modulation）

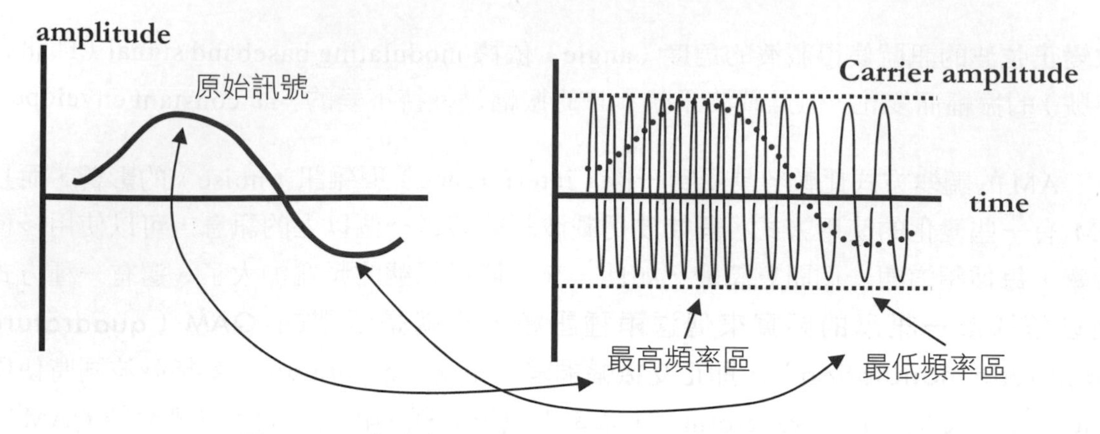

圖 4-12　頻率調變（FM, frequency modulation）

4.3.2　數位調變（digital modulation）的技術

數位調變（digital modulation）其實就是前面介紹的把數位資料轉換成類比訊號的方法。在這個過程中，我們只讓某個頻率範圍內的訊號組成通過，一般的數據機（modem）就有這樣的功能。現代的行動通訊系統都使用數位調變技術，由於大型積體電路（VLSI）與數位訊號處理（DSP）技術的演進，使數位調變技術變得比類比調變更經濟而有效率，而且有下面的優點：

1. 對於雜訊所受的影響比較小（noise immunity）。
2. 對於頻道減損（channel impairment）的處理比較健全（robust）。
3. 各種多媒體的資料多工（multiplexing）容易。
4. 安全性高。
5. 含數位錯誤控制碼（digital error-control codes），可以用來偵測與修改傳輸的錯誤。

新的多用途的程式數位訊號處理器（multipurpose programmable digital signal processor）可以完全以軟體的方式來提供調變與解調變的功能。圖 4-13 畫出一個數位通訊系統的架構，基本上我們可以看到不管是類比或是數位資訊都能透過數位通訊系統來傳送，中間除了調變以外還有幾個重要的成員：

1. A/D converter：可以把類比資訊轉換成數位資訊。
2. source encoder：對資訊進行編碼（encoding），使整體的頻寬需求在可以處理的範圍內，編碼的方式決定於無線通訊系統所採用的標準。

3. channel encoder：為了減低雜訊（noise）與漸弱（fading）的影響。

數位通訊系統必須產生所謂的資料符號（data symbols），同時使用波形（pulses）來表示符號，頻道上傳送的連續波（pulse train）承載一連串的符號。假如每個符號有 m 個可能的值（value），則每個符號所承載的位元（bit）數目為 $\log_2 m$。所以若是一個符號有兩種可能的值，則每個符號能承載一個位元的資訊，這是二元（binary）的狀況，若是一個符號有 4 種可能的值，則每個符號能承載 2 個位元的資訊，這是 quaternary 的狀況，一旦符號表示方式決定了，接著的調變方法就要用來將這些含有符號的波形轉變成可以傳送的型式。

選擇數位調變的因素

類比通訊的方式很簡單而且容易建置，但是數位調變技術提供了更好的結果。除了受雜訊的影響降低了之外，就如前面提到過的大型積體電路（VLSI）與數位訊號處理（DSP）技術的演進，使數位調變技術變得比類比調變更經濟而有效率，在成本與頻寬雙重的考量下，數位調變技術可以大幅降低接收端的錯誤率，同時讓通訊系統更安全。

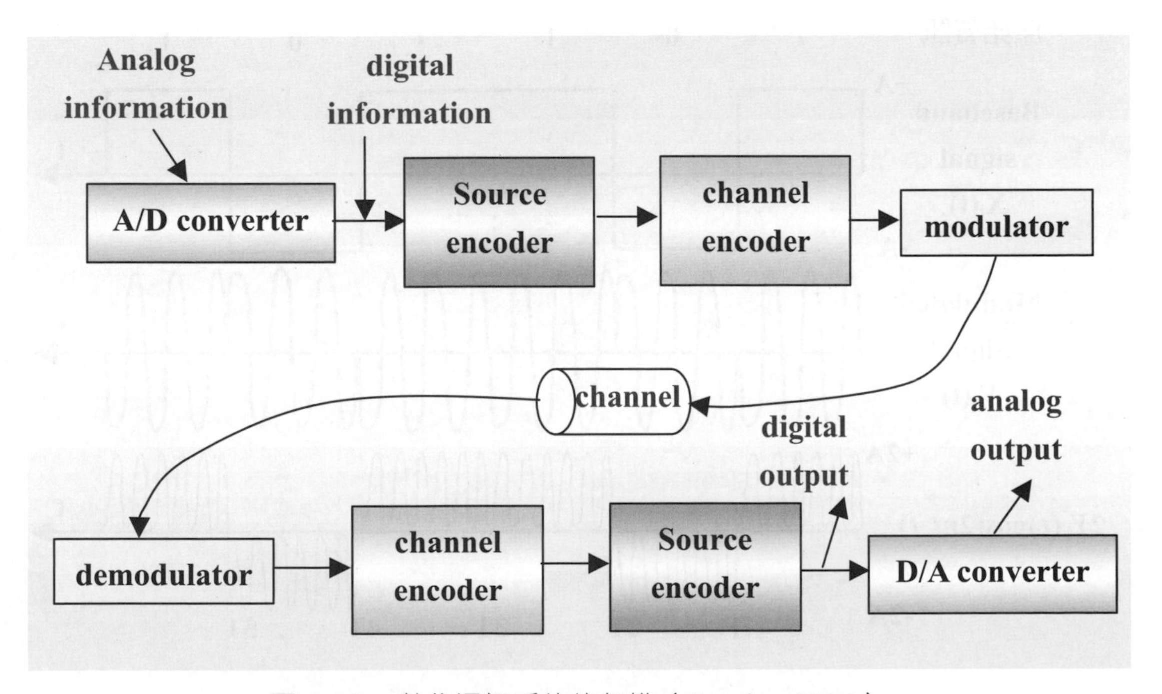

圖 4-13　數位通訊系統的架構（Shanker 2002）

數位調變的基本原裡

圖 4-14 中的基頻訊號（baseband signal）是原來的輸入訊號，也代表原始的資訊。我們可以清楚地看到要傳送的是 101101 的位元串。在原始資訊是 1 時，調變以後的訊號為 $+A\cos(2\pi f_c t)$，在原始資訊是 0 時，調變以後的訊號為 $-A\cos(2\pi f_c t)$，這時候所得到的訊號並不是純粹的正弦波（sinusoid），在每 T 秒的時候波形會有不連續的變化（glitch），不過頻率維持在固定的 f_c。

圖 4-14 中的 $Y_i(t)$ 代表調變以後的訊號（modulated signal），照理說就是可以傳送出去的訊號。訊號到達接收端以後要解調變（demodulate），圖 4-14 中的做法是將 $Y_i(t)$ 乘乘上 $2\cos(2\pi f_c t)$，得到圖 4-14 最下方的結果，然後利用 low-pass filtering 將訊號還原成 $X_i(t)$。整個調變與解調變的過程有一個很重要的觀念，就是之所以要調變是為了讓訊號能透過載波（carrier）來傳送，而原始的資訊必須隱含在調變以後的訊號裡，在雜訊與訊號減損的情況下，收到的訊號必須能夠還原成原來的訊號。那麼為什麼叫做數位調變（digital modulation）呢？因為現在所承載的資訊是數位的，不是類比的。這些觀念要仔細地思索一下。

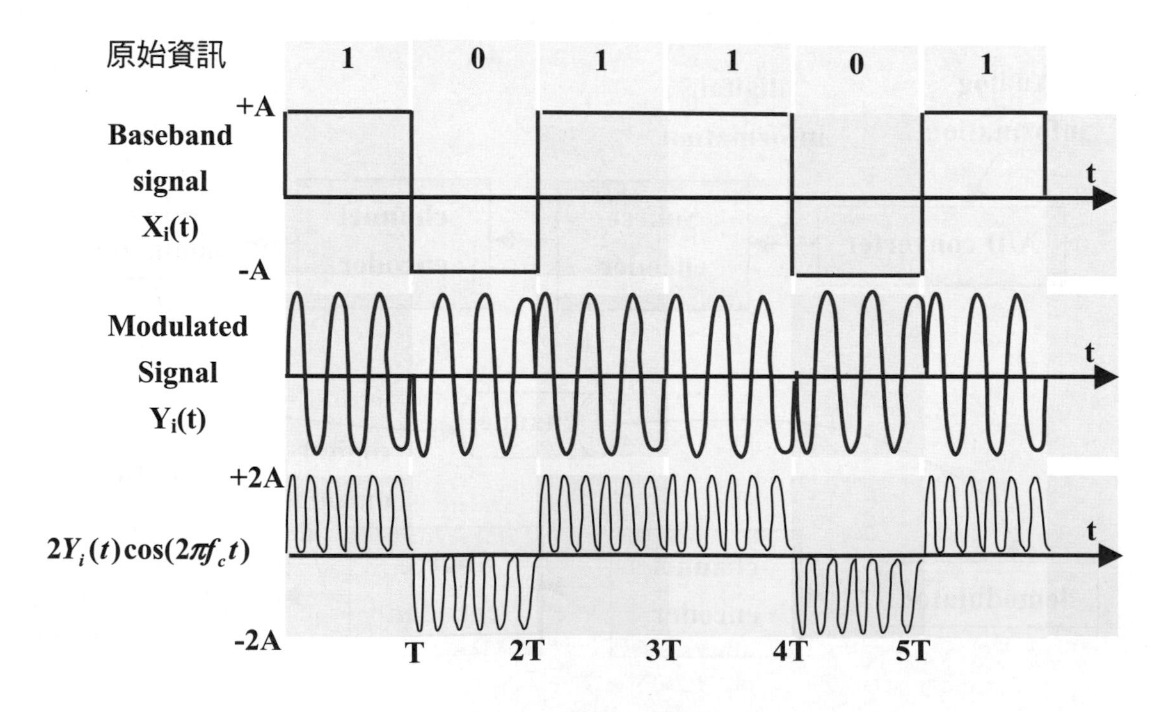

圖 4-14 訊號的調變

圖 4-15 顯示調變器（modulator）工作的原理，每隔 T 秒的時間，調變器接受一個新的二元資訊輸入，A_k代表輸入的訊號，假如資料是 1 則 $A_k= + A$，假如資料是 0 則 $A_k= - A$。因此，輸出的 $Y_i(t)$在符號是 1 時其值為$+A\cos(2\pi f_c t)$，輸出的 $Y_i(t)$在符號是 0 時其值為$-A\cos(2\pi f_c t)$。

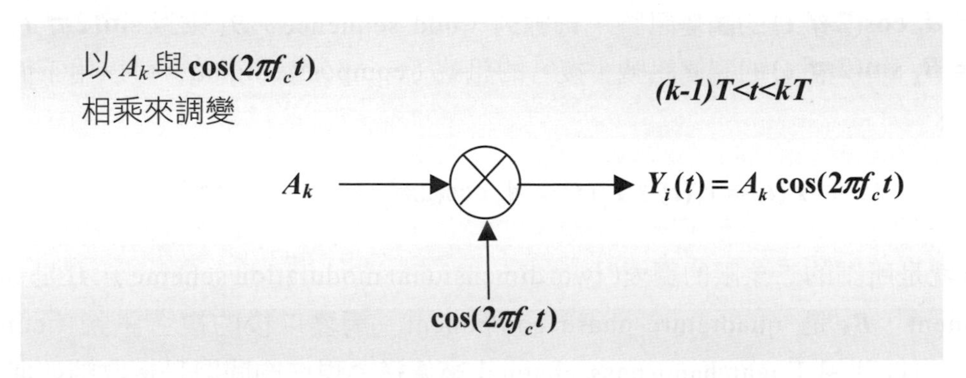

圖 4-15　調變器（modulator）工作的實例

接著要考慮的是在解調變時如何把訊號還原成原來的資訊，圖 4-16 畫出解調變器（demodulator）工作的原理。首先，將收到的之前調變的訊號 $Y_i(t)$ 與 $2\cos(2\pi f_c t)$ 相乘，得到 $2A_k \cos^2(2\pi f_c t) = (1+\cos(4\pi f_c t))$，訊號的波形看起來像圖 4-14 最下面的輸出訊號圖。這時候要注意 low-pass filter 的功能與上面算式之間的對應。

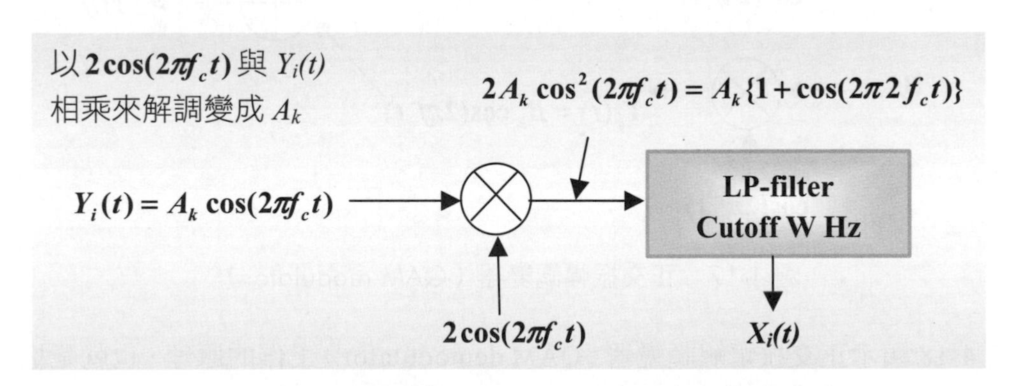

圖 4-16　解調變器（demodulator）工作的實例

數位調變的變化

所謂的正交振幅調變（QAM, quadrature amplitude modulation）將原來的資訊流分成兩部分，包括原來串列中奇數與偶數的符號。圖 4-17 顯示正交振幅調變器（QAM modulator）工作的原理，我們將偶數列（even sequence）A_k 乘以 $\cos(2\pi f_c t)$，得到 $Y_i(t) = A_k \cos(2\pi f_c t)$ 的調變訊號，奇數列（odd sequence）B_k 乘以 $\sin(2\pi f_c t)$，得到 $Y_q(t) = B_k \sin(2\pi f_c t)$ 的調變訊號，複合的訊號（composite signal）可以用下面的式子來表示：

$$Y(t) = Y_i(t) + Y_q(t) = A_k \cos(2\pi f_c t) + B_k \sin(2\pi f_c t)$$

這就是所謂的二象限的調變（two-dimensional modulation scheme），A_k 是 in-phase component，B_k 是 quadrature-phase component。調變以後的複合訊號（composite signal）可以利用 linear band-pass channel 來傳送。現在的問題是接收端如何把複合訊號還原成原來的訊號呢？

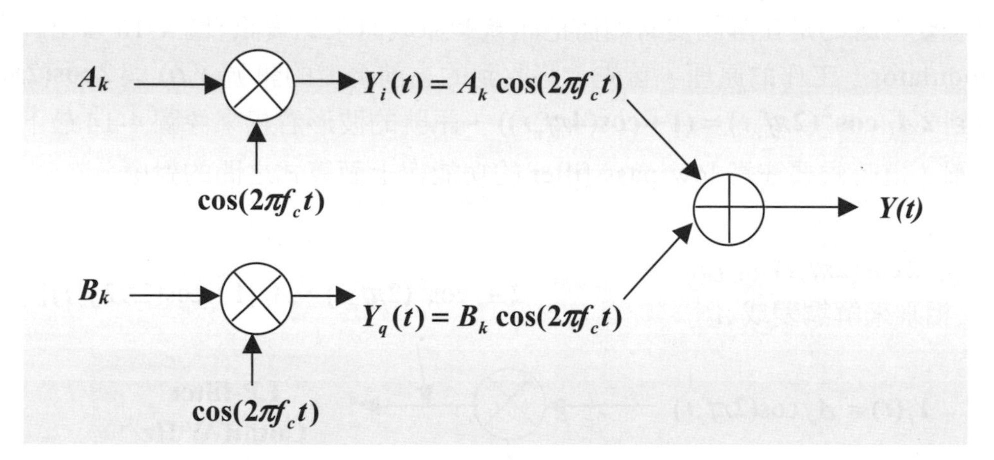

圖 4-17　正交振幅調變器（QAM modulator）

圖 4-18 顯示正交振幅解調變器（QAM demodulator）工作的原理，也就是把 Y（t）還原成 A_k 與 B_k 的方法。以下的三角函數公式可以幫我們找到答案：

$$2\cos^2(2\pi f_c t) = 1 + \cos(4\pi f_c t)$$
$$2\sin^2(2\pi f_c t) = 1 - \sin(4\pi f_c t)$$
$$2\cos(2\pi f_c t)\sin(2\pi f_c t) = 0 + \sin(4\pi f_c t)$$

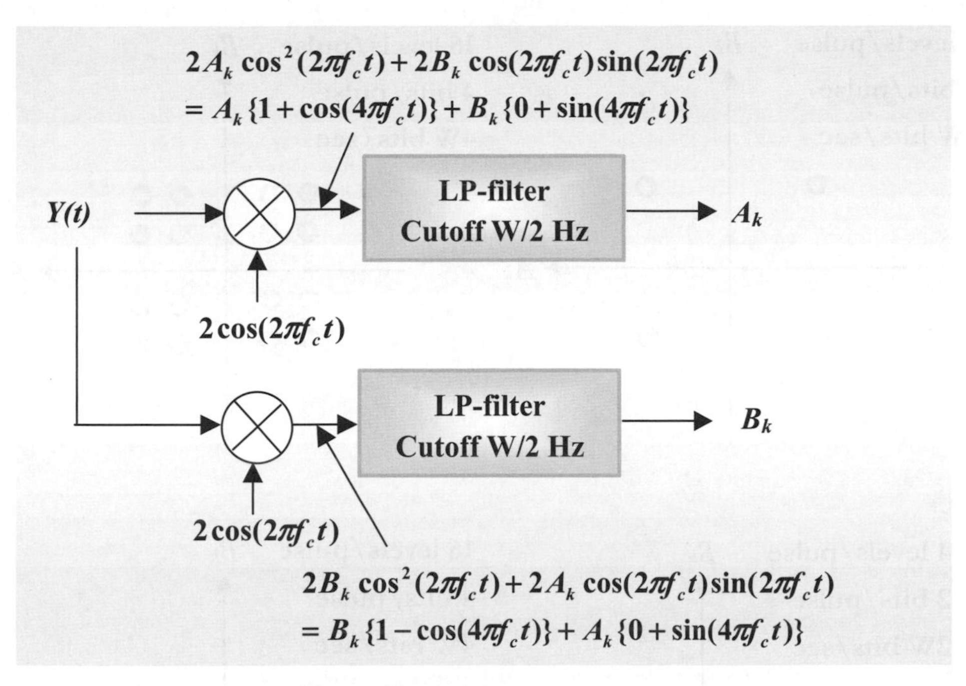

圖 4-18　正交振幅解調變器（QAM demodulator）

圖 4-18 顯示對於收到的 ***Y(t)***訊號所進行的處理，經過 low-pass filter 之後得到還原的 A_k與 B_k。所以在 W Hz 的 band-pass 頻道中，QAM 可以達到 2W pulses/sec 的傳訊速率（signaling rate）。

調變的星座（constellation）表示法

QAM 的特性可以用所謂的星座（constellation）表示法來描述，圖 4-19 左上方的訊號星座圖（signal constellation）表示在 T=1/W 秒的時間內，4 個點中只有一個點所代表的狀態在傳送，所以這 4 個點分別代表 4 種不同的狀態，相當於 2 個位元的資訊。也就是 T 秒內傳送 2 位元（bits）。假如訊號星座圖中的點增加了，表示在 T 秒內能傳送的資訊量增加了，以 16 點來說，表示 T 秒內傳送 4 位元（bits）。一般說來，若是訊號星座圖上有 2^n 個點，則資料傳送的速率為每 T 秒 n 個位元（bit）。

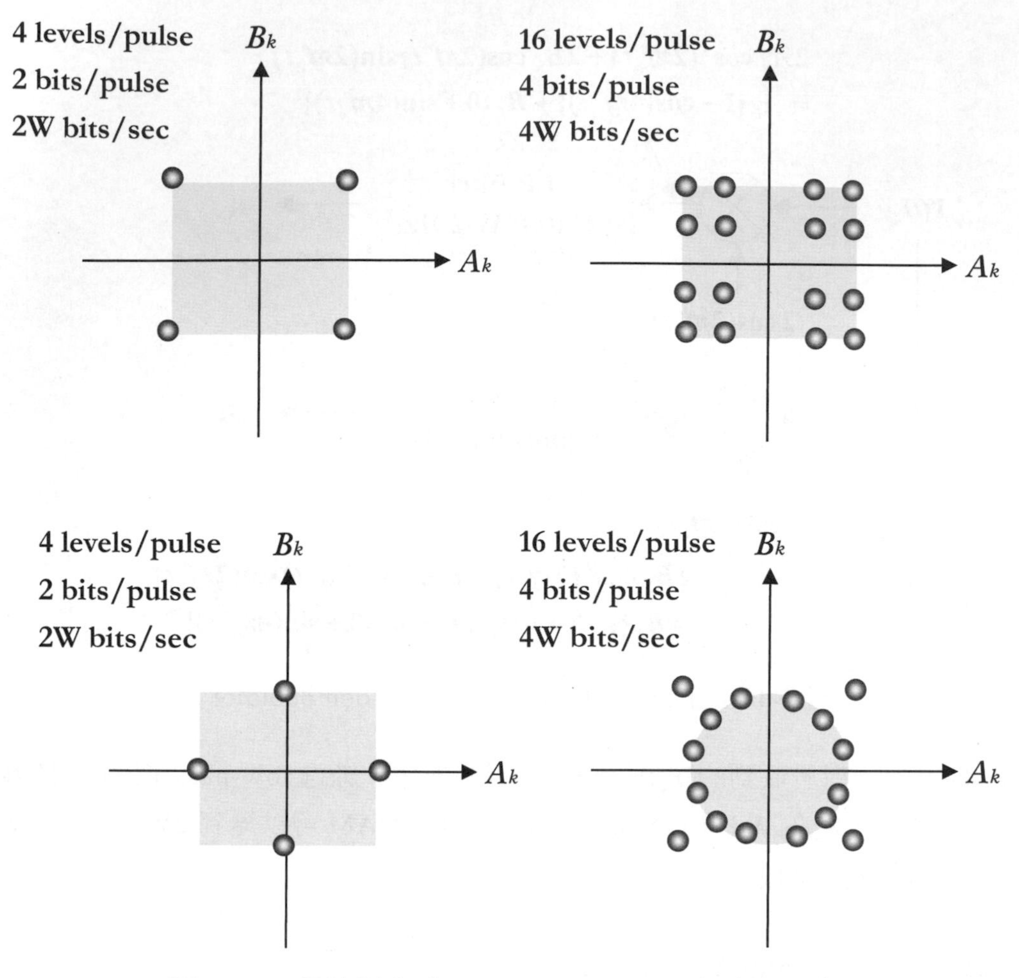

圖 4-19　訊號星座（signal constellations）的表示法

4.3.3　數位調變技術的分類

調變技術將原始訊號調變成載波能承載的訊號，接收端收到訊號之後要把加入的載波移除還原成原始的訊號。由於訊號會受到雜訊與干擾的影響，所以接收端必須對訊號進行偵測符號（detection）的處理，處理的方式決定於原來所用的調變方法。表 4-1 以結合性的偵測（coherent detection）與非結合性的偵測（noncoherent detection）對數位調變技術進行分類。

解調變（demodulation）會移除載波訊號（carrier signal），解調變以後要偵測（detect）符號，結合性的偵測（coherent detection）有下列的特徵：

1. 接收端使用載波相位（carrier phase）來偵測訊號。
2. 利用接收端的複製訊號（replica signal）做交錯關聯（cross correlation）。
3. 與預設的限制值（threshold）來決定是那個符號。

非結合性的偵測（noncoherent detection）不使用相位參考（phase reference）資訊，所用的接收器比較不複雜，但是效能較差。

表 4-1　數位調變技術的分類

coherent	nonherent
Phase shift keying（PSK）	Differential phase shift keying（DPSK）
Frequency shift keying（FSK）	Frequency shift keying（FSK）
Amplitude shift keying（ASK）	Amplitude shift keying（ASK）
Continuous phase modulation（CPM）	CPM
Hybrids	Hybrids

圖 4-20 是另外一種分類的方式，線性的調變（linear modulation）是指所傳送的訊號的振幅會與調變訊號（modulating signal）有線性變化的關聯，也就是說，傳送的訊號的振幅會以線性的方式隨著原來訊號的振幅變化。線性調變在頻寬的運用上比較有彈性，適用於頻寬有限但是需要容納很多使用者的情況。非線性的（nonlinear）調變中，載波的振幅是固定的，也稱為 constant envelope 的調變，優點如下：

1. 可以使用功率使用效率高的 class C 放大器（amplifier），但不會對傳送訊號所占的頻寬產生不良的影響。
2. 可以維持比較低的頻段外幅射（out-of-band radiation），約在-60dB 到-70dB。
3. 可以使用比較特殊的偵測技術，簡化接收器的設計，降低受雜訊與 Rayleigh fading 的影響。

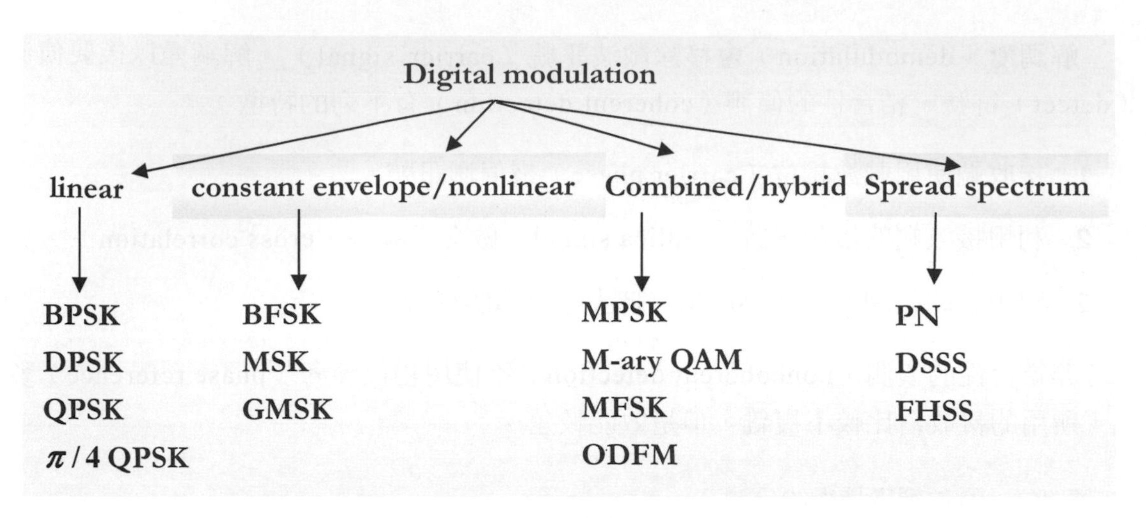

圖 4-20　數位調變技術的分類（Rappaport 2002）

數位基頻（digital baseband）的原始資料傳送時可以利用無線電載波振幅與相位的變化，由於這種變化有各種組合方式，使得基頻資料可以對應到 4 種或 4 種以上的無線電載波訊號。這樣的調變技術稱為 M-ary modulation，歸類於所謂的 combined linear and constant envelope 的調變技術。

展頻（spread spectrum）的技術使用的頻寬比實際上所需要的最小訊號頻寬要大很多倍，所以在頻寬的運用上並不節省，但是很多使用者能在不互相干擾的情況下共用相同的頻段。所以若是從多使用者（multiple users）與多重存取干擾（multiple access interference）的環境來看，其實展頻技術對於整體頻寬的使用還算是有效率的。

二元相位反轉調變（BPSK, binary phase shift keying）

二元相位反轉調變（BPSK, binary phase-shift keying）把資訊隱含於相位中，當所表示的位元值有變化時，例如從 0 到 1 或是從 1 到 0，則脈波會因相位的變化而有大幅的改變。圖 4-21 顯示二元相位反轉調變的例子，同時畫出其對應的星座圖（constellation）。

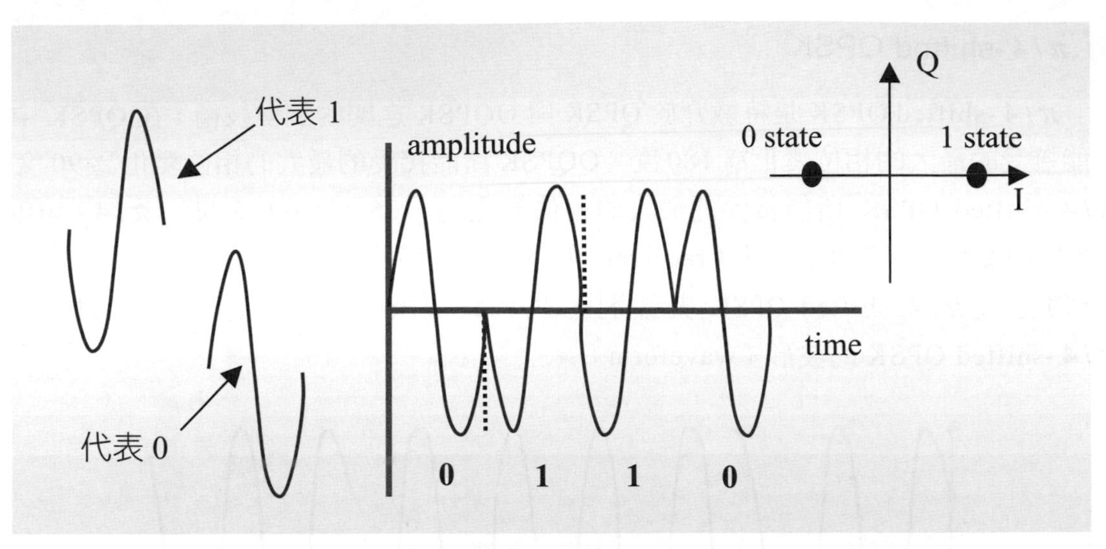

圖 4-21　二元相位反轉調變（BPSK，binary phase shift keying）

4 重相位反轉調變（QPSK, quadrature phase shift keying）

屬於多層次的調變技術（multilevel modulation technique），每個符號可以承載兩個位元，頻寬的使用有效率，不過接收器（receiver）的功能就要比較複雜了！圖 4-22 顯示 4 重相位反轉調變的實例以及所對應的星座圖（constellation）。QPSK 對於頻寬使用的效率是 BPSK 的兩倍，因為單一的符號能傳遞兩個位元的資料，而載波的相位有 4 個可能的值，即 0、$\pi/2$、π 與 $3\pi/2$。

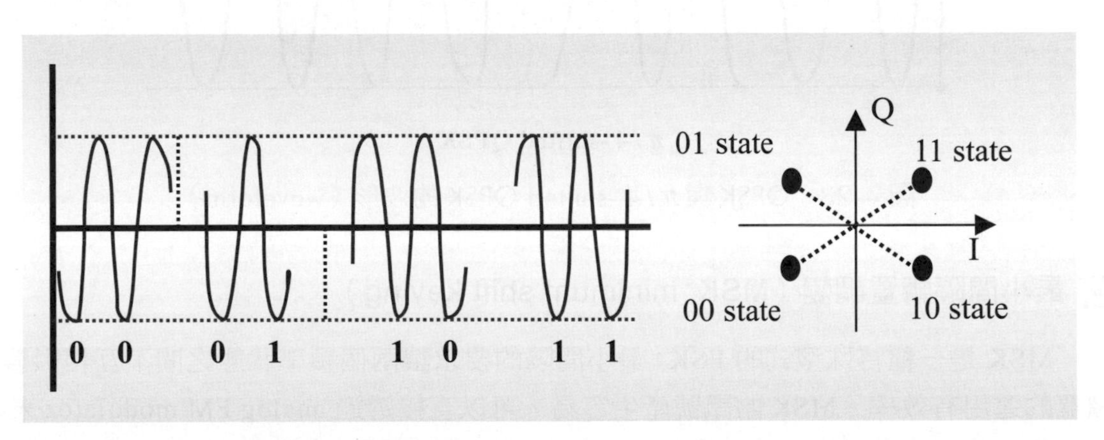

圖 4-22　4 重相位反轉調變（QPSK, quadrature phase shift keying）

π/4-shifted QPSK

$\pi/4$-shifted QPSK 是特徵介於 QPSK 與 OQPSK 之間的調變技術，在 QPSK 中，所能接受的最大的相位變化為 180 度，OQPSK 所能接受的最大的相位變化為 90 度，$\pi/4$-shifted QPSK 所能接受的最大的相位變化為+135 度與-135 度。$\pi/4$-shifted QPSK 的優點是能簡化接收器（receiver）的設計。在多路徑散佈與漸弱的情況存在時，有研究發現$\pi/4$-shifted QPSK 表現得比 OQPSK 要來得好。圖 4-23 比較 QPSK 與$\pi/4$-shifted QPSK 的波形（waveform）。

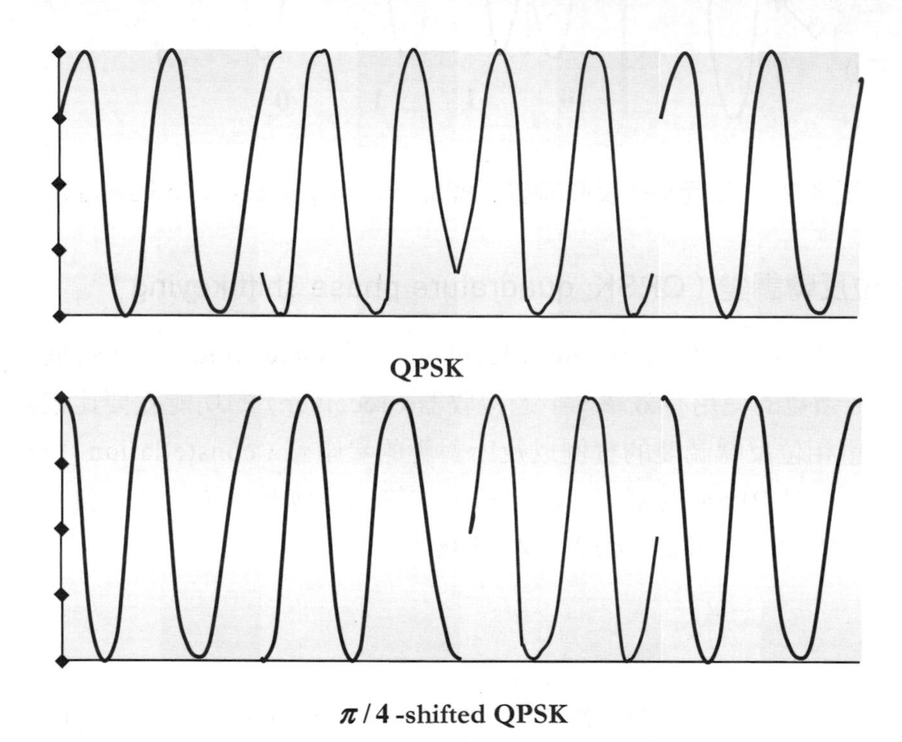

圖 4-23　QPSK 與$\pi/4$-shifted QPSK 的波形（waveform）

最小間隔轉置調變（MSK, minimum shift keying）

MSK 是一種特殊型式的 FSK，最小間隔的要求讓兩個頻率狀態之間不互相影響，頻寬的運用有效率。MSK 的訊號產生容易，可以直接透過 analog FM modulator 來產生。圖 4-24 列出 4 種數位調變方法的波形，其中只有 MSK 的波形是連續的。

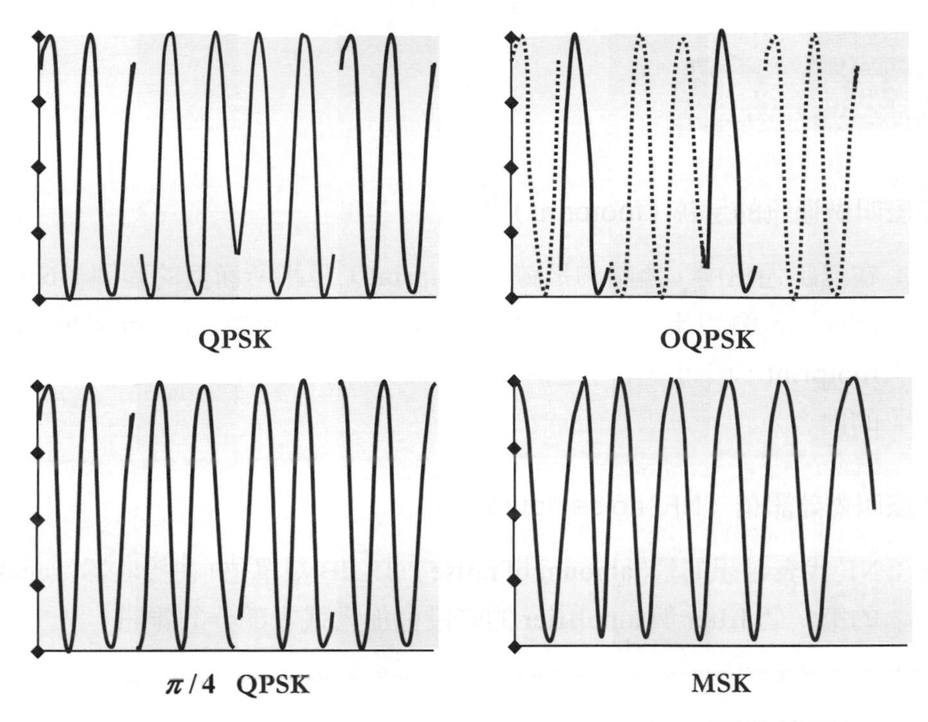

圖 4-24　MSK（minimum shift keying）與其他調變技術的比較

其他的數位調變技術

在 M-ary 的調變技術中，多個位元（bit）群組為一個符號（symbol），假設傳送一個符號的時間為 T_s 秒，則每 T_s 秒會傳送 M 種可能的訊號型式中的一種，等於一種訊號在 T_s 秒的時間內代表一個符號，對應到 log_2M 個位元串。M-ary 的調變技術衍生出 M-ary ASK、M-ary PSK 或 M-ary FSK 的調變方法。M-ary 的調變技術適用於 band-limited 的頻道，但是對於時控的異動（timing jitter）很敏感。

前面介紹過的 QAM 常用於數位微波無線電網路中，$\pi/4$ -shifted QPSK 在 2G 的系統中很受歡迎，GMSK（Gaussian Minimum Shift Keying）則使用於 2G 的數位蜂巢網路與無線電話的應用，例如 GSM digital cellular、DECT cordless telephone 與 RAM mobile data。

常見問答集

Q1 什麼叫做通訊的足跡（footprint）？

答：在無線通訊中，所謂的足跡（footprint）是指所涵蓋的範圍（coverage area），例如無線業者服務涵蓋的範圍可以稱為 carrier's home area footprint，假如不知道這個字的這種特殊涵義，有時候會難以了解探討的內容。

Q2 什麼叫做雜訊值（NF, noise figure）？

答：NF 代表雜訊的量(amount of noise)，以 dB 為單位，在接收器(receiver)的第一個 filter 與 amplifier 的階段會加入這一部分的雜訊。

自我評量

1. 編碼（encoding）與調變（modulation）的技術有什麼用途？
2. 訊號連續脈波之間的時間間隔長短對於所傳送的資訊有什麼樣的影響？
3. 類比資料要如何轉換成數位訊號？
4. QAM（quadrature amplitude modulation），即正交振幅調變的原理是什麼？
5. 數位通訊系統所傳送的符號（symbol）與位元（bit）之間有何關聯？
6. 數位調變技術跟類比調變技術比較起來有何優點？
7. 展頻（spread spectrum）的技術最主要的特徵是什麼？

通訊的工程：談多工與交換

5 CHAPTER

本章的重要觀念

- 多工（multiplexing）是什麼？
- 交換（switching）是什麼?
- 多工與交換的技術對於整個電信網路有何影響？

多工（multiplexing）與**交換（switching）**技術在通訊網路中扮演著非常重要的角色，電信業者必須透過這些技術來建置網路通訊的大環境，一般的網路使用者當然不必擔心到底網路是如何作業的，但是要徹底了解通訊網路的結構與原理，一定要知道網路是如何連在一起，人與人之間的橋樑是怎麼樣在網路的世界裡搭建起來的！在行動與無線通訊的環境中，同樣會運用多工與交換的技術。

5.1 網路的形成

所謂的「電信通訊」（Telecommunications）就是以電子化媒體來進行溝通的一種方式，圖 5-1 畫出一個電信通訊系統的基本組成，假如通訊雙方的資訊流只有一個方向，例如只有甲送資訊給乙方，乙方不能送資訊給甲方，則這一類的單方通訊被稱為「單工」（Simplex）的通訊，若是像圖 5-1 那樣有雙向的資訊流，則可稱為「雙工」（Duplex）的通訊，雙工又可分成「全雙工」（Full-duplex）與「半雙工」（Half-duplex）的通訊，全雙工指通訊雙方可同時收發訊息，半雙工指任一時間內，只有一個方向的資訊流。以上這些定義是基本的常識，要注意的是，圖 5-1 告訴我們**一個通訊系統的四大要素：**

1. 資訊發送的裝置。
2. 資訊接收的裝置。
3. 資訊傳送的機制。
4. 在傳送的機制下，資訊必須被轉換成的格式與處理的方式。

圖 5-1　一個電信通訊系統的基本組成

5.1.1　交換（switching）的源起

以上說明了通訊系統的觀念，雖然簡單，但以後所研討的任何複雜的通訊系統，都可以用這個簡扼的模型來解釋與思考。我們現在可以把上面圖 5-1 的模型再稍微地推廣一些，假設有三方要互相通訊，則圖 5-2 提供了一個簡單的網路（Network），也就是說，只要在任兩方之間建立通訊的管道就行了，圖 5-2 也有四方與五方通訊可用的網路，顯然當通訊參與者增加時，通訊系統形成的網路就變得複雜很多，由於通訊要具有「普遍性」才有用，所以我們當然希望通訊的人越多越好，相形之下，圖 5-2 的通訊系統建立的模式，顯然就不適用了，因為**點與點之間的連結數目越多，代表通訊系統建立的成本越高**。

為了要解決這個問題，我們必須討論「交換」（Switching）的觀念，現在常耳聞高速交換網路的名詞，其實交換的觀念很早就有了，最有名的例子是「電話網路」（Telephone network），圖 5-3 是一個簡單的電話交換網路，透過交換機（Switch）來決定通訊兩方間的通路，圖 5-3 中每個電話就連上一個交換機，在實際的交換網路中，一個交換機可接上很多來自家用電話的連線，如此一來，就不必在任兩個電話之間佈置一條專用的實體線路。

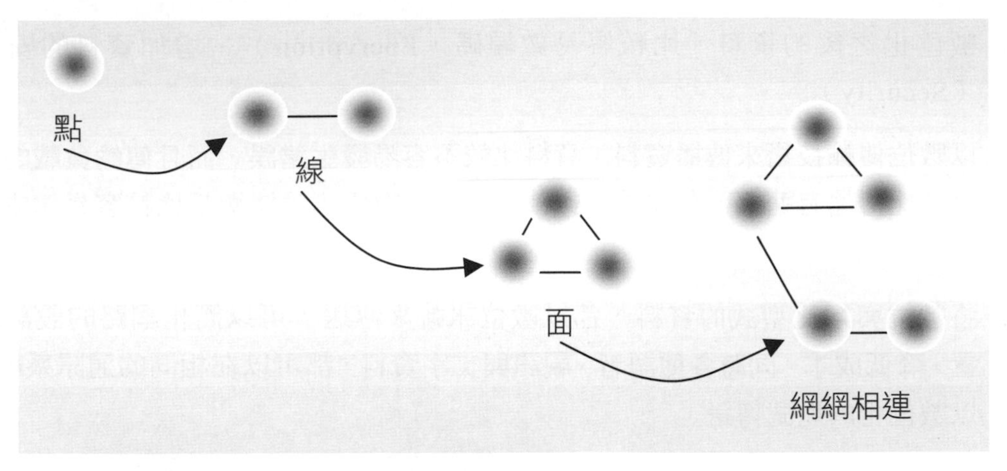

圖 5-2　諜通訊系統建立的模式

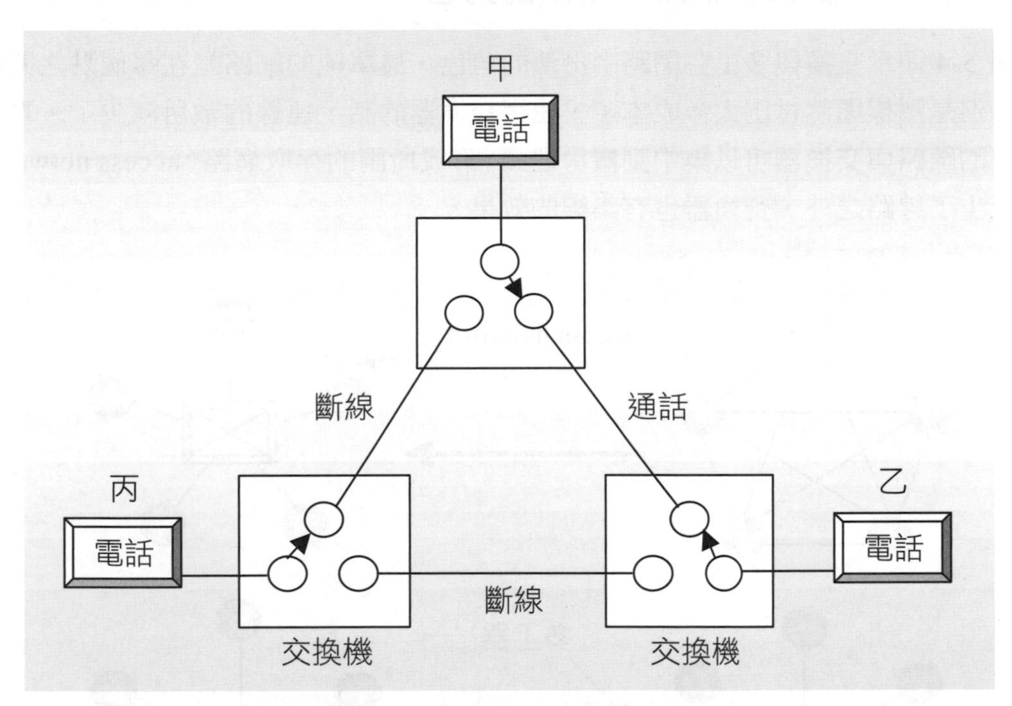

圖 5-3　一個簡單的電話交換網路

雖然以電話網路為主的類比通訊技術與結構已經建立，而且占有極大的成本比例，但是以數位訊號與數位通訊技術來傳輸，已逐漸成為今日網路傳輸方式的主流，主要有下列幾個原因：

1. 由於超大型積體電路的發展，使數位線路的大小及成本大幅降低，也使得相關的數位傳輸技術更可行。相對地，類比通訊設備的成本並沒有降低。

2. 數位化之後的資料，比較容易做編碼（Encryption），增加資料的安全性（Security）。

3. 以數位傳輸技術來傳播資料，資料比較不容易發生錯誤，而且傳輸負載的運用比類比傳輸有速率。在成本面與技術面上，數位傳輸技術都比較容易達成這些要求。

4. 將數位與類比型式的資料，都以數位訊號來傳送，可以簡化網路的設計及建置，降低成本。同時各種語音、視訊與文字資料，都可以在相同的通訊系統中，以數位化的型式傳送。

5.1.2 交換與多工在網路中扮演的角色

圖 5-4 顯示交換與多工在網路中扮演的角色，最單純的網路是在每個點之間建立連線，但是那樣顯然付出太多成本了，使用交換器的話，連線的數目減少了，真正促成連線的線路與交換器可以集中到機房裡頭，形成所謂的存取網路（access network）。除了減少了線路之外，交換器也有集線的效果。

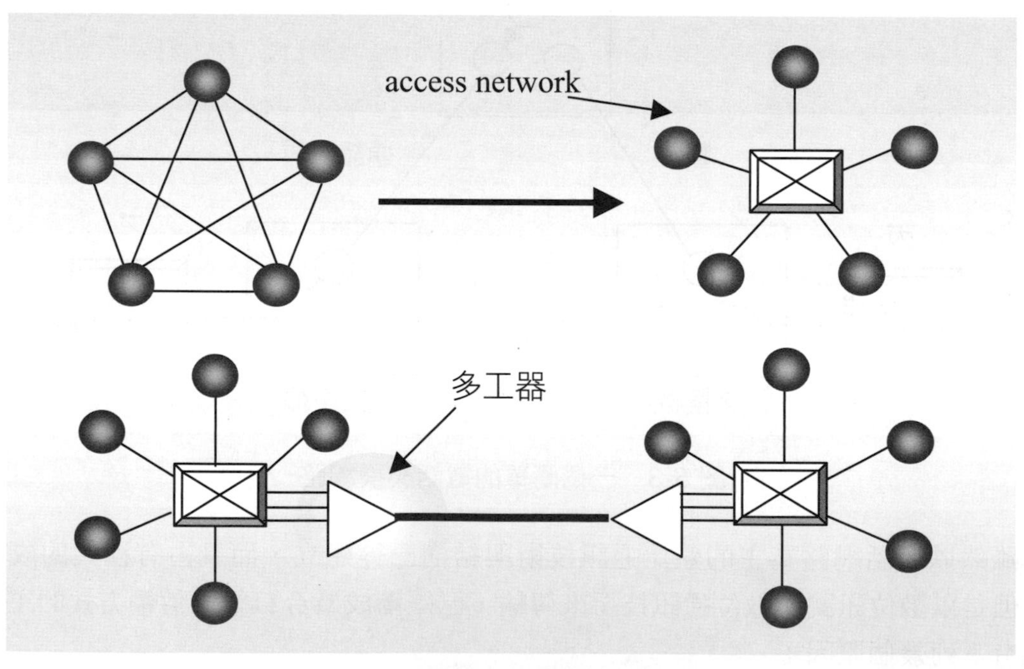

圖 5-4　交換與多工在網路中扮演的角色

交換器之間常會經過比較長遠的距離，最好採用所謂的主幹線路（trunks），圖 5-4 中的多工器（multiplexer）把兩個交換器連起來，多工器之間的幹線能承載相當大的流量，如此一來，同樣可以減少佈建的線路。無線通訊的領域一樣有交換技術，就以一般人常聽到的基地台來說，就可以看成是具有交換器的角色。

5.1.3 多工（multiplexing）的源起

早期的電話網路（Telephone network）四通八達，原理和上面的解釋並沒有什麼差別，只是在通訊系統的設計上，必須考慮到實際的成本問題，尤其是佈線的問題，所以類比訊號在傳播時會採用所謂的「頻率分割多工」（FDM, Frequency Division Multiplexing）來分享線路的傳輸能力。FDM 的基本原理是利用頻率位移（frequency shift），讓頻率較低的訊號轉換成高頻訊號來傳送，到了接收端以後再還原成原來的低頻訊號。這樣的轉換有什麼好處呢？以下列舉 3 項優點：

1. 載波頻率高，有利於通訊介質的選擇。
2. 有能量的頻率範圍寬，所以潛在頻寬高。
3. 同一訊號源可承載多來源的訊號，可運用多工（multiplexing）技術。

以一般聲波頻率的 4KHz 來看，在實際傳送時的載波頻率（carrier frequency）可能是 12MHz，也就是 12×10^6 Hz，透過轉換的終端設備，例如 CTE（Channel Translating Equipment）與 LTE（Line Terminating Equipment）即可多工承載，不必以增加線路來提昇頻寬，不過，承載高頻訊號的線路必須有較佳的品質。圖 5-5 畫出 FDM 的原理。

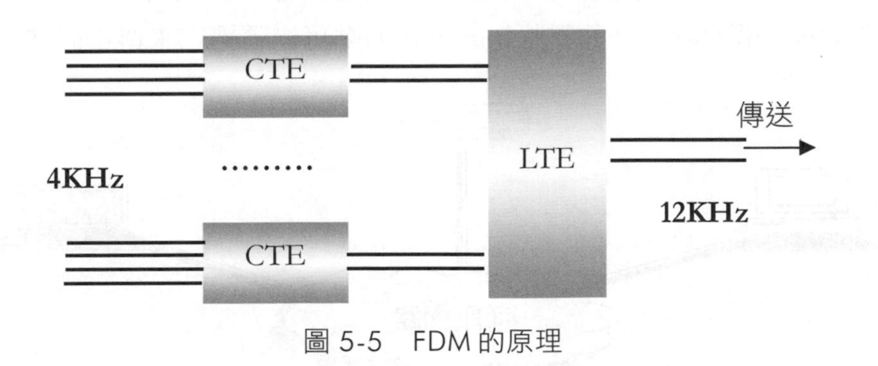

圖 5-5　FDM 的原理

我們可以再詳細思考一下 FDM 的原理，底下的思考項目可以從有線介質的角度來看，也可以從無線介質的角度來觀察：

1. 同一種傳輸介質可承載的訊號頻率的範圍很廣。
2. 在適當的分隔下，同一種介質可以承載多種不同頻率的訊號。
3. 訊號的頻率固定時，其有效強度有一定的範圍。

以上提到的 FDM 可以讓多個類比訊號源共用一條實體線路，節省佈線的成本。這是多工技術所要達到的目的。對於數位訊號來說還有另外一種多工的方法：「時間分割多工」（TDM , Time-Division Multiplexing）。由於共用的傳輸管道時脈快速，圖 5-6 中的通道 A 和通道 B 可以分時占用通訊資源，對於通訊的雙方而言，是不會受到影響的。

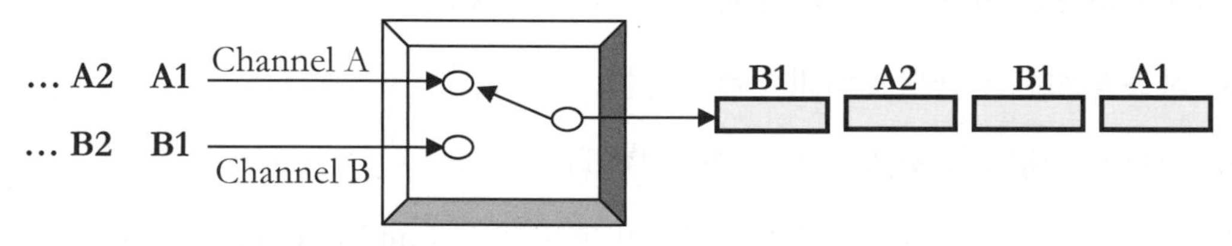

圖 5-6 時間分割多工（TDM , Time-Division Multiplexing）

5.2 架構網路的通訊技術

通訊系統的兩個主要功能包括傳輸（Transmission）與交換（Switching），讓資料以訊號的方式，從通訊網路上的一個節點，傳送到任何其它的節點；所以我們可以把通訊網路看成一個如圖 5-7 的雲狀組織，各節點可以透過它來傳送訊號。

圖 5-7 通訊網路的雲狀組織

為了要達到傳輸與交換的功能，通訊網路運用了各種通訊技術，我們在前面兩小節提到了資料如何轉換成訊號的原理，要把這些訊號透過通訊網路來傳送，必須考量下面幾個問題：

1. 訊號的產生者如何共用通訊管道。由於訊號可能分別屬於多個程式或是多台電腦，而進入通訊網路的管道卻只有一個。為了讓傳輸管道可以被有效地運用，所用的技術叫做「多工」（Multiplexing）。
2. 將資料轉換成訊號之後，如何傳送這些訊號。通訊兩端如何協調，使通訊能快而不紊亂，必須有共同認可的通則。
3. 由於地理環境的阻隔或是成本的限制，無法在任意的兩個網路節點之間建立一個專屬的傳輸通道。必須透過交換的方式來建立任兩點之間的直接或是間接的連線。

下面我們就來探討相關的通訊技術如何用來解決以上這些問題。首先我們用一個例子來說明「交換」在網路通訊中的必要性。圖 5-8 中有兩種情況，提供五個節點之間的網路通訊管道，圖左邊需要 10 條點與點之間的直接連線，來達到目的，圖右邊則只需要 5 條連線，原因是某些節點，例如丁，兼具交換的功能，可以建立非直接的連線，從甲到戊，可經由丁來轉送資料。

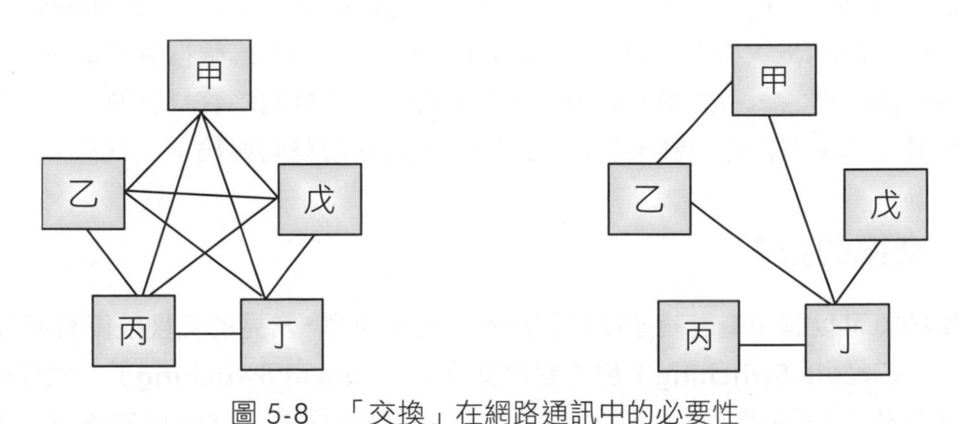

圖 5-8　「交換」在網路通訊中的必要性

5.2.1　多工的技術

「多工」（Multiplexing）有兩種涵義，一種是讓單一的通訊資源給大家共用，避免浪費，一種是把通訊資源整合起來，使需要大量通訊資源才能完成的工作，也可以順利進行，後者也通稱為「反向多工」（Inverse Multiplexing）。常見的兩種多工的方法是「時間分割多工」（TDM, Time-Division Multiplexing）與「頻率分割多工」(FDM, Frequency-Division Multiplexing)。**FDM 可以把多個訊號源的訊號用不同的載波頻率來調變，載波頻率使不同訊號源的訊號頻寬不重疊。因此，傳輸介質可以看成是好幾個傳輸頻道(Channel)的組成，每一個頻道都是一個通訊的管道。**TDM 則使用相同的載波頻率，在不同的時間間隔內傳送不同訊號源產生的訊號，讓多個訊號源共用傳輸介質。所謂的「非同步的 TDM」(Asynchronous TDM)是指介質使用時間不是平均分配給訊號源，而是按照某些規則或是統計結果來決定的。

5.2.2 通訊的協調

通訊的協調可以從下面幾個角度來看：傳送資料單位的時序控制(Timing)、錯誤偵測復原、及傳輸的方向性(Duplexity)。以序列傳輸(Serial Transmission)為例，資料可以同步或是非同步傳送；「同步傳輸」(Synchronous Transmission)必須靠通訊兩方的密切協調，讓送出去與收到的位元(bits)可以按照資料單位的長度(可能是數個位元的組合)區隔。「非同步傳輸」(Asynchronous Transmission)必須靠所謂的開始位元(Start bit)與結束位元(Stop bit)來區別資料單位的始末。資料的錯誤偵測與復原可以用所傳送的位元來控制，收到資料的一方可以按照通訊的法則中的偵錯方法來檢測是否有錯誤。

傳輸的方向性指資料在通訊管道中的流向。可以分成「單工」(Simplex)、「半雙工」(Half Duplex)與「全雙工」(Full Duplex)。單工傳輸指資料傳送只有一個方向，例如由甲到乙，不能由乙到甲。半雙工傳輸容許雙向的資料交換，但不能同時進行；全雙工傳輸則沒有限制，資料可以隨時而且同時雙向傳輸。

5.2.3 交換的技術

交換技術可以讓沒有實體連接的網路節點互通訊息，常見的交換技術有兩種：「電路交換」(Circuit-Switching)與「封包交換」(Packet Switching)。電路交換必須在通訊前建立一條固定的線路，我們常使用的電話網路，就是採取電路交換的方式。電路交換在資料傳輸期間，會占用一個傳輸管道，例如 FDM 的一個頻道，或是 TDM 的一個時段，直到斷線之後，才會把管道讓出來。封包交換技術把資料分割成一小段一小段的封包，封包內必須有目的地的位址，每個封包可以走不同的路徑。到達目的地時，要經過重組，才能恢復成原來的資料。和電路交換比較起來，封包交換少了建立線路所需的時間，而且電路交換占用了傳輸管道，即使沒有資料傳送，在斷線之前也無法讓別人使用。

封包交換可以細分成「資料封包」（Datagram）與「虛擬電路」（Virtual Circuit）。資料封包的方式是完全倚賴封包內的位址來傳送，而虛擬電路則是先建立一條路徑（Route）後，才開始在該路徑上傳送封包；雖然虛擬電路也需要建立路徑的時間，但是並不占用傳輸管道，沒有資料傳送時，可以讓別人使用。虛擬電路式的封包交換技術可以看成是介於電路交換與封包交換之間的權宜之計。

交換網路是電信網路中經常使用的名詞。「交換」隱含著資料在傳輸過程中必須經過網路節點轉接的意義；各種交換網路之間的差異就在於轉接方式的不同。除了線路交換與封包交換技術之外，在高速網路的討論中也常會介紹訊框繼送（Frame Relay）與細胞繼送（Cell Relay），二者都屬於快速封包交換技術。

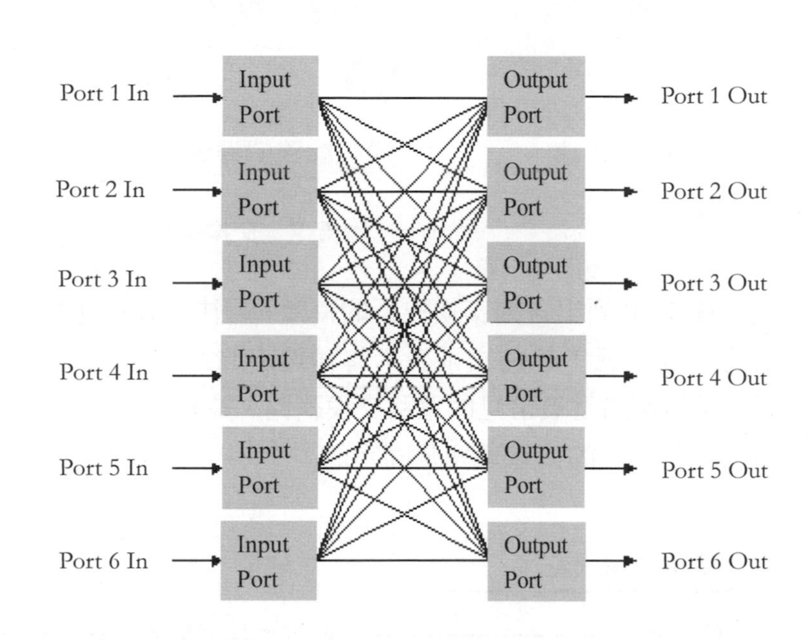

首先，我們來看看「交換」的必要性，圖 5-9 的網狀網路拓樸（Mesh Topology），在實際情況下會有困難，因為網路中每個工作站間都有一段直接的連結，若有任兩台工作站距離太遠或是有阻隔，就無法建立連線；另一個問題是當工作站的數目增加時，總連結數大增，成本太高。因此，通訊網路的觀念，是把各工作站連上通訊網路的某個節點，由通訊網路本身的功能與結構，提供任兩台工作站之間的連接（亦即 Full Connectivity）。

圖 5-9 中的交換網路就是一個例子，雖然不是任兩台工作站之間都有直接的連結，間接的連線都存在，例如節點 1 與節點 4，可以經節點 6 與 3 來連結；換言之，任何兩台工作站之間，都存在至少一條通訊的路徑（Route）。在交換網路中，某些節點，例如圖 5-9 中的節點 6 的工作純粹是交換的動作，也就是把進入節點的資料往其他的網路連結上傳送。

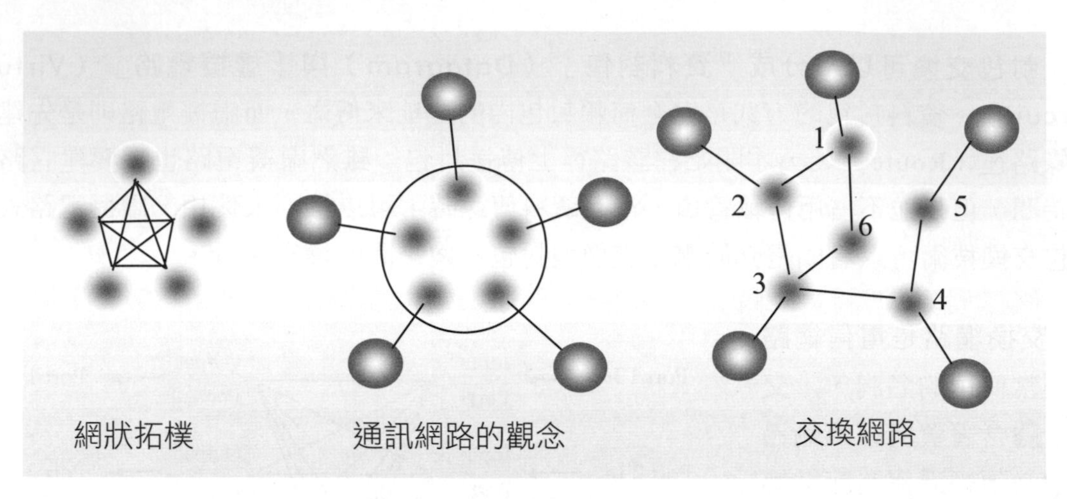

圖 5-9　交換網路的由來

圖 5-10 列出各種交換技術的特徵，越往左表示傳輸的速率選擇性越少，對於工作站的要求越低；越往右則表示傳輸速率的選擇性越多，但是對於工作站的要求也越高。電話網路是最常見的電路交換網路，整體服務數位網路（ISDN）也是以電路交換為主，所提供的傳輸速率是固定的。

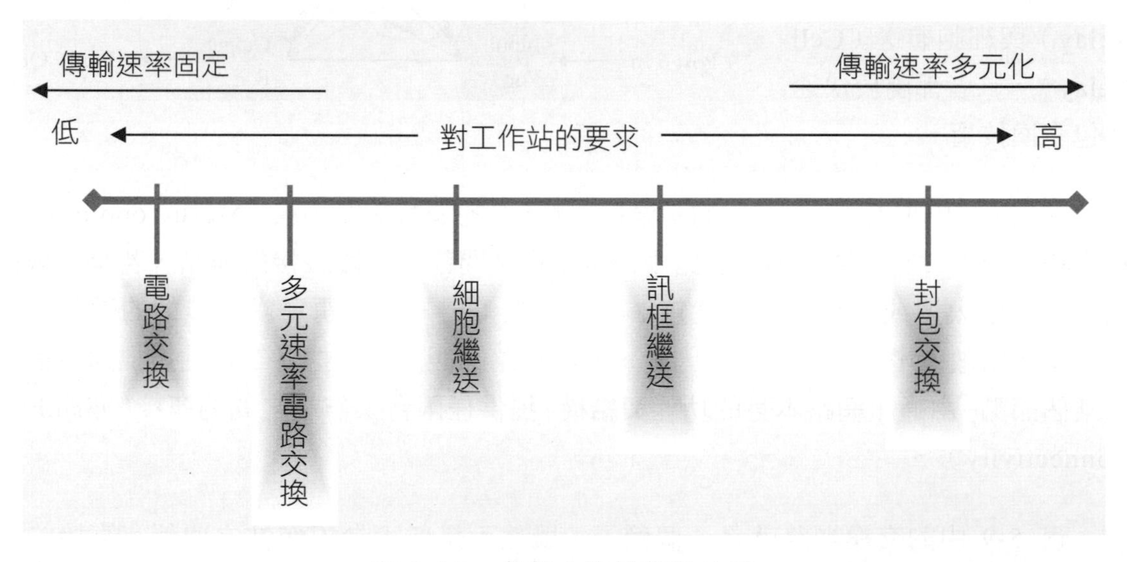

圖 5-10　各類交換技術的比較

X.25 是封包交換網路的一種，由於用於廣域的公眾網路，協定本身訂出繁複的資料傳輸失誤的檢查，以補償公眾網路的不穩定性，卻也相對地使 X.25 不適用於傳輸速率高的情況。因此才陸續地產生訊框繼送及細胞繼送等技術，由於目前的遠程數位傳輸系統，失誤率非常低，封包交換的過程可以加快，只是終端節點必須做資料傳輸失誤的處理。由於高速網路支援的應用系統，通訊需求差異很大，唯有提供多元化的傳輸速率，才是最經濟的方法，將頻寬平均分配給應用系統，是不經濟的做法。

5.3 多工與交換的設備

為什麼談到通訊網路時要特別介紹交換與多工的技術呢？主要是因為通訊網路實在是太廣闊太複雜了！不管是有線網路還是無線網路，都要以適當的方式來建構與擴充網路，才能讓網路的建置在合理的成本下完成。所以我們可以發現網路多半會有階層式的（hierarchical）架構，透過多工與交換來減低佈建的成本。假如有機會看到各種網路設計的架構圖，可以觀察一下裡頭是否有多工與交換的設備。我們下面也順便看看實務上這些設備長什麼樣子！

5.3.1 多工器（Multiplexer）

多工器可以接入數條低速的傳輸幹線，然後接出單一的高速傳輸主幹，使長途的通訊可以經由少數的主幹來進行，降低佈線的成本。可以看成是多條低速通訊管道，共用一條高速的通訊主幹的介面。多工器容許多個網路設備共用同一個通訊管道，同時使得傳輸頻道的使用更有效率。

常見的兩種多工的方法有時間分割多工法（TDM, Time-Division Multiplexing）與頻率分割多工法（FDM, Frequency-Division Multiplexing）。在長途電信網路中，常聽到的 T-Carrier，就是使用數位化的 TDM，將多個 64 Kbps 的通訊管道組合成單一的 T1 管道，亦即 1.544 Mbps 的傳輸速率，4 個 T1 可組合成一個 T2 Carrier，亦即 6.312 Mbps。7 個 T2 可以合成一個 T3 Carrier，亦 44.736 Mbps。目前，T-carrier 被引申來描述數據專線或訊號管道的傳輸速率。

圖 5-11 顯示 Cisco Metro 1500 多工器的外觀，在功能上包括多工與反向多工，採用的技術是稠密波長分割多工（DWDM , Dense Wavelength Division Multiplexing），要往外傳送的光通訊管道（optical communication channels）依 ITU-T 的標準按波長來分隔訊號，輸出的組合訊號（combined signal）使用單一的單模光纖（single-mode fiber）來傳送。MUX 機架（chassis）指多工的模組，負責送出組合訊號，DMX 機架指反向多工的模組，負責接收組合訊號，送往 WCM 機架轉換成原來波長的個別訊號。

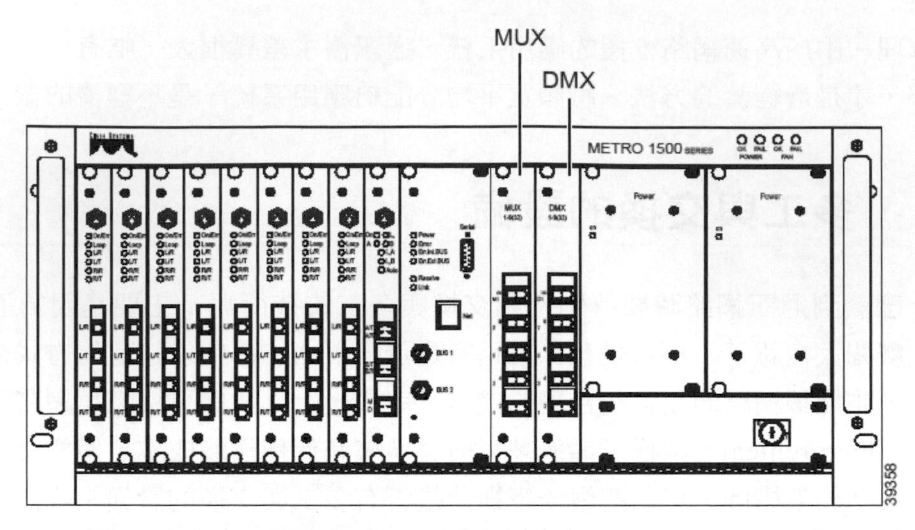

圖 5-11　多工器與反多工器（資料來源：www.cisco.com）

圖 5-12 顯示模組上的各種介面，由於一般人少有機會親眼看到這一類的網路設備，當然也談不上真正去安裝、操作與維護，不過一個網路設備的工程師倒也不一定每種設備都熟，只要有專業的網路背景，參考說明書，再配合累積的經驗，時間久了就能應付裕如。

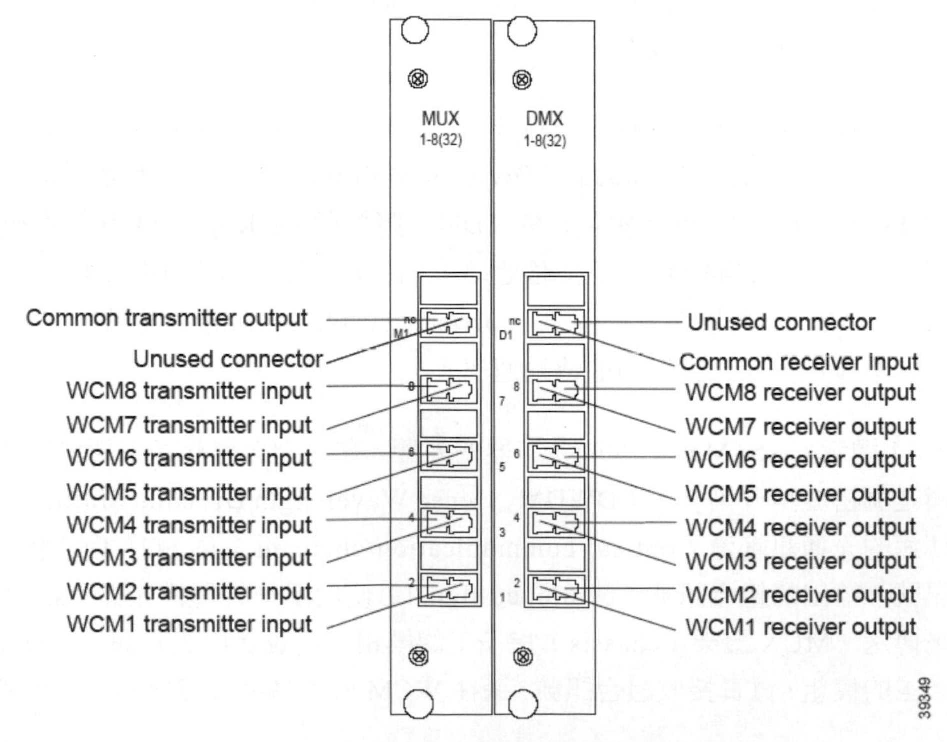

圖 5-12　模組上的介面（資料來源：www.cisco.com）

5.3.2 交換器（Switch）

交換技術可以讓頻寬給多個網路設備共享，電路交換（Circuit-switching）與封包交換（Packet-Switching）技術是兩種最基本的交換技術；由於建立點對點的連接將隨著節點數目的增加而使成本大幅升高，在大型網路中，交換技術是必須運用的，交換器就是提供交換技術的網路設備。圖 5-13 顯示一台交換器的外觀，從集線櫃（wiring closet）來的線路匯入交換模組（switching module）中，裡頭含有高速的交換骨幹（switching backbone）。

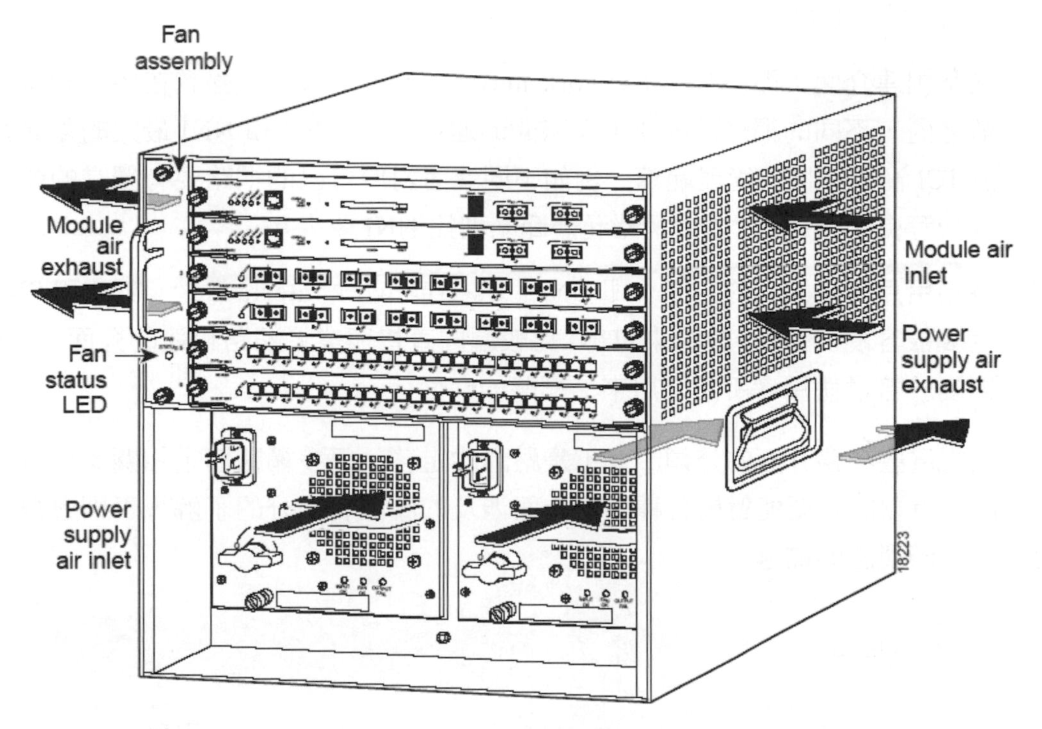

圖 5-13　Catalyst 6506 Switch（資料來源：www.cisco.com）

5.3.3 網路介面（Network Interface）

通訊網路與電腦網路的組成與結構複雜，加上各種不同的標準、設備、技術等層出不窮，容易造成觀念上的混淆，最好能利用通用的術語來分門別類，尤其是網路介面種類繁多，更是需要做一些整理，圖 5-14 畫出幾種常見的網路介面，我們以交換器為例，用來代表網路建置所需要的設備，圖中列舉的網路介面有五種：

1. 使用者與網路的介面：即 SNI（Subscriber-network interface），是終端用戶連上網路所需的介面，終端用戶有很多種，例如個人用戶可能直接以數據機或網路卡連上網路，較大的組織可能要藉由路由器與 CSU/DSU 經專線連上網路，不論是那一種使用者，我們都可以用 SNI 來泛稱其所用來連上網路的介面。

2. 不同網路間的介面：即 INI（Inter-network interface），由於協定、終端設備、技術上的差異，或是時空的阻隔，造成不同的網路間連接時所需的介面，即稱為 INI。

3. 網路業者間的介面：即 ICI（Inter-carrier interface），代表兩個網路由於分屬不同的業者，存在著功能上與管理上的異質性，必須依賴 ICI 來整合。ICI 算是 INI 的一種特殊情況。

4. 網路相連介面：即 NNI（Network-network interface），強調在相同的管理範疇之內，不同的網路設備或子網路間的連接介面。ICI 和 NNI 最大的差異就在於 ICI 涵蓋不同的管理範疇，例如不同業者對於自己的網路要有獨立的監控、計費等機制。INI 所指的網路涵蓋範圍則比 NNI 要大。

5. 終端用戶與網路間的介面：即 UNI（User-network interface），UNI 和 SNI 的定義很容易混淆，一般說來，UNI 比較偏向直接與業者網路相連的介面，而 SNI 則屬於普通使用者所需要用來上網路的介面。

以上的這些網路介面的分類，並不是嚴謹的定義，很多網路協定相關文件所用的名稱分歧，重要的是要能對於各種網路介面涉及的層面有充分的了解，否則會很容易地迷失在充滿術語的描述中。

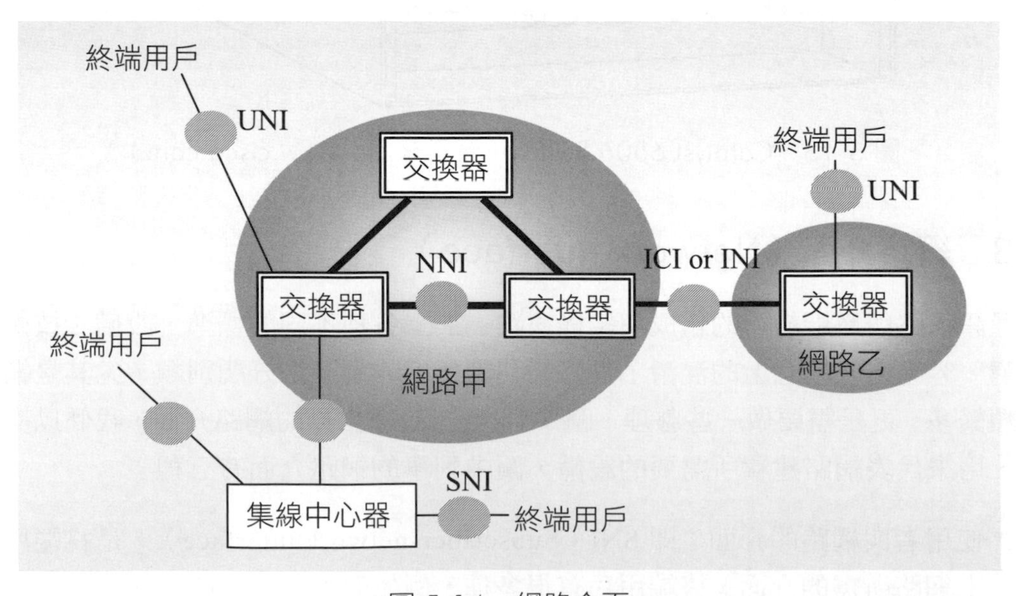

圖 5-14　網路介面

5.4 容量工程（capacity engineering）

通訊網路四通八達，經過的地區可能人口稠密，也可能人口稀疏，在設計上最好讓用戶能有足夠的頻寬與適當的通訊品質，所以網路的骨幹（trunks）會在實際需求的引導下建立起來，提供所需要的容量（capacity）。以交換器之間的骨幹線路來說，必須承載雙向的流量，而且骨幹線路可以讓設備共享，比例約 1：15，也就是說一條 trunk 能接上 15 個 line circuit devices，那麼到底有那些種類的骨幹線路呢？

1. CO（central office）trunks：CO 骨幹線路連接交換機（PBX, private branch exchange）與 CO，CO 本身相當於 PBX 的區域交換局（local exchange）。更直接地說，這類骨幹線路將 PBX 連上 PSTN。
2. 連結線路（tie lines）：例如連接兩個位於不同地點的 PBX 的線路，連接之後，兩個地點之間的通話相當於位於相同的交換器範圍內的通話。
3. FX（foreign exchange）trunks：連接 PBX（或 line circuit device）到遠端的 CO，讓這一段的通話成為區域性的通話（local call）。
4. WATS（wide area telecommunications service）trunks：圖 5-15 畫出 WATS 骨幹線路的例子，由 A 公司經遠端 CO 打出去的通話以整體通話時間計費，也就是所謂的 bulk rate，不是以通計費，往內的 WATS 骨幹線路可以讓別人免費經 CO 打電話到 A 公司。在美國還區分為 intrastate WATS 與 interstate WATS。假如企業本身的通話地點零散，WATS 可以節省一些費用。Inward WATS 則是在有多數員工在外地漫遊通話的情況下可以考慮採用。

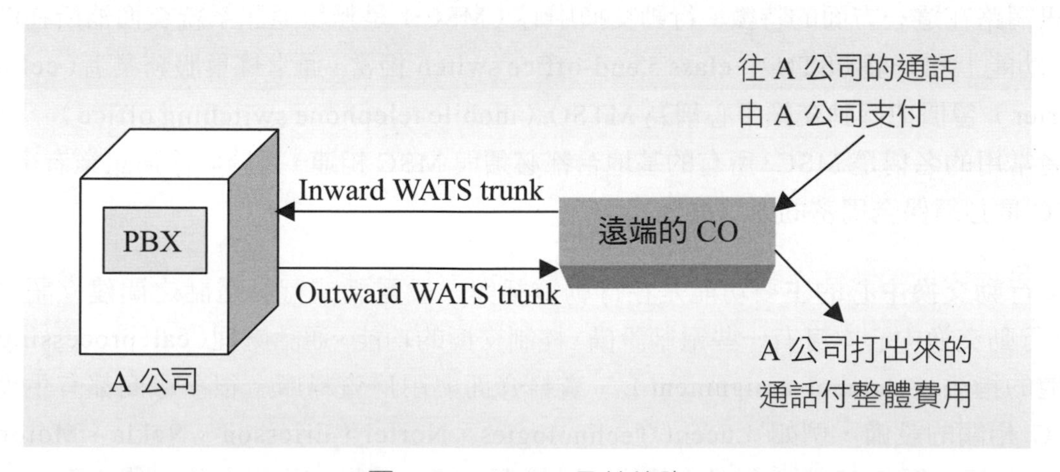

圖 5-15　WATS 骨幹線路

5. DID（direct inward dial）trunks：可以讓用戶直撥一個設備，如圖 5-16 所示，不必透過接線者回應再轉接。DID 用於以 PBX 連接的電腦網路連線的情況，直接由 modem 對連。
6. OPX（off-premise extension）trunks：將遙端的用戶連上 PBX 的線路，使其成為 PBX 的分機之一，這種情況比較少見。

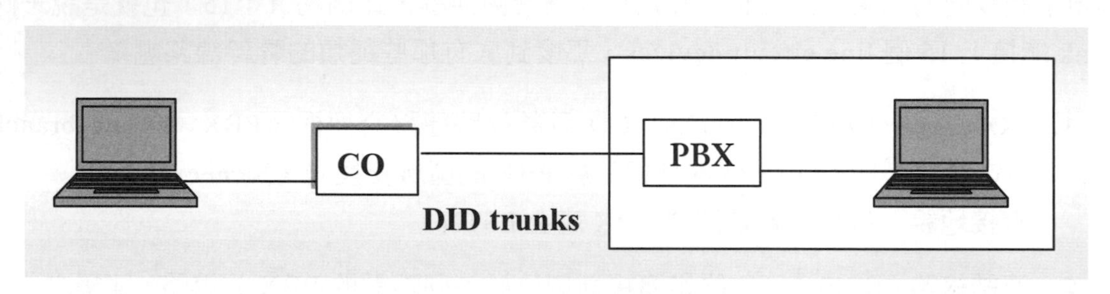

圖 5-16　DID 骨幹線路

無線通訊系統同樣有容量（capacity）的問題，解決與管理的方法和有線網路不同，事實上不同的無線通訊業者在容量工程（capacity engineering）所採取的策略與技術可能都不太一樣，等到對於無線通訊系統有更進一步的認識時，可以再回頭來探討這些問題。

5.5 行動交換中心（MSC, mobile switching center）

無線通訊網路同樣有多工與交換的技術，我們這裡以 MSC 為例來觀察一下無線通訊網路在這一方面的特徵。行動交換中心（MSC）是無線通訊系統交換器所在的地方，功能上和一般 PSTN 中 class 5 end-office switch 相當，通常蜂巢服務業者（cellular carrier）習慣把行動交換中心稱為 MTSO（mobile telephone switching office），PCS 業者常用的名稱是 MSC，所有的基地台都必須與 MSC 相連。對於無線通訊業者來說，MSC 是必須保全周密的通訊重地。

行動交換中心的主要功能是在行動電話與一般電話或行動電話之間建立語音連線，行動交換中心本身有一些電腦設備，控制交換的功能、通話處理（call processing）、頻道的指派（channel assignment）、資料介面與用戶資料庫。很多廠商都有生產與 MSC 相關的設備，例如 Lucent Technologies、Nortel、Ericsson、Nokia、Motorola 與 DSC 等。圖 5-17 顯示行動交換中心的主要功能，行動交換中心的功能如下：

1. 追蹤（tracking）：MSC 會使用自治式行動登錄（autonomous mobile registration）的程序追蹤其系統中所有的無線用戶，同時監督所連結的基地台是否正常地作業。假如有問題發生時，MSC 會透過警示的程序（alarm process）收到通知，然後把相關的資訊送往網路作業中心（NOC, network operations center）。
2. 通話處理（call processing）：MSC 處理所有的通話，包括行動台撥出的通話，以及打給行動台的電話。
3. 呼叫功能（paging function）：有通話打給行動台時，MSC 要以呼叫功能來找出行動台的位置，通常只需要幾 milliseconds 的時間。
4. 通話轉接（call handoff）：當行動台從一個細胞（cell）涵蓋的範圍移動到另一個細胞時，MSC 要透過轉接（handoff）的功能讓行動台轉移到與另一個細胞的基地台通訊。
5. 計費（billing）：用戶的計費可以由 MSC 控制，透過所謂的 AMA（automatic message accounting）記錄來記載通話的明細。
6. 漫遊者資料（roamer data）：MSC 有 HLR（home location registers）與 VLR（visitor location registers）的資料庫，可以記錄外來的漫遊用戶。
7. 通話處理與通訊量的統計：MSC 會記錄所有通話處理相關的資料，包括流量、轉接（handoff）與維護等作業的統計資料。

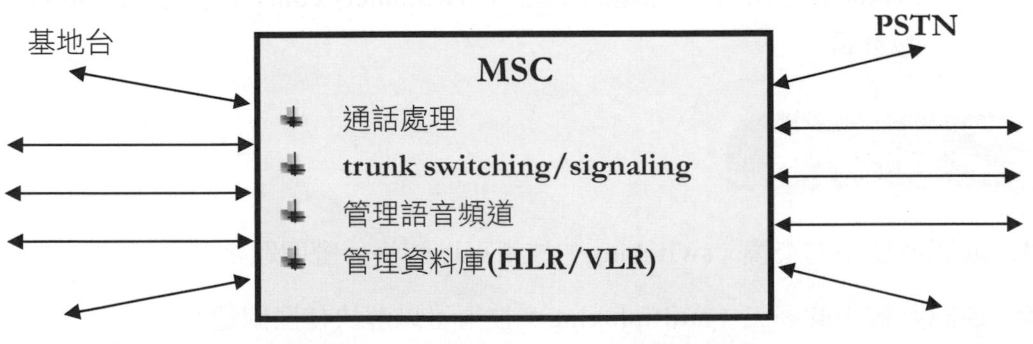

圖 5-17　行動交換中心的主要功能

聚集的頻道供用戶使用的情況稱為骨幹化（trunking）（Rappaport 2002, pp 77），**由於無線電頻寬有限，用戶的數目往往遠超過頻道的數目，但是所有的用戶一般都不會同時使用頻道通訊，因此通訊頻道的總數可以小於用戶的總數**。但是到底該將多少頻道拿來給多少用戶使用呢？我們可以透過用戶統計的行為與使用情況來預估所需要的頻道數目，其實在一般辦公大樓中電話線路的數目也是類似的情況，會比實際的使用者數目要小。trunking theory 與 queuing theory 可以幫助我們設計一個骨幹化的無線電系統，所謂的 GOS（grade of service）是一種估計用戶在巔峰時段使用通訊系統能力的度量。

常見問答集

Q1 何謂展頻（spread spectrum）的技術？

答：展頻的技術泛指無線通訊中一些運用展頻觀念的技術，但這些技術彼此並不一樣。展頻系統使用的訊號頻寬比所需要用來進行資料傳輸的頻寬要大，運用展頻的主要原因在於改善通訊系統的 SNR（signal-to-noise ratio）。

Q2 HomeRF 是什麼？

答：HomeRF 與藍牙（Bluetooth）類似，在 2.4 GHz 的頻段上通訊，可以提供高達 1.6 Mbps 的資料速率，HomeRF 在實體層的傳輸上使用 FHSS 的技術，和 Bluetooth 之間最大的差異在於 HomeRF 所針對的主要是居家的市場，HomeRF 所包含的 SWAP（Standard Wireless Access Protocol）有處理多媒體的功能。www.homerf.com 的網站上有 HomeRF 的資訊。

自我評量

1. 通訊系統中的交換（switching）技術可以解決什麼問題？
2. 通訊系統中的多工（multiplexing）技術可以解決什麼問題？
3. 「電路交換」（Circuit-Switching）與「封包交換」（Packet Switching）的技術有何差異？
4. 從網路上找尋多工器與反多工器的設備與其規格。
5. 無線通訊網路使用了那些多工與交換的技術？

無線通訊的多重存取技術

6 CHAPTER

本章的重要觀念

- 多重存取（multiple access）技術是什麼？
- 有那些多重存取的技術？
- 各種無線通訊系統使用什麼樣的多重存取技術？

由於頻寬（bandwidth）是有限的資源，最好讓多個使用者共同享用頻寬，這就是多重存取（multiple access）技術的由來。有線網路要解決多重存取的問題，我們曾經看到過以競爭方式共用介質時會發生碰撞（collision）的情況，無線網路裡頭同樣有多重存取的問題，所以才會有共用頻道的可能。在無線通訊網路的設計中，多重存取的技術會影響頻寬的使用效率，決定系統的容量（capacity），所以是相當重要的關鍵技術。尤其是在人群聚集擁擠的地方，依然要確保大家能同時順暢地使用無線通訊的服務，維持一定的通訊品質。

無線通訊中的多重存取（multiple access）技術可以讓多個行動通訊器具的使用者共用有限的無線電頻譜（radio spectrum）。網路的多重存取能提高系統的容量（capacity），而且要盡量避免降低系統的效能。圖 6-1 描述多重存取的基本概念，對於眾多的用戶來說，基地台提供了無線電頻道（radio channel）的共同介面（common interface），技術必須解決同時分享共用無線電頻道的問題，協定（protocols）則須對通訊的細節訂出標準，讓所有的軟硬體及設備遵循。行動無線通訊在不同世代的發展中，逐漸地改善了共用頻道的效能。

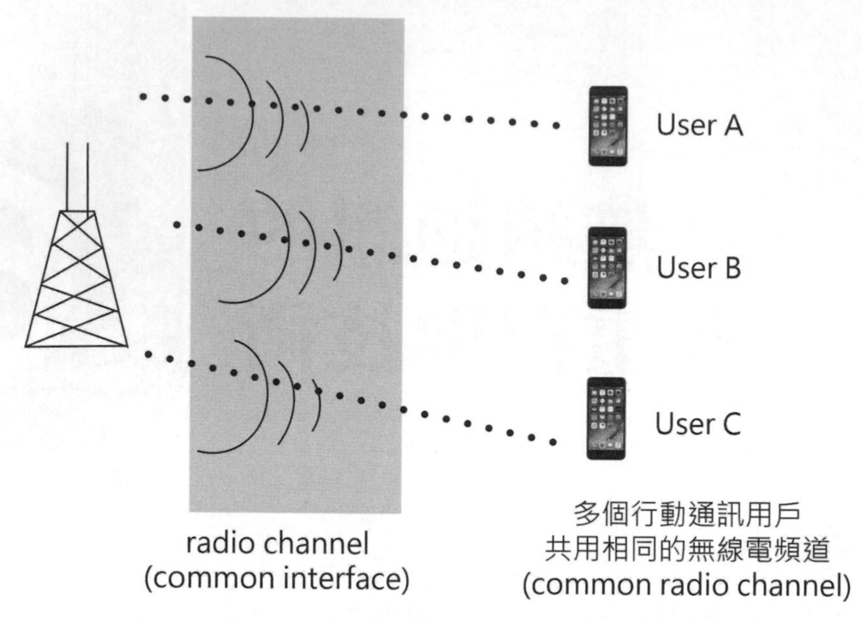

圖 6-1　多重存取（multiple access）的基本概念

在介紹多重存取的技術以前，我們可以先討論一下通訊的雙工的特性（duplexity），通常用戶必須能同時與基地台進行發訊與收訊的動作，這就是所謂的雙工的特性（duplexity）。換句話說，基地台與用戶的設備都要有接收與發送訊號的功能。我們可以分別從頻率與時間的角色來詮釋雙工（full-duplex）：

1. FDD 可以同時提供兩個單工的頻道（simplex channel）。兩個頻道以隔離頻段（guard band）分開，前向頻道（forward channel）使用於基地台到行動台的流量，也稱為下傳連結（downlink），反向頻道（reverse channel）使用於行動台到基地台的流量，也稱為上傳連結（uplink）。圖 6-2 顯示 FDD 的概念，雙工器（duplexer）的功能是將訊號分開到前向頻道與反向頻道。

2. TDD 可以在同樣的頻率下提供兩個單工的時槽（simplex time slots），相當於在不同的時槽範圍內分別進行發訊或是收訊。TDD 利用時間來分隔前向頻道與反向頻道，TDD 不需要雙工器。

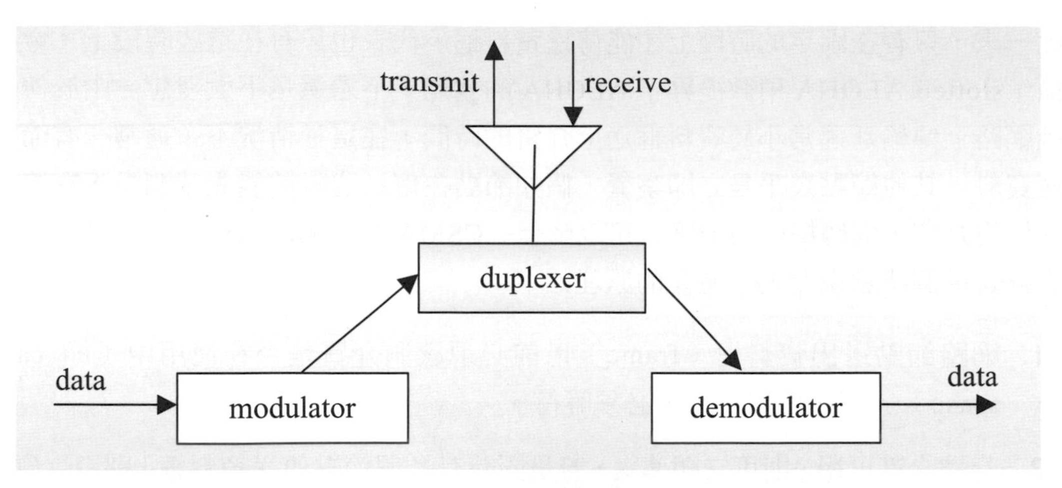

圖 6-2　頻率領域雙工（FDD）

6.1 共用傳輸媒介的原理

在探討無線網路的多重存取（multiple access）問題之前，我們先來複習一下有線網路中介紹過的幾種方法。一般的區域網路中常見的相關協定是有關於傳輸媒介（transmission medium）的共用問題，其中最有名的是乙太網路的 CSMA/CD，在探討這個協定之前，我們要先認識 ALOHA，ALOHA 最早是為了封包無線電（packet radio）網路發展出來的，運作的原理如下：

1. 網路節點送出資料框（frame）以後，必須等待回應（acknowledgement），等待的時間約是封包預期在網路上來回一趟所需的時間（也叫做 round-trip propagation delay），再加上一段固定長度的時間。
2. 假如在時限內收到了回應，代表傳送成功，否則就要重新傳送（resend），若是數次傳送都失敗，則只有放棄了。
3. 接收端必須檢查收到的資料框是否有效（valid），這包括兩樣檢查，一個是資料框中的資料框檢查順序（frame-check-sequence）欄位，另一個則是資料框目的地位址是否與接收端位址相符，假如檢查無誤，就可以送出回應。若是檢查發現無效，接收端可以直接忽略所收到的資料框。

由於 ALOHA 的方式造成碰撞（collision）的機率很高，使網路效能大幅地降低，為了改善 ALOHA，有人提出了 slotted ALOHA 的方式，將通訊頻道的使用分成一小段時間，大約是將一個資料框送上介質的時間，所有的網路節點在時間上必須同步，如此一來，只有在固定的時段上才能傳送資料框，代表也只有在這些時段上才會發生碰撞，slotted ALOHA 稍微提昇了 ALOHA 的效能，不過還是不太理想。由於傳統的區域網路上傳輸延遲常小於資料框送上介質的時間，在這種情況下，通常一有節點在傳送資料，其他節點幾乎是立即察覺，假如節點在傳送資料前能先感測是否有節點已經在使用介質，則碰撞的情況應該可以降低。CSMA（Carrier Sense Multiple Access）就是針對這個特點來改進，運作的原理如下：

1. 網路節點送出資料框（frame）以前必須感測介質是否在使用中（即 carrier sense），假如使用中，則必須等待。
2. 若是介質可用，則可立即傳送，若是同時有多個節點傳送資料框，則發生碰撞，會造成資料失誤，因此網路節點送出資料框以後，要等待回應，超過時限的話，必須重新傳送。

假如資料框傳送時間越長，傳輸延遲（propagation delay）越短，則 CSMA 可達成的效能越佳。由於碰撞仍會造成介質使用率降低，有人提出 CSMA/CD 來改善因碰撞造成的困難：

1. 假如介質可用，直接傳送資料框。
2. 假如介質忙線中，繼續等待，直到介質可用為止。
3. 假如發生碰撞，送出簡短的壅塞訊號（jamming signal），告知其他節點，然後繼續等待一段時間。

由於壅塞訊號的送出可以防止碰撞發生時有其他的節點正在傳送資料，基本上可使碰撞發生的頻率降低，從 CSMA/CD 運作的原理，我們可以發現碰撞的偵測很重要，由於訊號傳送遠了會衰減，影響碰撞的偵測，IEEE 的標準才會規定 10 Base 5 網路的最大長度不超過 500 公尺，而 10 Base 2 網路的最大長度不超過 200 公尺。以上介紹的 MAC 技術可以簡單地綜合如下：

1. ALOHA
   (1) Asynchronous ALOHA
   (2) Slotted ALOHA

2. CSMA

(1) CSMA/CA：collision avoidance

(2) CSMA/CD：collision detection

(3) Non-persistent

(4) P-persistent

這些 MAC 技術屬於所謂的雜亂存取（random access）的方法，會有碰撞（collision）產生的可能，無線網路也可以運用類似的方法，例如 Wireless LAN 就常用 CSMA/CA。除了這些方法之外，還有很多其他的存取控制方式，圖 6-3 列出一個簡單的分類，決定性的存取（deterministic access）方式是無線通訊網路中最常使用的。

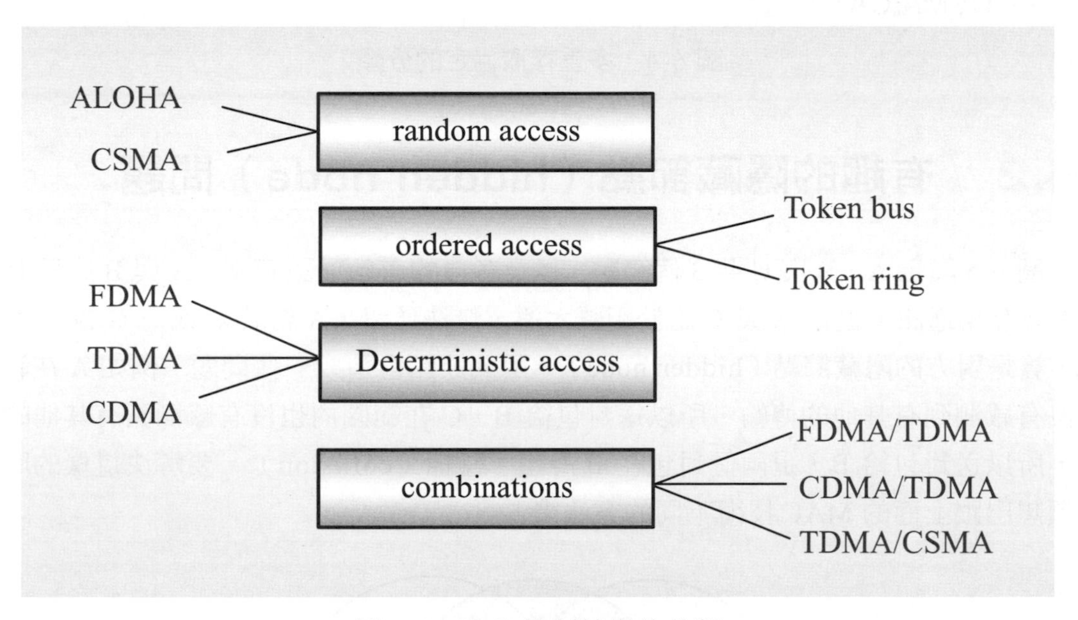

圖 6-3　存取控制技術的分類

圖 6-4 整理出多重存取協定的分類，這樣比較容易整體地看到各種不同的選擇，通訊頻道的共用是通訊系統設計時都要慎重考量的問題。

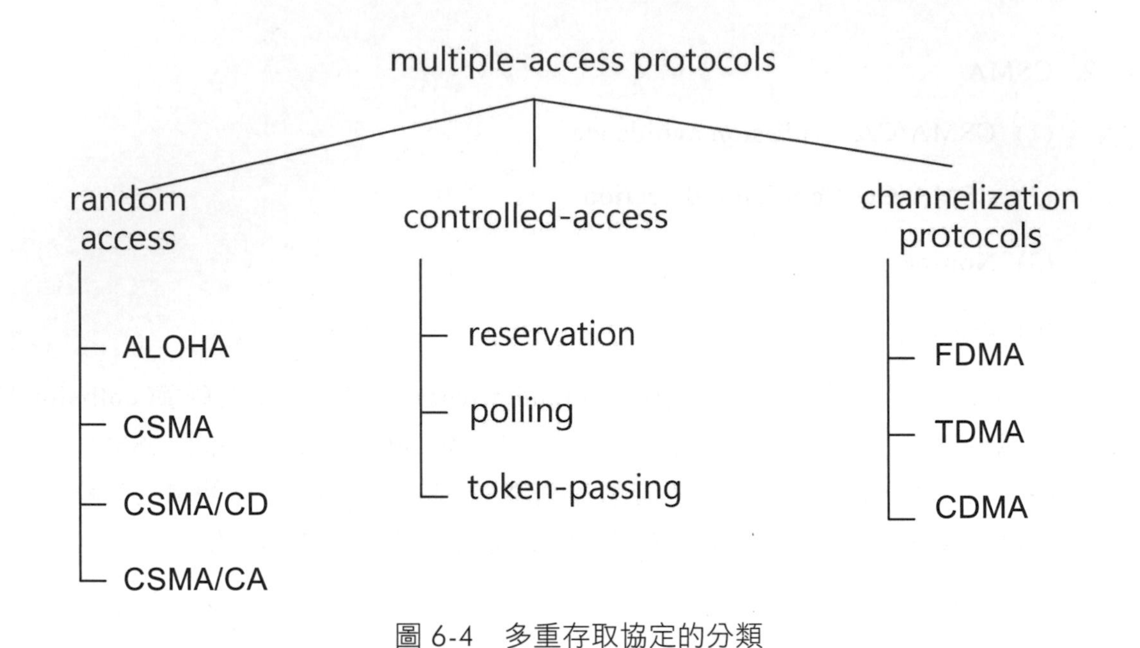

圖 6-4　多重存取協定的分類

6.2 有趣的隱藏節點（hidden node）問題

圖 6-5 顯示 A、B 與 C 共 3 個節點，以及各自的有效通訊範圍，A 與 B 或是 B 與 C 都能互相通訊，但是 A 與 C 由於距離太遠，無法通訊，A 對於 C 或是 C 對於 A 來說，算是對方的隱藏節點（hidden node）。隱藏節點會造成一些問題，例如 A 在範圍內沒有感測到有其他的傳輸，所以送封包給 B，C 在範圍內也沒有感測到有其他的傳輸，所以送封包給 B，這兩個封包在 B 發生了碰撞（collision）。要解決這樣的問題必須想出跟上面的 MAC 技術不同的方法來。

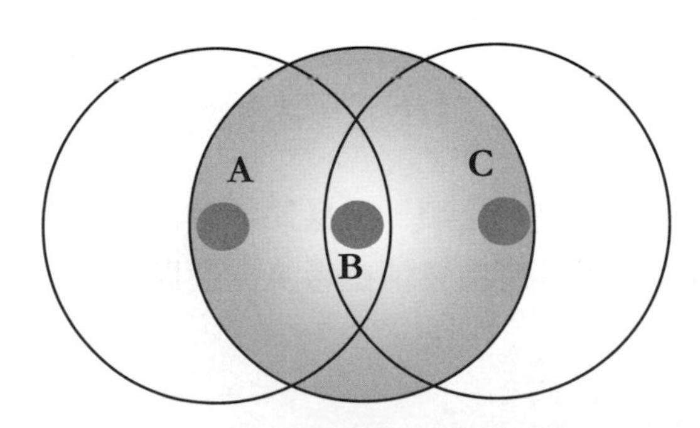

圖 6-5　有趣的隱藏節點問題

圖 6-6 顯示一個簡單的解決隱藏節點問題的方法，假設節點 A 想送資料封包給節點 B，則 A 先送 RTS（request to send）的封包給 B，裡頭記載何時會送出多少資料給 B，B 送回 CTS（clear to send）的封包給 A，這時候 C 會感測到 CTS 的封包，等於間接感受到 A 的存在，如此一來，CSMA/CA 的程序可以稍微修改如下：

1. 檢查載波是否存在，即是否有節點正在使用介質。
2. 假如載波不存在（no carrier），檢查 CTS 表格看是否有涵蓋區域外的節點要傳送資料。
3. 假如載波不存在而且 CTS 表格也顯示介質可以用，則開始傳送資訊。

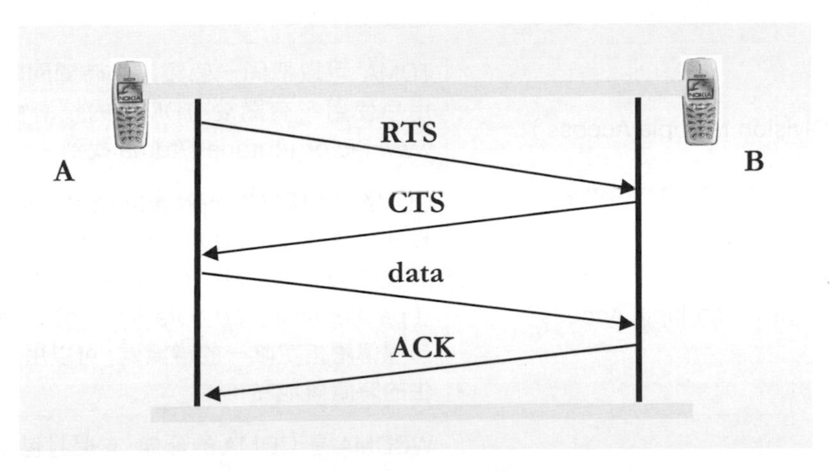

圖 6-6　隱藏節點問題的解決方法

6.3 無線存取（Wireless Access）技術簡介

一般人用手機撥號之後，過了不久就可以連線通話，這之間其實發生了很多事件，跟網路的存取技術有關，所謂的存取技術（access technology）是指使用者連上通訊管道或是網路的方式，以無線通訊來說，FDMA、TDMA 與 CDMA 是最常見的存取技術。各種不同的存取技術搭配雙工（duplex）的特性就會產生了像 FDMA/FDD、TDMA/FDD 或 TDMA/TDD 等技術。表 6-1 整理出幾種無線存取技術的特性。

表 6-1　無線存取（Wireless Access）技術

無線存取（Wireless Access）技術	說明
FDMA（Frequency Division Multiple Access）	FDMA 使用不同的頻率來區別不同的傳輸通道，傳輸通道本身還可以分成上傳（uplink）與下傳（downlink）兩大類，上傳通道處理用戶送往基地台的訊號，下傳通道處理由基地台傳給用戶的訊號。在使用 FDMA 來存取的網路中，不管是上傳或下傳，都要先找到一個目前沒有在使用的頻率，指定給該段通訊（session）使用。FDMA 的缺點是指定的頻率相近時容易彼此產生干擾（interference），指定頻率與頻率再用的程序也比較沒有效率。
TDMA（Time Division Multiple Access）	TDMA 可以把同一個頻率用時間間隔分割給多個用戶使用，有關於 TDMA 的技術性資料可以在 www.iec.org/tutorials/tdma 找到。
CDMA（Code Division Multiple Access）	CDMA 採用展頻（spread-spectrum）的技術，可以將訊號分成小片段（segment），然後分到整個頻寬裡頭。CDMA 使用封包交換的資料傳輸（packet-switched data transmission）技術，對無線傳輸指定唯一的辨識碼，可以用來決定傳輸發生的時間與地點。
WCDMA（Wideband CDMA）	WCDMA 是 CDMA 的延伸，支援封包交換(packet-switched）與電路交換（circuit-switched）的資料傳輸。由於使用較大的頻寬，所以傳輸的速率也比較高。

6.3.1　無線多重存取（multiple access）技術的簡單分類

無線多重存取(multiple access)技術多半屬於所謂的決定性的存取(deterministic access)技術，當節點需要頻道容量(channel capacity)時必須向控制點(control point)提出請求。FDMA、TDMA 與 CDMA 都是決定性的存取技術，請求的程序雖然是系統的負擔，但是能保證請求者能得到所需要的頻寬。到底各種無線通訊網路使用什麼樣的無線多重存取技術呢？表 6-2 列出常見的幾種無線通訊系統的選擇。我們可以從頻段（band）來對無線多重存取的技術做一個簡單的分類：

1. 窄頻段系統（narrowband systems）：在窄頻段多重存取的系統中，可用的無線電頻譜會分成很多個窄頻段的頻道。

2. 寬頻段系統（wideband systems）：在寬頻段多重存取的系統中，多個傳送器（transmitter）可以在同一個頻道上傳訊。單一頻道的傳輸頻寬遠大於頻道的諧和頻寬（coherence bandwidth），多路徑漸弱與頻率選擇漸弱的影響比較小。

表 6-2 各種無線通訊系統採用的多重存取技術（Rappaport 2002）

無線通訊系統的名稱	採用的多重存取技術
AMPS（Advanced Mobile Phone System）	FDMA/FDD
GSM（Global System for Mobile）	TDMA/FDD
USDC（US Digital Cellular）	TDMA/FDD
CT2（Cordless Telephone）	FDMA/TDD
DECT（Digital European Cordless Telephone）	FDMA/TDD
IS-95（US Narrowband Spread Spectrum）	CDMA/FDD
W-CDMA（3GPP）	CDMA/FDD & CDMA/TDD
cdma2000（3GPP2）	CDMA/FDD & CDMA/TDD
PDC（Pacific Digital Cellular）	TDMA/FDD
WiMAX	SOFDMA
3GPP LTE	OFDMA/SC-FDMA

6.3.2 媒體存取控制協定

通訊頻道是可以共享的，但需要適當的管理機制，網路協定中的媒體存取控制協定（MAC protocols, Medium access control protocol）負責訂定通訊頻道的共享規則。無線電媒體（radio medium）具有廣播的原始特性，當無線電涵蓋的範圍中有多個訊號源在相同頻率下同時送出訊號，會發生所謂的碰撞（collision），像 CDMA、FDMA、TDMA 與輪詢（polling）屬於預約類型（reservation）不發生衝突的媒體存取控制方式，ALOHA 與 CSMA 則屬於雜亂隨機的存取控制方式。（Black 1999; Wesel 1998）

6.4 各種多重存取（multiple access）技術

有線網路的存取協定不一定適用於無線網路的情況，以 Token bus 與 Token ring 網路所用的順序式的（ordered）MAC 技術來說，與 ALOHA 或 CSMA 是不同的，因為存取的方式不是雜亂隨機的，不過也沒有集中式的控制點來分配頻道，以 Token bus

為例，節點在配置上像匯流排狀的（bus），每個節點有兩個鄰近的節點，擁有複記（token）的節點可以傳送資料，然後將複記傳給下一個節點。假如要在無線網路中運用類似的技術，則網路節點必須要有某種邏輯的順序（logical order），問題是節點會移動。從這個例子可以看出來有線網路的存取協定不一定適用於無線網路的情況。表 6-3 簡單地比較幾類 MAC 的技術，圖 6-7 列出 MAC 技術的分類。

表 6-3　MAC 技術的比較

MAC 技術	特徵
Random：CSMA	簡易但負載高時效率降低，回應快
Deterministic：FDMA/TDMA/CDMA	平均延遲較長，保證頻寬
Hybrid：CSMA/TDMA	負載高時效率接近 TDMA，額外成本高

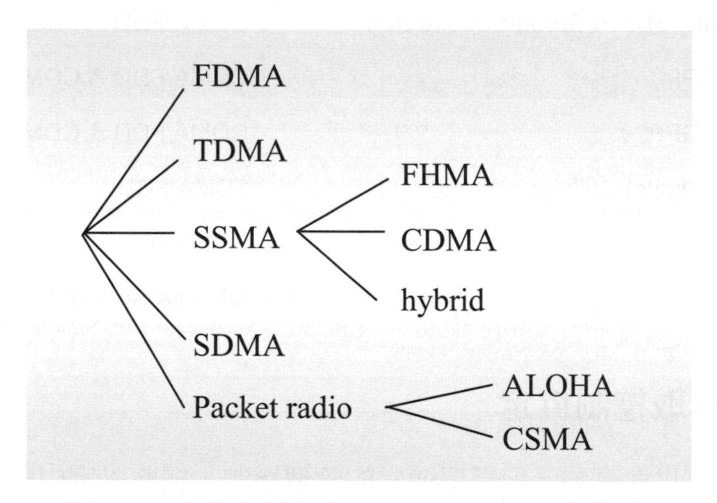

圖 6-7　各種多重存取（multiple access）技術

6.4.1　頻率分割多重存取（FDMA, frequency division multiple access）

頻率分割多工（frequency division multiplexing）把行動台（mobile station）與基地台之間的空氣介面（air interface）的頻寬分割成數個類比頻道（analog channel），舉例來說，一個 15 MHz 的頻譜（frequency spectrum）可以分成多個 200 KHz 的頻道。假如雙向的傳訊各用一個 FDMA 頻道，則稱為 FDD（frequency division duplex）或 FFD（full-full duplex）。圖 6-8 顯示 FDMA 的基本原理。

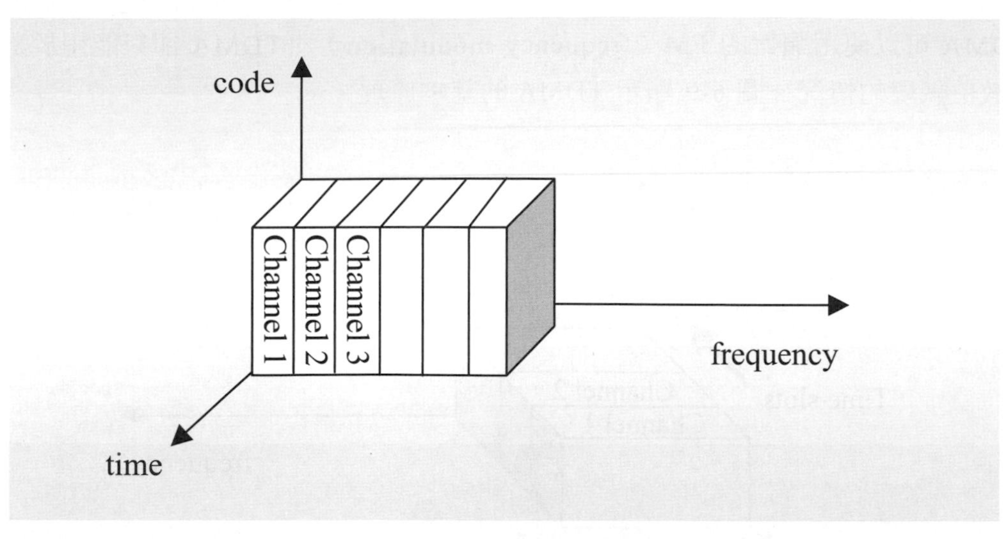

圖 6-8　FDMA 的基本原理

頻率分割多重存取（FDMA, Frequency Division Multiple Access）把頻寬分割成多個不同頻率的頻道（frequency channel），不同的使用者利用不同的頻道來傳訊，靜態的 FDMA 對於資料的傳送不是很好的選擇，在網路的設計上必須考慮 FDMA 的基本特徵：

1. 一個 FDMA 頻道一次只能承載一通電話的電路，假如 FDMA 頻道沒有正在使用中，無法讓其他使用者共享。
2. 一旦 FDMA 的語音頻道指定了以後，基地台與行動台可以在頻道上同時而且連續地傳訊。
3. FDMA 頻道的頻寬通常很窄，例如 AMPS 使用 30 KHz，因此 FDMA 常見於窄頻的系統。
4. FDMA 系統的複雜度比 TDMA 的系統低，由於 FDMA 提供連續的通訊，所以所需要傳輸的額外的控制資訊也比較少。
5. FDMA 行動台需要使用雙工器（duplexer），因為接收器與傳送器會同時作業。因此用戶的設備成本會增加。

6.4.2　時間分割多重存取（TDMA, time division multiple access）

TDMA 的系統將無線電頻道以時間來切割，分成多個時槽（time slots），每個時槽內只有一個用戶可以傳送或接收資料。假設一個封包（frame）含有 N 個時槽，則每個時槽就有點像個別的頻道，對於使用者來說，傳訊的過程是不連續的，因此，雖然 FDMA 可以使用類比的 FM（frequency modulation），TDMA 卻只能用於數位資料與數位調變的情況。圖 6-9 顯示 TDMA 的基本原理。

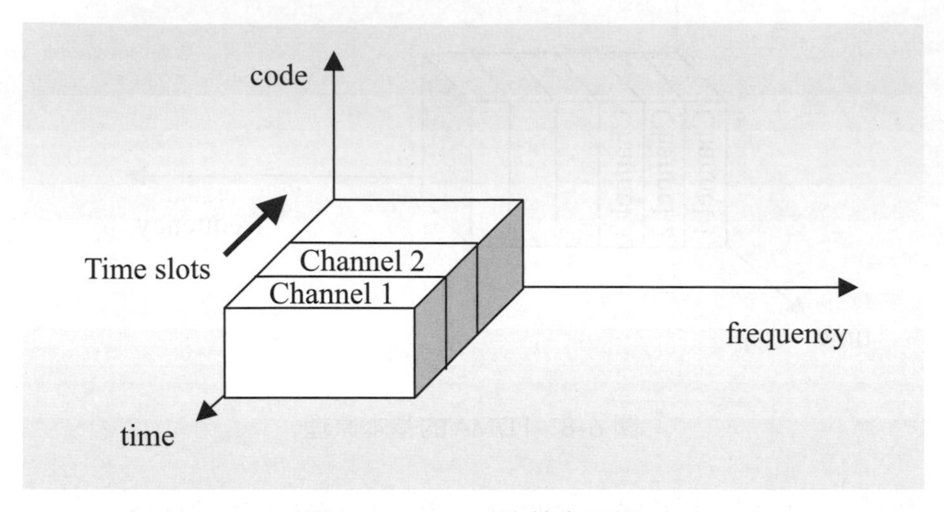

圖 6-9　TDMA 的基本原理

圖 6-10 顯示 TDMA 封包的結構（frame structure），一個封包含有數個時槽，以 TDMA/TDD 來說，有一半的時槽用於前向頻道（forward channel），另一半的時槽用於反向頻道（reverse channel），在 TDMA/FDD 中，相同或類似的封包結構個別使用於前向頻道與反向頻道，但兩個頻道的載波頻率是不同的。TDMA frame 中的 preamble 欄位含有基地台與行動台的位址與同步資訊，讓彼此之間能相互辨識，不同的 TDMA 標準所用的 TDMA frame 結構可能會有一些差異，TDMA 具有以下描述的特徵。

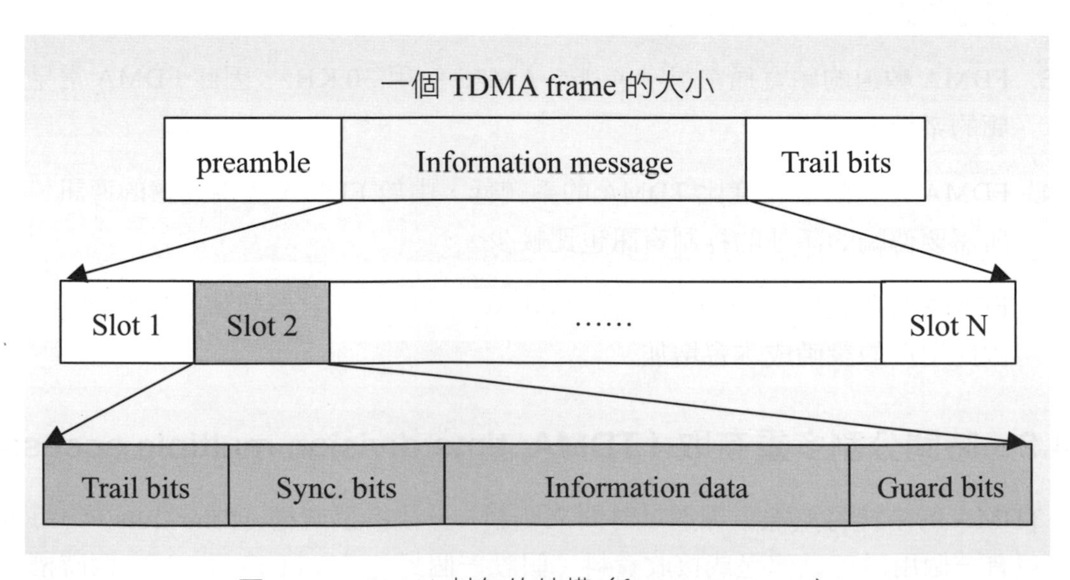

圖 6-10　TDMA 封包的結構（frame structure）

在 TDMA 中數個使用者可以共用單一的載波頻率，使用者以時槽（time slots）來分享頻道，因此對於 TDMA 的使用者來說，資料的傳輸不是連續的，好像是分段發生的（burst），不過這樣倒是讓行動台的電池耗用量降低了，因為用戶傳送器沒有作用時可以暫時關閉。由於 TDMA 的傳輸是片段的（burst），所以接收端在每次的傳送片段中必須同步，而且不同的使用者之間要用保護時槽（guard slots）來分隔，這樣會造成 TDMA 額外的負擔。TDMA 可以把不同數目的時槽分給不同的使用者，達到所謂的頻寬隨取（bandwidth on demand）的功能。

6.4.3 展頻多重存取（SSMA, Spread Spectrum Multiple Access）

展頻多重存取（SSMA, Spread Spectrum Multiple Access）的技術使用比所需要的頻寬要大很多的頻段來通訊，運用所謂的類雜訊序列（PN sequence, pseudo-noise sequence）來將窄頻的訊號轉變成寬頻的訊號，然後再傳送。SSMA 受多路徑的影響小，只有單一使用者時對於頻寬的使用是有點不經濟。但是在很多使用者的情況下，可以很有效地共用頻寬，SSMA 的技術可以分成 FHMA（frequency hopped multiple access）與 DSMA（direct sequence multiple access），DSMA 也稱為 CDMA（code division multiple access）。圖 6-11 顯示 CDMA 的基本原理，圖 6-12 以圖形來顯示 FDMA、TDMA 與 CDMA 之間的差異。

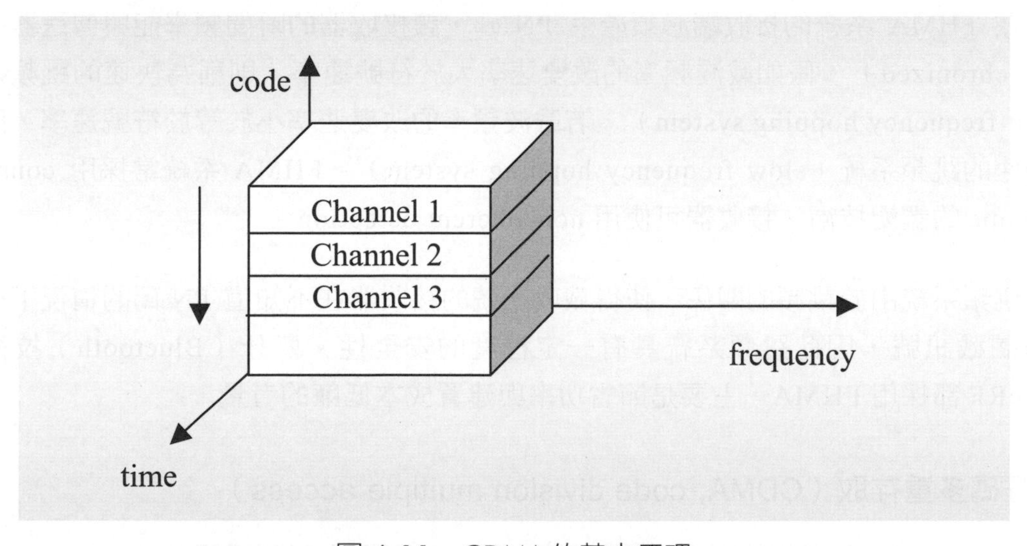

圖 6-11　CDMA 的基本原理

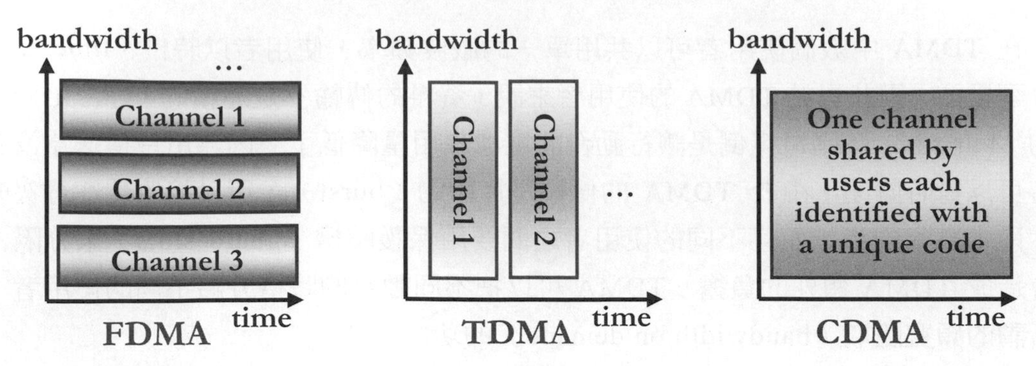

圖 6-12　無線頻道的共用存取技術

跳頻多重存取（FHMA, frequency hopped multiple access）

FHMA 是一種數位的多重存取系統（digital multiple access system），FHMA 可以讓多個用戶同時使用同一個頻段，每個用戶會有一個 PN 碼（pseudorandom code），用來決定該用戶在某個時間內所占用的窄頻頻道（narrowband channel）。用戶的數位資料會分割成相同大小的片段（burst），在所分配的頻段裡的不同的頻道上傳送。每個傳輸片段（transmission burst）所占的頻寬遠小於所有的頻段頻寬。用戶的頻道頻率以雜亂的（pseudorandom）方式改變，相當於用戶所占用的頻道會雜亂地改變，這是 FHMA 支援多重存取的方式。

在 FHMA 系統的接收端必須產生 PN 碼，讓接收器的瞬間頻率能與傳送器同步（synchronized）。假如載波頻率的改變速率大於符號速率，則稱為快速的跳頻系統（fast frequency hopping system），若載波頻率的改變速率小於等於符號速率，則稱為慢速的跳頻系統（slow frequency hopping system）。FHMA 系統常採用 constant envelope 的調變技術，接收器可使用 noncoherent detection。

跳頻系統由於跳頻的關係，使得截收訊號的接收器在不知道 PN 碼的情況下很難持續攔截訊號，因此跳頻系統具有一定程度的安全性。藍牙（Bluetooth）技術與 HomeRF 都採用 FHMA，主要是節省功率與建置成本低廉的考量。

分碼多重存取（CDMA, code division multiple access）

CDMA 把使用者都放到同樣的頻譜範圍中，這個觀念用到展頻（spread spectrum）的技術，網路的流量在傳送時分佈到整個使用的頻譜上，通訊頻道上的用戶以一個唯一的識別碼（unique code）來辨別，同樣的識別碼用來將訊號編碼（encode）、用來展頻，同時在接收端用來解碼。

CDMA 系統中，窄頻的訊息（narrowband message）會乘上一個大頻寬的訊號，也就是所謂的展頻訊號（spreading signal），展頻訊號像是一個雜亂碼的序列（pseudorandom code sequence），其 chip rate 遠大於訊息的資料速率（data rate）。CDMA 系統中的用戶可以同時使用相當的載波頻率同時傳訊，每個用戶各有自己的碼（codeword），與其他用戶的碼各不相干（orthogonal）。接收器運用時間關聯（time correlation）的程序來偵測應該接受的碼（codeword），其他的碼會因為無關聯（decorrelation）而被當成雜訊。接收器必須知道傳送器所用的碼（codeword）才能偵測出訊息。

假如多個用戶使用相同的頻道，最強的行動台訊號會進入基地台的解調變器（demodulator）。這麼說來，比較弱的訊號被接收的機率就降低了，這是所謂的遠近問題（near-far problem），可以透過功率控制（power control）來解決。基地台確保所涵蓋區域內的行動台所發出的訊號功率不會相差太多。CDMA 的主要特徵如下：

1. CDMA 系統中很多用戶都共用相同的頻率，可以採用 TDD 或 FDD。
2. CDMA 的容量限制是軟性的（soft capacity limit），這和 TDMA 或 FDMA 不同。當 CDMA 系統中的使用者數目增加時，雜訊水平（noise floor）會上升，系統的效能會因而下降。
3. 由於訊號展頻占了相當大的頻段，使得多路徑漸弱（multipath fading）效應大減。

6.4.4 空間分割多重存取（SDMA, Space Division Multiple Access）

SDMA 的技術可以控制涵蓋範圍內用戶的幅射功率（radiated energy），使用所謂的 spot beam antenna，各 antenna beam 所涵蓋的不同區域可以使用相同的頻率，例如 TDMA 與 CDMA 系統，或是使用不同的頻率，例如 FDMA 系統分區天線（sectorized antenna）可以看成是 SDMA 的一種原始的應用。在功率的控制上，由行動台發送給基地台的反向頻道部分是有難度的，因為傳輸路徑、行動台電池電量等都會產生影響，而這些因素比較難以控制與預測。

6.4.5 正交分頻多工（OFDM, Orthogonal Frequency Division Multiplexing）

無線通訊有許多發展中的技術，包括 WLAN 802.11a、802.11g、4G、數位廣播、數位電視等，這些技術都有用到正交分頻多工（Orthogonal Frequency Division Multiplexing）技術。OFDM 技術能提高無線電頻寬的使用效益與容忍雜訊的能力，同時降低多路徑衰減效應，已經成為多方投入研發的調變技術。

OFDM 的基本原理是把高速率的資料流（data stream）分割成數個低速率的資料串。等於把傳輸通道分成 N 個符號然後同時在這些子通道上傳送。這樣會把符號傳送的週期延長 N 倍。OFDM 中的 tone 是指一種頻率，OFDM 可以看成是一種 FDM，不過 OFDM 有一個很重要的特徵，就是 tone 與 tone 之間是正交的（orthogonal）。頻率之間有保護頻段（guard band），避免頻率互相干擾，OFDM 可以讓 tone 重疊（overlap），由於正交的特性，tone 之間不會有干擾的問題，重疊的結果是讓整體的頻寬需求降低了。OFDM 可以算是一種調變的技術，因為使用者的資料調變到 tone 所代表的頻率。通常會採用 PSK 或 QAM 來調變。OFDM 系統可以把一個資料流分成 N 個平行的資料流，各資料流的速率變成原來的 1/N。

OFDM 是一種綜合了調變（modulation）與多重存取（multiple access）的技術，主要的功能是讓通訊頻道給多人共享。圖 6-13 顯示 OFDM 傳送端的處理（transmitter chain）程序，資料流分割之後，每個子資料流對應到一個各別的頻率，然後使用 IFFT（inverse fast fourier transform）合併在一起。OFDM 也可以看成是一種多重存取（multiple access）的技術，因為個別的 tone 或是一組 tone 可以分配給不同的使用者，多個用戶可利用這種方式來分享頻寬，這樣的系統也稱為 OFDMA。基本上，用戶可以分配到一個固定數目的 tone 來傳送資料，或是依照所傳輸的資料量來分配不定數目的 tone，這些分配都是透過 MAC 層次來進行的，可依據用戶的需求來進行資源的分配與排程。

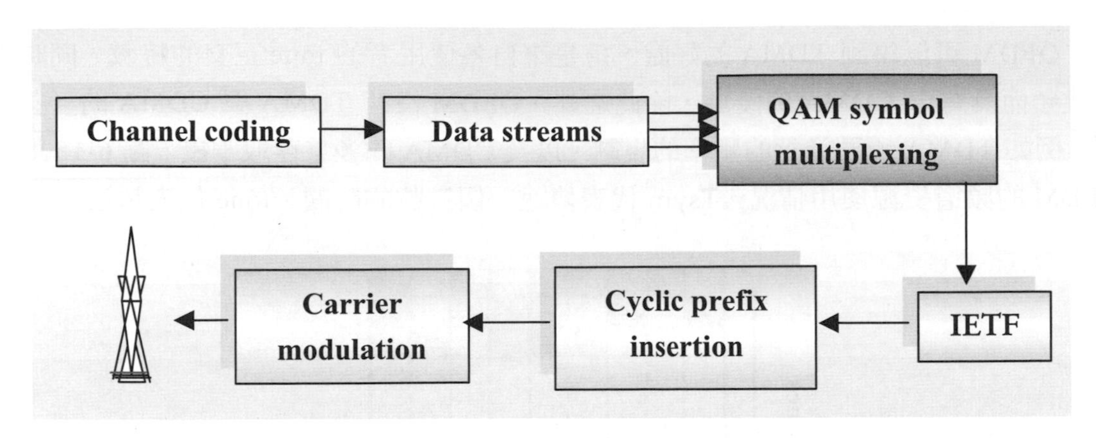

圖 6-13　OFDM 傳送端的處理（transmitter chain）

OFDM 可以與跳頻的技術結合，得到所謂的展頻系統（spread spectrum system），在探討這種結合之前，我們先來看一下圖 6-14 中顯示的 OFDM 的 tone 彼此正交的特性，從 A、B、C、D 與 E 在 X 軸的 0 點相交的特徵可以發現這些 tone 是正交的（orthogonal），現在我們要再加入跳頻的特質。

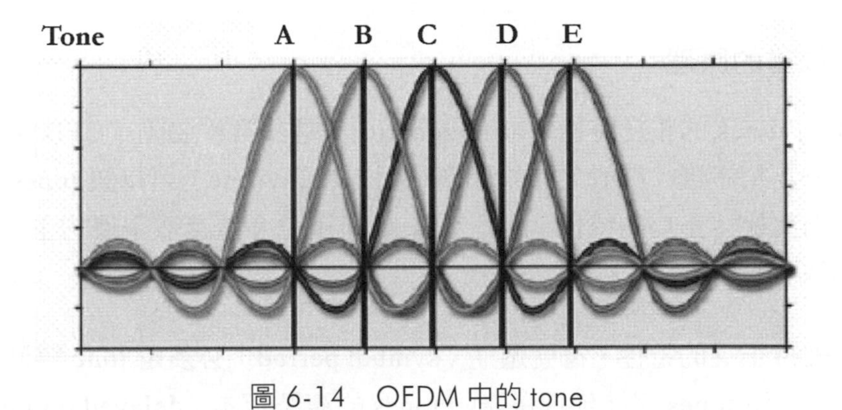

圖 6-14　OFDM 中的 tone

前面提到 OFDM 可以結合跳頻（frequency hopping）的技術來產生一個展頻的系統（spread spectrum system），在這種情況下，每個使用者占用的一組 tones 在一段時間之後會改變，通常是一個 modulation symbol 的時間，這樣有什麼好處呢？

1. 所得到的多種頻率的使用（frequency diversity）以及干擾平均化（interference averaging）的好處跟 CDMA 一樣。
2. 由於頻率在每個 symbol period 之後都會改變，使得頻率選擇漸弱（frequency selective fading）的效應降低。

OFDM 可以得到 TDMA 的好處，這是來自各使用者的 tone 正交的特徵。同時由於跳頻而具有像 CDMA 的優點，除此之外，OFDM 沒有 TDMA 與 CDMA 的一些限制，例如 TDMA 所要進行的頻率的規劃，以及 CDMA 的多重存取干擾。圖 6-15 顯示 OFDM 的頻道資源使用情況。**Tsym** 代表傳送一個符號的時間，tone 代表頻道。

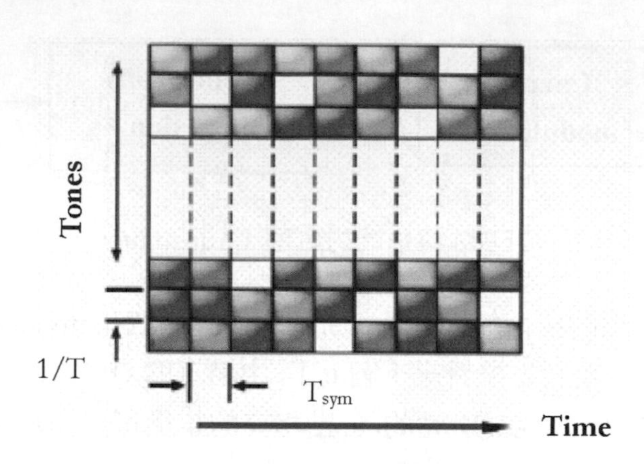

圖 6-15　OFDM 的頻道資源使用情況

OFDM 作業的原理

OFDM 的 tones 的正交特性（orthogonality）是非常重要的，OFDM 鄰近的 tone 之間彼此不會互相干擾。符號之間的保護時間（guard time）可以讓 tones 在多路徑效應的影響下仍舊保持正交的特性。這是 OFDM 能避免多重存取干擾的主因，這種干擾在 CDMA 系統中是存在的。

為了要維持正交的特性，符號週期（symbol period）必須是 tone 波形週期的整數倍。多路徑效應使 tones 與被延遲送達的 tones 的複製版本（delayed replicas of tones）在接收器發生延遲的延展（delay spread），造成正弦波（sinusoidal）的異位（misalignment），必須加上循環前置波形（cyclic prefix）使 tones 的波形在接收端重置，維持正交的特性。圖 6-16 顯示加入 cyclic prefix 的情況。圖 6-17 顯示符號週期（symbol period）與 tone 波形週期的關係。

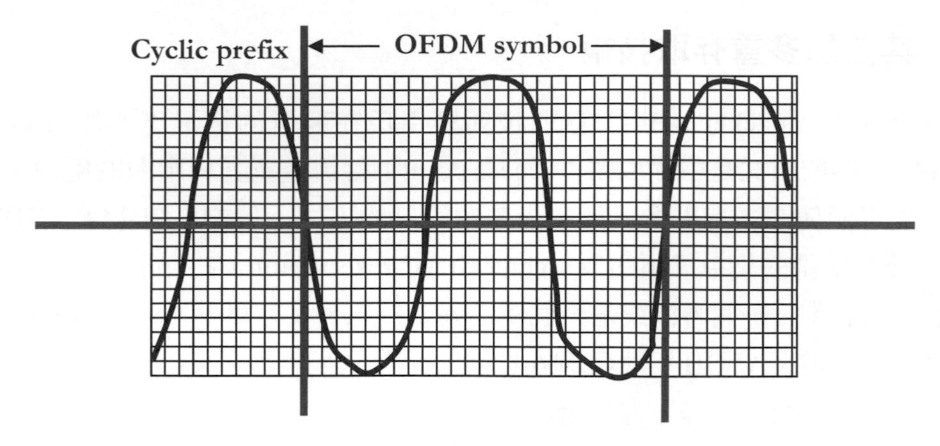

圖 6-16　OFDM 中的 cyclic extension

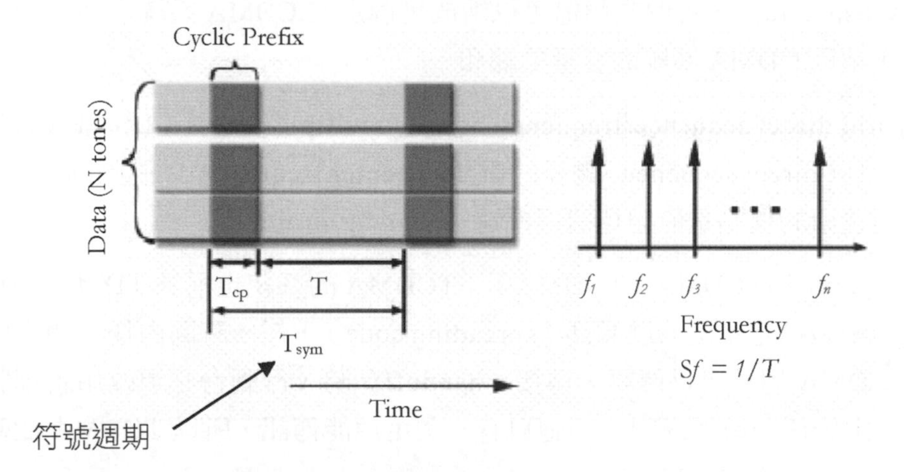

圖 6-17　符號週期（symbol period）與 tone 波形週期的關係

OFDM 技術的優點

OFDM 的技術可以設計成支援封包交換（packet-switched）的系統，針對多個網路模型的層次進行最適化（optimization）。OFDM 對於頻道的減損容忍度高，例如多路徑漸弱（multipath fading）、延遲延展（delay spread）與都普勒效應等，所受到的影響不大。未來在很多的無線通訊系統中可能都會看到 OFDM 的應用。

6.4.6 其他的多重存取技術

封包無線電（packet radio）存取技術讓用戶在競爭的情況下共用介質，輪詢（polling）的存取方式是由存取點（access point）輪流查詢其細胞內的用戶，然後決定各用戶是否能傳訊，有點像一種中央集中管制的方式。輪詢、FDMA、TDMA 與 CDMA 都屬於所謂的集中式預約型（centralized-reservation）的存取方法，節點本身預約使用一個頻率、一個時槽或是一個識別碼來傳訊，沒有競爭（contention）使用的情況。封包無線電、ALOHA 與 CSMA 則屬於分散式競爭型（distributed-contention）的存取方法。下面所列的是一些綜合的技術。

1. Hybrid FDMA/CDMA（FCDMA）：寬頻段分成較小頻寬的次頻段（subspectra），每個次頻道可以看成是個別的 CDMA 系統，系統的總容量是各次頻段 CDMA 系統的容量的總和。

2. Hybrid direct sequence/frequency hopped multiple access（DS/FHMA）：以直接序列（direct sequence）調變的訊號的 center frequency 以跳頻的方式來處理。這種技術的優點是能避免遠近問題（near-far problem）。

3. Time division CDMA（TCDMA）：TCDMA 的系統也稱為 TDMA/CDMA，不同的細胞指定不同的展頻碼（spreading code），任一時間內任一個細胞只有一個 CDMA 用戶可以傳訊。轉接（handoff）時，行動台必須改用新細胞的展頻碼。由於任一時間內同一細胞只有一個用戶能傳訊，所以 TCDMA 能避免遠近問題（near-far problem）。

4. Time division frequency hopping（TDFH）：用戶新的 TDMA 封包（frame）可以跳到新的頻率，在多路徑的影響嚴重或是共頻道的干擾很大的情況下，TDFH 能有不錯的效果。GSM 標準有採用 TDFH，跳頻的順序預先設定，用戶只能在指定給細胞的頻率組上跳用。假如互相干擾的基地台發送器在不同時間內使用不同的頻率，將能避免共頻道的干擾問題。

6.4.7 多樣性（diversity）的概念

在無線通訊技術的探討中經常會聽到「多樣性（diversity）」的名詞，也有人翻譯成「分集」，代表「分散傳輸，集中處理」，主要是讓多個訊號在傳送時的衰減特徵各自獨立，例如「空間多樣性（space diversity）」可以利用安裝多個天線，安置在一定的距離外，使其在空間上彼此接收或是傳送的訊號的衰減特徵各自獨立，有時候也稱為「天線多樣性（antenna diversity）」。多天線的技術就有運用多樣性，例如MIMO。

既然天線的安裝地點與方位會影響訊號的傳送與接收狀況，平時家用的無線Wi-Fi 分享器如何擺設就很重要了，通常會設法讓通訊涵蓋的範圍擴大，同時得到較佳的通訊品質。不妨參考其他人的經驗，或是利用測試 Wi-Fi 訊號的工具，嘗試找出最佳的擺設方式。

6.5 蜂巢系統的容量（capacity）

無線電系統的頻道容量（channel capacity）可以定義成在固定的頻段下所能提供的最大頻道數目或是所能支援的最多使用者數目。有了這樣的數據之後可以度量無線電系統對於頻寬的使用效率。頻道容量受所謂的 C/I（carrier-to-interference ratio）與頻道頻寬的影響。理論上可以依據所使用的多重存取機制與通訊相關的參數來估算蜂巢系統的容量。

常見問答集

Q1 1 G與2 G行動無線通訊系統的差別在那裡？

答：1 G與2 G行動無線通訊系統的主要差異在於1 G的系統使用類比通訊（analog signaling），也就是說，使用者的訊號在空氣介面中以FDMA的技術傳送。2 G的系統使用數位通訊（digital signaling），利用TDMA或CDMA的技術共享頻道，由於2 G的系統使用數位通訊，比較容易以編碼（encryption）來增加安全性。

Q2 骨幹化（trunking）與多重存取（multiple access）的涵義有何差異？

答：無線通訊的骨幹化（trunking）是指在某個數目的用戶的通訊環境中需要多少通訊頻道讓大家隨機使用。通常所有的用戶不會同時通訊，因此總頻道數一般都比用戶數目少。多重存取（multiple access）指同一頻道讓多個用戶共用的方法。

自我評量

1. 有線網路與無線網路在多重存取（multiple access）上所面對的問題有何差異？
2. 隱藏節點（hidden node）在無線網路中會造成什麼問題？
3. 各種無線通訊系統對於多重存取技術的選擇通常會有什麼樣的考量？
4. 為什麼有線網路的存取協定不一定適用於無線網路的情況？
5. 為什麼展頻多重存取（SSMA, Spread Spectrum Multiple Access）的技術受多路徑的影響小？
6. 正交分頻多工（OFDM, Orthogonal Frequency Division Multiplexing）的技術有那些重要的優點？

電信與電腦網路

7 CHAPTER

本章的重要觀念

- 電信網路（Telecommunications network）是什麼？
- 什麼是電信自由化？
- 政府如何管理電信業務的營運與發展？
- 電腦網路有什麼功能？
- 電腦網路有那些種類？
- 電腦網路有那些標準？
- 電腦網路與電信網路有何關係？

電信網路（Telecommunications network）對於很多人來說都有點神秘感，雖然幾乎任何人每天都會接聽好幾通電話，但是到底電話網路是怎麼樣把全世界的人類連結起來，可能就沒有多少人能說出所以然來！無線網路也算是整個電信網路的一部分，由於電磁波的特性，使得無線網路特別受到政府單位的監督與規範，例如中華民國無線電頻率分配表就規定了國內無線電頻率的用途。當然就市場而言，電信網路的發展是開放與自由的。無線通訊應用的領域很廣，除了一般跟我們生活相關的應用之外，無線通訊也可以應用在網路建置與網路結構的領域裡。

不管是無線網路或是有線網路，都可以成為電腦或是其他運算設備溝通的基礎，電腦網路是目前很多網路應用的基礎。有那些行動無線通訊網路算是電腦網路呢？基本上，無線區域網路很明顯地算是電腦網路，蜂巢網路可以看成是電腦網路形成的方式之一，因為手機跟電腦都能透過無線網路相連。紅外線（Infrared）與藍牙（Bluetooth）技術都可以形成電腦網路。在探討各種類型的電腦網路之前，先認識有關於電腦網路的基本特徵吧！

有去過國外旅遊或是生活的人，應該都知道必須先幫自己辦一個國外使用的手機門號，在國外才能打電話、送簡訊，以及使用網際網路，這就是在全球電信服務的基礎下，讓電腦網路能夠通行無阻，至於該選哪一家電信業者、選哪一種通訊方案，就要貨比三家了。有了電信以及電腦網路的概念，對於這些琳瑯滿目的電信服務會更加清楚。

7.1 從我們自己家裡的電話談起

我們都知道家裡的電話會接上來自外頭的電話線，也叫做落地線（drop wire 或 local loop drop wire），是一種兩心纏繞的銅線（twisted-pair wire），可能凌空而來或是埋設在地下，鄰近住家附近會有終端的集線箱（terminal box），匯集鄰近區域的落地線，集線箱集合這些落地線之後以纜線（cable）往外連。通常新的社區建立時都會把這些設施先規劃好。圖 7-1 畫出電話網路的階層式架構。

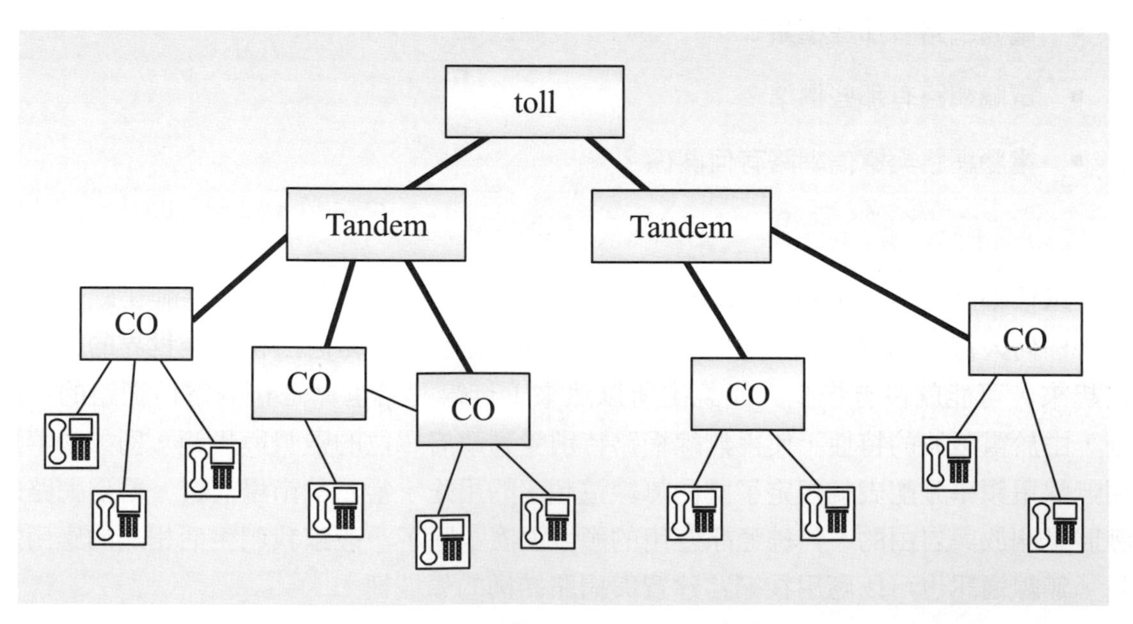

圖 7-1　電話網路的階層式架構

7.2 通訊系統的架構

電腦網路與電信網路的關係是密不可分的。電信網路建設的目標，是使資料得以大量而迅速的傳遞。**電話網路是電信網路的主體，早期電話網路剛普及的時候，傳輸的資料是語音，使我們得以隔著遠距離，透過電話筒交談。由於電話網路所建置的基礎架構，也可以用來傳輸其他型式的資料，例如文字、視訊等；隨著電腦科技的進展及廣泛使用，電腦之間的資料傳送，也就依附著電信建設的發展，相輔相成。**我們可以簡單地給目前所提到的幾個網路名詞下一個定義：

1. 電信網路（Telecommunications Network）：泛指傳輸各類資料與訊號的基礎架構，提供的服務不僅包括電腦網路，還包含電話、視訊等其它有通訊需求的應用系統。
2. 數據通訊網路（Data Communications Network）：與電信網路類似，強調數據的傳輸，所以涵蓋的範圍比較狹窄，與資料的涵義與再處理無關。
3. 電腦網路（Computer Networks）：範圍比前面兩項更狹窄，專指聯結電腦與相關設備的網路，著重於資料的再處理，意即資訊的運用。

我們可以把電信與數據通訊網路看成是電腦網路的基礎，電腦網路之上所建立的網路應用系統，才是影響使用者最大的部分；由使用者與應用系統產生的需求，則會帶動電信與通訊工業的發展。透過電信網路結構，全世界的電話用戶，可以形成任意的連線，由於電話的普及，以及電話網路的普遍建立，數據通訊網路與電腦網路，在發展的過程中，常借助於現有電話網路的設備與結構。所謂的「電信網路」（Telecommunications Network），現在除了包含電話網路（Telephone Network）之外，也涵蓋了數據通訊與電腦網路。

7.2.1 電信網路的發展

電信網路的發展，可以追溯到西元 1960 年代，類比交換與傳輸技術的使用，提供商業以及家用的類比語音服務（Analog Voice Services），也就是我們熟悉的電話網路。到了 1970 年代，數位傳輸（Digital Transmission）出現，長途的主幹網路，紛紛採用數位化的技術。公眾網路開始提供封包交換的資料傳輸服務。人造衛星也開始用來做語音與數據的傳送。

數位電信通訊系統（Digital telecommunications systems）在西元 1960 年代就逐漸部署，到了 1970 迅速地普及化。1980 年代的早期，電信交換中心也開始轉換為數位化的技術，光纖用來做為長途的高速傳輸主幹，數位化的交換器逐漸地部署在網路中。大城市之間 56Kbps 以上與 1.544Mbps 的傳輸速率逐漸普及，封包交換與衛星的使用也更為普遍。1980 年代晚期，光纖大量地使用在長途幹線以及大都會地區，用戶逐漸地開始用數位線路（Digital Circuits），例如數據專線連接到數位化的電信交換中心；部分的企業也開始建立企業網路。陸續有 45 Mbps、140 Mbps 的線路服務。

1990 年代的早期，一般用戶開始有數位化的通道連接到電信服務的集線中心，例如 ISDN，可達到 64 Kbps 以上的數據傳輸速率，語音的傳送可以透過同樣的數位化管道進行。高速的封包交換服務也逐漸出現，速率可達 140 Mbps 以上。寬頻的網路服務，例如 B-ISDN，可提供高達 600 Mbps 以上的傳輸速率。我們可以從上面的發展過程發現電信網路的發展，速度越來越快，使用者人數的成長也有相同的趨勢，而電腦網路也隨著電信網路的發展而有更好的通訊環境。

通訊系統的基本架構可以看成是兩點之間通訊的橋樑，圖 7-2 畫出這個架構的擴充。圖中的 DCE 代表資料電路終端設備（Data-Circuit Terminating Equipment），DTE 代表資料終端設備（Data-Terminal Equipment）。雲狀結構表示通訊網號。換句話說，點與點的連接可以擴充到任意兩端點的相連。通訊網路是由很多的實體連線所形成的，配合各種通訊技術的使用，我們可以提供任意二端點之間的直接或間接的通訊管道。要連接上通訊網路，只要接上 DCE 所提供的網路介面，所用的 DTE（例如電腦或是終端機）就可以做資料的交換與處理。

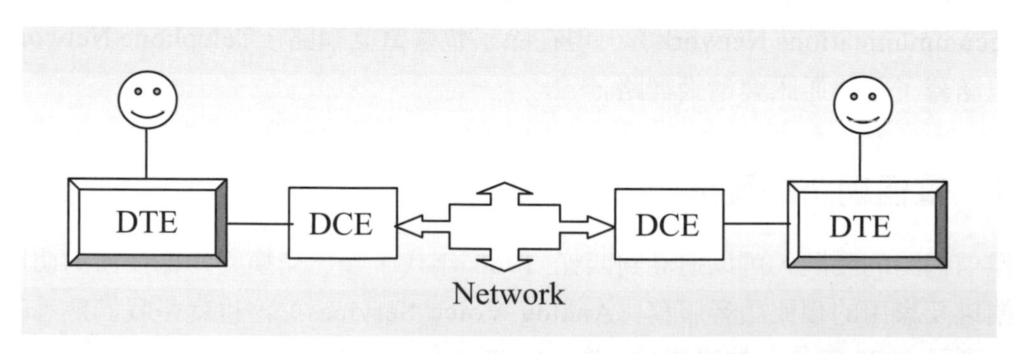

圖 7-2　通訊系統的基本架構的擴充

通訊網路不是短期建立的，結構也非常的複雜，我們可以從整個全球通訊網路的大環境來看，了解周遭的各種網路通訊應用系統。讀者在研讀之後，可嘗試剖析從自己家中或工作環境裡如何連接上通訊網路。

增廣見聞

電信法規定電信事業分為第一類、第二類電信事業。第一類電信事業設置電信機房與線路設備，連接發信端與受信端的網路傳輸設備，第二類電信事業指第一類電信事業以外之電信事業。簡單地說，第一類電信業者負責電信的基礎建設，廣佈線路與基地台，第二類電信業者則是在電信的基礎建設之上提供加值的服務。中華電信、台灣大等都算是第一類電信業者，提供 ADSL 服務的 ISP 業者則屬於第二類電信業者。

7.2.2 通訊網路的由來

今日普及的電話服務，是全球通訊網路的一部分；早期的電話網路（Telephone Network）是通訊網路的前身。電信通訊系統（Telecommunications System）有四個主要成分：

1. 通訊設備：指用戶用來收送訊號的設備，例如電話。隨著科技的演進，通訊設備的種類越來越多，功能也更為強大；電腦、終端機、數據機等設備也具有通訊的能力。
2. 區域迴路（Local Loops）：指從用戶家中到電信網路服務提供者之間的線路。目前電話網路的區域迴路多使用兩心的銅線，但有些先進地區有所謂的光纖到家，是指區域迴路的部分也使用光纖的介質。
3. 交換設備：由於交換技術在通訊網路中是必要的，電信網路服務提供者必須廣設各種交換設備，同時要審慎規劃，在減低成本的目標下提供任何用戶之間的連線。
4. 主幹線路（Trunk Circuits）：由於電信網路跨越的範圍極廣，交換設備之間的通道在經濟的考量下，某些長途的幹線必須提供容量高的傳輸效果，以降低佈線的成本。

通訊網路的結構決定於各種設備與線路的佈置。以公共網路（Public Network）為例，交換中心之間可以使用主幹電路，然後交換中心再連接到終端集線中心，終端集線中心則拉出區域迴路到用戶家中。如圖 7-3 所示。在實際的情況中，交換中心尚有分級，大的交換中心之間不但是用高速的主幹電路相連，而且是任何兩個大交換中心之間都有實體的連線。讀者可以把整個通訊網路看成是一個高速公路與省道連接成的公路網，四通八達。從通訊技術的觀點來看，我們前面所提到的多工、交換、傳輸等各種技術，都應用在通訊網路中。

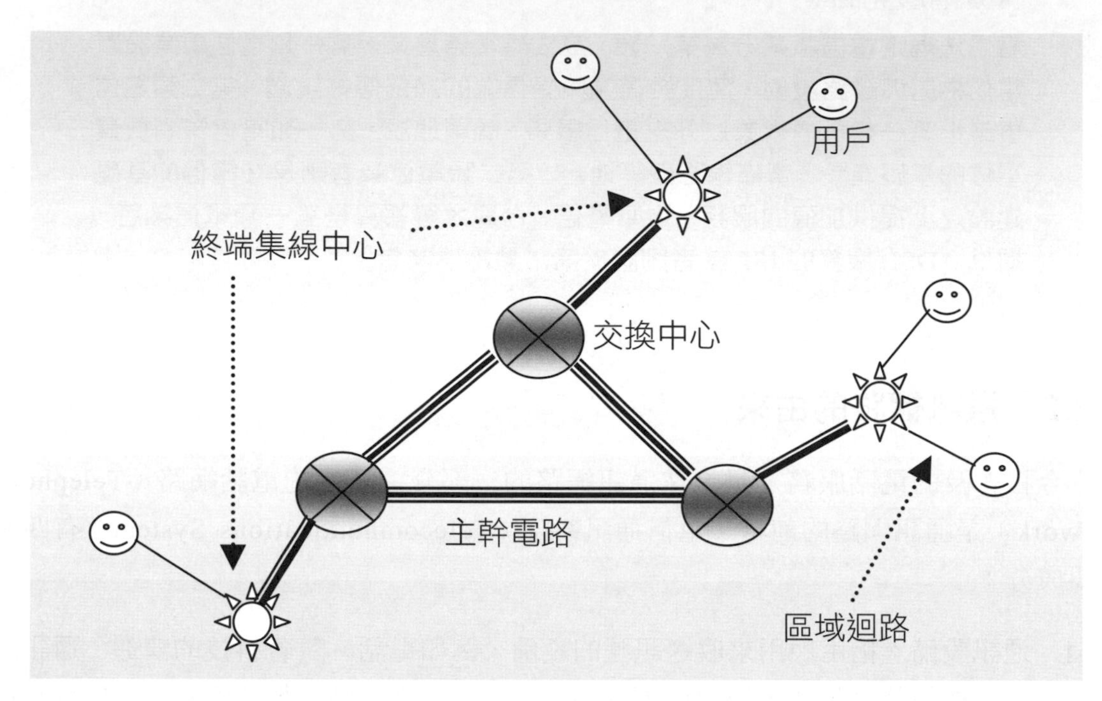

圖 7-3　通訊網路的結構

PSTN（Public Switched Telephone System）泛指大家所熟知的電話網路，用戶家裡的電話藉由銅線連到最近的局端，或是所謂的「區域交換局」（Local exchange），假如是長途電話，可能還要經由「主交換局」（Trunk exchange）的輾轉接駁，最後才建立起相通的電路。圖 7-4 畫出 PSTN 的作用原理，首先由號碼的 0 字頭判定是長途電話，往主交換局送，在第一個主交換局發現得從 73 號主交換局接到終端號碼 323 所在的 41 號區域交換局，於是完成相通的電路。

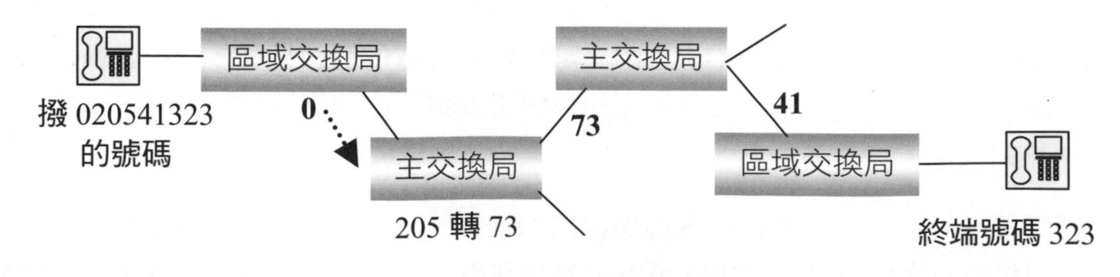

圖 7-4　PSTN 的作用原理

整個電話系統的運作相當的龐大而繁雜，平常用慣了電話，很少想到背後還有那麼多的技術性細節。電話是傳送語音的，一般資料的通訊同樣得透過訊系統來幫助完成，以資料通訊（Data Communications）的觀點來看通訊系統，有類似的架構，圖 7-5 畫出數據通訊的架構。UNI 代表 User-network Interface，INI 代表 Inter-Network Interface。

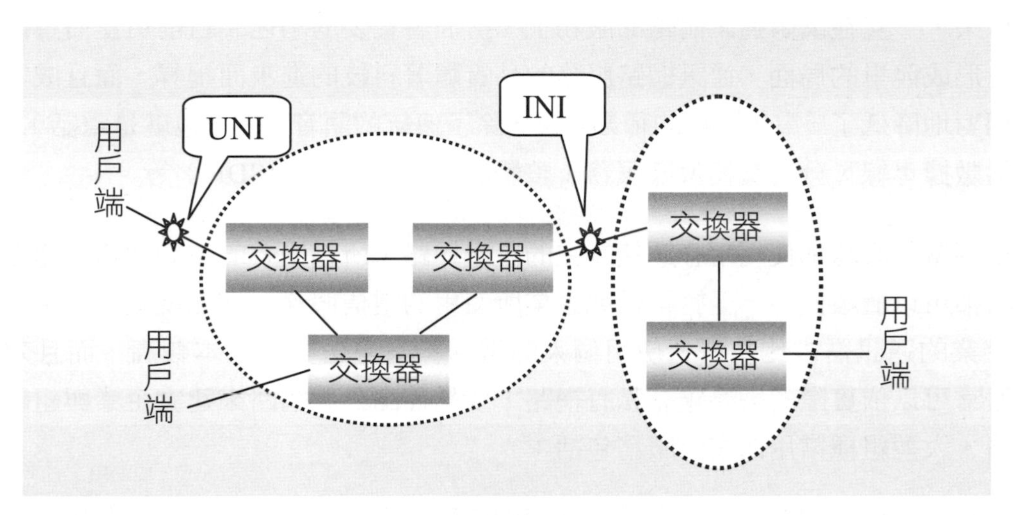

圖 7-5　數據通訊的架構

這架構圖裡有幾個很重要的觀念，這些觀念陸續地演化成數據通訊的關鍵技術：

1. 交換（switching）的必要性：大家對於交換局或交換的稱呼應該不陌生吧！假如仔細地想像一下通訊網路形成的過程，不難發現，在每個用戶之間都要有通訊管道的情況下，當用戶數目一多，網路就得十分地複雜。可是使用了交換的機制以後，情況就不一樣了。大家能體會其中的奧妙嗎？

2. 通訊介面的種類：在 ISO/OSI 模型的各層級上有各種通訊介面，可能由硬體組成，也有可能是軟體。

3. 異質性網路的整合：事實上，整個通訊系統的大架構分別屬於不同的經營機構，系統之間的流量管制和營收分攤的方式，都有一些複雜的細節。

7.3 通訊網路與電信服務

由於通訊網路的範圍很大，全球通訊網路的建立經歷了很長的時間，而且是由很多電信服務的提供者所共同完成的。國內的電信服務，過去一向是由交通部電信局來提供與管理，但在電信自由化的壓力下，現在已逐漸開放競爭。許多跨國的電信業者，長久以來，一直在國際通訊網路的服務上，扮演著重要的角色，目前更堂而皇之登陸台灣，形成競爭的局面，通訊網路服務的品質隨著科技的進步而提昇，而且成本與收費則相對地降低了。電信服務的種類很多，除了傳統的語音服務（也就是電話）之外，還包括數據專線、分封交換數據服務、整體服務數位網路（ISDN）等。

早期電信服務都使用兩心銅錢為主的區域迴路，所以既有的電話網路所建立的區域迴路都可以繼續使用。至於組織或企業所使用的電信服務，種類就更多了。因為組織與企業的通訊需求比較高，使用個人的電話線來傳送數據成本較高，而且效果不佳。通常可以依實際的需要建立私有網路，或是經由公共網路來建立企業與組織專用的網路。大型組織常用的電信服務包括：

1. 專線（Leased Line）：在經常通訊的兩點之間租用專線，付固定費用，而非按用量或是距離來收費，可以節省通訊的成本。專線的種類很多，例如數位專線或是類比專線。也有依照傳輸速率來區分不同等級的專線。
2. 接取線路（Access Line）：由電信服務提供者建立某種通訊網路，再由組織或企業租用連接到該網路的最近接取線路，對於租用者而言，接取線路是區域性的電信服務，長途通訊則被電信服務提供者所吸收。
3. 由於通訊網路可能橫跨省界、國界或是洲界，要建立組織或企業的網路，可能要經過數個電信服務者的接駁與合作。圖 7-6 就是從用戶的角度來看電信通訊網路的服務。LEC（Local Exchange Carrier）指地方性的電信服務提供者，而 IXC（Inter-exchange Carrier）則泛指營運長途電信服務的大公司。LEC 與 IXC 也有可能是同一家公司。

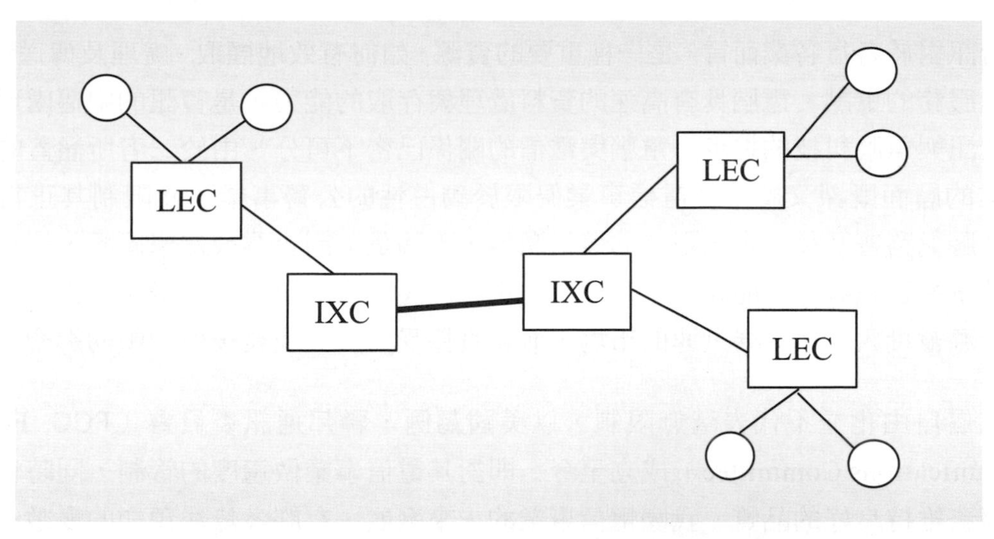

圖 7-6　從用戶的角度來看電信通訊網路的服務

7.3.1 電信網路的服務與自由化

電信網路服務提供者（通稱 Common Carriers），將所建置的網路基礎架構，以各種不同的方式，讓使用者租用；例如我們常用的電話。對於電腦網路而言，數據專線的租用是最重要的。表 7-1 列出過去常見的數據通訊線路。

表 7-1　常見的數據通訊線路

數據通訊線路	說明
次音頻級線路（Sub-voice Grade lines）	例如 telex（45-150 bps），bps 指 bits per second，即每秒傳輸的位元數。
音頻級線路（Voice Grade lines）	包含各種速率，例如 300-9600 bps，19200 bps 等。主要是經由數據機所建立的通訊線路。
數位線路	例如 56 Kbps 以上的數據線路。數位線路可以提供高品質及高速率的通訊服務。可以透過專線（即固定線路）或是交換線路（即接取線路）的方式租用。
寬頻網路（Broad bandwidth networks）	例如 T1、T3、OC3 等高速數位專線服務。或是寬頻的整體服務數位網路，即 B-ISDN。
家用數位線路	例如非對稱式數位迴路（ADSL）或是纜線數據上網的線路。

數位專線與寬頻網路使用數位化的技術，提昇了傳輸的品質與效率，將成為未來數據通訊服務的主流。我們將在本書各章的內容裡，陸續地說明一些常見的電信網路服務，及其與電腦網路的關係。

資訊對於各行各業而言，是一種重要的資源，如何有效地擷取、處理及傳送資訊，是電信服務的重點。電腦具有高速的資料處理與存取的能力，是資訊的中樞處理器；隨著通訊與電腦科技的進步，電腦與電信的關係已密不可分，由於二者所涵蓋的技術與工業的層面既深又廣，將電信事業侷限於獨占性的公營事業，會限制其正常的發展。電腦網路普及後，資訊服務的競爭激烈，不論是工商企業或是學術界，能有效而快速地掌握資訊者，才能成功。電信自由化將使國內電信服務的競爭多元化，更多的社會資源會投入這個發展迅速的市場，並且直接受益於其成長後所回饋的影響。

電信自由化並不代表毫無限制，以美國為例，聯邦通訊委員會（FCC, Federal Communications Committee）成立至今，即對其電信事業做適度的管制，同時也確保電信服務維持良好的品質。我國電信事業的未來發展，有許多無法預知的變數，但國民的需求及市場的走向是可以預見的，電信自由化將加速國內電信與電腦網路的發展。

7.3.2 電信法規的變革

早期的電信工業（Telecommunications industry）以電報（Telegraph）與電話（Telephone）為主，美國在西元 1934 年實施的通訊法規（Communications Act of 1934），以保護公益、便利與大眾的需求為法源，明定各種電信規範的基礎。當初的觀念認為電信工業無法避免獨占的現象（即所謂的 Monopoly）。因此聯邦政府成立了聯邦通訊委員會（FCC, Federal Communications Commission），監督電信業者在缺乏市場競爭的情形下，是否能合情合理地提供普遍的電信服務。各州的電信業則由州政府層次的公共設施委員會（PUCs, Public Utilities Commissions）來管理。

電信獨占業者、電信業監督者與其他想爭食市場利益的業者在電信工業進化的歷程中，產生了許多紛爭，結果是電信市場的適度開放，有人形容這是從大獨占轉變成眾多的小獨占，最有名的是 AT&T，即美國電報與電話公司，被強迫放棄區域性電話服務的市場，因而產生了當時的七大區域性貝爾營運公司（即 RBOC, Regional Bell Operating Company），管轄分佈美國各地區的貝爾營運公司（即 BOC, Bell Operating Company），同時在法規上也對於這些公司所能參與的市場領域設立多種限制。

AT&T 獨占電信業的局面結束之後，美國的區域性電信服務提供者（LEC, Local exchange carrier）與區域間電信服務提供者（IXC, Inter-exchange carrier）的結構產生了很大的改變，AT&T 放棄了原本擁有的 24 家電話公司，也就是熟知的貝爾系統（Bell System），**既然電信服務的提供者有 LEC 與 IXC 之分，電信服務的區域也要**

有明確的劃分，才能區分那些服務屬於那些提供者，所謂的「區域使用與傳輸範圍」（LATA, Local access and transport areas）的觀念就在這種情況下產生，將電信服務的範圍依地域來劃分成 LATA，如此一來，我們就能決定平時的通話那些算區域性的（Local），那些算長途的（Long distance）。

有了 LEC、IXC 與 LATA 的觀念之後，我們可以比較清楚地釐清日趨複雜與自由化的電信市場。依照定義，LEC 是在某個 LATA 內提供電信服務的公司，IXC 提供跨一個或多個 LATA 的服務，在服務的項目與性質上，IXC 和 LEC 不相互競爭，而由於跨 LATA 的電信服務需要 LEC 的現有設施，LEC 基本上對任何 IXC 都要提供同等的服務，這些限制的基本用意在於反壟斷式的獨占，促使電信市場自由化。當然，電信法規並非一成不變的，美國在 1996 年通過的電信法（The Telecommunications Act of 1996）就有諸多的變革，立法的本意在於讓消費者在廠商（即電信服務的提供者）、服務的種類與價格上，能有更多的選擇與更大的彈性。

1996 年的電信法讓 IXC 也能提供 LATA 內的服務（Intra-LATA Service），等於解開了 IXC 的束縛。當然，為了公平起見，LEC 也可以涉足原先 IXC 的服務範圍。新的電信法活化了現有的電信市場，法規的限制少了，相對地，消費者暴露在品質參差的電信市場中，難免產生了更多的疑惑。所幸在市場的自由競爭下，優勝劣敗，終將造就一個更美好的電信環境。有關於美國電信法規的沿革，可參考 www.fcc.gov 網站。

過去交通部電信總局管理國內的電信事業，**目前國內的電信事業管理已經改由國家通訊傳播委員會負責（NCC，National Communications Commission），網站為 www.ncc.tw。**

7.4 無線網路與傳統電話網路相連

互連（interconnection）通常是指兩個電信業者的網路（carriers' networks）連接在一起，例如無線網路業者連上有線網路業者中的 LEC（local exchange carrier）、LEC 與 IXC（inter-exchange carrier）的連結，或是 ISP 業者與 LEC 之間的相連。一般說來，約有 75%左右的手機撥號是打給有線電話的，也稱為 M-L（mobile-to-land）telephone calls，換句話說，無線蜂巢網路與 PSTN 之間會有很大的流量（即通話量）。對於無線業者來說，必須建立經濟有效的互連。這時候要考慮在什麼地方建立互連，以及互連的型式（type of interconnection），考量的因素如下：

1. 維持競爭力：假如在同一地點有業者已經與電話網路相連，從競爭的角度來看，其他業者也會傾向於建立互連。

2. 成本因素：互連之後的效益應該要大於建置的成本加上互連之後付出的固定租費。建置的難度也要考慮。

3. 用戶密度：用戶密度影響到是否要建立互連，因為有可能有其他更有效益的方式。

無線業者與 PSTN 之間互連的技術參考可以在 Telcordia General Reference（GR）000-145 的文件中找到，裡頭有各種互連型式（type of interconnection）的定義。

7.4.1 互連（interconnection）的組成

無線網路與 PSTN 之間的互連包括 3 種基本組成：傳輸系統的傳遞、骨幹線路（trunks）與電話號碼。一般電話號碼是以免費的方式分配給無線業者，DS1 電路包含 24 個頻道，支援 1.544 Mbps 的資料速率，等於每個頻道有 64 Kbps 的速率加上 8 Kbps 做時控（timing）與封包處理（framing）之用。骨幹線路可以連接交換系統，例如連接 MSC 與 PSTN 交換系統的 DS0 電路。

7.4.2 互連的作業

互連（interconnection）對於無線業者（wireless carrier）來說是相當大的負擔，由有線網路打給無線用戶的電話（land-to-mobile calls）是由 PSTN 轉送到與無線業者有互連的 CO（central office），然後再送到行動交換中心（MSC），由 MSC 進行實際的交換（switching）。圖 7-7 顯示互連的組成，假如某個細胞（cell site）到互連點比較近，可以讓 cell site 與 PSTN switch 相連，再以 backhauling 的方式連到 MSC。

圖 7-7 互連的組成

7.4.3 互連的型式

無線業者有多種互連的型式（types of interconnection）可以選擇，每種互連的型式各有其功能與市場或作業上的考量。基本的原則是以最低的成本來涵蓋最大的範圍。下面是幾種常見的互連型式：

1. Type 2A interconnection：無線業者的 MSC 或 cell site 與 telco access tandem 之間的骨幹線路（trunk），telco access tandem 是屬於 Class 4 的 CO。
2. Type 2T interconnection：也是到 telco access tandem 的骨幹線路，但主要用途是將流量從無線業者的網路送往 IXC 的 POP。
3. Type 1 interconnection：從無線業者的 MSC 或 cell site 到 LEC end office 的骨幹線路，需要處理較多的工作。
4. Type 2B interconnection：從無線業者的 MSC 或 cell site 到某個特定的 LEC end office 的骨幹線路，主要是用來容納區域性的大量通訊需求。
5. 到 IXC（interexchange carrier）的專用互連線路（dedicated interconnection）。
6. 無線業者與無線業者之間的互連。
7. 點對點的電路（point-to-point circuits）：用來連接兩個無線業者的地點。

7.5 通訊業者互連（inter-carrier networking）

前面提到的**無線網路與傳統電話網路的相連就是一種通訊業者的互連，以無線通訊網路來說，互連就是要支援不同業者網路之間的行動台漫遊**。漫遊（roaming）是指行動用戶在自己所用業者網路以外的區域活動，但仍然可以進行通訊的狀態。每個無線網路業者（wireless carrier）都有自己的服務範圍（home service area），當使用者在這個區域之外開機時，通常手機會透過自動登錄的程序（autonomous mobile registration process），在漫遊服務區域（roaming service area）內使用通訊的服務。

7.6 數據通訊與網路模型

數據通訊除了需要各種通訊技術的支援之外，還要有通訊的法則，這些法則通稱為「通訊協定」（Communications Protocols）或是「網路協定」（Network Protocols）。

用法則進行溝通的雙方等於是有了共通的語言。**為了讓電腦可以彼此互相溝通,必須定義一套雙方都瞭解的語言,這種語言稱之為協定。**由於不是每個節點之間都有實體的連結，所以溝通的協定或法則的內涵可以分成兩大部分：

1. 點對點（Point-to-Point）的溝通：有實體直接連接的兩點之間溝通的方式。例如電腦與連上相同電纜線的電腦之間的溝通方式。
2. 端對端（End-to-End）的溝通：沒有直接的實體連接，但是間接相連的兩點之間的溝通方式。

如果把數據通訊網路分解開來，實際上就是無數的點對點的連接；而網路的形成，也是從點與點之間的相連開始，逐漸發展成結構複雜的網路。為了簡化對於複雜網路的描述，我們把整個網路分成幾個不同的層次，然後再分層討論。圖 7-8 繪出層次化的觀念。

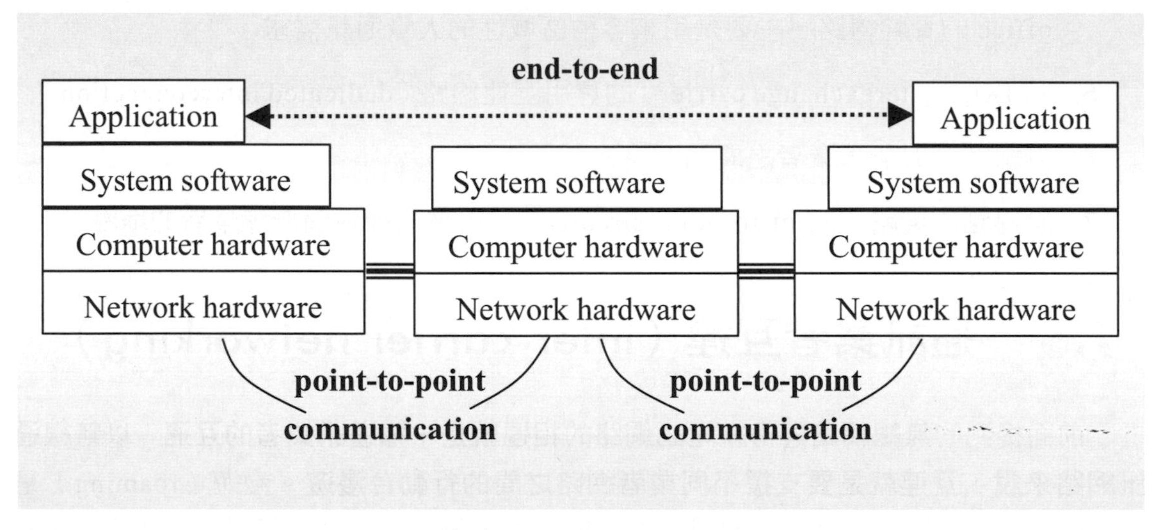

圖 7-8 層次化的觀念

通訊網路的主要目的在於傳送資料與分享各項資源。在通訊兩端之間，從最簡單的形式，例如兩部電腦直接連結互通訊息，到經由不同型態的網路達成交換資料的目的，整個通訊過程所涵蓋的範圍與程序非常廣泛。例如訊號的編碼、溝通的同步化、流量控制、路由（routing）、資料格式與整個網路的管理等都要運作正常，才能正確傳送資料。而且這些處理程序可能包含不同的系統，每一個系統所使用的軟體與硬體廠牌與型式可能都有所不同，通訊軟體必須處理異質性（heterogeneity）的問題。

為了解決各種異質性電腦系統的通訊問題，所有電腦廠商必須採用一些共同的標準，國際標準組織（ISO, International Standards Organization）為此訂定出準則或規格，稱之為通訊協定（communications protocol）。國際標準組織於 1977 年成立了另一個發展通訊網路協定的委員會，發展開放系統連結（OSI, Open System Interconnection）[1]的參考模型（reference model）。開放系統指任何系統依 OSI 的模型來溝通。

7.6.1 通訊網路模型

通訊網路模型可以用來系統化地描述通訊網路的特性。由國際標準組織（ISO, International Standards Organization）於西元 1978 年所提出來的開放系統相連模型（OSI Model, Open Systems Interconnection Model），是有名的通訊網路參考模型，圖 7-9 畫出該模型所採用的層次化觀念。

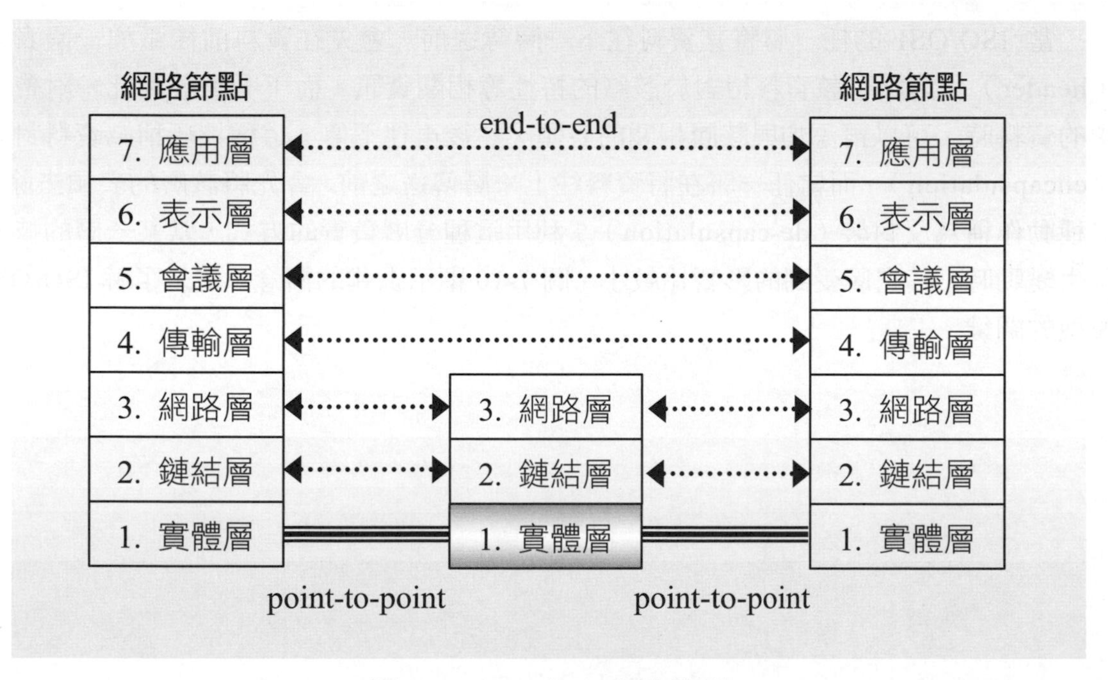

圖 7-9　ISO／OSI 網路模型

1　OSI 只是一個參考性的通訊架構（architecture），並沒有規定系統間通訊的細節，而是提供一組觀念及功能架構，讓各廠商據以發展通訊的協定。

在各種技術領域中，使用參考模型常會使描述與溝通更為容易，在通訊領域比較常見的是多層式的模型，採用多層的通訊架構可以達到分層負責和模組化的效果，也可以降低複雜度，但是層數過多也會影響效率，因此，如何在層數和效能之間取得平衡點是制定這一類模型的關鍵。

ISO/OSI 參考模型最常用來描述多層式的通訊架構，將一組通訊系統的功能分為 7 層，每一層定義了該層特有的協定（protocol），每個協定則提供該層特有的服務，並且只透過位於其下的協定與對方的相同協定交談，即所謂的對等式的（peer-to-peer）通訊，這種層層堆積式的多層模型也稱為協定堆疊（protocol stack）。儘管每一層的協定僅與對方同一層的相同協定交談，但是實際的資料仍要由上面的某一層依序一層層地傳至實體層，然後透過傳輸介質送到對方的實體層，再依序一層層傳至對應的上層。理論上每一層的協定只要知道如何將資料傳到直接相鄰的上、下兩層即可，不必瞭解其它層的協調情形。

當 ISO/OSI 的任一層將其資料往下一層傳送前，會先在資料前後添加一個表頭（header），記錄了該資料相對於該層的特性等相關資訊，而下一層收到此一附帶表頭的資料時，可以再添加與該層相關的表頭，然後再往下傳，這種技巧稱為資料封裝（encapsulation），而當任一層在將資料往上一層傳送之前，會先將該層的表頭去除，這種動作稱為反封裝（de-capsulation）。利用這種分層負責的方式，當某一層的技術發生變動時，其它層受到的影響比較小。圖 7-10 顯示上述的觀念，這是了解 ISO/OSI 模型的關鍵。

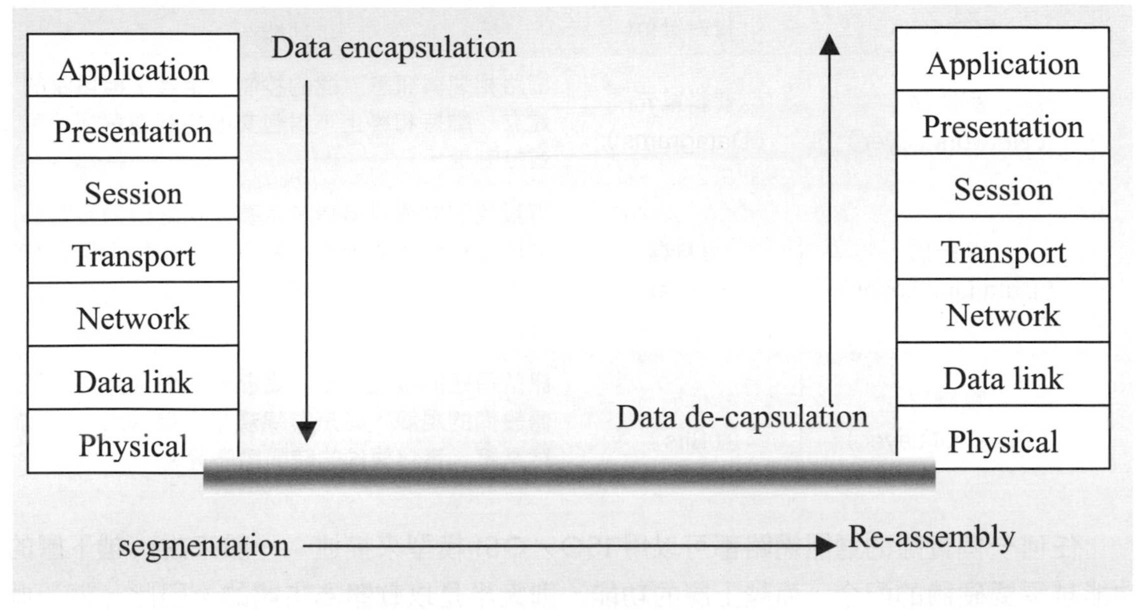

圖 7-10　分層負責的處理方式

綜合說來，ISO／OSI 把網路模型分成七個層次，一到三層描述直接相連的網路節點之間的溝通法則，四到七層則說明間接相連的網路節點之間的協定。所謂的「網路節點」（Network Node）包括電腦、終端機、網路終端設備等具有網路通訊能力的硬體系統。而溝通法則或是協定也泛稱為「網路協定」（Network Protocols）。一般說來，ISO／OSI 中的一到三層的主要功能在於建立與維護通訊的管道，五到七層則著重於資料的處理與使用，第四層做為一到三層及五至七層之間的橋樑。表 7-2 列出各層的功能與英文名稱，詳細的描述可以在正式的 ISO/OSI 文件中找到。

表 7-2　ISO／OSI 七層架構的功能

層次名稱	資料單位	功能
應用層 （Application Layer）	訊息 （Messages）	節點上應用系統間的溝通，應用程式如電子郵件系統，資料庫管理系統等。
表示層 （Presentation Layer）	封包 （Packets）	資料的表示、格式化與編碼，資料的壓縮還原、網路安全、檔案的傳送等。
會議層 （Session Layer）	封包 （Packets）	溝通的建立與管理，網路管理、密碼辨識、網路監控等。
傳輸層 （Transport Layer）	資料單元與區段 （segments）	可靠的端對端的訊息傳送，資料傳輸錯誤的偵測和復原，資料封包的重行排列。

層次名稱	資料單位	功能
網路層（Network Layer）	資料單元（Datagrams）	網路相連與訊息流通的控制，定義虛擬電路的建立、維持和終止，封包交換的路由選擇、壅塞控制等。
連結層（Data Link Layer）	資料框（Frames）	流量控制與資料偵錯，定義如何把傳輸資料分裝成資料封包的規範，檢查資料傳輸中是否有錯誤發生，執行資料傳送中的流量控制及網路連結的管理。
實體層（Physical Layer）	位元（Bits）	訊號傳送的實體介面，定義實際傳輸資料的硬體設備的規範，像是纜線規格、接頭尺寸、訊號電壓、資料傳輸的時間順序等。

任何一個實際的通訊網路都可以用 ISO／OSI 模型來描述；一般來說，越下層的功能越需要硬體的配合，而越上層的功能，則大半是以軟體為主體的。因此，每一個層次的功能都是由各種軟體與硬體的合作來達成的，其關鍵則在於資料的使用。層與層之間交換的資料有兩大類：

1. 應用系統所交換的資料：這是使用者真正會用到的資料，由應用系統處理。
2. 控制用的資料：用來控制資料傳送及處理的資料，例如傳送目的地的位址等。

上面這兩大類的資料，在同一節點的各層次之間以及節點之間交換，如圖 7-11 所示。甲方與乙方所要交換的資料必須透過通訊網路來傳送，為了讓資料能順利地送達目的地，各層依其功能上的需求加入控制用的資料，例如：連結層為了資料的偵錯而加入了偵錯碼，或是網路層為了傳送的路徑而加入了一些位址資料。這些控制資料送達乙方之後，由於所對應的層次了解該層所用控制資料的內涵，所以資料會被依序還原成原先甲方所送的型式。此外，通訊網路並不在乎資料的內容，所以可能會把傳送的資料分割（Segmentation）以便傳送，而乙方則要先把收到的資料重組後再往上層傳送。ISO／OSI 模型只定義了通訊網路的粗略功能，詳細的設計與建置則由各種網路標準來制定其規格。接下來我們就針對各層做比較詳盡的介紹。

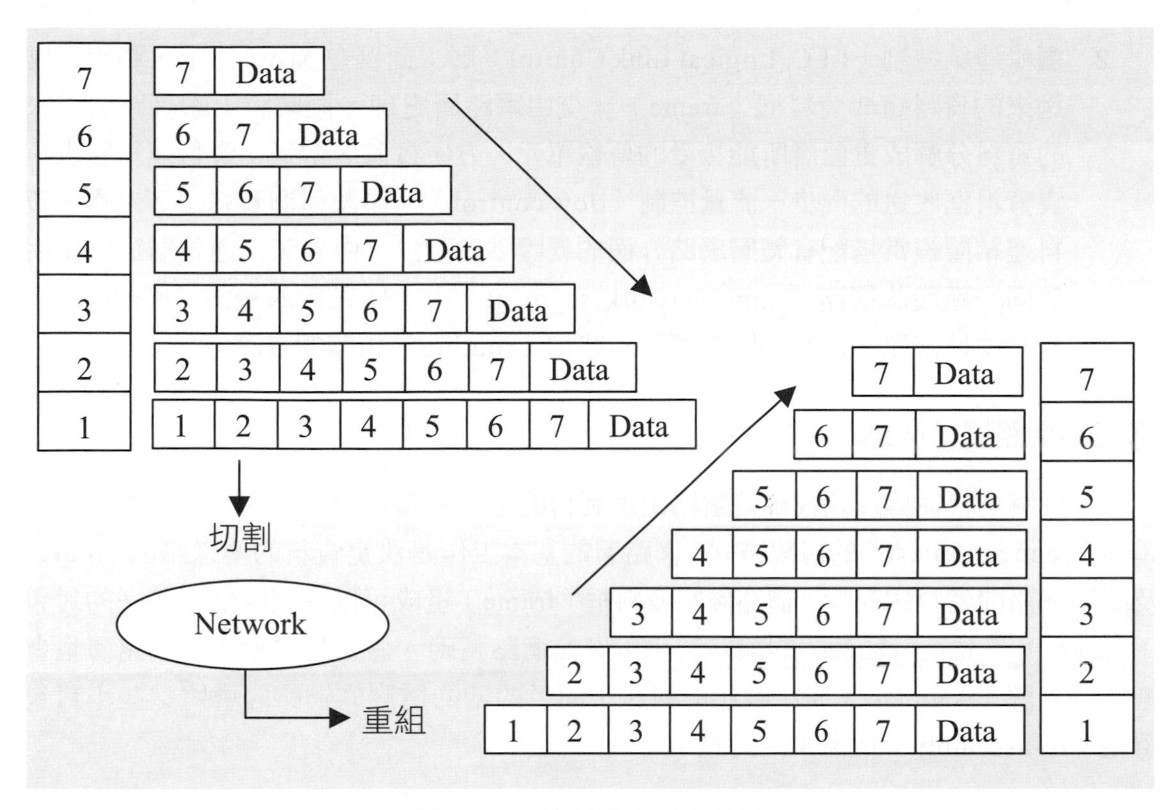

圖 7-11　資料的處理與傳遞

一. 實體層（Physical layer）

定義此層傳輸介面的電氣、機械特性、功能、運作程序等，例如幾伏特代表 0、幾伏特代表 1、每個位元訊號的時間長度，常見的 RS-232C 介面、網路介面卡等都屬於此層，兩個實體層透過傳輸介質互相連接以進行通訊，介質可以是同軸電纜、雙絞線、光纖、無線電波等。

二. 連結層（Data link layer）

提供可靠的傳輸資料的方法，資料連結層的功能包括將資料封包轉換成資料框，處理由接收端所傳回的確認資料框，資料連結層可再細分成兩個子層：

1. 媒體存取控制（MAC，Media Access Control）層：控制傳輸媒體的存取功能包括定址（Addressing）、競爭（Contention）等，MAC 負責實際的地址與網路媒體的存取動作，傳輸媒體上在同一時間裡只能有一個裝置傳輸資料。網路上每個裝置都有唯一指定的硬體位址，稱之為 MAC 位址，例如：04-8-CA-B6-6B-56。

2. 邏輯連結控制（LLC, Logical Link Control）層：此層在 MAC 之上，將實體層送來的資料組成資料框（frame），交由網路層處理，同時將上頭網路層送來的資料分解成實體層所能接受的傳輸單元，方便實體層傳送。資料連結層也負責資料框收送的同步、流量控制（flow control）、錯誤偵測及修正等工作。資料連結層經常搭配實體層網路介面的軟體驅動程式，由於資料連結層通常作用於同一區段的網路（same network segment）中，所以用的表頭（header）只含有位址資訊，沒有網路號碼等和路由（routing）相關的資訊。

三. 網路層（Network Layer）

負責將資料從傳送端找尋適當路由送到目的地，將資料轉換成封包，使用非連線導向（connectionless）的傳輸方式。網路層的基本工作是決定資料的傳送路由（route）及不同網路間資料的交換，網路層將資料框（frame）組成可以在網路之間傳送的封包（packet），並且附加額外的網路資訊，例如網路號碼。假如封包太大，網路層也會把它們分解（segment）成比較小的封包，而目的地的電腦的網路層會將這些小封包重組（re-assembly）成原來的封包。

網路層使用非連線導向的傳輸,並不負責連線的設定與維護,資料送出去以後就不再另做處理,假如資料中途毀損,則由目的地的接收設備負責傳回要求重送（request for re-send）的訊息。TCP/IP 協定的 IP 及 Netware 的 IPX 都是屬於此層的協定。

四. 傳輸層（Transport Layer）

傳輸層負責資料的分割與還原,提供點對點的可靠傳輸（reliable transmission），假如傳輸層根據封包的檢查碼發現收到的封包有錯誤、或送出的封包未收到對方的確認，則會再繼續嘗試數次，直到正確收到或是在嘗試失敗數次之後向上層轉知傳送錯誤的訊息，所以傳輸層能偵測及修正傳輸過程中的錯誤。傳輸層也可以將會議層送來的資料分割成網路層能接受的單位，方便網路層處理，或將網路層送來的封包組合成會議層的處理單位，傳輸層的協定屬於端對端（end-to-end）的協定。

五. 會議層（Session Layer）

會議層的協定包括 HTTP（HyperText Transfer Protocol）、SNMP（Simple Network Management Protocol）與 NetBIOS（Network Basic Input/Output System）等。可以讓使用者在網路節點之間建立對話連線並管理連線，兩個網路節點上的應用程式可以

利用彼此的會議層來建立或終止雙方的連線，會議層也提供安全（security）機制、名稱的認證、或是傳輸失敗時由失敗處重新傳送的功能。要建立會議層的連線,使用者必須知道想要連接的遠端位址,這個位址並不是 MAC 位址或網路位址,而是專為使用者設計的容易記的名稱,例如 DNS 的名稱或電腦名稱。

六. 表示層（Presentation Layer）

表示層負責建立資料的交換格式，處理字元集與數字的轉換，同時執行必要的資料壓縮程序，將資料編碼、壓縮、解壓縮、加密、解密、或是將資料轉換成應用層可以使用的格式，例如將 EBCDIC 轉換為 ASCII，或是資料加密（encryption）、解密（decryption）等。XDR（eXternal Data Representation）就是屬於表示層的相關協定。

七. 應用層（Application Layer）

應用層提供使用者各種通訊的應用,例如資料庫的存取,檔案傳輸,電子郵件等，是使用者最直接面對的介面。應用層是使用者應用程式與網路之間的溝通介面,但並不是使用者直接執行的應用程式。

7.6.2 標準化

通訊網路協定的標準化，可以讓不同的網路軟硬體製造廠商所生產的設備與系統,能彼此相容合作。與網路相關的國際標準化組織很多,例如:ANSI、CCITT、IEEE、ISO 等。標準化形成的過程因不同的標準而異，大多數的標準化是發生在所制定的規格已被使用多年之後，因為有些產品在市場上普及而廣被採用，對其它產品產生了與其相容的壓力，久而久之，會變成大家所認同的規格；不過，這種情況下的標準化對於網路通訊的影響也相對地降低了，因為已經具有市場占有率的廠商可能不願意接受遲來的標準。

比較早進行的標準化也有附帶的問題，因為標準化的時候，理論與技術可能都還不太成熟，定出的標準勢必要經過多次的變更，廠商可能會無所適從。雖然標準化有很多問題，通訊網路必須依賴標準化才能擴展，目前也有很多成功的標準，近年來標準化的過程，也比以往更為有效率。所謂的「開放系統」（Open Systems）就是指各種系統能依標準化訂定的規格來合作互通。

7.7 常見的分類法（Taxonomy）

電腦網路的分類方法有很多種，分類的目的是幫助我們釐清各種網路的用途與特徵。以下就以幾種常見的分類法，來探討各種電腦網路的定義與特性。

1. 以網路涵蓋的區域大小來分類：這是最常見的分類方法，與網路內的節點數目無關，包括區域網路（Local Area Network）、廣域網路（Wide Area Network）、都會網路（Metropolitan Area Network）。這些網路的組合，可形成所謂的企業網路（Enterprise Network）與全球網路（Continental Network）。假如把物聯網（IoT）也涵蓋進來，則比區域網路更小範圍的網路也存在。
2. 以傳輸訊號的特徵來分類：亦即以所傳送的訊號是數位或類比的來分類，包括數位網路（Digital Network）與類比網路（Analog Network）；對於區域與都會網路而言，前者（即數位網路）一般通稱為基頻網路（Baseband Network），後者（即類比網路）則通稱為寬頻網路（Broadband Network）。
3. 以交換方式來分類：包括以線路為基礎的交換技術所形成的電路交換網路（Circuit-Switched Network），與以封包為基礎的交換技術所形成的封包交換網路（Packet-Switched Network）。
4. 以傳播方式來分類廣播網路：包括封包式無線電網路（Packet Radio Network）與衛星網路（Satellite Network）等。

所謂頻寬是指傳輸媒體容量分配的方式，頻寬可切割成數個通道，每一個通道只是頻寬的一部份，可用來傳輸資料，容量分配方式有兩種：基頻、寬頻。

1. 基頻（baseband）：此方法將傳輸媒體只當作一個通道使用,在數位訊號技術中最常見到此方法,當然在類比訊號技術也可使用。
2. 寬頻（broadband）：此方法將傳輸媒體分割成好幾個傳輸通道,每一個通道傳輸不同的類比訊號,所以寬頻網路可以在單一傳輸媒體同時進行數個通訊管道的聯絡。

7.8 區域網路

區域網路（LAN, Local Area Network）的範圍大約從數平方公尺到數平方公里，也就是一般辦公中心、企業及組織的整體或是部門所佔有的空間，例如校園網路。區域網路的特徵是網路節點之間的關係密切，其使用者可能因工作上的關係而需常做網路上的通訊。因此，區域網路一般是歸屬於私人專用的，由組織或企業自己建立起來，可以與其它網路隔絕。

由於所占的面積較小，區域網路可以提供較高的傳輸速率，常見的乙太網路可支援 10Mbps 的速率，高速區域網路則可支援 100Mbps 或 1 Gbps 的速率。以網路節點的密度來看，區域網路有點像大城市附近的交通，人多流量也大；但是區域網路內的成員單純，需求也比較固定，所以可以很快地建立使用。

7.8.1 區域網路協定與標準化

IEEE 802 委員會是制定區域網路協定標準的主要單位，底下的各附屬委員會，負責與區域網路相關的協定標準化作業，表 7-3 列出部分附屬委員會所負責的網路協定或是相關組織。前一小節所介紹的乙太網路，就定義在 IEEE 802.3 的標準中。我們可以參照 ISO/OSI 的七層架構，了解 802 系列標準在 ISO/OSI 中的位置，主要是在最下面兩層，著重於網路實體結構的建立，例如線材、接頭插孔的規格、訊號的特性等。

表 7-3　IEEE 802 委員會及附屬委員會

委員會名稱	負責的範圍
802.1	Higher Layer and Management
802.2	Logical Link Control
802.3	CSMA/CD Networks
802.4	Token Bus Networks
802.5	Token Ring Networks
802.6	Metropolitan Area Networks
802.7	Broadband Technical Advisory Group
802.8	Fiber Optic Technical Advisory Group
802.9	Integrated Data and Voice Networks

7.8.2 共用傳輸媒介的原理

區域網路中另一個常見的協定是有關於傳輸媒介（transmission medium）的共用問題，其中最有名的是乙太網路的 CSMA/CD，在探討這個協定之前，我們要先認識 ALOHA，ALOHA 最早是為了封包無線電（packet radio）網路發展出來的，運作原理如下：

1. 網路節點送出資料框（frame）以後，必須等待回應（acknowledgement），等待的時間約是封包預期在網路上來回一趟所需的時間（也叫做 round-trip propagation delay），再加上一段固定長度的時間。
2. 假如在時限內收到了回應，代表傳送成功，否則就要重新傳送（resend），若是數次傳送都失敗，則只有放棄了。

接收端必須檢查收到的資料框是否有效（valid），這包括兩樣檢查，一個是資料框中的資料框檢查順序（frame-check-sequence）欄位，另一個則是資料框目的地位址是否與接收端位址相符，假如檢查無誤，就可以送出回應。若是檢查發現無效，接收端可以直接忽略所收到的資料框。

由於 ALOHA 的方式造成碰撞（collision）的機率很高，使網路效能大幅地降低，為了改善 ALOHA，有人提出了 slotted ALOHA 的方式，將通訊頻道的使用分成一小段時間，大約是將一個資料框送上介質的時間，所有的網路節點在時間上必須同步，如此一來，只有在固定的時段上才能傳送資料框，代表也只有在這些時段上才會發生碰撞，slotted ALOHA 稍微提昇了 ALOHA 的效能，不過還是不太理想。

由於傳統的區域網路上傳輸遲延常小於資料框送上介質的時間，在這種情況下，通常一有節點在傳送資料，其他節點幾乎是立即察覺，假如節點在傳送資料前能先感測是否有節點已經在使用介質，則碰撞的情況應該可以降低。CSMA（Carrier Sense Multiple Access）就是針對這個特點來改進，運作原理如下：

網路節點送出資料框（frame）以前必須感測介質是否在使用中（即 carrier sense），假如使用中，則必須等待。

若是介質可用，則可立即傳送，若是同時有多個節點傳送資料框，則發生碰撞，會造成資料失誤，因此網路節點送出資料框以後，要等待回應，超過時限的話，必須重新傳送。

假如資料框傳送時間越長，傳輸遲延（propagation delay）越短，則 CSMA 可達成的的效能越佳。由於碰撞仍會造成介質使用率降低，有人提出 CSMA/CD 來改善因碰撞造成的困難：

1. 假如介質可用，直接傳送資料框。
2. 假如介質忙線中，繼續等待，直到介質可用為止。
3. 假如發生碰撞，送出簡短的壅塞訊號（jamming signal），告知其他節點，然後繼續等待一段時間。

由於壅塞訊號的送出可以防止碰撞發生時有其他的節點再傳送資料，基本上可使碰撞發生的頻率降低，從 CSMA/CD 運作的原理，我們可以發現碰撞的偵測很重要，由於訊號傳送遠了會衰減，影響碰撞的偵測，IEEE 的標準才會規定 10 Base 5 網路的最大長度不超過 500 公尺，而 10 Base 2 網路的最大長度不超過 200 公尺。

7.8.3 區域網路的發展

區域網路將朝向高速及標準化發展，因為新的應用系統的通訊需求非常高，既存的網路之間相容性的需求也提高了。高速區域網路的發展與區域網路的技術關係密切。表 7-4 列出目前在區域及都會網路上較常見的標準。

表 7-4 區域與都會網路的標準化

<table>
<tr><td>邏輯連結控制層（LLC）</td><td colspan="10">IEEE 802.2</td></tr>
<tr><td>網路媒體使用控制（MAC）</td><td rowspan="2">IEEE 802.3</td><td>CSMA/CD</td><td rowspan="2">IEEE 802.4</td><td>Token bus</td><td rowspan="2">IEEE 802.5</td><td>Token ring</td><td rowspan="2">FDDI</td><td>Token ring</td><td rowspan="2">IEEE 802.6</td><td>DQDB</td></tr>
<tr><td>實體層</td><td>雙絞線或同軸電纜 10 Mbps</td><td>同軸電纜 10 Mbps 光纖 10 或 20 Mbps</td><td>遮閉雙絞線 4 或 16 Mb 無遮閉雙絞線 4 Mbps</td><td>光纖 100 Mbps</td><td>光纖或同軸電纜 44.7 Mbps</td></tr>
<tr><td>網路拓撲結構</td><td colspan="2">bus/tree/star</td><td colspan="2">bus/tree/star</td><td colspan="2">ring</td><td colspan="2">ring</td><td colspan="2">dual bus</td></tr>
</table>

邏輯鏈結控制層（LLC, Logical Link Control）與網路使用控制層（MAC, Medium Access Control）相當於 ISO/OSI 模型中的資料連結層以及實體層的一部分。FDDI 是以光纖作為傳輸媒體，常做為網路主幹（Network Backbone），連接骨幹上的區域網路，成本很高。

7.9 廣域網路

廣域網路（WAN, Wide-Area Network）的範圍從環島到跨越洲際等各種大小都有。廣域網路可以看成是連接區域網路及其他各種通訊設備的主幹。**由於廣域網路的建置成本及規模都相當龐大，一般個人、組織及企業多半是廣域網路所提供服務的用戶。電信網路服務的提供者（即 Common Carriers）才是廣域網路的主要建立者。**

廣域網路的服務是多元化的，有異於區域網路單純的需求；這是因為服務的對象差異性很大、需求不一。由於廣域網路的服務是需要付費的，使用的效益非常重要；從電信業者的角度來看，如何有效地利用頻寬，使其使用率提昇，是最重要的。由廣域網路服務使用者的角度來看，則服務的選擇及運用，將影響成本及使用的效率。

由技術的層面來看，廣域網路的傳輸技術、交換技術、網際相連方式、異質性網路的整合等是考慮的重點。所謂的電信網路，與廣域網路息息相關；因為電信網路包羅萬象，由傳送語音的電話網路到足以高速傳送影像視訊的高速數據網路，有各種不同品質的通訊服務；適當地結合電信網路與組織本身的區域網路，可以大幅延伸組織的觸角，同時也降低無法避免的通訊成本。

從電信服務提供者的立場來看，廣域網路是電信網路的延伸及整合，藉著電信網路的部署，把區域網路、都會網路以及各種獨立的網路連接起來。圖 7-12 廣域網路的大環境說明了廣域網路的結構，雲狀的部分是電信網路所提供的資料傳輸與交換的基礎架構，我們曾提到這個架構的主要成份，CO（Central Office）代表將用戶端的連線集中的地方，SC（Switching Center）則代表交換中心，CO 依用戶的分佈而廣泛設置，SC 則視需要而建立。多工器（MUX, Multiplexer）將來自交換中心或低速的線路匯入一個較高速的傳輸主幹，以便於長程傳送。

主幹到達遠端之後，可以按照相反的程序，將訊號分配給低速的線路，經過 SC 及 CO 後，傳送到指定的客戶端。至於詳細的傳輸與控制的細節，則決定於所用的廣域網路協定，例如 X.25 訂定的封包交換技術，或是快速封包交換技術，像 Frame

Relay、SMDS 與 ATM。底層的實體傳輸，則包括以銅線、同軸電纜及光纖等各種傳輸介質的協定，例如以光纖為主的 SONET（Synchronous Optical Network）或是 SDH（Synchronous Digital Hierarchy）。將電話網路與電腦網路整合的，則有 ISDN 與 B-ISDN。

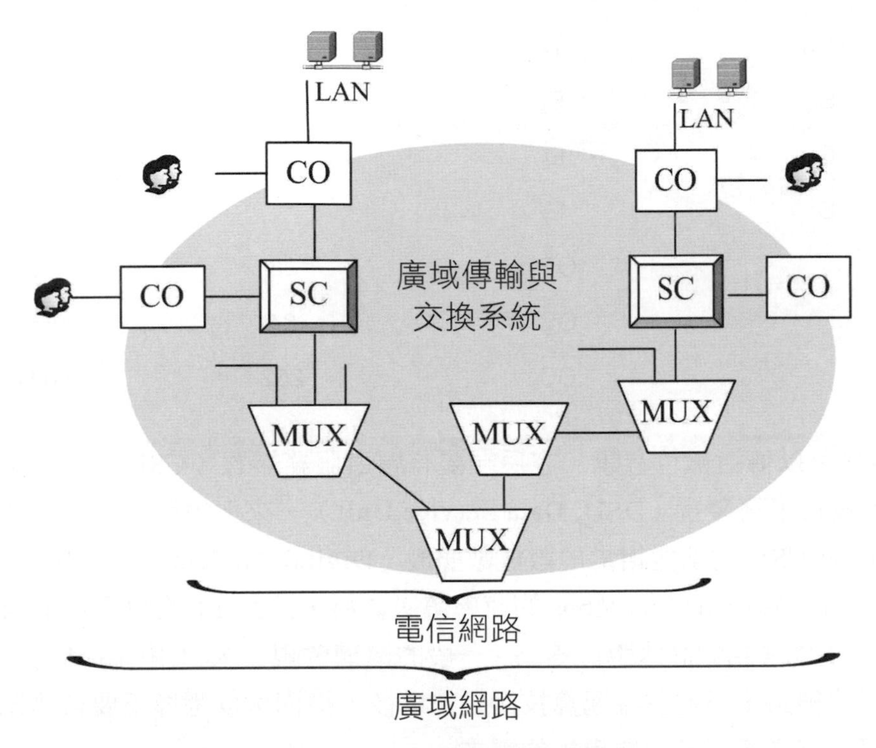

圖 7-12　廣域網路的大環境

從使用者的角度來看，廣域網路所提供的服務的種類，可以決定能支援的應用系統，同時也將影響通訊的成本。光從傳輸速率來看，表 7-5 列出目前及未來電信業者所提供的各種廣域傳輸服務，不同的速率，租費也不同，使用者必須從成本與效益上來考慮應租用那一種服務。較大的組織或企業，也可以建立專用私有網路（Private Networks），以降低長期累積的廣域通訊成本。表 7-5 中的 T1 及 T3 是北美地區的標準，E1、E3 及 E4 則是歐洲所用的標準。OC（Optical Carrier）開頭的傳輸速率是根據 Bellcore 公司在 1986 年提出的 SONET 標準，傳輸速率是以 51.84 Mbps 的倍數為基礎，可達 13.22 Gbps。

表 7-5　廣域網路各類傳輸速率

Signal Level	Carrier System	Number of T1s	Bits Per Second
DS_0			64 Kbps
DS_1	T_1	1	1.544 Mbps
DS_3	T_3	28	44.736 Mbps
E_1	E_1		2.048 Mbps
E_3	E_3		34.638 Mbps
E_4	E_4		139.264 Mbps
	OC_1	28	51.84 Mbps
	OC_3	84	155.52 Mbps
	OC_9	252	466.56 Mbps

T1 幹線可以傳送數位音訊，客戶端要有頻道服務裝置（CSU, Channel Service Unit）以及資料服務裝置（DSU, Data Service Unit），來與電信服務的高速數位網路連接，DSU 與 CSU 的功能相當於數位數據機（Digital Modem）。一條 T1 幹線含有 24 個頻道，每個頻道可用 64 Kbps 的速率傳送資料，因此 T1 的頻寬是 1.544 Mbps。目前 T1 及 T3 是常見的高速數位線路。一般的機構會視需求租用固接專線，費用遠高於一般家用的線路，不過雲端運算技術成熟以後，機構可以選擇不要自建機房與資訊設施，也可同時降低對於數據專線的需求。

7.10 網路軟體系統

軟體系統是硬體的靈魂，也是使用者驅動硬體的工具，網路形成之後，亦即所組成的元件與線材連接完成時，必須再加上網路的軟體系統，才能開始運作。圖 7-13 將網路的軟體系統分成兩大類：系統軟體與應用軟體。系統軟體的功能在於使與網路相關的硬體與電腦結合，並且能開始作用；因此，系統軟體的部分又能細分成三大類：網路驅動程式、網路作業系統與網路管理軟體。

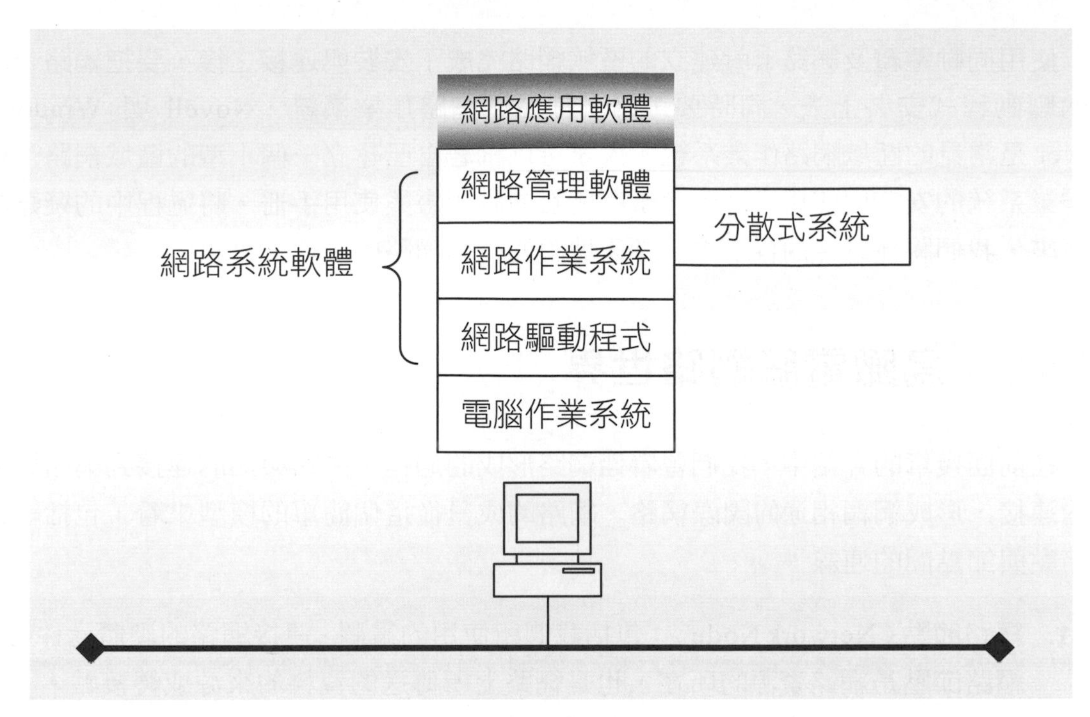

圖 7-13 網路軟體系統

網路的應用軟體種類很多，這些軟體是建立在網路的系統軟體之上的。我們可以把目前網路上常見的資訊服務歸納在資訊網路中。各種網路上的視訊傳輸與運用，可以視為多媒體與通訊網路的結合。各類組織與企業的管理資訊系統，則可歸屬於資料庫與分散式系統中。**行之有年的即時定位系統，也必須依賴網路，才能結合各定位服務地點的資訊。**

網路驅動程式隨軟硬體平台而異，例如網路卡在購買時，常隨卡附上驅動程式，可自動偵測環境參數，除安裝外，使用者不需另外花時間學習或了解其他的細節。網路的作業系統管理網路上的一般資源，並且提供使用這些資源的介面，做為使用者或應用程式與硬體及驅動程式之間的橋樑。安裝網路驅動程式與網路作業系統，是建立網路的硬體架構之後，必須完成的工作。網路管理的工作，除了部分可以透過網路作業系統來進行之外，在大型網路中，也可以選用網路管理軟體。

網路軟體系統的選擇，決定於網路本身的用途；我們可以從使用者的角度，把網路的用途分成三大類：單純的資源共享（例如檔案與印表機的共用）、支援應用系統的通訊需求、以及廣域通訊。網路作業系統可以提供資源共享的環境；應用系統的通訊需求可以透過網路作業系統的介面，或是應用系統本身的功能，在選購應用系統時，必須考慮應用系統與網路作業系統的相容性。

使用同軸電纜及網路卡所建立的區域網路完成了安裝與連接之後，要把網路卡所附的驅動程式安裝上去，同時要選購一種區域網路作業系統，Novell 與 Windows Server 是常見的區域網路作業系統。大家可以試著自己建立一個小型的區域網路，網路作業系統的安裝與使用可以參考廠商所附的說明書與使用手冊，將過程中的疑難記錄下來，我們將在以後的各章中，深入地說明電腦網路的原理與實務。

7.11 鳥瞰電腦網路世界

在前面幾章的介紹中，我們曾看過網路形成的過程，由點與點的連接到網路與網路的連接，形成網網相通的國際網路。網路的成員從這個簡單的模型來看，包括網路的節點與節點間的連線：

1. 網路節點（Network Node）：包括我們所使用的電腦、連接網路的硬體元件等。網路節點是網路資源的所在，也是網路上所傳送的資料的來源或轉接點。
2. 網路連結（Network Link）：網路節點之間的通訊管道，其功能相同，但特性各異，例如傳輸的速率、所用的線材與介質等。

目前全球的網路節點透過各種網路連結連接在一起，從網路建置的順序來看，全球網路的建立，是在很多角落上並行的，也有一些區域網路因安全性的考量而孤立於全球網路之外，或是因為沒有廣域的通訊需求而暫時獨立。圖 7-14 從網路的世界觀開始，顯示出全球網路相通的原理，在越洋與跨洲的通訊方面，除了透過人造衛星之外，還包括微波及跨洲海底電纜等傳輸媒體。進入內陸之後，以美國為例，由 FCC 管制州際通訊幹線的建立，電話公司及各電信服務提供者，則實際從事於網路的埋設與建置。至於州內的網路，則包括各種私有的區域網路、都會網路、校園網路以及各種公眾網路的服務。

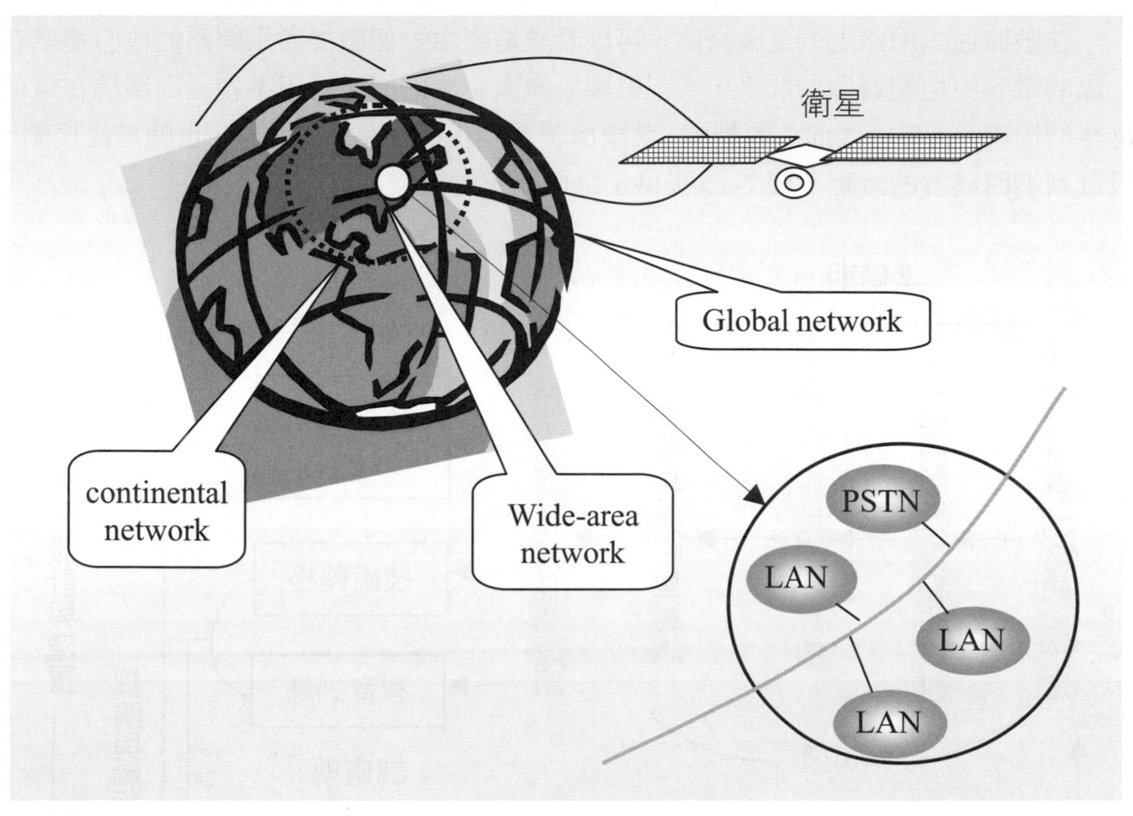

圖 7-14　網路的世界觀

從另一個角度來看，使用者要如何連接上全球網路呢？從個人的居家環境來看，透過電話線連上電話網路，就等於是連上了全球網路，需要的設備是電腦與撥接用的數據機。以組織或企業的環境來看，透過電話網路是一種方式，但是在使用者多的情況下，可能以固接式的數據專線比較適合。無論是以那種方式連接上全球網路，一旦連上了網路，所能延伸及觸及的空間是無限的，網路上的各種資源可以經由全球網路的結構，有效而快速地共享共用。

7.12 網路的規劃

電腦網路是建立在數據通訊網路之上的，從功能上來看，數據通訊網路負責將資料從網路上的任何一點，傳送至任何其他點；**從組成要素來看，數據通訊網路有傳送系統（Transmission System）與交換系統（Switching System）兩大部分，傳送系統負責兩點之間的資料傳送，交換系統則負責建立網路上兩端點之間資料傳送的路徑**。電腦網路與這些系統的主要成份包括：網路的拓樸結構、傳輸媒體、交換技術與通訊協定等。

在數據通訊網路上的電腦網路，可以看成是經由一個數據通訊網路的核心連結在一起的電腦與相關資源的群組，真正影響組織與企業的網路應用系統，則環繞在這個群組的周圍。這種由內而外的結構，就象徵著電腦化與網路化的進程，也就是從規劃、設計到網路建置的流程。圖 7-15 提供了這個流程的整體架構：

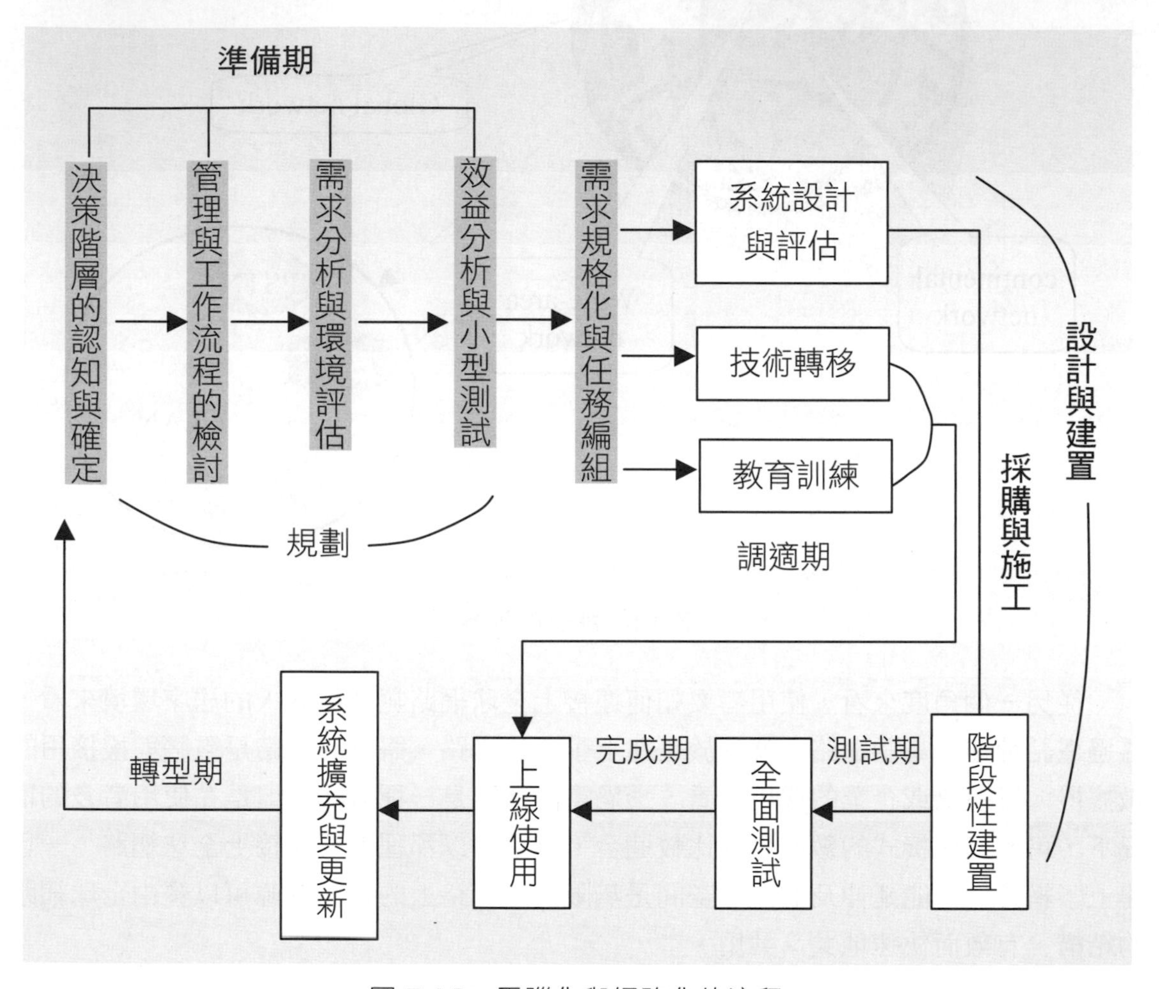

圖 7-15　電腦化與網路化的流程

下面先介紹圖 7-15 的前半段，即網路的規劃。一般說來，我們可以把網路的規劃分成四大類：

1. 電信網路的規劃（Planning of Telecommunications Network）
2. 廣域網路的規劃（Planning of Wide Area Networks）
3. 區域網路的規劃（Planning of Local Area Networks）
4. 網路管理的規劃（Planning of Network Management）

和企業與組織最相關的是後兩類，前兩類一般是由電信服務提供者（Common Carriers）統籌規劃建置之後，再以各種方式開放租用。圖 7-16 描繪出各類網路規劃之間的關係。

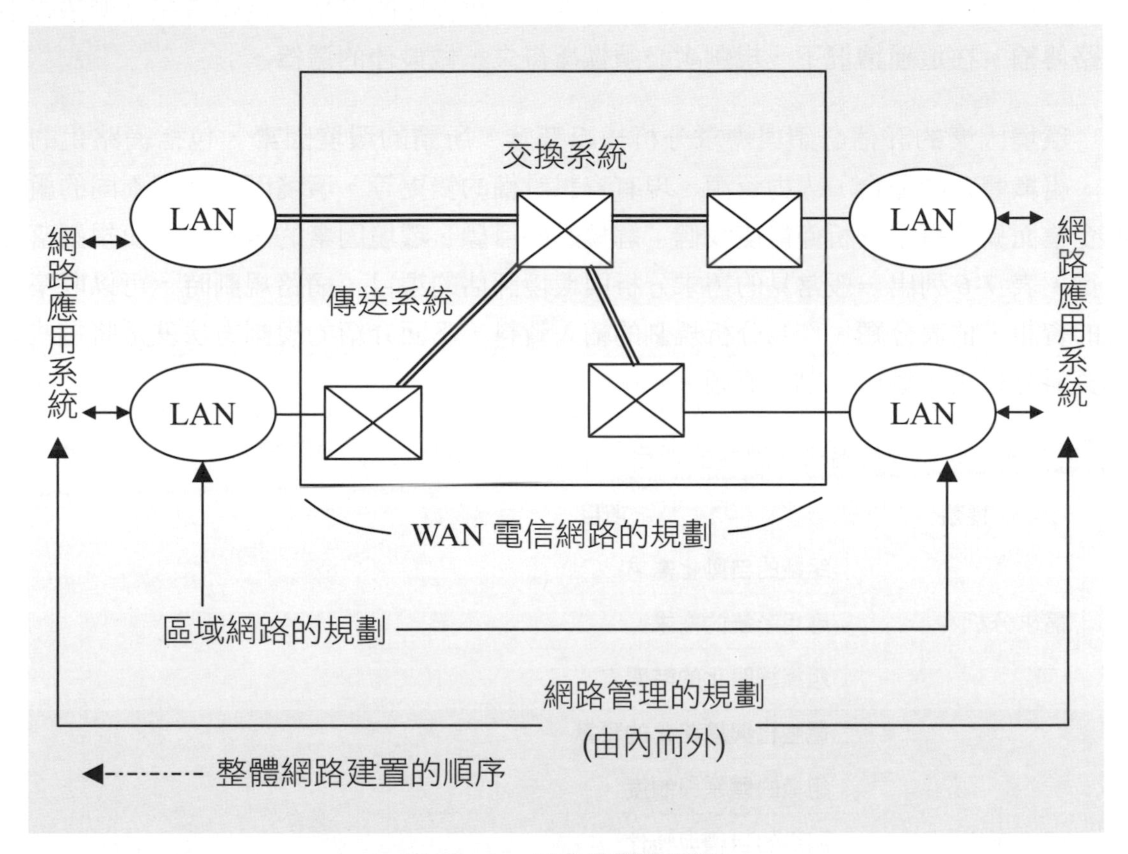

圖 7-16　網路規劃的種類

本章的內容將偏重於企業與組織的網路規劃。電信網路與廣域網路的規劃，往往受各類因素的影響，例如法規、國情等，而比較沒有定則可循。網路的設計與建立將於本書其他章節中討論，亦即圖 7-16 的後半段。

7.12.1　需求分析與環境評估

組織與企業對於電腦網路的需求，與其日常的作息運行方式關係密切；進行規劃之前，必須對本身有全盤的了解。電腦化與網路化是相關的，建立電腦網路之前，必先有電腦；在很多情況下，兩者的需求是一起考慮的，因為電腦與網路的效能必須匹配，才能相輔相成。**需求分析（Requirement Analysis）是將組織對於電腦網路預期的使用方式，加以了解與評估**。例如某企業使用電腦多年，但是各管理資訊系統分佈在獨立的電腦上作業，員工無法同時使用這些系統，而且系統之間也缺乏整合。在這個例子中，對於電腦網路的需求，就是要整合現有的管理資訊系統，同時使員工能同時使用。在比較複雜的例子中，可能有各種不同而又互相抵觸的需求，例如某些員工急需擷取與業務相關的資訊，但基於安全性及行政程序的考量，這類資訊又無法經由網路傳輸。在這種情況下，規劃者必須權衡得失，做最佳的選擇。

環境因素的評估必須與需求分析一起考慮。所謂的環境因素，包括網路化的預算、組織體系的配合、人力資源、現有資訊設備的變更等。環境因素會因不同的組織或企業而異，需求分析僅能使我們了解規劃的目標，環境因素的考量才能使規劃落實可行。表 7-6 列出一般常見的需求分析與環境評估的項目，網路規劃時，可以收集相關的資訊，依表分類，作為分析規劃的輸入資料，下面介紹的規劃方法就是將這些基本資料分析後，輸出規劃的藍圖。

表 7-6　需求分析與環境評估的項目

種類	項目
需求分析	組織的自動化需求
	應用系統的需求
	組織網路化的時間表
環境評估	電腦化與網路化的預算
	組織的體系與制度
	組織的目標與特性
	組織的成員
	現有的電腦與網路環境

表 7-5 中各項資料，可以由面談、駐場觀察等各種方式取得，資料收集得愈詳實，對規劃的幫助愈大。我們可以從三個方面來看表 7-5 中的項目：對於組織本身的了解、組織的任務與需求、以及其他的因素。

1. 對於組織本身的了解：規劃者必須從組織經營者的立場，來思考其網路化的需求。組織的體系與制度，是網路化實行的大環境；組織的體系反映出其運作的流程及各部門之間的關係，組織的制度則是維繫組織內合作互助的通則。網路化的過程，必須與組織的體系與制度配合。例如網路建立之後，各項網路資源的使用，將造成組織支出的增加，若是各部門的財務自主，則資源的分配與責任劃分，勢必要配合各部門在組織中的定位來確認，否則網路化之後，會造成組織行政上的紊亂。除了體系與制度之外，組織的成員也是網路規劃時必須考量的，因為網路從建立、操作到日常的維護，需要各種專業知識。[2]

2. 組織的任務與需求：不同的組織有不同的特性，電腦化與網路化的程度，會因組織的特性而異。例如校園網路以支援教學與研究為主，不同的科系有不同的需求，因此，電腦及網路環境的異質性較高；對於公司而言，主要的目標可能僅包含辦公室自動化，對於成本高昂的網路規劃，可能有排斥性。跨國企業的情況又和以上兩者不同，由於成員多，網路使用量大，成本高但效率高的網路，可能長期上反而可以節省大量的通訊費用。組織所需要的應用系統，可以由其任務與自動化的目標來評估，應用系統的部署與結構，必須和組織的體系與制度相互配合。此外，**組織網路化必須要有明確的時間表，否則不僅成效很難掌控，成本上也會難以預估**。

3. 其他的因素：電腦化與網路化將帶來的花費與影響不小，過程費時，而且隨組織的特性不同而有許多相關的變因，網路規劃者必須詳盡地考慮每個因素，將所做的規劃調整到最適合組織的目標與特性。例如現有的電腦與網路環境，是否需要更新或是完全取代，可能與預算及組織階段性的目標有關，新增的網路應用系統也將增加網路的負載，這些因素要同時考慮。此外，現有的辦公室環境，例如空間的分配、大小、應用系統的部署等，都要有初步的了解。

需求分析與環境評估的結果，應建立正式的文件，提供給決策階層及負責部門，做確認與研討，以達成共識，並且分配適當的人力支援，進行全程的網路規劃與建置。我們可以把這段期間稱做「準備期」；在很多場合裡，網路化可能會遭遇強大的阻力，所謂的準備期可能會拖得很長，優點是最後可獲得審慎的決定與完備的規劃，缺點是組織可能因而喪失了自動化的先機，而削弱了競爭力。

準備期之後，規劃者可以展開較詳盡的系統分析與設計，這段期間可能需要小型的系統與環境測試，以獲取效益分析所需的資料。例如使用者使用資訊設備的偏好、功能類似的軟硬體的取捨等。等到規劃產生了足夠的細節之後，各種需求與設備必須列出規格，以利設計時有比較明確的基本資訊；同時，由於規劃完成後，設計與建置

---

[2] 所謂「委外諮詢」（Outsourcing）的服務並非經常性的，組織的成員必須透過適當的教育訓練，使網路的使用與管理有自主性。委外諮詢較適用於特別技術性的支援上，為了節省網路建立之後，因各種疑難而產生的附加成本，組織在網路化的過程中，應該儘量尋求技術的移轉。

的工作比較密集而繁重，必須有適當的組織內網路化任務編組，若是網路化之後需要網路管理師，可以在這個階段開始聘用。

7.12.2 規劃方法

網路規劃的工作，可以看成是一個電腦程式，它的輸入是需求分析的結果與組織的環境因素，其輸出則是一個或數個規格化的電腦網路規劃。所謂的規格化，是指所需的網路化設備、資源等，都有明確的描述與設定；換句話說，規格化之後，網路化的成本與時程也可以大約地預估得知。

我們可以把規劃的程序分成兩大階段：第一個階段是準備期，進行對組織的了解與需求分析，參與的層面較廣，必須涵蓋組織中各部門與各階層的成員。在這個階段中，我們要了解組織的體系、體系中各成員的功能與相互之間的關係、以及電腦化與網路化的動機。規劃者要把自己當成組織中的一員，設身處地去了解組織經營的方式。第二個階段將進入偏向技術的層面，由第一階段所建立的文件，對應到實際執行的細節，以專業技術的角度來詮釋可行性。

大型的規劃可能要在此時進行一些小型的測試與評估，以進一步地確認之前的溝通沒有重大的誤解存在。第二階段結束之後，組織與規劃者應能列出預估的成本與時程，同時對於所要進行的網路化工作，有充分的了解。

電腦網路的規劃，隨科技的進展而改變，規劃者除了要有經驗之外，還必須經常接觸更新快速的技術，才能將組織網路化的需求與現有科技做最佳的結合。雖然規劃的方法很難有定則可循，有些簡易的常識，可以做為規劃者的一般指引。我們將在本節中介紹規劃時策略性的決定，以及三種常見的網路規劃方法。在規劃的策略上，常見的有全程規劃與階段性的規劃，其意義與利弊如下：

1. 全程規劃：網路的建立是為了支援應用系統的通訊需求；從組織整體的角度來看，只有在其成員開始使用網路上的應用系統之後，才是真正地用到了網路的功能。因此，全程規劃是指除了網路的建置之外，相關應用系統的建立以及人員的教育訓練，都在規劃的範圍之內。這個策略的優點是網路完成之後馬上可以派上用場。缺點是一次付出的費用會很高。
2. 階段性規劃：網路的建立可以分段實施，例如先建立某部門的區域網路，再推廣到整個組織。階段性的網路建置，一次付出的成本較低，而且組織有較充裕的時間調適，回饋的經驗可以供下一階段的規劃參考。但是，若是各階段拖的時間太長，可能由於科技的進展，使前後的規劃無法銜接。除了以上兩種策略之外，也可以配合實際的情況調整，例如全程規劃可以配合階段性的建置，或是階段性的規劃與建置配合適當的時程，以綜合不同策略的優點，同時避免其缺失。

常見的網路規劃方法在此列舉三種：錯誤嘗試法、由下而上與由上而下的方法。

1. 錯誤嘗試法（Trial and Error）：在網路規劃的過程中，常會因人為疏忽或是複雜度高，而造成失誤或是難以取捨的情況；一般而言，這是與技術關係不大，而與組織及其成員的特性比較有關的一些問題。規劃的過程中，可由溝通及小型測試中，做不斷的修正，直到規劃完全符合需求為止。

2. 由下而上（Bottom-Up）的方法：在電腦與網路系統中，我們可以把軟硬體及各種系統的相關位置，以圖 7-17 來表示。規劃者可以從現有的電腦與網路設備，或是市場上提供的選擇，先考慮硬體及網路的基礎架構，再逐層向上決定各種軟體系統與使用者的需求。這種規劃的方法，比較容易兼顧既有的環境及市場上產品功能的限制。缺點是上層的需求複雜時，可能造成下層開始規劃時，選擇太多，延緩規劃的進度。

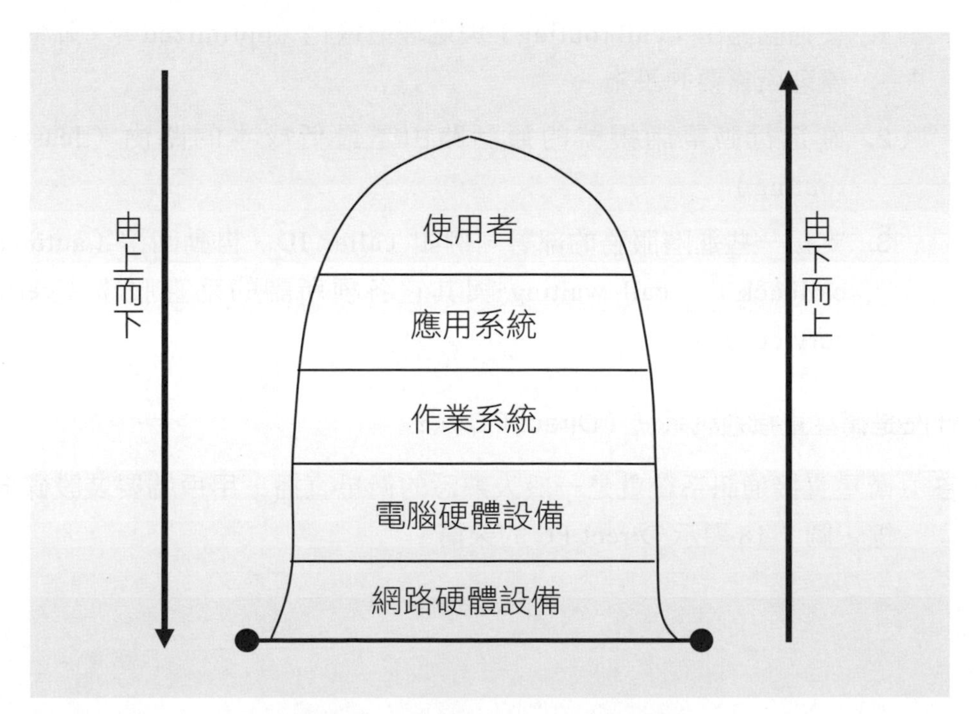

圖 7-17　網路設計的階層架構

3. 由上而下（Top-Down）的方法：從使用者的需求開始考量，再逐層選擇適用的軟硬體，由於市場上的產品功能受科技進展的限制，加上預算的考量，詳盡的應用系統分析完成後，原先的規劃不見得可行。

由上面的討論，我們可以發現，規劃的方法也必須像策略一樣，做適當的調和；例如由下而上及由上而下的方法可以並行，使上層需求的規劃能隨著下層支援架構的成形而逐步調整；一方面可以加速規劃的進展，另一方面又可使最後的規劃實際可行。

常見問答集

Q1 什麼是 SS7？

答：SS7 也稱為 Common Channel Signaling System 7，在 1970 年代末與 1980 年代初已經在有線網路上使用，SS7 是一種資料訊號的重複網路（data signal overlay network），與無線業者的無線電網路或相連主幹（interconnection trunks）是分開的，SS7 協定有下面幾種功能：

1. 使通話路由（call routing）與處理最適化（optimized），降低通話處理所需要的設施。
2. 確定行動電話撥號的通話路由是最低成本的路由（least-cost routing）。
3. 支援一些進階服務的部署，例如 caller ID、自動回撥（automatic callback）、call waiting 與其它各種所謂的垂直服務（vertical services）。

Q2 什麼是衛星直接通訊系統（Direct PC）？

答：衛星直接通訊系統就是一般人熟悉的衛星直播，用戶端要裝設碟形天線，圖 7-18 顯示 Direct PC 的架構。

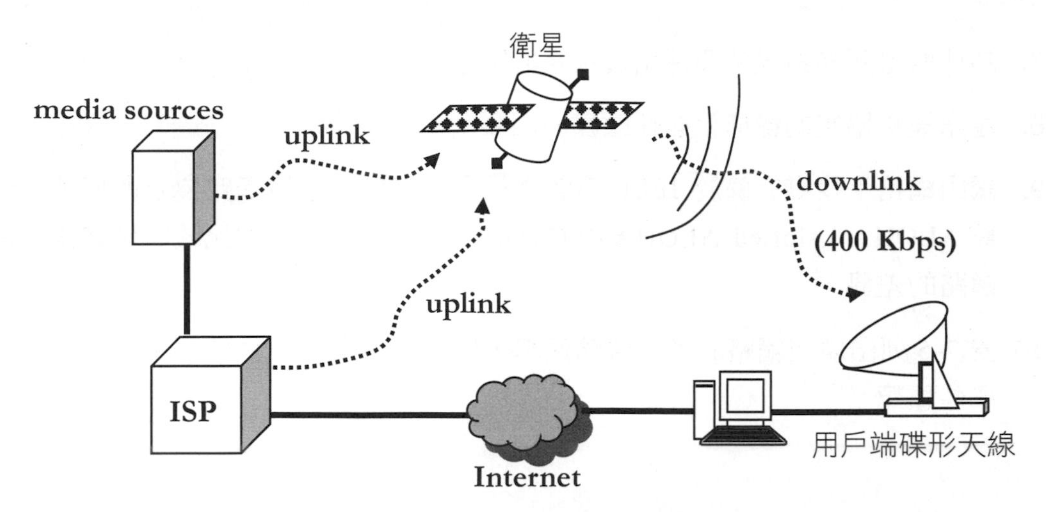

圖 7-18　Direct PC 的架構

Q3 什麼是客服中心（call center）？

答：客服中心（call center）是一種集中式的話務中心，處理大量的對內或是對外的通話。機構可以透過客服中心來答覆客戶問題，或是對外進行客戶滿意度的瞭解或是行銷。客服中心可以和電腦系統整合，讓機構經由數據分析進一步地瞭解客戶的需求。

自我評量

1. 為什麼早期人們會認為電信工業無法避免獨占事業？現在的情況有了什麼樣的轉變？
2. 國內是否也使用 LATA 的觀念？電話通話的計費方式有什麼樣的結構？
3. 在我們的生活環境中能觀察到那些電話網路的階層式架構？
4. 電腦網路與電話網路之間有什麼樣的關係？
5. 思考一下電話網路要如何分辨一般的市內電話與長途電話？
6. 無線業者與 PSTN 之間的互連（interconnection）可以使用什麼技術？為什麼電腦之間溝通的協定或法則要分成點對點（Point-to-Point）的溝通與端對端（End-to-End）的溝通？

7. 為什麼電腦網路模型要採用層次化的觀念？

8. 通訊網路協定的標準化有什麼樣的困難？

9. 試由網路上找尋有關於 IEEE 802 委員會所制定的區域網路協定的標準。試比較 ALOHA、slotted ALOHA 與 CSMA/CD 的優缺點。試比較廣域網路與區域網路的差異。

10. 表 7-5 列出廣域網路的各類傳輸速率，目前電信業者提供的租用專線的速率有那些種類？

無線通訊網路

8 CHAPTER

本章的重要觀念

- 無線通訊網路是什麼？
- 無線通訊網路有那些種類？
- 無線通訊網路有什麼用途？

無線通訊網路的技術名稱很多，要花很多時間才有辦法熟悉。就以無線通訊網路的分類來說吧！我們可以從語音與數據通訊的功能來區分，但是也常聽到人提起無線通訊的世代（generations），假如要從類比與數位技術來區分也可以，或是乾脆以各種無線通訊網路出現的先後順序來介紹。當然，這些方法都行得通，最重要的是把各種無線通訊網路的特徵、功能與用途弄清楚，那麼不管如何分類都能一目瞭然。

電腦網路要普及，才能使資源大量匯流成一個供大家共享的資源庫。所謂的普及，是要使網路的接觸點延伸到使用者可以方便到達的地方，同時使網路的使用不受時空的限制。無線通訊網路是達到網路使用普及的好方法，因為使用者可透過無線通訊網路，在任何時間與地點使用網路。因此，無線通訊的目標，是要達成一人一號的全球個人通訊網路。

電腦網路可以藉由無線通訊技術而無限延伸，現有網路的接觸面將深入人類生活的各層面；我們可以想像在無線通訊網路普遍使用之後，許多須奔波各地從事資訊及各類服務的從業人員，將重新定義他們的工作地點。競爭激烈的工商業，也將有另一個充滿挑戰的新環境，能善用科技者才能掌握先機。

8.1 無線通訊的定義與簡單的分類

無線通訊是利用無線電波來連接包括電腦在內的各種設備，由於不需要纜線，所以傳輸不受時空的限制。我們可以把無線通訊簡單地分成兩大類 ：行動式（Mobile）與定點式（Stationary），這是以使用者端的狀況來區分的。圖 8-1 將這兩大類細分至各項無線通訊發展的產品。

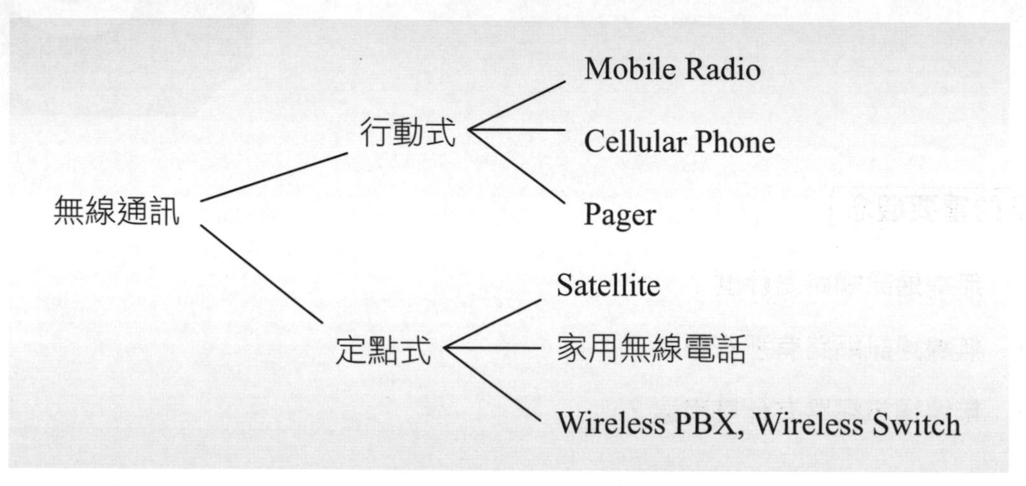

圖 8-1　無線通訊的分類與產品

無線通訊工業所涵蓋的範圍很廣泛，相關的產品種類很多，其特性大致可以用通訊的方向性（單向或雙向）、傳輸資料的型態與種類等來描述。圖 8-2 將無線通訊網路的服務、用途及相關的終端設備列舉出來。

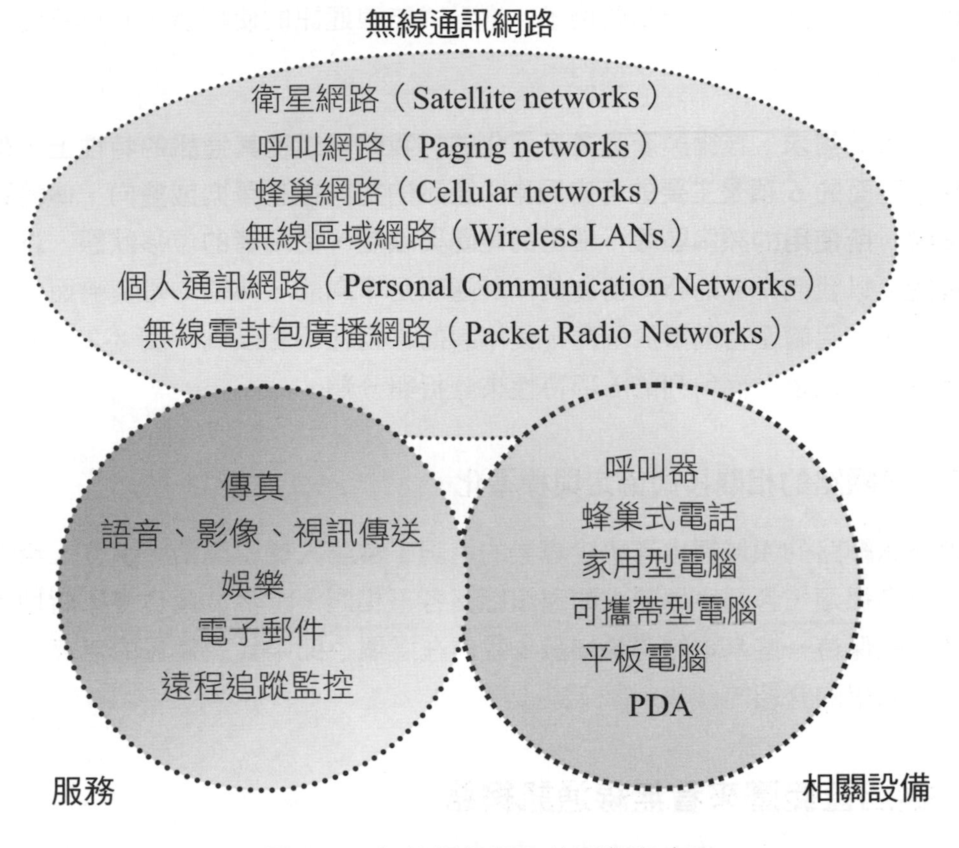

圖 8-2　無線通訊網路的種類與應用

8.1.1　無線通訊網路簡介

無線通訊與其應用的目的，是要使移動或旅行中的人或物體，能夠接收、傳送、分析與分送有用的資訊。目前無線通訊的發展仰賴電腦與通訊科技的結合，無線通訊系統和電腦網路一樣是由軟硬體及網路所組成的。

無線通訊的定義與分類

簡單地說，無線通訊（Wireless Communications）就是藉著電磁波，經由空氣介質的傳送，來達到通訊的目的。基本上，無線通訊網路也可以用我們前面所提到的模型與觀念來描述，只是在技術上，和有線通訊不太相同。

將無線通訊分成行動式通訊（Mobile Communication）與定點式通訊（Stationary Communication），是以使用者的狀態來區分的，行動式通訊的使用者，可以處於快速移動的狀況，例如在車上或飛機上，目前在某些民航機上，乘客的位置前方，就有電話，可以算是行動式無線通訊的例子。定點式無線通訊的使用者，其位置的改變，就必須限制在一定的範圍與速度以內。

無線通訊的需求、技術與產品是多元化的，我們可以從其通訊的特性上，來做簡單的分類，下面的 6 項是主要的考慮因素：通訊的方向性是單向或雙向、傳輸資料的性質與種類、所使用的頻率區段、使用的範圍與限制、使用者的位移狀態、以及通訊時間的長短。以我們常見的呼叫器為例，其通訊是單向的，傳輸的是資料而非語音，通訊時間短，使用範圍目前限於國內，使用者的移動性不受限制。圖 8-2 中的各種無線通訊網路，可以依上面所列的 6 項特性來分析與分類。

無線通訊網路的相關技術協定與標準化

無線通訊網路的領域裡也有不少專業的用詞，常讓人覺得混淆，事實上無線通訊的應用有很多種類，各種應用要求的通訊範圍各不相同，當然技術也會不斷地進步，經常充實才能保持一些基本的背景知識，我們在這個小節中針對常見的無線通訊網路的用詞，做簡單的介紹。

8.1.2 從涵蓋範圍來看無線通訊網路

電腦網路可以用涵蓋的範圍來分類，無線通訊網路也能以類似的方式來區分各種不同的網路，而且可以從室內（indoor）、室外（outdoor）、樓層，一直到遠距離的範圍。這種分類的好處是簡易明瞭。

無線廣域網路（WWAN, wireless wide area network）

一般行動式的通訊屬於無線廣域網路，手機、呼叫器、無線電等都可以算是無線廣域網路的應用，著名的 GPS 全球衛星定位系統（GPS, Global Positioning System）也是一種無線廣域網路，無線廣域網路的頻寬目前還相當有限，GSM 行動電話系統約 9.6Kbps，呼叫器約 1.2Kbps 到 6.4Kbps，CDPD（Cellular Digital Packet Data）約可達 19.2Kbps。

無線區域網路（WLAN, wireless local area network）

無線區域網路由於涵蓋的範圍較小，技術上有相當多的選擇，網路的架構比較有彈性而且多樣化，以無線電波區域網路（Radio Wave LAN）來說，無線電波頻段受政府管制，只有展頻（spread-spectrum）的頻段開放供低功率短距離的無線通訊，通常在同一個建築物的範圍內。無線電波區域網路的展頻區段在 902MHz-928MHz、2.4GHz-2.484GHz 與 5.725GHz-5.850GHz 三個範圍內。紅外線區域網路（Infrared LAN）使用光譜上不可見光的區域，傳輸速率可高達 16 Mbps，由於紅外線具有方向性，所以收送兩端必須有很清楚的光路徑，也因為這樣限制了紅外線的使用範圍，受干擾的機率也增加了。微波區域網路（Microwave LAN）使用的頻段在 18 GHz-24GHz，微波可以穿越大多數的障礙物，微波通訊頻段的使用需要執照，在人口稠密的地方，通常都難以再找到可用的頻段。

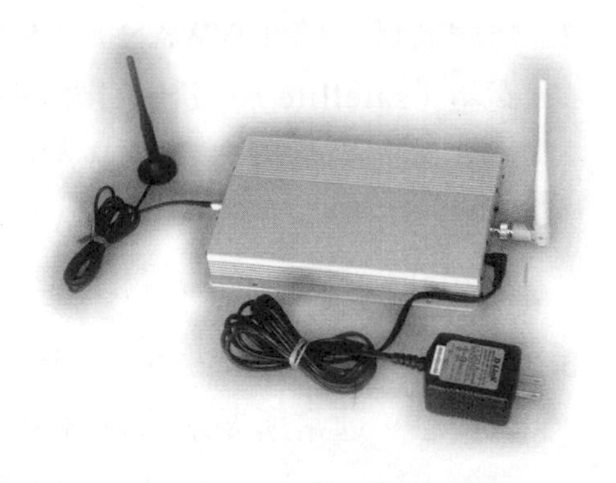

無線網路的協定（Protocols）

無線區域網路的協定標準最有名的是 IEEE 802.11，預期的資料傳輸頻寬範圍為 0.0192 Mbps 到 20 Mbps。無線通訊的技術中，多工（multiplexing）的技術非常重要，最有名的是 TDMA（Time Division Multiple Access）與 CDMA（Code Division Multiple Access），TDMA 使用時間分割的多工方式，CDMA 將收到的訊號分割成封包（packet），每個封包被指定一個唯一的識別碼，接收端必須將收到的封包重組成原先的訊號。無線區域網路與行動通訊系統之間的聯繫得靠資料封裝（data packaging）的技術，例如 CDPD。

8.1.3 無線網路的架構

有線網路的架構包括一般的區域網路（LAN, Local Area Network）、廣域網路（WAN, Wide Area Network）與建立在兩者之上的網際網路（Internet）。無線網路的架構同樣有涵蓋的區域大小之分，像無線區域網路（WLAN, Wireless Local Area Network）、無線廣域網路（WWAN, Wireless Wide Area Network）與無線個人網路（WPAN, Wireless Personal Area Network）。

1. 無線區域網路（WLAN）：無線區域網路涵蓋的範圍不大，大約是辦公室或是一般校園的大小, IEEE 802.11b 是 WLAN 的標準協定，使用 2.4 GHz 的頻段，支援 11 Mbps 的傳輸速率。除了 802.11b 之外，IEEE 802.11a 使用 5 GHz 的頻段，可支援 54 Mbps 的傳輸速率，隨著行動無線通訊需求的增加，WLAN 的標準還在持續發展中。早期歐洲地區發展的 HiperLan/2 也是一種 WLAN 的協定，使用 5 GHz 的頻段，可支援 54 Mbps 的傳輸速率。

2. 無線廣域網路（WWAN）：WWAN 主要運用蜂巢網路（cellular network）與衛星（satellite），這裡要特別注意探討 WWAN 時的兩種方向，一種是純粹從資料傳送的服務來看 WWAN，不包括像語音與多媒體等其他服務。另一種則是包含各種通訊服務的 WWAN。以純資料的無線傳送來說，CDPD（Cellular Digital Packet Data）網路可支援 19.2 Kbps 的資料傳輸速率。
3. 無線個人網路（WPAN）：無線個人網路涵蓋的區域比 WLAN 或 WWAN 都要來得小，通常所要求的資料速率或是功率都不高，以藍牙（Bluetooth）技術建立的 Bluetooth piconet 為例，約能涵蓋一般住家的範圍。
4. 固定式的無線網路（Fixed Wireless）：固定式的無線網路是指通訊器具之間以無線的方式通訊，但是器具本身的位置是固定的。LMDS（Local Multipoint Distribution Service）是一種固定式的無線網路技術，以一點對多點的架構在 216 MHz 到 600 MHz 的頻段上傳訊，支援的資料速率可達到 155 Kbps，但是傳輸路徑不能有障礙，涵蓋的範圍約可達到 10 公里的半徑。

8.1.4 無線網路的主要媒介

無線網路的技術演進對於所形成的無線網路的結構會有影響，蜂巢網路的建立要靠基地台的取得與建置，以及使用頻率的執照。無線區域網路可以自行架設，不經由電信業者，省下通訊費用。無線個人網路強調的是有彈性的極小區域的互連，架構最簡單。我們下面針對幾種常見的無線通訊技術做簡單的介紹。

1. 無線電頻率（radio frequency）：一般常見的無線電頻譜會把常見的無線電使用的頻率列出來，在美國無線電頻率的使用受 FCC（Federal Communications Commission）的管制，某些頻率的使用必須要有執照（license）。無線區域網路也可以使用無線電頻率，像 RF WLAN（Radio Frequency WLAN）主要支援一般家庭或小型的辦公室，採用 SWAP（Shared Wireless Access Protocol）的技術，涵蓋的範圍約 150 呎。
2. 雷射（laser）：雷射可以在建築物之間傳訊，利用樓頂收發裝置（transceiver）的建置，以雷射訊號通訊，再透過光纖連到建築物內的網路。雷射技術的使用在成本上比較高。

3. 紅外線（Infrared）：紅外線技術在個人電腦上的運用於 1993 年標準化以後，越來越多的電腦設備都裝置了紅外線通訊的功能，紅外線傳訊的有效距離約 30 呎，傳訊時設備之間要有無障礙的視線（clear line of sight）。

4. 微波（Microwave）：使用的訊號頻率在 2 GHz 到 40 GHz，可以做相當遠距離的通訊之用，需要中繼站的建置，可配合衛星通訊形成網路的架構。

5. 藍牙（Bluetooth）技術：適用於小區域的無線通訊，可節省一般周邊設備連接線的使用，例如電腦與數位相機之間的資料傳輸。

6. 衛星通訊技術：衛星通訊系統有 3 大類，低軌道（LEOs, Low Earth Orbits）、中軌道（MEOs, Medium Earth Orbits）與同步軌道（GEOs, Geostationary Orbits）。低軌道衛星通訊系統使用的衛星距離地表約 100-300 英哩，繞行地球一圈約 90 分鐘，中軌道衛星通訊系統使用的衛星距離地表約 6000-12000 英哩，同步軌道衛星距離地表約 22282 英哩，衛星通訊可以提供語音、資料與定位等服務，當地面通訊受破壞時，衛星通訊通常還能保持通訊的能力。

增廣見聞

電磁波（Electromagnetic Wave）存在於人類生活的環境中，很多日常用品會產生電磁波，例如微波爐與雷達產生的電磁波頻段約在 0.5 GHz-50 GHz，收音機或電磁爐產生的電磁波頻段約在 50Hz-5KHz，只要電磁波強度在標準範圍之內，通常不會對人體造成傷害。

8.2 無線通訊網路的歷史

最早透過無線電進行語音通訊的是西元 1900 年 Reginald Fessenden 在美國馬里蘭州所展示的約 1 英哩長的無線電語音通訊。早期無線電通訊的主要需求來自公共安全的領域，西元 1921 年，美國底特律的警察利用 2 MHz 的頻段在警車上裝置無線電。這些發展仍舊受限於通訊設備的體積龐大，以及通訊品質不佳等因素。西元 1935 年 Edwin Armstrong 發明了頻率調變（FM, frequency modulation）的技術，降低了通訊設備的體積，而且改善了通訊的品質。從類比進展到數位通訊，可以從無線通訊的世代（generations）發展來觀察。

MTS（Mobile Telephone Service）

美國最早的公眾行動通訊系統（public mobile system）是西元 1946 年貝爾電話實驗室發展出來的 MTS(Mobile Telephone Service), MTS 僅支援半雙工(half-duplex) 的通訊，也就是說同時只能單向通訊，通話時需要壓住通訊器具（即 push-to-talk）。1949 年時 FCC 核准無線電的業者提供 MTS，這些業者也稱為無線電服務提供的業者（RCCs, Radio common carriers）。

IMTS（Improved Mobile Telephone Service）

美國的貝爾公司於 1965 年推出 IMTS（Improved Mobile Telephone Service），算是第一個自動的行動通訊系統，支援全雙工的通訊，不必像 MTS 那樣需要壓住通訊器具才能講話，IMTS 的使用者可以直接撥入 PSTN。由於 IMTS 把頻道頻寬縮小，所以增加了可用的頻率數目。傳統電話公司與 RCC 之間分配了 19 個 30 KHz 的頻道，在 30 MHz-300 MHz 的頻段內，FCC 也分配了 26 個 25 KHz 的頻道，位於 450 MHz 的頻段內。**MTS 與 IMTS 的無線電塔都必須建立在高處，涵蓋廣達直徑 50 英哩的範圍**。

AMPS（Advanced Mobile Phone Service）

早期 AT&T 的工程師想到將無線電訊的發射台分佈在通訊區域內，當使用者移動時，這些發射台要有轉接（handoff）的功能，使通訊不間斷。如此一來，可以讓更多的使用者同時進行通訊，這就是我們現在看到蜂巢網路的由來。AMPS 是美國早期類比蜂巢技術的標準，在 1970 年時，FCC 釋出新的無線電頻率，而且 AT&T 公司也開始建置 AMPS。開始的時候，FCC 在每個市場（market）總共分配 666 個頻道，後來決定在每個市場中必須要有兩個業者，平均分配 666 個頻道，也就是每個業者各分得 333 個頻道。因而產生了所謂的 A 頻段業者（A band carrier）與 B 頻段業者（B band carrier）的觀念。

MSAs（metropolitan statistical areas）與 RSAs（rural service areas）

什麼是 MSAs(metropolitan statistical areas)與 RSAs(rural service areas)呢?FCC 把美國分成 734 個蜂巢市場(cellular market), 比較大型的都會型的市場也稱為 MSA，原本預期 MSA 的地理區域範圍涵蓋 150000 以上的人口，全美國有 306 個 MSA，主要以大都市為主。比較小型的鄉村與郊外區域稱為 RSA，全美國有 428 個 RSA，原本預期 RSA 的地理區域範圍涵蓋 150000 以下的人口。

圖 8-3 對行動無線通訊系統做一個簡單的分類，由上而下的發展剛好是從類比進化到數位通訊的歷程，後面介紹無線通訊的世代時會再談到這些系統。

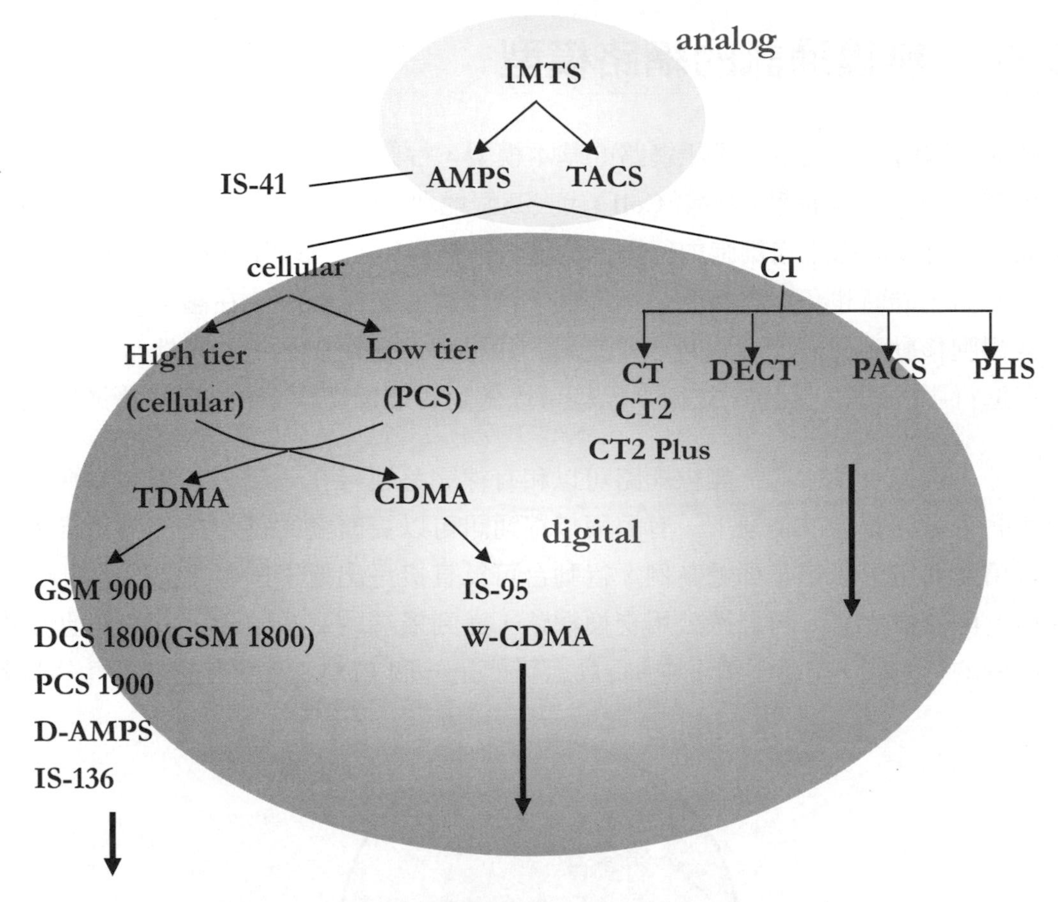

圖 8-3　行動無線通訊系統的分類（Black 1999）

8.3 無線通訊的產品

無線通訊技術的發展與產業之間的競爭，造成了產品的多元化。從使用者的角度來看，像目前已相當普及的家用無線電話，就是無線通訊的產物之一；日漸普及的蜂巢式行動電話，也就是俗稱的大哥大與汽車內使用的類比式行動電話，屬於蜂巢式電話（Cellular Phone）。在通訊與電腦的結合方面，所謂的個人數位助理（PDA, Personal Digital Assistant），或是掌上型電腦，將具有無線通訊的能力，讓我們能機動地連上任何網路。一般習慣把使用者的行動器具稱為 terminal（Korhonen 2001, pp 441），既然無線通訊有不同的世代（generation），terminal 自然也有各種演進，未來會有什麼樣的變化將會是十分耐人尋味的，智慧型手機（smart phone）無疑是行動無線通訊產品中發展最快速的，Apple 公司的營收就是靠 iPhone 來支撐，銷售量大，引領行動無線通訊各種應用的發展，是相當成功的典範。

8.4 無線通訊的網路模型

圖 8-4 描繪出一個無線通訊網路的基本模型，行動台（Mobile Station）可泛指使用者持有的無線終端設備。細胞（Cell）代表某個地理區域，每個細胞中有基地台（Base Station），可以收送來自細胞內行動台的資料。交換中心（Switching Center）可以和基地台連絡，同時也可以連接到公用網路，例如有線電話網路。在圖 8-4 中，當行動台由某細胞移動到另一個細胞時，所使用的通訊頻道會切換到新的基地台，而且不影響已在進行中的通訊。目前，技術上已經可以做到使這種切換平穩，不影響通訊品質。

此外，透過交換中心，無線網路可以和有線網路連接在一起，如圖 8-5 所示，在數據與語音通訊整合的情況下，有線與無線通訊可以更緊密的結合在一起。結合的方式將視用途而定，以電子郵遞為例，行動台可以直接送出電子郵件，此郵件可能會經過基地台與交換中心，再經過公用交換網路，送到遙端的交換中心，再由基地台轉送到收件者的行動台。在這個例子中，行動台可能是一個 PDA，上面有處理郵件的軟體。

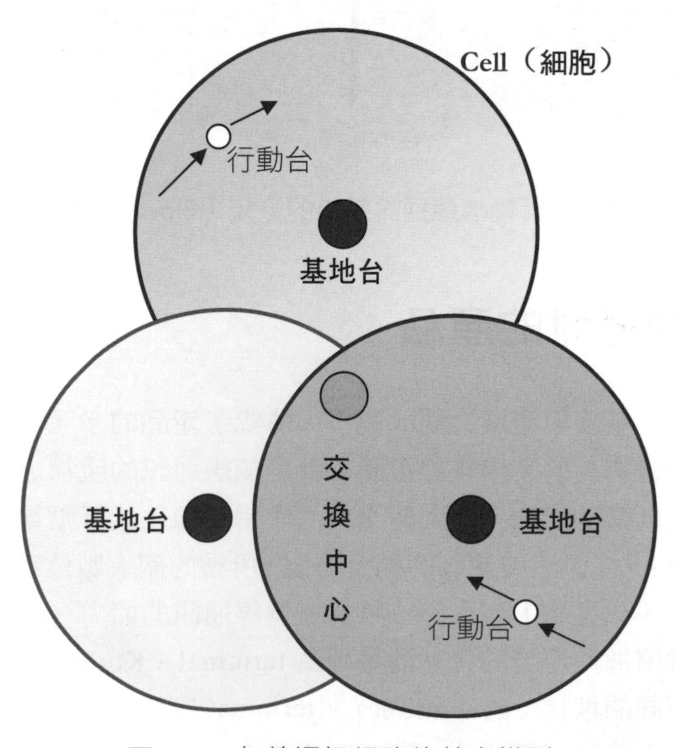

圖 8-4　無線通訊網路的基本模型

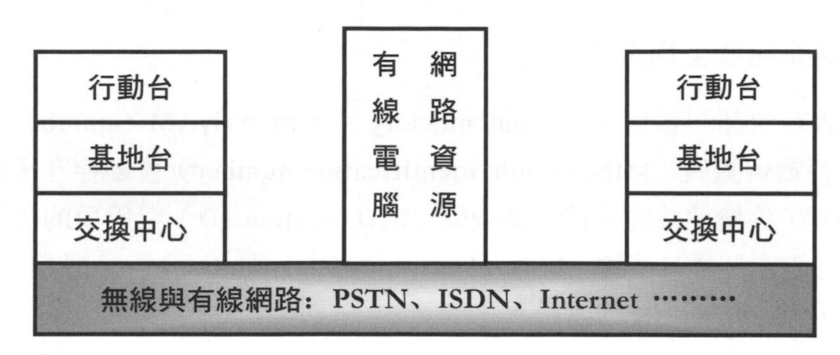

圖 8-5　數據與語音通訊整合

蜂巢網路工作的原理

蜂巢網路（cellular network）由許多細胞（cells）區域所組成，每個細胞內有一個蜂巢基地台，有時也稱為基地收發台（BTS, base transceiver station），與位於該細胞區域內的行動電話（cell phone）通訊。當行動電話開機以後，會和最近的基地台連絡，建立連結，這也稱為登錄（registration）的程序。行動電話本身也叫做行動用戶單位（MSU, mobile subscriber unit）或行動系統（MS, mobile system），俗稱行動台。

一般的基地台由天線、放大器（amplifier）、接收器（receiver）與發送器（transmitter）所組成，行動電話也有類似裝置，兩者以無線的方式通訊，軟硬體本身具有轉換語音訊號與無線電訊號的功能。基地台與行動交換中心（MSC, mobile switching center）之間有上傳連結（uplink），可能是固定的光纖線路或是無線的通道。例如具有 1.544 Mbps 資料速率的微波連線。MSC 是蜂巢網路的神經中樞，一個蜂巢網路中可能有好幾個 MSC，每個 MSC 負責數個細胞區域與基地台的通訊作業，MSC 有時候也稱為 MTSC（mobile telephone switching office）、MSC（mobile-service switching center）或 MTX（mobile telephone exchange）。MSC 可以做通話的路由引導（call routing），傳送指令給基地台。

MSC 本身也對一些系統的資料庫有存取的能力，例如 HLR（home location register）資料庫記載 MSC 涵蓋區域內所有行動電話的地理位置。數位網路中會有一個驗證中心（authentication center），辨識行動用戶，這也需要資料庫來保存相關的資料。MSC 會把通話導向 GMSC（gateway mobile switching center），GMSC 接收來自所有 MSC 的通話請求，然後引導到收話者的路由（route）。每個蜂巢網路只有一個 GMSC，假如通話目標位於傳統的電話網路，GMSC 同樣可以送到指定的網路。GMSC 也有可能送通話請求給其他的蜂巢網路，不過這需要兩個蜂巢網路之間有漫遊的協定（roaming agreement）。

蜂巢電話如何連上網路？

蜂巢電話有內部記憶體（internal memory），稱為 NAM（number assignment module），行動辨識碼（MIN, mobile identification number）會儲存在裡頭，包含手機的電話號碼、手機連接的系統辨識號碼（SID, system ID）與用戶的付費項目等資訊。手機本身有一個機身序號（ESN, electronic serial number），一般撥*#06#可以看到這個號碼，可以防止手機的盜用。

當手機開機以後會開始接收來自基地台的 overhead signal，裡面有 SID 以及手機向網路表明自己的方法，有時候手機會收到來自多個基地台的訊號，這時手機將選擇最強的訊號，與該基地台連結，而且每隔數分鐘手機會再度做選擇，讓使用者能維持最好的收訊狀態。手機將收到的 SID 與自己儲存的 SID 比較，假如一樣的話，表示手機位於所屬的網路中，即所謂的 home network。

假如 SID 不相符，則手機進入漫遊模式，試著連上所在的網路，一般這種狀況會付較高的費率。不管在所屬的網路或其他的網路中，手機都要提供自己的電話號碼與 ESN，這些資訊會送往 MSC，MSC 把資料儲存在 HLR（home location register）的資料庫，這時候 MSC 知道手機的位置與所屬的基地台，這些資訊可以用來安排接下來通話的路徑。**只要手機是在開機狀態，每隔幾分鐘就會與基地台交換資訊，並且將資訊轉送給 MSC 來更新 HLR，因此即使沒有通話，網路系統還是知道手機的位置。**

蜂巢電話如何進行通話？

一般的手機使用所謂的 pre-origination dialing，當我們撥號時並沒有真正連上網路，播完號碼按<送出>鍵以後，網路會確認手機目前連上適當的頻道，MSC 決定頻道後將資訊透過基地台送到手機上，接著手機把 MIN、ESN 與要打的號碼送出，經由基地台送達 MSC，MSC 確認手機的真實性（authenticity）之後，把通話請求（call request）送給 GMSC。GMSC 依據撥號的目的地把通話請求送往目標網路，GMSC 與對方的網路系統交換傳訊資訊（signaling tones），確認系統之間的連線正常。接著收話者就會聽到電話鈴聲，接了電話以後就開始通話。

假如有人打我們手機的號碼，通話的請求會送到我們所在網路的 GMSC 上。GMSC 把通話請求送到 MSC，MSC 從 HLR 資料庫找出手機所在的位置，知道了該與那個細胞區域內的基地台連絡，接著 MSC 與基地台連絡，基地台送呼叫請求（page request）給手機，手機收到呼叫請求後要求基地台開始通話，基地台告知 MSC，然後 MSC 再通知 GMSC，GMSC 與對方網路交換 signaling tones，確認系統之間的連線正常，接著我們就會聽到電話鈴聲，接了電話以後就開始通話。

簡單的細胞（cell）區域與轉接（handoff）的觀念

蜂巢電話網路是由許多重疊的細胞所組成，每個細胞裡頭都有一個基地台，雖然我們通常都把細胞畫成 6 角形，實際上細胞像是重疊的圓形區域。一個蜂巢網路擁有有限數目的可用頻率，也叫做頻道（channels）。蜂巢電話透過這些頻道來收送資料，**為了能有效利用所分配到的頻道，蜂巢網路運用了所謂的頻率再用（frequency reuse）的技術**。

8.2.1 蜂巢（cellular）的概念與設計

當人們聽到無線通訊時，最先會想到的多半是手機或呼叫器，手機的使用是由於蜂巢網路（cellular network）的建立。**早期的行動無線電系統為了要涵蓋比較大的區域，通常會將高功率的發射器（high powered transmitter）架設在高塔上。在這種情況下，涵蓋區域內所使用的頻率無法再使用（reuse），因為會造成干擾（interference），假如可用的頻段無法再增加，則用戶增加時將超過系統的容量。而且在高功率下發射的電磁波有危害人體的疑慮。**因此蜂巢網路的設計是要在同樣的涵蓋範圍大小下達到更高的容量（capacity），而且不增加所使用的頻寬。

圖 8-6 畫出蜂巢式無線通訊系統的主要組成，行動台（mobile station）就是一般的手機，基地台（base station）涵蓋細胞（cell）範圍的通訊，細胞聚集在一起有點像蜂巢，所以才會把這樣的網路稱為蜂巢網路。基地台會與行動交換中心（MSC, mobile switching center）透過固定網路（fixed network）連接在一起。**在這樣的網路結構下，非鄰近的基地台可以再用頻率，因為相隔的距離夠遠。由於細胞涵蓋的範圍比較小，所以發射器的功率也不必那麼高了。這些特徵就是蜂巢網路能夠解決早期行動無線電系統問題的原因。**

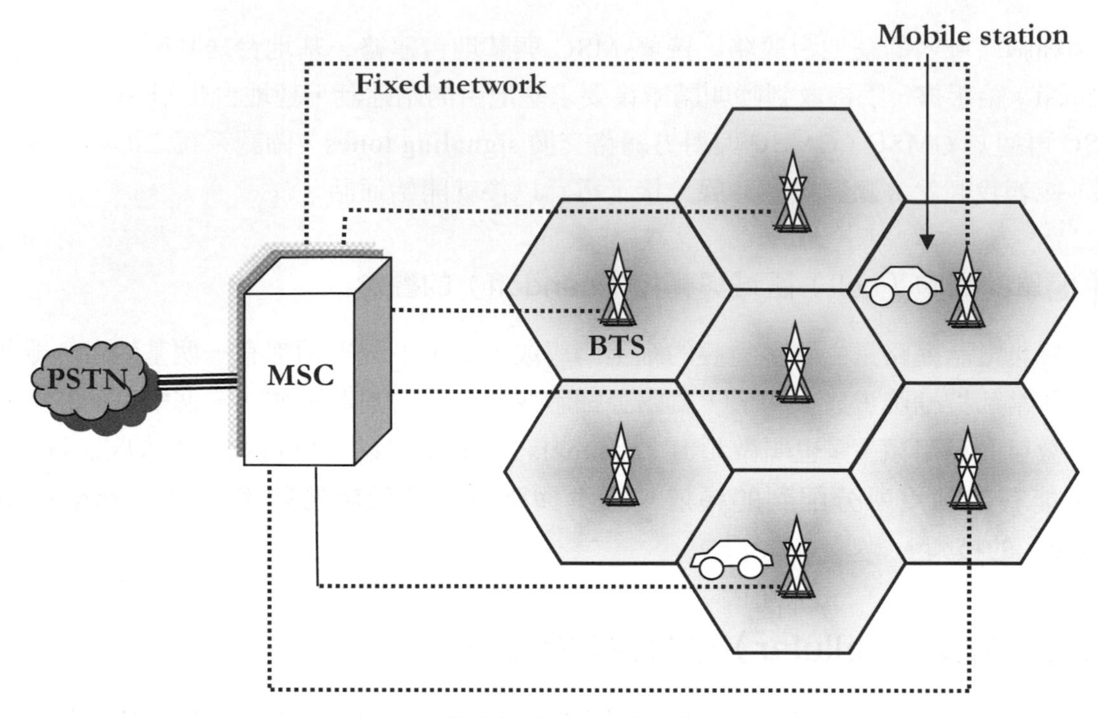

圖 8-6　蜂巢式無線通訊系統的主要組成

蜂巢式無線電（cellular radio）的定義

頻率再用（frequency reuse）是蜂巢式系統（cellular system）的基礎，這和 MTS 或 IMTS 是不一樣的，基地台在設置的時候必須考慮到相近頻率干擾的問題。早期的行動無線通訊系統在設計上以達到較大的涵蓋區域為目標，因此訊號的傳送仰賴高功率的傳訊裝置，以及置於高處的天線，在這種情形下，同樣的頻率就無法再使用，因為會造成干擾。由於頻寬有限，假如要增加通訊的容量（capacity），必須在技術上解決頻率無法再用的問題。這就是蜂巢概念的由來。

基本上，我們不依賴單一的高功率傳訊裝置，而是採用多個涵蓋區域較小的傳訊裝置，傳訊裝置的功率要低，所用的頻道僅佔整個網路系統頻道的一部分，周圍的傳訊基地台所分配到的頻道使用的頻率不一樣，避免干擾的問題。一旦基地台之間的距離遠到相同的頻道不會互相干擾，就可以重複使用系統中其他基地台所使用的頻道。假如用戶增加的話，就有可能在不增加頻寬（頻道）的情況下，以增加基地台的方式來提昇系統的容量。圖 8-7 顯示生活環境中常會看到的鐵塔與天線。

圖 8-7　鐵塔與天線

頻率再用的觀念

基地台所涵蓋的地理區域叫做細胞(cell)，某個基地台所分配到的頻道組(channel group)與鄰近的基地台所分配到的頻道組是不同的，所以不會互相干擾。圖 8-8 中相同的字母代表使用相同頻道組的細胞（cell），所用的六角形的（hexagonal）細胞只是一種簡單的表示方式，主要的原因是在分析的時候比較方便。每個細胞實際的涵蓋範圍必須由現場的測量或傳導預估模型（propagation prediction model）來決定。細胞涵蓋的區域也叫做 footprint，一般說來形狀是不定的。

圖 8-8 顯示蜂巢設計中頻率再用的觀念，假設系統總共有 T 個雙向的頻道(duplex channel)，每個細胞分配的頻道組含有 k 個頻道。若是將所有的頻道平均分配給 N 個細胞，則下面的式子可以表示這些數目之間的關係：

$$T = kN$$

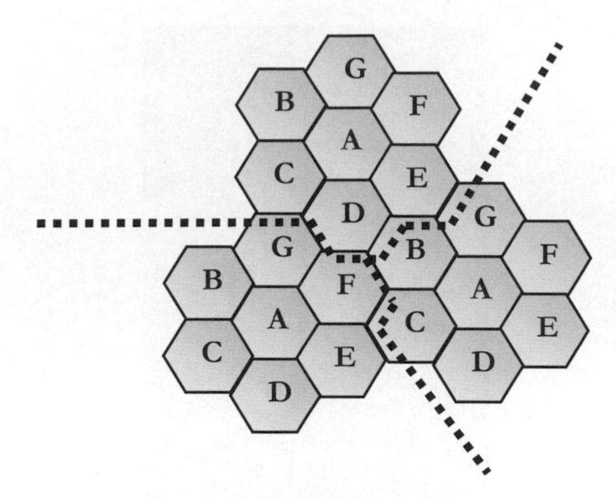

圖 8-8　蜂巢設計中頻率再用的觀念（Rappaport 2002）

由於 N 個細胞使用了所有的頻率，我們也把它叫做一個叢集（cluster），則以叢集配置的方式複製 M 次以後，可以代表一個蜂巢系統的頻道總數 C，其實就是系統的通訊容量（capacity）。圖 8-9 顯示蜂巢網路中的基地台天線。

$$C = MkN = MT$$

圖 8-9　基地台天線

N 代表叢集的大小（cluster size），通常等於 4、7 或 12。叢集越大則細胞的半徑與共頻道的細胞（co-channel cells）之間的距離之比例越小，所以共頻道的干擾（co-channel interference）也會比較弱。假如叢集越小的話，代表共頻道的細胞距離的比較近，頻率再用因素（frequency reuse factor）可以用 ***1/N*** 來表示，所以每個細胞所分配到的頻道數目剛好是系統總頻道數的 ***1/N***。

8.5 無線通訊的服務與涵蓋的範圍

提到無線通訊，我們常被五花八門的服務給弄糊塗了，因為種類實在太多了，假如從服務有效的範圍與資料速率來觀察與分類會比較清楚。圖 9-10 畫出一個簡單的分類，這不是一個完整的分類，大家可以把它當做一個參考比較的標準。所謂的細胞大小（cell size）在無線通訊中就是指通訊可以達到的範圍。圖 9-10 最右邊的是衛星通訊，範圍可以達到數千公里，但是資料速率有限。無線區域網路（Wireless LAN）的資料速率可以達到 1 Mbps 以上，但是使用範圍多半限於數十公尺內。資料速率最低的是呼叫系統（Paging system），由於只要支援單向（one-way）傳訊，資料速率不到 1 Kbps 就夠用了。由於呼叫系統涵蓋的範圍很廣，建置又容易，所以曾經風光一時。

呼叫系統所佔用的頻寬很小，既然需要的頻寬小，就可以採用比較低的頻率，低頻使得涵蓋的範圍大，所需的能量低，雙向的（two-way）的呼叫系統要求就要高一些了，所以在圖 8-10 會往左往上移，大家可以想像一下其中的原理。圖 8-10 中間的部分聚集了不少種無線的服務，CT-X 是無線電話的服務，CT-0 與 CT-1 訂出家用無線電話的規格，CT-2 與 CT-3 則可達到與蜂巢系統相當的資料速率。DECT（Digital European Cordless Telephone）原本由 Ericsson 公司提出來，準備當做無線交換機（Wireless PBX）的標準，資料速率接近 LAN。PCS 要求的資料速率比一般無線電話要高，以封包資料傳送為主的無線網路涵蓋比較廣的區域。

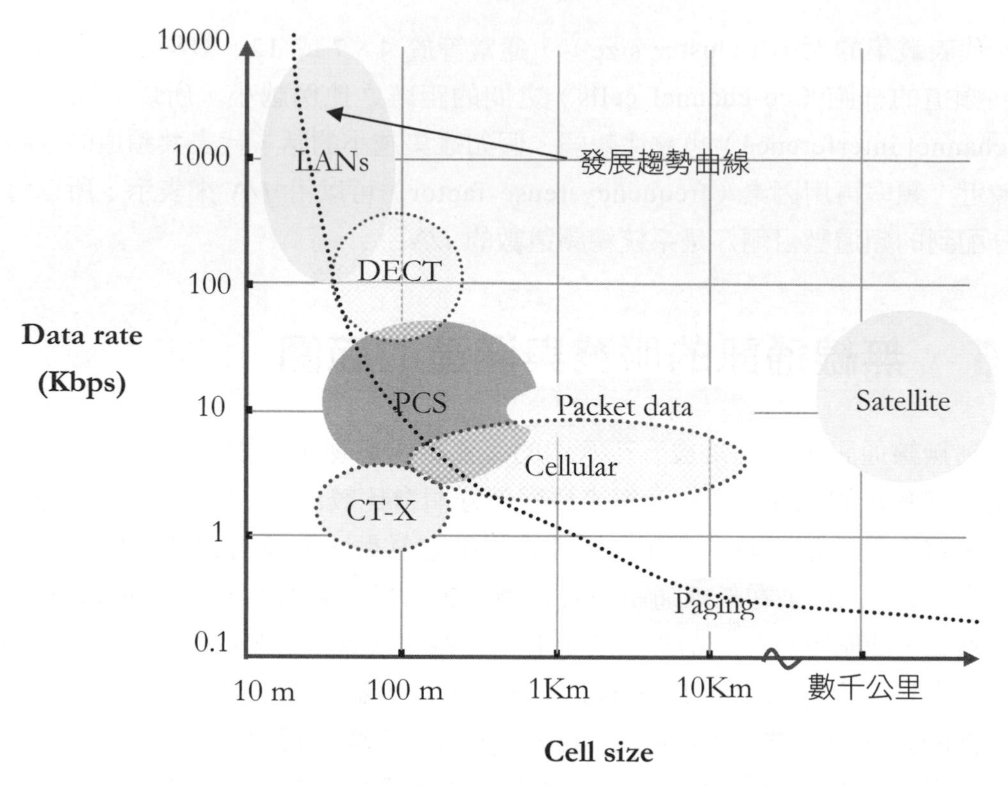

圖 8-10　無線通訊的簡單分類（參考資料：Rifaat 1997）

圖 8-10 的分類可以沿著各種服務畫出一條發展趨勢曲線，由左上方一直延伸到右下方，至於右上方的區域，代表資料速率高而且範圍又大，在技術上是有困難的，因為那麼大的區域內存在的通訊個體很多，累積起來的資料速率需求就太高了。發展趨勢曲線表示當資料速率越高時，涵蓋的通訊範圍會小一點，多數的無線通訊服務都集中在發展趨勢曲線附近。

8.6 與無線通訊相關的標準

與無線通訊相關的標準很多，這也是常造成混淆的原因之一，假如從使用者的觀點來分類會比較清楚，因為一般人活動的地方不外乎工作場所、家裡、公共場合或是正在行動當中，可以從這樣的角度來進行分類。圖 8-11 列出常見的一些與無線通訊相關的標準領域。

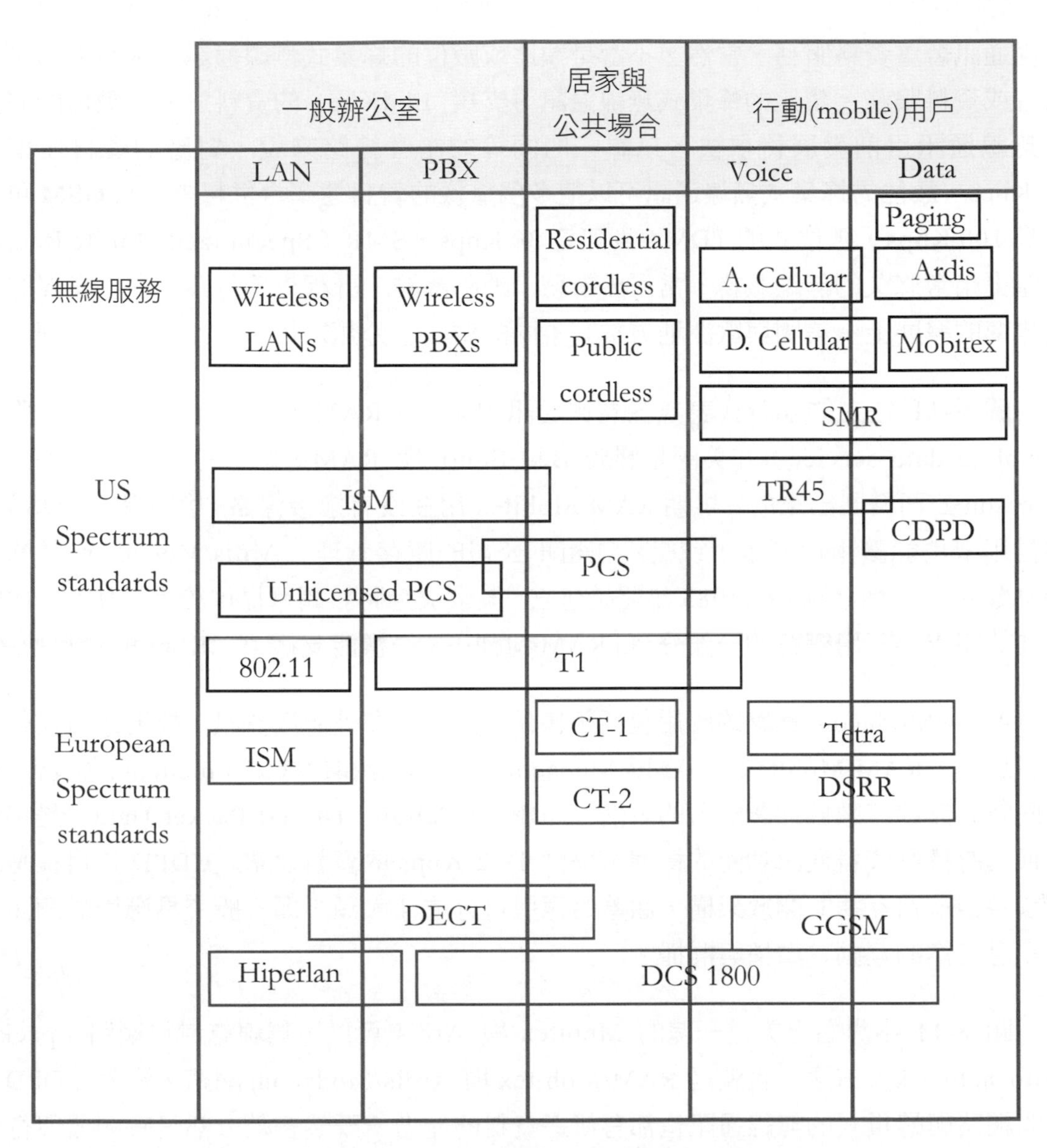

圖 8-11　與無線通訊相關的標準（參考資料：Rifaat 1997）

以一般辦公室來說，最可能發現的無線服務應該是無線區域網路（wireless LAN）與無線交換機（wireless PBX）。因此，這一方面的標準化會進展得很快。以居家環境來說，無線電話（cordless phone）是相當受歡迎的，基本上，這一方面的標準化需求倒不是非常迫切，因為無線電話機不太需要在不同廠牌間相容，只要不互相干擾就好了。從無線電話受歡迎的程度，我們可以預期未來 PCS 應該有很大的揮灑空間。

對於行動中的用戶來說，當然蜂巢式（cellular）的無線通訊是相當重要的應用，類比的蜂巢式(analog cellular)無線通訊著重語音服務，數位的蜂巢式(digital cellular)

無線通訊著重資料服務，當然，不管是類比或數位的蜂巢式無線通訊，都有能力提供語音或資料服務。類比的蜂巢式無線通訊可支援 14.4Kbps 的資料速率。數位的蜂巢式無線通訊目前發展得很快，以單一的同等的語音線路來說，對應的資料速率是 9.6Kbps，數位的蜂巢式無線通訊可以把多個這樣的資料速率合併起來，像 GSM 可以達到 100 Kbps，數位式的 TDMA 則可達 30 Kbps。SMR（Specialized Mobile Radio）是歷史相當悠久的無線服務，常用於警務、消防救難、計程車等行業。在整個無線通訊標準的發展上，美國與歐洲地方常有不同的做法，分類之後會有比較清楚的概念。

圖 8-11 往右的部分代表無線廣域通訊的發展，RAM/Mobitex 的行動資料服務（mobile data service）在美國是屬於 Bell South 與 RAM，使用的 Mobitex 協定是 Ericsson 公司發展出來的。早期 RAM/Mobitex 用在沒有撥接線路的銷售點（POS），讓信用卡也能讓用戶刷卡，或是用在租車公司的庫存管理。Ardis/Modacom 原屬於 IBM 建置的一種網路，從 1983 年開始建立，後來決定將該網路提供給大眾使用，1990 年在美國成為公用網路的一部分，和 RAM/Mobitex 一樣能支援 19.2Kbps 的資料速率。

Ardis/Modacom 網路的應用包括銷售點、業務員在外擷取資訊、技術人員在外查閱訊息等，RAM/Mobitex 與 Ardis/Modacom 網路都能和數據機（modem）結合，產生同時有無線與數據通訊能力的設備。CDPD（Cellular Digital Packet Data）是另外一種具有行動資料通訊功能的標準，提供 19.2 Kbps 的資料速率。CDPD 的目標是一種讓各種網路互通的開放架構，涵蓋的應用可分成 4 大類，即一般交易應用的簡訊、多訊息交換的互動、廣播與群播。

圖 8-11 中靠右上方這一塊的 Mobitex 與 Ardis 可以用無線電封包網路（packet radio network）稱之，也就是 RAM/Mobitex 與 Ardis/Modacom 網路，當然 CDPD、呼叫網路與蜂巢式的無線通訊也都有傳送資料的能力。既然多數人都是呼叫器與行動電話的使用者，我們用表 8-1 來比較呼叫網路與蜂巢式的無線通訊，可能大家很容易體會到其中的差異。當然，圖 8-11 裡頭還有不少名詞要解釋，**ISM（Industrial, Scientific and Medical）指專供工業、科學與醫療使用的頻段（band），必須遵循 FCC 規定採用展頻（spread spectrum）的技術，主要是為了不會與 ISM 頻段的主要用戶產生干擾，2.4 GHz ISM band 是目前很多地區採用的。**IEEE 802.11 是無線區域網路的主要標準，PCS 的標準是由 T1 委員會與 TR 45 委員會制定的，T1 委員會相當龐大，TR 45 委員會則專注於蜂巢式無線通訊與 PCS 的標準。

表 8-1 呼叫網路與蜂巢式無線通訊的比較

	呼叫網路	蜂巢式無線通訊
連線特性	呼叫器只接收不傳送	雙向通訊
訊息的特徵與用途	呼叫短訊	語音與資料
機具大小	短小易攜帶藏匿	手持大小
電池耐久性	久	稍短
費用	低	較呼叫器的通訊高

8.7 無線通訊應用的分類

假如要把無線通訊的應用做一個比較大的分類，可以分成垂直的（vertical）與水平的（horizontal）兩大類，垂直的應用是針對某一個領域或行業發展出來的應用，水平的應用則廣泛地包括大多數人參與的應用，可能包括多個市場的範疇。以戶外行動用戶進行銷售或到府服務的應用來說，可以算是垂直的應用。電子郵件、傳真、資料庫存取等則算是水平的應用。以市場未來的發展來看，個人透過無線通訊來溝通至少占整個無線通訊市場的 1/3 以上，戶外（field）行動用戶從事於各種服務與商業活動也會佔有相當大的比例。未來可能更多人會透過無線通訊來進行原本用有線網路進行的活動，換句話說，許多水平的應用會更普及。過去無線通訊在運輸業（transportation）上的應用未來仍然會存在，例如交通工具的定位與指派，或是從交通工具上直接擷取各種資料。

一般人在考慮是否採用無線通訊時，多半會想到保全（security）、安全（safety）、資料速率與應用的種類，以現有技術的發展來看，無線通訊比較適合看成是有線網路的延伸，光靠無線通訊仍然有些限制，當然以手機的普及來想像，無線通訊發展的空間真的是難以限量。

8.8 無線網路中的私密與安全問題

網際網路的安全問題有越來越嚴重的趨勢：病毒可以透過網際網路到處散播，網站遭受攻擊之後癱瘓會影響日常的功能，電腦資料庫裡的機密資料被竊取之後往往難以追蹤。這些問題都隨著網際網路的發展而變得更棘手。倒是在無線通訊的領域裡似乎還沒有感受到類似的問題。其實隨著無線通訊的發展，網際網路的建置也可以利用無線網路為基礎，各種安全方面的問題將接踵而至。我們可以預期無線通訊的安全問題會更嚴重，而且會因為無線網路的建置而衍生。

8.8.1 私密（privacy）與安全（security）問題

病毒（viruses）也能透過無線的方式來傳佈，因此不但會影響電腦設備，同樣會對手機、PDA 與無線網路產生危害，危害的程度要看病毒的性質。無線網路刺探者（wireless network snoopers）可以看到網路上的資訊，利用這些資訊來獲取不當的利益。無線駭客（wireless hackers）會竊取資料、刪除檔案或是破壞軟體。手機刺探者（cell phone snoopers）可以竊聽手機的通話，侵犯別人的隱私。手機的盜用（cell phone cloners）利用竊取別人手機的辨識資訊，然後以此資訊來打電話，由原擁有者付費。無線的破壞（wireless vandals）是利用各種方式來造成無線網路無法正常運作。

8.8.2 無線病毒（wireless viruses）的作用

目前無線病毒還不常見，無線病毒的種類與所用的行動器具有關，最先在手機上發現的病毒叫做 Timofonica，利用電腦來主導對於手機的攻擊，當時使用 Microsoft Outlook 的人在電腦上收到含有病毒的郵件，只要打開附加檔就會中毒。病毒在受感染的電腦上會複製自己，同時會透過 Outlook 的聯絡人資料以 e-mail 將自己送給其他人。病毒也會利用 SMS 送簡訊，雖然簡訊本身對手機無害，但是大量的簡訊造成無線蜂巢網路的壅塞。預期未來會有針對手機的病毒，造成像刪除聯絡簿或是不預期關機等問題。

8.8.3 蜂巢手機（cell phone）的危機

手機通話會被掃描裝置（scanner）竊聽，因為掃描裝置可以調到某個頻率，檢視是否有通話在頻道上進行。假如掃描裝置是調到手機送訊的頻率，則只聽得到手機使用者說的話。若要聽到完整的通話，掃描裝置必須調到基地台使用的頻率。數位傳輸技術可以防止掃描裝置的竊聽，只要對通話進行編碼（encryption），竊聽者就無法聽到正常的通話，所以數位電話比類比電話要安全。當然，除了手機之外，其他的無線通訊器具也有被竊聽或竊取資料的可能。

類比蜂巢電話的偽造（cloning）是常見的詐騙手法，為了達到偽造的目的，竊賊需要特殊的掃描裝置與一個數位解碼器（digital decoder），當一般用戶用手機播號時，竊賊用掃描裝置竊聽，並試著找出用戶的電話號碼與電話的 ESN（electronic serial number）。有了這些資料以後，竊賊可以賣給別人，這就成了所謂的偽造電話（cloned telephone）。同樣可以播號通話，但是由原用戶付費。數位蜂巢電話有防止電話偽造的機制，主要是透過一個數位金鑰，在通話前系統會檢查這個金鑰的存在，但金鑰本身並未傳送，所以掃描裝置無法取得。

8.8.4 與網路安全相關的協定

上面介紹的安全機制屬於通用性的安全問題解決方法，在各種網路環境下，我們還是需要針對所使用的網路協定，發展出解決安全問題的方法。我們下面以 IPSec 與 SSL 為例來看看在網路協定的層次上要如何處理相關的安全問題。

IPSec 協定

原來網際網路上的 IP 協定並沒有考慮到安全的問題，IPSec（IP Security Protocol）在 ISO/OSI 網路模型的網路層（network layer）上加入對辨識（authentication）與編碼（encryption）的支援，有關於 IPSec 的資訊可參考 RFC 2401-2406 的文件。IPSec 會對 IP 封包加入兩種表頭：

1. AH（Authentication Header）：AH 可用來辨認 IP 封包，確認封包內容的完整性（integrity），假如封包內容被修改過，透過 AH 可以檢查出來。
2. ESP（Encapsulating Security Payload）：支援編碼（encryption）與辨識（authentication），辨識的部分有選擇性（optional），也就是可做可不做。

AH 與 ESP 有兩種運用的模式：transport mode 與 tunnel mode，在 transport mode 中，上層資料是受保護的。這種情況通常發生在用戶端也支援 IPSec 時。在 tunnel mode 中，整個封包的資料都受保護，因為使用了支援 IPSec 的 gateway。使用 IPSec 之前必須先設定好所謂的安全關聯（SA，Security association），定義所用的保護方式（AH 或 ESP）、編碼與辨識的方法以及加密所用的金鑰。SA 可以由系統管理者設定，或是由通訊雙方依照 IKE（Internet Key Exchange）的協定來協商，IKE 的資料可以參考 RFC 2409。SA 建立之後，有一個 SPI（Security parameter index）會指定給 SA，放在相關的封包的 IPSec 表頭中。

SSL（Secure Sockets Layer）

SSL（Secure Sockets Layer）內建在 Web 瀏覽程式中，IPSec 協定與防火牆（firewall）提供的安全機制位於 ISO/OSI 網路模型的網路層（network layer），SSL（Secure Socket Layer）協定所支援的功能位於傳輸層（transport layer），SSL 是在 1994 年由 Netscape 公司所提出來的。SSL 通常會與 HTTP 配合，提供 Web client 與 Web server 之間安全的資料通道，假如網站使用 SSL 加密，受 SSL 憑證保護，則網址會以 HTTP（HyperText Transfer Protocol Secure）開頭。傳送信用卡資訊或是其他的敏感資訊時，都可以利用 SSL 來保密，SSL 屬於一種通用的安全性網路協定，未必使用在金融方面的應用，其他的網際網路應用也用得上 SSL。SSL 本身包含以下 4 種子協定：

1. SSL handshake protocol：用來讓 Web server 與 Web client 間建立一個會期（session），兩方辨識（authenticate）對方，同時設定好後續溝通所需要的一些安全參數（security parameters）。
2. SSL alert protocol：在異常狀況發生時，於 Web server 與 Web client 之間傳送警示的訊息（alert messages）。
3. SSL change cipher spec protocol：用來改變目前通訊的加密規格。
4. SSL record protocol：提供編碼（encryption）與資料完整性的服務。

TLS（Transport Layer Security）是 SSL 後續的安全協定，解決了一些 SSL 的缺失，是更安全的傳輸層協定。

8.9 建立無線通訊的背景知識

下面從另外一個角度來看無線通訊的種類，我們可以整理出固定式的無線通訊（fixed wireless communication）、行動式的無線通訊（mobile wireless communication）與光學式的無線通訊（optical wireless communication）3 大類。前面介紹的蜂巢網路就是一種行動式的無線通訊系統，也是一般人熟悉的手機通訊。

固定式的無線通訊（fixed wireless）

固定式的無線通訊是指傳訊與收訊雙方的位置都固定，只是通訊的方式是無線的。一般人熟悉的 ADSL 或是 cable modem 都是從家裡連上網路的方式，無線區域迴路（WLL, Wireless local loop）可以讓用戶連上網路。無線區域迴路也算是一種固定式的無線通訊（fixed wireless），除此之外，LMDS 與 MMDS 也都是固定式的無線通訊系統。

光學式的無線通訊（optical wireless）

光學式的無線通訊（optical wireless）可以定義成任何利用調變的光（modulated light）來傳送資訊的技術，所使用的光來自光譜（optical spectrum）範圍，以高能量的光束在空氣等開放空間中傳遞，也常被稱為 FSO（free space optics）。紅外線（infrared）與雷射（laser）一般是被歸類於光學式的無線通訊。光學式的無線通訊是一種視線導向（line-of-sight）的技術，除了一般的障礙物會影響通訊之外，霧或是雨也會影響，光學式的無線通訊是全雙工的（full duplex），使用上不需要取得頻段的執照。

常見問答集

Q1 偽造電話（cloned telephone）能不能被偵測出來？

答：同一個電信業者（carrier）的確可以偵測到網路中同時存在兩個相同的電話，但是當偽造電話被賣到遠地跨不同業者網路使用時，要偵測就有點問題了！

Q2 如何尋找無線上網據點？

答：全球有許多的無線上網據點，大多數的上網據點都會標示無線服務供應業者的標誌。有些軟硬體設備會提供無線上網據點搜尋的工具，用來尋找通過服務供應商認證的無線上網據點。

自我評量

1. 行動式（Mobile）與定點式（Stationary）的無線通訊方式有何差異？
2. 無線廣域網路與無線區域網路有什麼不一樣的地方？
3. 無線區域網路與一般的區域網路有什麼不一樣的地方？
4. 無線廣域網路與一般的廣域網路有什麼不一樣的地方？
5. 試描述蜂巢網路（cellular network）能再用頻率的原理。
6. 蜂巢網路（cellular network）與 PCS 兩個名詞有何關聯？

無線通訊系統的工程實務

9 CHAPTER

本章的重要觀念

- 無線通訊系統是什麼？
- 無線通訊系統有那些組成元件與設備？
- 無線通訊系統是如何建置的？

無線通訊系統的組成元件與設備是促成無線通訊的幕後功臣，假如有意往無線通訊系統設計的領域發展，最好有電子學與電路學的背景。所謂的通訊系統（communications system）有時候是指某種具有通訊功能的電路或設備，當然廣義上通訊系統可以有很多種解釋，例如軟體定義無線電（SDR，software-defined radio）也可以透過軟體跟部分的硬體來建立通訊系統。通訊網路所指的就比較廣泛了，包括整個網路的組成與特性都涵蓋在內。無線通訊系統與無線通訊網路的設計與建置是相當專業的領域，我們下面將試著讓大家了解無線通訊的五臟六腑。

9.1 電路與元件設計的層次

圖 9-1 中將 LC 電路中的電感器 L 與輸電線的電感器 L′組成變壓器，則 LC 電路的電磁振盪會使 L′產生感應驗流，經過輸電線傳到天線，天線上端有正負電荷交互變換，天線下端也有正負電荷的改變，在任何時間點，上端與下端的電荷正負剛好相反。等於是等量而符號相反的的電荷沿著天線振盪，頻率與 LC 電路中的電磁振盪頻率相同。電磁振盪可以不靠 LC 電路，在空間中產生，所以電磁波能在空氣等介質中傳遞。

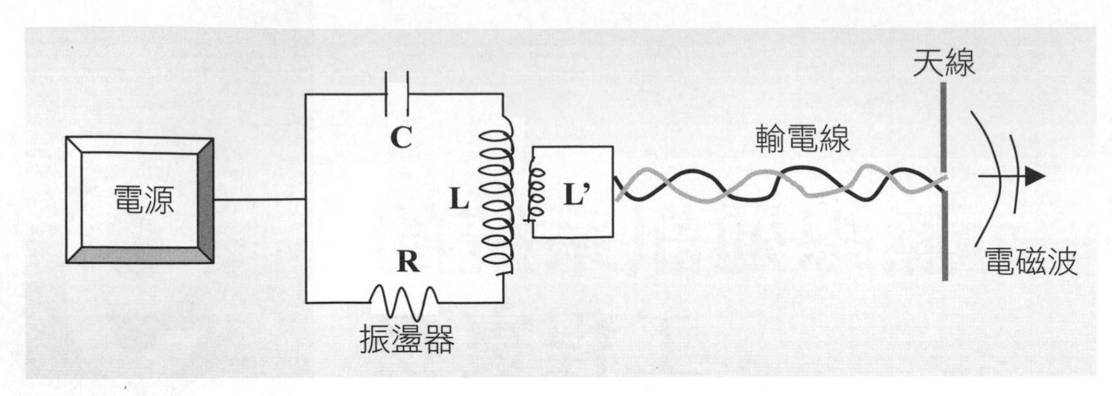

圖 9-1　產生無線電波的簡單裝置

9.1.1　元件

前面幾章曾經介紹過無線通訊中訊號的特徵與處理，裡面包含了一些複雜的理論模型與訊號的處理，為了支援這些處理的功能，我們需要電子元件來輔助，電子元件可以再組成線路（circuit），設計成通訊設備，最後用來建置複雜的通訊系統。

放大器（amplifier）

放大器是一種主動元件（active device），可以放大電壓（voltage）、電流（current），或同時放大電壓與電流。直流放大器（DC amplifier）處理的訊號頻率為 0，音訊放大器（audio amplifier）處理的為低頻的訊號，無線電放大器（RF amplifier）處理的為高頻的訊號。放大器也同時放大了功率（power），因為功率 $P=VI$，P 是功率，V 代表電壓，I 代表電流。

濾波器（filter）

無線電通訊領域中經常會用到濾波器（filter），濾波器會讓某些頻率的電磁波通過，把其他種頻率的電磁波擋掉，等於是改變了通過訊號的頻率。濾波器在傳送器（transmitter）、接收器（receiver）或一些通訊設備中經常會用到。一般說來，濾波器可以分成 4 大類：

1. low-pass filter：讓頻率為 0（例如 DC）到某個頻率（cutoff frequency）之間的電磁波通過，濾掉其他頻率的電磁波。
2. high-pass filter：阻礙某個頻率以下的電磁波通過。

3. band-pass filter：在通過頻段（pass-band）內的電磁波可以通過，這個頻段以外的電磁波都會被減弱（attenuate）。

4. band-reject filter（notch filter）：阻礙某個頻段內的電磁波通過。

振盪器（Oscillator）

振盪器（Oscillator）的設計相當複雜，振盪器可以在預期的頻率與振幅下穩定地振盪，經過長期的作業仍然能正常地工作，不會因為環境因素而產生太大的變化。像正弦波（sine-wave）就可以由正弦波的振盪器（sine-wave oscillator）產生，有穩定的頻率與振幅，看起來像一般的正弦函數曲線。

其他的元件

頻率合成器（frequency synthesizer）可以由低頻的 crystal oscillator 精確地產生各種頻率的訊號，很多接收器（receiver）、發送器（transmitter）、收發器（transceiver）與測試設備都使用頻率合成的方式來產生各種頻率。混合器（mixer），也稱為混波器，是一種 3 埠（3-port）的元件，其中兩埠有輸入訊號，輸入埠的訊號頻率是輸入埠訊號的頻率差。這種功能也稱為頻率的轉換（frequency conversion 或 heterodyning）。多數的 AM、SSB 與數位傳送器需要 mixer 把訊號頻率轉換成高頻率，然後再傳送出去。

9.1.2 電路（circuit）

無線通訊系統中的發送器與接收器都需要一些基本的電路，包括 electronic switch、attenuator、frequency multiplier、automatic gain control 與 power supply。以 sinusoidal crystal oscillator 來說，在 200 MHz 以上的頻率就無法穩定的作業，這時候就需要 frequency multiplier。自動增量控制（automatic gain control）可以處理接收訊號功率過高或過低的問題。圖 9-2 顯示訊號分配器（splitter）的外觀。

圖 9-2　訊號分配器（splitter）的外觀

9.2 無線通訊系統的設計

圖 9-3 畫出一個簡單的無線通訊系統，無線通訊系統的設計是相當複雜的工作，發送器與接收器本身的功能以及彼此之間的各種訊號處理，都需要各種元件與電路的設計與組合才能完成。除此之外，無線電介面、天線與干擾也都要考慮在內。當然最重要的是最後的結果必須符合通訊服務的要求，例如語音通話的品質、BER（bit error rate）是否夠低等因素。

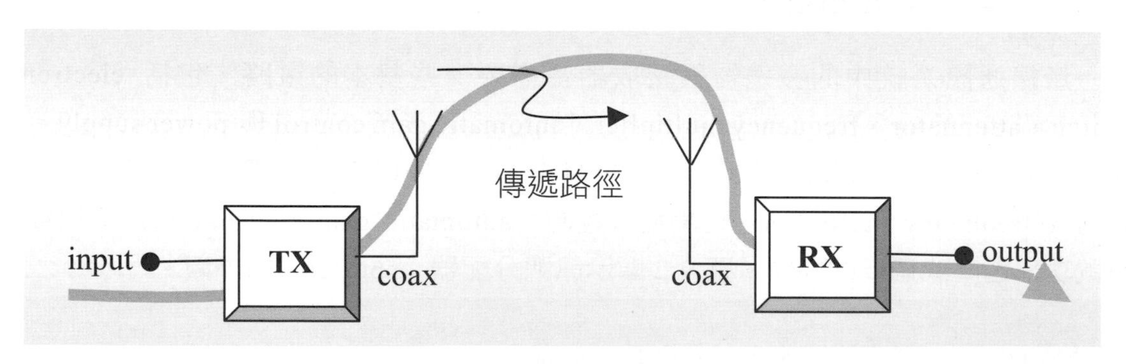

圖 9-3　簡單的通訊系統

連結預算（link budget）

在設計硬體之前，通常會進行所謂的連結預算分析（link budget analysis），估計接收器(receiver)的 NF(noise figure)與需要的增量(gain)，或是傳送器(transmitter)

的功率，目的是在給定的 BER 與 SNR 之下達到所要求的規格。簡單地說，連結預算分析可以得到最終在接收端的 SNR 值與訊號強度。

完整系統的考量

所謂的通訊系統（communications system）可能指元件、電路或是像圖 10-3 的系統。完整的通訊系統在設計時必須考慮很多變因，例如通訊的連結（link）、發送器（transmitter）與接收器（receiver）的規格、所採用的調變技術、資料速率與 BER 等。系統設計的初期必須開始建立系統的參數（system parameters），以數位資料通訊來說，有一些基本的問題，例如：

1. 作業的頻率是多少？
2. 系統是半雙工還是全雙工？
3. 系統的頻寬為何？
4. BER 與 SNR 的值?
5. 發送器的功率（transmitter power）與 receiver NF（noise figure）？

上述的參數與規格彼此間也有相關性，一旦完成了初期的設計，可以依照規格與需求來畫方塊圖（block diagram），從微觀的角度來看，這時候可進行圖中各階段的電路設計，從巨觀的角度來看，我們可以把完成的系統使用於更大型的通訊系統中。

9.3 無線通訊網路的工程

有了無線通訊系統的設計與設備以後，就可以開始建置與部署無線通訊網路，這是相當複雜的工程，而且有很多與法規相關的限制。之所以稱為工程就是因為整個無線通訊網路的建立需要系統化的方法，結合多種技術才有辦法完成。我們下面先來看看主要成員的特徵與部署，最後再從實務上看市場上有那些選擇與案例。

9.3.1 無線通訊系統的塔台（tower）

除了電塔之外，無線通訊網路的塔台也經常能在各地見到。塔台（tower）可以用來架設基地台天線，也能用來架設微波碟形天線（dishes）。有 3 種基本的塔台類型：

獨立式的塔台（monopole tower）、格子狀的塔台（lattice tower，也稱為 free-standing tower 或 self-supporting tower）與張索固定塔台（guyed tower）。

獨立式的塔台（monopole tower）

圖 9-4 畫出獨立式塔台（monopole tower）的外觀，看起來有點像逐漸往上變尖的管子，獨立管柱固定在水泥墊上，不需要額外的支撐。水泥墊本身深入地面，上面再用栓子（bolt）接上獨立管柱。獨立式塔台常見於都會地區，所以要注重美觀的效果。

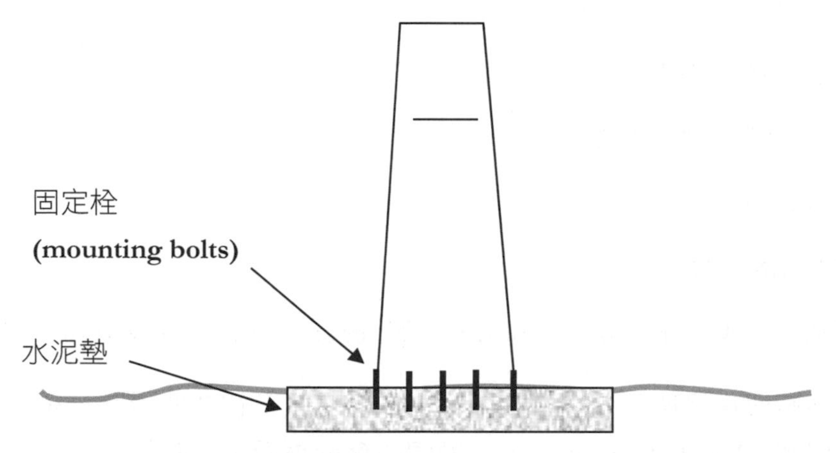

圖 9-4　獨立式的塔台（monopole tower）

獨立式的塔台是所有塔台中最美觀的，而且占有的空間不大。圖 9-5 顯示一個實際的獨立式的塔台，有些獨立式的塔台會做成像路燈或路樹等掩護的形狀，降低對於環境景觀的影響。獨立式塔台的缺點是一旦樹立之後，要改變天線的高度就不容易了，基地台的高度與其所涵蓋的區域的範圍關係密切，當通訊網路的設計改變時有時候就是需要改變天線的高度，對於獨立式的塔台來說，這樣的改變難度高而且昂貴。假如需要對塔台施工，可能會造成其結構的破壞，也不是好方法。

圖 9-5　獨立式的塔台

格子狀的塔台（lattice tower）

圖 9-6 顯示格子狀的塔台（lattice tower），也稱為 free-standing tower，通常有 3 個邊或 4 個邊，可以明顯地看到交錯的鋼架，整體看來有下寬上尖的樣子，不需要纜線固定，大多數的地方都能安置格子狀的塔台，因為所占地的面積不大。當天線需要移動改變高度時很容易。格子狀的塔台通常不超過 300 英呎的高度，因為越高則所占面積越大，而且成本也越高。

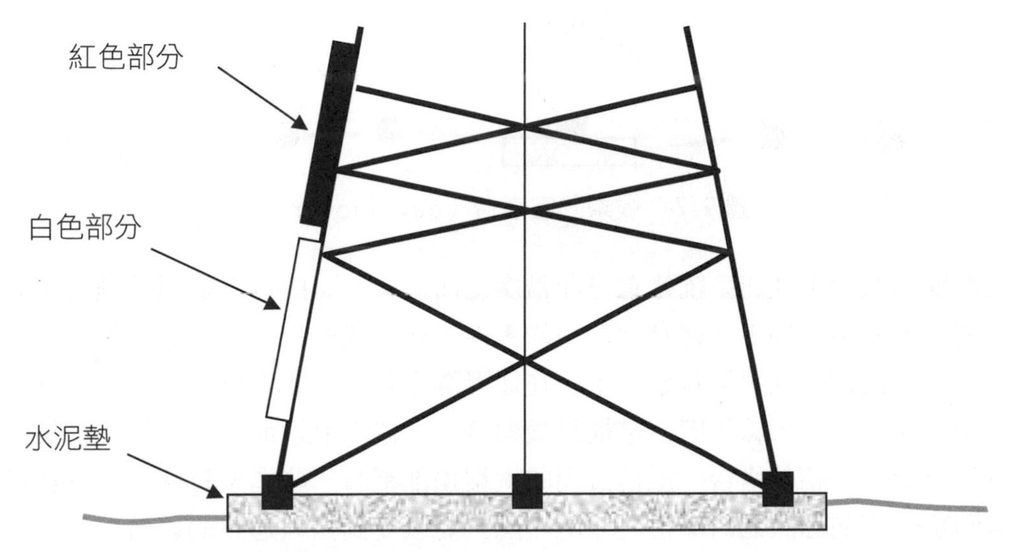

圖 9-6　格子狀的塔台（lattice tower）

張索固定塔台（guyed tower）

張索固定塔台由相同的 3 角形鋼架交錯搭建，每一段約 20 英呎長，由張索或纜線支撐固定，建置的成本也是與高度成正比。張索固定塔台的高度可以達到 2000 英呎，是最高的一種塔台，通常在鄉郊地區才看得到。張索固定塔台的底部與頂部的寬度相當，從 3 邊以張索固定。張索固定塔台的成本較低，不過由於張索需要用到周圍的地面，占用面積大了些，假如天線沒有固定在頂部，可能會與纜線發生干擾的現象。在維護上，張索的彈性需要定期地檢查。圖 9-7 顯示張索固定塔台（guyed tower）的外觀。

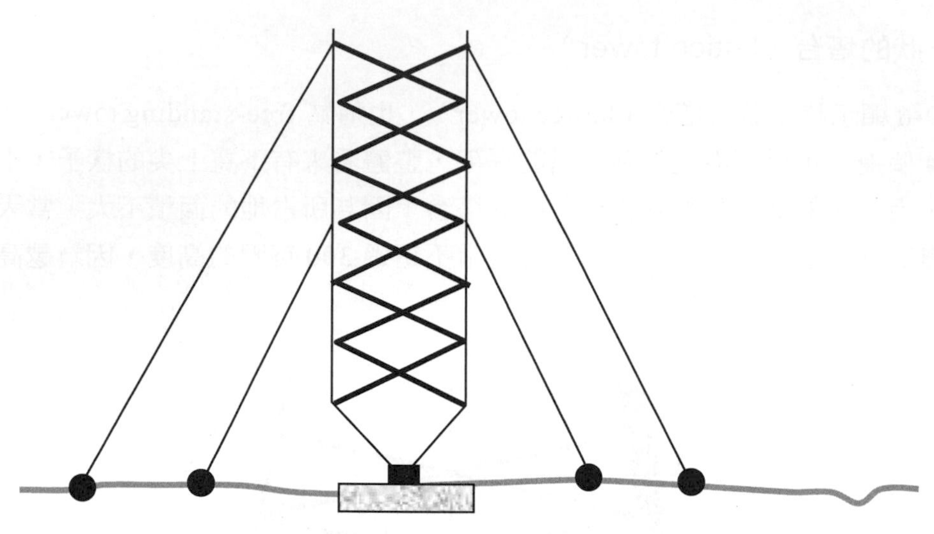

圖 9-7　張索固定塔台（guyed tower）

台灣地區的行動通訊系統建置得非常廣泛而密集，有些無線通訊設施是不容易察覺的，例如捷運系統地下層會有圓盤型的天線，隧道裡頭也要有天線才能讓通過的車輛能通話，有興趣的人可以觀察一下，在通過隧道時，當收音機已經無法收訊時，手機是不是還能使用。天線的塔台結構是最顯著的，住家附近或是公共場所的樓頂高處常會看到上面所介紹的塔台。電信公司的大樓頂部更有一些造型特殊的天線與塔台。假如再回想一下前面談過的電磁波效應，應該能感受到無線通訊的影響。

法規的約束與安全維護

在美國 FAA（Federal Aviation Administration）負責管制會影響空域導航的物體，無線電塔台的建置在 FCC 的規章中明訂必須遵循 FAA 的規定。首先，超過某個高度以上的塔台在建置以前必須準備相關的文件向政府單位申請核准，政府單位核准之前必須知會鄰近地區的機場。大型塔台還有亮燈（lighting）的要求，在建置時期與建置完成之後都要有適當的照明。

9.3.2　基地台（base station）

一般常看到的基地台塔台長得會有點像圖 9-8 所畫的樣子，屬於多向式的細胞基地台（omnidirectional cell base station）。當然基地台除了天線之外還有連接電纜與一些相關的設備。

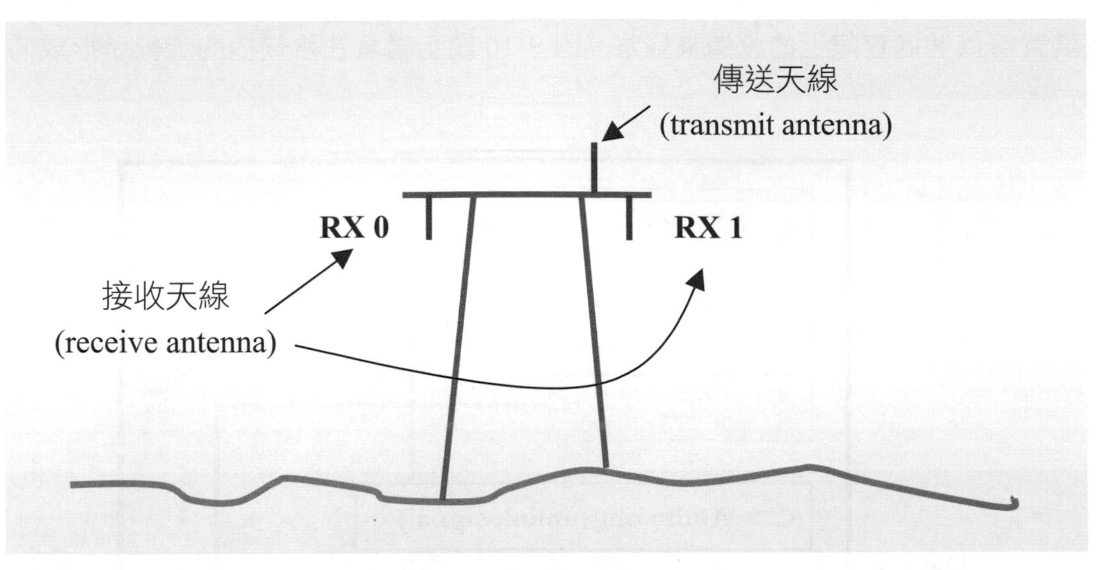

圖 9-8 多向式的天線架設於獨立式的塔台（monopole tower）上

接收天線（receive antenna）

圖 9-8 中兩個往下指的天線是接收天線，即 RX 0 與 RX 1，這些天線在基地台上接收來自行動電話的訊號，也就是所謂的上傳訊號（uplink signal, 即 mobile-to-base signal）。其中的一個天線也稱為 diversity receive antenna，作用是補償訊號送到基地台過程中的 Rayleigh fading 效應。接收天線提供所謂的 space diversity 的功能：

1. 當行動電話用戶按下發送（send）鍵打電話，兩個接收天線都會收到訊號，經過 coax cable 到達基地台。
2. 基地台收發器（transceiver）的 comparator 檢視兩個訊號，選擇最好的訊號來處理。在通話過程中，comparator 會繼續進行這樣的選擇。

傳送天線（transmit antenna）

圖 9-8 中向上指的是傳送天線（transmit antenna），用來往行動台傳訊，也就是所謂的下傳訊號（downlink signal, 或稱 base-to-mobile signal）。在多向式的細胞區域中使用的傳送與接收天線指向上與下的原因是避免 intermodulation interference。

細胞地點的組態（cell site configuration）

收發器（transceiver, 也稱為 base station radios）的架構如圖 9-9 所示，有兩個接收埠、一個傳送埠、一個 audio-in 頻道、一個 audio out 頻道與一個 data line。這

些裝置可以透過實際上的設備來觀察。圖 9-10 顯示隱藏在水筒內的天線所形成的基地台。

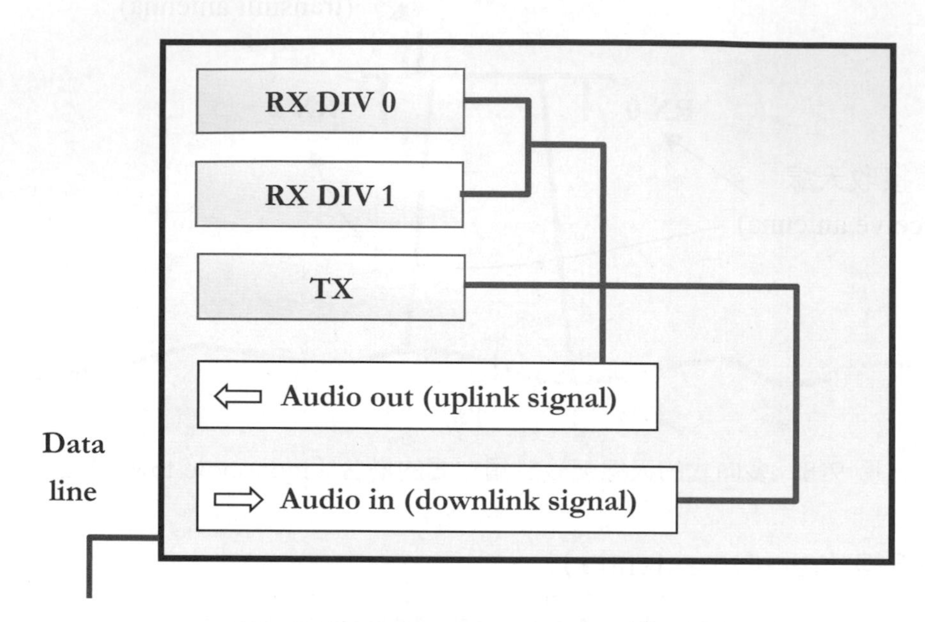

圖 9-9　基地台的收發器（transceiver）（Bedell 2001）

圖 9-10　隱藏在水筒內的天線

9.3.3 天線（antenna）的作用與種類

當天線用來發送訊號時，會把含有訊號的電流轉換成無線電頻率的電磁波，傳送器（transmitter）產生電流經過天線遇上電阻之後，會產生電磁波向外幅射。當天線用來接收訊號時，會把無線電頻率的電磁波轉換成含有訊號的電流，由於訊號可能很弱，有些天線會先放大（amplify）訊號的強度再送往接收器（receiver）。

天線的大小與接收的訊號的頻率有很密切的關係，訊號頻率越高，其波長越短，最理想的情況是天線的大小與所接收的訊號的波長一樣。實際上使用的天線長度通常為波長的幾分之幾，例如 1/2 或是 1/4。天線的設計是相當複雜的問題，各種設計與無線電波的波長、訊號的強度、接收與傳送裝置的功能、以及天線的位置等因素有關。圖 9-11 顯示一個簡單的無線通訊系統，當 GSM 的 900 MHz 與 1800 MHz 天線設置在一起時，我們會發現 900 MHz 的天線比較長，而 1800 MHz 的天線比較短。圖 9-12 顯示碟形天線的外觀。

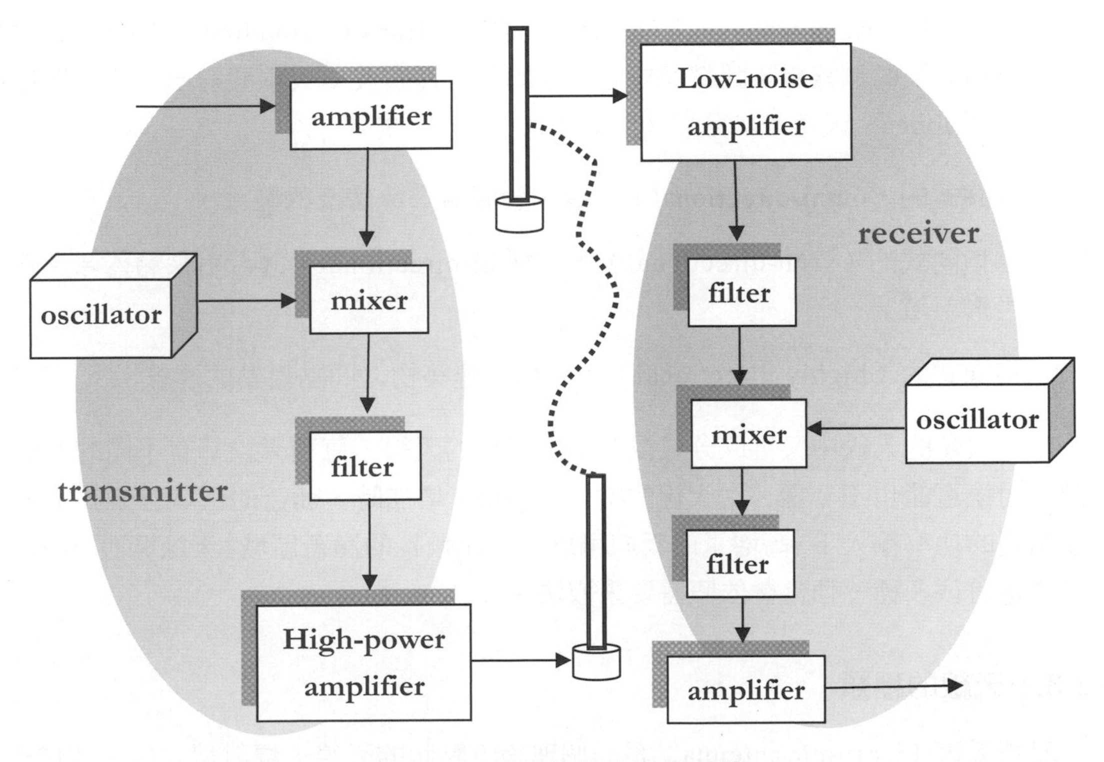

圖 9-11　簡單的無線通訊系統

圖 9-12　碟形天線

無線電天線（RF antennas）用來將傳送線路上（transmission line，也常稱為 cable 或 waveguide）的無線電訊號轉換成空氣中傳遞的電磁波，天線發射出來的電場也稱為 beams 或 lobes。天線可以分成 3 大類：

1. 全向式的（omni-directional）：適用於涵蓋一片廣泛的區域。
2. 半指向式的（semi-directional）：或稱 bi-directional，適合用來涵蓋像走廊的長形區域。
3. 指向式的（highly-directional）：適用於建築物之間點對點的連線。

每一大類的天線中又可以分成很多不同種類的天線，每種天線都有不同的無線電特徵，用途可能也不一樣。當天線的增量（gain）增加時，涵蓋的區域會變狹窄，所以在相同的功率輸入下，高增量的天線可以得到比較長的涵蓋區域。天線裝設（mount）的方式也有很多種，通常會依照需要來取決。

9.3.3.1 天線的種類

理想天線（isotropic antenna）是一個理論上點狀的天線，幅射型式像一個球體，向所有的方向幅射能量，理想天線實際上是不存在的，不過可以當做一個參考的基礎，理想天線的增益訂為 0 dBi，其他天線的增益可以跟理想天線比較之後算出對應的 dBi。

垂直天線（vertical antenna）

垂直天線是一種全向式的（omni-directional）天線，種類很多，主要的差異在於增益的不同，從 3dBi 到 10dBi 都有，圖 913 顯示垂直天線的輻射型式，雖然叫做全向式的天線，但是只有在水平方向是全向式的，以立體模型來看，垂直天線的輻射型式像是一個甜甜圈。圖 9-13 顯示垂直天線的外觀與輻射型式。

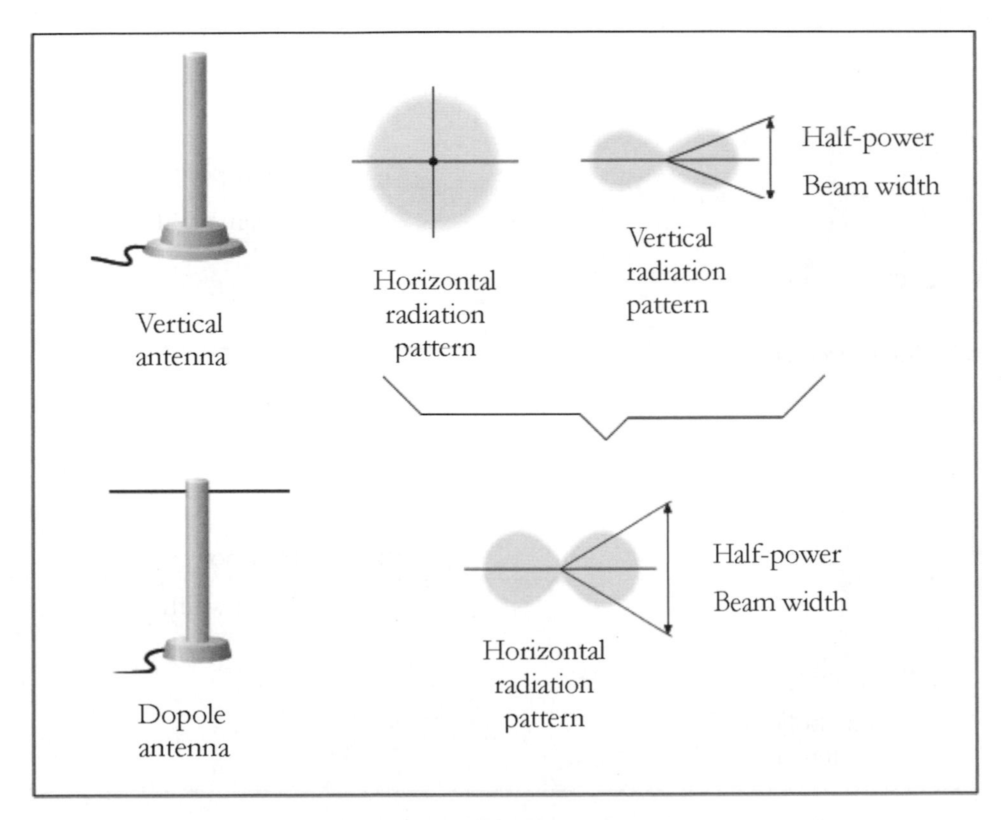

圖 9-13　各種天線的外觀與輻射型式（Gast 2002）

兩極天線（dipole antenna）

兩極天線（dipole antenna）是最常見的一種天線，兩極天線在設計上比較簡易，大多數的 access points 上都有兩極天線，兩極天線是一種全向式的（omni-directional）天線，因為兩極天線會延著軸（axis）均勻地向所有的方向幅射其能量，一般指向式的（highly-directional）天線是將能量集中在錐形區域（cone），形成電磁波束（beam）。兩極天線的輻射型式是八字型，所以適用於走廊或是長形的區域。兩極天線的增益訂為 0 dBd，也就是 2.15dBi，所以其他天線也可以跟兩極天線比較算出以 dBd 為單位的增益。圖 9-13 顯示兩極天線的外觀與輻射型式。

八木天線（Yagi antenna）

八木天線是一種高增益指向式（high-gain unidirectional）的天線，看起來就像從前的電視天線，不過市場上的八木天線通常會包覆起來，看不到真正的外形，802.11 中的八木天線的 gain 約在 12 dBi 到 18 dBi 的範圍，調整八木天線的指向比碟形天線要容易一點。圖 9-14 顯示八木天線的外觀與幅射型式。

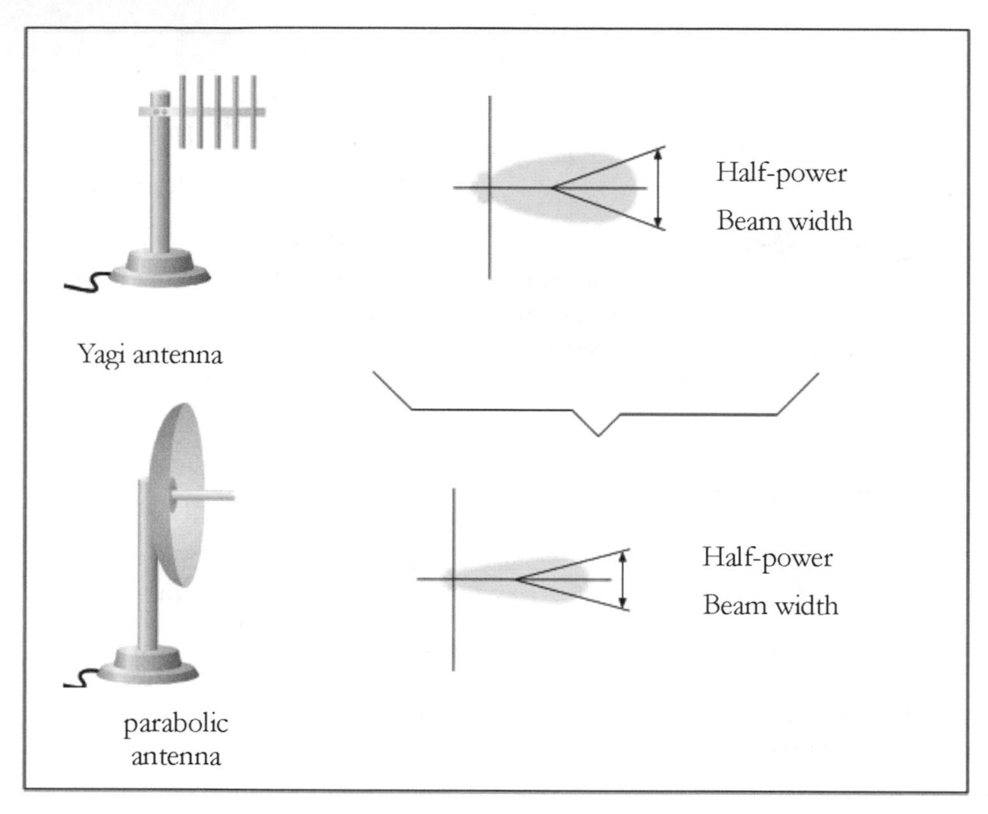

圖 9-14　各種天線的外觀與幅射型式（Gast 2002）

碟形天線（parabolic antenna）

碟形天線是增益非常高的天線，可達到 24 dBi，幅射範圍寬度（beam width）很窄，常使用於建築物之間的通訊，對於分散的一般用戶就比較沒用了，通訊範圍可以遠達 20 英哩，市場上的碟形天線還細分成 mesh parabola、grid parabola 與 solid parabolas。圖 9-14 顯示碟形天線的外觀與幅射型式。

增廣見聞

MIMO 是一種陣列天線（antenna array）的技術，在通訊的傳送端與接收端使用多個天線，由於無線電波會受到多路徑衰減（multi-path fading）的影響，降低通訊的效率，MIMO 可以同時建立多個通訊的管道，增加了通訊的容量（capacity），讓多路徑衰減的影響降低。

9.3.3.2 天線幅射能量的分佈

電磁波必須透過天線（antenna）送到空氣介質中，或是從空氣介質中進入電纜。理論上的天線是 isotropic antenna，會向各方向以同等的能量幅射。幅射的型式（radiation patterns）在各方向上是對稱的。天線的幅射可以分成近場（near field）與遠場（far field），圖 9-15 顯示場幅射的分佈（field radiation distribution），近場主要由電力場（electric field）與磁力場（magnetic field）所組成，範圍約與天線距離 4 個波長，遠場以電磁場為主。

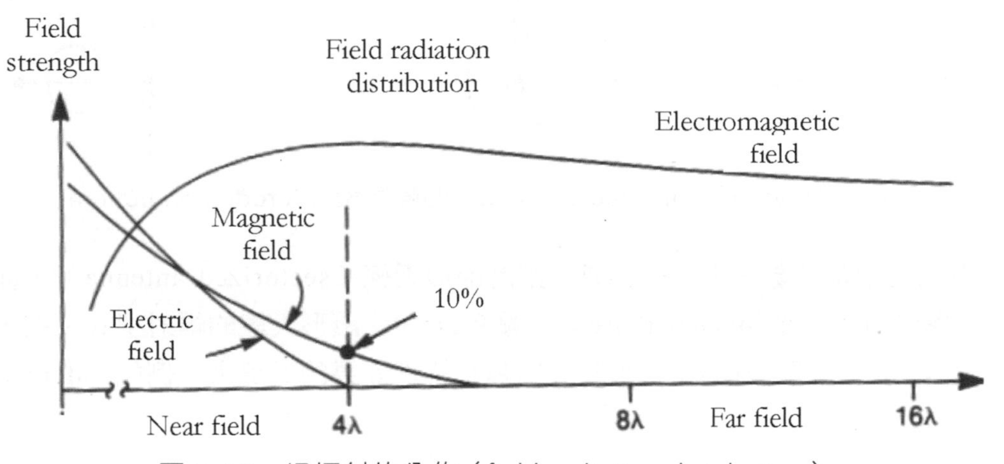

圖 9-15　場幅射的分佈（field radiation distribution）

實際上的天線多半都會有方向效應（directive effects），也就是幅射出去的訊號強度並不是在所有方向上都一樣的，天線的長度通常都採用訊號波長的幾分之幾倍，因為這樣能量的幅射會變得很有效率。圖 9-16 顯示 $\lambda/2$ 簡易兩極天線（simple dipole）的幅射型式。

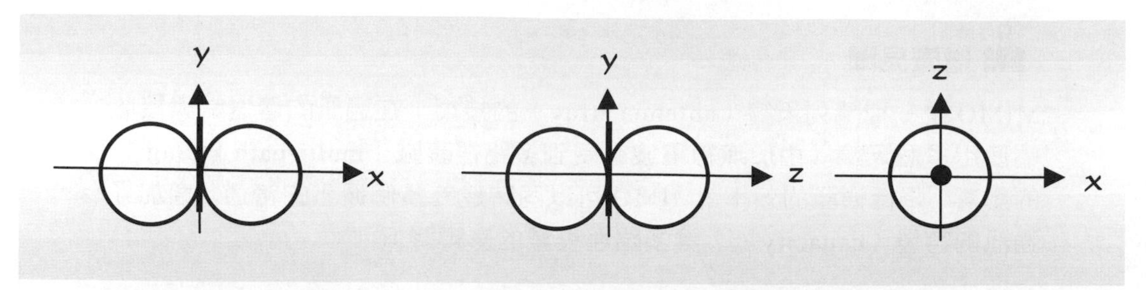

圖 9-16　簡易兩極天線（simple dipole）的幅射型式（radiation pattern）

圖 9-16 中的天線在 xz 平面上展現全向式的（omnidirectional）幅射型式，在有地形障礙存在的情況下，全向式的天線並不是很有效，方向式的天線（directional antenna）比較能克服地形上的障礙，圖 9-17 顯示有向天線（directed antenna）的幅射型式，指向順著 x 軸的方向。從立體的幅射型式圖比較容易看清楚實際的分佈，不過可以大致想像一下幅射能量在空間中占有的範圍。這些分析有助於天線的設計與選擇。

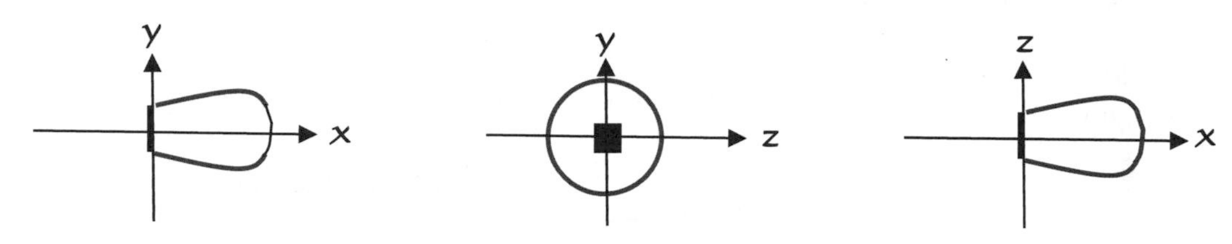

圖 9-17　有向天線（directed antenna）的幅射型式（radiation pattern）

蜂巢系統中常把數個天線組合成所謂的扇形天線（sectorized antenna），促成蜂巢系統的頻率再用（frequency reuse）。圖 9-18 顯示扇形天線的幅射型式。在天線的設計上經常運用多個天線的組合來設計出具有特別效果的天線來，例如 antenna array 或 smart antenna。

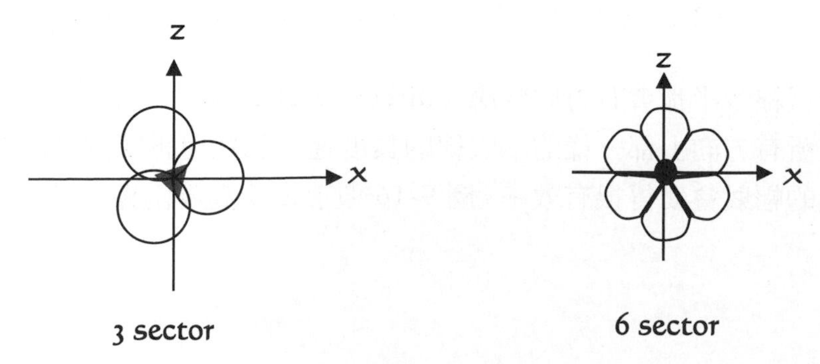

圖 9-18　扇形天線（sectorized antenna）的幅射型式（radiation pattern）

9.3.3.3 天線的安裝

WLAN 的建置工作中天線的安裝是很重要的，不當的安裝不但會造成設備的損害，而且可能對人形成危害。天線的安裝也會影響 WLAN 的效能，下面整理出跟天線的使用相關的注意事項：

1. 天線的放置（placement）：全向式的天線架設在位於通訊涵蓋範圍中央附近的 AP 上，天線的位置可以高一點，增加涵蓋區域的大小。戶外天線的架設注意需高於障礙物。
2. 天線的架設（mounting）：計算出輸出功率、增益（gain）與射頻的傳送距離以後，可以選擇使用的天線，然後進行架設。圖 9-19 顯示天線的幾種架設方式，ceiling mount 是直接架設在天花板的橫樑上，mast mount 是將天線架設到一端的套頭上。現場探勘（site survey）通常會記載天線的放置與架設建議。

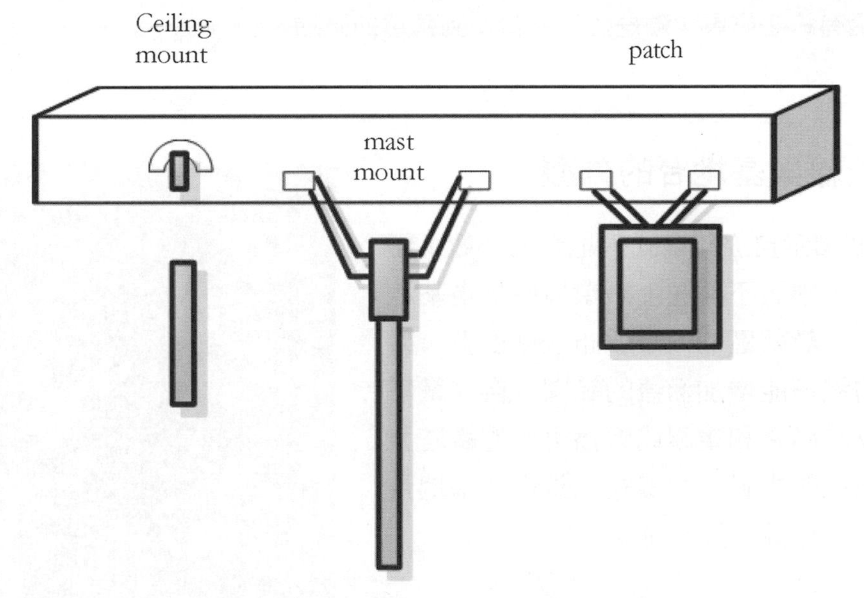

圖 9-19　天線的安裝與架設方式

3. 天線的使用：注意室內天線使用於室內，室外天線使用於室外。除非室內區域實在大到需要使用室外天線。室外天線通常會密封防水，同時利用塑膠材質提高對於冷熱的忍受能力。
4. 天線的方向性（orientation）：天線的方向性決定其極性（polarization），對於訊號的接收有重大的影響。假如天線的方向使其電場平行於地球表面，則其通訊的另一端的天線也要有一樣的方向性，使電場平行於地球表面，才能讓接收的效果最好。

5. 天線的對齊（alignment）：天線的對齊有時候很重要，例如建築物之間利用天線進行橋接，就可以讓兩端的天線盡量對準對方。長距離的橋接使用高指向式的天線時，天線的對齊效果最顯著。

6. 安全的考量：射頻天線跟一般的電器一樣，使用與安裝操作時要小心安全。最好按照說明書的指示操作，不要接近傳送中的高指向式天線。天線的位置最好遠離金屬障礙物。

7. 天線的維護：天線的纜線中要避免濕氣的聚積，連接器（connectors）與戶外纜線最好想辦法密封。

新知加油站

天線有時候並不美觀，而且也不適合公開亮相。所以有時候在天線的選擇與架設上還要考慮到是否要美化、偽裝或是減少一般人的目光。這樣的天線還有一個好處，就是比較不會受到蓄意的破壞。

9.3.4 天線與基地台的外觀

圖 9-20 顯示自立鐵塔式基地台的外觀，仔細觀察的話，應該不難在生活環境中發現基地台的蹤影。一般郊區的人口散布區域很廣，架設比較高的鐵塔能增加涵蓋的範圍。自立鐵塔式基地台有時候會和電視或廣播電台的鐵塔共用，看起來比較複雜。拉線式的鐵塔式基地台看起來細高，有斜拉張索固定。

圖 9-20　鐵塔式的基地台

屋頂型的基地台多半位於人口密集的市區，通訊涵蓋的範圍比較小，所以建置比較密集。圖 9-21 顯示自立式扇形天線基地台，這在台灣十分常見。自立式全方向天線基地台就比較少見。

圖 9-21　自立式扇形天線基地台（資料來源：中華電信）

高度較低的建築物上面有時候也會看到鐵塔式的基地台，就像圖 9-22 顯示的屋頂型鐵塔式基地台。壁掛型延伸式天線基地台使用於人口更密集而且建築物很多的市區，圖 9-23 顯示壁掛型延伸式天線基地台。還有所謂的壁掛型貼牆式的天線基地台，因為人口非常密集，架設數量多，也常稱為微細胞型基地台。

圖 9-22　屋頂型鐵塔式基地台（資料來源：中華電信）

圖 9-23　壁掛型延伸式天線基地台

有一些人潮聚集的公共場所也可以發現天線的存在，不過由於天線本身可能經過美化或偽裝，所以不太容易發現。所謂的公共場所包括大型商場、捷運系統、地下停車場與建築物室內等。圖 9-24 顯示地面型自立式全方向基地台，圖 9-25 顯示簡易的室內型基地台。這些通訊設施的建置有時候也稱為所謂的通訊改良工程。以台北的捷運系統來說，地下層的地方就經常可以看到圓盤天線設置在上方，這些天線有一定的涵蓋範圍，所以有時候會設置好幾個，天線本身會經過所配置的纜線再連到其他處理訊號的設備。室內型基地台可以在一些通訊需求極高的現代商業大樓中發現。

圖 9-24　地面型自立式全方向基地台

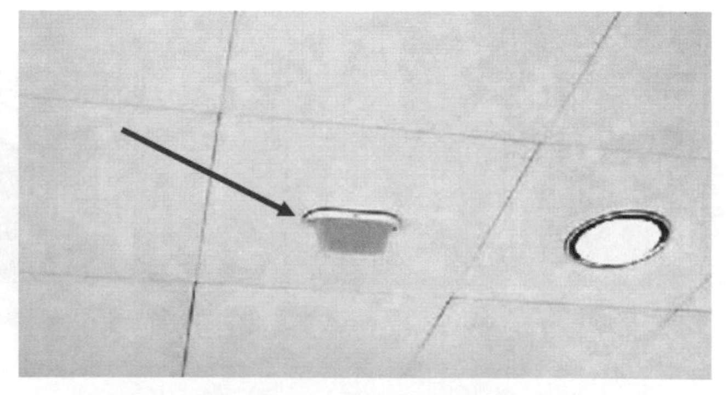

圖 9-25　室內型基地台

9.3.5 無線通訊工程的設計工具

隨著無線通訊的發達，越來越多地方需要建置無線通訊的設施，因此有一些軟體工具發展出來幫助我們進行設計的工作。圖 9-26 顯示早期 Andrew 公司的網站，從上頭可以下載像圖 9-27 顯示的設計工具，經過如圖 9-28 的設計過程之後，將能得到圖 9-29 的物料需求表，直接列出所需的物料與預估的分項成本。

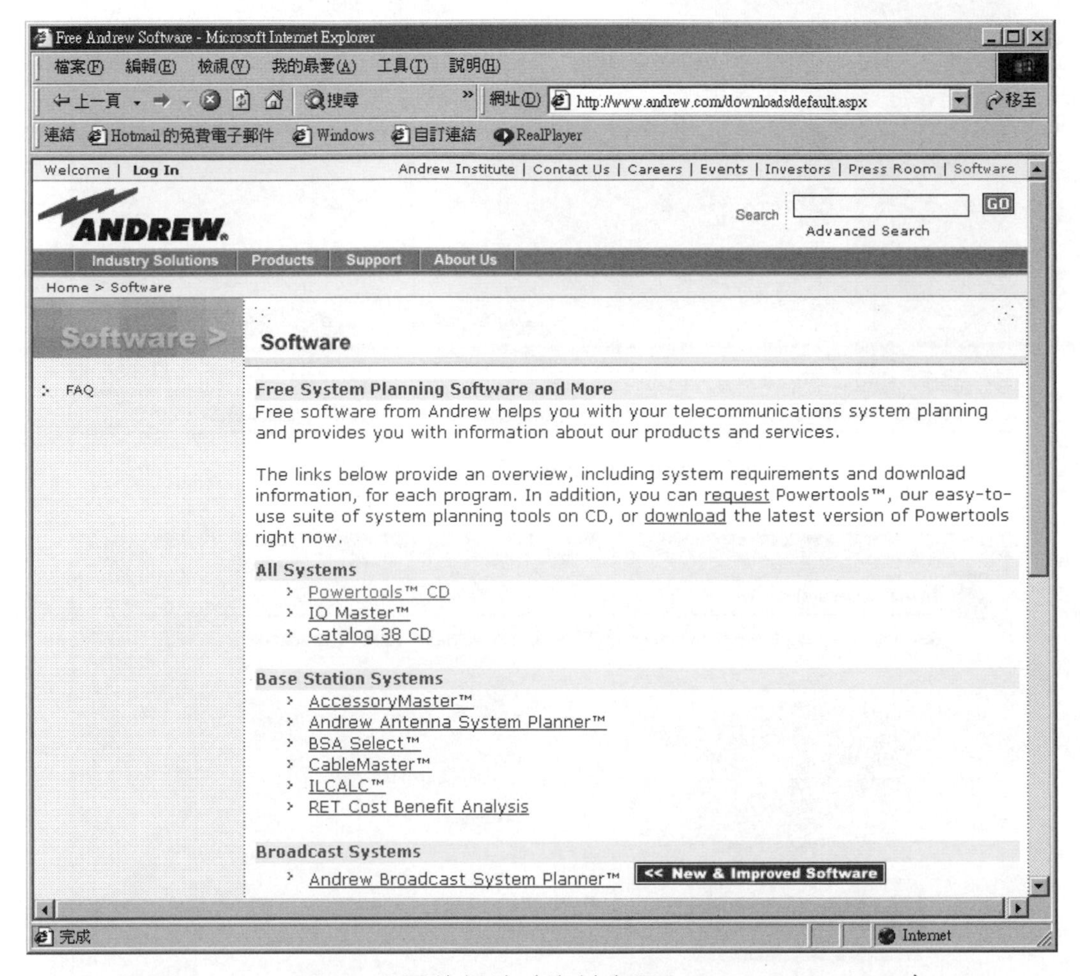

圖 9-26 Andrew 公司的網站（資料來源：www.andrew.com）

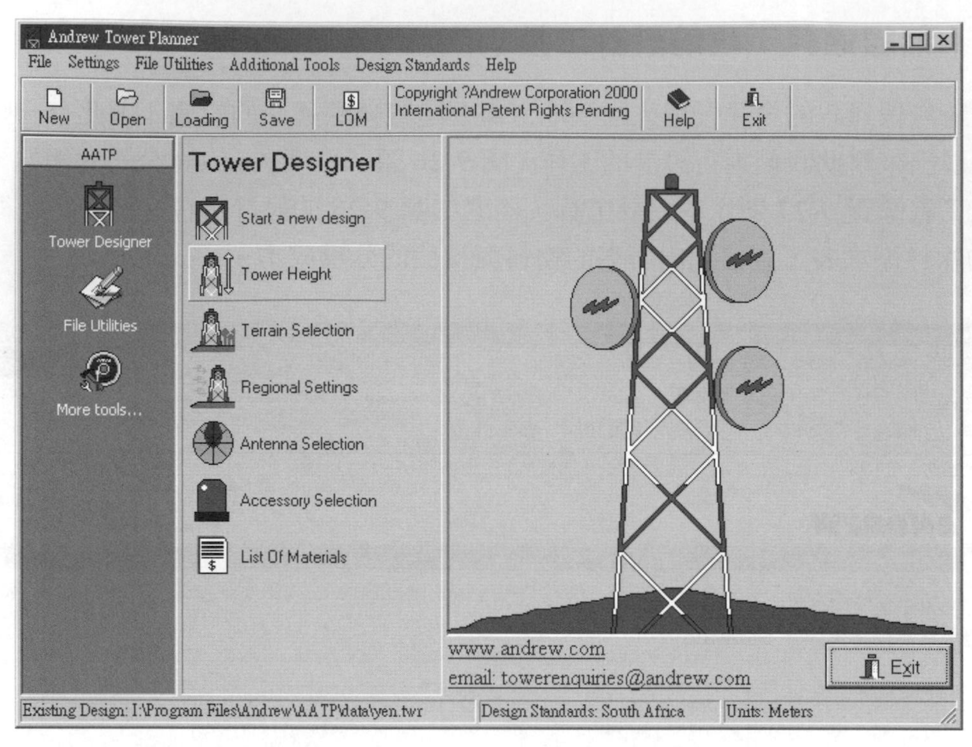

圖 9-27　Andrew Tower Planner 工具的介面

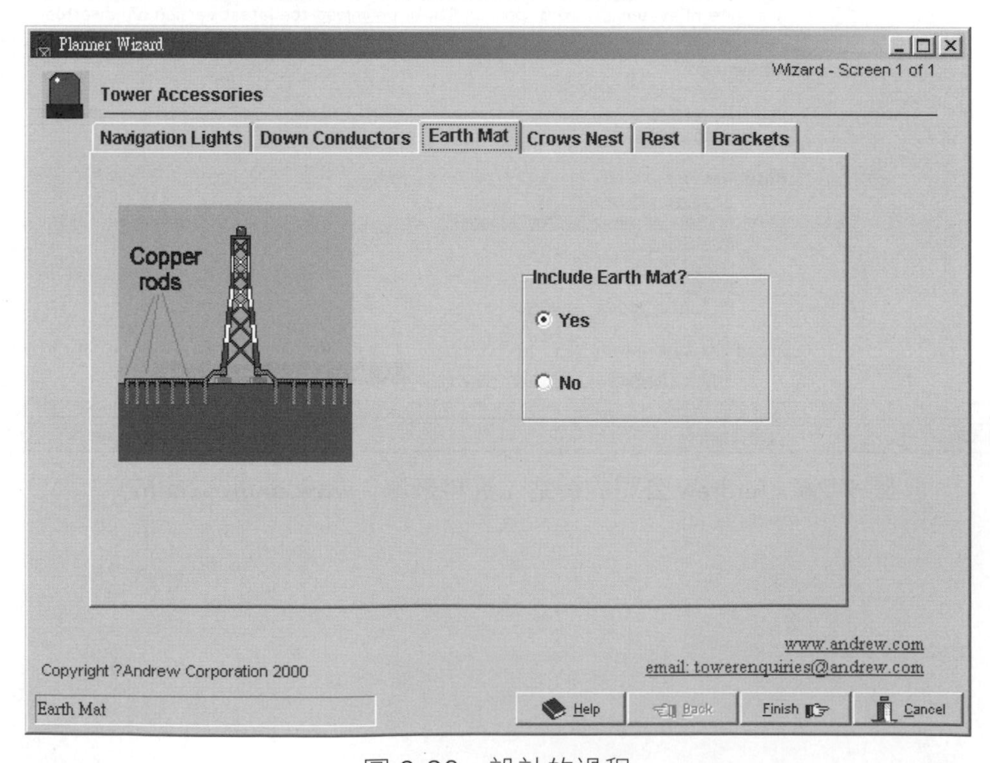

圖 9-28　設計的過程

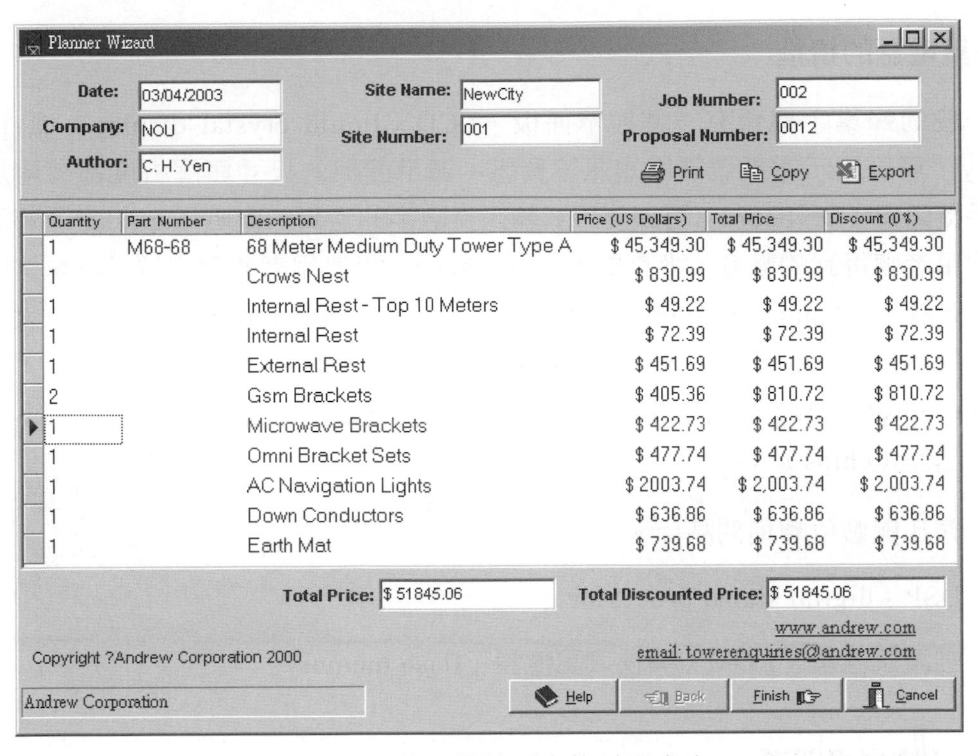
Planner Wizard

Date: 03/04/2003　Site Name: NewCity　Job Number: 002

Company: NOU　Site Number: 001　Proposal Number: 0012

Author: C. H. Yen　Print　Copy　Export

Quantity	Part Number	Description	Price (US Dollars)	Total Price	Discount (0 %)
1	M68-68	68 Meter Medium Duty Tower Type A	$ 45,349.30	$ 45,349.30	$ 45,349.30
1		Crows Nest	$ 830.99	$ 830.99	$ 830.99
1		Internal Rest - Top 10 Meters	$ 49.22	$ 49.22	$ 49.22
1		Internal Rest	$ 72.39	$ 72.39	$ 72.39
1		External Rest	$ 451.69	$ 451.69	$ 451.69
2		Gsm Brackets	$ 405.36	$ 810.72	$ 810.72
1		Microwave Brackets	$ 422.73	$ 422.73	$ 422.73
1		Omni Bracket Sets	$ 477.74	$ 477.74	$ 477.74
1		AC Navigation Lights	$ 2003.74	$ 2,003.74	$ 2,003.74
1		Down Conductors	$ 636.86	$ 636.86	$ 636.86
1		Earth Mat	$ 739.68	$ 739.68	$ 739.68

Total Price: $ 51845.06　Total Discounted Price: $ 51845.06

www.andrew.com

Copyright ?Andrew Corporation 2000　email: towerenquiries@andrew.com

Andrew Corporation　Help　Back　Finish　Cancel

圖 9-29　依照設計列出物料需求表

9.4 用戶端設備的演進

以一般有線網路的環境來說，主要的存取設備還是電腦，當然隨著未來數位電視與其他使用者設備的發展會再增加其他的選擇。所謂的電腦包括個人的桌上型電腦、手提電腦（laptop）與工作站等。無線通訊的設備種類就有點難以掌握了，基本上，只要有無線通訊能力的器具都算是一種無線通訊的設備，所以傳統的電腦加上無線網路卡以後也算是一種無線通訊的設備。

9.4.1 手機

手持的通訊機具（handsets）是最常見的無線通訊器具，像行動電話（mobile phone）、無線電話（wireless phone）或是手機（cellular phone）都算是手持的通訊機具。這些設備上通常會有天線（antenna）用來通訊，數字面板用來撥號，以及麥克風與喇叭讓語音能夠互通。設備本身含有的電路與軟體還支援其他複雜的功能，目前手機的發展日新月異，有雙頻（dual-mode）手機，可以處理類比與數位訊號，也有 3 頻（tri-mode）手機可支援一個類比與兩個數位系統。

蜂巢電話的構造

一般的蜂巢手機會有一個顯示面板，LCD（liquid crystal display）或 plasma diaplay，可以顯示電話號碼與短訊等資訊。顯示面板的尺寸與解析度都有增加的趨勢。手機鍵盤（keyboard）可讓使用者輸入文數字的資料，喇叭（speaker）將訊號轉換成使用者聽得到的聲音，麥克風（microphone）將使用者的聲音轉換成類比的電子訊號。天線（antenna）負責無線電訊號的收送，放大器（amplifier）可以放大收到或是送出的訊號。電池提供手機電能，電路板（circuit board）含有手機的電路，微處理器（microprocessor）負責手機電路與各裝置間的溝通與處理。手機還含有下面幾個重要的晶片（chips）：

1. 類比與數位轉換的晶片。
2. DSP（digital signal processor）。
3. 唯讀記憶體（ROM）與快取記憶體（flash memory）。

思考問題

類比系統（analog system）與數位系統（digital system）有什麼差異？

一般類比式的蜂巢電話使用兩個頻道，一個用來傳送語音，另一個用來傳送控制資料。同一時間只有一個電話能使用一個通訊頻道，所以通話時電話使用語音頻道。數位式的蜂巢電話在很多方面都和類比式的蜂巢電話不同，我們對數位電話說的語音會被數位化（digitized）與壓縮，有些額外的位元將加入數位化的語音訊息中，主要是為了偵錯與控制的用途。最後經過調變以無線電波的型式傳送。數位式的蜂巢電話只使用單一的頻道，實際的資料與控制資訊都經由這個頻道來傳遞，基地台收到訊號之後會將訊息分成資料與控制兩個部分再轉送出去。

蜂巢頻道（cellular channels）的作用

所謂的蜂巢頻道一般有兩種，即用來控制的頻道（control channel）與承載語音或資料的通訊頻道（communications channel）。控制頻道會持續傳送幾種不同型式的訊息：

1. 總括訊息（overhead messages）：包括蜂巢網路的系統辨識號碼（SID, system identification number），以及其他需要用來讓蜂巢手機連上網路的訊息。
2. 呼叫（pages）：用來告知手機有通話進來。
3. 存取資訊（access information）：手機與網路之間交換的訊息，讓手機能請求連線。
4. 頻道分配指令（channel assignment commands）：告訴手機該用那個頻道來收送資料與語音。

雖然通訊頻道主要是用來傳送語音與資料，有時候也可以用來收送控制訊息，例如轉接訊息（handoff message）與 3 方通話請求（three-way calling request）等。當手機開機時，會掃瞄數個控制頻道然後選擇訊號最強的頻道，並且透過所選的控制頻道登錄到網路系統中。接著手機進入閒置（idle）的模式，等待呼叫。接到呼叫（page）時，進入存取模式（access mode），得知該使用那個通訊頻道來通話。

9.4.2 個人數位助理（PDA）

個人數位助理（PDA, Personal Digital Assistants）是一種具有電腦特徵與功能，但是體積輕巧容易攜帶的設備，早期 Palm、Compaq 與微軟等公司都有生產 PDA。PDA 的使用者可以收送 e-mail，也能上網瀏覽 Web 網站上的資訊，從電腦操作的角度來看，PDA 可以讓使用者輸入資料，有類似於 Word 與 Excel 的軟體，使用者可以自行安裝市場上開發出來的 PDA 專用軟體。PDA 的通訊能力有很多方式，經由天線，利用紅外線（Infrared）或是藍牙（Bluetooth）技術都可能是 PDA 的通訊配備之一。從音訊與視訊的收送來看，PDA 有點像手機，可以撥號通話。圖 9-30 顯示早期的手機與 PDA 的外觀。

圖 9-30　早期的 PDA 與手機

9.4.3　智慧型手機與平板電腦

智慧型手機與平板電腦的共同特徵是具有更靈敏的螢幕觸控功能，同時也兼具電腦的特徵以及無線通訊的能力，等於取代了 PDA 扮演的角色。由於平板電腦的螢幕比智慧型手機要大一點，兩者各有特定的市場，都是現在無線用戶端相當普及的設備。

9.5 無線通訊網路的設計實例

在有線通訊的領域裡常提到結構化的佈線系統（structured cabling system），無線通訊網路省去了很多佈線的工作，但是在設計與建置上有其個別的問題，尤其是無線通訊網路的種類眾多，所以我們下面以一些實例來看看到底無線通訊網路的建置會遇到什麼樣的情況。

9.5.1 網路設計與建置的實例

一般規劃的公司網路可以設計成區域網路，我們選用乙太網路（Ethernet Network）中的 10 Base T 佈線系統，和串聯式的佈線系統比較起來，10 Base T 在網路的偵錯上比較容易，但必須採購集線器，亦即 Ethernet Hub。圖 9-31 是系統的架構圖。

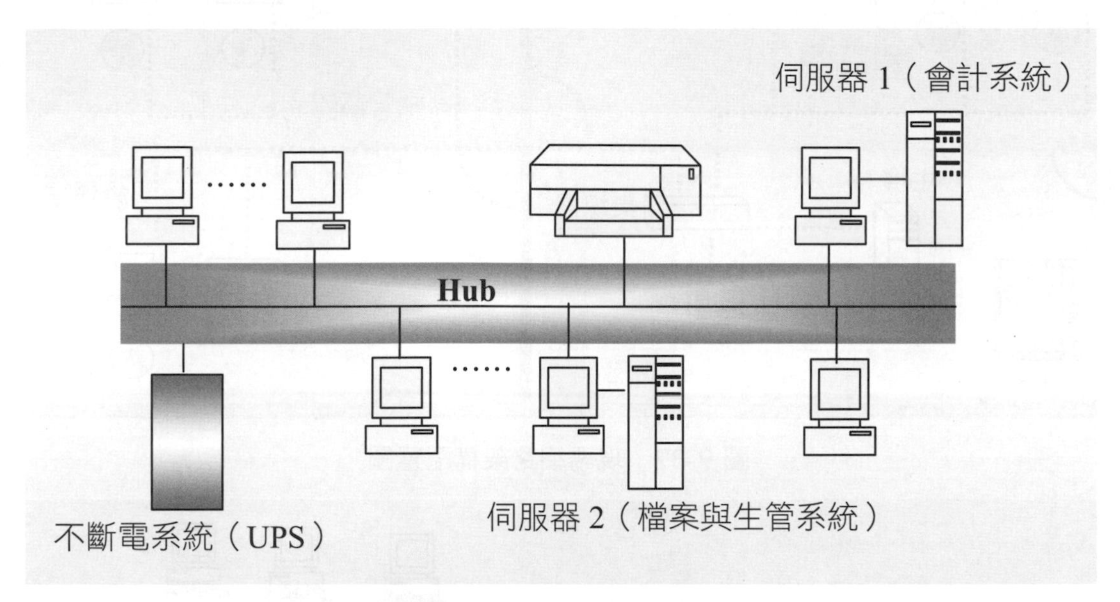

圖 9-31 系統的架構圖

因為網路的架構簡單，佈線系統可在數小時之內完成。軟硬體的架設及系統軟體的設定，也可以一同在一天內做好。公司成員可以開始使用文書處理軟體，在伺服器上存取檔案，同時透過印表機列印。

管理資訊系統的建立，可以在另一個階段中進行，最好是在公司成員熟悉網路的使用之後。網路建立之後的管理工作也很重要，包括硬體的維護、資料的備份、網路使用者與網路資源的管理等。圖 9-31 中間的灰暗部分，就是一個乙太網路的集線器，伺服器 1 與伺服器 2 可以互為備份伺服器，以增加網路的可靠度。

不斷電系統（UPS, Uninterruptible Power Service）在電源中斷時，可以繼續提供電源，一方面能防止貴重電腦設備在電源回復時受到損害，另一方面可以避免資料的破壞，同時使正常的資料處理在停電後，仍然能持續一段時間。在建置公司網路時的現場網路架構，可用圖 9-32 來表示。當公司的通訊需求增加時，網路的節點增加，若是因擴張產生了分公司，則另外還要加上廣域通訊的設計。首先就以單純的節點數目增加的情況來看，由於一個集線器上外接埠的數目有限，必須添購集線器，才能容納新增的網路節點，如圖 9-33 中的例子，就是採用多個集線器串聯，來形成一個較大的 10 Base T 乙太網路。

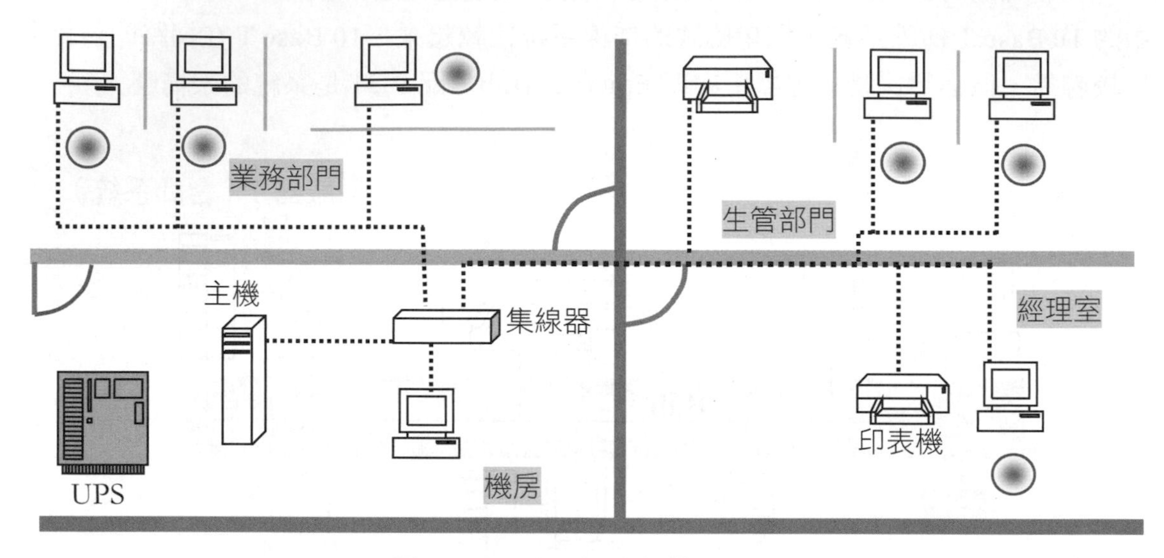

圖 9-32　現場網路架構配置圖

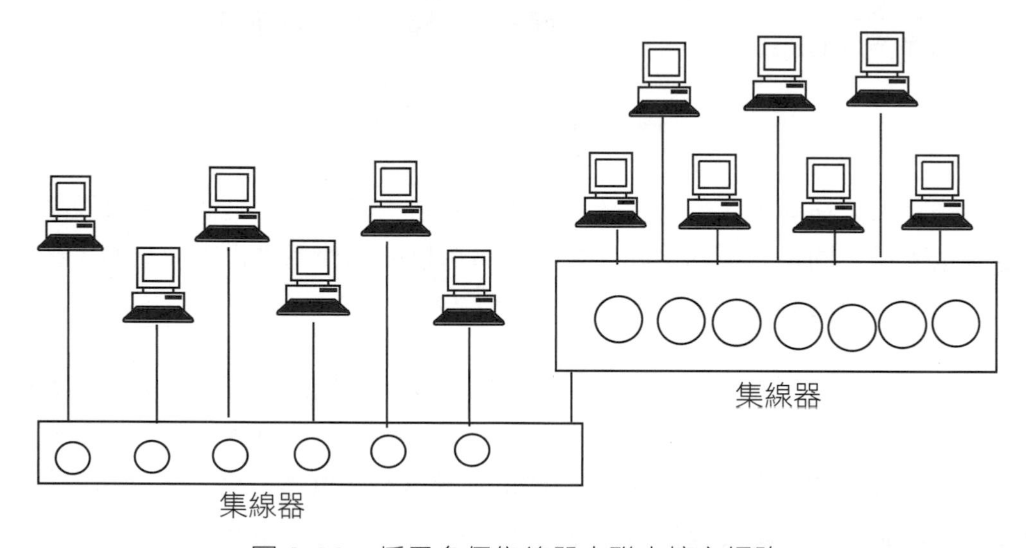

圖 9-33　採用多個集線器串聯來擴充網路

從廣域的通訊需求來看，可以有兩種選擇；一種是透過現有的電話網路，採用數據機或是 ISDN 介面，速率可達到 14.4Kbps 至 64Kbps 以上。但是每個廣域網路的連線，就占用一個門號。假如公司內廣域通訊的使用者很多，而且使用率很頻繁，透過電話網路所累積的通訊費用很高，則可考慮租用專線，專線的速率較高，通常必須付出較高的月租費，可是費用並不累積，所以對於大公司而言，可能反而比較划算。上面的設計可以重新加入無線網路的考量，看看設計出來的結果會有何差異。

9.5.2 無線橋接器（Bridge）

橋接器屬於網路連接設備的一種，可以連接多個實體上分離的區域網路，使其作用得像一個單一的網路。橋接器可以增加網路的可靠性、安全性及效率，是網際連接設備中最單純的。圖 9-34 顯示無線橋接網路的配置。無線橋接器要裝上天線（antenna），橋接器和橋接器之間進行無線通訊，橋接器本身仍舊是所在的區域網路上的一個節點。圖 9-35 顯示無線橋接器的外觀。

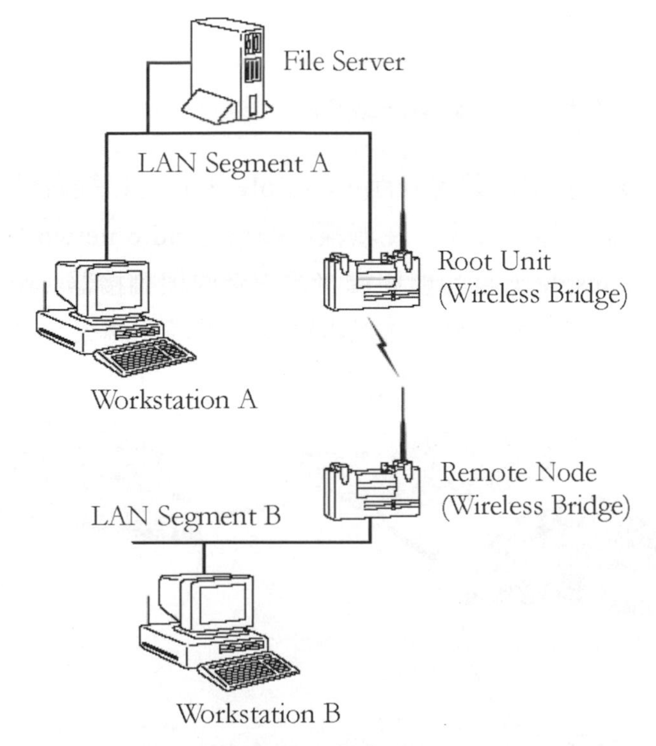

圖 9-34 無線橋接的配置（資料來源：www.cisco.com）

圖 9-35 無線橋接器的外觀（資料來源：www.cisco.com）

無線橋接器必須和區域網路相連，因此從橋接器的外觀就可以看到連接的各種介面，以圖 9-36 的例子來說，10 Base 2、10 Base 5 和 10 Base T 三種區域網路介面都能接。任何的通訊設備的介面都很重要，可以大致看出設備本身的用途與基本的規格。

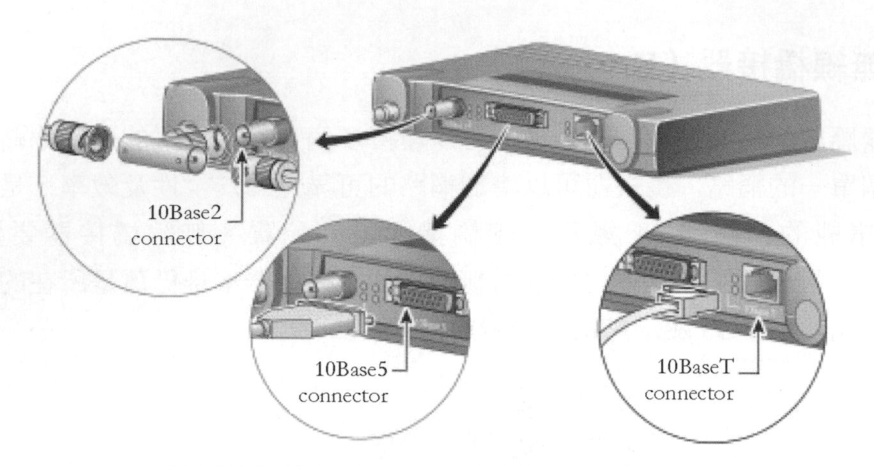

圖 9-36　無線橋接器的區域網路介面（資料來源：www.cisco.com）

圖 9-37 顯示無線橋接器的其他介面，console port 可以讓我們接上螢幕或一般的個人電腦，以便進行橋接器的設定，在無線電網路（radio network）中，橋接器可以有獨立的 IP 位址，console 介面也能將橋接器設定成根橋接器（root bridge）。由於無線電波對人體有潛在的威脅，會收送無線電波的設備應該與人員保持距離。

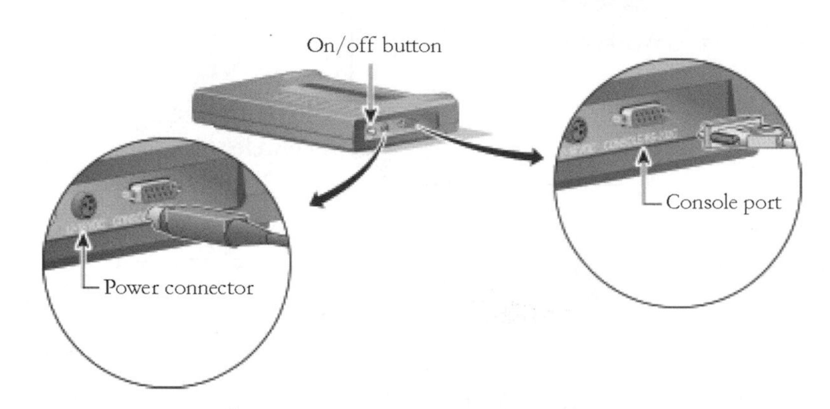

圖 9-37　無線橋接器的其他介面（資料來源：www.cisco.com）

一般的企業辦公室對於無線通訊的需求其實是相當迫切的，最常見的是當辦公室重新裝潢時往往連網路線路都要重新佈置。有時候辦公室成員位置的調整也有類似的問題。再來就是各種設備之間的線路問題，電源線已經夠讓人厭煩了，再加上印表機的纜線與電話線，有時候實在是會讓人動彈不得。

9.5.3 無線通訊改良工程的實例

無線通訊改良工程主要的目的是讓一些電磁波訊號比較難以到達的地方也能進行通訊，圖 9-38 顯示一個地下室停車場中繼器（repeater）（或稱接續器）的主機，可以接收戶外天線的訊號，送到像圖 9-39 的圓盤天線上，讓位於地下室停車場的用戶也能進行無線通訊。圖 9-40 顯示一種特殊的戶外天線，外表看不出來是天線，可以與戶外的基地台連絡，透過配線傳送到地下室停車場中繼器（repeater）的主機。

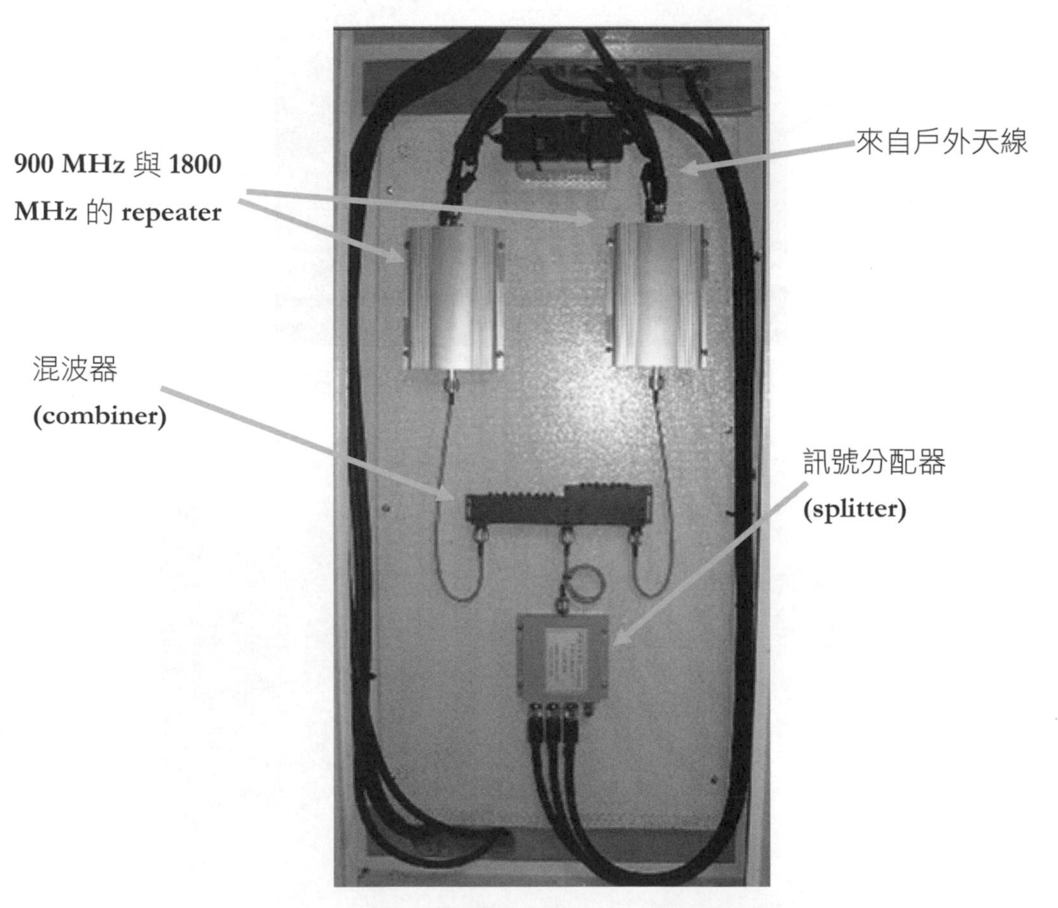

圖 9-38　中繼器（repeater）的主機

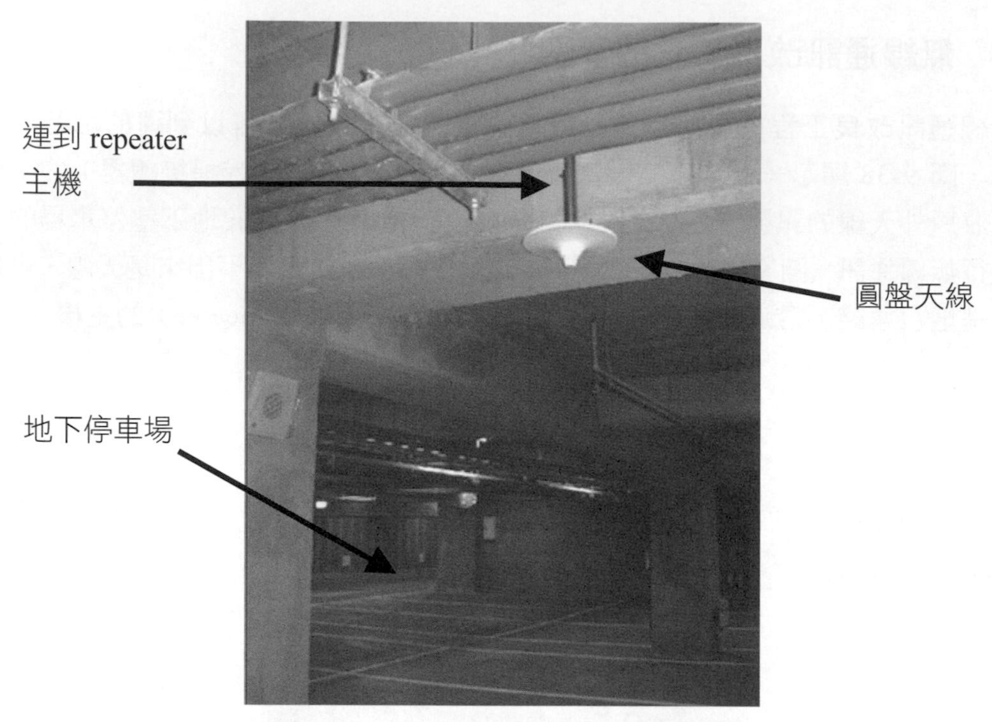

圖 9-39　地下停車場中圓盤天線的配置

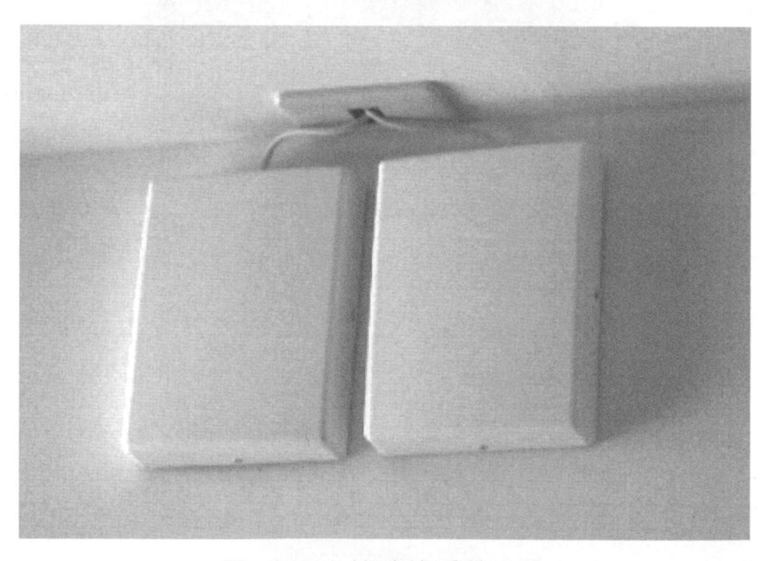

圖 9-40　特殊的戶外天線

常見問答集

Q1 什麼是無線電積體電路（RFIC, radio frequency integrated circuits）？

答：無線電積體電路的概念源自積體電路（integrated circuits），也就是把比較完整的功能包裝在積體電路中，積體電路本身可以再拿來設計更大型的電路與設備。這種做法有經濟效益，可降低成本。

Q2 什麼是遙感勘測（telemetry）？

答：遙感勘測（telemetry）是指透過電信通訊的技術將勘測的資料傳到某個定點，蜂巢式遙感勘測系統（cellular telemetry systems）（Bedell 2001, pp 310）則是利用蜂巢網路來進行遙感勘測，需要使用特殊的 modem 將訊息經由控制頻道送往 MSC，然後由 MSC 將訊號封裝(encapsulate) 在 SS7 訊息中，傳到運算平台上處理。

自我評量

1. 試著思考一下像台北市的 101 大樓會需要什麼樣的無線通訊改良工程？
2. 無線通訊網路的工程包括那些種類與項目？
3. 電塔與無線通訊網路的塔台在特徵上有什麼差異？
4. 避雷針與天線在特徵上有什麼差異？
5. 在實務上要如何分辨多向性的(omnidirectional)天線與單向性的(directional)天線？
6. 無線通訊網路的設計與有線通訊網路的設計工作有何差異？

無線通訊的世代

10 CHAPTER

本章的重要觀念

- 什麼是無線通訊的世代（generations in wireless networks）？
- 無線通訊的各世代發展了那些技術？
- 無線通訊的各世代發展了那些通訊系統？
- 無線通訊的未來世代會是什麼樣子？

依時間先後的順序來看無線通訊的發展是認識各種無線通訊網路的好方法，無線（wireless）與行動（mobile）通訊主要的差異在於使用者是否處於移動的狀態中，我們可以說無線通訊是包含行動通訊的，或者說無線通訊提供行動通訊與行動運算（mobile computing）的基礎，這樣就不會被這些名詞弄糊塗了！我們在第 8 章為無線通訊做了簡單的定義與分類，本章從時間發展的先後來介紹無線通訊系統，等到後面的章節再針對個別的無線通訊系統做比較詳細的介紹，這種方式應該可以讓大家在糾結繁雜的專門術語中整理出清楚的脈絡來！

10.1 行動通訊系統的發展

1980 年 Bell 公司開始經營 HCMTS（high-capacity mobile telephone system），後來發展成 AMPS（Advanced mobile phone service），亦即 1980 到 1990 年間的第一代類比蜂巢式電話系統，也是所謂的 1 G 的代表。這可以看成是蜂巢式行動電信

（mobile cellular telecommunications）的開始，但是行動通訊的起源更早，只不過不是蜂巢系統，而且在容量與功能上遠比不上蜂巢系統。

第二代的數位行動電話系統以 GSM（Group Special Mobile 或稱 Global Mobile System）最普遍。我們下面會針對無線通訊的世代做比較清楚的整理與介紹。現代無線通訊系統的發展在 Rappaport 的書中分成下面圖 10-1 中列出來的幾大項目。

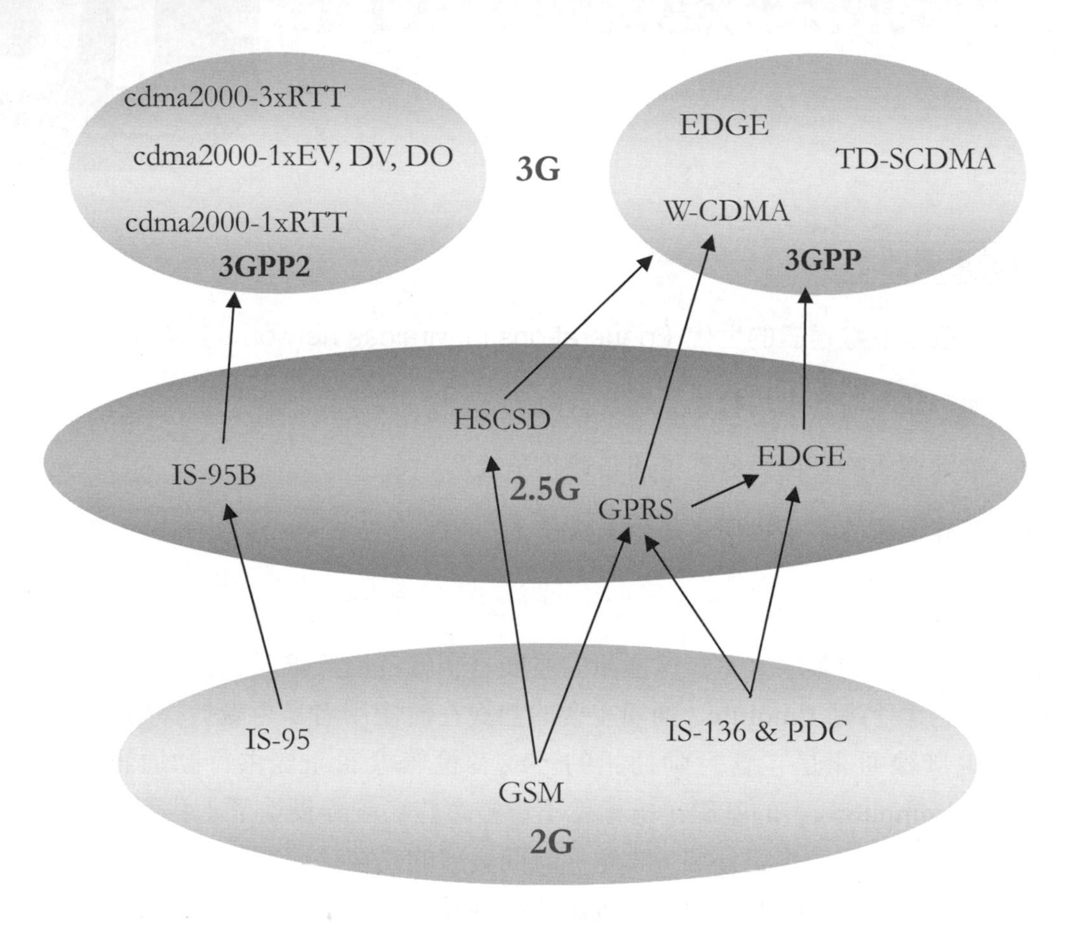

圖 10-1　從 2G 到 3G 之路（資料來源：Rappaport）

10.2 第一代（1G，First Generation）

早期的類比通訊系統算是第一代的行動通訊系統（1G），例如 1983 年源自美國的 AMPS（Advanced Mobile Phone System）系統，1985 年英國的 Total Access Communication System（TACS），或是北歐各國在 1981 年發展的 Nordic Mobile Telephone（NMT）系統，類比通訊系統採用類比式 FM 調變的無線傳訊，可將一般

300Hz-3400 Hz 的語音頻率轉換到 MHz 的高頻載波頻率，以 FDMA 多重存取的方法做頻段的利用。類比通訊的保密性不好，而且無法傳送數據資料，臺灣以前的 090 和 091 號碼就是使用 AMPS 系統。

AMPS 是類比蜂巢通訊（analog cellular communication）的標準之一。AMPS 在北美地區比較盛行，使用的頻率範圍在 800 MHz-900 MHz。AMPS 採用 FDMA 的存取技術。台灣也採用過 AMPS，像這樣的 1 G 網路系統對於頻寬的使用很沒有效率，所以未來都將逐漸被數位式的網路所取代。

第一代的無線通訊技術以類比訊號（analog signal）為主，通訊器具與設備以類比訊號波形的特徵來傳送與轉送訊號，訊號在重建與傳送的過程中，很容易失真，跟原來的訊號產生差異，假如再加上干擾等問題，將使訊號的品質受到很大的影響。數位訊號比較沒有這樣的問題。**1 G 的網路以語音通訊為主，無法支援一般資訊網路所需要的數據通訊服務。**

10.3 第二代（2G , Second Generation）

第二代的無線通訊技術與第一代的無線通訊技術比較起來，最大的差別是第二代的無線通訊技術使用數位訊號（digital signal），數位訊號是以 0 與 1 的序列來描述所要傳送的訊號，由於傳送與轉送的是數位訊號，訊號重建時誤差小，跟類比訊號比起來，數位訊號的效果好得多了！第二代的無線通訊在容量（capacity）上也遠大於第一代的無線通訊。主要的原因是同一個頻率可以按照 code division 或是 time division 的方式讓多個使用者共享，如此一來，頻寬的使用就更經濟了，蜂巢細胞（cell）可採用架構式的（hierarchical），分成所謂的 macro-cell、micro-cell 與 picocell，提昇通訊系統的容量。

第二代的行動通訊系統（2 G）以數位調變為主，歐洲電信標準協會（ETSI）制定了 GSM 通訊系統，後來成為 2G 的主流，但是仍然有些國家自己發展行動通訊系統的標準，例如日本的採用 TDMA 技術的 Personal Digital Cellular（PDC）行動通訊系統，至於美國也發展了 D-AMPS（IS-136）、窄頻 CDMA（IS-95）和 PACS 等規格。D-AMPS 也採用 TDMA 技術，韓國使用數位調變的 CDMA 技術，在這樣的進展之下，似乎是百家爭鳴，不過由於 GSM 發展的早，商業化的速度快，在 2G 的市場上佔有率有 50%以上，Nokia 和 Ericsson 就是因而成功的歐洲行動通訊大廠。

主要的 2 G 標準有那些？

2G 的主要標準有 4 個（Korhonen 2001），即 GSM（Global System for Mobile communications）、D-AMPS（Digital AMPS）、使用 CDMA 的 IS-95 與 PDC（Personal Digital Cellular）。其中 GSM 是最成功而且佈建最廣的 2G 系統。GSM 起源於歐洲，所以在美洲就沒有那麼盛行，北美的 PCS-1900 算是 GSM 衍生出來的系統，也叫做 GSM-1900。

GSM

第一個 GSM 的網路於 1991 年在芬蘭開放使用，到了 2000 年，全世界已經有超過 300 個 GSM 網路，用戶也超過 3 億人口。GSM 是一種 PCS 類型的數位無線蜂巢式網路，目前在數位無線通訊市場中占有很高的比例。GSM 提供的資料傳輸速率在 9.6 Kbps 到 14.4 Kbps 之間，GSM 算是一種漫遊（roaming）技術，用戶可位於世界各地，用戶所在區域稱為 home-calling area，到這個區域之外就進入所謂的漫遊區域（roaming area），以此做為通訊費率的標準依據。

基本的 GSM 系統使用 900 MHz 的頻段，DCS-1800（Digital Cellular System - 1800）與 PCS-1900 都是從 GSM 衍生出來的。使用 1800 MHz 的頻段大幅提昇了系統的容量，在人口稠密的地方很受歡迎。不過 1800 MHz 的涵蓋範圍比 900 MHz 要小，因此有所謂的雙頻（dual-band）手機，在兩個頻段範圍內都能使用。ETSI 也發展出 GSM-400 與 GSM-800 的規格，400 MHz 的頻段特別適合廣大區域的通訊，可用來彌補高頻 GSM 在人口稀少地區的不足之處。GSM-400 使用的頻段和 NMT-450 一樣，所以已經建置 NMT-450 的地區若要建置 GSM-400，必須先停止 NMT-450。

由於 GSM 的資料傳輸速率僅有 9.6Kbps 或 14.4Kbps，系統廠商開發 GPRS（General Packet Radio Service）來彌補這樣的缺點，GPRS 採用封包交換技術，能在 GSM 原有的無線電頻道上有效地傳送資料與控制訊號。以單一的頻道傳送 9.05Kbps-21.4Kbps 的速率來看，GPRS 可使用 8 個頻道，因此最高速率可達 171.2Kbps。

D-AMPS

D-AMPS 有時也稱為 US-TDMA，與 AMPS 相容（backward compatible），D-AMPS 使用數位的控制頻道 DCCH（Digital control channel），AMPS 使用的是類比的控制

頻道。D-AMPS 最早是在 IS-54 標準中定義的，IS-54 後來衍生為 TIA/EIA-136-C 的標準。

IS-95

IS-95 是由 Qualcomm 公司發展出來的，有時候直接以 CDMA 稱之，在存取技術上是以編碼來區分不同的傳輸（transmissions），讓相同的頻道能被多人共用。使用 CDMA 的系統比較少，IS-95 算是相當知名的，在很多國家都有採用，尤其是南韓。

PDC（Personal Digital Cellular）

PDC 是日本的 2G 標準，本來叫做 JDC（Japanese Digital Cellular），為了也能在日本以外的地區通用，所以改名為 PDC。不過後來 PDC 仍然只是在日本被採用。PDC 的規格是 RCR STD-27，使用 800 MHz 與 1500 MHz 兩個頻段，可以在數位或類比的模式下作業。PDC 的實體層次參數與 D-AMPS 相似，協定堆疊則類似 GSM。

其他與 2G 相關的技術

通常我們討論 2G 時也會談到數位無線電話系統（digital cordless systems），例如 CT2、DECT（Digital Enhanced Telecommunications）與 PHS（Personal Handyphone System）。這些系統通常是由基地台與一些手持通訊器具所組成的，基地台本身會連到其他的網路，涵蓋的通訊範圍也比較小。CTS（Cordless Telephone System）可以讓 GSM 的手機在家裡當成一般的無線電話來使用。

10.4 第 2.5 代（2.5 G）

2.5 G 位於 2 G 與 3 G 之間，我們可以把 2.5G 的系統看成是由 2G 昇級過來的，在技術上有時候很難訂出 2G 與 2.5G 的分野，2.5 G 的技術所支援的資料速率可以達到 100 Kbps，2.5 G 與 3 G 的技術對於行動商務將有極大的推升作用。以下幾種系統一般是歸屬於 2.5G 的通訊系統。

1. HSCSD（High Speed Circuit-Switched Data）：HSCSD 是屬於 2.5G 的技術，採用電路交換（circuit-switched），加強 GSM 網路並且將資料速率增加到 115 Kbps，HSCSD 使用的存取技術是 TDMA，與 HSCSD 類似的技術為 EDGE 與 GPRS。由於 HSCSD 採用電路交換的技術，即使沒有在傳送資料，依然會占用線路，不過對於即時性（real time）的應用來說，這倒是一種優點。HSCSD 的另一個問題是手機製造商多半計畫進入 GPRS 的領域，比較不願意涉入 HSCSD 手機的製造。

2. GPRS（General Packet Radio Service）：GPRS 也是一種 2.5G 的技術，可以加入現有的 GSM 網路，提高效能與傳輸速率，GPRS 支援的資料速率可達到 168 Kbps，GPRS 使用所謂的資料封包通道（packet data channel）在網路上傳送資料。GPRS 採用封包交換（packet-switched）的技術，在無線電頻道的使用上比較有效率，需要傳送資料時才會占用通訊管道。GPRS 系統的建置對於現有系統的更動比較大。不過一旦建立了 GPRS 系統，要進入 3G 的領域就很容易了。

3. EDGE（Enhanced Data Rates for Global Evolution）：EDGE 可以在 GSM 網路中與 GPRS 和 TDMA 並用，資料速率可達到 384 Kbps。與 EDGE 競爭的技術包括 W-CDMA 與 UMTS。EDGE 使用所謂的 8PSK（eight-phase shift keying）的調變技術，使標準的 GSM 的資料速率提昇為原來的 3 倍。不過原來的 GMSK（Gaussian minimum shift keying）仍然可以使用，對於大區域的範圍來說，還是要使用 GMSK。EDGE 與 GPRS 合用會形成 EGPRS（Enhanced GPRS），ECSD 則是 EDGE 與 HSCSD 混合使用的結果，資料速率可達到原來 HSCSD 的 3 倍。

4. IS-95B：前面幾項技術都著重於將 GSM 昇級到 2.5G，事實上其他的 2G 技術也需要昇級。例如 IS-136 可以透過 EDGE 來昇級，GPRS 也可以在 IS-136 中建置。IS-95 支援的資料速率為 14.4 Kbps，昇級到 IS-95B 以後可以達到 64 Kbps。IS-95C 則可達到 144 Kbps 的速率。

5. cdma 2000[1]：cdma2000 屬於 2.5G 的技術，是數種技術的統稱，即 CDMA 1xMulti-Carrier、1x-EV One（1xEV）、1xEV-DO 與 CDMA 3xMulti-Carrier，這些技術在資料速率上與所用的頻率上有差異。

[1] 有時候會把 EDGE、cdma2000 等技術歸屬於 2.75G。

10.5 第三代（3G，Third Generation）

3G 的發展目標在於支援更多元化的網路應用與更高的資料傳輸速率，歐洲的 ETSI 主導發展的 3G 系統叫做 UMTS（Universal Mobile Telecommunications System），為了加速標準的定義，UMTS forum 於 1996 年成立（網址：www.umts-forum.org），目前發展比較快的是 WCDMA（Wideband Code Division Multiple Access）的技術，可以擴充現有的 CDMA 網路的容量與傳輸速率，ITU 針對 WCDMA 提出來的標準是 IMT-2000 標準的一部分，一般也都歸屬於 UMTS（Universal Mobile Telecommunications System）的標準。

第三代的行動通訊系統（3 G）是已經發展成熟的行動通訊標準，國際電信聯盟（ITU, International Telecommunication Union）發表了 IMT 2000（International Mobile Telecommunications 2000），當作第三代行動通訊系統的標準，強調手機要同時具有語音與數據傳訊的功能，高達 2 Mbps 的傳輸速率，不過 IMT 2000 並沒有訂出具體的規格，各種行動通訊的組織開始向 ITU 提出規格上的建議，其中主要的差異在於寬頻的存取技術，相關的建議包括 WCDMA、cdma2000 和 TDMA，隨著技術規格的出現，行動通訊的組織與業者也開始結盟，以便擴大影響力，例如 3GPP 協會（The Third Generation Partnership Project），可從 www.3gpp.org 找尋相關資料，或是 3GPP2 協會（www.3gpp2.org），市場上逐漸形成支持 WCDMA 技術的 3GPP 和支持 cdma2000 技術的 3GPP2 兩大主流。3GPP 的主要目標是以 ETSI 的 UTRA（Universal Terrestrial Radio Access）radio interface 與 enhanced GSM/GPRS Mobile Application Part（MAP）core network 為基礎，發展 3G 系統的規格。歐系的發展傾向於將 GSM 昇級到 WCDMA 的寬頻行動通訊，美國 Qualcomm 大廠則推動 cdma2000。

圖 10-2 顯示 UMTS 開始時對於無線電頻寬分配的規劃，歐洲與日本的規劃很類似，美國由於之前已經把部分的頻段分配給 2G 的 PCS 網路，因此北美地區的電信業者對於 cdma2000 與 EDGE（EGPRS-136HS）比較感興趣，這些標準與 IS-95B 或 D-AMPS 都相容（backward compatible），可以同時存在於相同的頻段上。IMT-2000 分配到的頻段為 1885-2025 MHz 與 2110-2200 MHz，IMT-2000 的衛星部分分配到的是 1980-2010 MHz 與 2170-2200 MHz。這些分配會隨著各種相關的發展而改變。

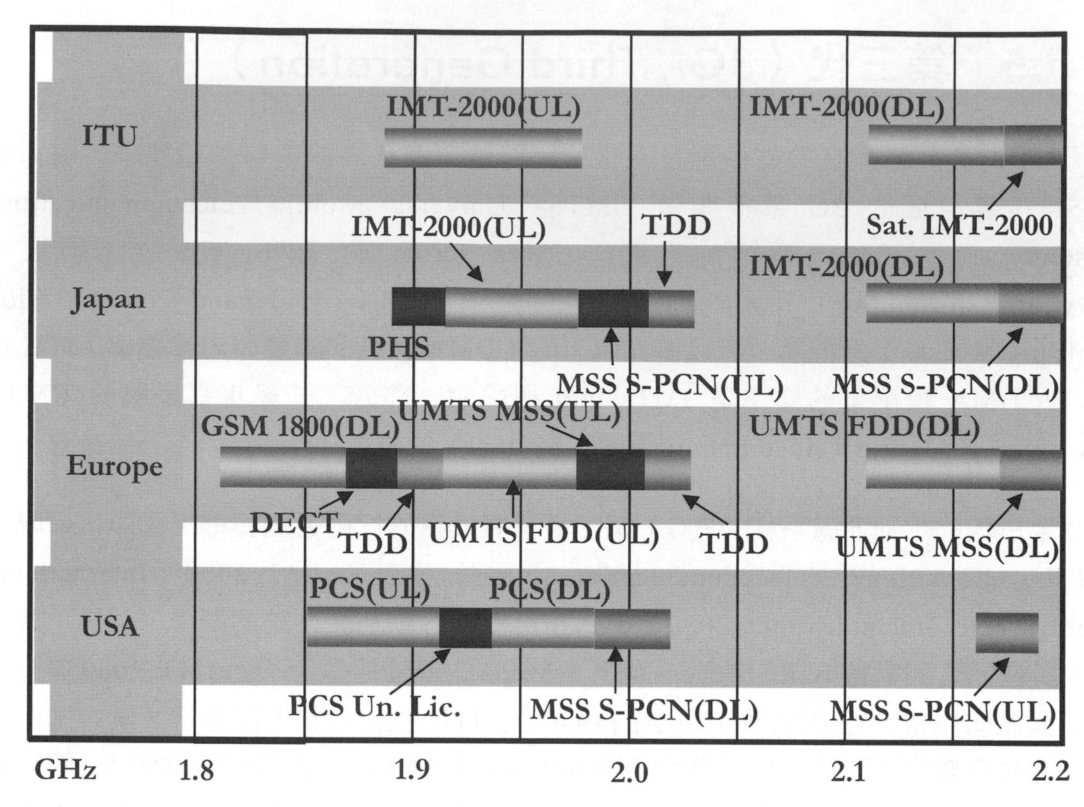

圖 10-2　IMT-2000 的頻譜分配（spectrum allocations）（Korhonen 2001, pp 10）

10.5.1　各種已經發展出來的 3G 標準

新的無線通訊世代的來臨不只需要通訊環境的建設，還要有內容與應用的提供，以及價格經濟的用戶設備，這些都是 3G 進展的過程中值得觀察的指標。

WCDMA（Wideband CDMA）

在定義上，WCDMA 的頻寬為 5 MHz 或更多，所有 3G WCDMA 的提案都是以 5 MHz 為 WCDMA 的標準頻寬，主要的原因如下：

1. 5 MHz 的頻寬已足以支援 144 Kbps 與 384 Kbps 的資料速率，甚至還能達到 2 Mbps。
2. 頻寬原本就是稀有的資源，尤其是很多頻段已經被 2 G 的系統所使用。
3. 5 MHz 的頻寬可以比更窄的頻寬解決更多的多路徑的問題，增加系統的效能。

3G WCDMA 的無線電介面可以分成網路同步（network synchronous）與網路非同步（network asynchronous）兩部分。在同步網路中，所有的基地台在時間上同步，如此一來，系統會更有效率，但是會造成基地台設備成本的增加。網路非同步就沒有上述的要求。ETSI/ARIB 是最受歡迎的 3G 提案，有許多電信大廠都支持，後來改名為 UTRAN（Universal Terrestrial Radio Access）。UTRAN 系統使用 WCDMA，對於 GSM 的業者來說，由於 UTRAN 的核心網路（core network）以 GSM MAP 網路為基礎，在 3G 建置的投資上可以節省不少成本。而且一旦 UMTS 網路開始運作，所有的 GSM 服務都會繼續存在。

進階的 TDMA（Advanced TDMA）

1990 年代時有些研究探討進階的 TDMA，當時歐洲在 3G 的研究上也偏向 TDMA 系統，不過最後只有 UWC-136 成為 TDMA 3G 的提案，目前看起來即使未來 UWC-136 被採用，也僅限於在北美地區使用。UWC-136 與 IS-136 相容，使用 30 KHz、200 KHz 與 1.6 MHz 的頻率，最窄的頻寬 30 KHz 與 IS-136 一樣。200 KHz 的部分使用的參數與 GSM EDGE 一樣，支援 384 Kbps 的資料速率。主要供戶外與交通工具上使用。1.6 MHz 供室內使用。資料速率可達 2 Mbps。北美地區的 IS-136 業者支援 UWC-136。

混合式的 CDMA/TDMA（Hybrid CDMA/TDMA）

歐洲的 FRAMES 計劃探討混合式的 CDMA/TDMA（Hybrid CDMA/TDMA），把每個 TDMA 的框架（frame）分成 8 個時槽（time slot），每個時槽再利用 CDMA 來讓多頻道多工使用，這樣的技術可以與 GSM 相容。不過這項發展已經不再受到支持，因為 UTRAN TDD 的模式實際上就是一種混合式的 CDMA/TDMA 系統。歐洲的太空組織（European Space Agency）發展的衛星 3G 提案也是以混合式的 CDMA/TDMA 為基礎。

OFDM

OFDM 以多載調變（multicarrier modulation）的技術為基礎，資料流可以分成數個位元流（bit stream），每個位元流的速率都低於原來的資料流，各位元流用來進行多載調變。數位音訊廣播（DAB, digital audio broadcasting）就是以 OFDM 為基礎，Hiperlan 2 與 Wireless ATM 也都考慮使用 OFDM，OFDM 本身可以建立在 TDMA 或 CDMA 之上，有以下兩項主要的優點：

1. 彈性（flexibility）：在細胞層次（cell layer）上，每個收發器（transceiver）都能存取每個次載波（subcarrier）。
2. 容易做到均壓平衡（equalization）：OFDM 的符號比最大的延遲散佈（maximum delay spread）要長，形成平坦漸弱（flat fading）的頻道，容易做到均壓平衡。
3. OFDM 的缺點是功率（power）上的問題。Telia 曾經對 UMTS 提出以 OFDM 為基礎的無線電介面，也曾在 ETSU 的 Gamma group 探討過，但未成為 IMT-2000 選擇的規格中所採用的技術。

IMT-2000

3G 領域裡常聽到 IMT-2000，IMT-2000 是所有 3 G 系統的總括規格（umbrella specification），原本 ITU（International Telecommunication Union）只想發展出一個全球大家公認的 3G 規格，但是在技術與政治性的因素下才會形成目前的局面。表 10-1 列出各種 3G 的無線電介面技術。

表 10-1　各種 3G 的無線電介面技術

名稱	發展的組織
UWC-136/ATDMA	USA ITA TR-45.3
WIMS W-CDMA/WCDMA	USA TIA TR-46.1
NA W-CDMA	USA T1P1-ATIS
cdma2000/WCDMA	USA TIA TR-45.5
SAT-CDMA/49 LEO	South Korea TTA
DECT Terrestrial	ETSI Project EP DECT
TD-SCDMA	China ATT
SW-CDMA	European Space Agency
W-CDMA/WCDMA	Japan ARIB
UTRA UMTS	ETSI SMG2

上面這些提案的發展紛歧，有的逐漸沒落，有些試著合併，所以 3G 領域的變化還相當大。目前最重要的是合併以後的 ETSI/ARIB WCDMA 提案，也稱為 UTRA FDD，由 3GPP 負責發展，另外兩個比較重要的 3G 標準是 UMW-136 與 cdma2000。

10.5.2 發展 3G 標準的組織

3G 標準的發展對於 3G 的建置有非常大的影響，目前各種提案已經逐漸地合併或整合，讓市場有比較明確的發展方向，我們下面介紹的是主導 3G 標準化的兩個重要的組織：3GPP 與 3GPP2。

3GPP

3GPP 以 UTRA 無線電介面（radio interface）為發展的基礎，同時以加強的 GSM core network（即 GSM MAP）為主。3GPP 也負責未來 GSM 規格的發展。3GPP 的合作夥伴包括 ETSI、ARIB、T1、TTA、TTC（Telecommunication Technology Committee）與 CWTS（China Wireless Telecommunications Standard）。UTRA 系統包括 FDD（frequency division duplex）與 TDD（time division duplex）兩種模式。在 FDD 模式中，上傳連結（uplink）與下載連結（downlink）使用個別的頻段。載波頻寬（carrier bandwidth）為 5 MHz，載波分成 10 ms 的無線電框（radio frame），每個無線電框再分成 15 個時槽（time slot）。UTRAN 的 chip rate 為 3.84 Mcps。在 TDD 模式中，上傳連結（uplink）與下載連結（downlink）使用相同的載波。15 個時槽可以在上傳與下載的方向有彈性地分配。UTRAN 含有 3 種頻道的概念：實體頻道（physical channel）、傳輸頻道（transport channel）與邏輯頻道（logical channel）。

3GPP2

3GPP2 倡導 cdma2000 的系統，也是以 WCDMA 的技術為基礎。在 IMT-2000 的定義裡，其實 cdma2000 就是 IMT-MC。3GPP 與 3GPP2 有什麼主要的差異呢？在空氣介面規格（air interface specification）上，3GPP 發展全新的規格，不受限於已經存在的標準，3GPP2 則試著與 IS-95 系統相容，因為在北美地區 IS-95 系統已經使用了分配給 3G 的頻段，假如新系統能在相同頻段上共存，則轉換到 3G 會容易多了。cdma2000 使用的 core network 為 IS-41，與 IS-95 用的一樣。

cdma2000 的 chip rate 並不固定，這一點與 UTRAN 不同。cdma2000 的 chip rate 是 1.2288 Mcps 的整數倍，最大可達 14.7456 Mcps。cdma2000 中有兩種頻道：

1. 實體頻道（physical channel）：實體頻道存在於空氣介面（air interface）中，由頻率與散佈碼（spreading code）定義。

2. 邏輯頻道（logical channel）：定義什麼樣的資料可以在實體頻道上傳送，數個邏輯頻道可對應到一個實體頻道。

3GPP2 的成員包括 ARIB、CWTS、TIA、TTA 與 TTC。3GPP 與 3GPP2 有些相似的特徵，訂出的規格也都歸屬於 IMT-2000，不過兩者是不相容的。圖 10-3 顯示 UMTS 標準化的程序，可以看到 3GPP 所扮演的核心角色，OHG（Operators' Harmonisation Group）則致力於化解各種規格的不相容性。

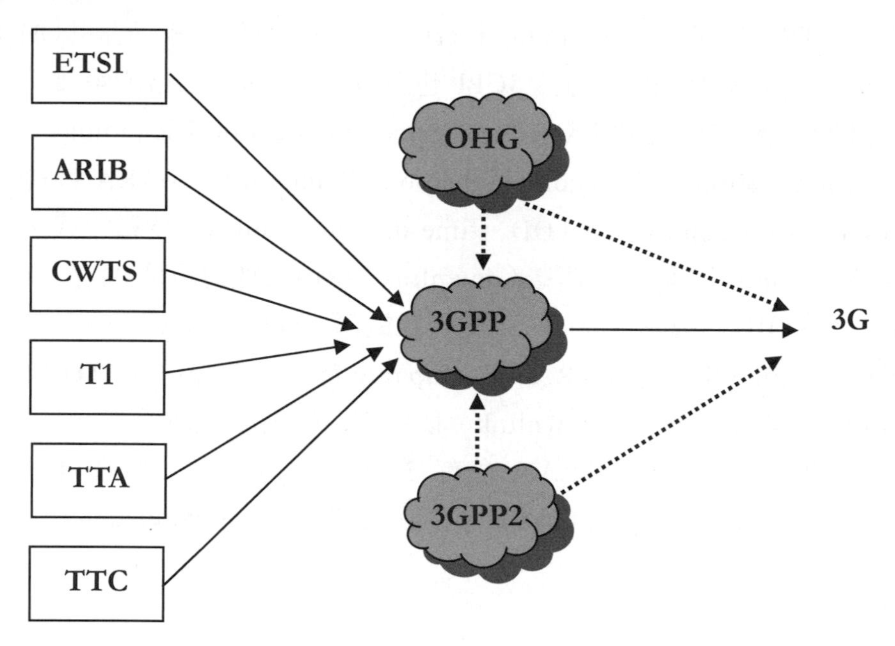

圖 10-3　UMTS 標準化的程序

10.6 3.5G

3.5G 所指的技術是 HSDPA（high-speed downlink packet access），HSDPA 是高速封包存取（HSPA，high-speed packet access）協定家族的成員之一，HSPA 協定家族是針對行動電訊發展出來的，包括 HSDPA、HSUPA，以及發展當中的 HSOPA 協定，主要的目標是擴充以及加強 UMTS 的協定。

HSDPA 可以支援比較高的行動電話資料下載速率，包括 1.8Mbps、3.6Mbps、7.2Mbps，以及 14.4Mbps 等。HSDPA 的第 1 個發展階段在 3GPP release 5 的文件中有記載，描述 HSDPA 的基本功能以及希望達到的 14.4Mbps 下載速率，導入的技術包括 HS-DSCH（high-speed downlink shared channels）、adaptive modulation QPSK、16 QAM，以及 MAC-hs（high-speed medium access protocol）。

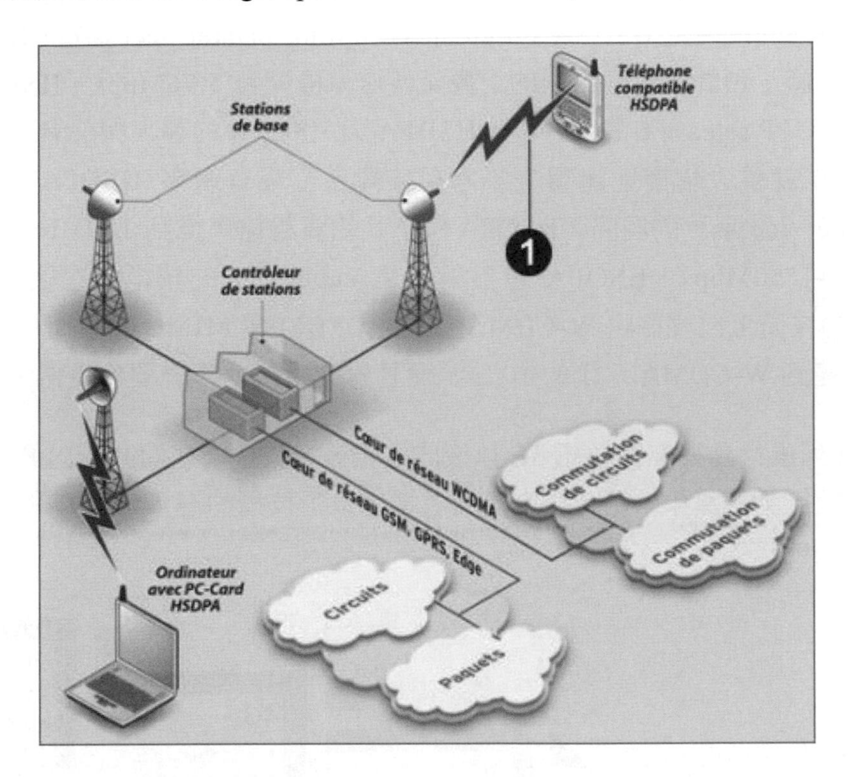

HSDPA 的第 2 個發展階段記載於 3GPP release 7 的文件中，也叫做 HSPA Evolved，預計達到的資料速率是 42Mbps。導入的技術包括集束（beamforming）與 MIMO（multiple-input multiple-output communications）。集束的技術可以把天線傳送的能量集中在指向接收端的特定空間中。第 2 個階段的 HSDPA 預計在 2008 年可以部署開始使用。

增廣見聞

MIMO 是一種陣列天線（antenna array）的技術，在通訊的傳送端與接收端使用多個天線，由於無線電波會受到多路徑衰減（multi-path fading）的影響，降低通訊的效率，MIMO 可以同時建立多個通訊的管道，增加了通訊的容量（capacity），讓多路徑衰減的影響降低。

10.7 3.75G

3.75G 所指的技術是 HSUPA（high-speed uplink packet access），HSUPA 也是 HSPA 協定家族，預計將行動通訊的上傳資料速率提昇到 5.76Mbps。HSUPA 協定的規格記載於 3GPP release 6 的文件中。HSDPA 與 HSUPA 的導入與部署的速度很快，預計近一兩年就會大幅度地建置，不過在技術上已經有未來 HSOPA（high speed OFDM packet access）的發展，HSOPA 將下載的資料速率推到 100Mbps，上傳的資料速率則推到 50Mbps，HSOPA 也被稱為是 super 3G 的技術，在通訊介面（air interface）的技術上已經擺脫 W-CDMA，採用 OFDM 與 MIMO 的技術，支援的使用者人數可以達到 W-CDMA 系統的 10 倍，而且對於手機功率的要求更低。

圖 10-4 列出行動與無線通訊 3G 以後的進化，這些技術在短時間內發展出完整的規格、內建於行動器具中，並且在電信業者端也做了技術的導入，3.5G 與 3.75G 是真的有實際運用的技術。

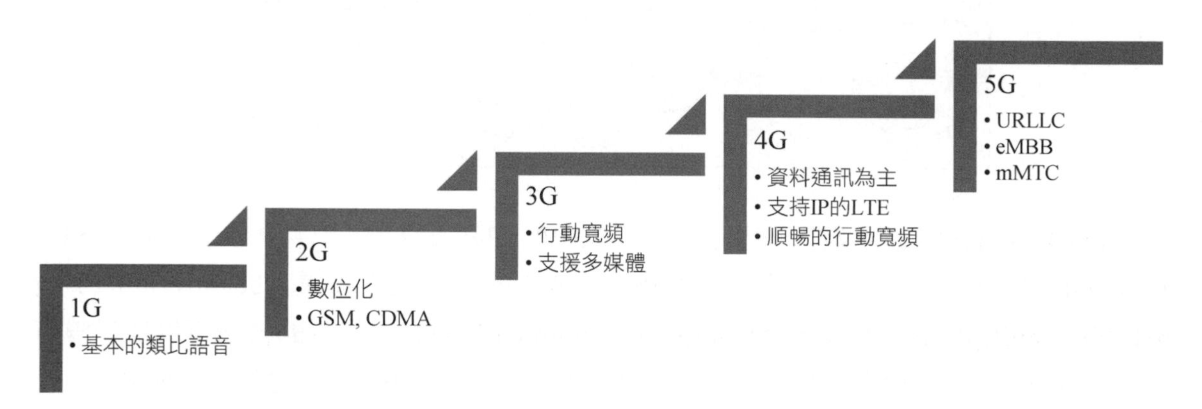

圖 10-4　行動與無線通訊 3G 以後的進化（資料來源：www.mobuild.nl）

增廣見聞

3G、3.75G，以及 super 3G 的發展偏向於在現有的蜂巢網路基礎上加強通訊的功能與服務，所以行動通訊的業者在導入上不必面臨短期內大幅的資本支出，對於用戶來說卻有蠻顯著的改變。無線數據通訊的另外一個發展脈絡是從 802.11、Wi-Fi 到 WiMax，大家常聽到的公眾無線網路、熱點（hot spot），或是無線網路城，除了使用的通訊頻率、技術有差異之外，原本應用的方向也有區隔，但是隨著技術的進步與通訊設施的擴建，兩個領域的應用與用戶有大幅重疊的現象。

10.8 什麼是 4G、5G、B5G 與 6G？

4G 原本也被看成是 3G 以後（beyond 3G）的發展，但是一直沒有辦法有明確的定位，因為目前可見的技術還沒有達到 4G 所要求的目標。4G 的發展來自行動與無線通訊應用的需求，希望能夠達到這些應用所要求的服務品質（QoS，quality of service）。所謂 4G 的應用包括無線寬頻（wireless broadband）、多媒體簡訊（MMS，multimedia messaging service）、視訊對話、數位視訊廣播（DVB，digital video broadcasting）等。4G 希望達到的資料傳送速率是 100Mbps 與 1Gbps 以上。

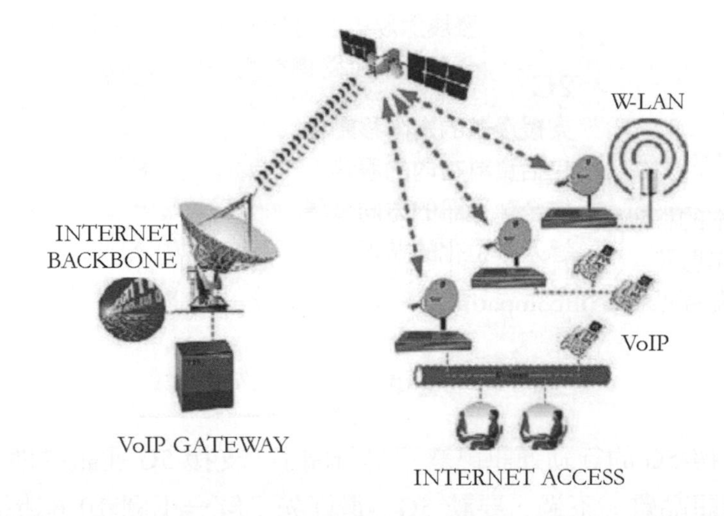

圖 10-5 顯示蜂巢網路發展的世代，從 2G 到 3G 的發展，我們可以發現並不是馬上就達成的，技術的變動與市場上的競爭，都會影響未來的發展。5G 的晶片技術支持高通訊效率與低功率耗用，射頻運用封裝天線（AiP，Antenna in Package）與功率放大器及收發器的整合，採用大量天線陣列（Massive MIMO）技術，並發展 5G/4G 整合技術、5G/WiFi 整合技術，與微波/毫米波整合技術。5G 的技術預計將能以 10Mbps 的資料速率支援數萬用戶，並且以 1 Gbps 的資料速率支援較小區域的用戶。覆蓋率與頻譜效率遠高於 4G。

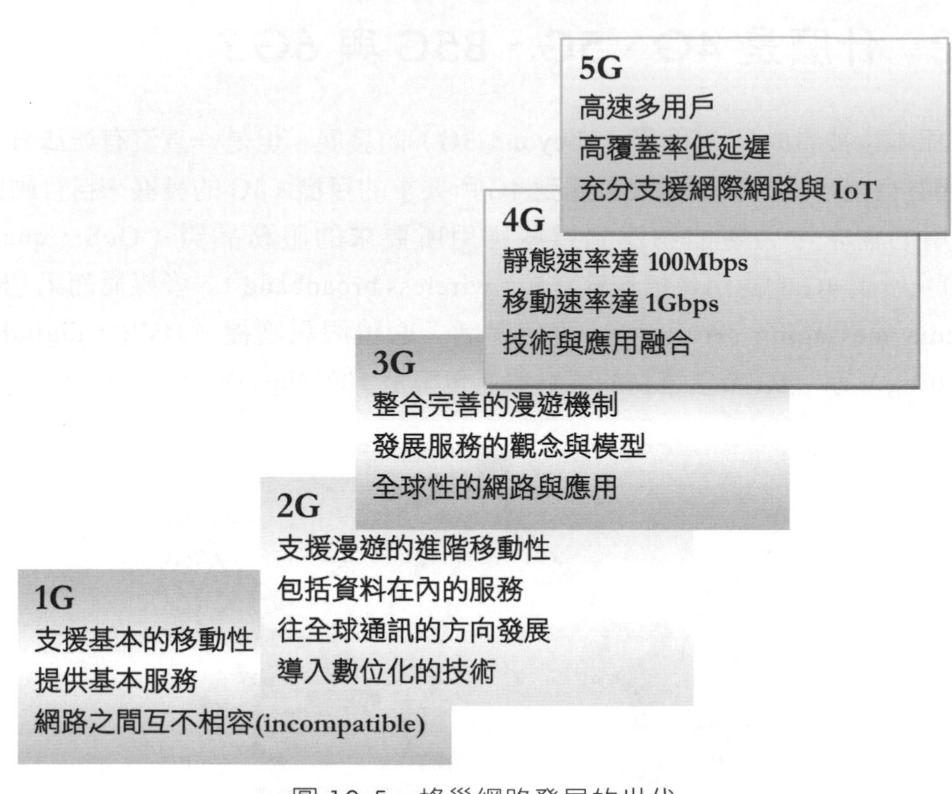

圖 10-5　蜂巢網路發展的世代

現在手機支援 5G 的行動通訊已經不是新聞了，支援 5G 通訊的地方，很明顯的能享受比較好的通訊品質。不過，要談 5G，最好先了解一下圖 10-6 所揭示的過去行動通訊發展的重要里程碑。倒是有一個值得觀察的現象，就是以行動電信業者來說，似乎逐漸的以工業導向的用戶為主體，有別於過去完全以個別的終端用戶為主。

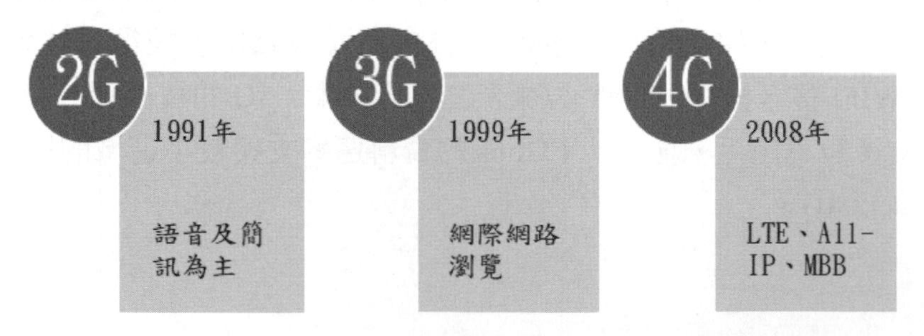

圖 10-6　過去行動通訊發展的重要里程碑

5G 的架構包括兩個主要的部份：也就是「new Radio Network」（NG-RAN）（支援 New Radio，亦稱 NR），以及「5G Core Network」（5GC），兩者跟之前的技術都有很大的差異。

5G 嘗試提供三種服務等級，這當然是來自客戶的商業模型需求，我們可以預期未來行動通訊會持續跟著新的需求變化而發展，可參考（Rommer, et. al. 2020）的內容：

1. 加強式的行動寬頻（eMBB）：eMBB 是 Enhanced Mobile Broadband 的縮寫，針對使用人口密集的都會地區，並且要把室內下行的速率（downlink speed）提升到接近 1 Gbps（gigabits-per-second），室外則提升到 300 Mbps（megabits-per-second）。
2. 大型的機器類型的通訊（mMTC）：mMTC 是 Massive Machne Type Communications 的縮寫，對於 M2M（machine-to-machine）以及務聯網（IoT，Internet of Things）的應用來說，降低對現有無線服務的負荷。
3. 超級穩定且短延遲的通訊（URLLC）：URLLC 是 Ultra-Reliable and Low Latency Communications 的縮寫，對於某些應用來說，通訊速率需求不高，但是端對端的延遲（end-to-end latency）要達到 1 ms 或更短。

以 5G 的部署來說，美國的 Verizon 與 AT&T 在 2018 與 2019 年已經開始進行，eMBB 也在 2019 年上半年開始有國家進行部署。有關於 5G Core 的規格，可以在 3GPP Rel-15 及 Rel-16 找到。

5G 的核心網路以及無線電網路是一起設計的，不考慮與之前的無線電存取網路相容，也就是 GSM、WCDMA 與 LTE。過去這些世代會把 core network 與 radio network 的功能分開看，然後發展新的協定連接 core network 與 radio network。例如 GSM（2G）使用 Frame-relay 為基礎的介面，叫做 Gb，WCDMA（3G）使用受 ATM 影響的介面，叫做 lu，LTE（4G）使用 IP 為基礎的 S1 介面。5G 的想法是所謂的 access-independent interface，直接定義 core network 與 radio network 之間的介面，稱為 N2 與 N3。目前 5G 已經是部署好且提供服務，6G 的技術則仍在研發中。

10.9 各世代特徵的整理

行動與無線通訊各世代之間有相當密切的關聯，有時候技術實在發展的太快，有的技術普及、有的技術被淘汰，讓人目不暇給，同時也衍生出這個領域裡頭層出不窮的專有名詞。真的要追溯行動無線通訊世代得從 0G 開始說起，表 10-2 整理出各世代的主要特徵與發展。

表 10-2　行動無線通訊各世代的主要特徵與發展

世代	大約年代	主要特徵	主要的發展
0G	1946-1972	行動無線電話（mobile radio telephone）	PTT、MTS、IMTS、AMTS
1G	1980 年代	類比式蜂巢無線電話（analog cellular phones）	NMT、AMPS、TACS
2G	1982	數位式蜂巢無線電話（digital cellular phones）	GSM、D-AMPS、cdmaOne
2.5G	1999	封包交換數據通訊	GPRS
2.75G	2003	加強封包交換數據通訊	EDGE、CDMA 2000
3G	2003	網際網路通訊與視訊服務	W-CDMA
3.5G	2003	加強資料傳輸速率	HSDPA
3.75G	2003 以後	加強資料上傳的速率	HSUPA
4G	2003 以後	透過 IEEE 802.11 ac 以及 LTE-Advanced 建構的寬頻無線網路環境	WiMax、LTE、LTE-Advanced、OFDM、MIMO
5G	2018	28 GHz 毫米波（mmWave）通訊	512 QAM 或 1024 QAM
6G	2030	Terahertz（THz）的資料傳輸	資料速率比 5G 提升 1000 倍，網路延遲由毫秒（ms）降到微秒級（100 μs）

從表 10-2 可以發現，無線數據通訊大約到 2000 年以後才慢慢成熟，到 2007 年才達到比較能接受的資料速率，所以使用 3G 手機的人會感受到一些行動通訊在資料方面的進階應用，例如視訊或是多媒體資料的分享，但是資料速率太慢。因此 3.5G 對於下載速率的加強、以及 3.75G 對於上傳速率的提昇，解決了當時行動通訊的資料速率問題。到了 4G 以後，資料速率對於各種行動應用來說，已經不再是問題，這讓行動通訊的應用有更大的發揮空間。

10.10 無線生活的源起

上網對於現代人來說已經變得越來越有必要了，工作上有時可能要立即接收檢視電子郵件、平時也可能有人臨時要我們上網確認一些資料，也有人在外地開會時喜歡一邊用電腦記錄討論的內容、一邊參考網站上的資料。還有人即興地行動上網連上 Youtube，下載播放喜歡的歌曲一起唱，輕鬆一下。不管何時何地似乎都有上網的需要，上網以後就可以在網際網路上四處遨遊，有人說網路的使用已經從「anytime anywhere」變成「all the time, everywhere」。

透過網頁可以查詢電信業者提供的行動上網服務的涵蓋率以及支援的資料上傳與下載速率，幾乎全國都有，雖然通訊品質各地不同，但是至少真正達到隨處能夠上網的目標。對於一些偏遠地區來說，無線通訊省下了佈置實體線路的麻煩。不管人在國內或是國外，

10.11 建立無線通訊系統的常識

無線對講機也是很多人都很熟悉的無線通訊方式，無線對講機是由多人使用同一個頻道，只要有一個人說話，其他人都能聽到，沒有隱密性，而且無法撥接外線電話。蜂巢式無線電話採用蜂巢式架構的規劃，關鍵在於不同蜂巢（cell）間可重複使用相同的頻率，以增加頻譜的使用效率。而且可以降低每個基地台的發射功率，增加系統的通道容量。

漫遊（Roaming）是指無線交換機可以在電波涵蓋範圍內，任選一個基地台上網或接收電話，不侷限在某一個基地台。換手（Handoff）（或稱轉接）指手機用戶在通話時仍可自由走動，當離開原基地台電波涵蓋範圍時，會立刻由另一個電波範圍涵蓋到的基地台接手，使用者不會有斷話之虞。1980 年 Bell 公司開始經營 HCMTS（high-capacity mobile telephone system），後來發展成 AMPS（Advanced mobile phone service），亦即 1980 到 1990 年間的第一代類比蜂巢式電話系統。第二代的數位行動電話系統以 GSM（Group Special Mobile 或稱 Global Mobile System）為主。

10.11.1 無線電廣播（radio broadcasting）的原理

一般的無線電廣播都是預錄（taped）或是現場錄音，音訊會送往調變器（modulator），將訊號調變成載波（carrier wave），AM 的無線電廣播使用振幅調變

（amplitude modulation），FM 的無線電廣播使用頻率調變（frequency modulation），立體音效（stereo）的廣播在調變之前會使用兩個音訊頻道（audio channels），然後合併成音訊（audio signal），同時加入導引（pilot）訊號，告訴接收端使用了立體音效調變（stereo modulation）。

調變以後的訊號放大之後送往塔台上的天線，向外廣播，FM 的訊號比較不受雜訊的影響，音效較佳，AM 的訊號使用的頻率低，傳播距離比 FM 遠。接收端通常使用收音機，上面的天線可以收訊，然後把訊號送給調諧器（tuner）。

天線本身無法選擇只接收使用者所需要的訊號，因此所有收到的訊號都會送給調諧器，調諧器利用濾波器（filter）的功能，只讓使用者所選擇的訊號頻率通過，濾過的訊號再經過解調變器（demodulator）的處理之後，去除載波。假如音響支援立體音效，訊號會經過一個解碼器（decoder），將訊號分成原來的兩個立體聲道，接著訊號通過放大器再送往喇叭播放。

10.11.2 電視廣播（television broadcasting）的原理

電視攝影機（TV camera）可以把移動的影像（image）分成 3 個影像，分別包含原影像紅色、藍色與綠色的部分。這 3 種顏色能混合產生各種顏色，3 個影像的組成會經過混色器（color mixer），產生明視度的訊號（luminance signal），描述影像的亮度（brightness）。接著影像再進入顏色編碼器（color encoder），產生色彩訊號（chrominance signal），描述影像各部分來自 3 原色的組成。另外加入一個協調訊號（synchronization signal），用來控制移動的影像能依序地呈現在電視上。

明視度訊號、色彩訊號與協調訊號合成起來，並加入音訊，所得到的訊號經由無線電廣播來傳送，使用一種叫做 Vestigial Sideband 的振幅調變技術，音訊是用另外一個 FM 訊號跟著視訊一起傳遞。電視訊號需要 6 MHz 的頻寬，電視廣播一般會透過 3 個電視頻段（TV bands）來傳送：54 MHz 到 88 MHz（頻道 2 到頻道 6）、174 MHz 到 216 MHz（頻道 7 到頻道 13）與 470 MHz 到 890 MHz（頻道 14 到頻道 83）。這些頻段大約以 6 MHz 的頻寬來切割出每個頻道。

電視廣播的訊號被電視天線接收以後會變成電子訊號（electrical signal），送往調諧器（tuner）。調諧器的濾波（filter）功能會依據使用者的選台來濾掉不需要的訊號，接著明視度偵測器（luminance detector）、色彩偵測器（chrominance detector）、解碼器（decoder）、協調訊號偵測器（synchronization detector）與聲音偵測器（sound detector）把訊號分開並且把訊號送到影像管（picture tube）。這些訊號控制 3 個電子束，掃瞄過螢幕的內部表面，產生移動的影像。

10.11.3 FRS（Family Radio Service）是什麼？

Al Gross 在 1938 年發明了無線對講機（walkie-talkie），第二次世界大戰時曾經用來進行地對空的通訊。1946 年 FCC 第一次把頻段分配給個人使用，稱為 CB band（citizen radio service frequency band）。至於呼叫器的發明則是在 1949 年同樣由 Al Gross 完成。

FRS 是所謂的家用無線電，俗稱無線對講機（walkie-talkie），讓人們自由通話，不需要付通訊費用。FRS 的使用不需要執照，訊號頻段位於 UHF（Ultra high frequency），約為 460 MHz，使用 FM 來傳送訊號，有 14 個頻道。使用 FRS 來通訊時要先調到 14 個頻道之一，這些頻道的間隔為 2.5 KHz，避免干擾的情況。所要通訊的人也要調到相同的頻道，否則無法互相通訊。有些 FRS 具有掃瞄頻道的功能，了解那些頻道在使用中，這樣才能讓使用者選擇未使用的頻道。

所有的 FRS 的頻道可以同時有多個使用者，假如使用 CTSS（continuous tone coded squelch system），我們能把頻道上不想聽到的通話者排除，不過這必須要所有參與通訊的人願意採用 1 個或 2 個位元的辨識碼，同一頻道內相同辨識碼的 FRS 使用者會聽到彼此的通話，不過這並不代表通訊是私密的（private），同一頻道上的其他使用者還是可以聽到通話。

常見問答集

Q1 標準化有那麼難嗎？為什麼行動通訊要弄出那麼多種名詞出來？

答：標準化的確是有很多的困難，太早標準化可能訂出的規格不完備，太晚標準化，則市場已經各據一方互不相讓。因此整個標準化的歷程往往受政治、工業發展與商業因素的影響。還好目前 3G 有 3GPP 與 3GPP2 為主要的標準化組織。

Q2 要了解 3G 或 4G 等行動通訊的最新發展，要從什麼地方入門？

答：IMT-2000 涵蓋的各種系統與 UMTS 是行動通訊發展的指標之一，可以先了解這些系統的現況，然後再來思考或尋找行動通訊未來的發展方向。

Q3 什麼是毫米波通訊（mmWave）？

答：毫米波通訊（mmWave）是 5G 採用的通訊技術，使用超高頻率（Ultra-high frequency），也就是 6 GHz 以上的無線電頻率（radio frequency）。4G 使用的頻率低於 6GHz，嘗試達到高涵蓋率與高穿透性，但是已接近極限，因此，5G 透過超高頻率的使用，才突破了原本的限制。

自我評量

1. 依時間先後的順序來看無線通訊的發展，按照各世代的定義把各種無線通訊系統的名稱列出來，整理成比較完整的表格。
2. 第一代的行動通訊系統（1 G）有什麼主要的缺點與限制？
3. 為什麼第二代的無線通訊在容量（capacity）上會遠大於第一代的無線通訊？
4. 既然各國採用的第二代的行動通訊系統（2 G）都不盡相同，我們要如何做到全球性的行動通訊，讓同一把手機到那裡都能打電話？
5. 人口稠密的地方與人口稀少地區所適合使用的行動通訊系統在特徵上會有什麼差異？
6. 查一下網路上的資料，看看目前行動通訊系統發展的最新資訊，有沒有 6G 的資料？
7. 試說明 3GPP 與 3GPP2 的差異，為什麼有兩個性質類似的組織？

無線廣域網路（WWAN）

11 CHAPTER

本章的重要觀念

- 了解無線廣域網路的定義與相關的標準。
- 認識各種無線廣域網路。
- 無線數據通訊是什麼？
- 無線數據通訊有什麼用途？
- 無線數據通訊與一般有線網路的數據通訊有何差別？

任何一種無線通訊網路的建置都包含了許多技術與專業的背景，一般人熟悉的是建立在通訊網路之上的應用，不過，通訊網路的基礎會影響應用本身所受到的限制，像長久以來通訊網路所能支援的資料速率就一直是網路應用的瓶頸。無線通訊網路的種類很多，當然功能與特徵也各不相同，我們下面就以無線廣域網路以及數據通訊的主題來探討無線電網路的功能與應用。

無線數據通訊支援的應用很廣泛，像電子郵件、傳真、股票即時報價資訊與網頁的瀏覽等，都能透過無線數據通訊來進行。原來的無線通訊網路本來就有語音通訊的能力，因此多出來的數據通訊算是一種加值的服務，對於個人用戶或是企業用戶來說，數據通訊代表的意義與隱藏的應用是不太相同的。未來在無線數據通訊的資料速率大增的情況下，無線數據的應用將會包括多媒體型式的資料，而且現有的網際網路應用又有了新的發展舞台。當然，數據通訊的範圍要廣，所以本章也要探討各種無線廣域網路的功能與發展。

11.1 個人通訊服務

PCS（Personal Communications Services）泛指一般透過小螢幕讓使用者在任何時間與地點接觸各種無線網路服務的功能。因此稱得上 PCS 的通訊系統的種類就相當多了。PCS 並不是指單一的技術，主要包括了比較新的蜂巢系統（cellular systems），PCS 系統核准使用的頻段在 1900 MHz，早期的類比系統使用的是 800 MHz 的頻段。PCS 系統是全數位化的，採用的相關技術很多，包括 TDMA、CDMA 與 GSM 等。表 11-1 整理出 PCS 的通訊系統的種類。

表 11-1　PCS 的通訊系統的種類

分類	系統
高階的數位蜂巢系統（high-tier digital cellular system）	GSM（Global System for Mobile Communication）
	DAMPS（Digital Advanced Mobile Phone Service）
	PDC（Personal Digital Cellular）
	cdmaOne 系統（IS-95 CDMA-based）
低階的電信系統（low-tier telecommunication system）	CT2（Cordless Telephone 2）
	DECT（Digital Enhanced Cordless Telephone）
	PACS（personal access communications system）
	PHS（personal handy phone system）
其他種類的 PCS	CDPD（Cellular Digital Packet Data）
	RAM Mobile Data
	ARDIS(Advanced Radio Data Information System)
	呼叫系統（paging system）
	SMR（specialized mobile radio）存取技術
	行動衛星系統（mobile-satellite system）
	ISM(unlicensed industrial, scientific, and medical)

11.1.1 個人通訊服務（PCS）簡介

西元 1995 年發展出來的個人通訊服務（PCS, personal communications services）就是使用數位訊號的技術。PCS 是一個涵蓋領域相當廣泛的名詞，各種與個人相關的無線存取（wireless access）與行動服務（mobility services）都算是 PCS，主要的特徵是小螢幕，通訊服務不受時空限制，通訊的型式有很大的彈性（Lin 2001）。

PCS 使用的頻率屬於所謂的數位頻譜（digital frequency spectrum），PCS 網路的結構與類比無線網路很像，也是以基地台為中心形成細胞（cell），不過 PCS 可以讓 cell 再細分成微細胞（microcell, 或稱 picocell），使通訊品質更高。這裡有一個很重要的觀念，我們知道類比蜂巢使用的 800 MHz 頻段比 PCS 的 1900 MHz 頻段為低，在相同的能量（power）下，高頻的無線電訊號無法像低頻的無線電訊號傳遞得那麼遠，而政府對於蜂巢傳送器（cellular transmitter）又有限制，因此 PCS 網路必須廣設基地台。就如同上面所說的，PCS 網路的架構與類比蜂巢網路類似，也有基地台，而且可以像圖 11-1 那樣更細分成所謂的 microcell，提高收訊的品質。

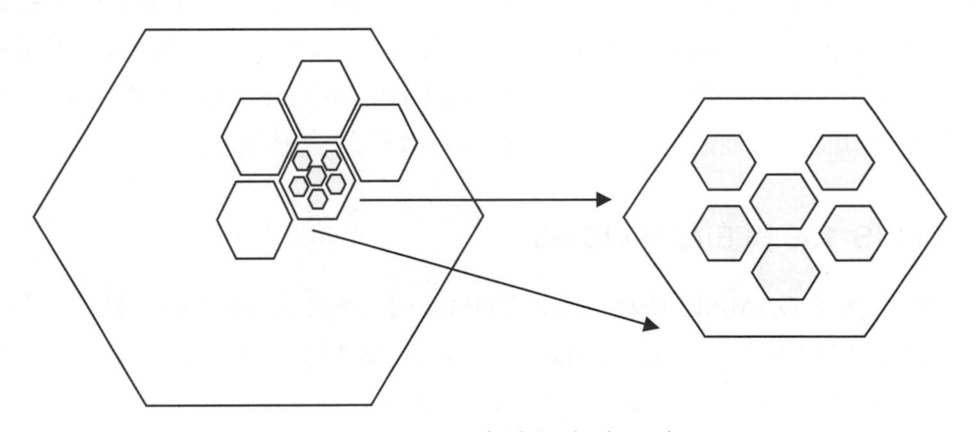

圖 11-1　PCS 中的細胞（cell）

11.1.2 常見的 PCS

PCS 的服務是針對個人的，而且強調行動性（mobility）的特徵，只要服務本身需要的費用不會太高，PCS 的市場是相當可觀的，當然除了上述的特徵之外，PCS 系統的發展相當多元化，這可以從發展出來的 PCS 看出來。

AMPS（Advanced Mobile Phone Service）與 DAMPS

AMPS 是第一個蜂巢系統，最早的發展始於西元 1970 年代，算是第一代的類比蜂巢系統，商業化的 AMPS 服務一直到 1983 年才開始。AMPS 使用 FDMA 的存取技術，824 MHz-849 MHz 與 869 MHz-894 MHz 兩個頻段共 50 MHz 分配給 AMPS 使用。所分配到的頻譜切成 832 個雙工的（duplex）的頻道，每個細胞約使用 50 個頻道。以台灣來說，從西元 2000 年開始，AMPS 要被 IS-95 CDMA 所取代（Lin 2001, pp 7），變成數位系統。取代之後將釋出大約原來分配的一半的頻寬，而原本佈建的 AMPS 架構可以用來支援像 CDPD 的行動資料系統。DAMPS（digital AMPS）就是 IS-136，我們會在下面介紹。

GSM

GSM 是在歐洲地區發展出來的數位蜂巢系統，GSM 結合了 FDMA 與 TDMA 的技術，一個頻率載波可分成 8 個時槽（time slots）。在 GSM 系統的基地台中，每對收發器（transceiver）與接收器（receiver）支援 8 個語音頻道，AMPS 則是每個語音頻道就需要一對收發器（transceiver）與接收器（receiver）。GSM 的無線電通訊介面（air interface）後來演進成 EDGE（enhanced data rate for GSM evolution），EDGE 採用的調變技術能有效地運用頻寬，達到比 GSM 高的資料速率。

EIA/TIA IS-136 與 EIA/TIA IS-95

IS-136 也就是 DAMPS，或稱為 NA-TDMA，是繼承 IS-54 之後的數位蜂巢系統，支援 TDMA 的無線電介面（air interface），與 GSM 類似，每個載波頻率可承載 3 個語音頻道，IS-136 所用的頻段與頻率間隔和 AMPS 系統一樣，所以 IS-136 的容量（capacity）大約是 AMPS 的 3 倍。現有的 AMPS 系統要昇級到 IS-136 不難。IS-136 的移動性管理採用 IS-41 的標準。

IS-95 是由 Qualcomm 公司所發展出來的數位蜂巢系統，在 1996 年時開始在美國部署使用。IS-95 以 CDMA 的技術為基礎，使用者可以共用頻率與時槽，系統利用特別碼來區分屬於不同使用者的訊號。IS-95 的行動台有時需要和多個基地台保持聯絡，假如多路徑的情況發生時，IS-95 會選擇訊號品質最好的基地台。IS-95 的頻道頻寬為 1.25 MHz，對於 CDMA 的系統來說稍嫌窄小了些，3G 的 W-CDMA 把頻寬加大到 5 MHz，IS-95 的容量約為 AMPS 的 10 倍。IS-95 的移動性管理也採用 IS-41 的標準。3G 裡頭的 cdma2000 是由窄頻段的（narrowband）IS-95 發展而來的。

CT2

CT2（cordless telephone, second generation）在歐洲發展，於 1989 年開始使用。CT2 分配到 40 個 FDMA 的頻道。對於使用者來說，基座到電話（base-to-handset）與電話到基座（handset-to-base）的訊號以相同的頻率來傳送。所採用的通訊模式為 TDD（time division duplexing）。CT2 話機最大的傳送功率為 10 mW，CT2 不支援轉接（handoff）。

DECT

DECT（digital European cordless telephone）的規格於 1992 年發表，成為歐洲無線電話的標準。為了讓 DECT 全球化，後來改名為 digital enhanced cordless telephone。DECT 利用 picocell 的設計來達到較高的用戶密度。DECT 採用 TDMA，每個頻率載波可容納 12 個語音頻道。DECT 支援轉接（handoff），在通訊模式上，DECT 採用 TDD。DECT 常見的用途是無線交換機（wireless PBX），可連上 PSTN。DECT 可以與 GSM 交流互連（interwork），只要 GSM 手機能支援 DECT 的連接功能，GSM 用戶就可以漫遊到 DECT 的網路中。

PACS

PACS（personal access communications system）是一種低功率（low-power）的 PCS 系統，由 Telcordia 發展出來。PACS 的用途是 PCS 或是無線區域迴路（wireless local loop），PACS 使用 TDMA，每個頻率載波可以容納 8 個語音頻道，TDD 與 FDD 的模式都有支援。在 FDD 的模式中，PACS 的下載連結與上傳連結使用不同的無線電載波（RF carrier），與一般的蜂巢系統類似。PACS 採用 MCHO（mobile-controlled handoff）的轉接方式，漫遊的管理（roaming management）使用類似於 IS-41 的協定。PACS 支援電路交換與封包交換的存取協定。

PHS

PHS（personal handy phone system）是日本 RCR（Research and Development Center for Radio Systems）發展出來的標準，PHS 屬於低階的數位 PCS 系統，提供通訊服務給一般家庭、辦公室或是戶外使用，利用無線電連上 PSTN 或是其他的數位網路。PHS 使用 TDMA，頻段為 1895 MHz 到 1918.1 MHz，分成 77 個頻道，每個頻道有 300 KHz 的頻寬。1906.1 MHz 到 1918.1 MHz 的頻段有 40 個頻道，分配給公共系統（public system）。1895 MHz 到 1906.1 MHz 的頻段有 37 個頻道，分配給一般家

庭或是辦公室的應用。PHS 和 DECT 都支援動態的頻道配置，PHS 另外還使用專屬的控制頻道（dedicated control channel）。早期台灣的大眾電信曾經提供過 PHS 的服務，但是在 4G 的威脅之下，於 2014 年底破產，並在 2015 年 3 月停止服務，圖 11-2 顯示 PHS 的基地台設施。

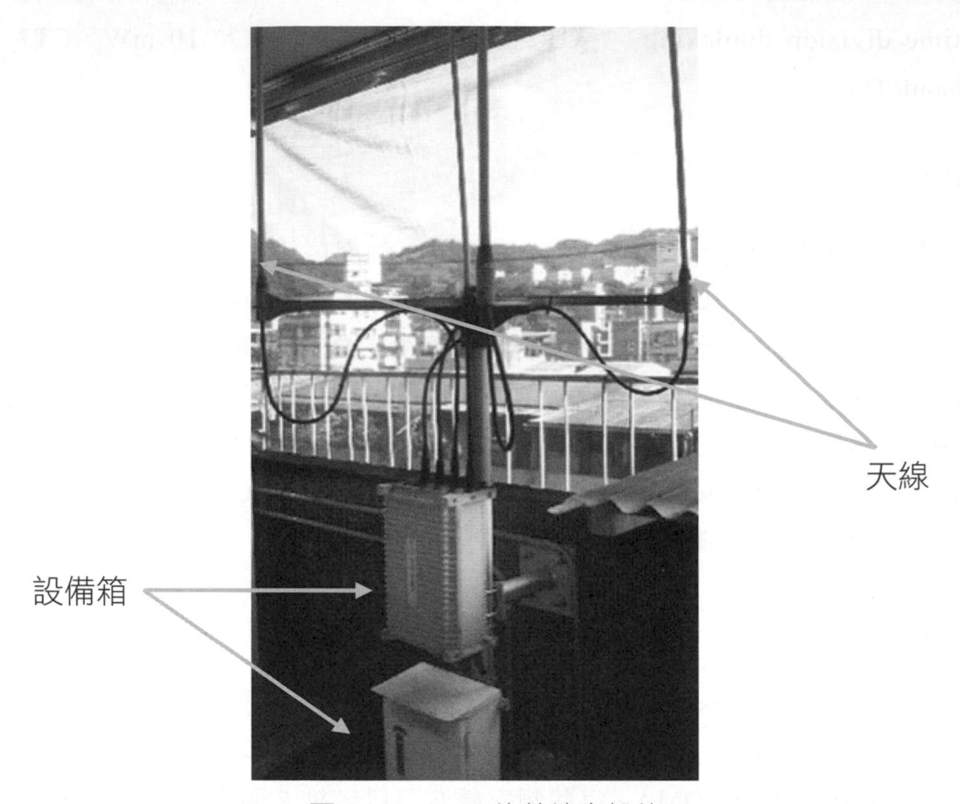

圖 11-2　PHS 的基地台設施

ISM 與 SMR

ISM（industrial, scientific and medical）代表一組專門提供給工業、科學與醫療領域使用的頻段，這些頻段也指定給展頻（spread spectrum）的設備使用，例如 DSSS 與 FHSS 的系統。SMR（specialized mobile radio）常見於北美地區，專指私有的行動無線電系統（private mobile radio systems），例如計程車聯營與警察單位所用的無線電。

表 11-2 列出各種 PCS 特徵的比較，就以涵蓋範圍來看，GSM 就要比 PHS 為大，因為 GSM 是高階的 PCS，而 PHS 是低階的 PCS。

表 11-2　各種 PCS 特徵的比較（Lin 2001）

	高階蜂巢系統	低階 PCS	無線電話
細胞大小	大	中	小
用戶移動性	快	中等速度	慢
涵蓋範圍	大	中等	小
用戶機具複雜度	高	低	低
用戶機具耗電量	高	低	低
語音編碼率	低	高	高
延遲	高	低	低

11.2 呼叫網路（paging network）

最早的呼叫系統（paging system）是用來呼叫醫生或護士的，避免擾動病人，大約在西元 1950 年代就已經有這樣的應用，主要的目的在於不論何時何地都能找到攜帶呼叫器（pager）的人。呼叫器本身價格低廉，體積小又輕，攜帶容易，很多人應該都有使用的經驗。呼叫網路的結構很簡單，如圖 11-3 所示，要找人的用戶可以用電話打入（dial up）呼叫網路，用的是呼叫器的號碼，這樣會藉由呼叫網路來啟動（trigger）呼叫器，基本上，啟動的訊號先到中央控制端（central controller），然後廣播到區域控制端（local controller），透過無線通訊來找到並啟動呼叫器，當然，被呼叫的人必須另外用其他的方式來回應，譬如說打電話。

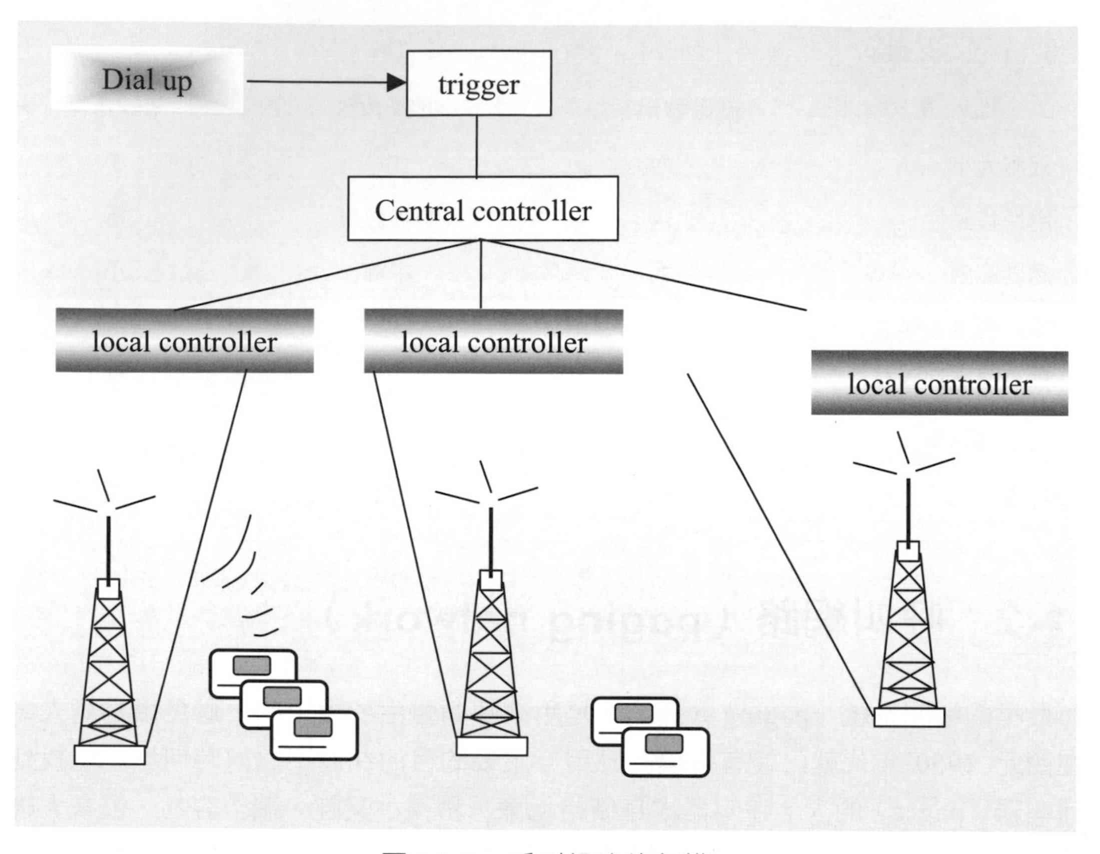

圖 11-3　呼叫網路的架構

11.3 GSM

GSM（Global System for Mobile Communications）是一種數位無線網路的標準，由歐洲主要的電信業者與設備製造業者聯合發展出來。台灣的 GSM 網路也相當普及，我們常接觸的是 GSM 的語音服務，為了加強 GSM 數據通訊的能力，ETSI（European Telecommunications Standards Institute）發展出新的 GSM 數據協定，包括 HSCSD 與 GPRS，成為 GSM Phase 2+ 標準的一部分。

11.3.1　GSM 的架構

圖 11-4 畫出 GSM 系統的架構，行動台（MS, mobile station）與基地台系統（BSS, base station system）之間透過無線電介面（radio interface）通訊，BSS 要經由 MSC（mobile switching center）來連上 NSS（network and switching subsystem）。一個行動台包括兩個組成：SIM（subscriber identity module）與 ME（mobile equipment）。

更廣義地來說，像連上 PDA 或 PC 的行動台還包含所謂的 TE（terminal equipment）。我們把 ME 與 SIM 合稱為 MT（mobile terminal）。SIM 可能有以下幾種型式：

1. 智慧卡（smart card），像一般信用卡的大小。
2. 插入型的 SIM（plug-in SIM）。
3. 可貫穿式的智慧卡，包含可移除的 plug-in SIM。

SIM 透過 PIN（personal identity number）來保護，PIN 約有 4 到 8 位元的長度。用戶訂用開始以後，通信業者會啟用 PIN。SIM 卡的資訊可以利用 SIM toolkit 功能，經由無線電通訊來更新。

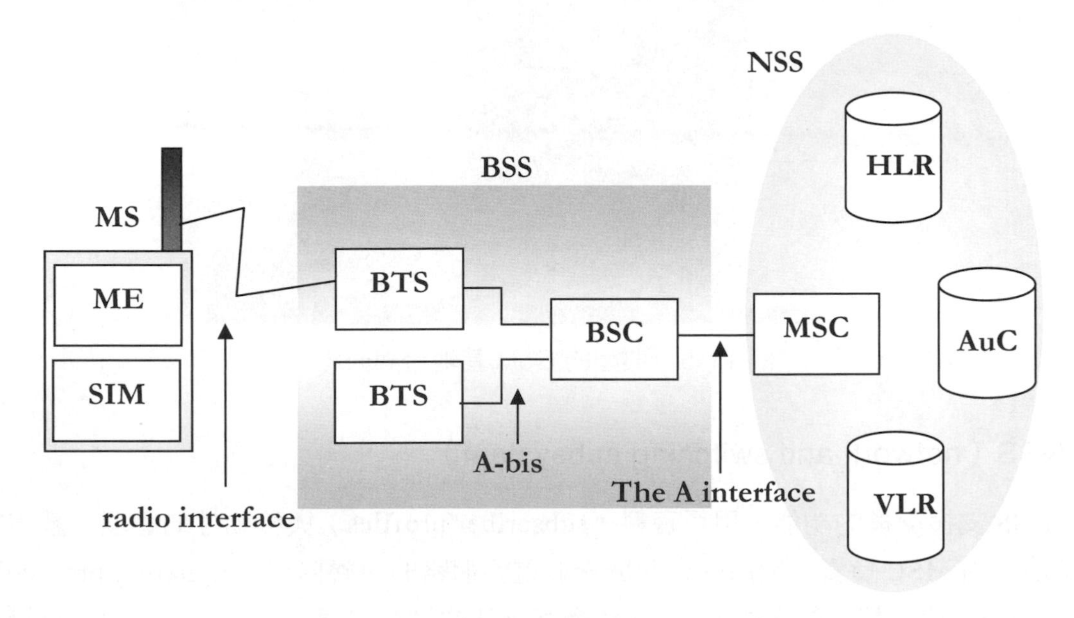

圖 11-4　GSM 系統的架構（Lin 2001）

GSM 基地台系統（BSS, base station system）

BSS 連接 MS 與 NSS。BSS 包含 BTS（base transceiver）與 BSC（base station controller）兩部分。BTS 含有傳送器、接收器，以及與行動台通訊所需要的訊號處理設備。BSC 負責 BSS 中的交換功能（switching functions），與 NSS 中的 MSC 相連。BSC 支援頻道的分配與釋出，以及轉接（handoff）的管理。一個 BSC 可與數個 BTS 相連，維護有關於這些 BTS 細胞組態的資料。BSC 與 BTS 之間使用 ISDN 協定中的 A-bis 介面來溝通。通常 BSC 會保持約 80%的使用率，超過負載時將依序拒絕處理位置更新（location update）、行動台的通話請求與轉接（handoff）。圖 11-5 顯示典型的 GSM 基地台與天線，平常在生活環境中偶而會看得到。

圖 11-5 典型的 GSM 基地台與天線

NSS（network and switching subsystem）

NSS 支援交換的功能、用戶資料（subscriber profiles）與移動性的管理。基本的交換功能由 MSC 負責，所用的介面與一般電話網路的訊號協定（signaling protocol）一樣，MSC 使用相同的方式來與 GSM 網路以外的網路溝通。行動台的位置資料儲存在 HLR 與 VLR 中。當行動台從 home network 移到其他的網路系統（visited system）時，其位置會登錄（register）到該網路系統的 VLR 中，然後 VLR 會告知行動台 home network 的 HLR。AuC（authentication center）用來做安全資料的管理，驗證用戶的身份，AuC 可以和 HLR 設置在一起。

無線電介面（radio interface）

GSM 的無線電連結（radio link）使用 FDMA 與 TDMA 的技術，GSM 下傳訊號使用 935 MHz 到 960 MHz 的頻段，上傳訊號則使用 890 MHz 到 915MHz 的頻段，所用的頻段分成 124 對雙工的頻道，間隔為 200 KHz。GSM 使用兩種型式的邏輯頻道（logical channels）：TCH（traffic channels）與 CCH（control channels）。TCH 用

來承載使用者傳遞的資訊，例如語音或資料。CCH 用來承載有關於訊號處理（signaling）的資訊，可以再分成下面幾種型式：

1. PCH（paging channel）：網路系統在通話結束時使用 PCH 來呼叫目標行動台（destination MS）。

2. AGCH（access grant channel）：當行動台要開始使用頻道時，網路系統利用 AGCH 來指示無線電連結的分配。

3. RACH（random access channel）：行動台使用 RACH 來啟動對於網路的存取（network access）。

假如有數個行動台同時要使用 RACH 造成碰撞，GSM 採用 slotted ALOHA 的協定來解決存取碰撞（access collision）的問題。PCH 與 AGCH 是從 BSS 到 MS 的下傳連結（downlink），RACH 使用上傳連結（uplink）。除了上述的邏輯頻道之外，GSM 還使用一些其他的邏輯頻道，在了解 GSM 無線電層次的程序時經常會引用這些邏輯頻道來解釋訊息的交換。

11.3.2 GSM 網路的基本特性

在無線通訊的基礎上，GSM 網路的運作必須要依照一些設計上所賦與的特性，才能讓用戶在很平順而穩定的情況下使用 GSM 網路所提供的服務，這些基本特性隱含了網路系統各成員之間溝通的方式，可以幫助我們了解 GSM 網路裡頭發生的各種程序。

位置追蹤（location tracking）

行動台目前的位置是透過 HLR 與 VLR 來記載的，基本上，當行動台移動到一個新的區域時，新位置必須登錄到新區域的 VLR，而且要通知原來區域的 HLR。假如要尋找行動台的話，可以先查詢 HLR，假如行動台已經不再使用，可以送出 detach 的訊號，解除登錄（deregister）。

通話的建立（call setup）

GSM 通話的控制與 IS-41 類似，可以從無線電的層次或是網路的層次來探討。GSM 的通話會使用用戶的 MS ISDN 號碼，這是 ITU-T E.164 號碼系統的一部分，號碼會指向用戶在 HLR 中的記錄，從記錄的內容可以找到用戶所屬的 MSC，進行後續的通話程序。

GSM 的安全性（security）

GSM 的安全性採用驗證（authentication）與編碼（encryption）的方法，驗證的方法防止偽造的手機存取 GSM 網路，編碼的方法預防網路的竊聽。在驗證的方法中，AuC 與 SIM 裡頭都存有一個用戶不知道的密鑰（secret key），驗證的程序是由行動台產生一個 128 位元的亂數 RAND，送往 AuC，行動台與 AuC 都依據 RAND 與密鑰來計算得到 SRES（signed result），行動台把自己得到的 SRES 送給網路系統與 AuC 的 SRES 比較，假如兩者一樣才算通過驗證。一旦行動台通過驗證，可以用 RAND 與密鑰當做輸入計算得到編碼金鑰（encryption key），送給網路系統，接下來的資料傳送就可以用這個金鑰來編碼（cipher）與解碼（decipher）。

11.3.3 GSM 提供的服務

GSM 在全球的部署相當地廣泛，一般人對 GSM 的印象是手機通話的服務。事實上，GSM 在技術與應用上還一直在演進當中。要對 GSM 深入地了解可以試著閱讀 ETSI 網站（www.etsi.org）上的資訊，裡面有關於 GSM 規格的部分有相當豐富的內容。

GSM 的語音服務

GSM 網路原本的用途就是語音服務，當通話請求產生時，會送往 MSC，所謂的 GMSC（gateway MSC）是具有查詢 HLR 能力的交換中心，GMSC 獲得行動台的位置資訊以後，會將通話請求送往用戶所在的 MSC。所以簡單地說，GSM 的語音服務是要讓語音用戶能在任何地點發話與收話，不過要做到這一點，在系統層次上就有許多需要探討的細節了。

GSM 的資料服務

GSM 第 2 階段的標準（GSM Phase 2 standard）支援兩大類的資料服務，即 SMS（short message service）與承載服務（bearer services），GSM bearer services 與 ISDN 服務類似，也包括資料電路雙工（data circuit duplex）與資料封包雙工（data packet duplex）等。不過 GSM 的最高資料速率只有 9.6 Kbps，而且 GSM 通話設定（call setup）

的時間太長，線路設定（circuit setup）又需要額外的訊號處理，在應用上有很大的限制。因此 ETSI 在 GSM Phase 2+的標準中加入了 HSCSD 與 GPRS 兩種協定，加強 GSM 的資料服務能力。

HSCSD（high-speed circuit-switched data）是一種電路交換的協定，適合用來進行大型檔案的傳輸與多媒體的應用。HSCSD 的實體層與 GSM Phase 2 資料服務的實體層一樣，但是 HSCSD 在資料應用中可以使用 8 個時槽，使得資料速率大增。圖 11-6 顯示 HSCSD 的架構，TE 代表 terminal equipment，例如連上行動台的電腦。TAF 代表 terminal adaptation functions，IWF 代表 network interworking function，兩者都和連接端的服務有關。至於 TAF 與 IWF 之間 GSM 的成員則純粹提供承載服務（bearer services）。

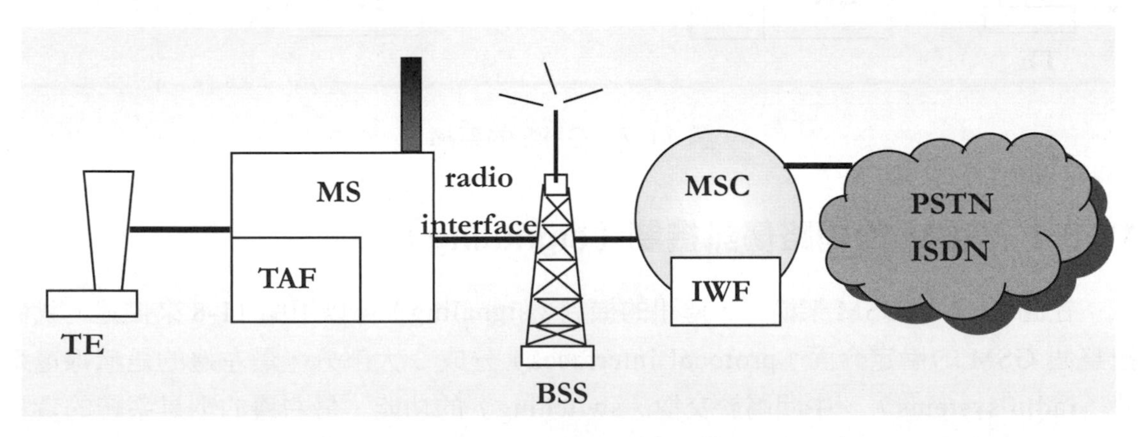

圖 11-6　HSCSD 的架構

GPRS（general packet radio service）是一種封包交換的協定，GSM 原來的電路交換的架構無法支援 GPRS，GPRS 需要像圖 11-7 所顯示的傳輸網路（transport network）。GPRS 引入了 SGSN（serving GPRS support node）與 GGSN（gateway GPRS support node）兩個成員，SGSN 負責行動台與 PSDN（public-switched data network）的節點之間資料的收送，GGSN 則與 PSDN 以非連結式的網路協定（connectionless network protocol）互連（interwork）。

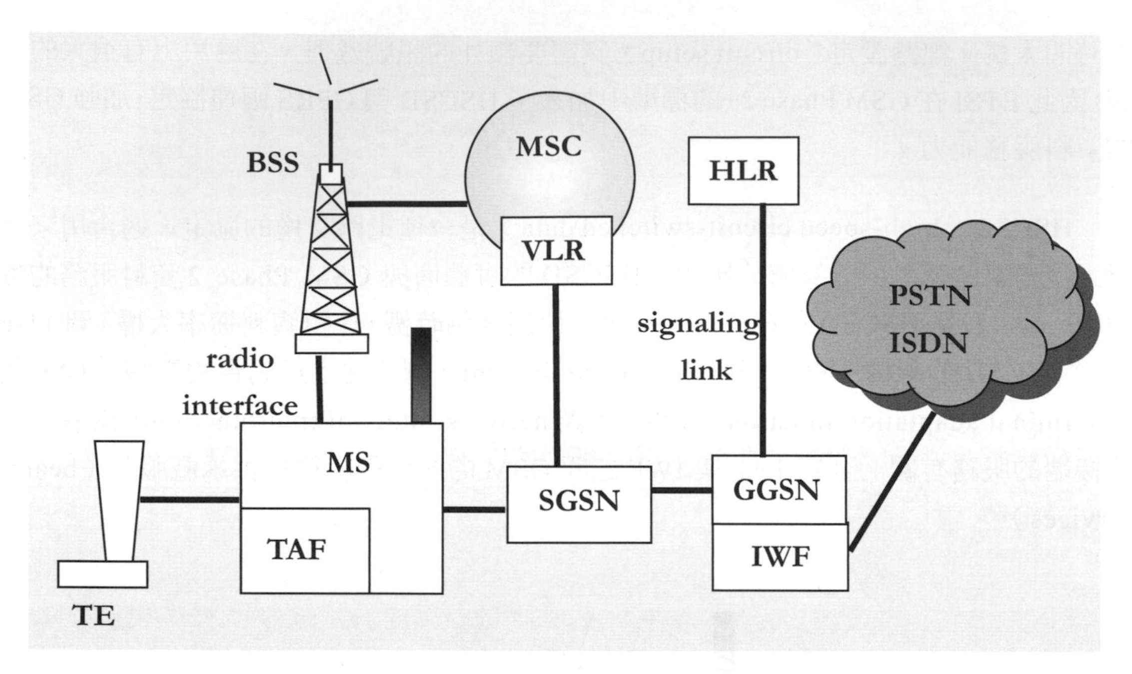

圖 11-7　GPRS 的架構

11.3.4　GSM 的網路傳訊機制（signaling）

在圖 11-4 的 GSM 架構下，傳訊的機制（signaling）可以用圖 11-8 來描述。我們把整個 GSM 的協定介面（protocol interfaces）分成 3 大部分，最左邊的是無線電系統（radio systems），中間屬於交換（switching）的功能，最右邊的則是系統的資料庫。GSM MAP（mobile application part）是支援傳訊機制的主要的軟體平台，圖 11-8 中的 B、C、D、E、F 與 G 都有用到 GSM MAP。

1. 無線電系統（radio systems）：包括行動台（MS）、BTS（base transceiver station）與 BSC（base station controller）。BSC 經由 A interface 連上 MSC，使用的是與電話網路相容的傳訊協定。BSC 也透過 A-bis 介面連上一個或多個 BTS，使用的是 ISDN 的 LAPD（link access protocol for the D channel）。BSC 以 Um 介面與行動台通訊。

2. 交換（switching）的功能：GSM MSC 為涵蓋區域內的行動台提供交換的功能，所謂的涵蓋區域也稱為 MSC area，一個 MSC area 會再分成數個 LA（local areas），每個 LA 包含數個 BTS。假如行動台要撥話給有線電話的用戶，則 MSC 必須使用 SS7 ISUP 的協定與 PSTN 的 SSP 溝通。若是 PSTN 的用戶要打電話給行動台，則 PSTN 的 SSP 要使用 SS7 ISUP 與 GMSC（gateway MSC）溝通。在系統間轉接（intersystem handoff）的程序中，兩個 MSC 必須透過 E

interface 相互溝通。在移動性的管理上，MSC 要使用 C interface 與 HLR 溝通，並且用 B interface 與 VLR 溝通。MSC 也要透過 F interface 與 EIR 溝通，防止偽造手機（fraudulent handset）的使用。

3. 資料庫（databases）：GSM 使用了 VLR、HLR 與 AuC 的資料庫，EIR（equipment identity register）用來記載有關於行動台的資訊，EIR 可以與 HLR 併用，防止非法手機的使用。

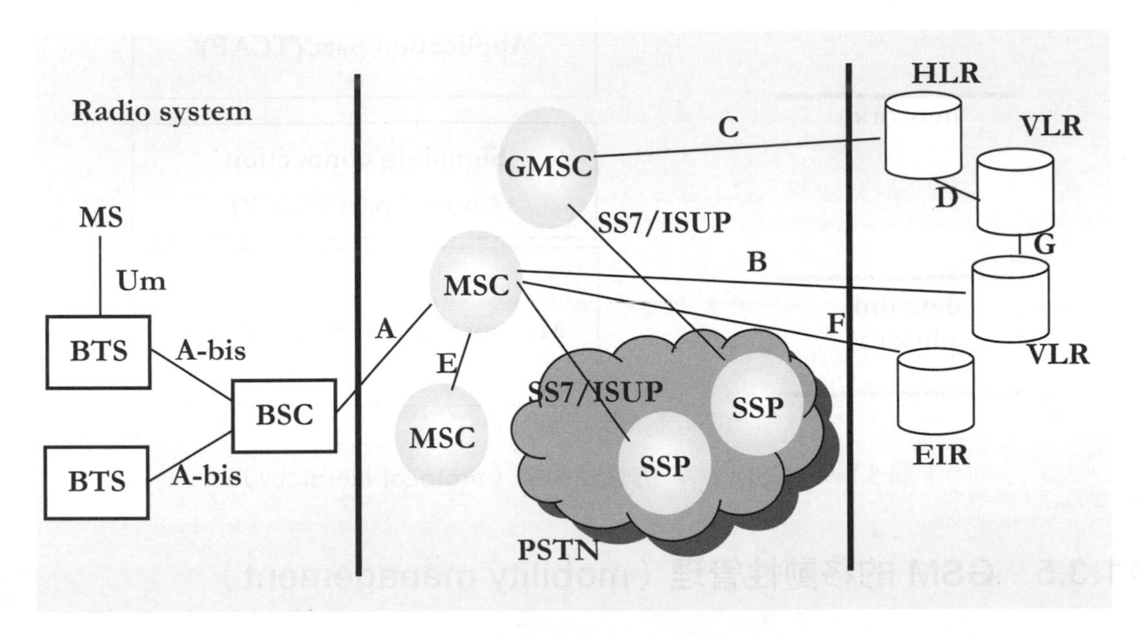

圖 11-8　GSM 的協定介面（Lin 2001）

圖 11-9 顯示 GSM MAP 的協定架構（protocol hierarchy），主要分為 4 個層次，GSM 的網路成員（network entity）可能包含數個 ASE（application service elements），SCCP 以 SSN（subsystem numbers）來辨識這些 ASE，幾個主要的 GSM 網路成員包括 HLR、VLR、EIR、AuC 與 MSC 等。GSM 網路內（intra-GSM network）的傳訊可以用 DPC（destination point code）來定址，讓 MTP 用來做直接路由（direct routing）。GSM 網路間（inter-GSM network）的傳訊無法確知對方的位址，所以需要 SCCP 利用 GTT（global title translation）來進行轉譯。

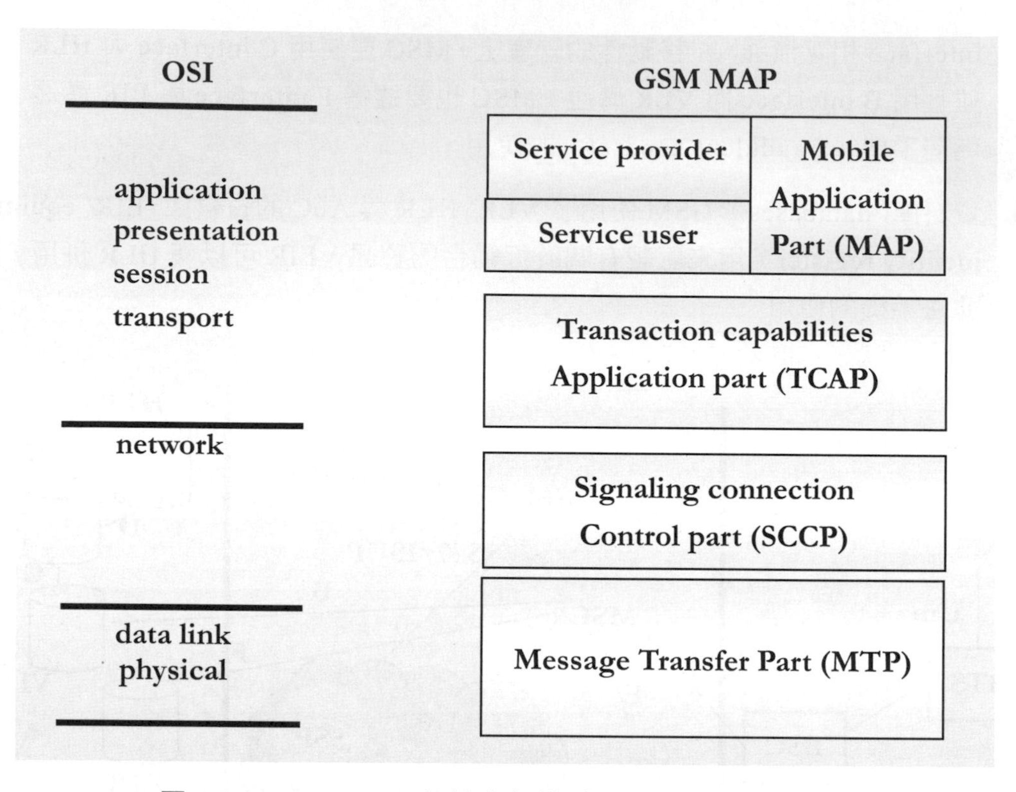

圖 11-9　GSM MAP 的協定架構（protocol hierarchy）

11.3.5　GSM 的移動性管理（mobility management）

GSM 網路會追蹤（track）行動台的位置，當通話進來時才能找到行動台。GSM 把服務區域像圖 11-10 一樣畫分成數個 LA（location area），每個 LA 包含一組 BTSs。移動性管理（mobility management）的工作是當行動台從一個 LA 移到另一個 LA 時，必須更新行動台的位置資訊，這種位置更新的作業（location update procedure）也稱為登錄（registration），過程如下：

1. BTS 定時將 LA 的位址資訊廣播給行動台。
2. 假如行動台收到的 LA 位址與自己之前儲存的 LA 位址不一樣，則行動台會送出一個登錄訊息（registration message）給網路系統。
3. 位置資訊會儲存在 HLR 與 VLR 等資料庫中，每個 VLR 儲存一組 LA 的資訊，當行動台進入 LA 時，VLR 會記載該行動台的位置資訊，即 LA 位址。行動台的永久資訊則儲存在 HLR 中，裡頭會記載行動台之前接觸的 VLR 的位址。

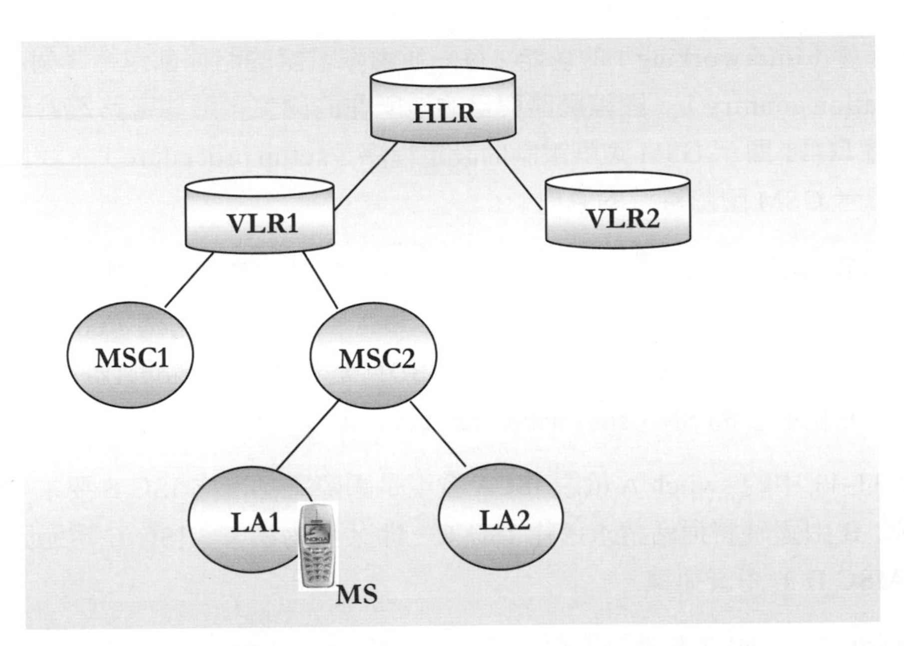

圖 11-10 GSM 位置區域的架構（location area hierarchy）（Lin 2001）

11.3.6 GSM 的漫遊（roaming）機制

GSM 所提供的漫遊（roaming）服務可以讓用戶在不同的 GSM 網路中依然接受通話服務。假如 GSM 網路都在同一個國家中，則通話的建立會比較有效率，若是在不同的國家漫遊，一般說來，通話的費用會很高。假設某甲居住在台灣，在旅遊時抵達美國，兩國之間有漫遊的協定，這時候某甲的 GSM 手機在使用上必須注意到幾種計費的方式：

1. 假如某甲的友人從台灣撥某甲的 GSM 號碼，則友人需付 GSM 的區域通話費用，某甲必須支付從台灣到美國的國際通話費用。
2. 假如有人從日本打某甲的 GSM 電話，則發話者要付從日本到台灣的國際通話費用。某甲則必須支付從台灣到美國的國際通話費用。
3. 假如某人在美國打某甲的 GSM 電話，則發話者要付從美國到台灣的國際通話費用。某甲則必須支付從台灣到美國的國際通話費用。這種奇怪的情況也稱為伸縮喇叭效應（tromboning）。

GSM 國際漫遊（international roaming）

在國際漫遊的情況下需要兩個 ISC（international switch center）的溝通，在電信市場上，每個國家都有一個全國性的網路，也與國際網路相連。ISC 提供國家網路與國際網路互連（interworking）的功能。每一通國際電話的路徑都包括 3 個部分：發話國（origination country）、國際網路與目的地所在的國家，這些電路透過兩個 ISC 連接起來。圖 11-11 顯示 GSM 國際電話的設定程序（setup procedure），我們可以從這個過程來思考 GSM 國際漫遊的原理：

1. 某甲的 GSM home system 是台灣，假如友人從美國打電話給某甲，會先撥 ISCA（international switch center access code），然後加上國碼（country code），最後是某甲的 MSISDN。台灣的 MSISDN 是 NDC（national destination code）加上 6 位數字的 SN（subscriber number）。
2. 圖 11-11 中的 switch A 檢視 ISCA 發現是國際電話，向 ISC B 要求建立通話，ISC B 由國碼將通話請求送往 ISC C，即某甲的國家，ISC C 透過號碼建立到 GMSC D 的語音連線。
3. GMSC D 向 HLR E 查詢取得 MSRN（mobile station roaming number）。
4. HLR E 向 VLR F 查詢，這時候訊息在兩國之間交換。最後 MSRN 送回 GMSC D。
5. GMSC D 依據 MSRN 建立到 MSC G 的連線，與某甲連上線。語音線路的路徑為：1 -> 1.1 -> 1.2 -> 1.3 -> 6.1 -> 6.2 -> 6.3。

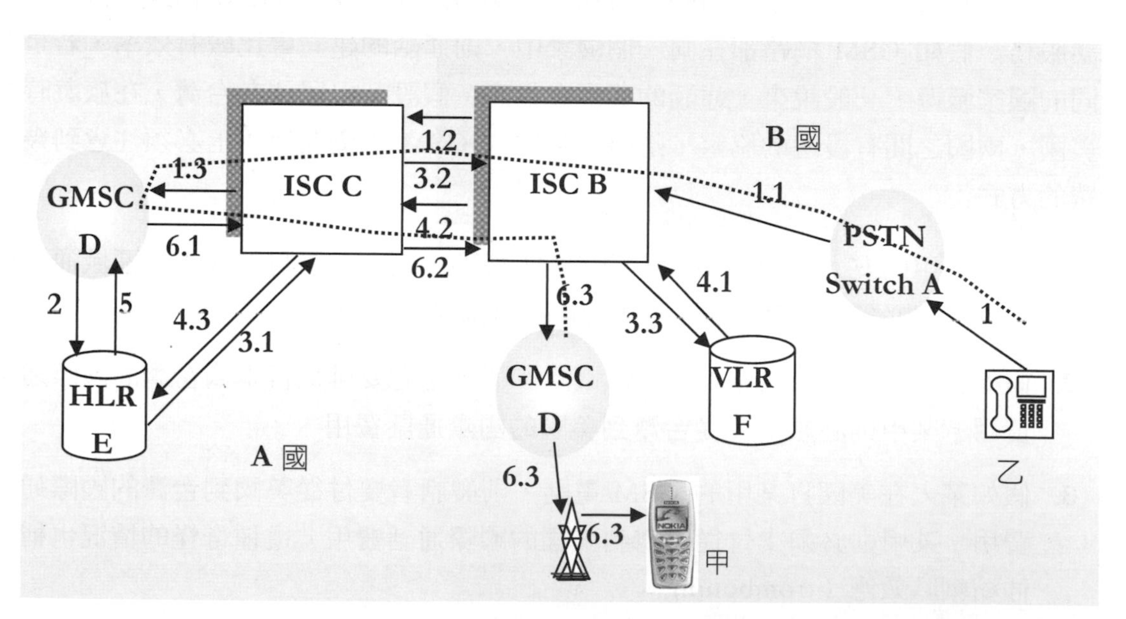

圖 11-11　GSM 國際電話的設定程序（setup procedure）（Lin 2001）

降低費用的方法

在設計上我們可以利用所謂的 RLC（roamer location cache）來保存國際漫遊者的資料，對於 visited system 的 VLR 來說，RLC 就像是漫遊者的 HLR。對於漫遊者 home system 的 HLR 來說，RLC 等於是 visited system 的 VLR。透過這種方式可以儘可能地減少因路由（routing）造成的額外費用。

11.3.7 GSM 網路的管理與應用

GSM 的作業與管理常稱為 OA&M（operations, administration, and maintenance），與有線網路有許多類似的地方。在相容性的要求下，GSM OA&M 遵循 ITU-T 有關於 TMN（Telecommunication Management Network）的標準。要了解 GSM OA&M，可以先從 TMN 的模型架構來探討。GSM 網路的應用主要是語音，除此之外，簡訊服務（SMS, short message service）也是大家熟悉的，圖 11-12 列出 GSM SMS 的網路架構，行動台要送訊時先送往 IWMSC（interworking MSC），然後再送到 SM-SC（short message service center）。SM-SC 可以連上數個 GSM 網路，SMS GMSC 會找到訊息接收者所屬的 MSC，將訊息送給該 MSC，MSC 廣播給基地台，由 BSC 呼叫行動台來接收訊息。

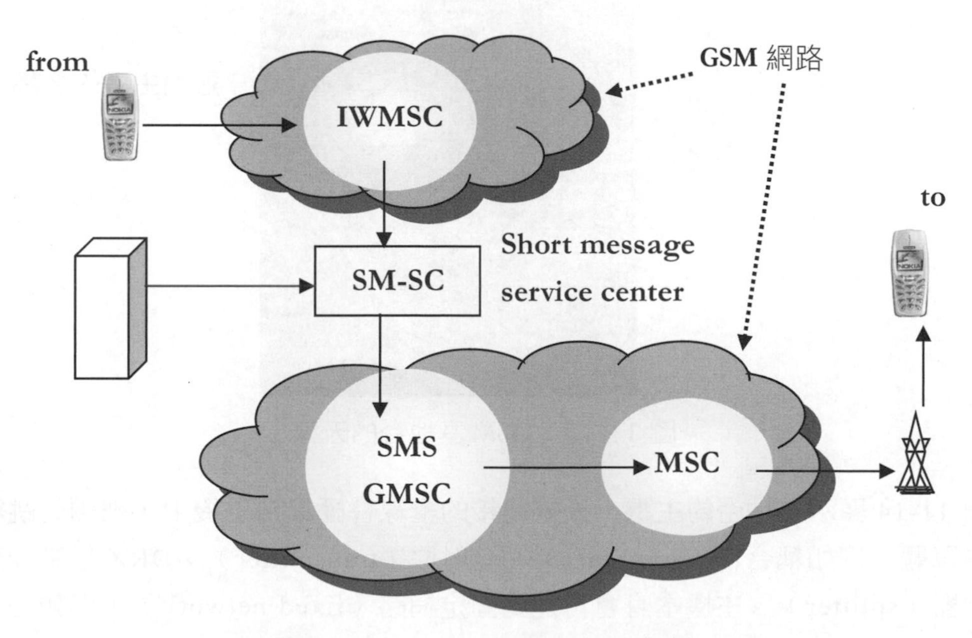

圖 11-12　GSM SMS 的網路架構

11.3.8 GSM 建置的實務

國內 GSM 的基地台相當多，可以說是蜂巢網路的代表。圖 11-13 顯示 GSM 基地台的天線，位置在建築物的頂樓。一旦選定為基地台，接下來的建置與測試工作大同小異。一般基地台可以分成戶內（indoor）與戶外的（outdoor）基地台，戶內基地台使用直流電源，戶外的基地台則使用交流電源，戶外基地台的主機有排風與濾網的裝置，戶內的基地台則仰賴機房的空調設施。

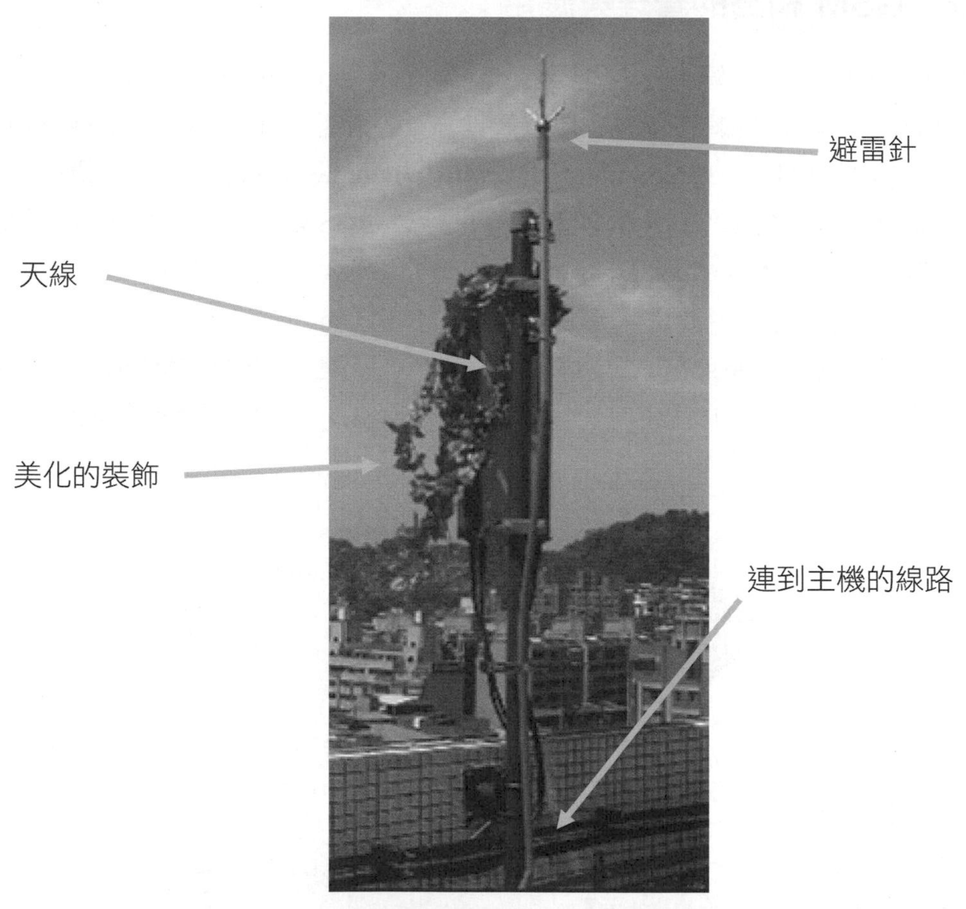

圖 11-13　GSM 基地台的天線

圖 11-14 顯示基地台的主機，天線連接的纜線會匯集到主機中，裡頭的跳線再連接一些單體，例如耦合器（combiner）、發射機（transmitter）、DRX 控制介面與訊號分配器（splitter）。主機本身會再連到固定網路（fixed network），例如經由光纖線路 E1 HDSL 連到電信機房。

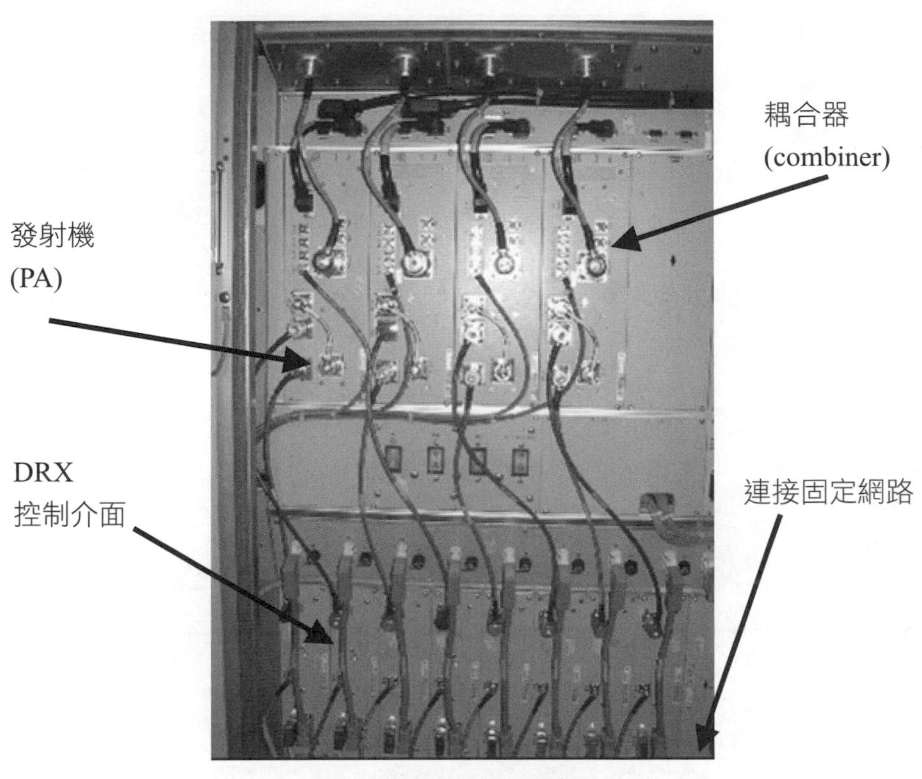

圖 11-14　基地台的主機

圖 11-15 顯示基地台機房的配置，可以看到空調、來自天線的饋纜與主機，這是一般室內基地台機房的配置，當然還有直流電源。圖 11-16 顯示基地台機房外部的配線，通常在完成基地台的建置以後會進行各種測試，包括纜線、單體與通訊的測試。一般的手機加入適當的軟體之後可以看到所謂的工程模式，會呈現訊號強度與 cell ID 等資訊，測試者可以記錄鄰近細胞的 cell ID，提供給電信控制中心進行開台的設定。

圖 11-15　基地台機房

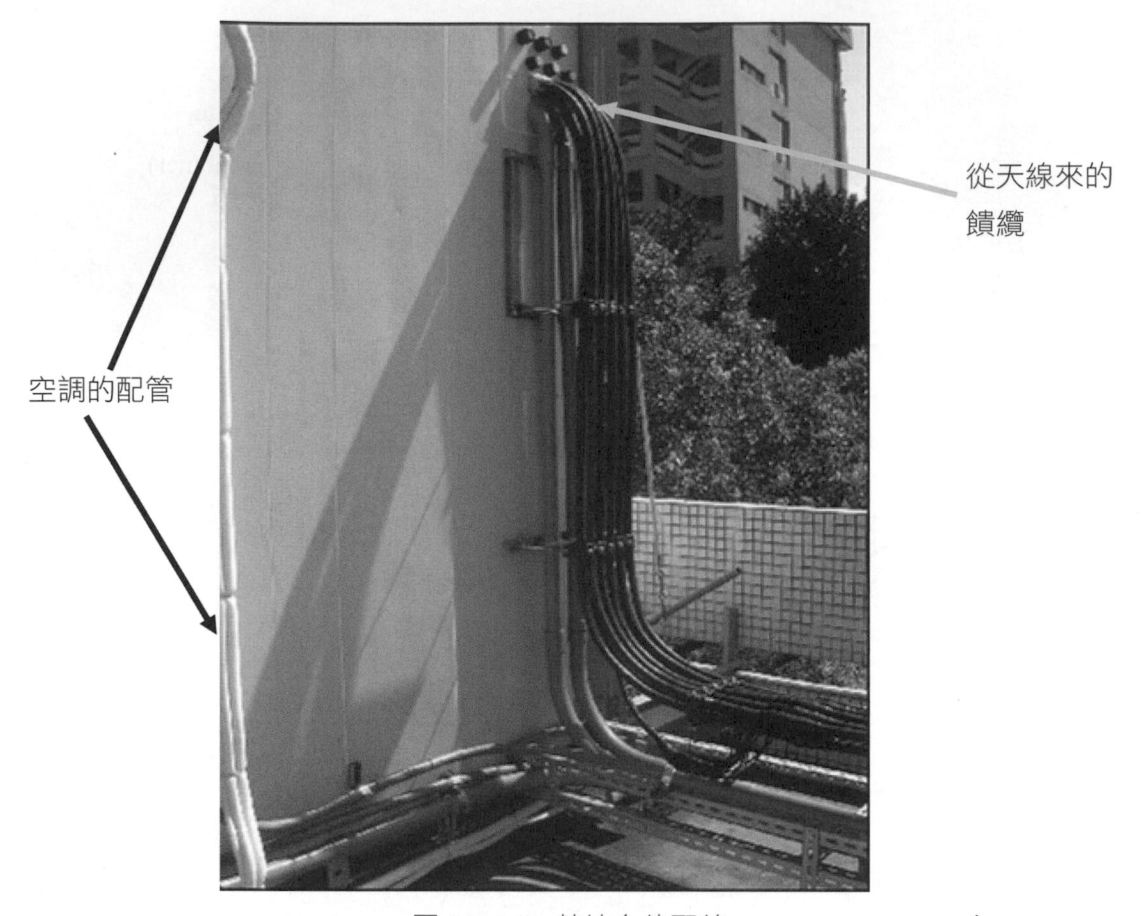

圖 11-16　基地台的配線

有沒有人想到隧道內是如何收到基地台的訊號的？圖 11-17 顯示隧道內進行無線通訊的方式。一種是在隧道口建置基地台，天線指向隧道內，另外一種方式是在隧道中佈置洩漏電纜，訊號由洩漏電纜來發出給行動台。

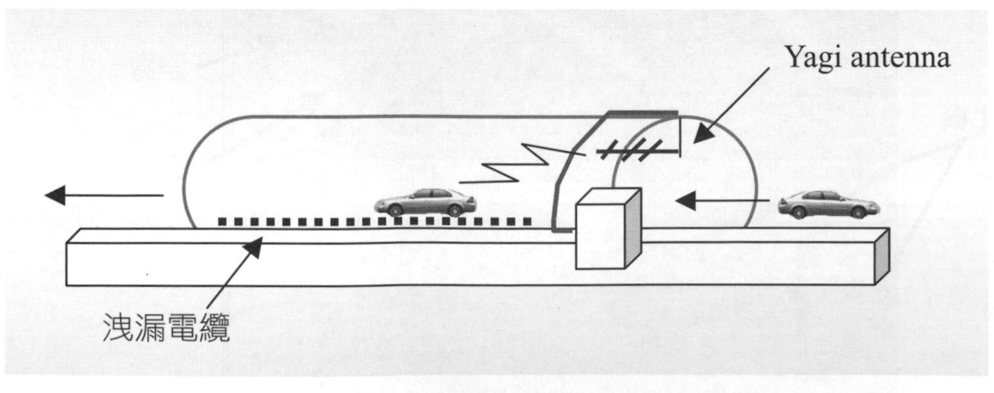

圖 11-17　隧道內的無線通訊

11.4 cdma2000

cdma2000 是一種 RTT（radio transmission technology）的技術，採用寬頻段（wideband）與展頻（spread-spectrum）的無線電介面，存取技術是 CDMA，cdma2000 滿足 ITU 文件與 IMT-2000 相關文件中所制定的需求規格。cdma2000 的系統與 cdmaOne（IS-95）的標準相容（backward compatible）。cdma2000 的系統可以在表 11-3 所列的各種環境下作業。

表 11-3　cdma2000 系統作業的環境

作業範圍的名稱	作業的範圍
Outdoor megacells	細胞半徑大於 35 公里
Outdoor macrocells	細胞半徑由 1 公里到 35 公里
Indoor/outdoor microcells	細胞半徑在 1 公里以內
Indoor/outdoor picocells	細胞半徑小於 50 公尺

在實際的部署應用上，cdma2000 可用於室內與室外通訊的環境、無線區域迴路、運輸工具或是室內外與運輸工具混合的情況。cdma2000 考慮使用兩種資料服務：資料封包服務與高速電路資料服務，電路資料服務在頻寬的使用上比較沒效率，但是適用於對於延遲敏感（delay-sensitive）的資料傳輸。表 11-4 列出 cdma2000 與 W-CDMA 在幾項重要特徵上的比較。

表 11-4　cdma2000 與 W-CDMA 在幾項重要特徵上的比較

特徵	cdma2000	W-CDMA
核心網路	ANSI-41	GSM MAP
Chip rate	3.6864 Mcps	3.84 Mcps
基地台同步	是	否（但可選擇同步）
Frame length	20 ms 與 5 ms	10 ms
Multicarrier spreading option	是	否, direct spreading

11.5 UMTS 網路

在探討 3G 的網路架構時通常會以全球性的架構為基礎，而且必須承載現有與未來的網路服務。在設計上要求基礎的網路架構能因應未來技術上的演進，因此我們可以發現存取技術（access technology）、傳輸技術（transport technology）、服務與使用者的應用在網路模型中是分開的，就是為了因應未來的變化。圖 11-18 畫出 UMTS 架構的概念模型（conceptual model），以通訊流量本身的性質來說，可以分成電路交換領域（CS domain）與封包交換領域（PS domain），依據 3GPP TR 21.905 的規格，領域（domain）是指實體成員（physical entities）的組合與領域間所定義的介面，這些介面會定義領域之間溝通的方式。從協定結構來看，3G 網路可分成存取層次（access stratum）與非存取層次（non-access stratum）。層次（stratum）是依據領域提供的服務來組合協定的方式。

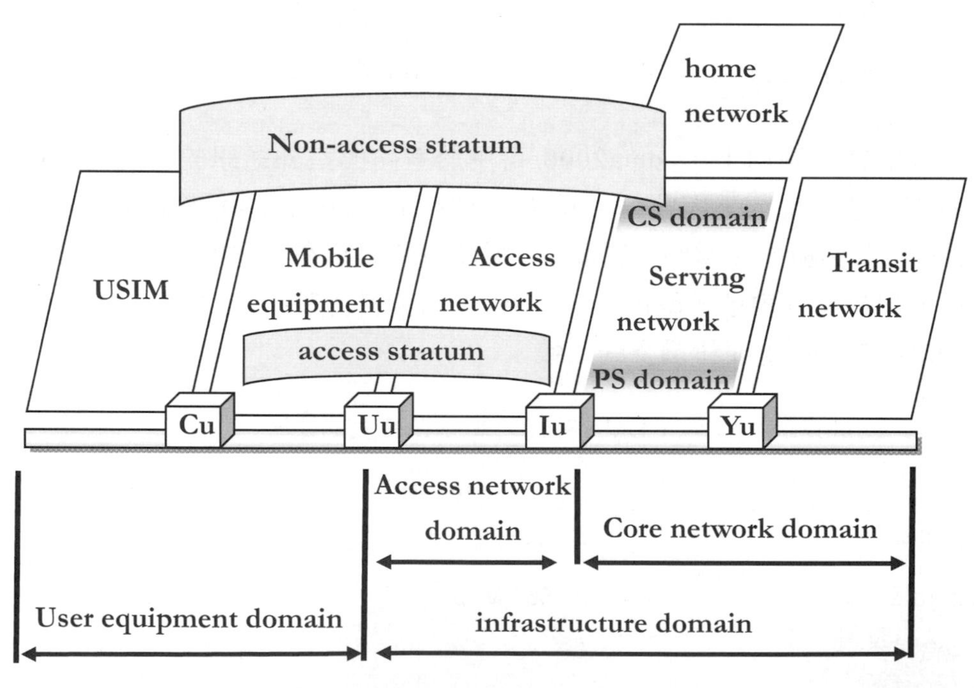

圖 11-18　UMTS 架構的概念模型（conceptual model）（Kaaranen 2001）

存取層次（access stratum）的協定處理使用者設備（UE）與存取網路（access network）之間的溝通，非存取層次（non-access stratum）的協定處理 UE 與核心網路（CS/PS domain）之間的事務。圖 11-18 中的 home network 包含了訂戶與安全方面的資訊，serving network 提供使用者所需要的核心網路的功能，transit network 負責與其他網路之間的溝通。

圖 11-19 畫出 UMTS 網路的架構，UMTS 與 GSM 網路有相當密切的關係，有很多再用（reuse）GSM 網路之處。3G 網路的 terminal 稱為 UE，包括 ME（mobile equipment）與 USIM（UMTS service identity module）。控制寬頻段無線電存取（wideband radio access）的部分一般稱為 RAN（radio access network），若專指 UMTS 使用 WCDMA 的技術，則稱為 UTRAN。UMTS 核心網路（CN, core network）的架構包括了支援交換與用戶控制的各成員。

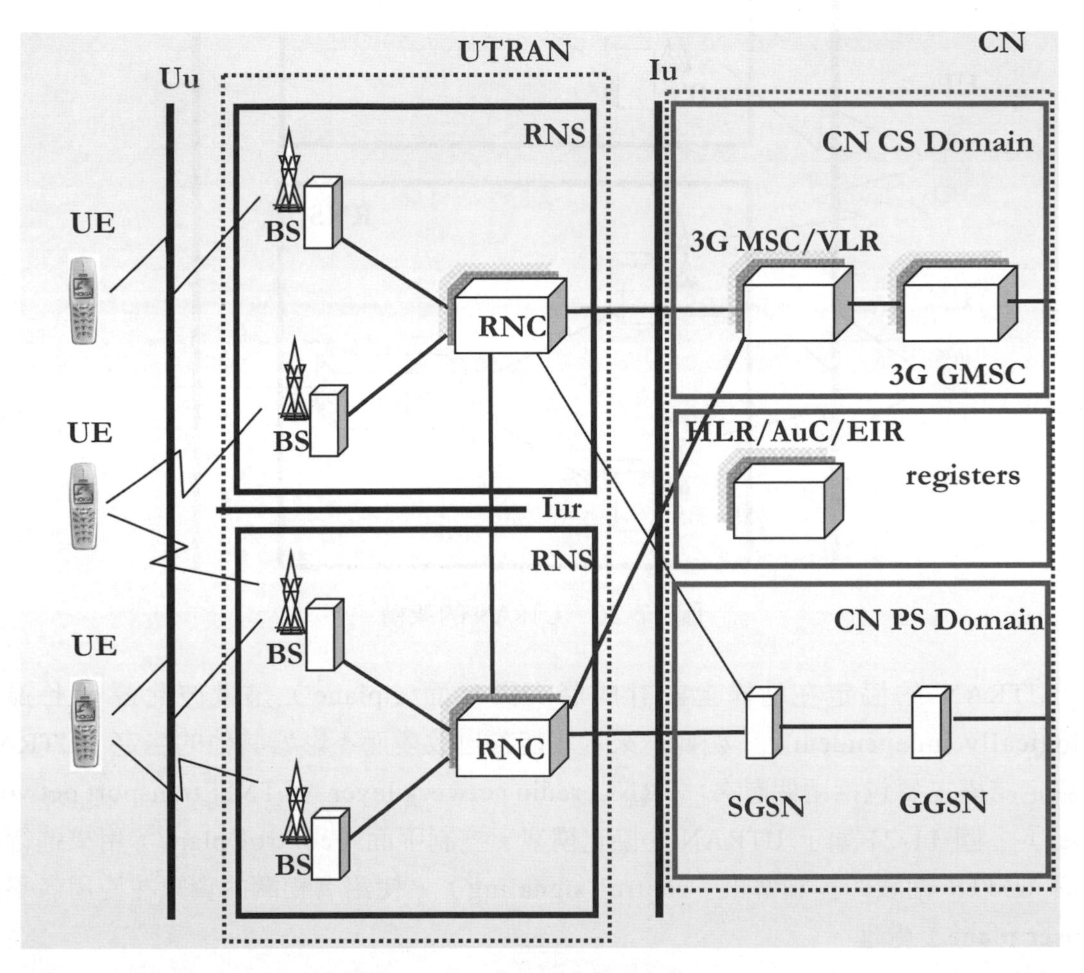

圖 11-19　UMTS 網路的架構

UTRAN（UMTS Terrestrial Radio Access Network）

UTRAN 由一組 RNS（radio network subsystem）所組成，一個 RNS 有兩個主要的元素：Node B（即 base station）與 RNC（radio network controller）。RNS 負責一組細胞內的無線電資源與傳送接收的管理與作業，Node B 支援 Uu 介面的功能。圖 11-20 顯示 UTRAN 的架構。

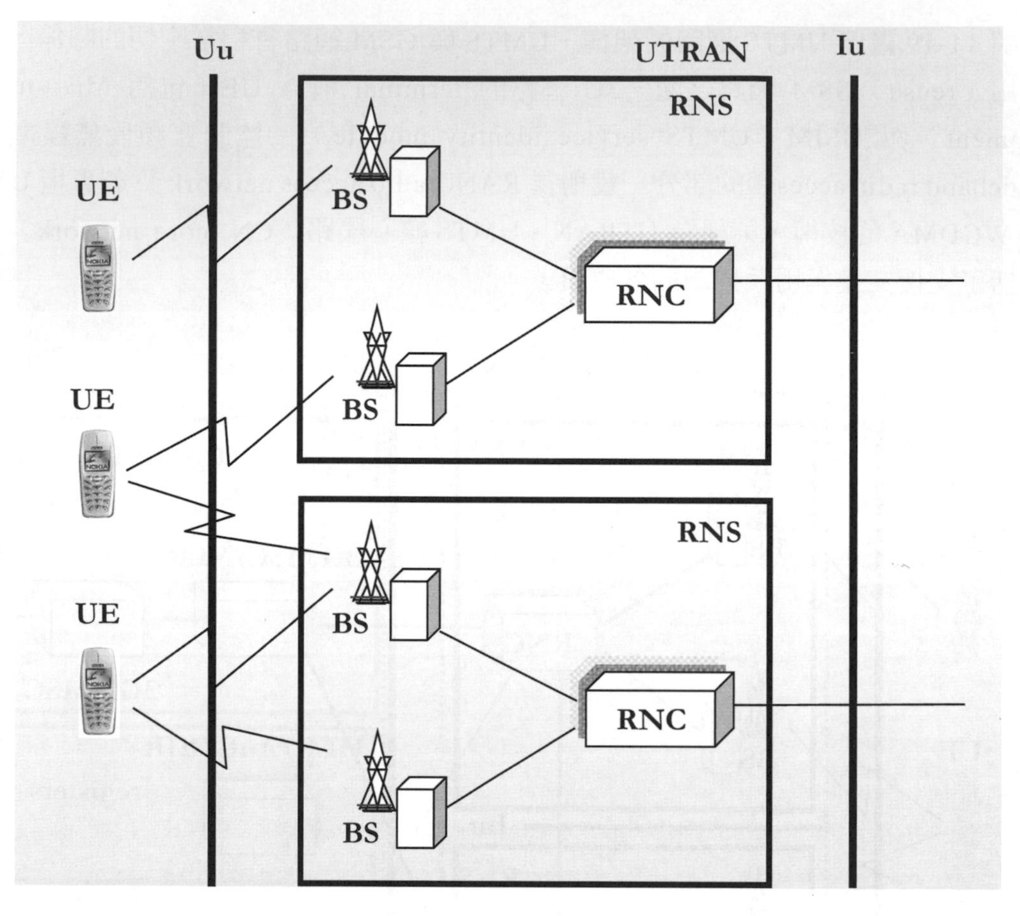

圖 11-20　UTRAN 的架構

UTRAN 的協定在結構上設計成層次與平面（plane）盡量彼此邏輯上獨立（logically independent），如此一來，才能各自改變而不影響其他的協定。UTRAN 的協定結構主要包括兩個層次：即 RNL（radio network layer）與 TNL（transport network layer）。圖 11-21 顯示 UTRAN 的協定模型。控制平面（control plane）用來進行所有與 UMTS 相關的控制傳訊（control signaling）。使用者相關的資訊在使用者平面（user plane）處理。

UMTS 網路的架構相當複雜，假如有意深入了解，可以從圖 11-19 UMTS 架構的概念模型（conceptual model）開始，配合圖 11-21 UMTS 網路的架構，一一地開始認識各種網路成員、介面的功能、協定的架構與運作的方式，假如有機會，可以配合實務上建置的例子來了解 UMTS 的結構與功能，在作業程序上試著對應到網路結構中各成員的角色與協定的涵義。

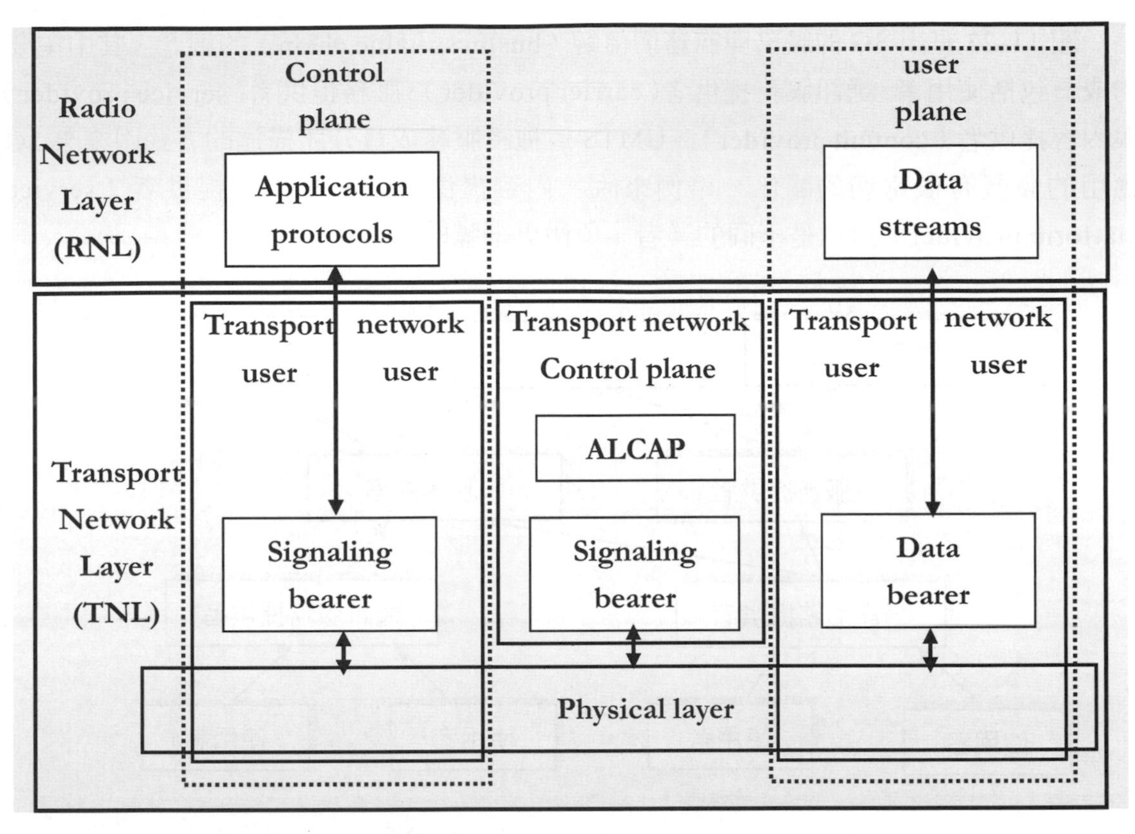

圖 11-21　UTRAN 的邏輯架構（logical architecture）（Garg 2002）

3G 的服務與商務價值鏈（business value chain）

1G 的無線通訊網路的主要功能是提供語音服務，從 2G 開始，開放式的商業化趨勢與內容提供的服務開始進入無線通訊的領域。以 UMTS 來說，我們可以從圖 11-22 來觀察 3G 的服務，除了網路的管理之外，安全性的功能在未來的應用上將會扮演相當重要的角色。

Network management	Content provider layer	Security functions
	Service creation layer	
	Network element layer	
	Physical transmission layer	

圖 11-22　3G 的服務（Kaaranen 2001, pp 142）

圖 11-23 畫出 3G 的服務與商務價值鏈（business value chain）的觀念，其中主要的成員包括使用者、通訊服務提供者（carrier provider）、服務提供者（service provider）與內容提供者（content provider）。UMTS 這種將服務成員分開描述的方式跟未來 3G 應用的發展有很密切的關係。舉例來說。內容提供者跟服務平台提供者（service platform provider）可以是不同的業者。象徵更細膩的分工。

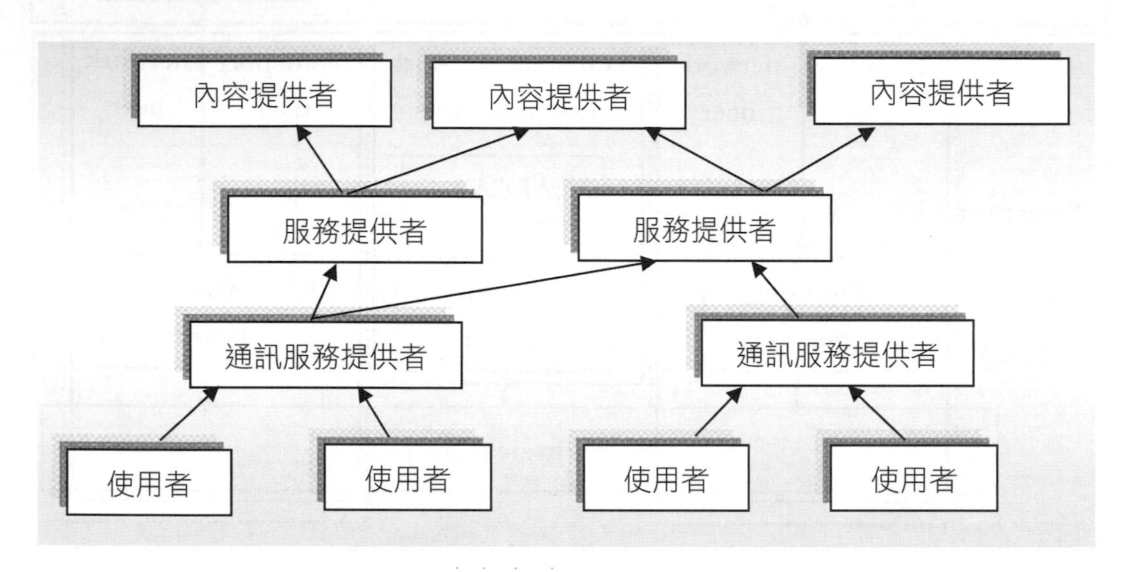

圖 11-23　3G 的服務與商務價值鏈（business value chain）

移動性管理的程序（MM procedure）

UMTS 中移動性的管理（mobility management）與 GSM 幾乎相同，不過也有一些差異，在 GSM 中，移動性的管理完全在 MS 與 NSS 之間處理，UMTS 網路中移動性的管理大部分在 UE 與 CN 之間處理，但是有些部分是在此之外處理的。

11.6 無線數據通訊簡介

無線數據通訊的市場在成長上並沒有我們想像中的那麼快，21 世紀初全球性的經濟衰退也影響到無線數據通訊的發展。對於使用者來說，在移動中進行數據通訊仍然是有待觀察的趨勢，不過對於服務提供業者（service provider）來說，數據通訊是不錯的利基，因為無線數據通訊的時間比較長。以往無線數據通訊的資料傳輸速度只有 9.6 Kbps，未來會隨著技術的演進而增加。我們可以把無線數據通訊的應用分成 3 大類：

1. 查詢與回應的應用（query/response applications）：遙感勘測（telemetry）是典型的應用，例如遠端電表讀取，自動販賣機的管理，或是防盜系統。這一類應用通常包括感知的儀器（sensing devices），將感測的資料送到接收端。
2. 批次處理的檔案應用（batch file applications）：大型的資料檔案對於時間的延遲比較不在意，可以使用無線數據通訊的方式來傳遞。
3. 串流式的資料應用（streaming data applications）：像音訊或視訊的資料都算是串流式的資料，對於時間的延遲比較無法接近，部分的資料失誤反而可以接受。

無線數據通訊的連線選擇（connection options）

圖 11-24 顯示無線數據通訊的連線選擇（connection options），第 1 種方式是透過傳統的電話網路（PSTN），但是傳統的電話網路在原先的設計上並不是為了進行數據通訊。第 2 種方式是直接與目標網路連線，例如私有的微波系統（private microwave system）或是衛星系統（satellite system）。第 3 種方式是先連上網際網路，假如連接的方式要先經過 PSTN，那麼服務提供業者的主機成為數據的轉送站。

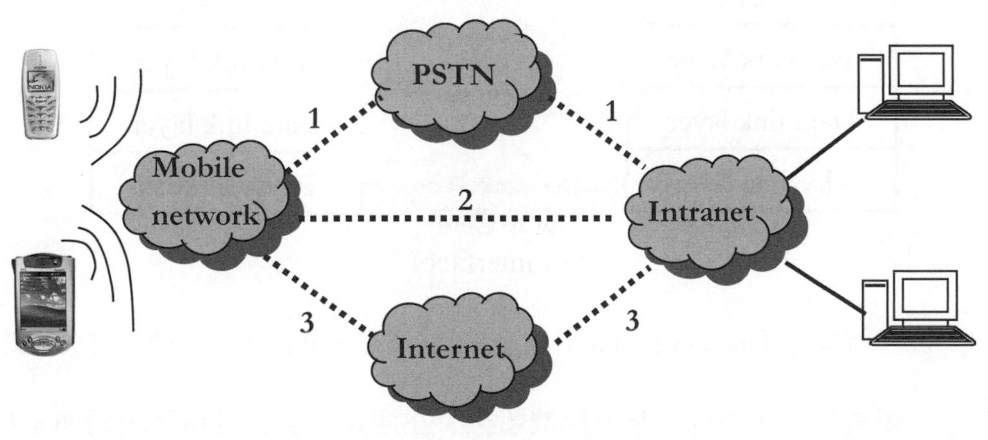

圖 11-24　無線數據通訊的連線選擇（Black 1999, pp282）

無線數據使用的模式

假如從使用者的觀點來看無線數據服務，一般會考慮到使用者是否在移動的狀態，以及使用者用來上網的設備，還有就是網路本身的服務涵蓋範圍，大致可以分成以下 3 大類：

1. 使用者可以完全在移動狀態（full user mobility）：算得上是真正移動式的數據服務，可以做到所謂的使用段落切換（session handoff）。
2. 可攜式的無線數據（portable wireless data）服務：在涵蓋的區域內提供數據服務，使用者可以用手提式電腦或掌上型電腦來使用數據服務。不過當使用者高速移動或是離開涵蓋的區域時就無法繼續使用數據服務。
3. 固定式的無線數據（fixed wireless data）服務：透過大型的天線提供數據服務給一般家庭或辦公室，可以達到比較高的資料速率。

我們還是可以利用層次化的網路模型來幫助我們了解無線數據通訊，圖 11-25 顯示一個行動台（mobile station）與固定台（land station）之間進行通訊時隱含的各種層次的關聯。以無線數據通訊來說，當然最下層的實體層就是無線電介面。上層的設計與一般的數據網路有許多相似之處。

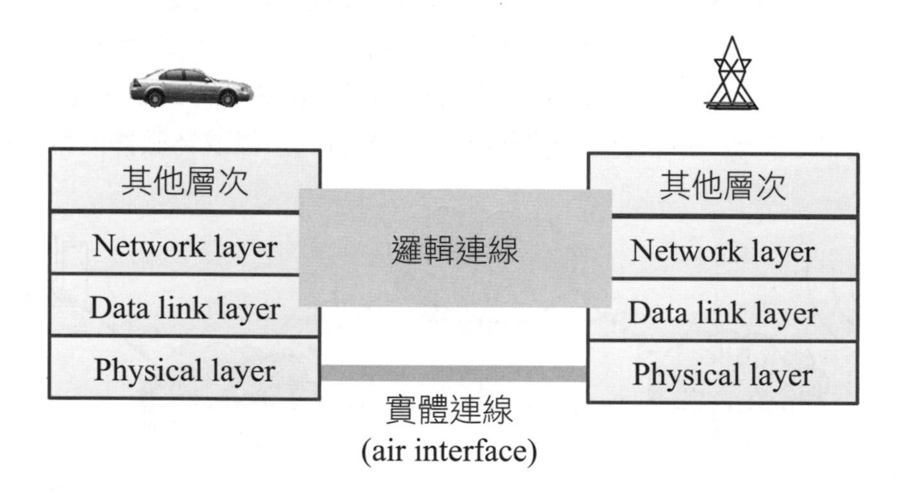

圖 11-25　行動台（mobile station）與固定台（land station）之間通訊層次的關聯

無線電頻道和一般的有線頻道比較起來，在通訊品質上受訊號減弱與干擾的影響，位元錯誤率（BER, bit error rate）提高，因此在技術上必須克服這些先天的困難。圖 11-26 顯示電路交換式的無線數據存取，等於是利用手機的連線來進行數據通訊，這跟直接用手機來進行數據通訊的情況是不一樣的。以未來的趨勢來說，還是要讓使用者直運用手持器具（handheld）來上網，不過對於這些器具來說，在功能上就和傳統的手機不太一樣了。

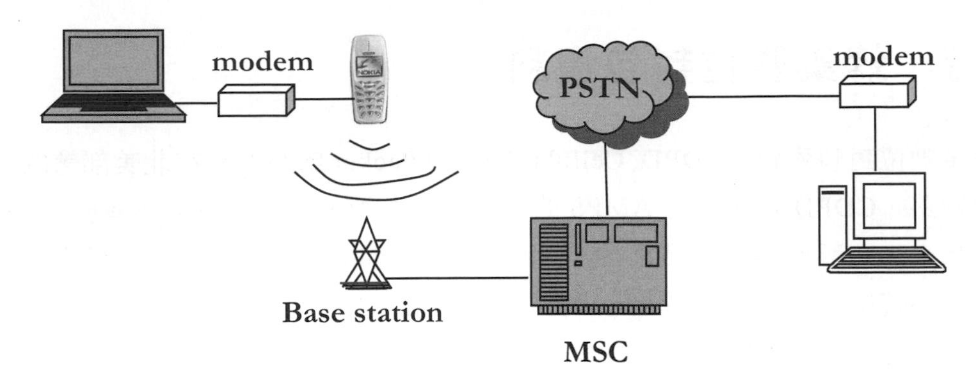

圖 11-26　電路交換式的無線數據存取

11.6.1　早期的發展

最早的無線數據服務應該要算是簡訊服務（short message services），早期的簡訊是像呼叫（paging）的訊息，資料速率低，包括 ARDIS 與 RAM Mobile Data 兩種無線數據網路。ARDIS 在 1990 年時發展出來，全美國使用單一的 25 KHz 的頻率，和一般的蜂巢系統不完全相同。RAM 網路使用 12 個 5 KHz 的 SMR（specialized mobile radio）頻道，每個頻道可以提供約 8 Kbps 的資料速率。

11.6.2　封包無線電網路（packet radio network）

業餘封包無線電（amateur packet radio）數據通訊是火腿族（ham radio）合作發展的數據網路，使用火腿族無線電頻率（ham radio frequencies）。1983 年發展出 TNC（terminal node controller），圖 11-27 畫出封包無線電網路（packet radio network）的架構。TNC 使用 4800 bps 半雙工的 modem 連上 ham radio 的麥克風與耳機，TNC 支援封包式資料的傳送。

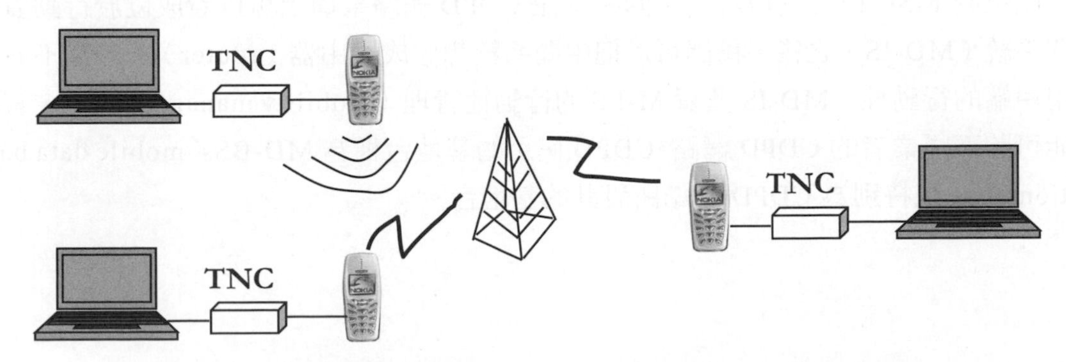

圖 11-27　封包無線電網路（packet radio network）的架構

11.7 蜂巢數位封包資料

蜂巢數位封包資料（CDPD, Cellular Digital Packet Data）是在北美部署的一種數據通訊網路，CDPD 是建立在 AMPS 的介面上運作的，由幾家電信業者於 1990 年共同建置起來，在類比蜂巢的架構上提供資料服務（data service）。在提供資料服務的行動蜂巢系統中，CDPD 算部署的相當廣泛，不過 CDPD 的協定到了 1995 年左右才標準化，當初的目標如下：

1. 在各種網路系統中提供使用者密合的服務（seamless service），也就是說，對於使用者最好是像單一的網路所提供的服務。
2. 讓網路未來的擴充能依循 OSI 的 CLNP（connectionless network protocol）與 TCP/IP。
3. 在保護使用者資料與身份的前提下，盡量運用網路的效能，同時簡化網路的管理工作。

CDPD 網路的架構

CDPD 的架構是針對 OSI 網路的第 3 層來擴充的，行動終端系統（M-ESs, mobile end systems）支援 OSI 上層與資料應用相關的功能。圖 11-28 畫出 CDPD 網路的架構，CDPD 的終端系統（end system）是資料服務的來源或接收端，行動終端系統通常包括手提電腦或掌上型電腦加上一台 CDPD modem。固定終端系統（F-ESs, fixed end systems）是放置資料應用的伺服器，固定終端系統在傳訊時不必考量用戶端的行動性。

中間系統（intermediate system）提供網路轉送（network relay）的功能，中間系統可能位於 MSC 或是基地台。中間系統在 CDPD 網路架構上可以看成位於行動資料中間系統（MD-IS）之後。我們可以把中間系統想像成路由器（router），一樣不必考量用戶端的行動性。MD-IS 負責 M-ES 的行動性管理（mobility management），有些功能可跨不同業者的 CDPD 網路。CDPD 使用的基地台稱為 MD-BSs（mobile data base stations），是特別為 CDPD 連結所設計的基地台。

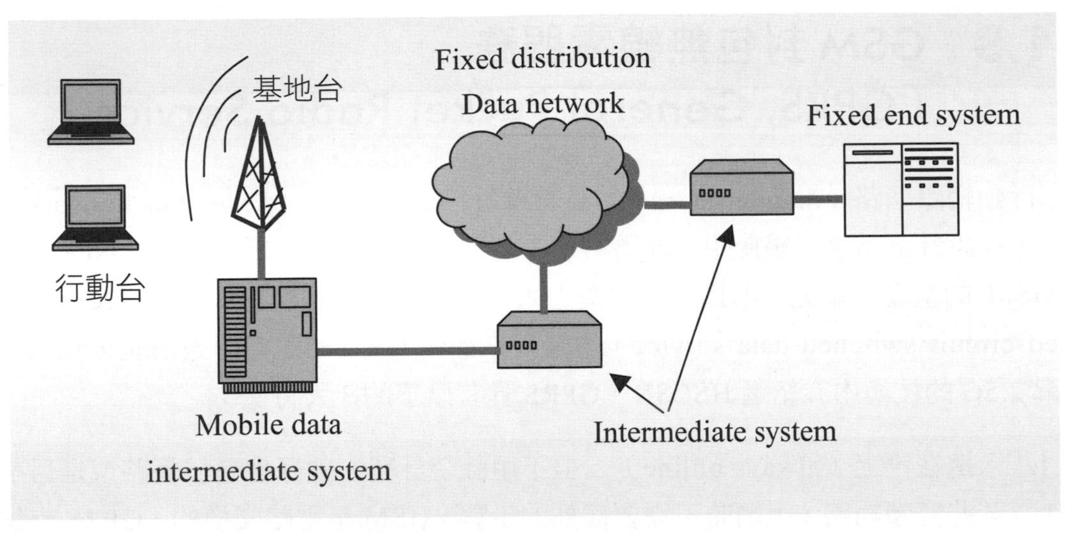

圖 11-28　CDPD 網路中的組成

CDPD 的頻道跳躍（channel hopping）技術

CDPD 採用頻道跳躍（channel hopping）的技術來提昇效能，同時減低無線通訊業者在細胞區域與交換系統之間的設備的負擔。頻道跳躍利用語音通訊的空檔（empty space）來傳送資料封包（datagrams）。封包資料要放到沒有在用的語音頻道上時必須不會與語音通話產生干擾，MD-BS 採用一種競爭（contention）方法，讓封包資料以下面兩種方式放到沒有使用的語音頻道上：

1. 計畫中的跳躍（planned hop）：自動感應未使用到的頻寬，將資料以連續的方式插入，不用暫存（buffer）封包資料，也就是說，雖然目前的頻道有頻寬可用，但是另外有頻道有更多的頻寬，此時系統就可以安排跳躍到新頻道做資料傳輸。
2. 強制跳躍（forced hop）：CDPD 的資料傳輸是在語音頻道上進行，語音通訊的優先順序高，假如新的通話請求無法找到空頻道時，CDPD 的傳輸就要被強制跳躍到其他的頻道。

強制跳躍（forced hop）需要暫存（buffer）資料，直到有可用的頻寬出現，有時候會因而失去連線，所以有些網路業者乾脆避免這麼做，直接分配固定的頻道做資料通訊。CDPD 的固定頻道資料傳輸速率約 19.2Kbps，扣除協定本身額外的用途，約有 10 Kbps 到 12 Kbps 的資料速率。在這樣的速率下，使得 CDPD 比較適合用來做查詢/回應（query/response）、簡短輸入與 telemetry 的應用。未來 CDPD 會被無線數位通訊系統（digital wireless systems）所取代。

11.8 GSM 封包無線電服務（GPRS, General Packet Radio Service）

行動網際網路（mobile Internet）必須靠封包資料網路（packet data network）來發展，在設計上希望能讓使用者能隨時連上資料網路，但不用計時計費，GPRS 由於在 GSM 的基礎上擴充，所以普及的潛力大。高速電路交換數據服務（HSCSD, high speed circuit switched data service）也是用來加強 GSM 的數據傳遞功能，我們在第 10 章 2.5G 的技術中介紹過 HSCSD。GPRS 具有以下的 3 大特徵：

1. 永遠在線上（always online），但不用計時計費。就好像區域網路或是目前的某些寬頻網路，上網時不需要額外的步驟。GSM 是電路交換的，GPRS 支援封包交換。
2. 現有系統的擴充來支援數據通訊。GPRS 是 GSM 網路的擴充（upgrade），現有的基地台都能繼續使用，大多數的擴充是在軟體方面。圖 11-29 畫出整個擴充的大架構。
3. GPRS 會成為未來 3G 系統的一部分。GPRS 的功能將行動通訊帶到網際網路的世界，各種應用在資料速率與容量等需求上會越來越高，3G 系統其實也可以看成是 GSM/GPRS 的昇級，不管採用 EDGE 或是 WCDMA 都一樣，主要的改變在無線電存取（radio access）的部分，而 GPRS/GSM 在這一部分會與 EDGE/WCDMA 共存。

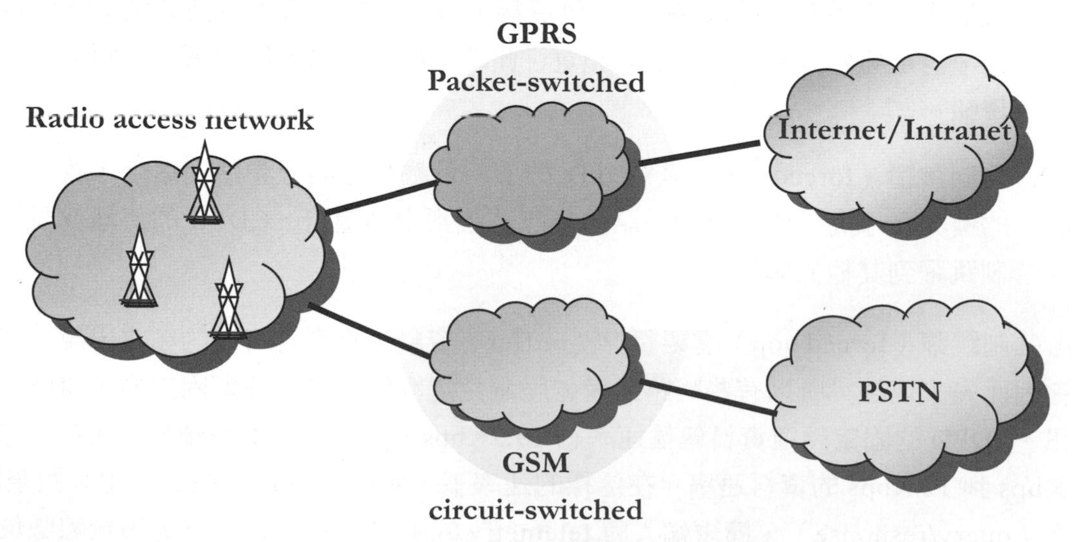

圖 11-29　在 GSM 上擴充的 GPRS 網路

有關於 GSM 與 GPRS 的文獻與資料相當多，在網路上就能找到相當豐富的資源。比較屬於探討與學習類型的資料可以參考 Cisco 公司的 white paper，或是一般網路設備公司的文件。由於 GSM 與 GPRS 在手機的應用上占有相當重要的地位，所以著名的手機大廠，例如 Nokia、Ericsson 與 Motorola 的網站上也會有很多值得參考的資料。

11.8.1 GPRS 網路的架構

GPRS 所加入的功能並不影響現有的電路交換的 GSM 服務，加入的封包交換網路像重複網路（overlay network），盡可能再用現有的設施與架構。圖 11-30 畫出 2G 的 GSM 網路架構。一個 MSC 與數個 BSC 連接，一個 BSC 則負責控制數個基地台。圖 11-30 省略了一些 GSM 的組成，例如 HLR（home location registry）、AuC（authentication center）等。

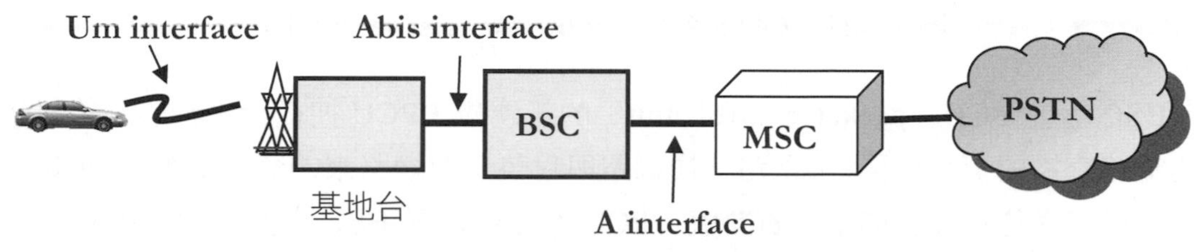

圖 11-30　2G 的 GSM 網路架構

GPRS 的標準化目標是要讓 GSM 的擴充越簡單越好，以基地台來說，最好不要有太大的變更，因為基地台占了業者成本中相當大的比例。而且基地台廣佈各地，真要變動，將是浩大的工程。由於基地台所在地常是承租的，大興土木不太方便，因此，GPRS 可以完全利用軟體更新的方式來擴充基地台的功能，避免前述的困難。在 GSM 中，Abis 是 BSC 與多個基地台之間的介面，通過 Abis 的包括 GSM 的語音或是 GPRS 的封包資料，兩者共享相同的 air interface。為了讓資料的通訊處理得有效率一點，GSM 核心網路用於電路交換的資料，而新的 GPRS 核心網路用於封包資料。圖 11-31 的架構顯示 BSC 必須區隔不同性質的流量。

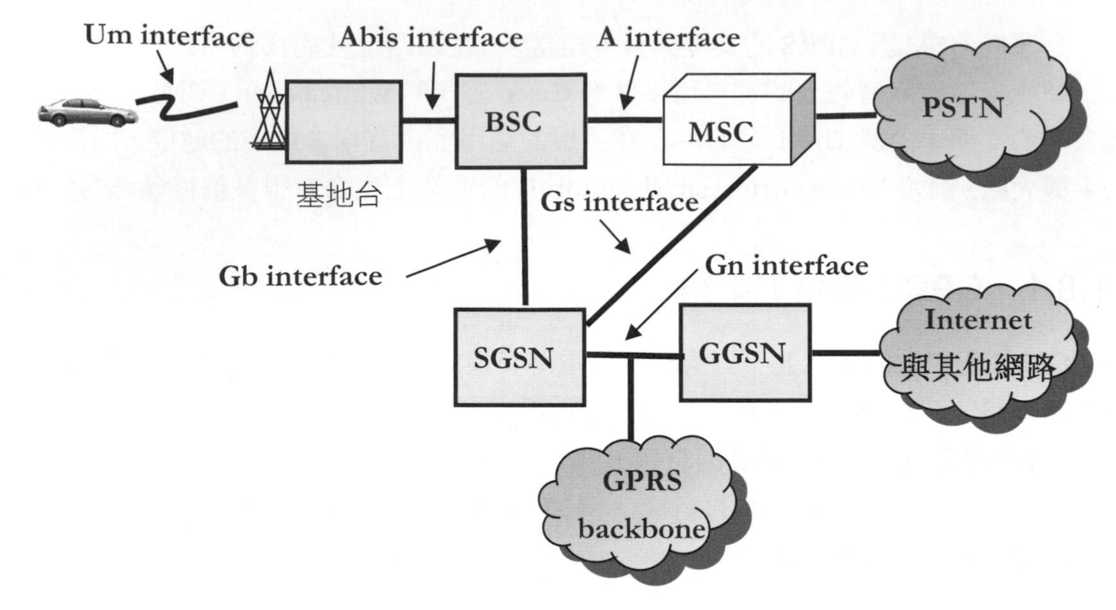

圖 11-31　GPRS 系統的架構（Andersson 2001）

BSC 需要 PCU（packet control unit）的新硬體，PCU 把從行動台收到的封包資料與電路交換的資料分開。由電路交換網路與封包交換網路來的資料則經過 PCU 多工處理合併成送往行動台的單一資料流。PCU 本身可以跟 BSC 完全分開。BSC 經過軟體的昇級以後將能具備處理邏輯封包資料頻道、呼叫 GPRS 手機與一些跟封包資料有關的功能。一個 BSC 會連上一個 MSC 與一個 SGSN（serving GPRS support node）。

GPRS 核心網路包括兩個主要的節點（node）：SGSN 與 GGSN（gateway GPRS support node）。兩者可用 GSN 節點稱之。Gb 介面把 GSN 節點連上無線電網路，Gb 是高速的訊框繼送（frame relay）的連結，建立在 E1 或 T1 的線路上。不同的 GSN 節點與核心網路中其他成員之間的連線稱為 GPRS 骨幹（GPRS backbone）。GPRS 骨幹是一般的 IP 網路，裡頭有路由器、防火牆等設備，同時會連到通訊業者的計費系統（billing system），GPRS 骨幹也可以和其他通訊業者的 GPRS 骨幹相連。

SGSN 負責封包資料使用者的移動性（mobility）管理，當行動台連上 GPRS 網路以後，會與其 SGSN 之間建立一個邏輯連線（logical connection），當行動台在不同的細胞間移動時，可以在不改變邏輯連線的情況下進行轉接（handover）。SGSN 將資料封包送給外來的行動台時會記錄所用的 BSC。SGSN 有點像一般的 IP 路由器，但是要處理一些行動網路所特有的問題。假如用戶要移到另一個 SGSN 上，必須進行 SGSN 層次的轉接（handover）。圖 11-32 畫出 GPRS 系統的協定堆疊。行動台與基地台之間的 RLC 協定在資料遺失時必須負責重新再送出資料。行動台與 SGSN 之間的 LLC（logical link control）協定可以執行類似於 RLC 的功能。

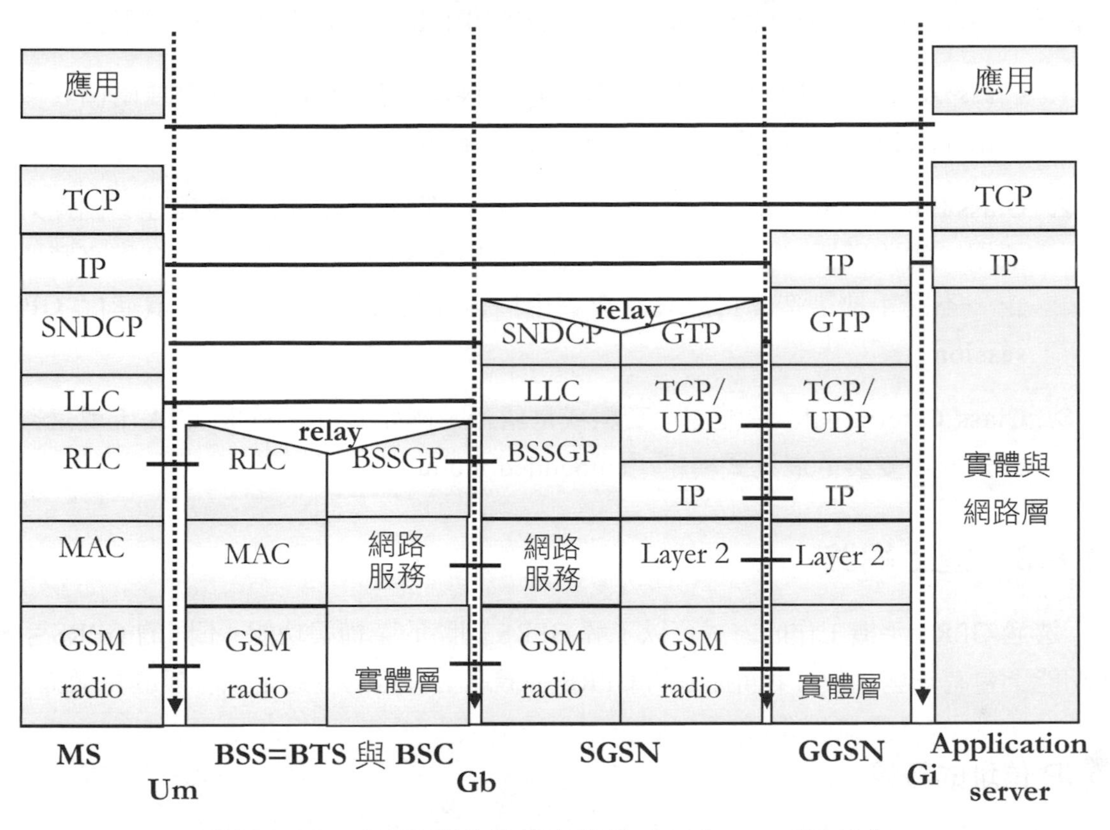

圖 11-32　GPRS 系統的協定堆疊（Andersson 2001）

當行動台連上網際網路時，大部分的資料遺失發生在無線連結的部分。在比較高層次的協定（例如 TCP）中處理這些問題會影響效率。最好在無線傳輸的部分另外使用一個協定來處理資料遺失的問題。GGSN 結合了 gateway、firewall 與 IP router 的功能，GGSN 處理與外部 IP 網路、ISP、RADIUS（remote access dial-in user interface）server 與鄰近節點之間的介面。對於外部網路來說，GGSN 就像是為用戶轉送封包的 gateway，GGSN 會記載用戶所連接的 SGSN，以此為依據來轉送封包。GPRS 網路骨幹可以在通訊業者間共用，因此 GPRS 還支援所謂的通道協定（tunneling protocol），即 GTP，從圖 11-32 可以看到 IP 與 TCP 的協定位於同一堆疊的兩個層次上，這就是 GTP 的由來。雖然通道協定的效率通常都不太好，但是安全性較高，而且容易建置。

11.8.2 GPRS 手機（handsets）

使用 GPRS 的服務需要具有相關功能的手機，一般也把像手機之外的手持無線通訊器具（handsets）以 mobile terminal 稱之，GPRS handsets 可以分成 3 個等級：

1. Class A terminal：可以同時處理封包資料與語音資料，所以需要兩個收發器（transceiver），因此 class A terminal 比較貴。
2. Class B terminal：可以處理封包資料與語音資料，但不是同時處理。因此只需要單一的收發器（transceiver）。通常 GPRS session 在 GSM call 進來時要中止，不過手機製造商可以設計成讓用戶選擇是要接電話還是繼續進行 GPRS session。
3. Class C terminal：只能處理資料或是語音，例如 GPRS PCM/CIA 卡或是自動販賣機中安裝的嵌入式模組（embedded module）。

11.8.3 連上網路

透過 GPRS 手機工作的方式可以了解 GPRS 網路的架構與功能，不同的 GPRS 手機在功能上會有一些差異，下面描述的 GPRS 手機連上網路的經過是以一般的特徵為主。

IP 位址的取得

假如手機本身能接受 GSM 與 GPRS 的連線，會透過 attach 的程序來告知網路這個事實。GPRS attach 會在 SGSN 與行動台之間建立一個邏輯連線（logical link），GPRS detach 則是把手機從網路中移出。通常手機開機時會進行 attach，關機時會 detach。一旦行動台與 SGSN 之間建立了連線，行動台必須取得 IP 位址與其他與連結有關的參數，這個過程稱為 PDP（packet data protocol）context activation，所謂的 PDP context 可以看成是一種軟體的記錄（record），含有一些與連結有關的參數。這個程序讓 GGSN 得知 GPRS 行動台的存在，可以與外面的網路建立連結。PDP context activation 的程序如下：

1. 行動台將 PDP context request 送給 SGSN，行動台與 SGSN 之間的安全檢查會驗證送來的請求。
2. SGSN 檢查行動台的訂戶情況（subscription）與 QoS，將如何連絡行動台的方式送給 GGSN，同時建立與 GGSN 之間的通道（tunnel），用來設定一個邏輯連線。

3. GGSN 連絡業者網路中的 RADIUS，為行動台取得 IP 位址，並且將位址送給行動台。

完成以上的程序之後用戶就可以開始收送資料封包，不過行動台還有其他的方法能取得 IP 位址，包括由 GGSN 自行分配動態的 IP 位址、由 GGSN 向 ISP 要一個動態的 IP 位址或是由 SGSN 向 HLR 取得一個靜態的 IP 位址。

移動性管理（mobility management）

GPRS 的用戶會像一般的行動用戶一樣的到處移動，網路上的變化通常最好不讓使用者察覺到，所謂的 soft handover 是指在新連線存在以後才取消舊連線，這也稱為 make-before-break 的原則。GSM 與 GPRS 也遵循這樣的移動性管理（mobility management）的原則，用戶在 SGSN 的範圍內時，BSC 要確定在無線電通訊改變通訊的天線時，封包的處理不會受到影響。GPRS 手機是一直上網的，為了節省能源，GPRS terminal 有圖 11-33 中所列的幾種狀態（states）。連上（attach）網路以後會從 IDLE 進入 READY 的狀態，可以收送封包（packet），假如有一段時間沒有資料的收送，則進入 Standby 的狀態。假如還是經過一段時間沒有活動，則進入 IDLE 狀態，若是在 Standby 時一有封包的收送就馬上回到 READY 的狀態。

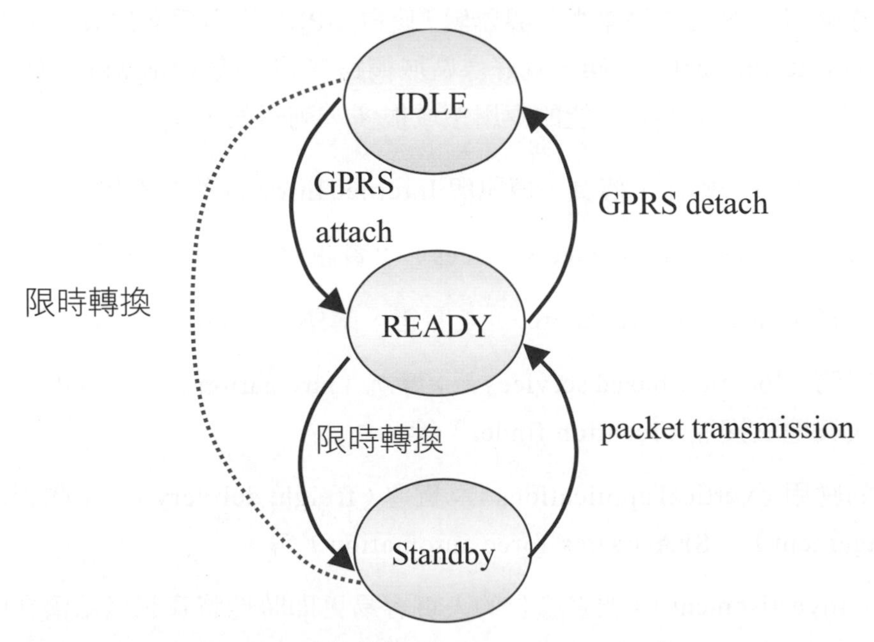

圖 11-33　GPRS 的移動性狀態（mobility states）（Andersson 2001）

如此一來，電池的耗損降低了，當行動台在 READY 狀態時，SGSN 要隨時了解行動台所在的位置（即所屬的細胞區域），才能轉送封包，當行動台轉為 Standby 的狀態，SGSN 只要知道如何找到行動台就好了，不需要隨時了解行動台所在的位置，這樣可以節省一些系統的通訊。Standby 狀態的行動台在 routing 區域內移動時不需要一直向網路更新自己的位置，不過當行動台進入新的 routing area 時必須告知 SGSN，讓 SGSN 知道如何找到它。電路交換的部分也有類似的觀念，不過使用的是位置區域（location area）的名稱。

11.8.4 GPRS 的面面觀

GPRS 已經是成熟的科技與系統，使用 GSM 來通話的用戶很快就會接觸到 GPRS 的服務與應用。一般固定的網路使用專線時，只要電腦一開機就是在上網的狀態，GPRS 也是一樣，只要手機一開機就能上網，跟一般的 WAP 或 GSM 的上網功能不同。

GPRS 的應用

GPRS 的應用主要是以 IP 為基礎的應用，用起來會像一般的區域網路，一旦 GPRS 的用戶獲得 IP 位址，就可以開始收送封包資料，這個 IP 位址是私密的（private）。由於 GPRS 透過 GGSN 的作用來與外界聯繫，使得 GPRS 的用戶像位於企業內部的網際網路（corporate intranet）一樣，就好像區域網路在防火牆（firewall）與代理伺服器（proxy）的保護下。GPRS 可能的應用領域很多，列舉如下：

1. 通訊：例如電子郵件、傳真、傳訊與 Internet/Intranet 的存取等。
2. 加值服務（VAS, value-added services）：資訊服務、線上遊戲等。
3. 電子商務（electronic commerce）：零售、購票、金融服務與貿易等。
4. 定位服務（location-based services）：導航（navigation）、交通狀況、鐵路航空班次與地點搜尋（location finder）等。
5. 垂直的應用（vertical applications）：貨運（freight delivery）、車隊管理（fleet management）、SFA（sales-force automation）等。
6. 廣告（advertisement）：讓登廣告的人更容易更即時地將資訊送給潛在的客戶。

GPRS 的限制

GPRS 在資料速率與容量（capacity）上是有一些限制的，位元流（bit stream）的編碼方式（CS, coding scheme）影響可以達到的資料速率，因為編碼能在部分位元遺失的情況下仍然還原本來的資訊。CS1、CS2、CS3 與 CS4 分別能在 LLC 的層次上達到 8 Kbps、12 Kbps、14 Kbps 與 20 Kbps 的資料速率，以使用 8 個時槽（time slots）的手機來說，假如使用 CS4 的編碼，可以有 160 Kbps 的資料速率。由於 GPRS 是原來語音網路的擴充，在實際的作業上，本來就要處理很多語音通訊，因此系統容量上的安排很重要，必須決定一般每個細胞（cell）內大約有多少用戶。

封包資料的收費

GPRS 通常會以資料傳輸量為計費的單位，不必為等待傳輸的時間付費，在計費上是由 SGSN 與 GGSN 登錄一個 GPRS 用戶所有可能的使用情況，然後產生計費的明細（billing information），集中在 CDR（charging data records）裡頭，然後送往 billing gateway，計費的基礎包括：資料傳輸量（volume）、傳輸的時段、接收者的位置（因為可能包括特定網路的連接）、用戶位置、QoS、固定月費與基礎服務（bearer service）等，目前 GPRS 還沒有依據應用的種類來計費的功能。還有一個可能是 ASP（application service provider）向通信業者購買容量（capacity），讓其客戶免費使用其資料服務。

GPRS 的發展

GPRS 為數據通訊的應用開啟了另一個發展的空間，未來接替 GPRS 的可能會是 EDGE 或 UMTS。GPRS 將會導入 TDMA 系統中成為 EDGE 昇級的一部分，如此一來，就會有能同時在 TDMA 與 GSM 網路中使用的手機出現。GPRS 的增訂中加入了很多 QoS 的功能，與 EDGE 或 UMTS 一樣，未來同一台手機可以選擇使用不同的服務與不同的 QoS，即服務品質（quality of service）。

11.9 從 CDMA 來看無線數據通訊

cdmaOne 網路的業者原本就有意加入資料服務，在技術上可以將語音轉換成封包資料來傳遞，而且 cdmaOne 的手機已經含有 modem。CDMA 支援依需求分配頻寬（bandwidth on demand），不會因為資料服務而浪費了頻寬資源。IS-95 中的資料服務包括非同步的電路交換資料服務、電路交換數位傳真、封包資料與類比傳真。IS-658的標準定義 MSC 與外來資料的工作介面功能（IWF, interworking functions）。

cdmaOne 使用與 TCP/IP 相容的 CDPD 協定堆疊，可以與企業網路相連，有利於應用系統的開發。cdmaOne 網路加入了資料服務以後，對於通信業者的作業影響不大，IS-95B 可以運用頻道聚集（channel aggregation）的方式來提供 64 Kbps 到 115 Kbps 的資料速率。要達到 115 Kbps 的速率需要聚集 8 個 CDMA 頻道，每個頻道提供 14.4 Kbps 的速率。圖 11-34 畫出 CDMA 資料服務的系統架構，IWF（interworking functions）提供網路傳遞服務（network transport services）與移動性的管理，CDMA-CDPD 網路要靠 IWF 與 PPDN（public packet data network）相連，圖 11-34 中的 M-IP 是指 mobile Internet protocol。

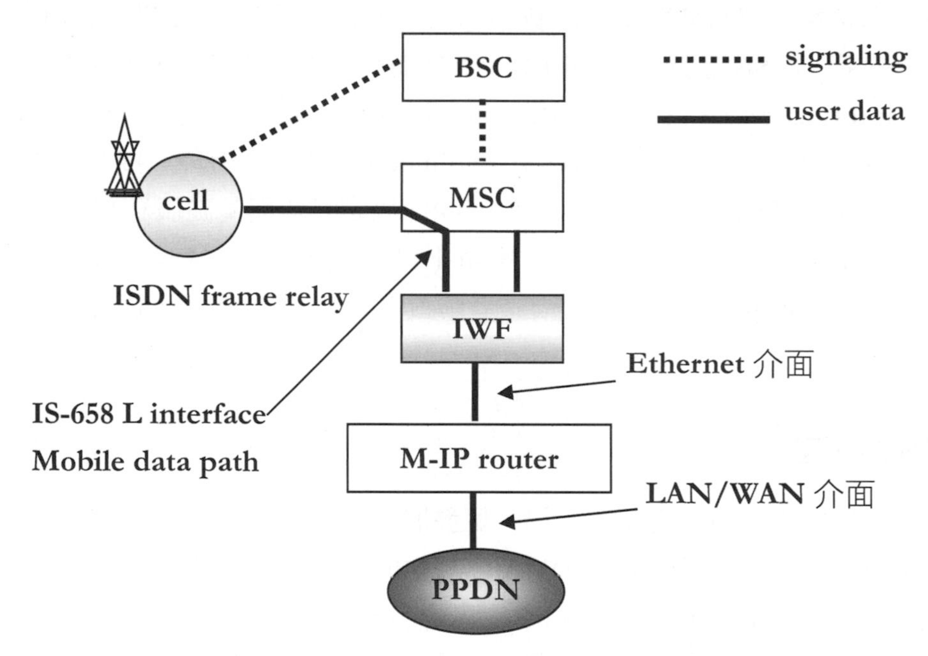

圖 11-34　CDMA 資料服務的系統架構（Garg 2002, pp 533）

行動用戶的資料應用開始之前必須先向系統請求封包資料服務，將 CDPD 的登錄（registration）送往 IWF，當所有的資料應用結束時，行動用戶會取消 CDPD 網路的登錄（deregister）。

11.10 其他的無線數據通訊系統

無線與行動通訊本身有很多不同的使用情況，例如使用者可以在移動狀態，也可能完全靜止不動。不同的網路架構與使用者所在的位置都隱含著不同的應用與技術，而這些不同的情況也都會有資料通訊的需求，所以我們下面就來看看各種其他的行動通訊網路對於數據通訊的支援。

EDGE

TDMA 與 GSM 初期部署的時候使用 GSMK 把數位資料編碼再經過無線電傳送，由於後來數位訊號處理（DSP, digital signal processing）的技術進步，目前可以使用 8 PSK（phase shift keying），讓每個類比符號（analog symbol）以 3 位元（bit）來編碼，使 TDMA 次頻道（subchannel）成為 48 Kbps 的資料承載基礎（data bearer），再加上時槽跳躍（time slot hopping）的技術，一個 GPRS 段落（GPRS session）可達到 192 Kbps 的資料速率，這就是 2.5 G EDGE 的發展。

Wireless LAN

蜂巢系統所提供的資料服務可以讓用戶處於移動的狀態，不過在這種情況下也限制了資料速率。無線區域網路的應用取向和一般的蜂巢系統不同，並不一定要讓用戶有那麼高的移動性，無線乙太網路（wireless Ethernet）的標準是 IEEE 802.11 的一部分，使用 2.4 GHz 的頻段，也就是著名的 ISM（industrial, scientific, and medical band）頻段，可以達到 2 Mbps 與 11 Mbps 的資料速率，涵蓋的區域廣達 3.5 英哩。

藍牙（Bluetooth）

藍牙（Bluetooth）也是使用 ISM 的頻段，讓具有運算能力或通訊功能的設備能臨時連接起來，交換一些資料，最早是為了避免纜線的使用，後來的發展使得各種設備能經由藍牙通訊連上其他的網路，或是當做電子化商務的一種簡易工具，例如圖 11-35 的架構可以在區域性的藍牙通訊中讓手持器具與 POS 的設備之間傳遞 e-wallet 的資訊，POS 設備透過一般的網路確認 e-wallet，然後進行交易與轉帳。最簡單的例子就是我們曾經提過的用手機向自動販賣機購買飲料的應用。

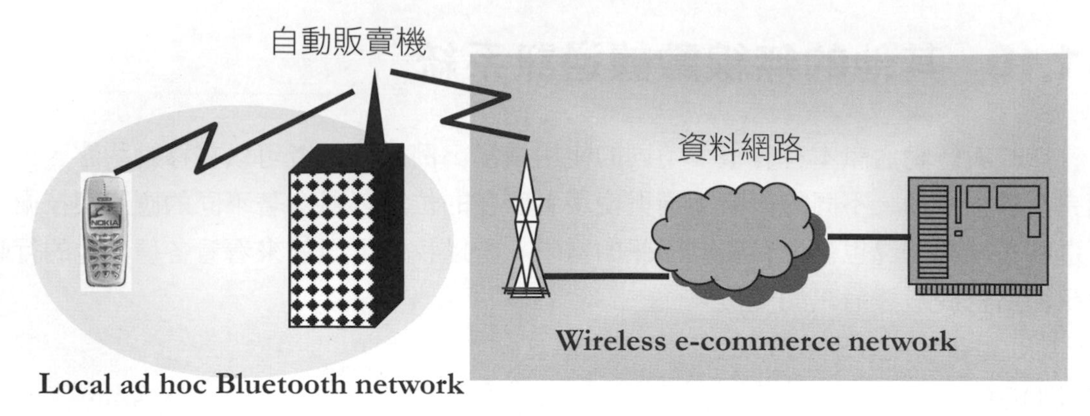

圖 11-35　藍牙所支援的電子商務

11.11 與應用系統相關的協定

無線通訊網路支援數據服務（data services）最大的影響是我們能把已經存在的資料從多種來源同步擷取出來，轉換成有線與無線網路上的 Web 網頁內容，以便能隨時提供最新的數據，這並不需要特別的開發費用或者人力，所以有很高的效益。

早期無線數據通訊與應用中最重要的協定是 WAP（wireless application protocol），WAP 協定考慮到一般無線通訊用戶設備的限制，所謂的 WAP devices 是指運算與儲存功能有限的設備，支援 WAP 的業者會架設 gateway 減少會送往 WAP devices 的資料量，在 WAP devices 上的微瀏覽程式（micro-browser）解讀的是 WML（wireless markup language）或 wireless XML 的文件。圖 11-36 顯示 WAP gateway 的架構，WAP 所提供的協定規格在設計時特別注意節省頻寬的使用，同時維持傳輸層的安全性：

1. WAE（WAP application environment）：位於協定的最上層，含有一般性的設備規格、WML 語言的支援、PIM（personal information management）以及一些程式設計的介面（API）。
2. WSP（wireless session protocol）：位於會議層（session layer），是 HTTP 1.1 象徵性的版本。支援頻寬有限但容許較長延遲的應用。
3. WTP（wireless transaction protocol）：位於交易層（transaction layer）中，支援各種型式的訊息，包括一些單向與雙向的請求。
4. WTLS（wireless transport layer security）：一種以標準的 TLS 為基礎的協定，也曾稱為 secure sockets。

5. WDP（wireless datagram protocol）：位於 WAP 的最底層，提供與各種無線電介面之間的一致介面（consistent interface），包括 CDMA、CDPD、GSM 與 TDMA 等。

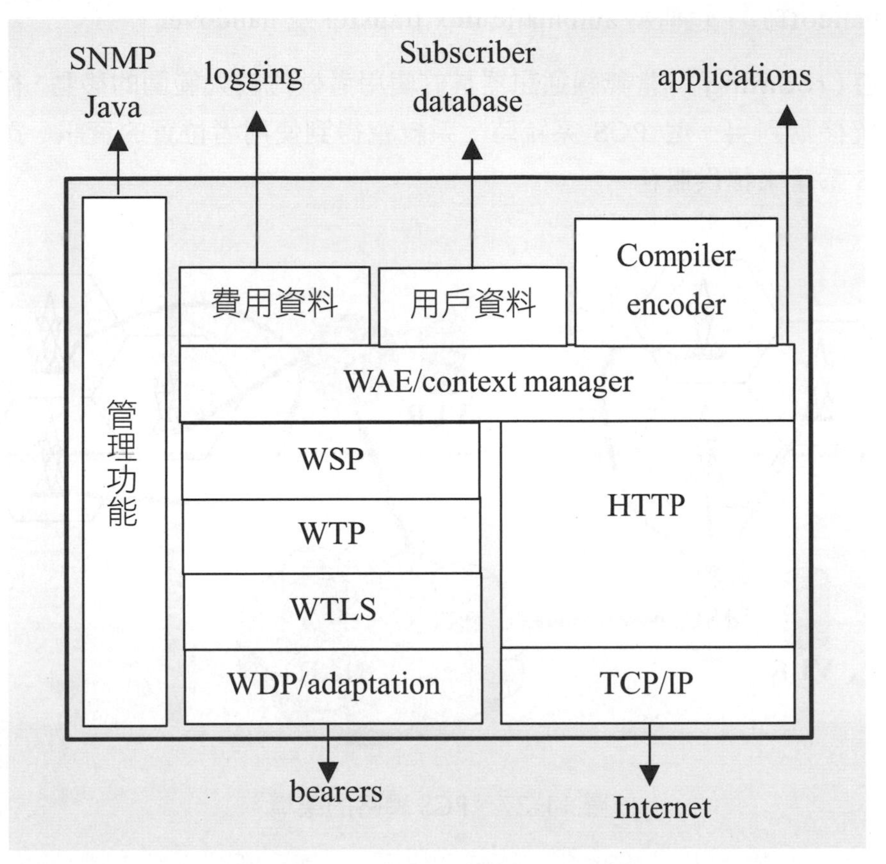

圖 11-36　WAP gateway 的架構

11.12 移動性的管理（mobility management）

在行動通訊系統中，行動台（即無線通訊器具）會移動，系統要有能力追蹤與管理行動用戶的移動，這種功能就叫做移動性的管理（mobility management）。PCS 網路的效能深受移動性管理的影響，圖 11-37 畫出一個典型的 PCS 網路的架構，通訊的服務區域（mobile service area）由一群基地台（BS, base station）涵蓋，負責為細胞內的行動台（mobile station）轉接通話，每個基地台都會與行動交換中心（MSC, mobile switching center）相連，MSC 是基地台與 PSTN 之間的橋樑，假如要支援漫遊（roaming），必須建置 HLR（home location register）與 VLR（visitor location register）資料庫。PCS 網路中的移動性（mobility）有兩大特徵：

1. **轉接（handoff）**：當無線通訊器具的使用者在通話時，行動台與基地台透過無線電頻道相連，假如使用者移動到另一個基地台的範圍，則行動台必須和所在區域的基地台建立連線，與原來的基地台的連線要終止。這個過程叫做轉接（handoff），也稱為 automatic link transfer 或 handover。

2. **漫遊（roaming）**：當無線通訊器具的使用者做比較大範圍的移動，從一個 PCS 系統移動到另一個 PCS 系統時，系統會得到使用者位置的資訊，改由所在的 PCS 系統來提供服務。

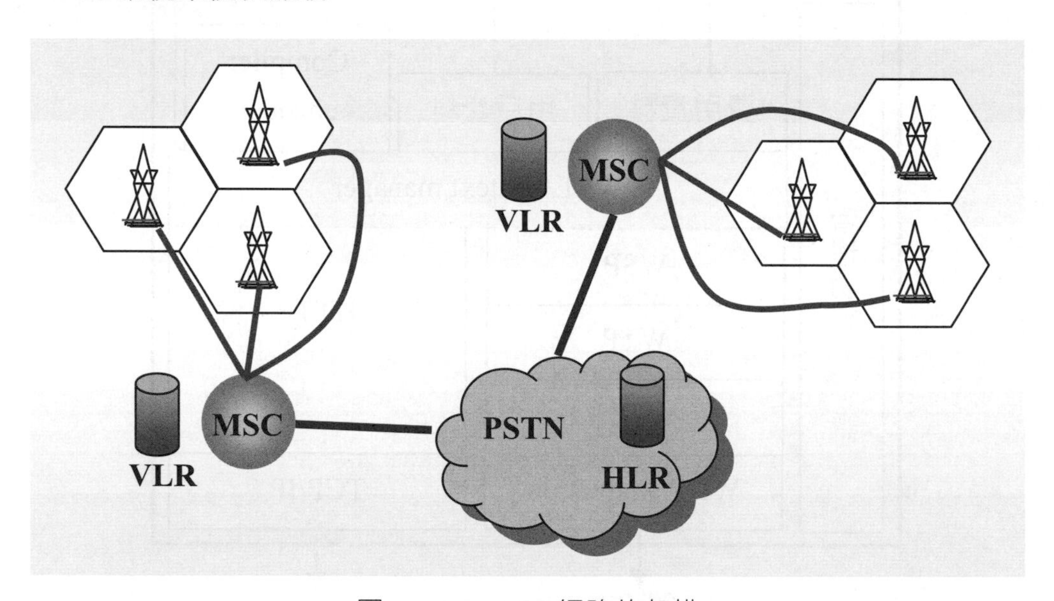

圖 11-37　PCS 網路的架構

11.12.1　轉接（handoff）

轉接（handoff）可以從兩個層次來看，一種是基地台之間的轉接（inter-BS handoff），另外一種則是系統之間的轉接（intersystem handoff）。系統轉接的處理中有 3 種策略用來決定是否需要進行轉接（Lin 2001）：

1. **MCHO（mobile-controlled handoff）**：行動台持續檢查周圍基地台的訊號，當轉接的條件（handoff criteria）成立時主動啟動轉接的程序。DECT 與 PACS 就是採用 MCHO 的策略。

2. **NCHO（network-controlled handoff）**：行動台周圍的基地台監測行動台的訊號，當轉接的條件成立時，由網路系統啟動轉接的程序。CT-2 Plus 與 AMPS 採用 NCHO 的策略。

3. MAHO（mobile-assisted handoff）：網路系統要求行動台監測回報周圍基地台的訊號，網路系統依據所得到的資料來判斷是否要進行轉接。GSM 與 IS-95 CDMA 採用 MAHO 的策略。

基地台之間的轉接（inter-BS handoff）

基地台之間的轉接發生在新舊基地台都屬於同一個 MSC，假設轉接的需要是由行動台所偵測到，則接下來發生的事件如圖 11-38 所示，分成 4 個步驟，左邊的是舊的基地台，右邊是新的基地台：

1. 行動台暫停通話，在新基地台的空頻道上送訊要求開始轉接程序（handoff procedure），然後重新回到舊的基地台進行原先的通話。
2. MSC 收到訊號以後會將編碼資訊送往原先選擇的新基地台的空頻道，然後利用這個頻道來設定與行動台通話的路徑。MSC 在新舊通道之間建立連接（bridge），同時通知行動台轉到新頻道通話。
3. 一旦行動台轉接到新的基地台，必須送訊給網路系統，然後使用新頻道繼續通話。
4. 網路系統收到轉接完成的訊號（handoff completion signal）以後，移除之前 MSC 在新舊通道之間建立的連接（bridge）。同時釋出與舊頻道相關的資源

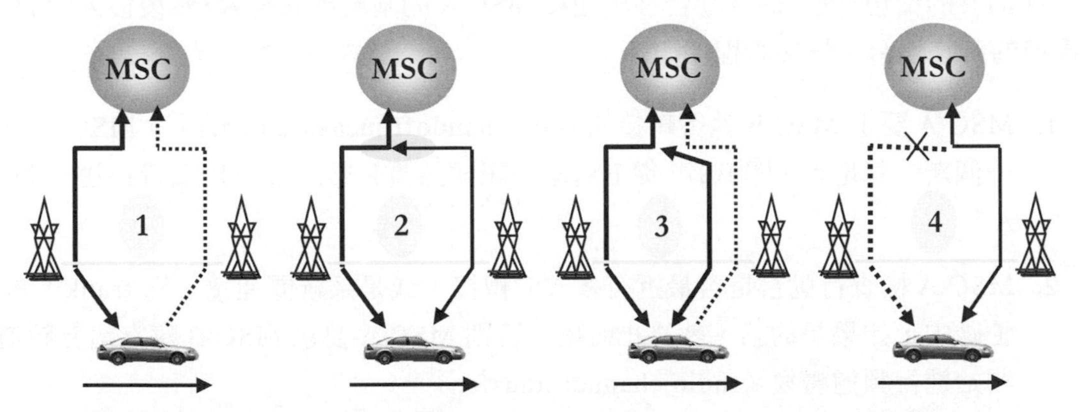

圖 11-38 基地台之間的轉接（Inter-BS link transfer）程序（Lin 2001）

上面的轉接程序使用的是 MCHO 的策略，假如使用的是 NCHO 的策略，則所有的轉接訊號會在行動台與原基地台的舊頻道上交換。這樣的交換會盡快完成，讓新頻道在舊頻道失效前開始作業。假如轉接過程中發現新基地台沒有空頻道，則轉接程序

會被迫終止，這種情況發生的機率高低是 PCS 網路效能評估的指標。為了減少轉接被強制終止的情況，同時提昇通話的完成率，頻道的分配有下面幾種策略：

1. 預留頻道的策略（reserved channel scheme）：假如沒有空頻道，讓通話在原來的頻道上進行一直到頻道失效為止。每個基地台預留一些頻道專門供轉接之用。

2. 優先佇列的策略（queueing priority scheme）：相鄰基地台的涵蓋區域會重疊，所以在重疊區域內，兩個基地台都能處理通話，這一部分重疊的區域也叫做轉接區域（handoff area）。假如新基地台沒有空頻道，先將轉接的請求放到等待佇列（waiting queue）上，行動台繼續在舊頻道上通話一直到有新頻道可轉接或是舊頻道失效為止（即行動台移出轉接區域）。

3. 次級頻道的策略（subrating scheme）：假如沒有空頻道，利用與現有頻道分享資源的方式建立轉接用的新頻道，這時候會因為共享而造成頻道的效率下降，直到有空頻道可用而且共用資源釋出之後才會恢復正常。

系統之間的轉接（intersystem handoff）

系統之間的轉接發生在舊基地台與新基地台分別連接不同的 MSC 時，我們下面以 IS-41 的轉接程序來解釋系統之間的轉接程序，採用的策略是 NCHO。圖 11-39 顯示轉接前後的情況，圖中的行動台移出連接 MSC A 的基地台的範圍，然後移入與 MSC B 連接的新基地台，轉接的程序如下：

1. MSC A 要求 MSC B 執行轉接的測量（handoff measurements），MSC B 選擇一個新的基地台，即 BS_2，從 BS_2 取得訊號品質參數之後將相關資料送往 MSC A。

2. MSC A 檢查行動台是否最近有多次的轉接，或是系統間連接（即 trunk）是否忙碌中，如果是的話，就終止轉接。否則 MSC A 要求 MSC B 建立語音頻道，開始進行頻道轉換（radio channel transfer）。

3. MSC A 對行動台送出轉接的指令（handoff order），行動台試著與 BS_2 同步（synchronize），連上 BS_2 以後，MSC B 通知 MSC A 轉接成功，MSC A 將通話路徑連上 MSC B 並且完成轉接的程序。

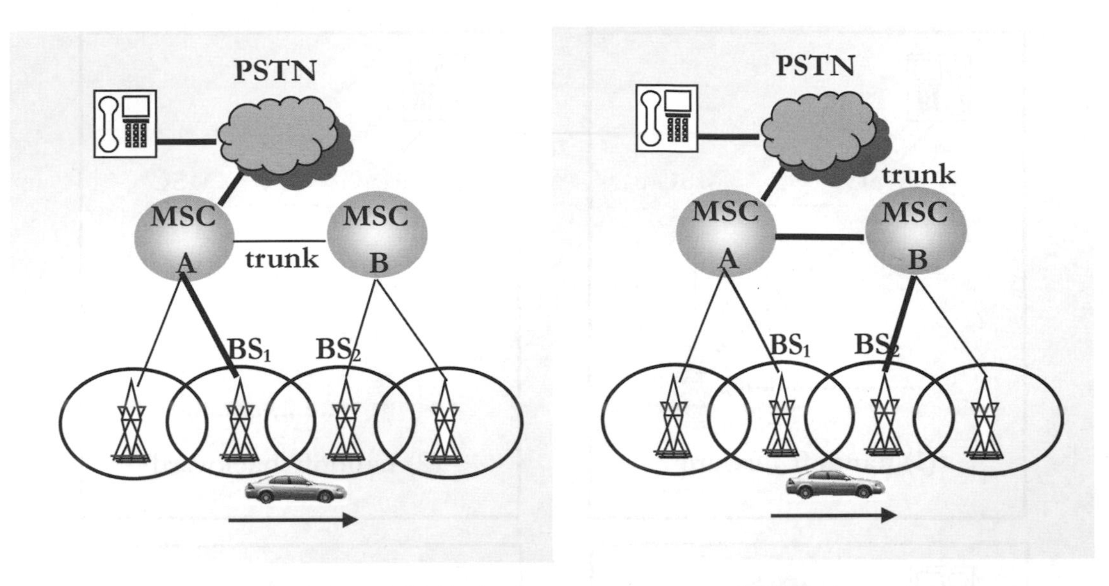

圖 11-39　系統之間的轉接（Intersystem handoff）程序（Lin 2001）

在系統之間的轉接程序中，MSC A 也稱為 anchor MSC，一直都在通話路徑（call path）上，圖 11-40 顯示 anchor approach 中建立通話路徑的過程。通常現有的行動電話網路都會支援類似的方法，因為假如要在不牽涉到 MSC A 的情況下完成通話路徑的重建，會造成 PSTN 的額外負擔，成本較高而不可行。圖 11-40 中的第 1 種情況就是前面介紹過的系統之間的轉接，也稱為 handoff forward。第 2 種情況是當行動台又移回 MSA A，此時 MSC A 與 MSC B 之間的連結可以取消，也稱為 handoff backward。第 3 種情況是當行動台移到 MSC C 的範圍，此時 MSC B 還是在通話路徑上，也稱為 handoff to the third。第 4 種情況是把第 3 種情況中的 MSC B 移出通話路徑，也稱為 path minimization。

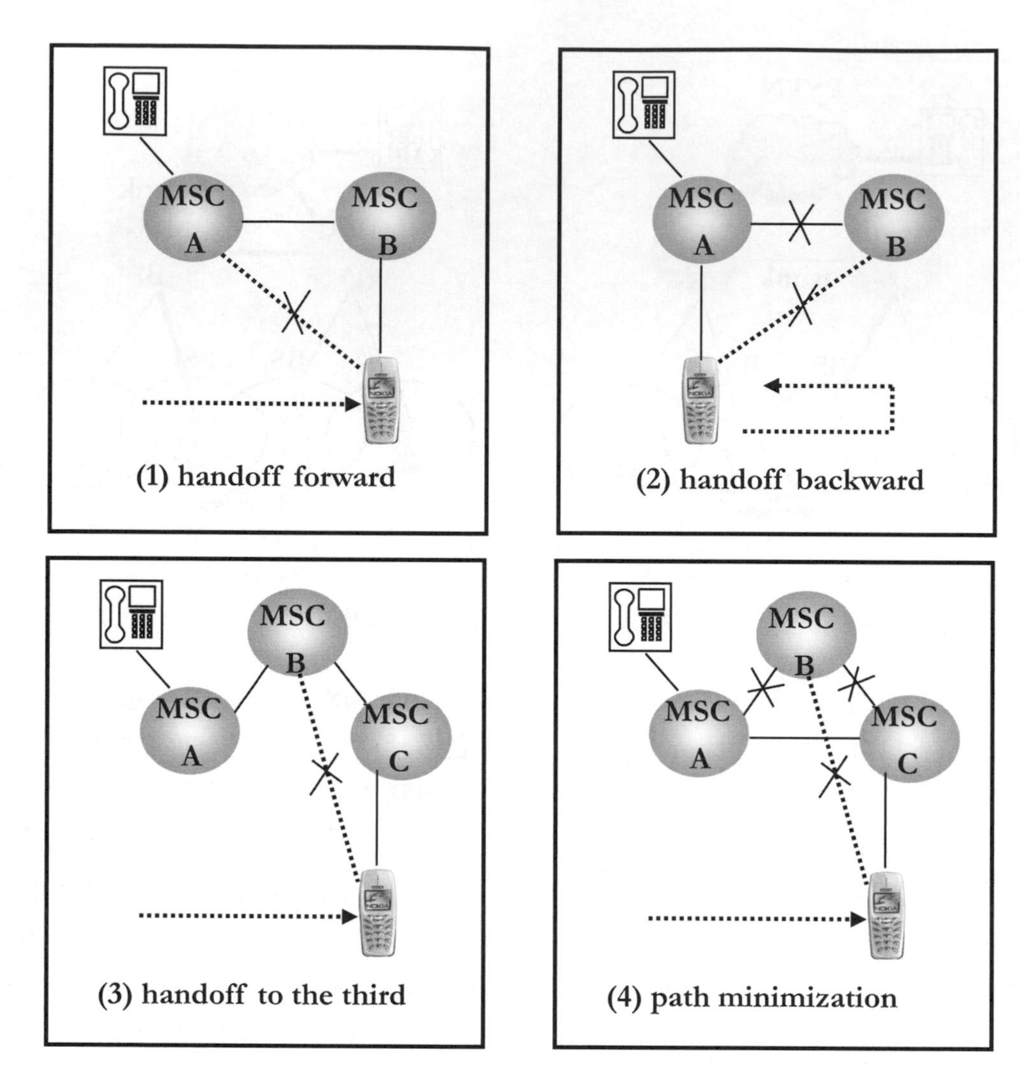

圖 11-40　通話路徑的建立（Lin 2001）

11.12.2　漫遊管理（roaming management）

漫遊管理包括兩項主要的作業：登錄（registration, 也稱為 location update）與位置追蹤（location tracking）。登錄是指行動台將自己的位置通知網路系統。位置追蹤是指網路系統試著找出行動台的位置。當網路系統要把來電送給用戶時，就要用到位置追蹤。

IS-41 與 GSM MAP 的標準中有關於漫遊管理的部分採用所謂的雙層策略（two-level strategies），當使用者成為 PCS 網路的用戶以後，系統的 HLR（home location register）資料庫會為新用戶登錄一筆資料記錄。我們把這個系統資料庫稱為用戶的 home system。HLR 是一種網路資料庫，儲存並管理業者（operator）的用戶資料。HLR 中的資料包括用戶的驗證與位置的資訊。當行動用戶到達一個非 home system 的 PCS 網路時，網路系統會為該用戶在 VLR（visitor location register）中建立資料記錄，VLR 暫時儲存有關於用戶的資訊，讓 MSC 能持續提供通話服務給該用戶。圖 11-41 顯示的行動台登錄的步驟如下：

1. 假設行動使用者的 home system 在乙地，當該用戶從丙地移動到甲地時，必須向新的 visited system 的 VLR 登錄。
2. 新的 VLR 通知用戶的 HLR 有關於用戶目前的位置，也就是 VLR 的位址，HLR 回應收到，並且附上有關於該用戶的資料。
3. 新的 VLR 通知行動台登錄已經成功。
4. 當 HLR 之前收到新的 VLR 的通知時，也會通知舊的 VLR 做取消登錄（deregistration），舊的 VLR 會回應並且取消過時的位置資訊。

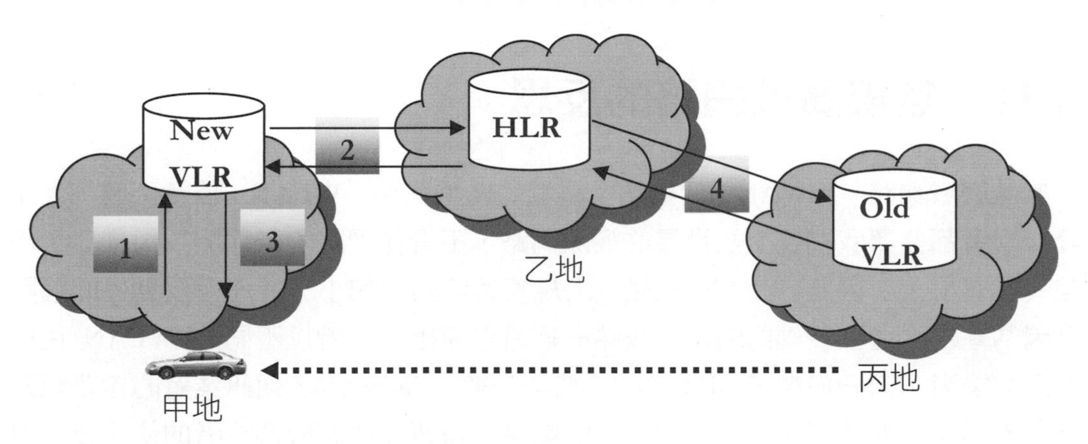

圖 11-41　行動台登錄的步驟（Lin 2001）

開始通話前，行動台先與所到的 PCS 網路（visited PCS）的 MSC 連絡，通話請求（call request）送到 VLR 核准，同意之後，MSC 依照標準的 PSTN 通話建立程序安排通話。通話展開（call delivery）與通話終止的程序如圖 11-42 所示：

1. 假如一般的有線電話撥號給行動用戶，通話請求會送往 PSTN 的 originating switch，然後向 HLR 找尋行動用戶所在的 VLR，得到可到達的路徑位址（routable address）。假如 originating switch 本身無法對 HLR 進行查詢，則通話請求可以送往用戶所在網路的 gateway MSC，向 HLR 進行查詢，決定行動用戶所在的 VLR。

2. VLR 經由 HLR 傳回可到達的路徑位址，送給 originating switch。

3. 由所得到的位址可以建立從 originating switch 到行動台的線路（trunk），中間會經過 visited MSC。

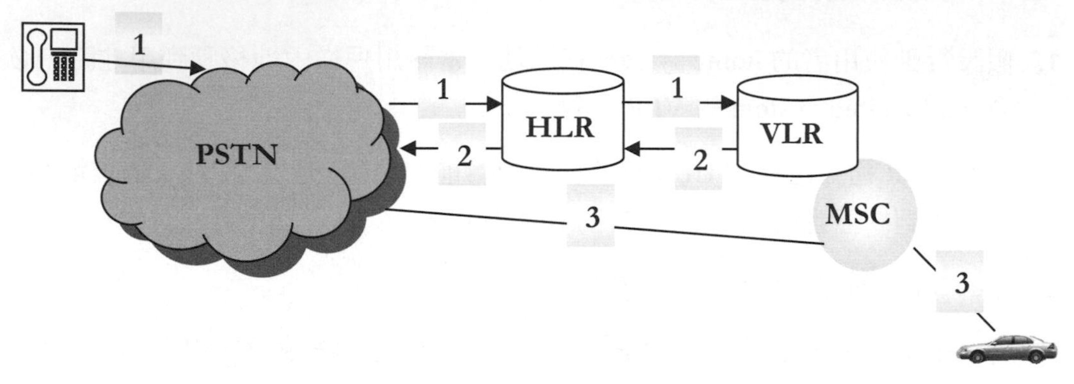

圖 11-42 通話展開（call delivery）的程序（Lin 2001）

11.13 無線廣域網路的反思

無線廣域網路（WWAN）的概念常跟無線區域網路（WLAN）混淆不清，大家可能覺得兩者都能讓我們連上全世界的網際網路，不過從網路的結構與技術來看，兩者的差異其實很大。因為 WLAN 在建置上規模與範圍比較小，能連上全世界的網際網路是因為基地台連上後端的網路，後端的網路再連出去，所以不同的 WLAN 往往屬於不同的業者，而一般裝了 SIM 卡的手機則是連上 WWAN，通訊業者的建置範圍大致是以整個國家的範圍為主，使用法定的頻段，需要從政府取得業者的使用權，但是 WLAN 使用非法定頻段，不須政府同意使用。

Q&A 常見問答集

Q1 什麼是 chip rate？

答：原始資料的速率習慣上稱為 bit rate，當傳輸介質傳送位元時，有時候一個符號（symbol）可以代表多個位元。在多重存取的 CDMA 技術中，用來展頻的碼(code)由位元組成，也稱為 chip。展頻碼(spreading code)的速率稱為 chip rate，跟 bit rate 的涵義是不同的，圖 11-43 顯示 bit、chip 與 symbol 的差異。

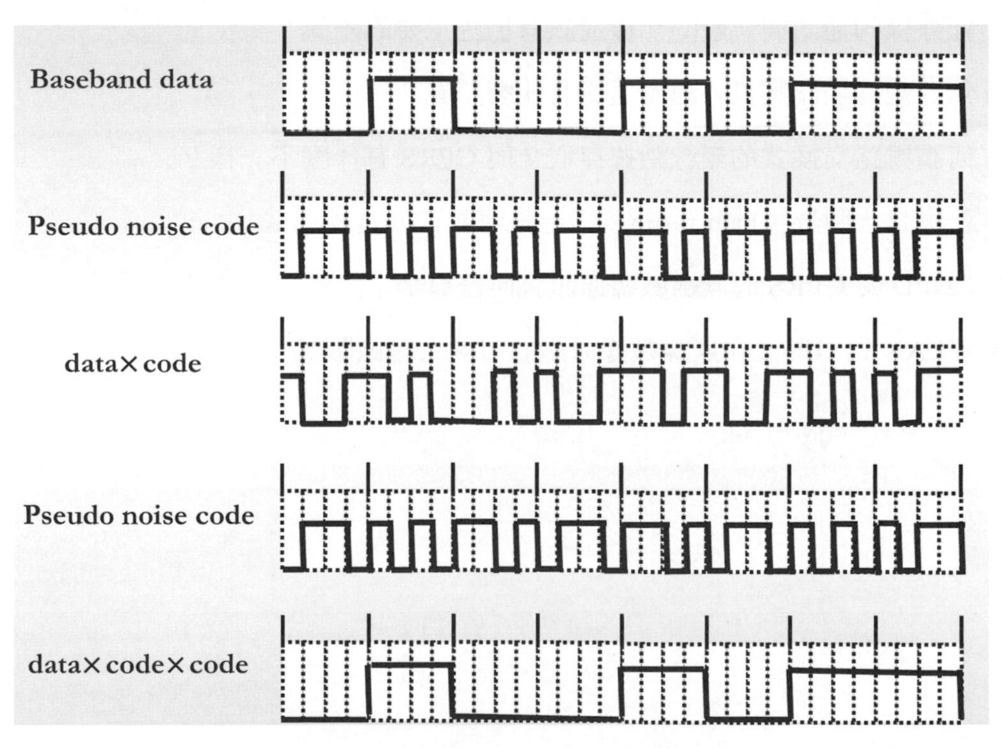

圖 11-43　bit、chip 與 symbol 的差異

Q2 Fresnel zone 是什麼？

答：Fresnel zone 是由幅射的無線電訊號所造成的能量區域(energy lobe)，一般電磁波的傳送有 LOS（line of sight）的特性，若是 Fresnel zone 的區域內有樹等物件，則會吸收訊號的能量，假如是像湖面或是玻璃帷幕大樓則會造成多路徑反射效應，造成多個訊號在不同時間到達接收端。這些現象會造成訊號錯誤，降低資料速率。

自我評量

1. 無線對講機和一般的手機有什麼不同的地方？
2. 試比較一下無線電廣播（radio broadcasting）與電視廣播（television broadcasting）所占的頻段。
3. 試整理出無線通訊網路在規劃、設計與建置過程中的方法、工作與流程。
4. 台灣地區那些地方有 PHS(personal handy phone system)？政府如何管理 PHS?
5. 試解釋 GSM 網路中的伸縮喇叭效應（tromboning）。
6. 紅外線的通訊與一般的無線通訊有那些主要的差異？
7. 無線數據通訊與無線語音通訊有什麼差異？
8. 何謂電路交換式的無線數據存取？與 GPRS 有什麼不一樣？
9. 什麼是火腿族（ham radio）？台灣地區有火腿族嗎？
10. CDPD 與 GPRS 的無線數據通訊有何差異？
11. WLAN 與 GPRS 在無線數據通訊的市場上有區隔嗎？

無線區域網路（WLAN）

12 CHAPTER

本章的重要觀念

- 認識 802.11 無線區域網路（WLAN）的定義、組成與結構。
- 認識無線區域網路的作業方式。
- 探索無線區域網路的應用。
- 認識無線區域網路的組成元件。
- 檢視市場上無線區域網路的設備產品與其規格。
- 認識 Wi-Fi 及其所帶動的商業化與應用。

摘要

區域網路（LAN）對於一般企業辦公室用戶的影響很大，有很多應用都是在 LAN 的環境下進行的。有了無線通訊，區域網路的應用會更方便，例如一般人在開會的時候不方便回到位置上接收 e-mail，有了無線區域網路（WLAN，wireless local area network），在會議桌上就能收發 e-mail。倉儲人員拿著平板電腦盤點庫存、進行戶外的問卷調查或是業務員在外試算報價等，都是無線區域網路可能的應用。在公共場所提供 WLAN 的機制叫做 Wi-Fi，利用手機蜂巢網路來進行資料處理是像 5G 行動通訊網路的功能，與 Wi-Fi 有眾多的相似之處，不過 WLAN 與蜂巢網路在結構與作業上有很大的差異。無論如何，一般人還是可以利用簡單的資訊設備來嘗試一下無線區域網路的功能。無線區域網路的建置需要使用一些基本的設備，這些設備則由一些基本的元件所組成。

在居家或是商務環境中使用無線區域網路（WLAN）可以為我們帶來很大的方便，因為自己可以掌握 WLAN 的建置（使用非法定的頻段），而蜂巢網路則是完全由電信業者負責（使用法定的頻段）。IEEE 802.11b 的標準就是為了 WLAN 而訂定的，也常稱為 Wi-Fi（Wireless Fidelity），Wi-Fi 是推動 802.11 標準普及與商業化的業者聯盟，也代表著一種符合 802.11 標準認證的商標，更詳細的資料可以參考 Wi-Fi 網站資訊（www.wi-fi.org）。Wi-Fi 原本的設計是定位在私有（private）網路的應用上，但是目前也逐漸部署在公共場所，也就是俗稱的「熱點」（hotspots）。對於使用者來說，最大的影響是能在很多地方以寬頻無線的方式連上網際網路（即 broadband Internet access），例如捷運系統、車站、公園、會議中心等。當然這也代表著相當龐大的商機，不過在技術與商業化的細節上還是有一些必須先解決的問題，我們下面就針對這些問題進行比較深入的探討。

網路的領域中充滿了一些新的名詞與術語，學習的時候除了要了解這些稱呼的涵義之外，還要知道底下的網路協定運作的細節，這樣才能對特定的網路有深入的認知。802.11 與乙太網路（Ethernet）表面上有很多相似的地方，但是實際上由於 802.11 是一種無線的網路，所以有不少根本的差異存在。最早的 802.11 的標準支援 2 Mbps 的資料速率，802.11b 支援達 11 Mbps 的資料速率，802.11a 支援高達 54 Mbps 的資料速率，802.11n 則支援高達 600 Mbps 的資料速率。802.11 與 802.11b 的標準使用 2.4 GHz 的頻段，802.11a 使用 5 GHz 的頻段，在歐洲與日本使用 5 GHz 的頻段會與其他使用該頻段的設備產生干擾。**除了 802.11 無線區域網路以外，還有一些其他種類的無線網路**，在深入介紹 802.11 之前，可以先認識一下生活周遭常見的無線網路。

12.1 認識各種與我們切身相關的無線網路

圖 12-1 顯示家裡的簡易無線網路，家裡的無線裝置可多了！無線電話（cordless phone）、車庫的遙控器或是無線的 CD player 都是運用無線通訊的裝置。HomeRF Working Group 發展的 SWAP（shared wireless access protocol）定義了居家的無線資料與語音通訊的規格，通訊設備之間相隔可以達到 45 公尺，資料速率可達 5 Mbps，所連接的除了電腦之外，還能包括其他種類的器具。圖 12-1 顯示家裡的簡易無線網

路，Home wireless network adapter 具有無線通訊的功能，可以幫運算設備與電器傳送資料。

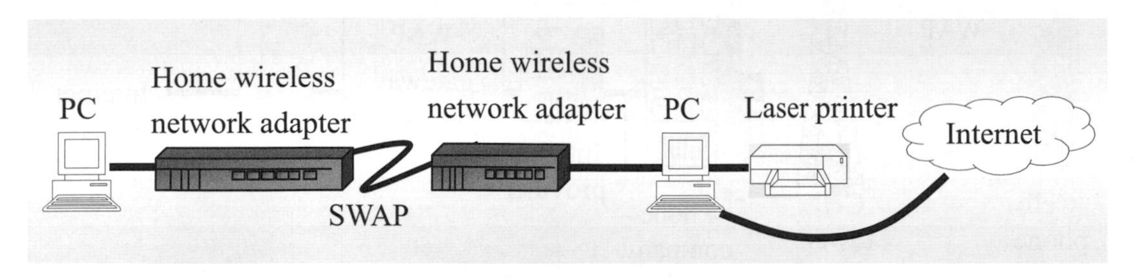

圖 12-1　家裡的簡易無線網路

圖 12-2 與圖 12-1 最大的差異在於個人區域網路（PAN, personal area network）的建立，將通訊的範圍擴大到一般學校或組織的應用，藍牙（Bluetooth）技術的傳訊距離約 10 公尺，速率約 1 Mbps，其實在居家環境中也可以運用藍牙技術。圖 12-1 與圖 12-2 差異不大，我們姑且稱前者為 home wireless network 的架構，後者看成是一種 PAN（personal area network），由於無線通訊技術變化得很快，所以不見得我們在一般居家環境或學校裡頭真的就以這兩種方式來進行無線通訊，還是有很多其他的選擇。

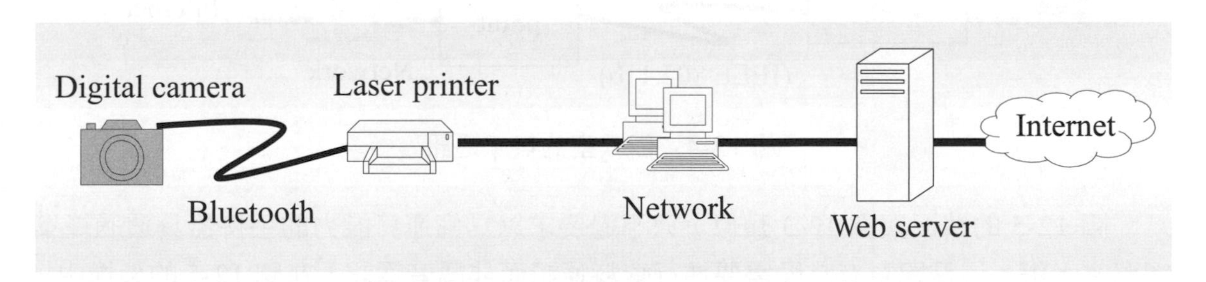

圖 12-2　一般的簡易與生活應用

使用者在移動當中進行無線通訊是常見的情況，圖 12-3 顯示蜂巢網路（cellular network）的架構，例如大家熟悉的 GSM 網路，或是 WAP（wireless application protocol）的資料應用。由於基地台（base station）的廣泛建置，不管使用者在那裡都能進行通訊，不過蜂巢網路所支援的資料速率是有限的。

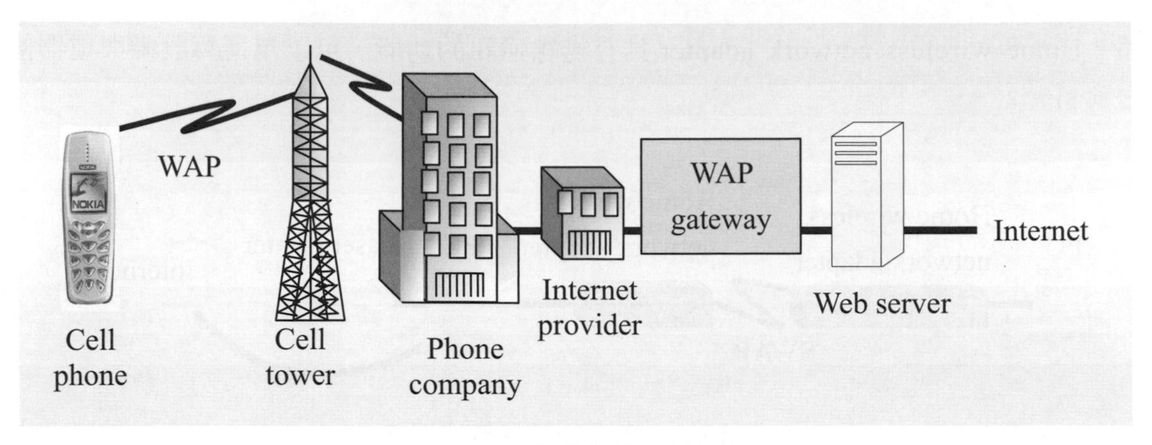

圖 12-3　移動中的無線通訊

圖 12-4 的架構就是一般的 wireless LAN，簡單地說，把傳統的網路卡（NIC，network interface card）換成無線網路卡就對了，當然還要在通訊的區域內建立一些存取點（access point），wireless LAN 的資料速率幾乎與一般的 LAN 相當，對於使用者來說，最大的改變是可以在辦公桌以外的地方連上網路。

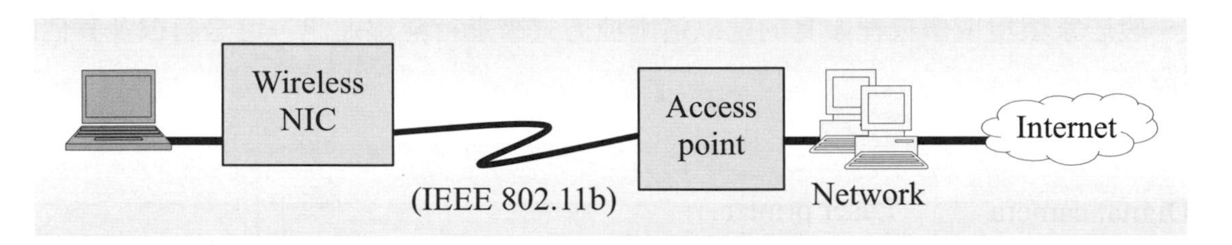

圖 12-4　辦公室的無線通訊

圖 12-5 的情況與圖 12-3 類似，只不過要求以具備運算能力的手持器具透過蜂巢網路來上網，這是因為有時候需要進行資料通訊而非語音通訊。在圖 12-5 的架構中，手機所扮演的角色像一個無線數據機（wireless modem）。

圖 12-5　戶外廣域的無線通訊

圖 12-4 與圖 12-5 的差異在於資料速率與通訊範圍，假如要在廣域進行寬頻高資料速率的通訊，最直覺的想法就是把 WLAN 的架構擴充到 wide area，其實這就是 Wi-Fi，只不過這樣一來需要廣泛設置 access point，在 Wi-Fi 中叫做 hot spot，另一個要解決的則是安全（security）的問題。

組織與企業的網路有各種不同的規模，WLAN 在這樣的網路環境中可以扮演什麼樣的角色呢？圖 12-6 畫出網路的 3 層架構觀點，核心層（core layer）是組織主要運算設備所在之處，例如資料庫的伺服器，分佈層（distribution layer）是企業網路的連接架構，存取層（access layer）則是組織成員連上組織網路的通道。目前 WLAN 幫得上忙的地方主要在分佈層與存取層，等到對 WLAN 有更深入的了解以後，我們可以回頭再看看這個 3 層架構的觀點。

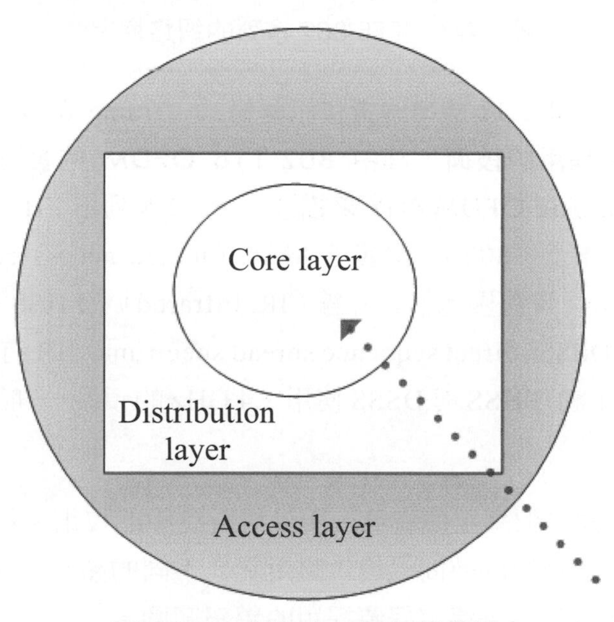

圖 12-6　網路的 3 層架構觀點

12.2 IEEE 802 網路技術概觀

802.11 是 IEEE 802 協定家族的成員之一，主要是針對區域網路技術所訂定的一系列的規格，圖 12-7 列出 IEEE 802 系列的部分網路協定，我們可以從圖裡頭看到這些協定與 ISO/OSI 網路模型之間的對應關係。IEEE 802 的規格集中在 OSI 模型的底下兩層，即實體層與資料連結層。實體層負責實際的訊號傳送與接收，資料連結層負責傳輸介質的存取（medium access）與資料的傳送。

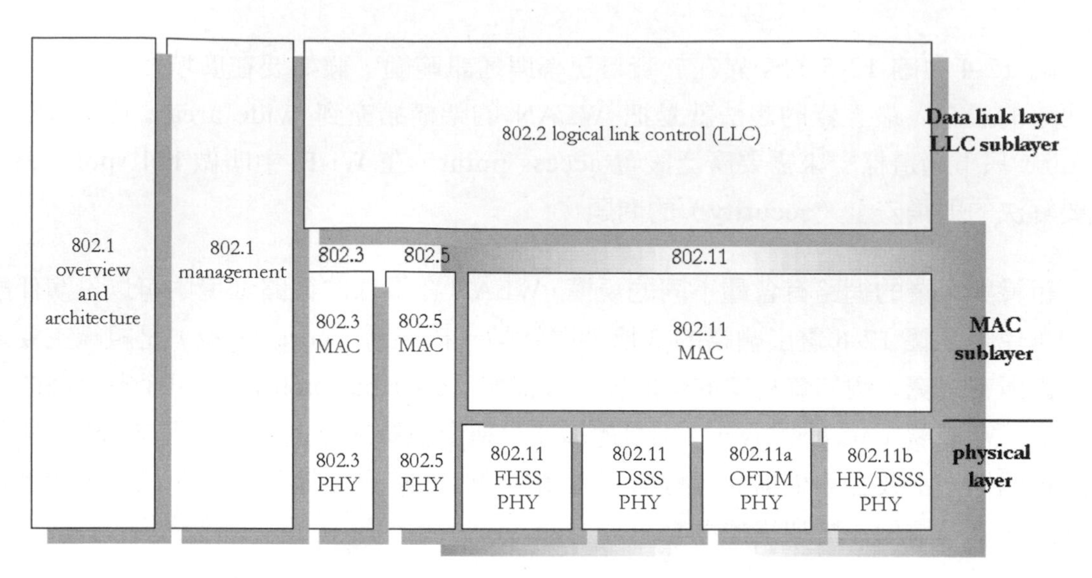

圖 12-7　IEEE 802 系列的網路協定

圖 12-8 顯示 IEEE 802.11 標準的資料訊框格式（frame format）的層次，**實體層的資料格式決定於所採用的技術，其中 802.11a OFDM 的實體層可以更詳細地以 PHY802.11a/g/n/ac/ad OFDM PHY 來描述**。圖 12-8 列出 FHSS、DSSS 與 IR 等 3 種實體層的技術。基本上，802.11 定義了 MAC（media access control）層次與實體層（PHY）的一些規格。實體層包括紅外線（IR, Infrared）、FHSS（frequency hopping spread spectrum）與 DSSS（direct sequence spread spectrum），IR 有 LOS（line of sight）的限制，發展上比較不利，FHSS 與 DSSS 使用 2.4 GHz 的頻段，一般可達到 1 至 2 Mbps 的資料速率。

1. FHSS 會在不同的頻率上傳資料，所以稱為跳頻的技術。例如先選擇某一頻率傳送資料，經過很短的時間以後，跳用其他不同的頻率，使用 FHSS 的設備須達到同步跳頻且須事先協定好要採用的頻率範圍。
2. DSSS 將資料進行編碼以達到降低資料錯誤率，進而可以低功率傳輸的規格達到遠距離的傳輸，因為資料被放大，因此需要持續使用較大的頻寬來傳送資料以保持資料傳輸速率，這和 FHSS 於某一時間僅使用某一較小的頻率傳送資料不同。

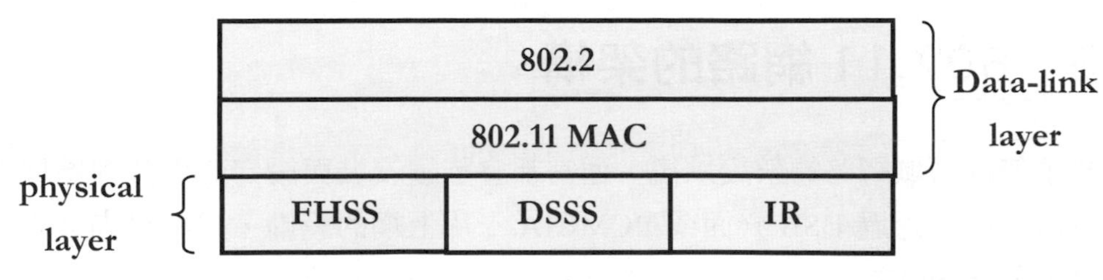

圖 12-8　IEEE 802.11 標準的資料訊框格式（frame format）的層次

IEEE 802 系列的規格以 802 加上一個數字來代表個別的協定，例如 802.3 是指 CSMA/CD（carrier sense multiple access with collision detection），與乙太網路有關。802.5 則是複記環（token ring）網路採用的規格。802.2 是底下各協定共用的 LLC（logical link control）的規格。802.1 記載管理方面的功能，例如 802.1d 與橋接（bridging）有關，802.1q 與 virtual LAN 有關。

802.11 的協定是為了支援行動與無線通訊而發展的，所以增加了很多原來 MAC 所沒有的特徵，因此變得複雜了一點。PHY 的部分也一樣變複雜了，802.11 把實體層分成 PLCP（Physical Layer Convergence Procedure）與 PMD（Physical Medium Dependent）兩部分，如圖 12-9 所示。PLCP 將 frame 對應到傳輸介質的格式上，PMD 則負責傳送的功能，因此 PLCP 就像是 MAC 與 PHY 之間的介面一樣。PLCP 會把一些欄位加入 frame 中。

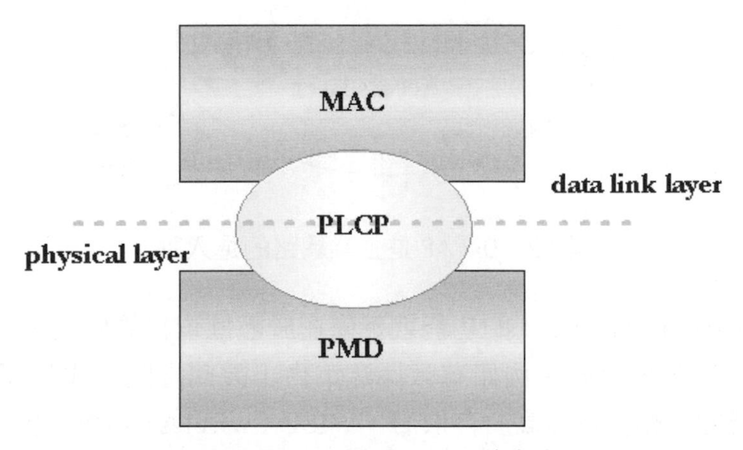

圖 12-9　PLCP 與 PMD 的角色

12.3 802.11 網路的架構

完成了無線區域網路的架設以後，通常都會陸續安裝與設定參與無線區域網路的客戶端設備，例如透過 USB 介面或 PCMCIA 卡片上網的設備，這些設備裝設好以後會自動收聽（listen）鄰近通訊範圍內的無線區域網路，同時判定該網路是否與自己相關，這種收聽的程序也稱為掃瞄（scanning），WLAN 中的存取點（AP，access point）是無線終端器具接觸的第 1 線設備。AP 的功能就好像將無線器具的使用連上有線網路，AP 相當於組織或企業網路的進入點，就如圖 12-10 所顯示的。很多 WLAN 就是扮演這樣的角色。

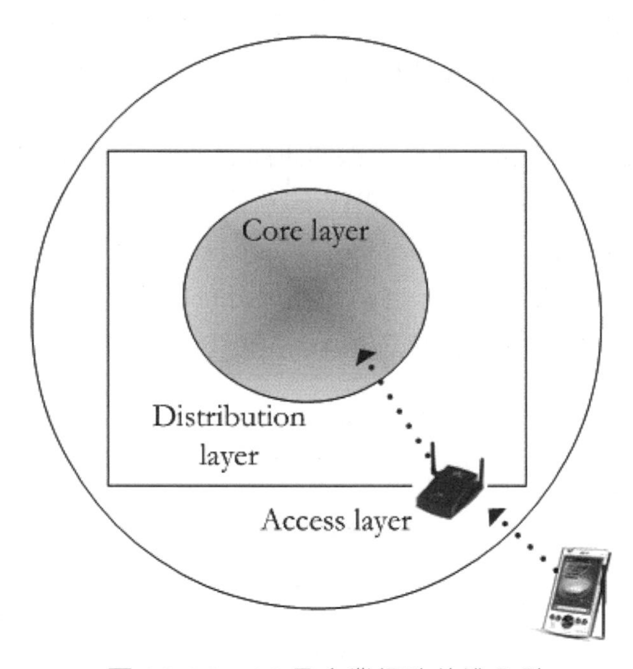

圖 12-10　AP 是企業網路的進入點

分佈層（distribution layer）的功能就不僅在於數據資料的傳送了，主要是因為組織與企業網路可能分佈很廣，例如有數棟建築物，彼此之間形成的網路就屬於分佈層。通常分佈層的網路流量要高於存取層，WISP（wireless ISP）也可以在分佈層提供連線的服務，讓比較大區域內的用戶能夠以無線的方式共享網路的通道。圖 12-11 顯示分佈層的功能。在分佈層中，WLAN 就不見得會派上用場了。

核心層是企業與組織運算設備的所在，核心層（core layer）的網路流量應該是最大的，因為大多數的資料處理工作最後都會經過核心層，核心層對於網路的各種要求標準很高，目前 WLAN 還不適合在核心層大幅使用。圖 12-12 顯示核心層扮演的角色。

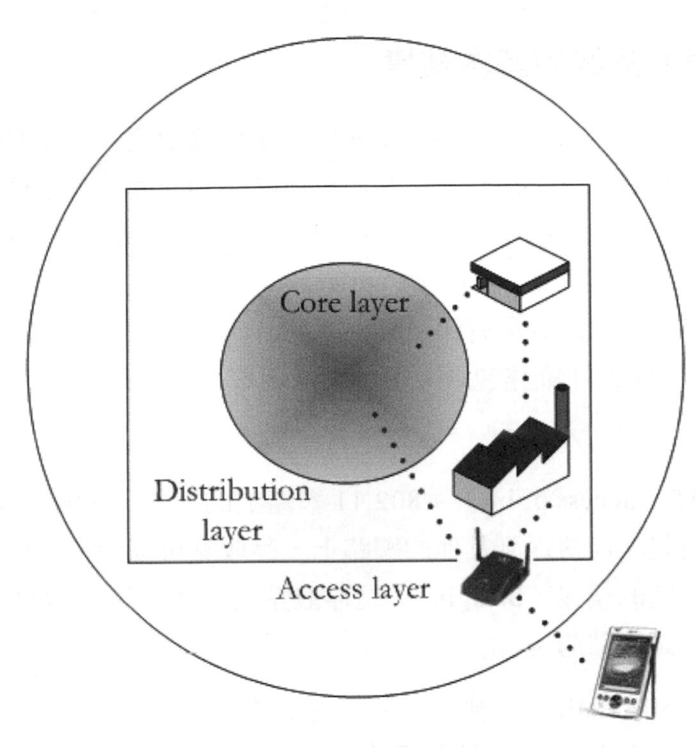

圖 12-11　分佈層的功能

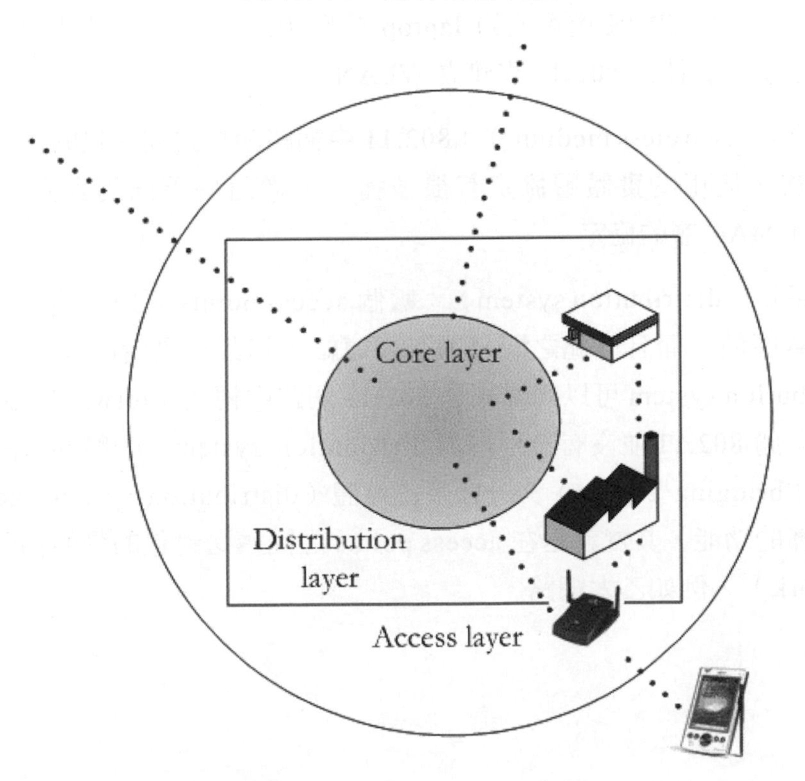

圖 12-12　核心層的角色

12.3.1 802.11 網路的基本結構

存取點（AP, access point）是 802.11 網路的主要成員之一，存取點中含有發送器（transmitter）、接收器（receiver）與連接有線網路的介面，存取點扮演的角色有點像基地台，也是有線與無線網路之間的橋樑。要加入網路的電腦節點必須裝有與 802.11 規格相容的無線網路卡（wireless network card），使節點本身能與存取點通訊。存取點以及與該存取點通訊的所有節點（也稱為 station）統稱為基本服務集合（BSS, basic service set）。802.11 網路包含 4 種主要的組成，圖 12-13 顯示 802.11 網路的基本組成：

1. 存取點（AP，access point）：802.11 網路上的封包（frame）必須轉換成另一種格式的封包才能傳送到其他的網路上，存取點可以執行這樣的功能，無線與有線網路之間的橋接（bridging）是存取點的主要功能。這和前面圖 12-10 所介紹的觀念是一致的。

2. 行動台（mobile station）：無線網路的主要功能是讓行動台之間能夠傳送資料，所謂的行動台是指一般的具有運算功能的設備再加上無線網路介面所得到的通訊器具。例如能使用電池的 laptop 或是 PDA。當然，我們也不能排除一般的桌上型電腦使用 802.11 來建立 WLAN。

3. 無線介質（wireless medium）：802.11 中網路節點之間封包的傳送是透過無線的介質，使用的實體層協定有很多種。不過這些不同的實體層協定都支援 802.11 MAC 層的協定。

4. 分佈系統（distribution system）：數個 access points 可以連接起來形成比較大的涵蓋區域，而且彼此之間必須互相連絡，追蹤行動台的移動情況。所謂的 distribution system 可以想像成是 802.11 網路中轉送（forward）封包的邏輯組成，不過 802.11 並沒有特別規範 distribution system。一般的產品中運用橋接引擎（bridging engine）與分佈系統媒體（distribution system medium）來提供這樣的功能，其實就是在 access points 之間轉送封包的骨幹網路（backbone network），例如乙太網路。

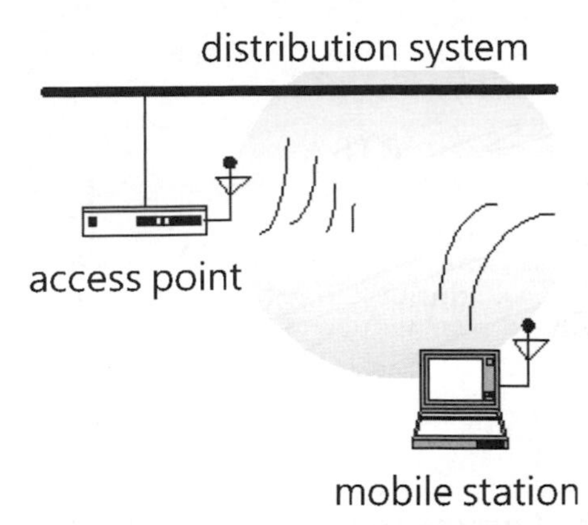

圖 12-13　802.11 網路的基本組成

12.3.2　802.11 網路的類型

當某台電腦節點開機或進入某個存取點的範圍時，節點會送出 probe request frame 的封包，等待是否有存取點回應（probe response），假如有多個存取點回應，則節點會依據訊號強度與錯誤率來選擇其中一個存取點。節點與存取點之間以 CSMA/CA（carrier sense multiple access with collision avoidance）的方式來溝通，節點會檢查是否有其他的節點正在和存取點通訊，若是有的話，該節點會先等待一段時間再試著傳送訊息。所等待的時間長度是不定的（random），主要是避免再傳送時又產生碰撞（collision）。

12.3.2.1　傳訊的經過

在節點送出訊息或請求之前，會先送出一個叫做 RTS（request to send）的短封包，裡頭包含請求本身的資訊或是有關於訊息的來源、目的地與傳輸時間等資訊。假如存取點剛好有空，會以一個 CTS（clear to send）的封包回應，告訴原節點存取點已經準備好接收資訊或請求。原節點開始送出資料封包，然後等待存取點傳回 ACK（acknowledge），假如沒收到 ACK 封包，原節點會重新傳送資料封包。整個溝通的過程如圖 12-14 所示。

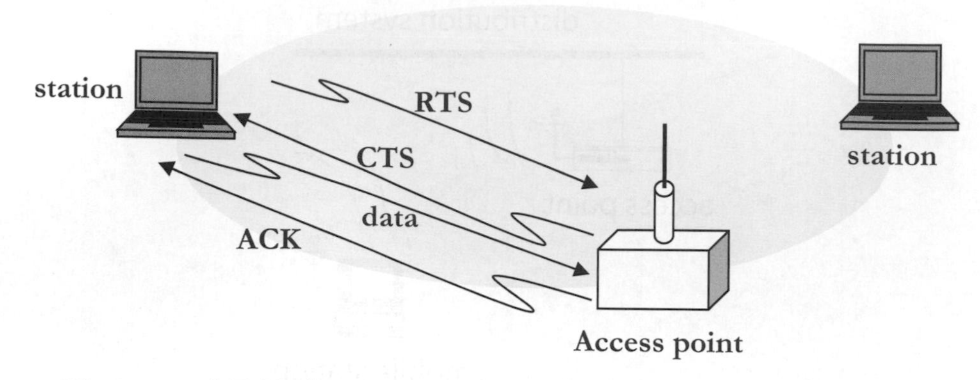

圖 12-14　存取點（access point）與節點（station）之間的通訊模式

一個 802.11 的網路可能包含了很多存取點（access point）與節點（station），節點會在各存取點的範圍移動，所有的存取點與節點統稱為延伸的服務集合（ESS, extended service set）。802.11 的標準也可以讓節點之間直接溝通，不需要先和存取點、網路或網際網路先建立連線。節點之間直接的溝通所形成的網路也稱為對等網路（peer-to-peer network）。圖 12-15 顯示固定在天花板上的存取點（access point），從圖 12-16 可以觀察天線的方位。

圖 12-15　固定在天花板上的存取點（access point）

圖 12-16　天線的方位

12.3.2.2　獨立的網路

基本服務集合（BSS，basic service set）是 802.11 網路的基本組成單位，由一群互相溝通的行動台所組成，通訊的範圍是一塊比較模糊的區域，稱為基本服務區域（basic service area），決定於無線介質的傳送特性。BSS 中的行動台可以和同一個 BSS 中的其他行動台通訊，BSS 有兩種類型，一種如圖 12-17 所顯示的獨立網路（IBSS, independent BSS），另外一種是下面會介紹的基礎網路（infrastructure network）。

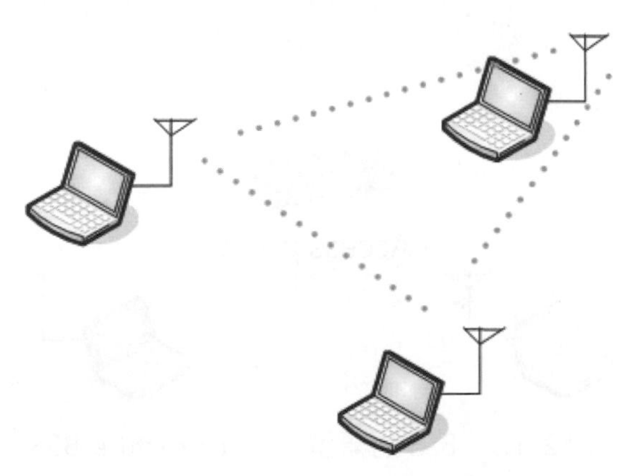

圖 12-17　BSS 的類型：independent BSSs

IBSS 中的行動台可以互動連絡，所有都要在彼此的通訊範圍內。最小的 802.11 網路是只有兩個行動台的 IBSS。通常 IBSS 是為了特殊的用途暫時建立，例如在會議室中開會，讓參與者能交換資料，會議結束，IBSS 就沒有必要存在了。所以 IBSS 有時候也稱為 ad hoc BSSs 或是 ad hoc networks，有人翻譯成隨意網路。

12.3.2.3 基礎網路（infrastructure network）

圖 12-18 顯示的基礎網路（infrastructure network）與 IBSS 最大的差異是使用存取點（AP，access point）。AP 負責基礎網路中的所有通訊，當行動台之間要進行通訊時，傳送資訊的行動台將 frame 送往 AP，AP 再將 frame 送給接收資訊的行動台。由於所有的通訊都會經過 AP，所以 AP 的傳送範圍中包含的行動台就形成了基礎網路的 BSS。基礎網路有下面的優點：

1. 基礎網路的 BSS 由 AP 的通訊距離決定，所以行動台必須在 AP 涵蓋的範圍內，但是行動台之間的距離沒有限制，行動台之間直接通訊的情況使實體層變複雜，因為行動台必須記錄與鄰近行動台之間的關係。
2. 基礎網路中的 AP 可以幫行動台省電，因為 AP 可以查覺行動台處於省電模式，暫存要送出去的 frames，行動台可以只有在收送資料時才啟動 wireless transceiver 的電源。

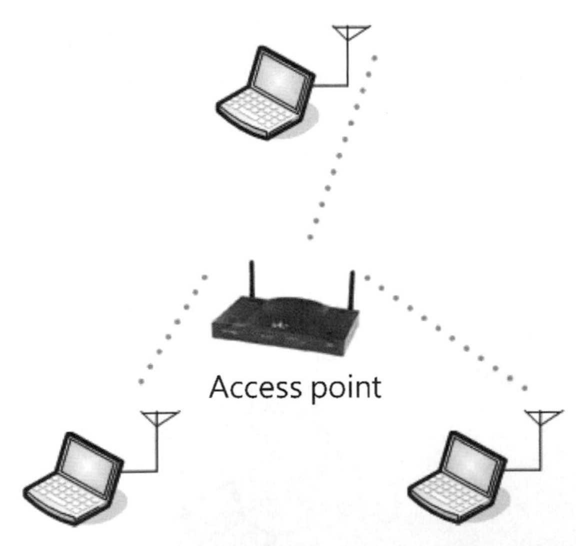

圖 12-18 BSS 的類型：infrastructure BSSs

在基礎網路中，行動台必須與 AP 關聯才能取得網路的服務，關聯（association）是行動台加入 802.11 網路的方法，就像在有線網路中要插上網路線一樣，不過 association 不是一種對稱的程序（symmetric process），行動台要主動啟動 association 的程序，AP 可以依據 association request 的內容接受或拒絕關聯，一個行動台只能跟一個 AP 關聯，不過 802.11 並未限制 AP 跟關聯的行動台的數目，若是數目太大會影響網路的效率。

12.3.2.4 延伸網路（extended service set）

BSS 可以涵蓋一般家庭或辦公室的區域，但是無法提供大區域的通訊服務，802.11 可以讓 BSS 連結成所謂的延伸網路（ESS，extended service set），連結的方式可透過骨幹網路（backbone network），802.11 沒有特別指定要使用什麼樣的骨幹網路，圖 12-19 顯示 3 個 BSSs 連接成一個 ESS，BSSs 之間有重複的範圍。對於使用者來說，ESS 必須做到不中斷的通訊服務，位於同一個 ESS 中的行動台都要能互相通訊，行動台本身可能在不同的 BSSs 中，或是在 BSSs 之間移動。

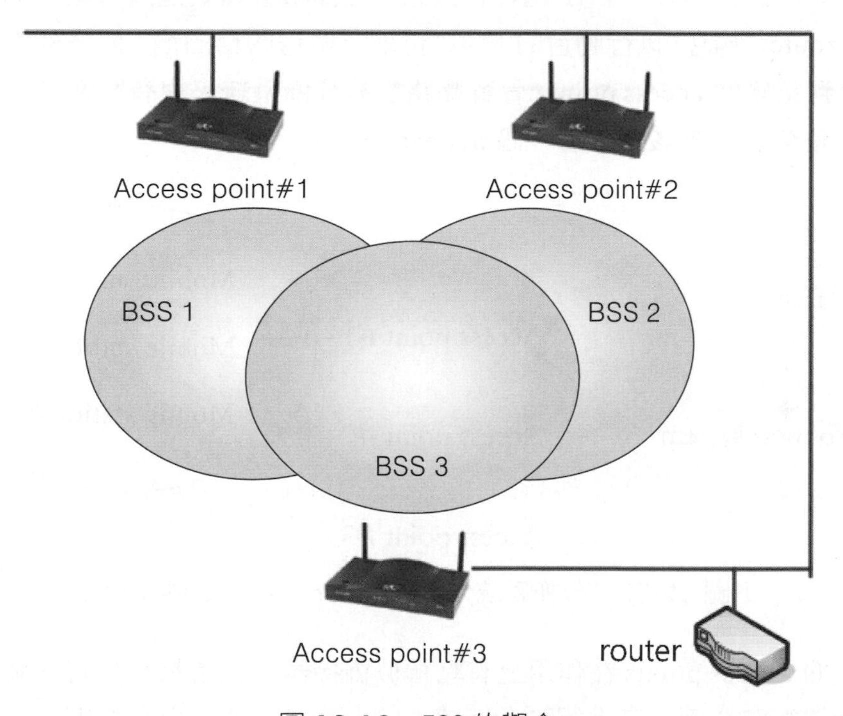

圖 12-19 ESS 的觀念

對於 ESS 中的行動台來說，無線介質就像第 2 層的連接，AP 像橋接器，等於骨幹網路也扮演第 2 層連接的角色，即連結層（link layer）。ESS 中的 APs 可以連上一個 hub 或 switch，或是成為 VLAN 的一部分。只有在骨幹網路形成單一的連結層領域的情況下，802.11 的 ESS 才支援連結層的行動性。對於外界來說，ESS 中的 APs 可以讓 MAC 位址用來指定接收 frames 的行動台，例如與骨幹網路連接的 router 收到外界的 frames 以後，可以直接使用 MAC 位址來要求與行動台關聯的 AP 傳送 frame 給行動台。Router 本身並不知道行動台的位置，必須依賴 AP 來傳送 frames。

無線介質的特性造成 802.11 網路界線的模糊，不過這並不是壞處。一般的行動電話網路在基本服務區域（basic service area）的範圍上容許重疊，增加區域之間轉接時成功的機率，網路的涵蓋程度也因此增加了。

12.3.2.5 分佈系統（distribution system）

802.11 支援所謂的分佈系統（distribution system）的概念，如圖 12-20 所示，分佈系統將 APs 連接起來，提供 WLAN 的行動性（mobility）。Frame 送交分佈系統以後再由分佈系統送交 AP，由 AP 送往行動台。分佈系統負責追蹤行動台的位置，以圖 12-19 中的 router 來說，以行動台的 MAC 位址為傳送的目的地，但是分佈系統則必須將 frame 送到正確的 access point，**骨幹網路對於分佈系統來說有點像是一種傳送的介質，骨幹網路無法決定該選擇那一個 access point**。

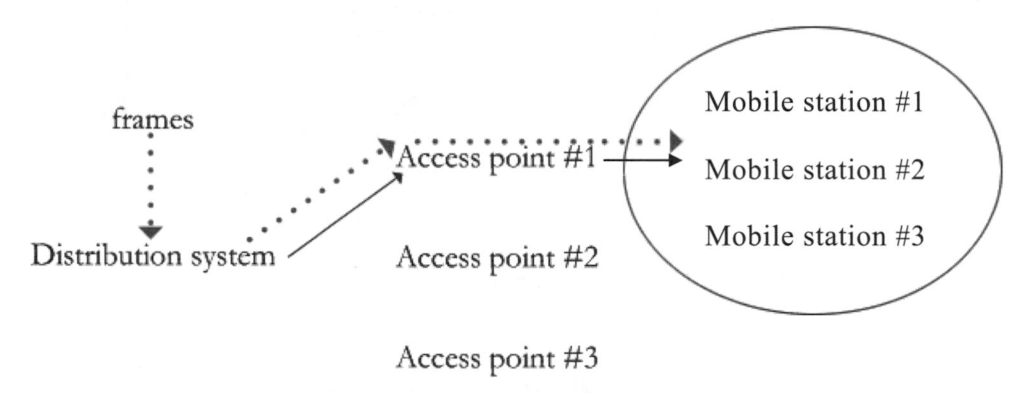

圖 12-20　分佈系統（distribution system）的概念

市場上的 access points 在作用上有點類似橋接器，通常都至少有一個乙太網路介面與一個無線網路介面。乙太網路介面讓 access point 連上現有的網路，無線網路介面則代表現有網路的擴充。兩個網路介面之間 frames 的交換可以看成是由一個橋接引擎(bridging engine)來負責的。圖 12-21 顯示 AP、分佈系統與骨幹網路的關係，bridging engine 可以看成是 AP 的勢力範圍，distribution system 則包含 AP 與骨幹網路。

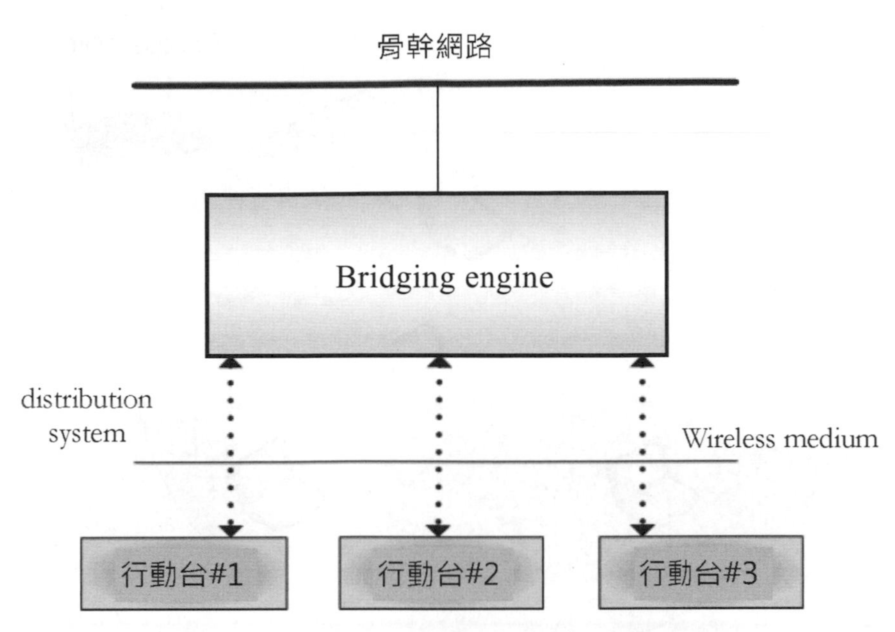

圖 12-21　AP、分佈系統與骨幹網路的關係

APs 之間的溝通也要靠分佈系統，由於每個 AP 會負責一個範圍內行動台的通訊，通常行動台會與一個 AP 關聯（association），假如 AP1 與行動台甲關聯，表示行動台甲位於 AP1 的通訊範圍內，而 AP2 與行動台乙關聯，表示行動台乙位於 AP2 的通訊範圍內，這時候 AP1 應該要告知 AP2 有關於與行動台甲關聯的事實，當行動台乙需要與行動台甲通訊時，AP2 就知道必須經由 AP1 來進行。市場上的 APs 有的使用 IAPP（inter-access point protocol）來透過骨幹網路進行溝通。分佈系統的組態（configuration）也常稱為無線橋接（wireless bridge），因為可以在連結層上連接兩個區域網路。

無線介質的傳遞特性使得 802.11 網路的界限模糊，事實上 BSS 是會重疊的，這樣反而比較好，因為行動台漫遊時的切換會容易一些。不同型式的 802.11 網路也可以重疊（overlap），例如圖 12-22 中有 3 個行動台是以獨立的 BSS 方式存在，彼此之間會進行通訊。另外兩個行動台則需透過 AP 來進行通訊，等於是一個 infrastructure network，而所有的行動台其實都在 AP 的通訊範圍內。不過這種共位的（co-located）的 BSSs 還是要共用頻道資源，對於彼此的通訊效能還是難免會有影響。

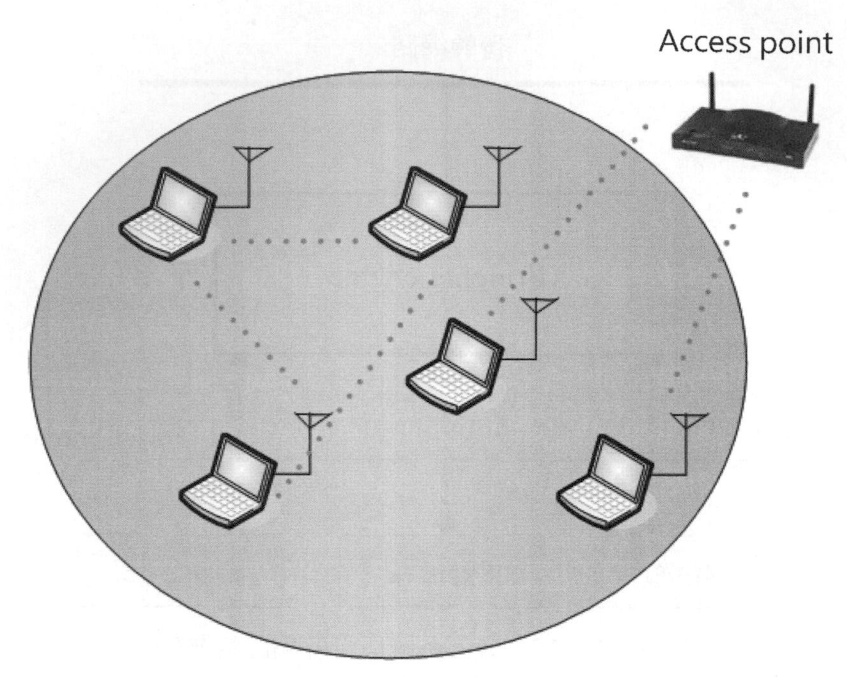

圖 12-22　重疊的 802.11 網路

12.4 802.11 網路的作業

802.11 與乙太網路有很深的淵源，兩者都是資料連結層的協定，所以熟悉乙太網路的網管人員應該駕輕就熟，有時候 802.11 網路也俗稱 wireless Ethernet。有一些乙太網路的特性也都存在於 802.11 中，網路節點由 48 位元的 IEEE 802 MAC 位址決定，frames 在概念上是以 MAC 位址為基礎傳送的，frames 的傳送是不可靠的（unreliable）。

12.4.1 802.11 的網路服務

802.11 的架構中有 9 種不同的服務，有 4 種屬於 station services，其他 5 種屬於 distribution services。Station services 包括 authentication、de-authentication、data delivery 與 privacy。Distribution services 位於 LLC（logical link control layer）與 MAC 之間，決定 802.11 的資料封包該送往何處，包括 association、reassociation、disassociation、integration 與 distribution。驗證服務（authentication service）定義無線設備的身份（identity），有了身份之後才能連上 WLAN。

取消驗證的服務（de-authentication service）會取消原先核發的身份。無線設備連上存取點（AP, access point）之後會開始使用關聯服務（association service），建立兩個設備之間的邏輯連結（logical connection），有了這樣的連結以後，系統才知道設備的所在。用戶設備同時可以向多個 AP 驗證，但是只能與一個 AP 關聯。網路技術可以透過所提供的服務來描述，這樣設備製造商就能以此為目標。802.11 提供 9 種網路服務，其中 3 種用來傳送資料，其餘 6 種都和管理的作業有關，用來追蹤行動台與傳送 frames：

1. 散佈（distribution）：行動台在 infrastructure network 中傳送資料時就會用到 distribution service，一旦封包（frame）被存取點接受，存取點就會使用 distribution service 將封包送往目的地。任何使用存取點所進行的通訊都會使用 distribution service。
2. 整合（integration）：整合服務是由 distribution system 提供的，可以讓分佈系統連上一個不同於 802.11 的網路。802.11 並沒有特別訂定整合的功能，通常決定於所用的分佈系統。
3. 關聯（association）：行動台必須要跟存取點登錄（register）與關聯（associate）以後才能傳送 frames。Distribution system 使用登錄資訊來決定行動台應該跟那一個存取點連絡，沒有關聯的行動台就像沒有連上網路的節點，802.11 有規範使用關聯資料的 distribution system 應該提供什麼功能，不過並沒有強制規定要如何實作（implement）。
4. 再關聯（reassociation）：當行動台在同一個 ESS 中的不同 BSS 之間移動時，可能需要依據收到的訊號強度來決定是否要改變所關聯的 access point。當行動台確定要改變關聯時，可以主動發起，AP 不會要求重新關聯的，一旦再關聯（reassociation）的動作完成，分佈系統會更新其位置的記錄，反映出連絡該行動台所需要接觸的 AP。
5. 解除關聯（disassociation）：解除關聯可以終止目前的關聯，行動台可要求解除關聯。當行動台提出要解除關聯時，分佈系統上的相關資料需要移除，解除關聯完成以後，行動台等於不再存在於該網路上，行動台關機時最好能進行解除關聯，不過 MAC 協定在設計上還是能處理行動台沒有正式解除關聯而離開網路的情況。

6. 驗證（authentication）：有線區域網路在實體安全（physical security）上有很多做法，例如網路節點的位置會在辦公室的管制範圍內，重要設備可以置入櫃中上鎖。無線網路就沒辦法達到類似的實體安全效果，所以需要額外的驗證（authentication）機制來管制使用者。在關聯以前必須先經過驗證，通過驗證的使用者才能使用網路。實務上有的 AP 採取開放系統的方式，可以讓任何行動台通過驗證。
7. 解除驗證（deauthentication）：解除驗證取消原來的驗證關係，同樣也取消了跟驗證相關的關聯。
8. 私密（privacy）：實體的管制解決了很多有線區域網路的資料私密問題，因為入侵者必須先通過實體的保護措施。無線網路就比較缺乏這種保障，802.11 提供的 WEP（Wired Equivalent Privacy）是針對私密的保護機制，但是在技術上已經被破解了。
9. MSDU 傳送（MSDU delivery）：行動台提供 MSDU（MAC Service Data Unit）的遞送服務，負責將資料送達接收端。

表 12-1 列出 802.11 的網路服務，行動台的服務（station services）是一般支援 802.11 協定的行動台必須提供的服務。一般的行動台或是 AP 的無線介面都要有這樣的功能。分佈系統的服務（distribution system services）將 AP 連上分佈系統，

表 12-1　802.11 的網路服務

服務	服務類別	內容
Distribution	distribution	在傳送 frame 時用來決定基礎網路中目的地的位址
Integration	distribution	將 frame 送往無線網路之外的 IEEE 802 LAN
Association	distribution	用來建立與行動台通訊的 AP 通道
Reassociation	distribution	用來改變與行動台通訊的 AP 通道
Disassociation	distribution	將無線行動台從網路移除
Authentication	station	建立 association 之前先確認身份（identity）
Deauthentication	station	用來終止 authentication 與 association
Privacy	station	提供保護，反竊聽（eavesdropping）
MSDU Delivery	station	將資料傳給接收端

12.4.2 行動性的支援

在漫遊（roaming）的情況下，用戶設備可能會離開一個 AP，與另一個 AP 建立關聯，這是 reassociation 的服務，新的 AP 會與舊的 AP 連絡取得一些原來的資訊。整合服務（integration service）可以進行無線網路與有線網路之間資料封包格式的轉換。802.11 網路支援行動性（mobility），行動台在移動中仍然可以連上網路傳送封包。

1. 沒有轉換發生（no transition）：假如行動台並沒有移出目前 AP 的範圍，則不需要進行任何轉換。所以行動台沒有移動或是沒有移出 AP 的範圍，都算處於 no transition 的狀態。
2. 發生 BSS 的轉換（BSS transition）：行動台會持續地監測所有 AP 送過來的訊號強度與品質。在 ESS 中，802.11 提供了 MAC 層次的行動性分佈系統中的行動台可以要求將 frame 送到某個 MAC 位址，然後由 AP 處理最後送達行動台的那一段通訊。行動台不需要知道接收端行動台的實際位置。圖 12-23 顯示的就是一種 BSS 的轉換，裡頭的 3 個 APs 都位於同一個 ESS 中。假設有一個行動台於時間 t=1 時位於 BSS1，在 t=2 時移到 BSS2，這時候發生了 BSS transition，行動台必須跟 BSS2 中的 AP 做 reassociation。BSS transition 的完成需要 APs 之間的合作，access point #1 必須告訴 access point #2 現在原來位於 BSS1 的行動台已經到 BSS2 了，這種合作屬於 IAPP 所探討的協定。

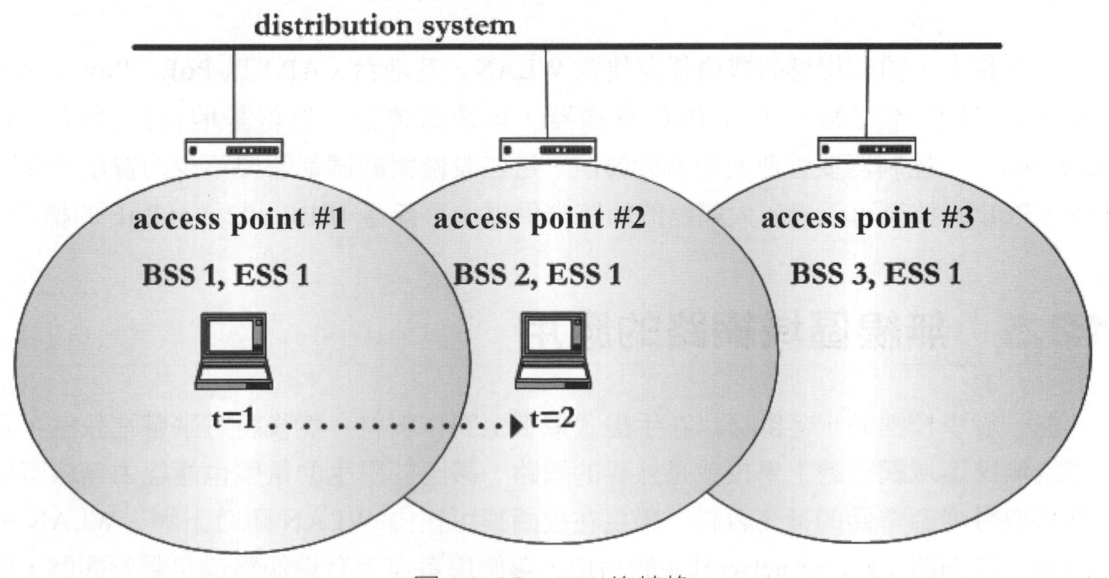

圖 12-23　BSS 的轉換

3. 發生 ESS 的轉換（ESS transition）：ESS 的轉換代表從一個 ESS 移動到另一個 ESS，802.11 並不容許這樣的 transition，不過行動台可以離開一個 ESS，到另一個 ESS 重新建立 association。假如要確定更高層的連結不受影響，則實際的協定本身必須提供一些功能，例如 TCP/IP 協定中的 Mobile IP 就可以支援服務不中斷的 ESS transition。

圖 12-24 顯示一個 ESS transition 的例子，4 個 BSSs 分別屬於兩個 ESSs。802.11 並不支援不中斷服務的 ESS transition，但是會盡量讓行動台能很快地跟新的 AP 建立 association，以網路連線來說，當行動台移出 ESS 時，服務是中斷的。

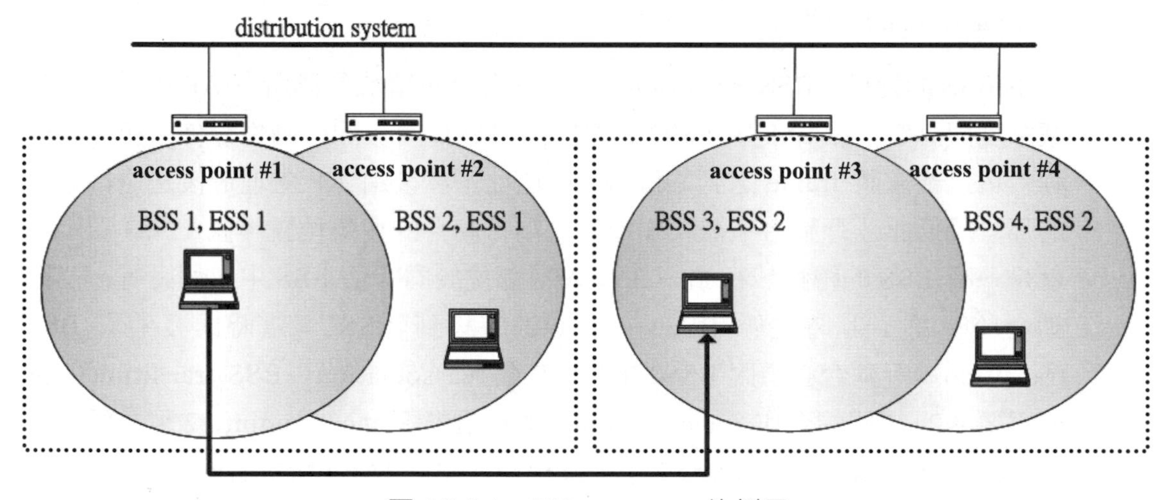

圖 12-24　ESS transition 的例子

在實務上，稍有規模的機構都會建置 WLAN，基地台（AP）以 PoE（Power over Ethernet）來供應電源，連到 PoE 交換器，後端還會接上無線基地台控制器（AP controller），控制器要管理使用者的驗證，這些設備與軟體都需要不少的費用來採購建置。PoE 的技術可透過乙太網路的線路來供電，可參考 IEEE 802.3 at PoE 的標準。

12.5 無線區域網路的應用

在一般學校裡頭，老師可以在手提式電腦上製作教材，然後將電腦帶進教室，直接透過無線區域網路連上學校或是外界的網路，甚至於學生的電腦也能經由無線區域網路來取得老師準備的補充教材。學生在校園裡可經由 WLAN 隨時上網。WLAN 通常扮演存取網路（access network）的角色，讓使用者連上有線網路或是骨幹網路，所以 WLAN 可以看成是一種資料連結層的網路。由於 WLAN 的速率與延展彈性

（resiliency）不高，並不適合用來建立核心網路（core networks）或是分佈網路（distribution networks）。

12.5.1 應用的分類

由於 WLAN 的資料速率很高，可以支援各種應用，因此有人認為 WLAN 會成為未來很多移動用戶上網的方式，不過目前還很難看出 WLAN 是否真的能突破一般家用與辦公室應用的領域。在實務上，既然有 WLAN 的技術，很多網路的設計有了更大的彈性，最常見的狀況是辦公室大樓中會議室與 LAN 的連線，或是有些臨時的展示區域需要網路連線的情況，和有線網路比較起來，WLAN 的建置要容易多了，而且要拆卸也比較方便。比較值得注意的是蜂巢行動網路與 Wi-Fi 在未來的發展上對彼此的影響。前面第 1 章曾經針對一般的無線應用做了一個簡單的分類，下面特別就 WLAN 的用途列出幾個典型的用途：

1. 有線網路的延伸：WLAN 可以當做連接有線網路的通道，也能做為有線網路的延伸方式，降低佈線的成本。
2. 建築物之間的連接：校園中的建築物之間通常都需要以網路連接在一起，以往有線網路的佈建都需要進行一些複雜的工程，圖 12-25 顯示建築物之間以無線的方式所建立的連接。
3. 最後一哩（last mile）的連線：無線的網際網路服務提供業者（WISP，wireless Internet service providers）可以利用無線通訊來提供用戶端的連線，也就是所謂的最後一哩的連線。
4. SOHO 族：SOHO 代表 small office home office，是指小型的而且常屬於個人工作室類型的辦公室，不必大費周章地佈建 LAN，可以使用簡單的 WLAN 來連接少數的電腦設備。
5. 行動辦公室：有時候使用者可能需要移動到其他的地點工作，例如學校註冊的時候臨時建立的註冊地點，就可以算是一種行動辦公室。行動教室也是使用同樣的概念。
6. 需要移動性（mobility）的應用：這是非常典型的無線應用，例如倉儲管理員以無線的方式來輸入資料會比較方便。移動性加上漫遊（mobility）的功能通常是這一類應用考慮的主要功能。

圖 12-25 中建築物之間的連接方式可能包括點對點（PTP，point-to-point）與點對多點（PTMP，point-to-multipoint）的情況，例如左右兩邊的建築物上可以架設指向式天線（directional antenna），而中間的建築物則使用全向式天線（omni-directional antenna），形成一種星狀（star）的網路架構。

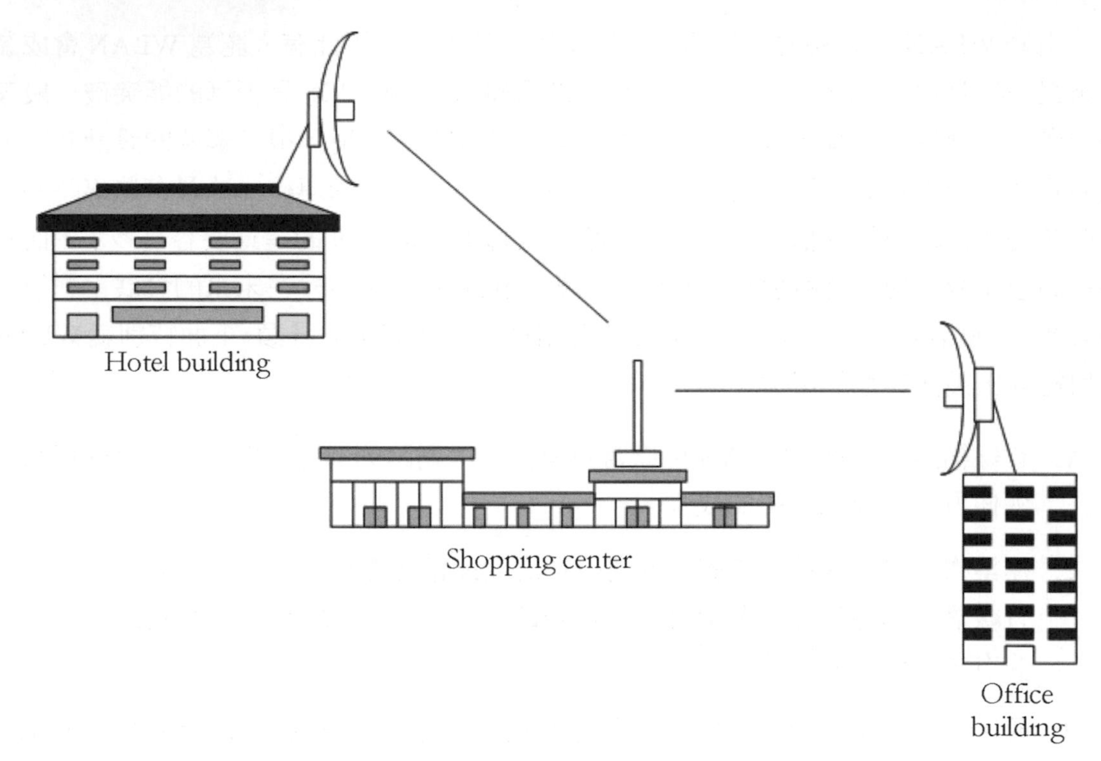

圖 12-25　建築物之間的連接

12.5.2　Wi-Fi 是什麼？

平常除了聽到 802.11 與 WLAN 有關之外，可能也常耳聞 Wi-Fi，兩者似乎關係匪淺。其實 802.11 的名稱很多，除了 802.11 的本尊之外，也有人以 wireless Ethernet 稱之，強調 802.11 與傳統 Ethernet 的強烈關聯，等於傳統的 Ethernet 是 wired Ethernet，無線通訊中的 Ethernet 是 wireless Ethernet。另外 WECA（Wireless Ethernet Compatibility Alliance）推行所謂的 Wi-Fi（wireless fidelity）的認證計劃（certification program），802.11 設備的廠商必須通過這樣的認證，表示具有 802.11 的相容互通性（interoperability）。通過 Wi-Fi 認證的設備可以使用 Wi-Fi 的標誌，這是 Wi-Fi 的由來，所以很多人習慣把 WLAN 的一些發展與應用與 Wi-Fi 扯上關係。假如設備符合 802.11a 的標準，可以使用 Wi-Fi5 的標誌，因為 802.11a 使用 5 GHz 的頻率，所以多了一個 5 來區隔。

12.6 802.11 WLAN 標準的比較

表 12-2 列出各種 802.11 標準的基本特徵，使用紅外線技術的 WLAN 並沒有普及，跳頻（FH，frequency hopping）與直接序列（DS，direct sequence）是 802.11 WLAN 使用的主要技術，尤其是直接序列使用的最普遍。剛開始的時候 WLAN 的資料速率只有 2 Mbps，1999 年開始出現的 802.11b 的產品可以支援 11 Mbps 的資料速率。

802.11a 使用 OFDM（orthogonal frequency division multiplexing）與 5 GHz 的頻率，資料速率提高到 54 Mbps。802.11g 將 802.11a 的技術移置 2.4 GHz 的頻率，一樣可達到 54Mbps。802.11a/g 下一代的規格為 802.11n，其利用更大的通道頻寬（40MHz）與多天線技術（最多為 4 支天線），傳輸速率進一步提升到 600Mbps。802.11n 的下一代規格為 802.11ac 與 802.11ad，其中 802.11ac 用於 <6GHz 的頻段，而 802.11ad 用於 60GHz 的頻段。規格支援更大的通道頻寬（80/160MHz）、更多天線（最多為 8 支天線）更高階的調變技術（256-QAM），使其傳輸速率突破 1Gbps。

表 12-2　各種 802.11 標準的基本特徵

IEEE 標準	資料速率	頻段	說明
802.11	1 Mbps	2.4 GHz	1997 年提出來的第 1 個標準，包括跳頻與 DS（direct-sequence）的調變技術。
	2 Mbps		
802.11a	54 Mbps	5 GHz	1997 年提出的第 2 個標準。
802.11b	5.5 Mbps	2.4 GHz	1999 年提出，第 3 個 802.11 的標準，802.11 的設備有很多都採用此標準。
	11 Mbps		
802.11g	54 Mbps	2.4 GHz	2003 年提出的 802.11 的標準。
802.11n	248 Mbps -600 Mbps	2.4 GHz，5 GHz	2009 年持續提出的 802.11 的標準，採用 MIMO 的技術。
802.11y	54 Mbps	3.7 GHz	2008 年提出的標準，為 802.11 的增補標準。
802.11ac/ad	理論上的最大值可達 3.5 Gbps	802.11ac 使用<6 GHz 與 802.11ad 使用 60 GHz	規格支援更大的通道頻寬（80/160MHz）、更多天線（最多為 8 支天線）更高階的調變技術（256-QAM）

IEEE 標準	資料速率	頻段	說明
802.11 ax	理論上的最大值可達 9.6 Gbps	2.4 GHz 與 5 GHz	也稱為 Wi-Fi 6，採用 1024QAM 調變技術以及 OFDMA 排程
802.11ax for high efficiency（or HE）	600.4 Mbps（80 MHz, 1 SS） 9607.8 MBps（160 MHz, 8SS）	2.4 GHz 5 GHz 6 GHz	也稱為 Wi-Fi 6E，頻寬 80 MHz 與 160 MHz

學習上的小叮嚀

區域網路對於大多數人來說並不陌生，不管在學校或是職場上的辦公室，幾乎都能看到區域網路。隨著無線通訊技術的普及與設備的成本降低，越來越多無線通訊的應用也出現在我們的生活環境中，無線區域網路（WLAN）可以看成是資料速率接近一般 LAN 的無線網路，所以資料速率比手機所在的蜂巢網路要高很多，對傳統的 LAN 有替代的作用。

要認識 WLAN 可以透過自行架設網路的方式，這樣得到的印象最深刻。不過要架設 WLAN 應該要先思考其用途，從圖 12-6 的 3 層架構來看，WLAN 比較適合用在 access layer 與 distribution layer，那麼真正在架設的時候，WLAN 有那些成員與結構呢？圖 12-13 是一個很重要的概念圖，只要了解裡頭每個成員的功能與角色，就等於徹底認識了 WLAN。WLAN 的結構可以從 BSS 與 ESS 來了解，以下的兩種結構都可能存在：

1. independent BSS。
2. infrastructure network。

infrastructure network 含有 AP，多個 infrastructure networks 可以透過 AP 連接在一起，就像一般的 LAN 一樣可以擴充。這裡要注意分佈系統（distribution system）所扮演的角色，以及跨 BSS 傳訊時 WLAN 運作的細節。802.11 網路的 9 種服務可以讓我們更深入地了解 WLAN 技術層次的工作原理。

12.7 組成元件

假如光從 WLAN 的設備來探討 WLAN 的建置，在實務上是行不通的，因為設備之間還需要天線來傳遞訊號，或是利用一些元件與纜線來連接。在建置 WLAN 的時候必須了解相關組成元件的使用特性、規格與大約的成本，在實務上才知道如何選擇與裝設。

12.7.1 PoE 設備

PoE（Power over Ethernet）是將直流電（DC voltage）透過 Cat 5 乙太網路線送往一些網路設備的方法，例如 access point、無線橋接器等，為這些設備提供電源，主要是因為設備安裝的地方可能沒有交流電源（AC power），乙太網路線既可送電，又能傳送資料。圖 12-26 顯示 PoE 設備的裝設。

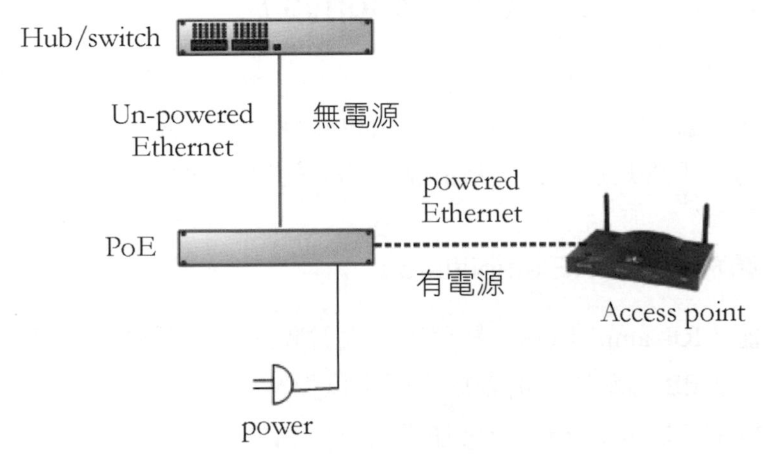

圖 12-26　PoE 設備的裝設

PoE 設備有好幾種型式，例如單埠的 DC voltage injector、多埠的 DC voltage injector，或是同樣可以注入 DC voltage 的 Ethernet switch。PoE 本身並沒有工業標準，所以 PoE 設備與其他設備的搭配是無法預期是否成功的，所以假如 PoE 要搭配 AP 使用，最好選擇同廠商的設備。圖 12-27 顯示 PoE 設備的外觀。

圖 12-27　PoE 設備的外觀
（資料來源：https://www.zyxel.com/in/en/products_services/802-3af-at-PoE-Injector-PoE12-HP/overview，accessed on 03/26/2022）

12.7.2　其他常見的元件（accessories）

網路設備安排好以後，還需要一些元件（accessories）與纜線來把所有的設備連接起來，所以在建置 WLAN 的時候，難免會碰到一些比較罕見的元件，當然也有一些是經常用到的，不管是那一種，最好都大略知道其用途與處理的方式。

12.7.2.1　射頻放大器（RF amplifiers）

射頻放大器（RF amplifiers）是用來放大射頻訊號的振幅，功率正向的增加稱為增益（gain），以 dB 為單位。射頻放大器可以彌補射頻的衰減，多數 WLAN 使用的射頻放大器會搭配 DC injector，安裝在靠近射頻訊號源的地方。射頻放大器有兩種型式，unidirectional amplifier 與 bi-directional amplifier，unidirectional amplifier 在訊號進入傳送天線以前先放大訊號，bi-directional amplifier 在訊號進入 AP 或行動台以前先放大訊號。圖 12-28 顯示射頻放大器的外觀，圖 12-29 顯示 WLAN 中使用的 RF amplifier，bi-directional amplifier 會盡量靠近天線。

圖 12-28 射頻放大器的外觀（資料來源：
https://www.amazon.com/1-512MHz-Wideband-Power-Amplifier-Shortwave/dp/B07BFDBTS6，accessed on 03/27/2022）

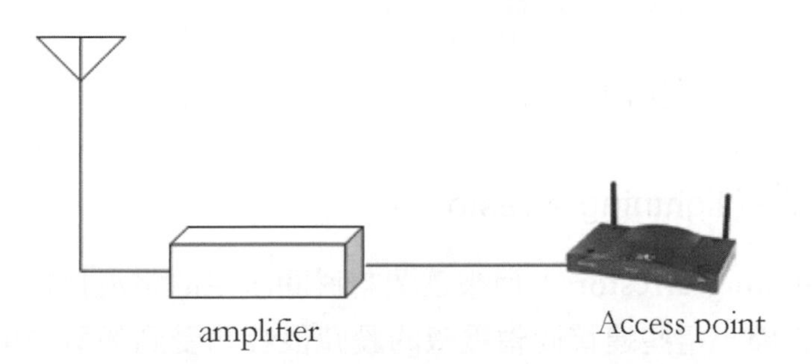

圖 12-29　WLAN 中使用的 RF amplifier

12.7.2.2　射頻衰減器（RF attenuators）

射頻衰減器（RF attenuators）可以讓射頻訊號衰減一定的幅度，為什麼要降低訊號的強度呢？假設 AP 使用固定的 100 mW 的輸出功率，而唯一可用的天線是+20 dBi 增益的全向式天線，使用這樣的設備違反 FCC 的規定，這時候可以用射頻衰減器在訊號進入天線以前衰減到 30 mW，這樣就能讓輸出功率符合 FCC 的規定。圖 12-30 顯示射頻衰減器的外觀，圖 12-31 顯示 WLAN 中使用的射頻衰減器。

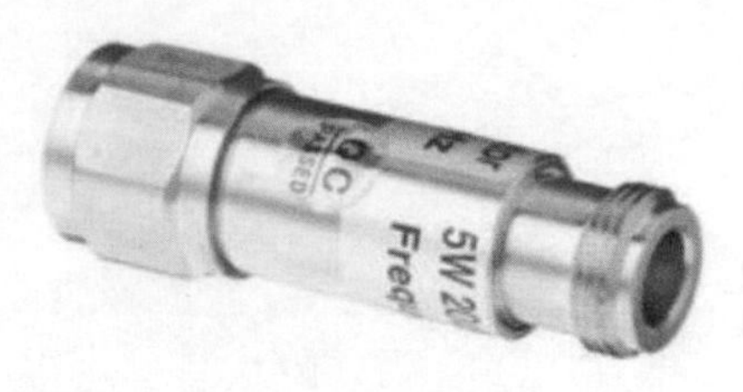

圖 12-30　射頻衰減器的外觀（資料來源：https://www.theengineeringknowledge.com/rf-attenuators-basics-types-symbols/，accessed on 03/27/2022）

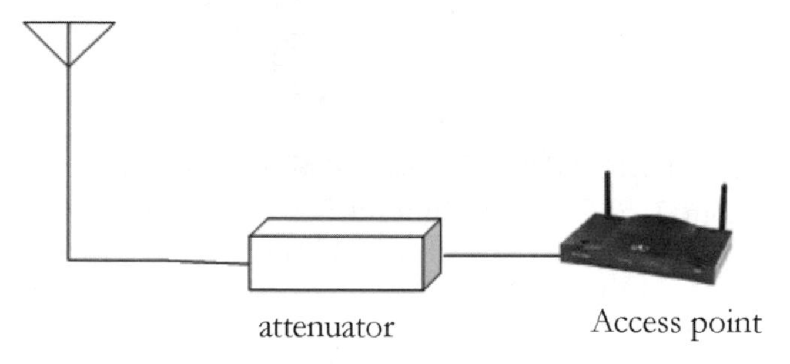

圖 12-31　WLAN 中使用的射頻衰減器

12.7.2.3　避雷器（lightning arrestors）

避雷器（lightning arrestors）用來讓閃電瞬間產生的電流接地，避雷器可以保護 AP 與橋接器等設備，這些連接同軸電纜的設備很容易受到閃電的影響。當閃電發生的時候，可能擊中鄰近的物體，瞬間的電流導入天線或是傳送的纜線，避雷器感測到電流，立即讓內部的氣體離子化，將電流接地。圖 12-32 顯示避雷器的外觀，圖 12-33 顯示避雷器的安置方式。

圖 12-32 避雷器（lightning arrestors）的外觀（資料來源：https://www.indiamart.com/proddetail/11kv-lightning-arrestor-12686674248.html，accessed on 03/27/2022）

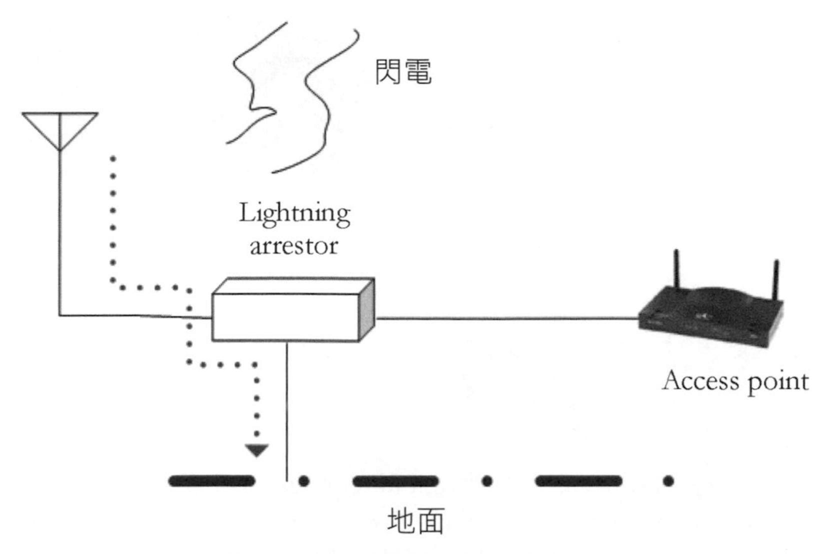

圖 12-33　避雷器的安置方式

12.7.2.4　射頻連接器（RF connectors）

射頻連接器（RF connectors）可以用來將纜線連上設備或是將設備連上設備，N、F、SMA、BNC 與 TNC 的 connector 都曾用在 WLAN 中當做 RF connectors，圖 12-34 顯示射頻連接器（RF connectors）的外觀。選擇 RF connectors 的時候要注意下面的事項：

1. 射頻連接器的阻抗（impedance）必須與其他的 WLAN 元件相符，通常是 50 ohms。
2. 了解射頻連接器安裝之後產生的 insertion loss。
3. 注意射頻連接器的頻率上限。
4. 注意射頻連接器的品質。
5. 了解射頻連接器的型式與接孔特性。

圖 12-34　射頻連接器（RF connectors）的外觀
（https://www.mouser.tw/new/linx/linx-rf-sma-connectors-adapters/，
accessed on 03/27/2022）

12.7.2.5　射頻纜線（RF cables）

有線網路使用纜線是很平常的事，無線網路的纜線用來將天線與 AP 或 bridge 相連，基地台機房設備與外接天線之間的纜線叫做饋纜，無線網路在纜線的選擇上要注意下面的要點：

1. 纜線會造成 WLAN 訊號的衰減，所以纜線越短越好。
2. 盡量購買裁好的纜線與已經裝好的 connector，避免纜線與 connector 之間接觸不良。
3. 盡量在預算範圍內使用造成訊號衰減最輕微的纜線。
4. 纜線阻抗（impedance）必須與其他的 WLAN 元件相符，通常是 50 ohms。
5. 注意纜線的頻率回應（frequency response）等級，2.4 GHz 的 WLAN，纜線的頻率回應等級至少要 2.5 GHz，5 GHz 的 WLAN，纜線的頻率回應等級至少要 6GHz。
6. 假如 AP 與天線之間距離很遠，可能需要使用延伸纜線（extension cable）。

RF pigtail adapter cable 是一種轉接頭，可以用來連接工業標準的 connector 與 WLAN 的設備，所以 pigtail adapter 等於是將特別的 connector 轉成工業標準的 connector，例如 N-type 與 SMA 等。圖 12-35 顯示 RF pigtail adapter 的外觀。

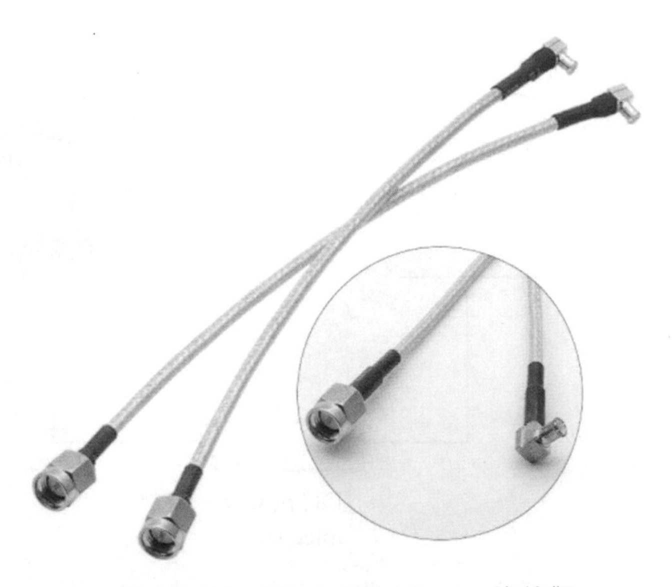

圖 12-35 RF pigtail adapter 的外觀
（資料來源：https://www.aliexpress.com/item/1005002077257690.htmlhttps://www.aliexpress.com/item/1005002077257690.html，accessed on 03/27/2022）

12.7.2.6 頻率轉換器（frequency converter）

頻率轉換器（frequency converter）可以把一個頻段轉換到另外一個頻段，目的是舒緩頻段的壅塞。以辦公大樓為例，WLAN 越來越普及，假如各公司都部署 WLANs，勢必要避免頻道重疊的問題，這時候頻率轉換器就能派上用場。圖 12-36 顯示頻率轉換器的外觀，圖 12-37 顯示頻率轉換器在 WLAN 中的安裝位置。

圖 12-36 頻率轉換器（frequency converter）的外觀
（資料來源：https://www.directindustry.com/prod/promax-electronica/product-14043-606852.html，accessed on 03/27/2022）

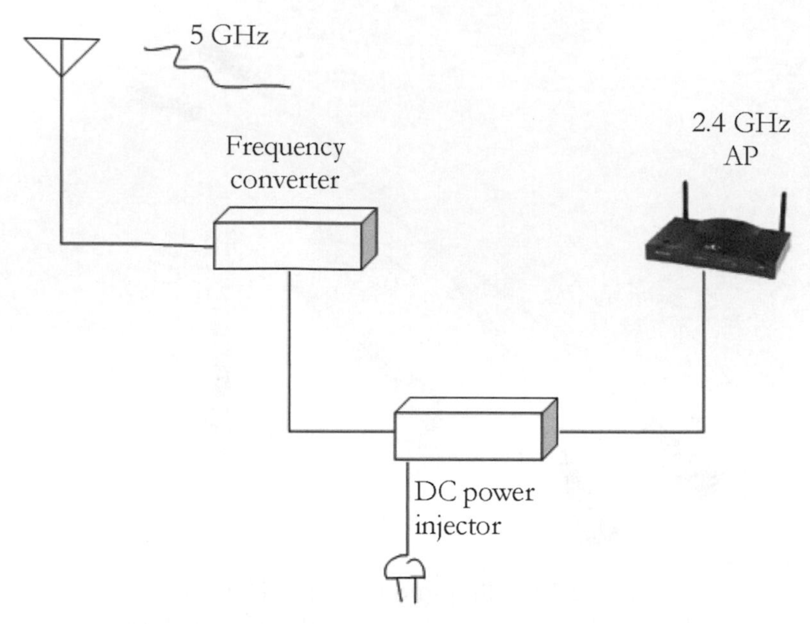

圖 12-37 WLAN 中使用的頻率轉換器

12.7.2.7 頻寬控制器（bandwidth control units）

WLAN 跟有線的 LAN 比較起來，資料速率要低很多，因此最好能節省 WLAN 的頻寬，尤其是在戶外的情況，例如 WISP（wireless Internet service providers）的 WLANs，必須要讓用戶得到應有的頻寬。頻寬控制器（BCU，bandwidth control units）利用 MAC 位址將使用者分配到事先設定的佇列（queue）上，每個 queue 有特定的頻寬，BCU 的管理可以透過軟體來進行。

12.7.2.8 射頻分歧器（RF splitters）

射頻分歧器（RF splitters）有單一的輸入連接（input connector）與多個輸出連接，可以將單一的訊號分成多個獨立的訊號，圖 12-38 顯示射頻分歧器的外觀。安裝射頻分歧器的時候，輸入連接器面對 RF 訊號源，輸出連接器也稱為 tap，面對 RF 訊號的目的地，也就是天線，圖 12-39 顯示射頻分歧器在網路上的位置。

圖 12-38　射頻分歧器（RF splitters）的外觀
（資料來源：https://www.mouser.tw/ProductDetail/Mini-Circuits/ZX10-2-98-S+?qs=sPbYRqrBIVlVkynEAGgnuA%3D%3D&mgh=1&gclid=Cj0KCQjw8_qRBhCXARIsAE2AtRbyY7GITW0cd8OVtjZgHHIypld_OMyistj-gaN6y8Kluev75xrjz9kaAgXYEALw_wcB，accessed on 03/27/2022）

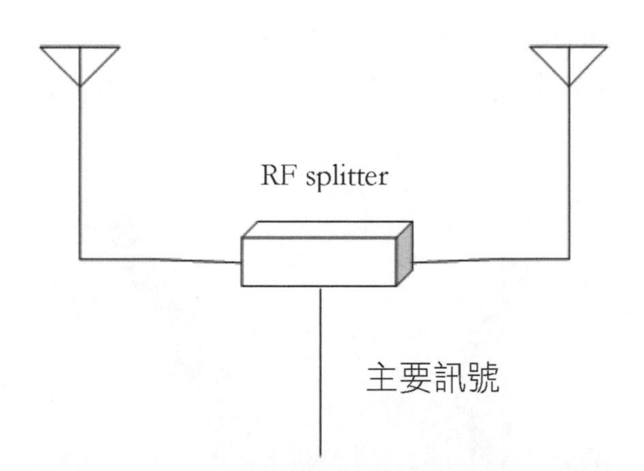

圖 12-39　射頻分歧器（RF splitters）的安裝

12.8 基礎設備（infrastructure devices）

基礎設備（infrastructure devices）指構成基礎網路所使用的設備，包括 access points、橋接器（bridges）與群組橋接器（workgroup bridges）等。建置 WLAN 之前必須先了解有那些種類的設備可以使用，對於每一種設備要注意了解以下的特徵：

1. 設備本身在 WLAN 中的定義與所扮演的角色。

2. 設備本身可以選用的配備（options）。

3. 設備的安裝與設定。

新知加油站

WLAN 使用的無線網路設備中常有 MAC filter 或 protocol filter 的功能，MAC filter 是指設備能夠依照 MAC address 來決定是否讓某些網路的封包通過。Protocol filter 則屬於 layer 3 到 layer 7 的處理，例如 layer 3 protocol、layer 4 port 與 layer 7 的 application，都可以用來判定是否能通過網路，以 layer 4 的 protocol filter 來說，就可以規定 port 80 的封包不能通過網路，以此準則來篩選封包。

12.8.1 存取點（access points）

無線 PC 卡（wireless PC cards）是最普遍的 WLAN 設備，AP 的普及程度則僅次於 PC cards。AP 的作用有各種模式，圖 12-40 顯示一種實際的 AP。AP 最基本的功能就是讓行動台連入網路，屬於一種半雙工（half-duplex）的設備，複雜程度跟 Ethernet switch 有點像。

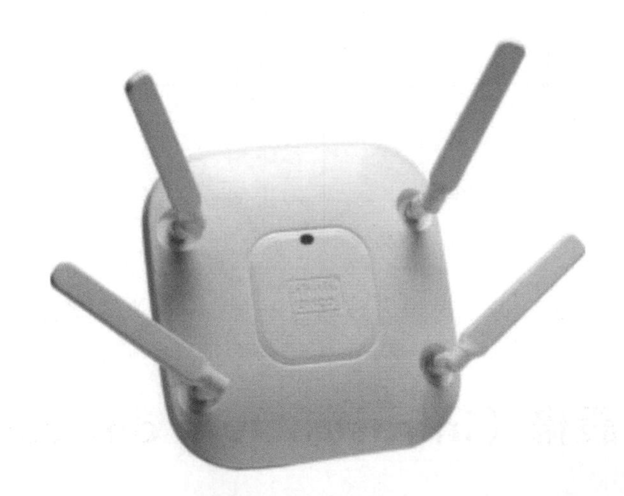

圖 12-40　Access Point
（資料來源：https://www.buygreen.de/en/cisco-air-cap2602e-e-k9-80211a-g-n-wireless-access.html，accessed on 03/27/2022）

12.8.1.1 選用的配備

AP 可以看成是用戶端從 802.11 網路連接到 802.3 或 802.5 網路的進入點，AP 產品有一些選用的軟硬體配備，由於設備本身的規格與配備經常會變動，最好盡量從相關的網站上取得最新的資訊：

1. 天線：AP 的天線可以選用固定的或是活動的（detachable），活動的天線可以卸下來，例如要讓室外的用戶也能連上 AP，就可以把活動的天線架設到室外，然後用纜線連接到室內的 AP。
2. 過濾（filtering）的功能：AP 可以具有 MAC 或協定過濾的功能，所謂的過濾是指移除 WLAN 上的入侵者。例如管理者可以設定一個 MAC filter list，不在上面的則 AP 可以拒絕往來。Protocol filtering 是指管理者可以設定那一種協定的流量能通過網路。
3. 可調整的輸出功率（output power）：讓管理者控制 AP 傳送資料所使用的功率，功率的大小會影響 AP 通訊涵蓋的範圍。
4. 多元化的有線連接介面：AP 的連接介面種類很多，因為 AP 會與有線網路相連，所以 AP 與有線網路之間的連接方式要預先規劃好。

新知加油站

天線的多元性（antenna diversity）是指使用多個天線與多個訊號輸入，而接收器（receiver）只有一個，接收器可以選擇使用品質比較好的訊號輸入，AP 在採購的時候可選擇是否要有天線的多元性功能。

12.8.1.2 安裝與管理

AP 的管理與設定方式隨產品而異，大多數都能透過 console、telnet、USB 或 Web browser 來進行設定，有的 AP 有內建的管理與設定的軟體。AP 的功能越多則價格往往也越高。表 12-3 列出一般的 SOHO AP 與企業 AP 在功能上的差異。

表 12-3 列出一般的 SOHO AP 與企業 AP 在功能上的差異

SOHO AP	Enterprise AP
MAC filter	進階的設定軟體
WEP（64-bit or 128-bit）TKIP 與 WPA2（AES CCPM）加解密技術	進階的內建 Web server 設定介面

SOHO AP	Enterprise AP
USB 或 console 管理介面	Telnet 存取
內建 Web server 設定介面	SNMP 管理
內建設定軟體	802.1x/EAP
	RADIUS client
	VPN client/server
	Static/dynamic routing
	Repeater functions
	Bridging functions

選擇 AP 的時候一定要從產品的說明文件中詳細了解 AP 的規格與功能，以及是否符合自己在環境與安全上的要求，有時可能要比較多種產品的差異。AP 的安裝也是一門學問，圖 12-41 顯示 AP 的幾種安裝方式，以下是安裝 AP 時要注意的事項：

1. 使用耐用的掛釘將 AP 架到（mount）樑柱上，注意不要蓋住 AP 的指示燈號。
2. AP 要倒著放，讓指示燈號能從底下的樓板看到。
3. AP 上貼辨識標籤。
4. 遵循說明書上的安裝指示。

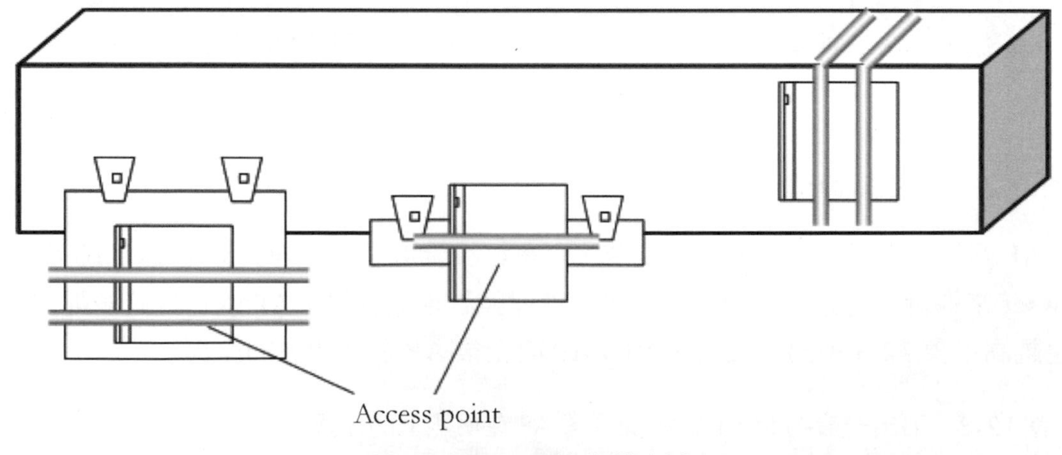

圖 12-41　AP 的安裝方式

12.8.2 無線橋接器（wireless bridges）

無線橋接器屬於半雙工的設備，提供 layer 2 的連線，無線橋接器在軟硬體的選項上跟 AP 很像，包括固定的與可卸下的（detachable）的天線、進階的過濾（filtering）功能、可變的輸出功率與可變的有線連接等。圖 12-42 顯示實際的無線橋接器的外觀。

圖 12-42　無線橋接器的外觀

（資料來源：https://iotmart.advantech.com.tw/Communications/Wireless-Communications-Wi-Fi-AP-Bridge-Client/model-WISE-3240IOS-41A1T.htm?gclid=Cj0KCQjw8_qRBhCXARIsAE2AtRY-tKbGIvnc0xgeg-nKy4PvZmVNaMeHBw834dUruXxmAuN_ltDcrvlaAnplEALw_wcB，accessed on 03/27/2022）

無線橋接器所連接的網路都屬於比較靜態的，所以不太需要 antenna diversity，跟 AP 與行動台的情況不同，無線橋接器的天線若能卸下，則可將天線裝到室外，無線橋接器的天線通常是指向式或是半指向式的。無線橋接器也可以支援 MAC filtering 與 protocol filtering。目前電信業者的數據機（modem）多半都併入了無線分享器的功能，用戶就不必自己再購買無線分享器了。

12.9 用戶端設備（client devices）

無線網路的使用者所使用的設備就是用戶端設備（client devices），AP 所認定的用戶端設備則是 WLAN 中的行動台，而行動台進行無線通訊所需要的網路介面常有各種型式，這些都算是用戶端設備探討的範圍。

12.9.1 薄形卡片

一般的手提式電腦與 PDA 等都是無線用戶端的設備，這些設備通常都需要再加裝射頻通訊的介面，常見的做法是把 radio cards 在製造時建置到像 PCMCIA 卡或是 Compact flash（CF）卡上面，由於這些薄形卡片都是標準規格，所以可以再加裝到無線用戶端的設備上。

無線網路中常用到 PCMCIA 卡，也稱為 PC cards，手提電腦上最常看到 PCMCIA 的介面插槽，含有 radio card 的 PC cards 就是無線網路卡，有時候 PC cards 也會使用於 AP、wireless bridge 或 print server 上，當做模組化的介面，圖 12-43 顯示 PC card 的外觀。

圖 12-43　PCMCIA adapter card
（資料來源：https://www.ebay.com/itm/802-11g-PCMCIA-Wireless-Wifi-Card-for-Dell-Latitude-Laptop-/231394765899，accessed on 03/27/2022）

PC cards 上的天線有不同的型式，有的小而平，從外觀上不容易看出來，有的則像一般的天線，還可以卸下，CF 卡在功能上也是像無線網路卡，常用於 PDA 上，使用的功率非常低。Agere Systems 與 Intersil 是著名的射頻晶片（radio chipsets）製造商，這些廠商會將射頻晶片再賣給 PC cards 與 CF cards 的製造商。USB 的介面普及之後，無線網卡多半提供 USB 介面，比較方便使用。

12.9.2 無線網路的轉接器

有些傳統的設備有 Ethernet 或是 9-pin serial port，假如要連上 WLAN 的話，需要轉接器（converter）。以 Ethernet converter 來說，設備與無線介面之間以 category 5 的雙絞線連接。通常 converter 的無線介面需要再另外購買，例如以 PCMCIA 插槽裝入 converter。圖 12-44 顯示一種 Ethernet converter 的外觀。

圖 12-44　Ethernet converter

（資料來源：https://iotmart.advantech.com.tw/Communications/Networking-Communications-Media-Convertor/model-EKI-2541M-AE.htm?gclid=CjwKCAjwuYWSBhByEiwAKd_n_usF0Vq8cxcjKRHJXHURgslPkvhlDDRCyUkJqV0Jm0pTSFusj208BBoCvJYQAvD_BwE，accessed on 03/29/2022）

12.9.3　支援 USB 介面的 client 端

USB 介面可以隨插即用，而且不需要另外接電源，所以提供 USB 介面的無線網路卡在使用與安裝上很方便，假如 USB adapter 本身提供 PC card 的插槽，則需要另外再購買 PC cards，這時候要注意是否 USB adapter 與 PC cards 都要是同一種廠牌的比較不會有問題。圖 12-45 顯示 USB adapter 的外觀。

圖 12-45　USB adapter

（資料來源：https://www.edimax.com/edimax/merchandise/merchandise_detail/data/edimax/de/wireless_adapters_n300/ew-7822uan，accessed on 03/29/2022）

12.9.4 安裝與設定

不管是那一種無線網路卡，裝到設備上以後還要安裝驅動程式（driver），有時候產品本身還附有一些工具軟體，例如現場探勘的工具、頻譜分析（spectrum analyzer）、功率與速率的監測工具，與連線的測試工具等。有一些可以設定的參數可以透過工具來設定，例如 SSID、作業模式（infrastructure/ad hoc mode）、ad hoc mode 中的 channel，與 WEP keys 等。

12.10 認識 Wi-Fi

Wi-Fi 原本比較常見於一般可攜式電腦上 PCMCIA 介面卡的擴充功能，讓手提電腦能以無線的方式上網。隨著技術的成熟與演進，越來越多的設備具有內建支援 Wi-Fi 通訊的功能。既然 Wi-Fi 是無線區域網路的標準，當然在功能與特徵上與有線的區域網路相似，只是連線的方式可以是無線的，所以 Wi-Fi 可當成一般乙太區域網路的擴充，但是透過熱點的廣泛建置，Wi-Fi 有潛力成為所謂的無所不在的寬頻通道（ubiquitous broadband access）。Wi-Fi 的網站（www.wi-fi.org）。

Wi-Fi 的普及還需要克服一些技術上與商業上的障礙，我們可以從實際的應用中體驗一下 Wi-Fi 的用途。例如有些公司的業務員需要經常出差到外地，假如業務員的工作的內容一定得用到公司的資訊系統，最好從出差、旅程、位居外地到返回公司的整個過程中都能像在辦公室裡頭一樣地使用公司的資訊系統。就像圖 12-46 所顯示的行動用戶隨時隨處上線的情況，箭頭代表旅程，虛線表示與網際網路的連線。在整段出差的過程中，業務員可能在機場透過熱點來上網，在飛機上連上網際網路，或是在沒有電腦網路設施的外地透過蜂巢網路（cellular network）來上網。

我們這裡強調的是沒有中斷的網路使用，這並不代表電腦要一直連上網路，而是指在使用者的感覺上就好像一直都在自己的辦公室裡上網一樣。因此若是使用者出差前開啟了幾個應用程式存取網路磁碟上的資料，可以不必關機，當使用者到達其他地點時，只要打開電腦，輸入辨識自己身份的資料就能繼續使用原先所開啟存取的資料。這樣的功能聽起來容易，但是真要做起來是有不少必須解決的問題，對於使用者來說，當然是方便多了，因為不必再因為到處旅行而擔心該如何上網連上公司的網路。

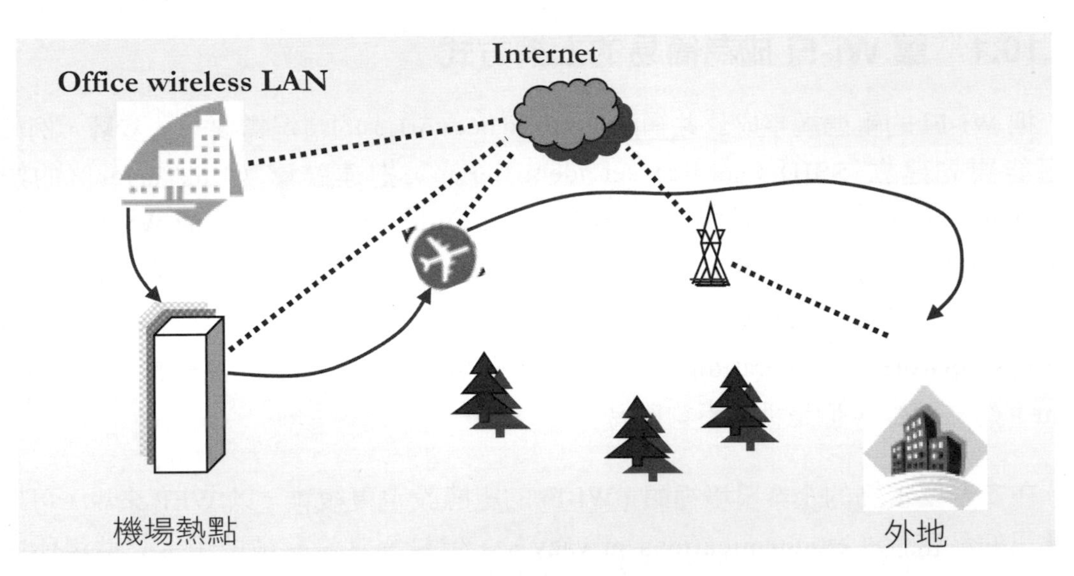

圖 12-46　行動用戶隨時隨處上線

其實 Wi-Fi 本身主要是採用 802.11 的技術，推廣設備的 Wi-Fi 認證，但是技術本身的發展還是會影響 Wi-Fi 的存廢，要使 Wi-Fi 真正發揮功用，提供普及的無線寬頻上網環境，必須先解決一些基本的問題，我們可以把這些問題分成以下幾大類：

1. 使用上的簡易性：原本無線上網就比有線上網的方式方便，當然 Wi-Fi 也要維持這個特性，而不是使無線上網的程序更複雜難用。
2. 安全性（security）：不管是否處於企業或組織的設施範圍內，無線區域上網在安全上仍舊有一些需要解決的問題，但是要解決這些問題卻有可能使得 Wi-Fi 難用，如何兩全是技術上要克服的問題。
3. 移動性（mobility）：在同一個建築物內支援 Wi-Fi 的移動性，讓使用者在建築物內遊走同時進行通訊並不難。不過，要把這樣的功能延伸到涵蓋公共場所就有點難度了。因為牽涉到與廣域蜂巢網路的整合以及安全的維護，問題就變得比較複雜了。
4. 網路的管理：Wi-Fi 網路的管理面臨不少新的問題，例如使用者的不當使用方式、駭客的破壞、以及其他系統的干擾等問題。

新知加油站

Wi-Fi 的名稱是怎麼來的呢？這要從 Hi-Fi（high fidelity）談起，Hi-Fi 是音響的名詞，Wi-Fi 把 Hi 改成 wireless，變成 Wireless Fidelity，成為 Wi-Fi Alliance 的商標，現在變成 WLAN 的代稱。

12.10.1 讓 Wi-Fi 成為簡易的上網方式

把 Wi-Fi 的組態調整成公共網路（public network）的情況需要一些步驟，例如用戶可能要先建立 SSID（service set identifier），把連結層（link layer）的辨識（authentication）方式設為開放式的辨識（open authentication），取消 WEP（Wireless Equivalent Privacy），然後重新啟動 DHCP，對於大多數人來說，這樣的程序實在太繁瑣了！以過去的 Windows XP 為例，就試著提供自動無線上網組態設定（automatic wireless network configuration）的功能，讓電腦與鄰近的 Wi-Fi 存取點（AP, access point）建立連線，但是仍然不夠簡易。

在安全要求高的企業環境裡頭，Wi-Fi 的組態設定更複雜，以 WEP 來說，可以維持通訊的私密性（communications privacy），但是經常沒有被啟用。公共場所中的 Wi-Fi 熱點由熱點業者（hotspot operator）提供，需要有存取控制的機制（access control mechanism），一方面要讓現有的用戶能驗證登入，另一方面也要能讓新用戶能登錄付費，假如使用瀏覽器（browser）型式的驗證，雖然很方便，但是容易受到服務竊取（theft-of-service）的攻擊。802.1x 的標準訂定了更為複雜的機制，可以防制這一類以及其他更多種類的攻擊，但是得要求用戶事先有帳號，但是這對於新客戶的招攬會造成阻礙。在使用的簡易性上，Wi-Fi 必須解決組態設定繁複的問題，以及熱點登入的安全問題。

12.10.1.1 Wi-Fi 帶來的好處

Wi-Fi 承襲了 WLAN 的優點，然後再加上廣域漫遊的目標，對於一般人的生活有直接的影響。那麼 WLAN 有什麼優點？簡單地說，WLAN 的資料速率已經可以趕上 LAN 的資料速率，對於使用者來說，又不必在固定的地點上網路，網路擴充與安裝的時候，成本低而且避免了一些佈線上的困難，根據研究，WLAN 的 TCO（total cost of ownership）低於 LAN，ROI（return on investment）也有不錯的表現，節省很多人力、網路管理與網路變更的成本。

對於商業機構來說，WLAN 與 Wi-Fi 的影響更大，因為企業的資訊應用有 M 化的趨勢，所謂的 M 化是指 mobilization，也就是要讓使用者透過行動與無線通訊的環境來使用資訊應用系統，除了在軟體平台上要有一些改變以外，當然在硬體上與網路環境上也要推動 WLANs 的建置。網路的使用要無所不在才方便，WLAN 的使用受限於通訊的範圍，但是 Wi-Fi 可以透過漫遊來解決這個問題，Wi-Fi zone 的觀念就是要把各自獨立的 WLANs 連接起來，圖 12-47 顯示 Wi-Fi zone 的標誌。

圖 12-47　Wi-Fi zone 的標誌（資料來源：www.wi-fi.org）

12.10.1.2　科技發展對於 Wi-Fi 的影響

WLAN 的發展非常迅速，這表示 Wi-Fi 會跟著普及。科技發展本身對於應用領域本來就有相當直接的影響，我們可以分成下面幾個方面來探討 WLAN 的發展對於 Wi-Fi 的影響：

1. 晶片技術：晶片技術可以降低功率的需求，以單一晶片支援多種標準，例如 802.11a、802.11b 與 802.11g，同時在更低的成本下加強安全性。
2. 通訊範圍：透過天線與相關設備的研發，不但可以延長 WLAN 通訊的距離，而且可以持續提昇資料速率與安全性。
3. 多媒體通訊：行動多媒體最明顯的例子是 MMS（multimedia message service），也就是多媒體簡訊，Wi-Fi 也可以成為多媒體通訊的環境，有了這樣的功能以後，應用的領域更廣泛。

12.10.2　讓 Wi-Fi 成為安全的網路通道

Wi-Fi 提供的公共場所無線上網的環境是很多人都很期待的發展，但是 Wi-Fi 的安全性仍然是需要努力解決的問題。舉例來說，零售商進行的 Wi-Fi 通訊可能會被竊聽，讓信用卡號等資訊外流。即使 WEP 的功能有啟動，仍然有可能因為金鑰被破解而遭到同樣的破壞。假如安全問題無法解決，Wi-Fi 在商務上的應用會受到很大的限制。其實 WEP 提供的只是近似於有線區域網路的安全層級，一旦金鑰被破解就失去效用了，針對這個問題大致有兩種解決的方式：

1. 加強 WEP 的功能。
2. 採用虛擬私有網路（VPN, virtual private network）。

Wi-Fi 用戶與存取點（AP）之間的通訊管道是安全上必須保護的目標，IEEE 802.11 的組織在標準化的制訂上自然也要注意到這一點，WEP 原始的設計亦以此為目標。WEP 功能的加強著重在存取控制（access control）與加密（encryption）兩部分，存取控制在 802.1x 標準中提到，加密則是由 802.11 Task Group i 負責發展。802.1x 提供了兩項改進的方法：

1. 相互驗證（mutual authentication）：使用者與網路要對彼此驗證（authentication），資料庫中記載合法的使用者資訊，通過驗證的使用者才能使用 WLAN。如此一來，可以免除散佈金鑰（key distribution）的麻煩。
2. 頻繁的金鑰交換機制：主要是為了防止金鑰被駭客發覺的攻擊，採用 TKIP（temporal key integrity protocol）的改良加密程序。

虛擬私有網路的方法基本上是認定 WLAN 與支援 AP 的有線網路是不安全的，因此不管 WEP 是否啟動都有安全的顧慮。最直接的解決辦法是運用 IPsec tunnel，所有 Wi-Fi 的通訊都要經過 VPN gateway 的處理，如圖 12-48 所示，這麼一來，可以確保安全，但是建立這樣的環境要複雜多了，而且 Wi-Fi 的通訊都要由 VPN gateway 處理，會使得網路的擴充受到限制。

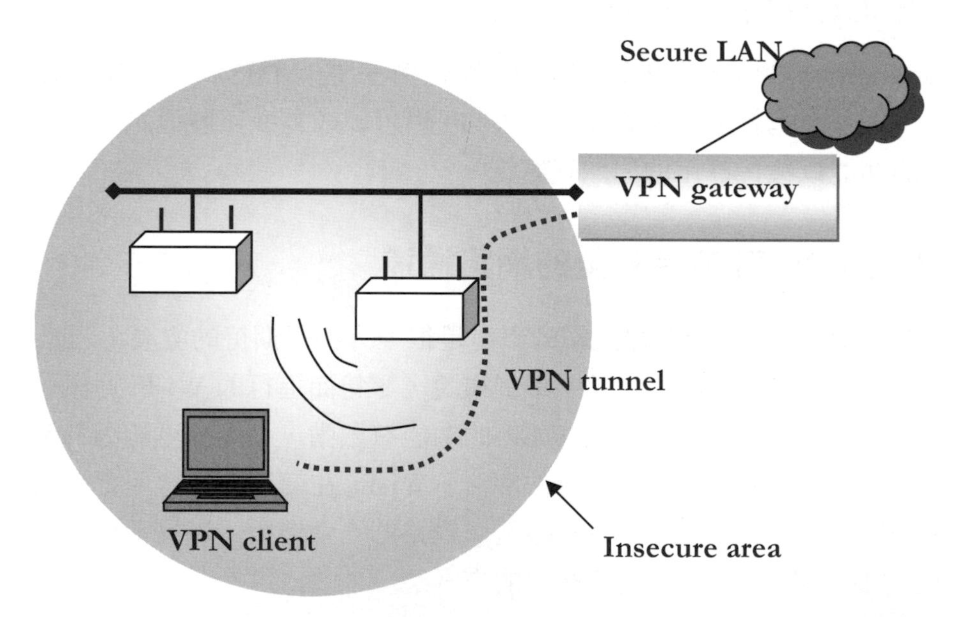

圖 12-48　VPN tunnel 的安全機制

流氓 AP（rogue AP）是另一種令人困擾的安全問題，主要是由於未經許可認證的 AP 連到企業的網際網路（corporate intranet），有可能位於企業的設施範圍之內或是之外，就像圖 12-49 所顯示的情況，基本上 rogue AP 本身會變成無線通訊的干擾源（source of interference），沒有啟動 WEP 的 rogue AP 讓內部通訊對外門戶大開。即使 rogue AP 啟動了 WEP，仍然會對網路的安全造成傷害。在網路管理上要能夠偵測到 rogue AP 的存在，但是在某些狀況下，例如 rogue AP 來自企業員工用戶家中，則偵測上就有點困難了。VPN 的方法，雖然對於安全問題能有效地解決，但是在成本上與建置的複雜度上反而成為實行的障礙。

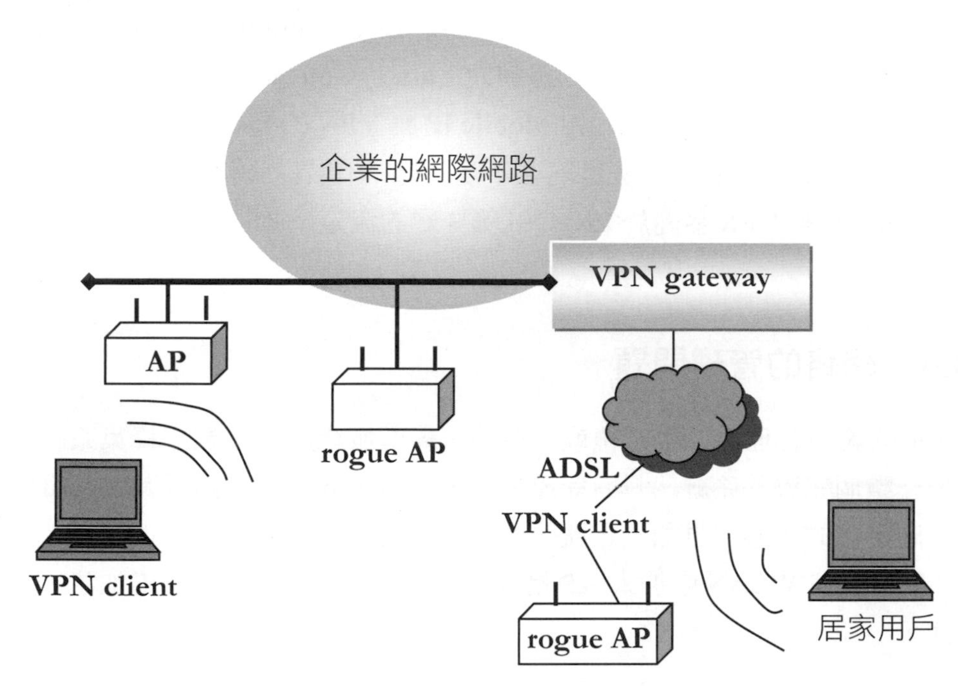

圖 12-49　流氓 AP（rogue AP）的問題

12.10.3　移動性（mobility）的支援

移動性是 Wi-Fi 網路相當重要的功能，和電話網路比較起來，有點像是一種無線的漫遊（cordless roaming），就功能上來講，則幾乎近似於蜂巢網路的漫遊機制。就技術上來說，Wi-Fi 在移動性的支援上有以下幾個特色：

1. Wi-Fi 用戶的無線網路卡與 AP 之間的溝通必須有標準可循，才不會因為眾多廠商所生產的無線網路卡與 AP 設備無法相容而發生通訊的困難。光遵循 802.11b 的標準還無法完全保證相容，所謂的 Wi-Fi 認證（Wi-Fi certification）就是要達到相容互通的目標，Wi-Fi 認證標準已經儼然成為 802.11b 相關產品必須遵循的規格。WECA（Wireless Ethernet Compatibility Alliance）是這方面的重要推手。

2. WECA 推動的 WISPr（Wireless Internet Service Provider roaming）屬於大規模服務層次的漫遊，讓 WISP 的訂戶能漫遊到另一個 WISP 的範圍，驗證後連上網路。WISPr 的標準能處理 AAA 的問題，即驗證（authentication）、授權

（authorization）與會計（accounting）。另外一種比較特別的方式是集合多家業者再將服務提供給用戶，稱為聚集（aggregator）的方式。

3. 上面的方法能達到所謂無所不在的 Wi-Fi 使用（ubiquitous Wi-Fi access），但是還無法真正促成一直上線的移動性（always-on mobility）。Mobile IP 是實現一直上線的方法之一，假如 Mobile IP 與 VPN 的技術結合起來，倒是能建立安全又有效的架構，但是目前並不是多數的作業系統都能支援這樣的結合。Mobile IP 與 VPN 都屬於 ISO OSI 第 3 層的協定，通常要在作業系統的 IP 堆疊中支援。

12.10.4 網路的管理問題

Wi-Fi 的網路管理與蜂巢系統或一般的有線區域網路不一樣，蜂巢系統在設計與建置上是一整個完整的系統，具有完整的管理工具。Wi-Fi 網路受其網路實體層的變動性與不確定性的影響，再加上訊號強度與干擾（interference）等問題，造成管理上的困擾。事實上在 WLAN 中加入 AP 是很容易的，但也因為這樣而增加了一些管理上的複雜性。

1. 訊號強度：有線區域網路的訊號強度問題通常與線材或介面卡的破損或失效有關，對網路的影響常是兩極化的，即暢通或是不通。無線網路的情況就截然不同了，用戶的移動常造成訊號有 30dB 以上的變動，網管上必須判斷這些變動是否來自於系統某些部分的異常。小規模的 WLAN 可以由熟悉現場的網管者判別，但是對於大型的 Wi-Fi 網路就有困難的。IEEE 802.11 中的 Radio Resource Measurement Study Group 負責 Wi-Fi 網路實體層管理工具的發展。
2. 干擾：蜂巢系統使用法定的頻段（licensed spectrum），Wi-Fi 網路使用的則是非法定的頻段（unlicensed spectrum），所以蜂巢業者可以在服務區域內管理頻段，提昇系統的效能。Wi-Fi 業者則必須處理多種來源的干擾，例如鄰近的其他 Wi-Fi 網路或是微波爐的干擾。令人困擾的是這些干擾往往不是業者能完全掌控的。

12.10.5 Wi-Fi 的商業模式

Wi-Fi 在技術上的發展並沒有很大的阻礙，但是在商業應用上卻遇到了一些挫折，早期的 Wi-Fi 服務業者，例如 Metricom 與 MobileStar，都在 2001 年倒閉，其他的經營者也都不樂觀。主要的因素在於如何讓 Wi-Fi 網路達到經濟規模，畢竟一個大規模的 Wi-Fi 網路難以在一夕之間成形，熱點經營權的取得與擴張隱含著一些複雜的非技術問題。Wi-Fi 服務業者的形成大約有 3 種模式：

1. 加盟（franchise）：總經銷商（franchisor）與各區域的業者，例如餐廳或旅館等簽約，使其成為加盟商（franchisee），運用加盟商現有的設施連上總經銷商的網路，所得到的收益再由總經銷商與加盟商拆帳。
2. Wi-Fi 承租業者（Wi-Fi carrier）：Wi-Fi 承租業者通常都擁有數個公共區域的存取點（AP），用戶在這些區域內就能享有 Wi-Fi 的網路服務。有些 Wi-Fi 業者並不只有經營 Wi-Fi 服務，有的則是有來自龐大母公司的支援，生存發展的機會比較樂觀。
3. 凝聚商（aggregator）：凝聚商結合多個 Wi-Fi 業者的服務，讓用戶使用 Wi-Fi 服務的範圍擴大。凝聚商的模式在某些方面來說對於營收是有助益的，例如蜂巢業者可能同時經營 Wi-Fi 服務，讓用戶同時對蜂巢服務與 Wi-Fi 服務付費，不過問題是這種結合似乎對於蜂巢業務的助益較小。

Wi-Fi 成功的關鍵還是在於大規模的公共熱點架構（public access hotspot infrastructure），蜂巢業者在技術上還可以運用現有的廣域蜂巢服務來支援一直上線的 Wi-Fi 移動性需求，做法是再用蜂巢的資料通訊架構，在還沒找到適當的熱點之前先提供通訊的服務，然後運用所謂的垂直切換（vertical handoff）技術，讓 Wi-Fi 用戶感覺上好像一直連上網路，當然用戶設備必須同時具有 Wi-Fi 與蜂巢通訊的介面。目前可以確定 Wi-Fi 業者還是要達到經濟規模才容易生存，過去由於 3G 建置的過程比預期緩慢且覆蓋率與頻寬不足以應付現有大量行動設備（如智慧型手機）的上網需求，因此 Wi-Fi 成為 3G 系統營運業者支援用戶無線傳輸重要的輔助傳輸技術。

12.10.6 認識 WISP

WISP（Wireless Internet Service Provider）是指無線網際網路服務的提供者，簡單地說，WISP 要讓大眾利用 Wi-Fi 的技術來使用網際網路。所謂的 WISP 工業涵蓋了各種營利與非營利的商業模型。下面就是 WISP 工業各種商業模型的層次：

1. 場地層（Venue layer）：指在某個場所內維持熱點的運作，通常讓使用者透過 APs 來連上 Internet。使用者可以在場地的範圍內漫遊，這一類的例子包括飯店業者與展覽中心等。

2. 熱點業者層（HotSpot operator layer）：其實就是 Wi-Fi carrier，這一類的業者擁有多個區域的熱點，也提供 Internet 的連線，Venue layer 的業者可以 Wi-Fi carrier 的服務。
3. 凝聚商的層次（Aggregator layer）：結合多個 Wi-Fi carrier，形成廣域漫遊的基礎。
4. 商業層次（Brand layer）：商業層次通常都已經有廣大的客戶群，這些業者可以跟 aggregator layer 的業者合作，讓現有的客戶也能享用 Wi-Fi 的連線。

12.10.7 企業對於 Wi-Fi 的運用

Wi-Fi 是一種所謂的分裂的技術（disruptive technology），意思是 Wi-Fi 跟傳統的技術有很大的差異，採用 Wi-Fi 以後等於走上殊途，參與了一個全新的市場。手機也算是 disruptive technology，因為在功能上跟傳統電話類似，但是多了行動性，產生了這個特殊的行動通訊市場。

在採用 Wi-Fi 過程中可能會遭遇一些跟傳統區域網路不同的問題，就像 WLAN 所要克服的問題一樣，而且還要考慮 Wi-Fi 特有的商業模型。對於企業來說，Wi-Fi 是 M 化的環境之一，M 化以後的企業勢必要了解如何運用 Wi-Fi 的優勢。還沒有 M 化的企業可能要從需求面、技術面與企業的文化來認真考量必要性與可行性。

12.11 下一代的無線區域網路

假如沒有跟電信廠商租用數據服務，即使有了智慧型手機，還是沒有辦法隨時上網。這時候會想辦法到有 Wi-Fi 的地方，所謂的 Wi-Fi 其實就算是一種無線區域網路，在比較小的區域內提供可以連上網際網路的無線通道，所使用的就是 IEEE 802.11 的網路協定。經過多年的發展，IEEE 802.11 網路協定的發展也代表著無線區域網路的進化，我們下面跟大家介紹 IEEE 802.11 比較近期的改變，由此來觀察下一代的無線區域網路。

無線區域網路與 Wi-Fi 的普及

無線區域網路的重要里程碑是西元 1985 年美國政府的一項政策，當時開放了 ISM 頻道在商業上的使用。ISM 頻道原本是專用於工業、科學與醫療領域，開放之後，可搭配展頻（spread spectrum）技術，建置 WLAN（wireless LAN）。要讓一種技術廣泛地應用需要標準化的規格，WFA（Wi-Fi Alliance）於西元 1999 年成立，為不同廠商製作的 IEEE 802.11 的裝置進行認證，目的是讓所有認證過的裝置都能在 IEEE 802.11 的網路協定下相容地互動。

無線區域網路與 Wi-Fi 的普及有一個很大的原因，就是省下了佈建有線網路線路的麻煩，只要設置了無線基地台，就能迅速地建立了無線區域網路。對於使用者來講，關鍵在於一個上網的通道，所以很多公共場所建置了透過 IEEE 802.11 協定連上網際網路的設施，也就是所謂的熱點（hotspots）。也因為這樣，IEEE 802.11 相關的晶片與設備的製作市場一直在成長。

只要 IEEE 802.11 能支援足夠的資料速率，就能讓更多人共享通道，也讓多媒體應用能平順地在 Wi-Fi 上網的環境裡運作。對於原來的無線蜂巢服務提供的業者來說，Wi-Fi 服務的提供能緩解蜂巢網路壅塞的狀況，對於企業用戶來說，可以結合虛擬私有網路（VPN）的技術，讓員工更方便地透過安全的通訊通道連上公司的網路。從這些實際應用的例子，可以發現 IEEE 802.11 協定的影響是很大的。

IEEE 802.11 的發展經過：回顧與整理

探討電腦網路時我們都會把 ISO OSI 模型的七層架構當成一個參考的基礎，所以 IEEE 802.11 的網路協定同樣有七層架構的特徵。IEEE 802.11 定義了多種實體層（PHYs）的協定，媒體存取控制（MAC，medium access control）則是共用，只有一種。IEEE 802.11 MAC 採用 CSMA（carrier sense multiple access），原理是讓需要傳訊的裝置先感測通訊媒體一段預設的時間，假如發現媒體沒有使用中，就能開始傳訊，若是發現媒體正在使用中，則延後傳訊。

乙太網路採用的是 CSMA/CD，CD 指 collision detection，也就是偵測碰撞，當裝置傳訊以後，自己也會接收到傳送的訊號，若是同時也發現有其他的裝置在傳訊，則兩個裝置都自動停止一段時間，這就是在避免競爭使用通訊媒體。IEEE 802.11 所採用的是 CSMA/CA，CA 指 collision avoidance，無線網路不像有線網路那樣能很快地接收到訊號並偵測出碰撞，所以 CSMA/CA 採取的策略是一發現通訊媒體在使用中，就自動把傳訊的時間往後延期一段時間。

由於 IEEE 802.11 MAC 的協定很單純，又跟乙太網路的 MAC 很像，對於廠商來說是相當有利的，比較容易讓產品相容。下面的表 12-4 整理出 IEEE 802.11 PHYs 的進展。

表 12-4　IEEE 802.11 PHYs 的進展

	802.11	802.11b	802.11a	802.11g	802.11n	802.11ac
PHY 技術	DSSS	DSSS/CCK	OFDM	OFDM DSSS/CCK	SDM/OFDM	SDM/OFDM MU-MIMO
資料速率（Mbps）	1,2	5.5,11	6~54	1~54	6.5~600	6.5~6933.3
GHz	2.4	2.4	5	2.4	2.4,5	5
Channel spacing（MHz）	25	25	20	25	20,40	20,40,80,160

原本在西元 1997 年發佈的 IEEE 802.11 標準包括 3 種實體層的協定，即紅外線（IR，Infrared）、2.4GHz FHSS（frequency hopped spread spectrum）與 2.4 GHz DSSS（direct sequence spread spectrum）。接著在 1999 年發佈的改版中，802.11b 提昇了資料速率，802.11a 則提供了 5GHz 的通訊速率。

802.11b 透過 CCK（complementary code keying）來加強 DSSS，將資料速率提昇到 11Mbps。802.11b 在市場上相當成功，IR 與 FHSS 的部分則終究沒有普及。802.11a 將正交分頻多工（OFDM，orthogonal frequency division multiplexing）的技術導入到 802.11 的協定中，並將速率提昇到 54 Mbps，但是限於使用 5 GHz 的頻率，市場採用的發展緩慢，主要是因為要採用 802.11a 又要與之前的 802.11b 相容時，必須同時支援 2.4 GHz 與 5GHz 的頻率，而且 5 GHz 的使用仍然存在一些限制。

西元 2001 年時美國的 FCC 准許 2.4 GHz 的頻率使用 OFDM 的技術，因而產生了 802.11g 的協定，既然 802.11g 在 2.4GHz 的頻率通訊又能達到 54Mbps 的資料速率，並且與 802.11b 相容，自然就容易被大家所接受，所以 802.11g 的產品在市場上也是成功的。從表 1 可以大致發現每出現一種新的 PHY，資料速率就會提昇約 5 倍。因此，到了 802.11n 與 802.11ac 的協定，已經將資料速率提昇到非常高的層次，這也就是一般所謂的下一代的無線區域網路的技術。

進入下一代無線區域網路的關鍵技術

IEEE 802.11a 之後的發展大約從 2002 年就開始了，當時 IEEE 802.11 的 WNG SC（Wireless Next Generation Standing Committee）就曾討論到高資料速率的 WLAN，可能的技術包括空間多工（spatial multiplexing）與頻率加倍。為了做更深入的探索，IEEE 成立了 HTSG（High Throughput Study Group），當時希望透過 PHY 與 MAC 的改良，讓資料速率達到 100 Mbps 以上。這之後就是 802.11n 的發展。

802.11n 的技術逐漸成熟，市場上也出現了各種支援 802.11n 的裝置。IEEE 在 2007 年成立了另外一個新的 study group，探索 VHT（Very High Throughput）的技術，這是 802.11ac 發展的開始。可能大家會覺得很奇怪，為什麼資料速率要一直往上推昇。一方面這樣可以同時支援更多的用戶，另外一方面，我們可以想像一旦無線區域網路的速率達到一定的門檻以上，有很多應用會變可行了，例如透過無線通訊來進行輸出入（I/O），或是以無線的方式將串流的媒體（streaming media）傳送到電視上播放。有一些這一類的應用已經出現在我們的生活中，但是下一代的無線區域網路技術可以讓這些應用更穩定而多元化。

要探討 IEEE 802.11ac 必須花很大的篇幅，不過我們可以針對關鍵的技術來了解一下為什麼通訊的資料速率能一再地提昇。最直接的觀察是多天線技術（MIMO）的運用，802.11n 已經採用了 MIMO 的技術，802.11ac 更發展出所謂的 MU-MIMO（multi-user MIMO），可以同時針對多個裝置進行通訊，讓整個通訊的容量（capacity）提昇。圖 12-50 畫出 SISO（single input single output）與 MIMO（multiple input multiple output）系統讓大家比較，單一天線屬於 SISO 系統，從傳送端到接收端是單一的傳訊管道，假如傳送端與接收端都使用多個天線，就是所謂的 MIMO 系統，從圖 12-51 可以看到，MIMO 的傳送端有多個天線可以傳送，以無線通訊來說，每個天線在任何時刻的傳輸狀態都不一樣，會受環境的影響，一旦有多個天線可以使用，就能透過所接收到的多種來源訊號，降低干擾的影響，所以無線通訊系統的設計可以藉由這樣的改變大幅提昇通訊的效能。

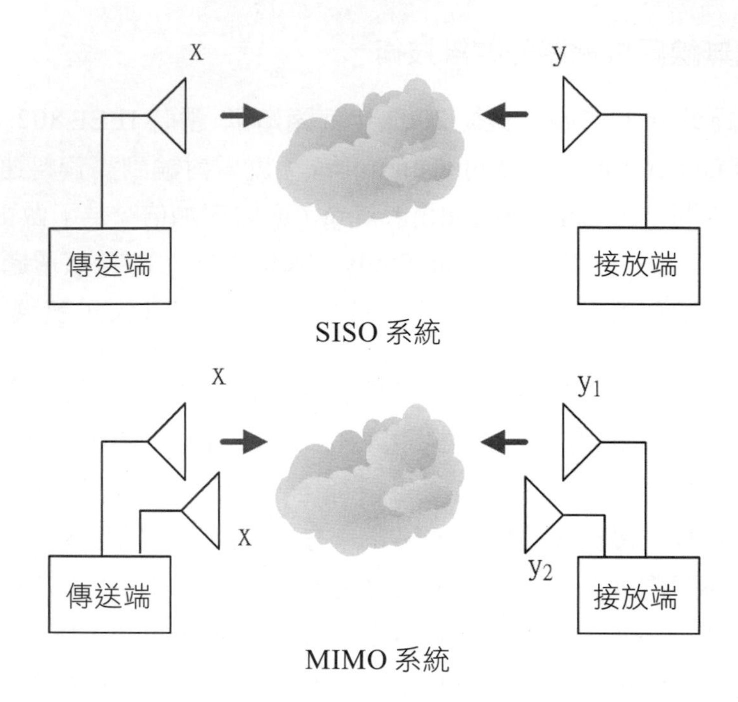

圖 12-50　SISO 與 MIMO 系統的差異

大家應該都有注意到 IEEE 802.11ac 的 PHY 是 MIMO/SDM，我們在圖 12-51 中畫出 MIMO/SDM 系統的架構，關鍵在於獨立的資料流，對於傳送端來說可以同時傳送多個獨立的資料流，接收端也可以同時接收多個獨立的資料流，所以傳送端的天線數目必須大於或等於同時傳送的獨立資料流的數目，而接收端的天線數目必須大於或等於同時接收的獨立資料流的數目，這就是 SDM（space division multiplexing）的效果，相當於讓資料速率隨著獨立資料流的數目以倍數增加。

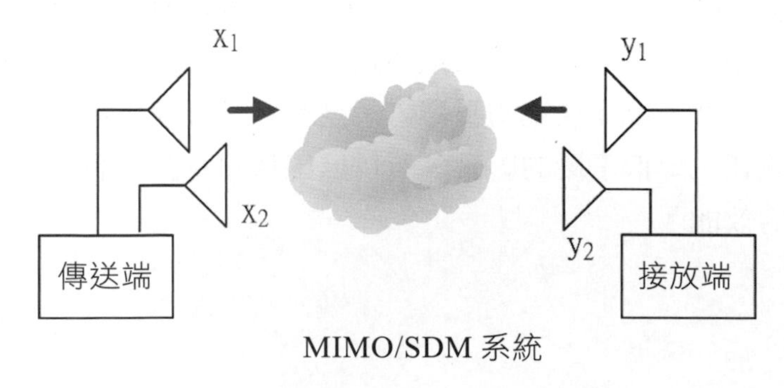

圖 12-51　MIMO/SDM 系統

延伸學習

有專書專門探討 802.11n 與 802.11ac，有興趣了解協定的細節可以參考 Eldad Perahia 與 Robert Stacey 合著的 Next Generation Wireless LANs：802.11n and 802.11ac。無線通訊技術的進展迅速，例如也被稱為 Wi-Fi6 的 802.11ax，可能大家會覺得很奇怪，技術都能用，為什麼還要一直改變？別忘了使用者對於資訊科技的需求不斷地增加，不只語音及視訊要再行動載具上順利播放，越來越多的裝置會跟我們的手機進行小型數據封包的通訊。

802.11ax 標準於 2018 年初正式發表，可加強 AP 同時處理多裝置的效能，效能高於 802.11ac，而且與現有的 802.11a、802.11b、802.11g 或是 802.11ac 相容，在用戶端密度較高的情況下，更能滿足需求。事實上，Wi-Fi 已經又進入了另一個世代，Wi-Fi6E 把 Wi-Fi6 延伸到 6 GHz 通訊。預計 Wi-Fi 在物聯網（IoT）的建置將扮演重要的角色。

常見問答集

Q1 何謂無線個人區域網路（WPAN, wireless personal area network）？

答：無線個人區域網路（WPAN, wireless personal area network）是範圍僅包括個人或設備的網路，通常在 10 公尺的半徑以內，也稱為 POS（personal operating space），這種網路可以依附於 ad-hoc network，節點之間互相找到對方通訊。IEEE 802.15 的網路稱為短距離的無線網路（short-distance wireless network），WPAN 可以算是這一種類型的網路，一般家用或 SOHO（small office/home office）族比較會使用這樣的網路。

Q2 什麼是頻段內傳訊（in-band signaling）與頻段外傳訊（out-of-band signaling）？

答：假如資料訊號與控制訊號在同一個頻道上傳送，則稱為頻段內傳訊（in-band signaling），若是資料訊號與控制訊號在不同的頻道上傳送，則稱為頻段外傳訊（out-of-band signaling）。

自我評量

1. 802.11 無線區域網路（WLAN）與一般的有線區域網路（LAN），例如乙太網路（Ethernet network），有什麼主要的差異？
2. 圖 12-6 畫出網路的 3 層架構觀點，試以這樣的觀點來分析一般組織與企業的網路，看是否有這樣的架構存在。
3. WLAN 中的存取點（AP，access point）相當於一般蜂巢網路中的基地台（base station），試描述 AP 在 WLAN 中所扮演的角色。
4. 比較大型的機構提供機構內 Wi-Fi 服務時都需要進行用戶的驗證，用戶的多寡是否會影響 Wi-Fi 建置的成本？
5. WISP 是什麼？WISP 跟一般的 ISP 有什麼相似與相異之處？
6. 試描述 WLAN 中 RTS、CTS 與 ACK 訊息的作用。
7. 請說明共位的（co-located）的 BSSs 可能發生什麼問題？
8. 請說明射頻放大器（RF amplifiers）的用途。
9. 請說明頻率轉換器（frequency converter）的用途。
10. 請說明 WLAN 與 Wi-Fi 的關聯。
11. Wi-Fi 有什麼樣的應用？

短距離無線通訊

13 CHAPTER

本章的重要觀念

- 了解短距離無線通訊的需求。
- 認識各種短距離無線通訊的技術。
- 藍牙（Bluetooth）是什麼？
- 藍牙有什麼用途？
- 藍牙的未來展望。
- 了解無線射頻辨識（RFID）技術的原理。
- 認識無線射頻辨識技術的應用。
- 認識近距離無線通訊（NFC）的發展。

「不需要纜線（cable）的通訊」是藍牙（Bluetooth）技術的口號，也有人把藍牙看成是一種可穿戴的科技（wearable technology），因為藍牙技術可以讓設備分解，利用無線通訊連接在一起，使用者只要戴上存取網路資源的那一部分組成就可以了，例如一個頭戴耳機（headset）或是一個手錶。除了藍牙技術以外，還有其他支援短距離無線通訊的技術，都有特定的用途。

高速公路的計費要改成使用 eTag，採用的就是無線射頻辨識（RFID）技術。原本使用的 ETC 是透過紅外線通訊的光學感應方式讓通過的車輛自動計費扣款，eTag 運用微波通訊，雖然紅外線跟微波都屬於電磁波，但是訊號頻率不同，傳輸的特性不一樣，應用的方式自然就大不相同了。除了高速公路的計費之外，無線射頻辨識技術還有很多有趣而重要的應用，例如物聯網，而且也有不少衍生出來的爭議與技術上的挑戰，這些都是本章要探討的主題。

「短距離無線通訊」是指距離很短的無線通訊，早期無線通訊出現的時候是以常距離的通訊讓人驚豔，但是在很多時候反而需要「短距離」的「無線」通訊，例如以藍牙耳機來聽手機就是一個很好的應用。提到「短距離無線通訊」，一定也要談一談無線個人區域網路（WPAN，Wireless Personal Area Network），既然是通訊就可以試著形成網路，WPAN 的範圍很小，可以透過「短距離無線通訊」的技術來建立。

短距離通訊也一直是無線通訊發展的重點之一，事實上各種距離的通訊都有其特定的應用，短距離無線通訊技術一般是指利用短距離（通常低於 10 公尺）的無線傳輸技術的無線個人區域網路（wireless personal area network, WPAN）。由於短距離無線資料傳輸並不像行動通訊一樣涵蓋相當大的使用區域，因此僅需對小區域的使用範圍中的使用者做最適當的通道規劃即可，因此大部分的短距離無線通訊標準與技術均建立在免費的工業、科學和醫用頻段（ISM band）。下面表 13-1 列出常見的短距離無線通訊技術。

表 13-1　常見的短距離無線通訊技術

名稱	說明
IEEE 802.15.1	以藍牙規格為基礎的無線個人存取網路標準。
IEEE 802.15.2	解決 IEEE 802.15 系列規格與其它無線通訊技術互通性的問題。
IEEE 802.15.3	負責高傳輸速率（高於 20 Mbps）的無線個人存取網路標準，最高速率可達 55 Mbps，即短距超寬頻無線通訊技術（Ultra Wideband, UWB）。
IEEE 802.15.3a	負責建構在非常高傳輸速率下，無線個人區域網路實體層的標準，其傳輸速率的標準為在 10 公尺距離內傳送 110 Mbps 至 480 Mbps 的傳輸率（即 USB 2.0 傳輸速率）。
IEEE 802.15.4	低傳輸速率和低消耗功率的無線個人區域網路（WPAN）標準，即 ZigBee。RFID 的標準也被涵蓋在此標準中。
IEEE 802.15.6	人體區域網路（Body Area Network）標準。
IEEE 802.15.7	利用可見光的無線個人區域網路標準。

13.1 隨意網路

隨意網路（ad hoc network）是由一群行動節點隨機形成的無線網路，不仰賴現有的網路基礎結構，當然也不需要網路管理員介入。無線的隨意網路（Mobile ad hoc network）也簡稱為 MANET。由於行動節點可以任意移動，隨意網路的形態與成員會一直改變，隨意網路形成時可能是完全獨立的或是連接著網際網路。隨意網路的成員要幫其他成員轉送資料，等於是扮演「路由器（router）」的角色，所以即使收到的資料不是給自己的也不能隨便丟棄，必須幫忙傳遞。

表 13-2 比較蜂巢網路與隨意網路的差異，傳統的基礎網路架構都會經過詳盡的規劃以及較長時間的建置與設定，建立的網路穩定而且有完善的管理環境。但是在某些場合這樣的網路建置是不可行的，例如遇到重大災害，基礎網路受創不通，必須立即恢復網路通訊的功能，這時候隨意網路就能派上用場了。

表 13-2　蜂巢網路與隨意網路的比較

蜂巢網路	隨意網路
具備基礎的網路架構	沒有基礎的網路架構
固定而且預先建置的基地台	沒有基地台，建置迅速
靜態的骨幹網路架構	動態的網路架構，多跳徑（multihop）
完善的環境，連線穩定	環境不佳，連線可能不穩定
基地台與環境的規劃詳盡	網路自動形成並且可能隨時變動
設定成本高	節省成本
設定時間長	設定時間短

透過藍牙（Bluetooth）技術建立的網路就可以看成是一種無線的隨意網路，不過藍牙發展的主因在於連接一些電子設備（electronic devices），例如連接手機與耳機。而一般的隨意網路的概念是希望擴及到各種設備。

隨意網路具有多跳徑（multihop）的特性，這跟 IEEE 802.11 的無線區域網路或是藍牙網路的單跳徑（single hop）是不同的。圖 13-1 左邊顯示典型的隨意網路的結構（topology），假如節點之間都能互動通訊就形成了所謂的「網狀網路（mesh network）」，而多跳徑是指節點之間可能需要多個中間節點幫忙轉送資料封包，例如節點 A 與 E 無法直接通訊，但是可以透過 A->B->D->E、A->B->F->E 或是 A->C->F->E 來進行間接的通訊。

圖 13-1 右邊是一般蜂巢網路的架構，通訊是經由與基地台的直接聯繫來建立連線，所以只有單跳徑。多跳徑與單跳徑的差異對 MANET 技術產生了很多額外的挑戰，譬如說每個節點都要有路由（routing）的功能。

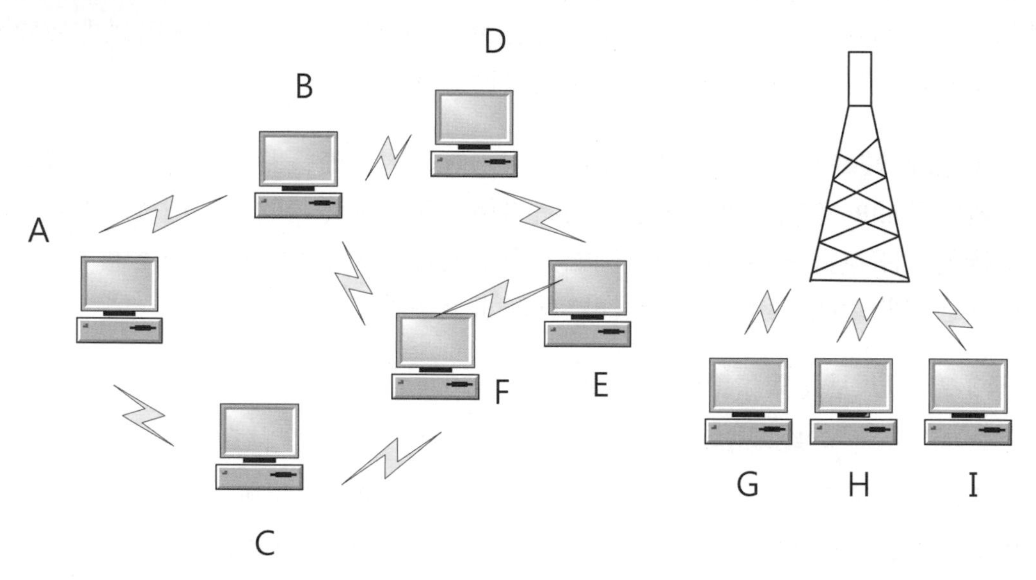

圖 13-1　隨意網路的結構（topology）

隨意網路有很多潛在的用途，例如在高速公路上行駛的車輛之間可以在車輛發生時緊急跟鄰近的車輛建立隨意網路，請求救援、或是告知路況有危險。

13.2 紅外線（Infrared）

紅外線（Infrared）的頻率為 10^{12}Hz 到 10^{15}Hz，是光通訊的代表，當然也是一種電磁波。紅外線無法穿牆而過，通訊路徑上不能有障礙物，而且紅外線有方向性，所以像電視遙控器就必須對著接收點來操作。

紅外線的通訊距離也比較短，比較常用於一般的遙控裝置或是電腦間的點對點相連，WPAN 也可以透過紅外線的技術來建立，也有以紅外線建立無線區域網路的例子。在安全性方面，紅外線比較沒有安全上的顧慮。表 13-3 列出紅外線與一般無線電通訊特性上的比較。

表 13-3　紅外線與一般無線電通訊的比較

紅外線（IR）	無線電通訊（RF）
無法穿牆	可穿牆，室內可達 30-50 公尺的範圍
在每個房間都需要一個連接有線網路的存取點（access point）	同一樓層一般只需要一個存取點（access point）
無法有效地支援移動性	存取點少，支援移動性
存取點多半設在天花板上	存取點可以放在櫥櫃中
可攜式裝置上無外接天線	有天線，大小與頻率成反比
安全性的問題少	長距離傳輸有安全問題
頻率再用率高，干擾少	頻率再用率低，干擾程度較高
不需做頻率分配與指定	需要進行頻道的指定與分配
頻段不受管制	頻段受管制
不受 EMI 干擾	容易受 EMI 干擾
收發器便宜	收發器昂貴

光電設備（optoelectronic devices）

紅外線訊號的發射與接收需要光電設備（optoelectronic devices）來進行，例如雷射二極體（LD, laser diode）或是發光二極體（LED, light-emitting diode）。在設計上一般會考慮光電設備是否會造成人類眼睛的危害，接收端必須能把收到的光能量轉變成電子訊號。

頻道特性

紅外線頻道也會有減損（impairment）的現象，限制資料速率與通訊涵蓋的範圍。紅外線設備的移動速度、頻道的多路徑與周圍的光源都會影響紅外線頻道的減損情況。

調變（modulation）技術

調變技術的選擇通常視使用的情況而定，光學式的調變（optical modulation）分成兩個階段來進行，首先，資料訊號調變載波頻率的訊號，產生的訊號再用來調變發出的光（optical light）。假如使用強度調變（intensity modulation），則發出的光的振幅與輸入的電壓成正比。若使用波長調變（wavelength modulation），則資訊隱含在不同波長的光的振幅大小中。

媒體存取協定（medium access protocol）

一般無線電頻道的存取協定可以運用到紅外線的通訊中，例如 CSMA 與 TDMA。紅外線通訊發生換手（handover）的機率很大，因為通訊範圍比較小。由於紅外線無法穿牆，所以只要隔一道牆就能使用相同的頻率而不發生干擾。

標準化的進展

與紅外線相關的標準很多，IrDA（Infrared Data Association）是由數百家業者組成的國際性組織，推展紅外線通訊的標準化。第一版的標準 IrDA 1.0 於 1994 年發佈。開始的時候，紅外線通訊的主要目標是替代纜線（serial cable），因此標準的重心在於資料的傳輸。IrDA 1.1 可以支援達到 1.152 Mbps 與 4 Mbps 的資料速率，同時維持低功率的使用狀態。

13.3 藍牙的起源

藍牙（Bluetooth）是一種無線通訊的新規格，主要的目標在於讓更多種類的電腦與通訊設備能以無線的方式連上網路，至於通訊的方式也有很大的彈性，能臨時建立特殊的連線，或是自動產生連線。跟其他的無線通訊技術比較起來，藍牙很特別。

支援藍牙的設備能在全球性的範圍內進行數據與語音通訊，連線的方式有很大的彈性。藍牙所用的通訊管道是短距離的無線通訊（Short-range radio link），假如原本要用電纜線來連接手機與個人電腦，在藍牙的環境中，可以直接用無線的方式，或許有人會問，為什麼不把手機和手提電腦合併成一種家電，主要是因為兩者合併的成本太高了，而且很可能不會對市場有太大的幫助。其他像印表機、傳真機、滑鼠等都可以在藍牙的架構下相連。

藍牙（Bluetooth）的名稱來自西元 940 到 985 年間丹麥的國王 Harald Blatand，Blatand 的涵義就是藍牙（blue tooth），這個國王在當時統一了丹麥與挪威，既然網路有把人類結合在一起的味道，所以才會把藍牙當成網路技術的名稱。

藍牙（Bluetooth）是一種做為短距離無線通訊的傳輸介面，目前有很多科技大廠都加入藍牙技術的推動，促使藍牙成為短距離下低功率與低成本的無線傳輸標準。

假如有過組裝或是維修電腦的經驗，一定不難發覺各種線路糾結不清，尤其當外接的週邊設備增加時，情況更是嚴重，使用滑鼠或鍵盤的時候，也經常覺得線不夠長，不太方便，喜歡研究網路的人，都很想自己組合一個小型網路，這時候佈線成了問題。無線通訊可以免除這些麻煩，我們希望能在一般人都能接受的情況下獲得無線通訊的方便性，也就是說，藍牙的優勢在於連線建立的方式又簡單又有彈性，讓使用者不必有太多技術的背景。因此藍牙技術有以下幾項重要的特徵：

1. 成本要低。
2. 具有普及性。
3. 裝置簡易。
4. 生活化的科技。

當然，藍牙技術就具備了我們所要求的條件。其實無線訊技術很久以前已經進入人類的生活中，像收音機或電視的無線廣播，或是家裡的無線電話，近年來逐漸普及的手機算是大家印象比較深刻的進展，其他像衛星通訊、微波通訊等，雖然都很重要，卻因為和我們沒有十分直接的關聯，大家的感受就沒有那麼深刻了。藍牙技術屬於比較平民化的科技，我們可以從幾個不同的角度來看它的應用。

1. 無線通訊的本質：雖然藍牙只支援短距離（10 公尺～100 公尺）的通訊，但是在這個範圍內的應用卻十分地廣泛，既然是無線通訊，就不需要線材，也不用佈線了。而且藍牙技術可以想像成具有穿牆通訊的效果，不像紅外線具有方向性，又得以點對點的傳送為主。在這種情況下，自然就有很多應用上的想像空間了。
2. 彈性與方便：藍牙技術除了能支援短距離的通訊之外，還能有彈性的形成一個網路，例如 Piconet 和 Scatternet，在網路中的設備可以進一步地分享資料。其實在很多場合與地點，我們會臨時需要網路的功能，臨時或永久的佈線都划不來，使用藍牙技術就可以避免這些麻煩。

電腦和通訊技術的發展往往超越人們的想像，還好這些技術多半都能找到實際的應用，等大家都會使用以後，對於新的科技會逐漸地習以為常。藍牙技術是一種無線傳輸的協定，在技術面上或許不算是什麼突破性的發展，但在應用面上卻有極大的發揮空間，這是因為藍牙技術能與人們的生活需求溶合在一起，可能大家廣告上曾看過以無線通訊的方式來開關冷氣，這是實用性技術所占有的優勢。學習電腦得不斷地給自己充實新知，對藍牙技術有興趣的話，可以到 www.bluetooth.com 的網站上找到更多的相關資訊。

藍牙的技術中有一些常見的術語，像 Piconet 是指在藍牙的技術下臨時連接在一起的設備的組合，多個 Piconet 可結合成一個 Scatternet，這樣的組合代表藍牙技術形成無線網路的機動性，在應用上當然也開啟了很大的空間。在作業系統的層次上要有適當的改變來運用藍牙的技術，藍牙所提供的通訊機制不因作業系統的種類而有差異。假如藍牙的技術能普及，將有越來越多的家電能連上網路。

西元 1994 年，Ericsson 公司開始研究如何讓所生產的手機與周邊的附加裝備在不需要纜線的情況連接起來，當時就想到使用無線電的技術。藍牙第 1 版（version 1.0）的規格在西元 1999 年發展出來，為了讓藍牙技術能蓬勃發展，Bluetooth SIG（Bluetooth Special Interest Group）於 1998 年成立，成員有許多重量級的企業，例如 Ericsson、Intel、IBM、Toshiba、Nokia 等，後來 Microsoft、Lucent、3Com 與 Motorola 也加入了 Bluetooth SIG。

13.3.1 藍牙協定堆疊（protocol stack）

藍牙的規格試著要讓不同廠商生產的設備能互相溝通，因此除了無線通訊的部分之外，也定義了一些和軟體與應用相關的協定，目的是讓藍牙的設備能主動找到鄰近的藍牙設備，了解彼此提供的服務，然後決定是否需要做進一步的通訊。圖 13-2 顯示藍牙所訂的協定堆疊（protocol stack）（Bray 2001），藍牙的規格包含了一些核心的規格（core specification），同時也定義了所謂的特徵（profiles），詳細描述應用系統應該如何配合與使用協定堆疊。

圖 13-2 中的 TCS（Telephony Control Protocol Specification）提供電話通訊的服務（telephony services），SDP（Service Discovery Protocol）可以讓藍牙設備發現其他藍牙設備所提供的服務。WAP 與 OBEX 提供較高層次中與其他通訊協定溝通的介面。RFCOMM 提供類似於 RS 232 的序列化介面（serial interface）。

Logical Link Control and Adaptation 的層次可以接受來自上層的封包，對不同的封包大小進行轉換，Host Controller Interface 處理個別主機（host）與藍牙模組之間的通訊。Link manager 管理與其他設備之間的連結（link）。Baseband/link Controller

控制無線電的實體連結，組合封包，管理跳頻（frequency hopping）的作業。Radio 的層次必須對資料進行調變與解調變，讓傳送與接收能順利進行。光從圖 13-1 與上面的解說還很難了解藍牙協定堆疊的功能，另外一種方式是把藍牙協定堆疊與 ISO/OSI 的參考模型對照起來，可以讓我們從 ISO/OSI 參考模型的觀點來看藍牙的協定堆疊。

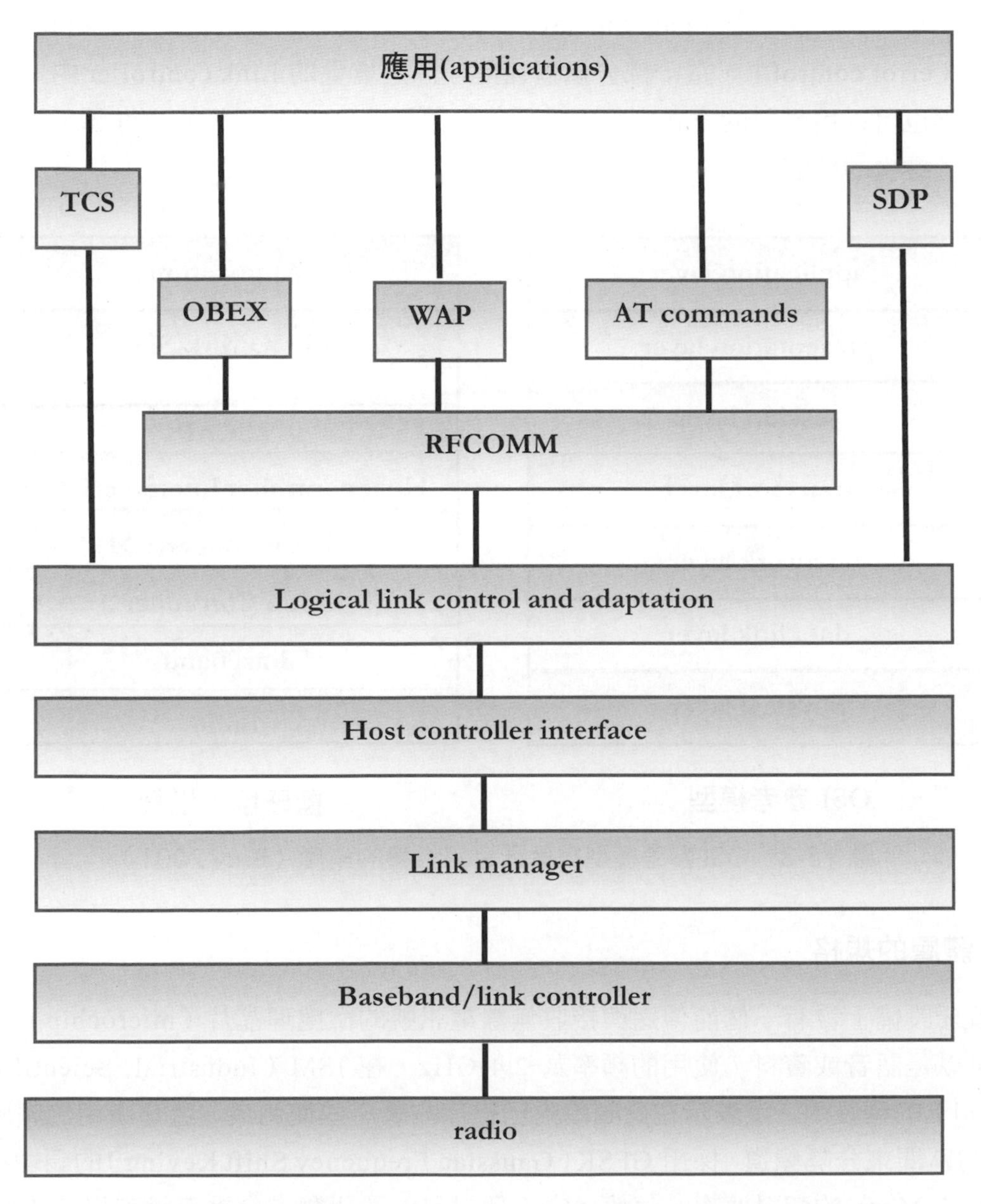

圖 13-2　藍牙協定堆疊（protocol stack）（Bray 2001）

與 ISO/OSI 參考模型之間的對應

圖 13-3 畫出 OSI 參考模型與藍牙協定堆疊的對應，雖然各層次之間不是完全吻合地對應，但是可以看得出來有很多相似的地方。OSI 的實體層負責通訊介質的實體介面，包括調變與頻道編碼（channel coding），所以大約與藍牙協定堆疊的最下面兩個層次相當。資料連結層（data link layer）必須處理傳輸、資料分封（framing）與錯誤控制（error control），這一部分涵蓋在藍牙協定堆疊的 Link controller 中。再往上層的對應也可以用類似的方式來對照。假如希望深入了解藍牙的協定堆疊，就要分層再認識各層次的細節。

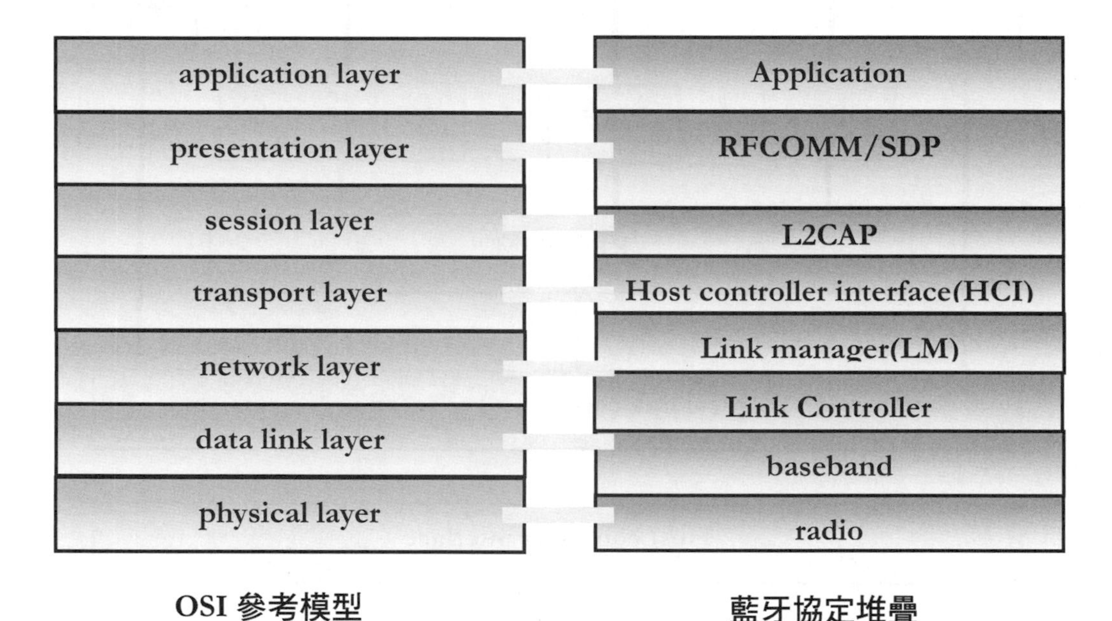

圖 13-3　OSI 參考模型與藍牙協定堆疊的對應（Bray 2001）

實體層的規格

藍牙設備上會有一個能傳送與接收無線電訊號的微處理晶片（microchip），所傳送的可以是語音或資料，使用的頻率為 2.4 GHz，在 ISM（Industrial, Scientific and Medical）的頻段內。這表示在此頻段內已經存在著一些使用者。藍牙所用的頻段以 1 MHz 的區間來分隔頻道，採用 GFSK（Gaussian Frequency Shift Keying）的調變技術，可達到 1 Mbps 的資料速率。每傳送完一個封包，通訊雙方會重新跳到另一個頻道上通訊，使用 FHSS（frequency hopping spread spectrum）的技術。藍牙技術在設計上配合低功率的可攜式設備，作業的範圍可以在 10 公尺、20 公尺或 100 公尺的範圍內。微處理晶片內含有連結控制（link controller）的軟體，負責辨識通訊的藍牙設備與訊號的收送。使用中的藍牙設備會一直送出訊息，在訊號範圍內找尋其他的藍牙設備。一旦找到其他的藍牙設備，就會進行一系列的溝通，確定兩個設備是否能通訊，藍牙設備本身的硬體會記載其特徵（profiles），包括設備的特性、用途、可通訊的設備等。確定可以相互通訊之後才建立連線（connection）。

藍牙網路的架構

當藍牙設備之間必須跳頻通訊時，彼此要先同意所要使用的是那個頻率，通常藍牙設備的作業可能扮演 Master 或是 Slave 的角色，由 Master 來決定所要使用的跳頻頻率（frequency hop sequence）。每個藍牙設備上都有一個時鐘（clock）與一個唯一的位址，藍牙設備可以從這兩種資訊計算出跳頻頻率，所以當 Slave 連上 Master 時，就會先用演算法把跳頻頻率算出來。兩個或兩個以上的藍牙設備所形成的連線也叫做 piconet。連線建立以後，設備之間就可以開始進行通訊，藍牙設備本身也可用來連接網際網路，只要其他設備有連上網際網路，而設備本身有藍牙連線的功能即可。

假如有多個藍牙設備或 piconet 鄰近在一起，照理說應該會有無線電訊號干擾的問題，但是藍牙技術採用 spread-spectrum frequency hopping 的技術，讓發送器（transmitter）經常改變頻率，每秒改變 1600 次，使干擾的機會大為降低，即使發生了干擾，也只是很短的時間。當多個藍牙設備在 piconet 中相連時，其中的一個藍牙設備會成為 Master，負責決定有那些頻率可以切換使用，同時指示其他的藍牙設備在適當時機切換到某個頻率。Master 控制到底那個設備何時可以傳訊，採用分時（TDM）方式。

一組 Slave 與一個共通的 Master 所形成的網路就叫做 piconet，同一個 piconet 中的設備都遵循 Master 所訂的跳頻頻率（frequency hop sequence）與時序（timing）。piconet 之間也可以相連，一個藍牙設備可成為多個 piconet 的成員。圖 13-4 顯示 piconet 中點對點（point to point）與一點對多點（point to multipoint）的架構，piconet 中的 Slave 只和 Master 有連結（link），Slave 之間沒有直接的連結。在規格上，一個 piconet 中的 Slave 最多 7 個，假如要建立比較大的網路，可以把 piconet 連結起來成為 scatternet，如此一來，可能某些設備會屬於多個 piconet。

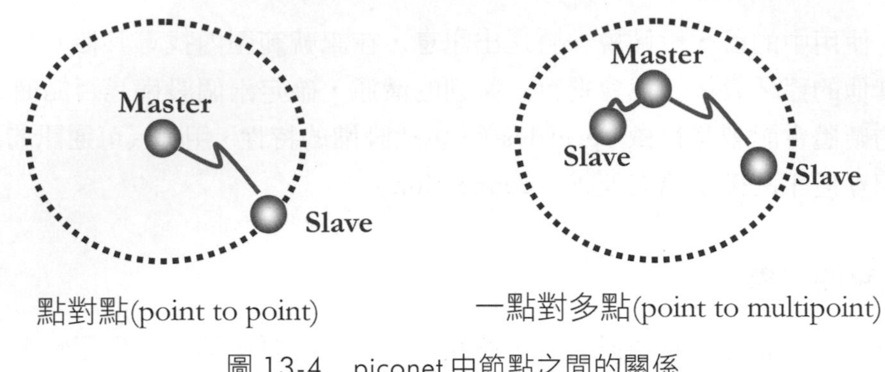

圖 13-4　piconet 中節點之間的關係

當一個設備同時屬於多個 piconet 時，這個設備在某些時間分割（time slots）中會在其中一個 piconet 裡作用，其他的時間分割中則在另一個 piconet 裡作用。以圖 13-5 左邊的 scatternet 來說，左方的 piconet 的 Master 在右方的 piconet 中是扮演 Slave 的角色，因為根據定義，隸屬於同一個 Master 的 Slave 都屬於同一個 piconet，所以不會有一個設備同時在兩個 piconet 中同時扮演 Master 的角色。圖 13-5 右邊的 Scatternet 則有一個設備在兩個 piconet 中扮演 Slave 的角色，這種情況就沒有違反規格。藍牙設備的通訊會受到彼此的干擾，同一個 piconet 中的設備透過 Master 來同步，解決了干擾的問題。但是其他的 piconet 還是可能產生干擾，若是因干擾造成碰撞（collision），就有重新傳送的必要，越多的 piconet 在鄰近的區域則發生干擾與碰撞的機率越高。

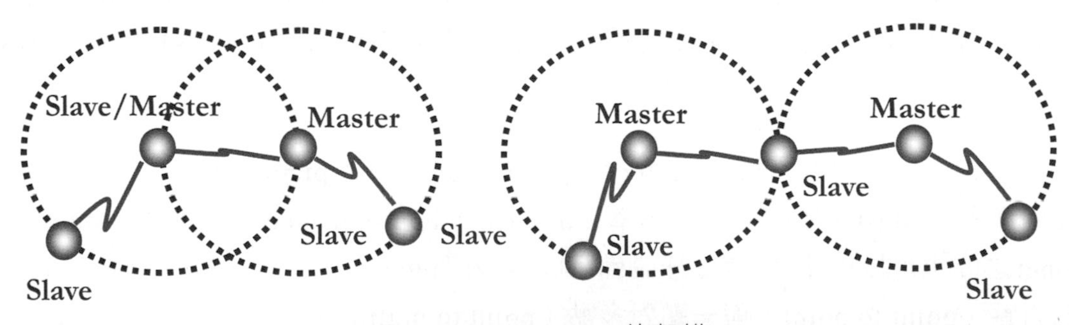

圖 13-5　Scatternet 的架構

藍牙所使用的無線電功率

藍牙規格訂定了表 13-4 所列的 3 種不同的無線電功率（radio power），不同的功率所容許的通訊距離也不一樣。目前多數的廠商生產的設備採用 Class 3 的功率，通訊距離約 10 公尺。Class 1 的通訊距離可達 100 公尺。不過藍牙設備也不能放的太近，至少要有 10 公分以上的距離。不同功率的藍牙設備可以屬於同一個 piconet。

表 13-4　藍牙規格訂定的無線電功率

藍牙規格	無線電功率
Class 1	100 mW（20 dBm）
Class 2	2.5 mW（4 dBm）
Class 3	1 mW（0 dBm）

資訊傳輸的模式

為了能支援語音通訊與資料通訊，藍牙設備之間可以建立兩種不同的資訊傳輸模式，即 SCO（Synchronous Connection Oriented）連結與 ACL（Asynchronous Connectionless）連結。SCO 連結支援語音通訊，ACL 連結支援資料通訊。ACL 的資料封包含有資料的部分（payload data）與 72 位元的存取碼（access code）、54 位元的封包頭部（packet header）與 16 位元的 CRC 碼。不同的封包格式可以承載不同數量的資料。DH5 的封包可容納 339 bytes 的資料。從藍牙的應用層來看，最高的資料速率約 650 Kbps。SCO 連結的速率約 64 Kbps，可支援 3 個全雙工的語音通訊，也可以混合支援語音與資料通訊。

13.3.2　藍牙技術的使用與管理

藍牙技術在通訊上不但不需要線材的連接，而且使用者也不必知道要與那些設備連線，藍牙設備彼此之間有辦法建立起溝通的管道與方式，我們下面要解釋這是如何辦到的。另外，藍牙系統有一些管理上的需求，雖然規格中沒有描述得很清楚，但是藍牙產品與設備還是要解決這些管理上的問題。

13.3.2.1　藍牙技術的使用

藍牙設備之間常會因為某些因素需要建立連線，例如手機可以撥號，手提電腦可透過手機來撥號上網，若是兩者都是藍牙設備，則手機經由 dial up networking profile 來讓其他的藍牙設備了解其類似於 modem 的角色，手機本身也會定時地檢視是否有藍牙設備需要自己所提供的功能。

發現藍牙設備

當手提電腦開機以後，可能執行了某個需要撥接上網的應用程式，此時必須和支援 dial up networking profile 的藍牙設備連結，手提電腦送出一系列的請求封包（inquiry packets），手機以一個 FHS（frequency hop synchronization）的封包來回應。FHS 封包含有手提電腦與手機建立連線所需要的資訊，當然，同一個區域內也可能有其他的藍牙設備會針對收到的 inquiry packet 送出 FHS 封包，所以手提電腦有可能收到好幾個 FHS 封包。

了解藍牙設備提供的服務

藍牙應用必須試著了解所連結的藍牙設備是否能提供所需要的服務，這時候可以使用 SDP（service discovery protocol），以前面的例子來說，手提電腦會與手機建立一個 ACL 的連結進行資料通訊，一旦有了 ACL 的連結，就可以在上頭產生 L2CAP 的連結，手提電腦透過 L2CAP 的連結與手機上的 service discovery server 溝通，了解手機是否支援 DUN（dial-up networking）。此時手提電腦的應用可以把所得到的所有可用的服務列出來讓使用者選擇，也可以自行決定選擇那一個藍牙設備所提供的服務。

建立與服務之間的連結

選定了提供服務的藍牙設備以後，藍牙應用還是要先和藍牙設備建立一個 ACL 的連結，不過這一次所建立的連結必須滿足藍牙應用在通訊上的要求，藍牙應用將需求透過 HCI 送往藍牙模組，藍牙模組的連結管理員（link manager）使用連結管理協定來調整連結的特性。ACL 連結建立以後，一樣要產生 L2CAP 的連結，然後建立 RFCOMM 的連結。以前面的例子來說，最後建立的是 DUN 的連結，然後手提電腦就能用手機來撥號上網了！假如此時手機被移到手提電腦的通訊範圍以外，則手提電腦必須再重複上述的程序，另外尋找一個藍牙設備。

藍牙設備的連接特性（connectability）

藍牙設備之間建立連結時代表兩方都願意產生連結，藍牙設備可以設定成不自動檢視請求，在那種情況下就不會被其他的藍牙設備發覺（discover），也有的藍牙設備不主動掃描外來的呼叫（paging），忽略其他藍牙設備所發出的連結的請求。不過這些藍牙設備還是可以在主動的情況下與其他的藍牙設備建立連結。會自動檢視請求的藍牙設備是可被發覺的（discoverable），會主動掃描外來的呼叫的藍牙設備是可連結的（connectable）。

13.3.2.2 藍牙技術的管理

藍牙系統必須對連結（link）進行管理，但是藍牙的主要規格並未詳細說明有關於管理的部分。連結的管理、ACL 連結的建立與取消等都算管理的工作，L2CAP、HCI、RFCOMM 與 SDP 層次都與管理的工作有關，最好有一個專門的設備管理介面，提供以下的功能：

1. 錯誤的管理（fault management）
2. 會計管理（accounting management）
3. 組態管理（configuration management）
4. 效能管理（performance management）
5. 安全管理（security management）

13.3.2.3 測試與認證

Bluetooth adopters agreement 的簽署者可以免費享用藍牙技術的使用權（IPR, Intellectual Property Rights），不過藍牙設備的製造商必須透過 Bluetooth qualification program 讓他們的產品通過測試。這種方式可以確保市場上的藍牙產品能依據規格正常地工作。藍牙設備之間的相容與互通性（interoperability）也是要透過測試才能確定的。當藍牙產品出售時，應該詳細記載所支援的特徵（profiles），讓消費者了解該項藍牙產品的功能。認證的要求（qualification requirements）可分成 4 大類（Bray 2001）：

1. Bluetooth radio link requirements
2. Bluetooth protocol link requirements
3. Bluetooth profile link requirements
4. Bluetooth information link requirements

13.3.3 藍牙的市場與發展

Bluetooth SIG 的組織（參考 bluetooth.com）之下的各工作組（working group）對於藍牙技術的規格持續地進行研擬，第 2 版的藍牙規格將能支援 2 Mbps 到 10 Mbps 的資料傳輸速率，讓多媒體的資訊也能透過藍牙來傳送。藍牙技術在功能上仍然有改善的空間，例如藍牙設備之間連結的換手（link handover）應該要有像一般蜂巢網路那樣的機制。

藍牙目前已經有第 5 版規格的建立，也就是 Bluetooth 5.0，在 2016 年發布，支援室內定位導航的功能，後續的 5.1 於 2019 年推出，5.2 於 2020 年推出，5.3 於 2021 年推出。

13.3.3.1 藍牙系統的建置

我們可以從兩個角度來看藍牙系統的建置：藍牙設備的設計與藍牙網路的建立。藍牙的規格在實際的產品製造中衍生了一些問題，因為藍牙的規格不單純，所以需要軟硬體方面的設計。早期把藍牙的功能當作附加的設備，連接到需要藍牙功能的產品上，例如通用型的藍牙附加設備（Bluetooth dongle）、具有藍牙功能的電池或是插入式的卡片，這種方式導致較高的成本，而且整合性低，若是能把藍牙功能整合到產品裡頭，會大幅降低成本，但是也提高了設計的難度。當大多數的設備都具有藍牙通訊的能力時，其實在網路的設置上並沒有很特殊的問題。

13.3.3.2 相關的技術與標準

有許多其他的無線通訊技術在功能上與市場上跟藍牙技術形成部分的重複，當然各種技術都各有其優劣。圖 13-6 顯示各種相關技術的通訊範圍與資料速率，在決定該使用那種通訊技術的時候應該先了解到底是做那些方面的應用，例如數位攝影機與錄放影機之間的視訊傳送，距離不遠，但是資料速率的要求卻相當高。家用無線電話或是遙控器在資料速率上要求不高，但是通訊距離就要比較遠一點了。

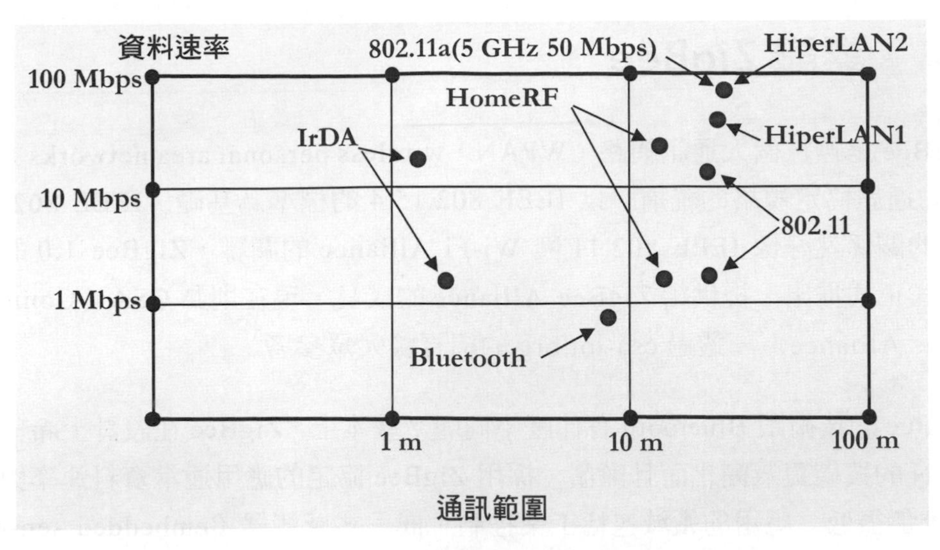

圖 13-6　各種相關技術的通訊範圍與資料速率

13.3.3.3　從安全（security）與應用（application）談起

藍牙的高速隨機的跳頻技術增加了竊聽的難度，不過到底要多安全還是跟應用有關。藍牙規格所要達成的目標是一種方便穩定、有彈性、低功率、低成本而且短距離的資料和語音通訊，在應用上適用於很多場合，包括手機與 PSTN 經存取點（access point）的連接、手機與手提電腦的連接、手提電腦與區域網路的連接、手提電腦之間的連接，以及各種設備與網際網路之間的連接等。

有關於藍牙的資料可以到藍牙網站（bluetooth.com）上尋找。藍牙是一種實用的科技，可以從實際的應用與產品來了解藍牙的技術與未來的發展。

增廣見聞

藍牙跟 IEEE 訂的網路標準有什麼關係呢？IEEE 802.15 訂的是 WPAN 的標準，其中 IEEE 802.15.1 就是以 Bluetooth v1.1 Foundation Specifications 為基礎的，詳細的資料可以參考 http://www.ieee802.org/15/pub/TG1.html 上的資訊。

13.4 認識 ZigBee

ZigBee 是無線個人通訊網路（WPAN，wireless personal area networks）的一些標準化的通訊協定規格的統稱，以 IEEE 802.15.4 的標準為基礎，IEEE 802.15.4 與 ZigBee 的關係就好像 IEEE 802.11 與 Wi-Fi Alliance 的關聯，ZigBee 1.0 的規格於 2004 年底正式推出，提供給 ZigBee Alliance 的成員，現在則為 CSA（Connectivity Standards Alliance），透過 csa-iot.org 的網頁讓大眾參考。

ZigBee 的技術跟 Bluetooth 有什麼不同呢？基本上，ZigBee 在設計上希望能比其他 WPAN 的技術更為簡化而且廉價，採用 ZigBee 協定的應用通常資料速率與電力消耗的要求都很低，應用的領域包括工業控制、嵌入式感測器（embedded sensors）、醫療儀器、火災警報器、建築物自動控制與家居自動控制(home automation)等，ZigBee 的設備有以下 3 大類：

1. ZigBee coordinator（ZC）：ZC 是 ZigBee 網路的重要角色，位於網路樹狀結構的樹根，可以跟其他網路建立連結，儲存網路內的相關資訊，一個 ZigBee 網路中只有一個 ZC，ZC 是 security keys 的保存地。
2. ZigBee Router（ZR）：ZR 具有類似於路由器的功能，轉送來自於其他設備的資料。
3. Zig End Device（ZED）：只包含足夠的功能與 ZC 溝通，無法做資料的轉送。ZED 所需要的記憶容量最少，製造成本低，與 ZC 溝通要耗電，所以在設計上會盡量減少跟 ZC 通訊的次數。

ZigBee 的協定以 Ad hoc On-demand Distance Vector 為基礎，可以自動建立低速的隨意網路（ad hoc network），基本上，協定會盡量降低網路節點啟動通訊的時間與次數，採用信標的網路（beaconing network）會讓節點在需要通訊時同步，然後在特定時刻進行溝通，沒有採用信標的網路則需要有一些經常啟動通訊的節點，讓其他節點能經常處於被動省電的狀態。

13.5 專用型的短距離通訊（DSRC）

專用型的短距離通訊（DSRC，dedicated short-range communications）是指單向或是雙向的短距離至中距離的無線通訊，特別用來做為車間通訊的方式。美國 FCC 於西元 1999 年在 5.9 GHz 的頻率分配 75 MHz 的頻寬給 DSRC 使用，主要用於智慧型的運輸系統。歐洲的 ETSI（European Telecommunications Standards Institute）則在 5.9 GHz 的頻率分配 30 MHz 的頻寬給 DSRC，也是用於智慧型的運輸系統。

13.6 無線射頻辨識（RFID）技術

無線射頻辨識技術運用體積非常小的無線通訊晶片與天線構成的組件，搭配特定的讀寫裝置，讓裝有這種組件的事物能透過無線通訊被有效地辨識，就這麼單純的功能卻引發了極大的市場商機，有很多生活上的便利就是來自這樣的科技，只是平時沒有特別去注意，等到了解這些科技之後，就會發現其奧妙之處。

自動辨識（auto ID，automatic identification）涵蓋了很多種技術，主要的功能是幫助機器設備辨識物件，自動辨識的過程中其實也同時有自動資料擷取的動作，所以整個自動辨識除了辨識物件以外，也自動取得與物件相關的資訊，輸入到電腦中，不需要使用者再自己輸入資料。所以自動辨識系統通常都具備以下的特點：

1. 增加效率。
2. 降低資料輸入的錯誤。
3. 減少工作人員的工作負荷。

有那些技術屬於自動辨識技術呢？條碼（bar code）、智慧卡（smart card）、語音辨識（voice recognition）、生醫技術（biometric technologies）、光學字元辨識（OCR，optical character recognition）與射頻自動辨識（RFID，radio frequency identification），等都屬於自動辨識技術。

增廣見聞

生醫技術是探討計算或測量生物特性的科學，在辨識技術上，這些量測的技術可以用來分辨個人的差異，實際的例子包括指紋與聲音辨識等技術。智慧卡（smart card）是一種電子式的資料儲存系統，可以附帶運算的能力，系統本身置放到跟信用卡大小差不多的塑膠卡片中。最早的智慧卡運用在電話預付卡（prepaid telephone smart cards），約在西元 1984 年左右開始使用。使用過智慧卡的人應該知道這類卡片在使用上需要直接的接觸來感應與交換資料，RFID 標籤就不需要這樣的接觸，因為 RFID 標籤跟讀取裝置（reader）之間是透過無線電磁波來溝通的，這是 RFID 技術的優點之一。

13.6.1 RFID 的一般觀念

圖 13-7 顯示 RFID 的基本原理，左下方是需要辨識的物件，含有 RFID 的標籤，當這個物件移入 RFID 讀取設備（reader）的通訊範圍時，reader 與 tag 之間就會自動展開通訊，tag 上頭的資料會被 reader 讀取，由於 reader 本身與網路還有電腦是相連的，所以讀取的資料會得到進一步的處理。圖 13-7 還在 reader 旁邊加了一個「探詢器（interrogator）」的名稱，意思是指 reader 需要主動探詢通訊範圍內有 tag 的物件，因為有的 tag 甚至本身連電力都沒有，無法自行啟動通訊的功能。

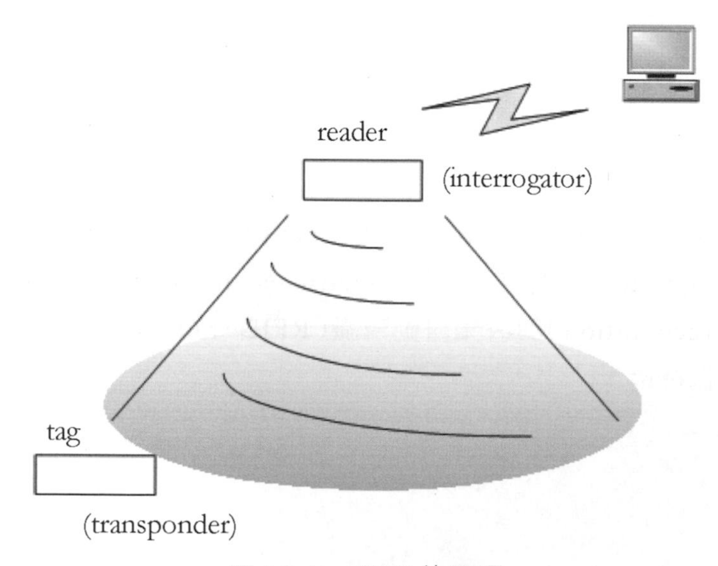

圖 13-7　RFID 的原理

RFID tag 上可以儲存一個用來辨識物件的序號（serial number），雖然叫做標籤，RFID tag 的構造還是蠻精密的，通常會包括微晶片（microchip）與天線，這裡要注意 RFID tag 跟一般條碼的差異，同一種產品的條碼掃瞄後得到的資訊都一樣，可是同一種產品的 RFID tag 是不同的，下面是 RFID 與一般條碼（bar codes）的比較：

1. 條碼需要直視（LOS）的掃瞄路徑。
2. 條碼破損或脫落就無法掃瞄。
3. 一般的條碼只能辨識出製造商與產品。
4. 同樣的產品其條碼資訊相同。

顯然條碼的使用有諸多限制，但是以目前的應用來說，條碼還是最普及的，幾乎到處都看得到，一般書籍後面印刷的 ISBN 號碼就是一種常見的條碼，條碼已經沿用了 20 多年，要以其他的技術完全取代條碼並不容易。圖 13-8 顯示基本的 RFID 系統，RFID 標籤輕薄短小，跟一般的標籤蠻像的，reader 本身的樣式與種類很多，感應門只是其中的一種型式。

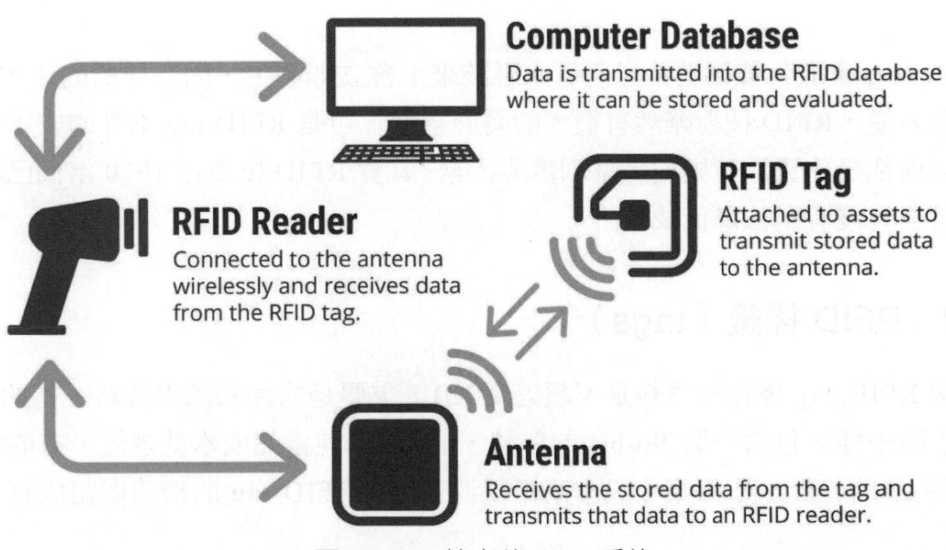

圖 13-8　基本的 RFID 系統
（資料來源：https://blog.ttelectronics.com/rfid-technology）

表 13-5 列出 RFID 技術運用方式的種類，由於 RFID 技術衍生出很多應用，所以各種應用的不同需求促成 RFID 在運用方式上的改變。

表 13-5 RFID 技術運用方式的種類

運用方式	成本	特性	主要應用
僅讀取資料	低	Tag 上只事先寫入辨識編號（ID）的少量資料。	物流管理 製程管理
可寫入資料	中	Tag 可以再寫入資料，而且能儲存的資料量大。	行李追蹤 商品防偽
內建微型處理器	高	內含處理器，也有作業系統與程式，可以執行更複雜的功能，例如資料加密。	門禁管理 無線付款
內含感測器	高	可以內建溫度、壓力等感測的裝置。	物品管理 病人監測

延伸思考

既然同一種產品的 RFID tag 是不同的，我們可以透過 RFID tag 上記錄的資訊做更多的事，例如某一個物品從那裡出貨、配送到何處，以及最後銷售的地點，都可以追蹤序號來了解，光靠條碼就做不到。

RFID tag 會取代條碼嗎？目前看來應該來不會立即發生，因為條碼的成本很低，作業也很方便，RFID 技術雖然有很大的發展空間，可是 RFID tag 本身的成本與整個搭配的架構都是建置的時候要考量的重要因素。其實 RFID 技術在 1970 年代已經發跡了，只是一直沒有辦法降低成本。

13.6.2 RFID 標籤（tags）

通常 RFID tag 儲存的資料量不超過 2 KB，主要是物件的基本資料，有的 tag 可能就像車牌一樣，包含一個 96-bit 的序號，tag 越單純當然成本就越低，有的應用中 tag 會跟物品的包裝一起丟棄，成本高是很浪費的。RFID tag 的構造與組成有以下的特徵：

1. 電腦晶片（Computer chip，或稱 microchip）。
2. 天線（Antenna）。
3. 經過封裝成為標籤（即 tag 或稱 label）。

4. 分成主動標籤（active tags）與被動標籤（passive tags）：主動標籤除了發射器（transmitter）之外還要有本身的電源供應，電源供應微晶片電路以及發射訊號所需要的能量。被動標籤沒有電池，需要的能量 reader 送出的電磁波，在標籤天線感應出電流。主動標籤比較常用於高單價的物品上，辨識距離可以遠一點。

5. Read-only、read-write 或 WORM：RFID 標籤中的微晶片可能是唯讀（read-only）、可讀寫（read-write）或是寫一次讀寫多次（WORM, write once, read many）。通常 tag 中的序號是無法再更改的。

RFID tag 越便宜會越有利於 RFID 應用的推廣，不過目前看起來 RFID tag 的成本還很難在短期內壓低。

從國內的環境可以觀察到一些跟 RFID 相關的技術進展，除了政府機構、研究機構與廠商的推動之外，有一些大型活動也會酌情運用 RFID 技術來達到一些宣傳的效果。由於台灣原本就是科技研發與代工的重要國家，對於 RFID 技術的研發、導入與建置不乏實際的例子。

通常低頻的標籤的讀取範圍約在 1 英呎以內，差不多是 33 公分，高頻的標籤的讀取範圍約 1 公尺，超高頻 UHF 標籤的讀取範圍在 10 到 20 英呎，假如讀取範圍要更大，通常會運用主動標籤，將距離擴大到 300 英呎，大約 100 公尺，影響 tag 通訊距離的因素如下：

1. 射頻的頻率。
2. 標籤天線（Tag antenna）的大小。
3. 讀取裝置（Reader）的功率輸出。
4. 標籤（Tag）是否有使用電池。

平時使用調頻收音機的時候應該知道收聽不同的頻道時需要調整收音機的頻率，RFID 技術也有類似的情況，RFID tag 跟 RFID reader 必須在相同的頻率下進行溝通。RFID 目前常使用的頻率如下：

1. 低頻，即 Low-frequency（125 KHz）。
2. 高頻，即 High-frequency（13.56 MHz）。

3. 超高頻，即 UHF（ultra-high frequency）（860-960 MHz）。

4. 微波，即 Microwave（2.45 GHz）。

選擇使用那種頻率跟應用的需求有關。各國對於頻率使用的規範尚未統一。大多數的國家指定 125 KHz 或 134 KHz 的頻段讓低頻系統使用，而 13.56 MHz 的頻段則由高頻系統使用，使用 UHF 的 RFID 系統在 1990 年代中期才開始出現，各國並沒有一致同意要使用那一部分的 UHF 頻段來支援 RFID 的應用，由於有許多其他的設備使用 UHF 的頻段，要達到共識不容易，以下介紹不同頻率造成的影響：

1. 低頻的 tag 使用的功率較低，容易穿透非金屬的物質，適合高水含量物質的掃瞄，範圍通常低於 0.33 公尺。

2. 高頻的 tag 對金屬與高水含量物質都合用，範圍通常低於 1 公尺。

3. 超高頻的 tag 傳輸資料的速率高，使用功率高，對金屬的穿透力低，方向性較高，適用於物品裝箱的掃瞄，範圍從數公尺到 100 公尺都可能。

13.6.3 RFID 普及面臨的挑戰

RFID 的技術帶來很多潛在的應用，不過任何一種技術要成功地普及還是需要解決一些基本的問題，例如建置的成本以及對於類似技術的取代性，最近幾年將是 RFID 技術變化最大的時機，下面列出一些必須考量的問題：

1. 成本：假如一瓶礦泉水的 RFID 標籤就需要數元的成本，可能業者就承擔不起了。整體環境的建置也需要投注資本，例如高速公路收費的 ETC 轉換成 eTag 就要花不少錢來建置。

2. 再用與流通（開放供應鏈）：RFID 標籤假如能再用與流通可以解決部分成本的問題，但是仍有其他的問題需要解決。

3. 標準化：產業之間的關係密切，商業活動的範圍廣泛，整個 RFID 環境的建置一定要標準化才能普及。

4. Reader 的數量：這是另外一個可能大幅影響建置以及應用成本的因素。

要了解辨識技術的應用必須先認識電子產品碼（EPC），EPC 是由 Auto-ID Center 發展出來的，目標是取代條碼，在成本較低的條件下運用 RFID 的技術來追蹤貨物，EPC tags 可以辨識生產出來的每一項商品：

1. EPC 代表 Electronic Product Code。
2. EPC 由一串文數字所組成，Header+3 partitions（manufacture + product type + serial number）。
3. 在供應鏈的每個階段即時地追蹤每件產品，由 EPC 可從後端取得更多的資訊。
4. 有 64 bits、96 bits 與 128 bits 的 EPC。一般相信 96-bit 的 EPC 會最普遍。

由於 RFID 技術的普及需要標準化，所以有一些與 RFID 相關的重要組織，這些組織的工作主要是加速各種相關技術的標準化，同時發展應用層次所需要的基本服務：

1. EPCglobal：EPCglobal 是一個非營利的聯合組織，由 Uniform Code Council 設立，為 EPC（electronic product code）技術提供認證。gs1.org 的網頁專門為供應鏈管理領域的技術提供標準化的努力。
2. Auto-ID center 成立於 1999 年，也是一個非營利的組織，發展運用網際網路來輔助辨識貨品的全球性系統。
3. 2003 年 10 月 Auto-ID center 由下列的單位取代：
   - EPCglobal。
   - Auto-ID Labs。

假如公司要運用 EPC 來追蹤貨品，則需要一連串的 RFID reader，當含有 RFID tag 的貨品進入某一個 reader 的讀取範圍時，reader 除了讀取 tag 上的辨識資訊以外，還要透過電腦與網路來查詢跟這項貨品相關的資訊，這整個運作的架構就是 EPCglobal 網路的架構，包括以下的組成：

1. PML（physical markup language）。
2. EPC information service。
3. RFID middleware（亦稱為 Savants）。
4. ONS（object name service）。

在簡單的 EPC 網路的架構中，PML 是由 XML 發展出來的語言，用來描述跟貨品相關的資訊，這些資訊會儲存在 EPC Information Service，由於 EPC Information

Service 可能散佈各地，所以需要 ONS 來尋找 EPC 對應的貨品資訊儲存的地方，這個過程需要 RFID 中介軟體的幫忙。

EPCglobal 委託機構維護 ONS 目錄的資訊，不過有時候公司也會自行建置 ONS server 來提昇資料存取的效率，至於 EPCglobal 網路儲存的資訊可以透過網際網路來存取，PML 檔案所儲存的資料包括：

1. 不變的資料（例如物品組成）。
2. 經常變動的資料（dynamic data）。
3. 隨時間改變的資料（temporal data）。

前面提到了一些跟 RFID 相關的組織，這些組織針對各種 RFID 的技術與應用發展出所需要的架構、標準與協定，由於應用的領域很廣，所以有很多相關的 RFID 的標準：

1. 針對特定領域應用的標準。
2. ISO 18000-3：使用高頻標籤（high frequency tags）的供應鏈貨品追蹤。
3. ISO 18000-6：使用超高頻標籤（ultra high frequency tags）的供應鏈貨品追蹤。
4. EPCglobal：電子產品碼（EPC, electronic product code）。

13.6.4 思考 RFID 的應用方向

RFID 的應用是很有想像空間的，當然也不光是想像而已，無人圖書館就是最明顯的例子，台北市內湖已經有一座無人圖書館，借書與還書都不需要館員幫忙，使用的是 RFID 的技術。

提到無人圖書館的方便性，大家應該可以很快地聯想到停車場的管理，透過 RFID 技術讓停車場的出入管理方便又快速地進行，相信能避免不少管理上的困擾。下面我們列出更多其他的 RFID 應用，每一種應用都是透過 RFID 技術來提昇效率，讓管理與生活變得更方便。

1. 病人識別系統（Patient ID system）。
2. 溫度感測（Temperature sensors）。
3. 貨品追蹤。

4. 行李追蹤處理（Luggage handling）。
5. 分辨敵我軍機。
6. 賽車。
7. 運送保鮮。
8. 巨量文件的管理。
9. 人員安全追蹤。
10. 貨輪追蹤。
11. 建材/建築。
12. 自動銷毀的保險盒（Self-destructed money box）。
13. 庭園管理系統（yard management system）。
14. 零件的追蹤。
15. 即時生產（Just-in-time production）。
16. 資產追蹤（asset tracking）。
17. 防竊。
18. 罪犯追蹤系統（Inmate tracking system）。
19. 門禁管制（access control）。
20. 資產追蹤（asset tracking）。
21. 驗證（貴重商品預防假冒）。
22. 行李追蹤。
23. POS（Point-of-Sale）應用。
24. 電子收費（electronic toll collection）。
25. 汽車防竊（vehicle immobilizers）。

13.6.5 增廣見聞

RFID 的技術有很多特殊的觀念，其實 RFID 本身是射頻衍生出來的技術，可以說是電磁波的應用，而 RFID 導入到各種領域以後，反而像自成一個領域一樣，下面列出一些常聽到的 RFID 的術語：

1. Tag collision：假如有多個標籤同時傳訊給 reader，可能會造成 reader 在處理上的困擾，製造商通常會運用某種方式來讓標籤訊號的讀取按順序來。
2. Energy harvesting：通常被動標籤只把 reader 來的訊號反射回去，不過有的標籤能夠收集 reader 送來的電磁能量，然後用來傳送不同頻率的訊號，這種技術就叫做 energy harvesting，可以大幅改善被動標籤的效能。
3. Chipless RFID tag：無晶片式的 RFID tag 還是透過射頻來傳遞資料，但是 tag 本身沒有儲存序號，有些這一類的 tag 反射部分來自 reader 的射頻能量，讓 reader 能完成辨識的工作。
4. Agile reader：agile 有靈活或敏捷的意思，agile reader 可以讀取使用不同頻率或是使用不同的通訊方式的 RFID tag。
5. Intelligent/dumb readers：智慧型的 reader（intelligent reader）功能豐富，不僅能支援多種協定，而且可以過濾資料，甚至執行軟體應用，幾乎像是一台電腦。Dumb reader 功能就沒有那麼強，通常只能以一種頻率和一種 RFID tag 溝通。
6. Reader collision：假如兩台 RFID readers 的通訊範圍重疊，則 readers 送出來的訊號可能會彼此干擾，這種現象就叫做 reader collision。
7. “dense reader” mode：這是一種 RFID reader 的作業模式，當多台 readers 在鄰近區域時，可以切換到這種模式來避免干擾，例如透過跳頻的方法避開干擾。
8. Smart shelves：利用 RFID 的技術偵測貨架上貨品的資訊，例如庫存量或是遭到竊取等狀況。

RFID 的應用衍生出一些相關的問題，主要是人類生活原有的秩序可能會因為 RFID 的導入而產生一些變化。下面列出一些跟 RFID 相關的常見疑問：

1. RFID tags 與 reader 的價格？通常 reader 的價格遠高於 tag 的價格，但是相對地，reader 所需要的數量沒有 tag 那麼高。

2. RFID 的電磁波對人體有害嗎？RFID 所使用的電磁波的能量不高，所以預期對人類產生的生物效應不大。

3. RFID 普及之後會造成大規模的裁員嗎？RFID 普及的確會對人力需求產生影響，不過這種影響的發生會分佈在一段比較長的時間，所以可能我們的感受不會那麼強烈。

4. RFID 可以伴隨 sensors 的使用嗎？是的，假如 RFID 標籤和感測器整合在一起，則有可能偵測與記錄溫度、移動與幅射，實際應用上可以追蹤供應鏈中的貨品是否保持在適當的溫度下，這樣有利於生鮮食品的運送。

5. RFID tags 可能透過衛星來讀取嗎？被動式的 RFID tag 無法被衛星讀取，主動式的 tag 在射頻干擾現象低的情況下可能可以被衛星讀取。

6. RFID 跟隱私權的關係？由於 RFID tag 有可能被置入消費性的商品中，通常消費者應該要被告知所採購的商品有 RFID tag，甚至於包括 tag 上儲存的資料類型。

7. RFID tags 被 kill 後可以再 reactivate 嗎？EPCglobal 有發起要求，讓 RFID tag 在 kill 的指令下能夠完全用永久失效，但是實務上還是有可能被規避，造成一些問題。

13.7 RFID 的應用案例

台北市舉辦的世界花博運用了很多現代的資訊技術，包括所謂的 4G 通訊，展場中充滿了科技的創意運用。例如參展的人可以手戴 RFID 無線通訊的套環，跟展場內的設施互動。在網際網路的環境中只要能夠隨時隨地連上網路，就能體驗網路上的各種應用，我們下面從幾項通訊技術來介紹跟網際網路相關的發展。

射頻無線自動辨識（RFID，Radio Frequency Identification）技術是商業自動化領域中相當重要的無線通訊技術，主要是因為「無線」的方便加上「即時資料辨識與處理」的功能，衍生出很多有趣的應用。

13.7.1 高雄海關導入 RFID 技術

高雄海關也導入了 RFID 技術來加速貨櫃通關放行的效率，RFID 的封條可置放到貨櫃上，使貨櫃通關放行自動化，省下人工押櫃的成本。雖然看起來好像只是一個很單純的應用，這卻是世界各國海關的首例，而且真正實施之前經歷了很多細節的建置。早期大家比較熟悉的是台北市內湖的「無人圖書館」，一樣是透過 RFID 的技術來節省人力，不過海關的 RFID 應用牽涉的範圍比較廣，不但通關的設備與設施要擴充，資訊系統以及作業的程序都要配合改變，一般人沒有機會接觸海關業務可能比較難以想像這種變革的影響，不過倒是可以從日常生活的實例來設想，譬如在大賣場採購完推車經過結帳櫃台，假如在 RFID 的技術下一秒內推車內的商品已經讀入系統、印出帳單，那樣是不是很神奇呢？這在未來很可能就是我們生活方式的一部分。

13.7.2 台北市舉辦世界花博採用的 RFID 技術

在夢想館可以領取內裝有 RFID 標籤的手環，在參展過程中記錄參展者的行為，參觀完的時候依據參展行為產生一個獨一無二的花朵，帶給人莫大的驚喜。有人把這樣的應用稱為塑造一個數位化的隱形世界。

13.8 近距離無線通訊（NFC）

NFC（near-field communication）技術有人翻譯成「近場通訊」，或是「近距離無線通訊」，在應用上可以整合物流、金流與資訊流。未來越來越多的手機會內建 NFC 晶片，商店感應消費、儲值或是感應門卡都能派上用場。

NFC 技術跟 RFID 技術好像很類似，其實 NFC 技術可以看成是 RFID 技術中的一種，將通訊的距離縮小到 4 英吋以內，也就是差不多 10 公分以內。這跟安全性有很大的關係，因為對於付款或是驗證（例如護照、門禁）方面的應用來說，我們不希望無線訊號被別人擷取，一旦通訊距離縮短就可以大幅降低這樣的可能性。有關於 NFC 的技術規格可以從 NFC forum 網站（https://nfc-forum.org/）找到。

13.8.1 技術特徵

對於被動式的 NFC 裝置來說，沒有使用獨立電源，NFC 晶片的電路接近讀寫裝置時，其線圈受到感應產生電流，啟動晶片電路的功能，無線通訊的 RF 介面以 13.56 MHz 的頻率進行通訊。NFC 晶片上的 RF 介面可以進行無線通訊，EEPROM 用來儲存資料，另外還有控制的組成。我們可以透過下面的過程來想像 NFC 的作用，例如通過捷運匝門的過程。

Step 1：NFC card 往 NFC reader 移動

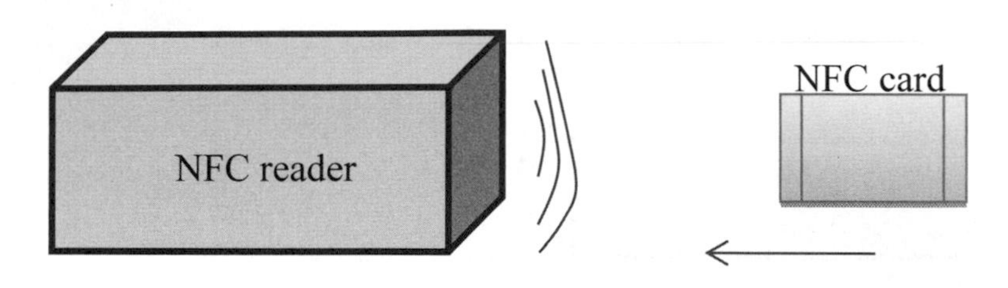

Step 2：NFC card 進入 NFC reader 的通訊感應範圍，晶片電路的功能啟動

Step 3：NFC card 也可以傳遞資料給 NFC reader，雙方進行通訊溝通

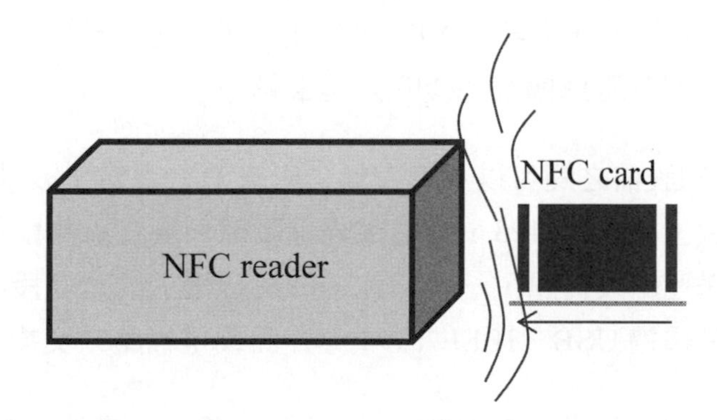

Step 4：進行交易扣款

Step 5：交易完成，NFC card 移動遠離

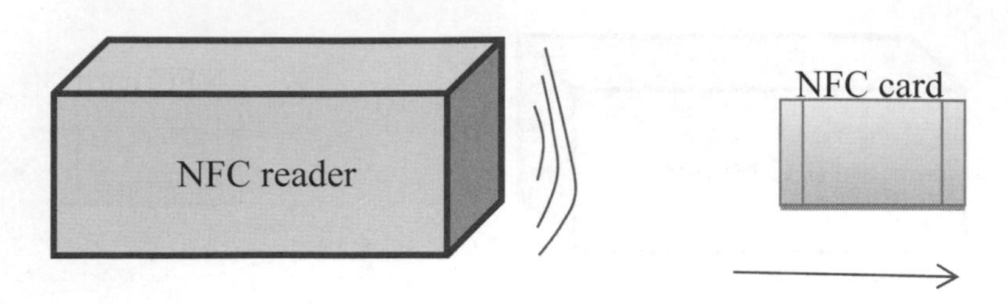

藍牙技術也支援短距離的無線通訊功能，但是操作介面太複雜，有推廣上的困難。行動電話只要具有 NFC 的功能，只要透過 PIN 碼的輸入或是智慧卡的認證，馬上就能進行付款、完成交易。

13.8.2　技術的應用

行動付款是 NFC 技術的主要應用，現代人已經很習慣使用智慧型卡片，包括悠遊卡、健保卡、信用卡等，雖然比從前方便多了，但是不同的用途使用不同的卡片，還是有不方便的地方。假如手機本身有 NFC 的功能，等於是一機在手，各種服務跟應用都隨手可得，主要是因為隨身攜帶手機的人越來越多。

具有 NFC 功能的設備之間可以交換資料，未來消費性電子設備上會加入 NFC 的功能，行動電話、數位相機、MP3、數位電視等設備只要在近距離以內，就可以開始傳送資料，例如傳送連絡人資訊、一張照片、一段音樂，或是一段分享的影片。目前這些設備之間多半是透過 USB、IEEE 1394 等介面或是網路來交換資料。

海報上也可以製作一些可以跟 NFC 晶片通訊的圖示，讓具有 NFC 功能的手機自動從海報上取得各種資訊。對於門禁來說，也可以透過 NFC 來進行驗證，就像門卡一樣使用。

Q&A 常見問答集

Q1 藍牙技術在通訊上安全嗎？

答：藍牙使用的跳頻（frequency hopping）技術增加了竊聽的難度，連結（link）本身的編碼（encryption）與驗證（authentication）採用 CAFER+ 的演算法，可以從 128 位元的明文產生 128 位元的密文金鑰（cipher keys）。

Q2 藍牙技術中特徵（profile）的觀念有何用途？

答：特徵（profile）中所提供的資訊可以告訴我們如何使用標準化的規格來製作某種用戶端的功能。現有的設備與應用太多了，很難用統一的規格把所有的需求都包含在內。運用特徵（profile）的觀念可以一方面考慮到因應特定的設備的需求，同時以符合藍牙規格的方式來提供各種功能。為了有效地發展與運用特徵（profile），藍牙裡的特徵（Bluetooth profiles）有經過適當的分組，形成一個簡單的架構。

Q3 何謂 RuBee？

答：RuBee 是一種雙向的無線通訊協定，跟 RFID 有很多相似之處。RuBee 協定的細節可以參考 IEEE 1902.1 的文件，RuBee 使用長波（LW，Long Wave）的磁性訊號來傳送或是接收短封包，例如 128 byte 長的封包。RuBee 使用 131 kHz 的頻率，算是比較低的無線通訊頻率，能量的消耗低，在接近水與鋼鐵材料的地方還是可以達到不錯的通訊效果。RuBee 的通訊距離通常在 50 英呎內，在協定規格上跟 RFID 有差距，反而跟 Wi-Fi 或是 Zigbee 比較像，常應用於安全性要求高的槍枝管理、門禁管理等。

Q4 什麼是 WiBree？

答：無線通訊技術推陳出新，所以新名詞也一直出現。WiBree 是一種 Nokia 公司提出來的短距離無線通訊技術，使用 2.4 GHz 的非法定頻率（unlicensed band），跟 ZigBee 以及 Bluetooth 類似，但是消耗的功率更低。WiBree 的資料傳輸速率約 1 Mbit/s，傳送的距離約 10 公尺。在應用上，WiBree 能夠支援的資料通訊量不如 Bluetooth，但是能量消耗低，所以適用於無線鍵盤、玩具或是運動用品感測上。

自我評量

1. 有那些設備可能適合用藍牙技術來連接？
2. 藍牙技術與紅外線有那些主要的差異？
3. 藍牙技術所使用的跳頻（frequency hopping）對於藍牙系統有何影響？
4. 請說明藍牙技術中的 piconet 與 scatternet 代表什麼樣的網路？
5. 試比較 IrDA、HiperLAN、DECT、802.11、HomeRF 與藍牙技術在特徵與應用上的差異。
6. 透過 3C 購物網站找尋有關於藍牙設備的功能與規格方面的資訊。
7. 請說明支援 RFID 應用需要什麼樣的網路架構。
8. 請說明 NFC 技術跟 RFID 技術的差異？
9. RFID 的標籤對於人類的隱私可能會產生什麼樣的影響？要如何解決隱私可能無法保持的問題。
10. 試從大賣場運用 RFID 技術的可能性，描述此技術對於人類未來生活的影響。
11. RFID 技術的普及面臨了哪些問題與挑戰？

無線寬頻技術

14 CHAPTER

本章的重要觀念

- 了解固網（fixed network）的概念。
- 認識固定式的無線通訊（fixed wireless）技術。
- 認識無線寬頻（WiBB）通訊的技術。
- 了解無線寬頻通訊的資料速率。

電信網路的市場會越來越開放，這是電信自由化以後無法再扭轉的趨勢。對於無線通訊來說，行動式的無線通訊並不是我們唯一的通訊習慣，大多數人還是會停駐下來，然後依自己的需要來選擇通訊的方式。固定式的通訊不見得是有線的，無線通訊也有固定式的，而且有派上用場的時機！無線固網讓網路的建置更有彈性與滲透性，接著當然就要朝向提昇資料速率的方向發展，隨著無線通訊技術的進步，資料傳遞的速率大幅增加，無線寬頻技術是關鍵。

固定式的無線通訊（fixed wireless）技術的定義是指無線通訊中的發送器（transmitter）與接收器（receiver）的位置都是固定的（Wheat 2001），例如在家裡或是辦公室，這和一般蜂巢網路中的行動電話的特性是不同的。到底固定式的無線通訊技術包括那些呢？MMDS、LMDS、點對點的微波通訊以及無線區域網路都算是固定式的無線通訊技術。

寬頻無線固網也算是一種固定式的無線通訊，在寬頻無線固網（broadband fixed wireless）中，高增量（high-gain）而且具有高度方向性的天線設置在固定的位置上，提供類似於 ADSL 線路的資料速率，這是**無線固網（fixed wireless）**名稱的由來之一（Bedell 2001），也是寬頻用戶的新選擇。LMDS 與 MMDS 是寬頻無線固網的代表性技術。另外，無線蜂巢網路中的基地台與 MSC 雖然可以直接以無線的方式通訊，但是另外又以固定式的重複網路（overlay network）的方法連接在一起，所以這也是無線通訊網路中固定網路的例子。

無線寬頻（WiBB，Wireless Broadband）是指透過 WLAN 或是 WWAN 所提供的高速網際網路連線，WiBB 可能是固定的或是行動的，例如 ISP 就能直接提供高速網際網路連線給我們的手機，美國的 FCC 在 2015 年以「下載資料速率 25 Mbps」，「上傳資料速率 3 Mbp」為 WiBB 須達到的服務標準。

14.1 從固網的觀念談起

所謂的「固網」，其實涵義很廣，大家可以去查一查固網公司的業務，或是從政府部門的文件來了解固網的範圍。我們這裡還是採取比較有彈性的定義，強調跟行動式網路的區隔。下面先來看看一個很有趣的事實：行動蜂巢網路也需要固網？無線通訊系統中的細胞（cell）基地台必須與行動交換中心（MSC）以線路相連接，這是所謂的固定網路覆蓋（fixed network overlay），由於蜂巢系統需要進行通話切換（call handoff），細胞基地台之間也要能透過 MSC 來彼此溝通。MSC 透過訊號強度的測量來決定是否要進行切換（handoff）。

圖 14-1 顯示星狀的固定網路架構，MSC 與基地台可以透過固網來進行一些必要的通訊，雖然稱為固網，事實上，所採用的線路除了一般的纜線與光纖之外，也可能是像微波無線電的連結。為什麼要有這樣的重複網路（overlay network）呢？主要的原因如下：

1. 網路的設計必須滿足容量的需求（capacity demands）。
2. 網路的設計必須提供穩定的服務。

要達成這樣的目標必須透過一些措施的配合，例如通訊的路徑要依據服務的需求來調整容量、網路流量的路由應該要遵循最經濟的原則，而網路本身要有承受一些突發狀況的能力。通常一個無線通話（wireless call）會占去固定網路一個 DS0 的頻寬，將網路流量從無線網路傳回到 MSC 進行交換的程序也稱為「回運（backhauling）」。

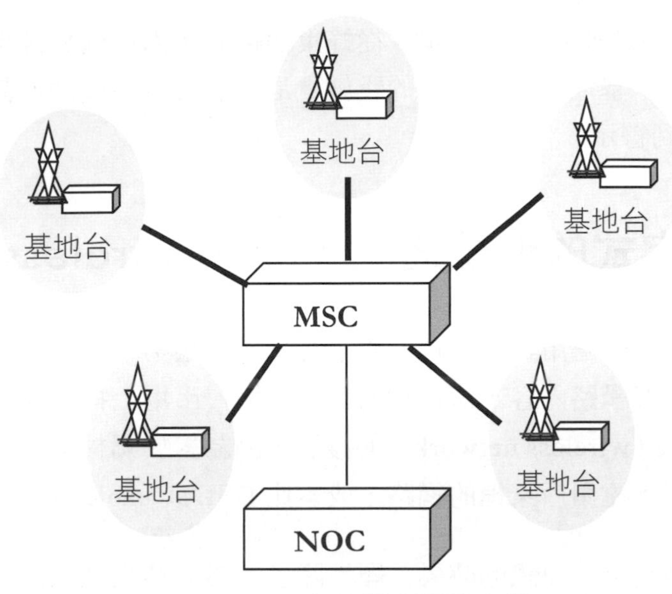

圖 14-1　星狀的固定網路架構

圖 14-2 顯示鍊狀（daisy-chain）的固定網路架構，通常在鄉村地區由於連到 MSC 行經的距離比較長，假如運用鍊狀的固定網路架構，則不需要讓每個基地台都建置連到 MSC 的長距離線路。不過在設計上最好考慮到未來網路的擴增，否則當細胞內基地台大幅增加時可能會造成細胞間的連線飽和無法滿足所需。

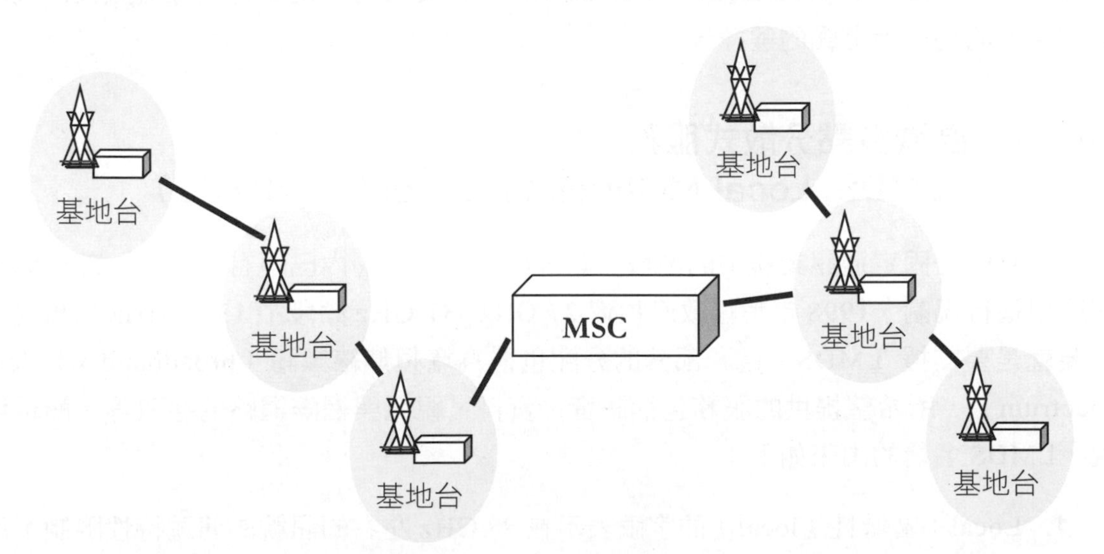

圖 14-2　鍊狀（daisy-chain）的固定網路架構（Bedell 2001）

無線通訊業者（wireless carriers）通常會建立網路作業中心（NOC, network operations center），全年無休地監控無線通訊網路的狀況，因此所有的細胞要連接到

MSC，而所有的 MSC 則要連到 NOC。從蜂巢網路的架構可以想像得到管理這樣的網路真是相當地複雜，基地台與 MSC 的設施更是電信業者的重地，甚至在機房被打開時，NOC 就會收到警示。

14.2 固定式的無線通訊（fixed wireless）技術

網路使用者與網路應用對於頻寬的需求有增加的趨勢，尤其是網際網路的普及吸引了大量的使用者與網路內容，使頻寬的耗用大增。市場上特別關注寬頻固定無線網路（broadband fixed wireless network）的發展，因為對於鄉村與市郊的用戶來說，無線寬頻最容易建置到達用戶家裡的網路，成本比 DSL 或 cable 要低。

當我們現在談到無線通訊的時候，顯然除了一般的蜂巢網路之外，還要包括固定式的無線網路，這裡固定的名稱是指接收與發送端都是固定的，只不過兩方的通訊方式是無線的。對於蜂巢式的行動網路來說，達到均衡的涵蓋（uniform coverage）是很重要的，這樣會需要系統有足夠的容量（capacity）。但是對於固定式的無線通訊來說，高資料速率的訴求更重要，所以在設計上可以採用像 CDMA 的技術，讓資料速率達到 10 Mbps 以上。LMDS（Local Multipoint Distribution Service）與 MMDS（Multichannel Multipoint Distribution Service）的發展將會使固定無線寬頻技術成為居家用戶的另一種上網的選擇。

14.2.1 區域多點分散式服務（LMDS, Local Multipoint Distribution Servic）

LMDS 是固定通訊業務中的區域多點分散式服務，國內已經有針對這一部分的部署應用進行規劃。1998 年美國政府拍賣 27 GHz -31 GHz 頻段中 1300 MHz 的頻寬，主要就是要支援 LMDS，這一部分的分配也稱為寬頻無線頻譜（broadband wireless spectrum），所希望提供的服務包括語音、資料、視訊與網際網路的存取等。簡單地說，LMDS 名稱的由來如下：

1. Local：區域性（local）的字眼表示在 28 GHz 左右的訊號的傳遞特性限制了通訊涵蓋的範圍，LMDS 發送器的範圍約在 2 到 5 英哩。
2. Multipoint：訊號的傳送以點對多點（point-to-multipoint）或廣播（broadcast）的方式來進行，至於用戶回傳到基地台還是以點對點的方式進行。

3. Distribution：訊號可能含有語音、資料、視訊等型式的資料，所以可以看成是一種多媒體的傳輸（multimedia transmission）。
4. Service：LMDS 的業者（operator, 或稱 carrier）與消費者之間的關係可以看成業者提供給訂戶（subscriber）服務，LMDS 網路所提供的服務性質決定於業者所選擇的應用。

LMDS 所占用的頻段相當大，也稱為 Ka band。這些頻寬未來的主要用途在於提供點對點（point-to-point）或一點對多點（point-to-multipoint）的連線到一般用戶家中或是商業用戶的營業處所，達到寬頻服務（broadband services）的目標，下傳的資料速率可以達到 1 Gbps 以上，上傳的資料速率可以達到 200 Mbps。

LMDS 網路的架構

LMDS 網路的設計在網路的架構上有很多選擇，大多數的系統業者（system operators）選擇一點對多點（point-to-multipoint）的設計，由於 LMDS 也支援多媒體的應用，所以 ATM 與 IP 都是 LMDS 傳輸架構的選擇。LMDS 網路包含以下 4 個主要的部分：

1. 網路作業中心（NOC, network operations center）：包含網路管理的設備，可用來管理比較大區域的網路，多個 NOC 之間可以互連。
2. 光纖為主的基礎結構（fiber-based infrastructure）：包括 OC3（optical carrier）、OC12、DS3 與 SONET（synchronous optical network）的連結，CO（central office）的設備、ATM 與 IP 的交換系統，以及與網際網路和 PSTN 的連結。
3. 基地台：扮演光纖為主的基礎結構與無線通訊網路之間的橋樑，基地台的設備包括光纖終端的網路介面、調變與解調變的功能，以及微波的接收與傳送設備。假如基地台本身含有區域交換（local switching）的功能，則連上相同基地台的用戶彼此間可以通訊，不需要再經過光纖的基礎結構。所謂區域交換的功能是指收費（billing）、驗證（authentication）、頻道存取管理（channel access management）與登錄等功能。
4. 客戶端設備（CPE, customer premise equipment）：客戶端設備往往因所採用的廠商技術而異，通常包括架設在戶外的微波設備與室內的訊號處理設備，CPE 可透過 TDMA、FDMA 或 CDMA 的技術來連上網路。CPE 介面的種類相當多元化，POTS（plain old telephone service）、DS0、10 Base T Ethernet、DS1、frame relay、ATM 與 OC3 等都包括在內。

我們下面先看一個運用 LMDS 的校園網路的例子，圖 14-3 畫出一個校園內的兩個地點之間要進行高速的資料傳輸，假如能透過無線的方式來進行，將能減少線路佈建的成本與工程，降低對於校園生活的影響。我們找到的實例是美國維吉尼亞理工學院的校園網路，透過實際的照片，可以大致感受一下 LMDS 的存在。圖 14-4 顯示 Hub 的長像，圖 14-5 的遠端台（remote station）會與 Hub 以無線的方式通訊。Hub 與遠端台本身都和所在建築物內的網路相連，由於 LMDS 能支援相當高的資料速率，所以在校園網路中能扮演類似於骨幹（backbone）的角色。

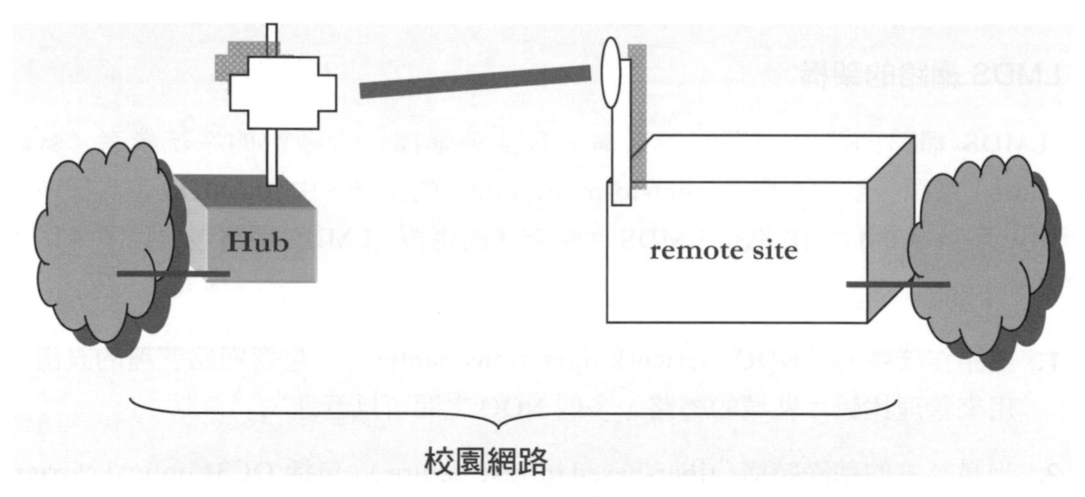

圖 14-3　LMDS 的網路架構

圖 14-4　Hub（資料來源：www.lmds.vt.edu）

圖 14-5　遠端台（資料來源：www.lmds.vt.edu）

從上面的實例可以觀察到幾個 LMDS 的特徵，首先是天線設置的高度在樓頂，Hub 與 remote station 之間有 LOS 的路徑，這樣的設置大幅降低了多路徑效應的影響。從實際的安裝情況來看，LMDS 天線的架設是具有方向性的，既然通訊雙方都不移動，可以調整到最佳的狀況。這些特徵都使得 LMDS 與一般的 PCS 之間產生很大的差異，當然應用的方向上也就各不相同了。

圖 14-6 顯示 LMDS 的網路架構，顯然居家用戶與企業用戶在應用上是有一些差異的，居家用戶很單純，既然到 LMDS operator 機房能有足夠的資料速率，那麼再由那兒到其他的網路在頻寬上都不虞匱乏。企業用戶的微波通道由多個使用者共享，進入企業內部之後連接的情況可能很多，端視企業規劃的用途而定。

至於 LMDS operator 機房所連接的網路基本上幾乎包括了各式各樣的網路，所以對於用戶來說，只要上了 LMDS 的網路架構，等於連上了所有其他的網路，也因為如此，所以 LMDS 可以和 DSL 與 cable 上網的選擇競爭。當然這並不代表 LMDS 會成為取代 DSL 與 cable 上網的技術，未來的發展還要看 LMDS 的部署程度，以及在市場上被接受的狀況。最可能的情況或許是共存，對於鄉村與市郊區域可能 LMDS 可以占上風。

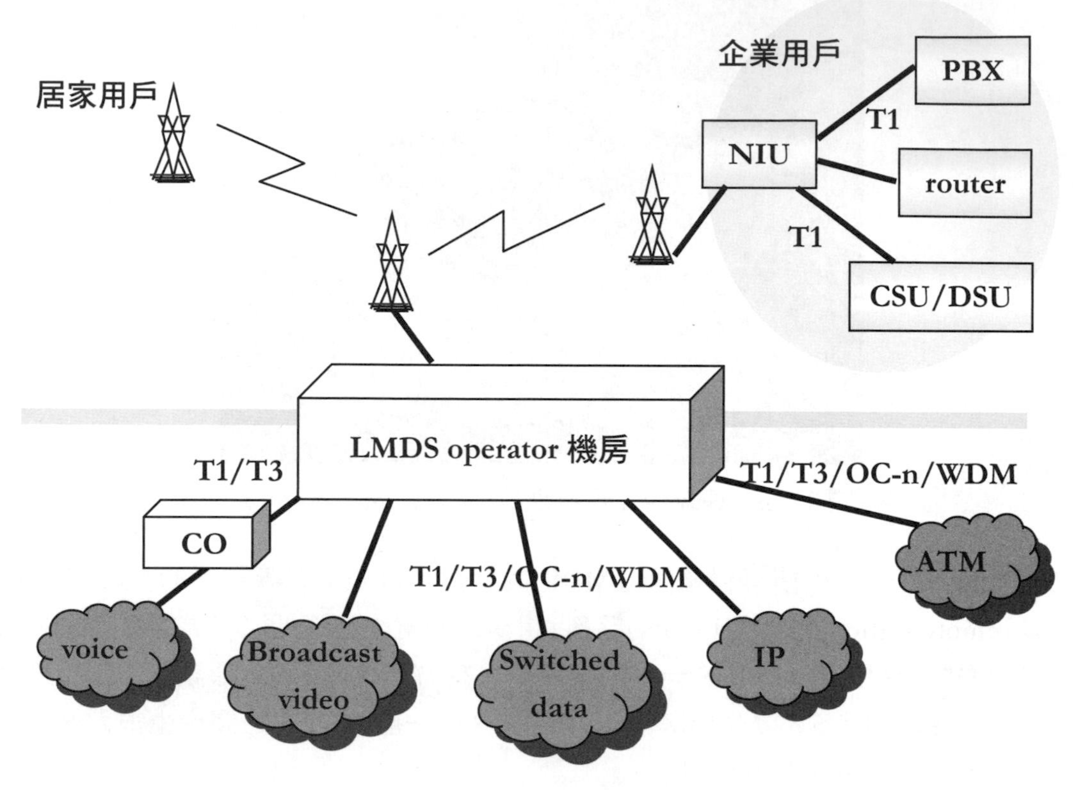

圖 14-6　LMDS 的網路架構

LMDS 的優點

我們可以看到很多點對點式的固定無線網路（fixed wireless network），主要是用來連接節點密度很高的網路，例如無線電微波的蜂巢網路，或是 PCS 型的固定網路。一點對多點的技術可以提供高容量區域存取（high capacity local access）的應用，例如一般電話網路的終端用戶。當然，LMDS 就具有一點對多點的特性，LMDS 主要的優點如下：

1. 進入市場的門檻比較低，部署的成本也較低。
2. 部署容易而且迅速，部署過程中對於環境或社區的影響較小。
3. 由於部署快，所以開始回收資金的速度也快。
4. LMDS 的系統具有很好的擴充特性（scalable），因為建置的時候不必一次全部建立起來，可以等到有需求時再建設。

5. 一般有線網路在建置上大部分的成本用在基礎架構的建立，LMDS 的主要成本用在 CPE 的部分，所以支出成本的時機通常是有訂戶的時候。

6. 網路的維護管理與運作所需的成本較低。

LMDS 的應用

LMDS 的標準化工作目前包括了以下的組織：ATM forum、DAVIC（Digital Audio Video Council）、ETSI（European Telecommunications Standards Institute）與 ITU（International Telecommunications Union），到底 LMDS 適合做什麼樣的用途，其實目前還沒有定論，由於 28 GHz 的頻段對於行動通訊來說會有一些問題，所以 LMDS 不會和蜂巢式或 PCS 的系統競爭。

1. 互動式電視（interactive TV）：LMDS 可以用來部署互動式電視，有些不希望部署纜線的地區也可採用 LMDS。

2. 高速的資料通路：LMDS 除了能讓我們連上網際網路之外，也可以讓區域網路互連、建立校園資料網路或是當做 SONET 的介質。

3. 語音服務：LMDS 能處理數千個語音頻道，雖然不太可能為了語音通訊而建置 LMDS，不過 LMDS 提供語音服務的功能可以成為增加收益的方式之一。

14.2.2 多頻道多點分散式服務（MMDS, Multichannel Multipoint Distribution Service）

MMDS 也常被稱為無線纜線（wireless cable），可以為無線網路提供到網際網路的高速連結，至於 MMDS 的由來則可追溯到美國的 Telecom Act of 1996，當時希望能為電信市場加入更多的選擇與競爭，假如 MMDS 能普遍地部署，則一般民眾就不用完全依靠現有的 ADSL 或 cable modem 等用戶端寬頻線路來連上網際網路。MMDS 的潛在客戶包括：

1. 居家的用戶：鄉村地區佈建線路的成本比較高，對於通訊業者來說，無線通訊是比較實用的選擇。所以這些地區居家的用戶會是 MMDS 的潛在客戶。

2. 學校：各級學校原本就需要高速的資料通訊功能。

3. 電傳通勤族（telecommuter）：電傳通勤族對於網路使用的依賴很高，由於住的離辦公室越遠電傳通勤的效益越高，選用 MMDS 的機率也越大。

4. 分部辦公室（branch office）：辦公室分布多處的企業需要在辦公室之間進行大量的資料傳送。
5. 市郊商業用戶：和鄉村地區的居家用戶一樣，由於離都市區域遠，佈建線路的成本比較高，適合採用 MMDS。

MMDS 的頻段（MMDS spectrum）

美國的 FCC 在 1960 年到 1980 年代把 2.1 GHz 與 2.5 GHz 到 2.7 GHz 頻率約 200 MHz 的頻段分配給電視廣播使用。分配給 MMDS 的頻道原本是用來做多頻道的視訊服務（multichannel video programming service）。原本 MMDS 的頻段包含 33 個類比的視訊頻道，每個頻道的頻寬約 6 MHz。後來由於數位技術的演進，MMDS 的頻道可以使用 CDMA、QPSK（quadrature phase shift keying）與 QAM（quadrature amplitude modulation）的技術，支援 1 Gbps 的原始傳輸容量，服務範圍的半徑達 35 英哩。原來的 33 個類比的視訊頻道轉變成 99 個數位頻道，每個頻道的資料速率可以達到 10 Mbps。因此 MMDS 的業者（MMDS operators）可以使用單一的發送器來提供高達 1 Gbps 的總容量，由於頻道的數位化，這些頻道可支援多媒體通訊。

MMDS 系統和一些機構共用 2.5 GHz 到 2.69 GHz 的頻段，包括學校與教育機構，這些機構利用所分配的頻段來廣播教育方面的節目，然後把剩下的頻段分租給通訊業者。以美國來說，FCC 於 1997 年分配了相當大的 MMDS 頻段供高速資料通訊之用，SPRINT 與 MCI WorldCom 公司大幅投資掌握了美國地區大部分的 MMDS 頻段。

MMDS 系統的組成

在缺乏 cable 與 DSL 佈建的地區，MMDS 會有很大的發展潛力，即使是在現有的網路環境中，MMDS 還是有很不錯的機會，因為這種固定式的無線通訊提供了足夠的頻寬，未來很可能會成為用戶上網的最佳選擇。MMDS 系統包括下面的主要組成：

1. 客戶端設備（CPE, customer's premise）：用戶的 PC 具有網路卡，可連到 WBR（wireless broadband router），WBR 會把 PC 或區域網路的資料轉換成能透過無線電傳遞的型式。WBR modem 透過同軸電纜連上收發器（transceiver），收發器會把訊號送往天線。MMDS 天線通常會裝置在屋頂上，與其他的收發端之間建立 LOS 的路徑。

2. MMDS 基地台：MMDS 的基地台通常會建置在非常高的地理位置上，假如位於涵蓋區域的中央，則發射天線是全向性的（omnidirectional）。假如頻率需要再用（reuse），則基地台天線可以分區（sectorized）。

在 MMDS 網路的架構下，通訊的方式可以用以下的步驟來描述：

1. 使用者的電腦送出請求到 MMDS modem。
2. MMDS modem 把資料請求送往屋頂的接收傳送器（receiver/transmitter）。
3. 接收傳送器以 2.1 GHz 的頻率與 10 Mbps 的資料速率把訊號送往 MMDS 業者的接收傳送塔台（receive/transmit tower）。
4. 塔台以轉接（relay）的方式把資料請求送到 ISP（Internet service provider）業者的設施。
5. ISP 收到請求以後，利用本身的網路從伺服器取得資料，然後將資料送往接收傳送塔台。
6. MMDS 業者的傳送設施將資料以 10 Mbps 的速率與 2.5 GHz 的訊號頻率送往用戶屋頂的接收器。

接收器將訊號送給 MMDS modem，然後傳給 PC、LAN 交換器或是 LAN 上的多個使用者。

MMDS 的優點

MMDS 與傳統的多頻道的視訊服務使用相同的頻段，既然這些視訊服務都數位化了，以 MMDS 來讓原來的頻段傳送資料與網際網路的流量，剛好符合現實的需要。MMDS 使用法定分配的頻段（licensed spectrum），可以在不受干擾的情況下建置高速的無線區域網路。單一的 MMDS 基地台涵蓋的區域可以達到 35 英哩半徑的範圍，比 LMDS 的 2 英哩到 5 英哩的半徑範圍要大很多。MMDS 在安裝與建置上也相當容易，節省大量的有線網路的線材，可以取代老舊的有線網路。MMDS 網路也有擴充的彈性，可透過天線分區（sectorizing）或是蜂巢的建構來擴增系統的容量。

14.3 無線網路城

傳統的手機已經讓語音通訊擴大到幾乎跟傳統電話一樣的範圍，但是數據通訊的資料速率有限，無線網路城的規劃就是要突破這樣的限制，除了要透過網路的技術與協定來佈建資料速率充裕的無線網路以外，還要讓這樣的環境跟蜂巢網路的通訊整合在一起。

圖 14-7 顯示位於美國加州 San Hose 的一個 Wi-Fi hotspot 的指示牌，目前國內也有不少無線區域網路（WLAN）的建置，包括大台北地區已經規劃要建立所謂的無線網路城，日本的 NTT DoCoMo 也曾經在網站上展示未來城市的機能，有很多應用就是透過無線網路來達成的。雖然行動應用目前還沒有讓人感受到有非常普及的趨勢，不過只要網路頻寬與行動器具的限制慢慢地消失，有很多應用會很自然地興起，因為行動應用的方便性很難讓一般人拒絕。

圖 14-7　位於美國加州 San Hose 的一個 Wi-Fi hotspot 的指示牌

無線網路城的建立跟無線寬頻的技術有密切的關係，其中 802.16 與 802.20 的協定是重要的關鍵。802.16 發展的工作始於 1999 年 7 月，802.16 的標準於 2001 年 12 月通過，主要適用於 10-66 Ghz 頻段的 wireless MANs。歐洲的 ETSI（the European Telecommunications Standards Institute）project BRAN（Broadband Radio Access Networks）也發展了兩個跟 802.16 以及 802.16a 類似的標準，即 HIPERACCESS 與 HIPERMAN，HIPERACCESS 涵蓋的頻段高於 11 GHz，HIPERMAN 涵蓋的頻段低於 11 GHz。

IEEE 於 2002 年 12 月同意成立發展 IEEE 802.20 標準的組織，即 MBWA（mobile broadband wireless access）working group。IEEE 802.20 的任務是發展有效率的封包傳送所需要的無線通訊介面（air interface），適合支援傳輸層以 IP 封包為主的服務，以全世界為範圍，讓各種廠商的行動寬頻網路能夠互通，同時在更低的成本下滿足使用者的需求。

802.20 必須訂出 air interface 的實體層與 MAC 層的規格，在 3.5 GHz 的管制頻段（licensed bands）作業，特別配合 IP 的資料傳送。每個 user 的 peak data rate 可以達到 1 Mbps 以上，在 MAN 的環境中，支援各種行動載具的速度，最高達到 250 Km/h，頻譜的使用效率、使用者的持續資料速率（sustained data rate）與使用者的數目都要遠高於現有的行動系統。

WiMAX（802.16）是 IEEE 在固定式無線寬頻（fixed wireless broadband）上發展的標準（即 air interface for Fixed Broadband Wireless Access Systems），而 802.16e 與 802.20 則是無線寬頻朝向支援行動性的發展，802.16e 支援的行動性在 2 到 6 GHz 的管制頻段，802.20 作業的頻段在 3.5 GHz 以下，802.16e 會以 802.16a 為基礎，802.20 則是全新開始，所以 802.16e 的產品應該會比 802.20 的產品早上市。

LMDS 與 MMDS 跟 802.16 或 802.20 有什麼差別呢？LMDS 與 802.16 都是一種「最後一哩連線（last mile connectivity）」的解決方法，美國 FCC 早在 1998 與 1999 年就在標售（auction）LMDS 的頻段，不過由於各種標準層出不窮，而且網路的建置迅速，所以直到 802.11 WLAN 普及以後，大家才把焦點轉到 802.16。

無線寬頻的發展直接影響到蜂巢網路與 Wi-Fi，因為無線寬頻涵蓋的範圍跟蜂巢網路一樣大，又不必倚賴 Wi-Fi 的熱點（co-market），同時還支援高移動性的無線通訊。

14.4 無線寬頻技術簡介

近年來在電信市場上有兩大發展：一個是無線通訊，另外一個則是寬頻上網。無線通訊有其方便性，從 1990 年代到現在用戶增加的幅度非常大；網際網路則是寬頻上網的推手，由於使用者增加，大家都尋求更高的速率上網，所以寬頻上網越來越普及。**無線寬頻技術的目標就是希望能夠結合並滿足這兩大電信發展的需求，讓終端用戶以無線的方式以及寬頻的服務上網。**

14.4.1 無線寬頻技術的發展

大約從西元 1990 年代末期開始，用戶寬頻上網多半透過數位用戶線路（DSL，digital subscriber line）或是有線電視的纜線數據機（cable modem）技術，資料速率約每秒數個 megabits，促成了網際網路的發展，讓用戶能有效地分享資料、進行網路商務，或是取得娛樂休閒方面的服務。

寬頻上網的動力

寬頻上網不僅讓 Web 瀏覽變快、檔案下載加速，同時也促成了網路多媒體的應用，包括即時的音視訊串流、視訊會議、網路互動遊戲等，另外一方面用戶也用寬頻上網來進行費用低廉的語音通訊，主要是透過 VoIP（Voice over IP）的技術。接取網路的技術也導入光纖到家（FTTH，fiber-to-the-home）與 VSDL（very high data rate digital subscriber loop）的技術，用戶端的應用更多元化，包括高畫質電視（HDTV，high definition TV）、視訊隨選（VOD，video on demand）等。

無線寬頻的掘起

無線寬頻技術初期發展的目的在於尋求一種能與有線網路技術競爭的無線上網技術，由於電信工業在法規上鬆綁、網際網路又蓬勃發展，業者希望能透過無線的方式擺脫現有的有線網路服務提供業者，尋求更大的發展空間。以圖 14-8 為例，終端用戶可以透過 WiMAX 基地台連上網際網路，完全脫離傳統的電話網路。

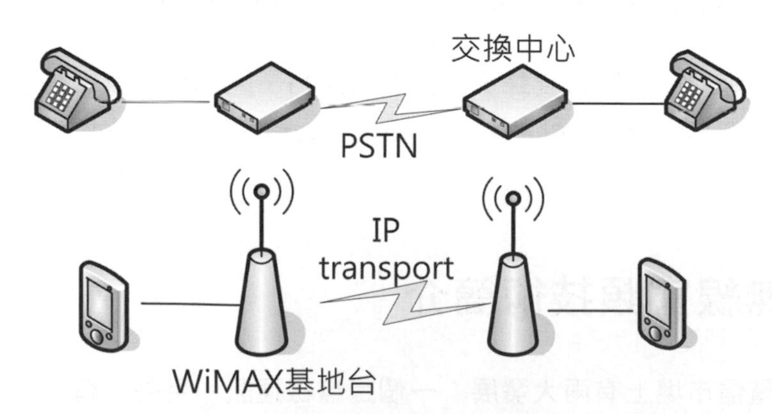

圖 14-8 WiMAX與傳統電信網路的競爭

不過無線網路過去有一些必須解決的問題，包括服務品質（QoS）、安全問題、通訊服務範圍的限制，以及頻寬的限制，這些問題在無線寬頻的領域中已經逐漸獲得解決。無線寬頻服務（broadband wireless services）可以分成兩大類：

1. 固定式的無線寬頻（fixed wireless broadband）：在服務上與有線寬頻類似，只是通訊採用無線的方式，所以主要的訴求是與 DSL 或是 cable modem 競爭。
2. 行動式的無線寬頻（mobile broadband）：一樣提供寬頻上網的服務，不過還加上可攜性（portability）、游牧性（nomadicity）與行動性（mobility）。

行動式的無線寬頻讓用戶上網的情況擴大延伸到很多不同的場合，而 WiMAX（worldwide interoperability for microwave access）技術在設計上包括了對於固定式的無線寬頻與行動式無線寬頻的支援。。

增廣見聞

在無線通訊技術裡頭有兩個常聽到的術語，游牧性（nomadicity）與移動性（mobility），游牧性是指從不同地點透過不同的基地台連上網路的能力，移動性是指快速移動仍舊保持通訊的能力。

14.4.2 無線寬頻技術的歷史

無線通訊「無線（wireless）」的特質造就了用戶的「行動性（mobility）」，要與已經廣泛部署的有線上網競爭則除了方便之外，還要加上「寬頻（broadband）」的誘因，在通訊市場上才會有競爭力。表 14-1 列出無線寬頻近年來的一些發展，之前由於缺乏大家認同的統一標準，影響部署的速度，2008 年到 2009 年受到金融大海嘯的衝擊，未來的發展也隱藏著一些變數。

表 14-1　無線寬頻的部分發展過程

時間	無線寬頻近年來的發展
1997 年 2 月	FCC 標售 2.3GHz 頻段 30MH 的頻譜供無線通訊之用。
1998 年 9 月	FCC 發佈 MMDS 頻段供雙向通訊的規定。
1999 年 7 月	IEEE 802.16 group 召開第一次會議。
2000 年 5 月	Sprint 在 Phoenix 與 Arizona 部署運用第 1 代 LOS 技術的 MMDS 網路。
2001 年 6 月	WiMAX Forum 建立。
2001 年 10 月	Sprint 停止 MMDS 的部署。
2001 年 12 月	AT&T 停止固定式的無線服務。
2001 年 12 月	IEEE 802.16 的標準完成大於 11GHz 的部分。

時間	無線寬頻近年來的發展
2002 年 2 月	韓國分配 2.3GHz 的頻段做為無線寬頻之用，即 WiBro。
2003 年 1 月	IEEE 802.16a 的標準完成。
2004 年 6 月	IEEE 802.16-2004 標準完成而且通過。
2004 年 9 月	Intel 開始推出第一個 WiMAX 晶片組：Rosedale
2005 年 12 月	IEEE 802.16e 標準完成而且通過。
2006 年 1 月	第一個由 WiMAX Forum 認證的產生推出提供固定式的應用。
2006 年 6 月	韓國推出 WiBro 的商業應用。
2006 年 8 月	Sprint Nextel 宣佈要在美國部署 mobile WiMAX 的計畫。

窄頻的無線區域迴路（narrowband wireless local-loop）在一些幅員廣大的國家產生了不錯的效果，例如蘇俄、中國大陸、印度、印尼與巴西。AT&T 曾經在 1997 年 2 月於 1900 MHz PCS 頻段提供無線存取服務，但是在 2001 年底停止。後來有業者試著在 900 MHz 與 2.4GHz 的頻段提供寬頻上網的服務，這些業者也稱為 WISP（wireless Internet service provider）。

14.4.2.1 第 1 代的無線寬頻系統

第 1 代的寬頻系統以 LMDS（local multipoint distribution systems）與 MMDS（multichannel multipoint distribution systems）為代表。LMDS 使用 24 GHz 與 39 GHz 的頻率，支援高達數百 Mbps 的資料速率，在 1990 年代末期針對商業用戶迅速地發展，但是也很快地結束，因為用戶必須在屋頂架設天線，有安裝的困難。

MMDS 原本是希望成為無線視訊廣播服務的技術，使用 2.5 GHz 的頻率，針對市郊廣大的區域提供服務，涵蓋達到 35 英哩的範圍，但是衛星電視阻礙了 MMDS 這一部分的發展。不過 MMDS 同樣要求戶外天線來提供視線（LOS）的通訊、服務區域廣大使得單一塔台的容量（capacity），都成為 MMDS 發展的障礙。

14.4.2.2 第 2 代的無線寬頻系統

第 2 代的無線寬頻系統運用蜂巢架構與比較先進的訊號處理技術來解決 LOS 與容量的問題，能夠在非視線（NLOS）的狀況下運作，用戶天線的位置可以低一點。採用的技術包括 CDMA（code division multiple access）、OFDM（orthogonal frequency division multiplexing）與多重天線。第 2 代的無線寬頻系統解決了很多第 1 代的無線寬頻系統的問題，但是缺乏標準化的進展。

14.4.2.3 標準化的發展

1998 年 IEEE 成立了 802.16 小組，負責無線都會網路（wireless MAN：wireless metropolitan area network）的標準，一開始尋求 10 GHz 到 66 GHz 頻段的運用，後來在 2001 年 12 月完成了一個 Wireless MAN-SC 的標準，實體層使用單載波調變技術，MAC 層的 TDM 結構支援 FDD 與 TDD。

接著 802.16 小組持續修改標準，試著運用 2GHz 到 11 GHz 的頻段，支援非視線（NLOS）的通訊。後來在 2003 年完成 IEEE 802.16a 的標準，實體層加入 OFDM 的技術，MAC 層加入 OFDMA 的技術。2004 年發佈的 802.16-2004 就是修改 802.16a 的結果，取代了原來的 802.16、802.16a 與 802.16c，成為歐洲 HIPERMAN 的基礎。802.16 小組從 2003 年就開始研究如何讓 802.16 的標準支援行動性的應用（vehicular mobility application），於 2005 年完成 802.16e 的標準，以 IEEE 802.16e-2005 為正式的名稱。

802.16 小組所訂的標準規格涵蓋的範圍很廣，包括許多選項，業者必須發展出能夠相容搭配的產品來，這一部分是透過 WiMAX Forum 來協調的，整合產業各環節的廠商。當然，WiMAX 後來並沒有成功，現在 WiBB 是 5G 以及未來 6G 的天下。

14.4.3 無線寬頻的市場與應用

無線寬頻的市場與應用可以從固定式的與行動式的兩個角度來看，以固定式的無線寬頻（fixed broadband wireless）來說，可再分成點對點（point-to-point）與單點對多點（point-to-multi-point）兩種情況：

1. 點對點（point-to-point）
   - 建築物之間的連線
   - 微波的背後網路（backhaul）
2. 單點對多點（point-to-multi-point）
   - 居家寬頻（residential broadband）
   - SOHO（small office/home office）

- 中小企業（SME：small-to-medium enterprise）的市場
- Wi-Fi 熱點的背後網路

行動式的無線寬頻服務是傳統行動電話的競爭對手，對於沒有擁有蜂巢網路頻段的業者來說，過去 WiMAX 是切入行動通訊市場的機會，現在則由 5G 行動電話業者，部署 WiMAX 網路最多只是當做備援的重複網路（overlay network）。

14.5 WiMAX 與其他無線寬頻技術的比較

WiMAX 並不是唯一的無線寬頻技術，有一些專屬技術（proprietary technologies）也支援固定式與行動式的無線寬頻。早期與 WiMAX 最有關的算是 3G 的蜂巢網路與以 IEEE 802.11 協定為主的 Wi-Fi 系統。

14.5.1 蜂巢系統（Cellular system）

3G 的推廣是目前蜂巢網路業者發展的重點，包括 GSM 的業者部署 UMTS 與 HSDPA、傳統的 CDMA 業者部署 1x EV-DO，以及中國地區的 TD-SCDMA。3GPP 也針對 3G 的標準進行大幅的改善，所謂的 LTE（long-term evolution）的目標是希望達到 100Mbps 的下行（downlink）速率，以及 50Mbps 的上行（uplink）速率。3GPP2 則是發展 EV-DO Revision C，希望達到 70~200Mbps 的下行速率，以及 30~45Mbps 的上行速率。跟 WiMAX 比較起來，3G 在先天的設計上就有考慮到移動性，WiMAX 則是將移動性以附加的方式來設計，不過 WiMAX 有很多其他 3G 所不及的優點，包括高資料速率與低成本等特性。

14.5.2 Wi-Fi 系統

Wi-Fi 系統以 IEEE 802.11 的協定為基礎，原本這個協定是支援建築物內的無線區域網路，但是 Wi-Fi 的概念是將 802.11 的運用帶到室外，使用的是不需要執照的頻段，所以干擾程度比較高，基地台與用戶之間的最遠距離也只能達到 300 公尺左右，只不過資料速率遠比 3G 要高，另外一個優點是很多用戶設備都具備 Wi-Fi 通訊的介面。所以 Wi-Fi 與 WiBB 是不同的，而現在 5G 的通訊效能也逐漸地追上 Wi-Fi。

14.5.3 其他相關的技術

有兩個跟無線寬頻有關的標準：IEEE 802.20 與 IEEE 802.22，IEEE 802.20 特別針對速率高達每小時 250 公里的移動性來設計，使用低於 3.5GHz 的頻率，支援 4Mbps 的下行速率，以及 1.2Mbps 的上行速率。IEEE 802.22 的標準是針對荒郊地區發展所謂的無線地域網路（WRAN：wireless regional area network），使用感知無線電（cognitive radio）的技術，利用這些地區未使用的電視頻道。

14.6 無線寬頻系統與 WiMAX 面臨的挑戰

雖然大家對於無線寬頻以及 WiMAX 有很大的期待，但是在實際的環境中仍然存在著很多困難，就像 3G 發展初期曾經遇到 SARS 的流行，受到很大的影響，延誤了推出的時程，WiMAX 正值金融海嘯的衝擊，也面臨很大的挑戰。現在回頭看這一段歷史，更能感受到無線通訊技術與產業發展的快速。

14.6.1 商業發展上的挑戰

WiMAX 在固定式的應用上需要跟傳統的寬頻上網業者競爭，資料速率比較沒有辦法完全佔優勢，但是行動性是 WiMAX 的優點。世界各地對於 WiMAX 使用頻譜的規定有差異也需要解決，另外 3G 也是 WiMAX 的競爭對象，WiMAX 需要有更多的用戶設備的支援才能普及。

14.6.2 技術發展上的挑戰

WiMAX 在技術上也面臨了很多的挑戰，首先在資料速率上要提高，但是要有健全的 QoS，支援多元化的服務；要有效地支援 IP 的應用，並且配合用戶設備的高移動性；跟 3G 以及 Wi-Fi 比較起來，更是要有顯著的效能提昇，才能在市場上有競爭力。

14.7 LTE（Long Term Evolution）

LTE（Long Term Evolution）是行動蜂巢通訊技術的一種發展，目標是透過無線通訊的方式建立端對端的寬頻 IP 網路。3GPP Release 8 中可以找到 LTE 的描述，3GPP 是指 Third Generation Partnership Project），而 3GPP Release 8 的主要目的在於將

UMTS 提昇到 4G 的技術，在行動寬頻（mobile broadband）的架構上形成全 IP 的網路，接續的 5G 與 6G 的發展會讓全 IP 的網路提供更好的服務。

早期 LTE 在技術規格上的基本要求是下行的極速（downlink peak rate）至少 100 Mbits/sec，上行的極速（uplink peak rate）至少 50 Mbits/sec，RAN（Radio Access Network）來回時間（round-trip time）少於 10 ms。提供 1.4 MHz 到 20 MHz 彈性的載波頻寬（carrier bandwidth），同時支援 FDD（Frequency Divison Duplex）與 TDD（Time Division Duplex）。

以前買 4G 的手機時應該經常會看到規格中提到 LTE，LTE 是長期演進技術（Long Term Evolution）的簡稱，是目前市場上相當重要的行動無線寬頻技術，也是所謂的 4G 技術的基礎。LTE 讓行動電信服務供應商透過比較經濟的方式提供無線寬頻服務，優於過去 3G 無線網路的效能。LTE 已經正式被第三代行動通訊組織（3GPP，Third Generation Partnership Project）列為無線通訊技術的標準。LTE 能在無線寬頻數據應用中提供最佳化的性能，也可以和 GSM 服務供應商的網路相容。

提到 4G，一般人大概都會想到 WiMAX，WiMAX 與 LTE 都是跟 4G 相關的主要技術，但是兩者跟國際電信聯盟 ITU（International Telecommunication Union, ITU）定義的 4G 還有一段很大的差距。

1. WiMAX 是由 IEEE 訂的技術標準，算是從頭全新開發的技術，主要由 Intel 支持，技術上與現有的 GSM、CDMA 有明顯的分別，相容上有難度。
2. LTE 是由 3GPP 提出來的技術標準，與目前的 3G 相容。在投資的建設上，LTE 只需在現有 3G 系統的基礎上增加器材即可使用，不必像 WiMAX 一樣，重新在相關的基礎建設上投資。

LTE 與 WiMAX 在發展速度上沒有差很遠，不過兩者的投資金額差距很大，因為 WiMAX 需要重新建置，而 LTE 可以建置在現有的基礎上。傳統的電信廠商均偏好使用 LTE 技術，第三世界或新興的電信廠商則偏好 WiMAX 系統。從支援的通訊速率來看，LTE 的主要性能特徵包括：

1. 資料速率高：在 20MHz 頻譜帶寬提供下行 100Mbps，與上行 50Mbps 的傳輸速率。
2. 系統效能佳：降低系統延遲，用戶單向傳輸時延低於 5ms，基地台轉接時間低於 50ms。

3. 用戶移動性高：能夠為 350Km/h 的高速移動用戶提供大於 100kbps 的資料存取服務。

4. 頻譜的運用靈活：頻譜可以靈活配置，支援 1.25MHz 到 20MHz 的多種帶寬。

表 14-2 從技術的觀點來看 LTE 的特徵，通訊速率是最顯著的改變，在這樣的速率下，跟 Wi-Fi 的速率沒有很大的差別，上網會很方便。頻譜的使用效率一直是各種無線通訊技術的目標，因為頻譜是無線通訊裡頭珍貴的資源。

表 14-2　從早期技術的觀點來看 LTE 的特徵

LTE 的特徵	說明
提高通訊速率	下行最高速率為 100Mbps，上行最高速率為 50Mbps。
提高頻譜的使用效率	頻譜是無線通訊裡頭珍貴的資源。
保證 QoS	通過系統設計和嚴格的 QoS 機制，保證服務質量。
系統部署的靈活性	能夠支持 1.25MHz-20MHz 間的多種系統頻帶寬度，保證未來在系統部署上的靈活性。
有考量向下相容性	支持已有的 3G 系統和非 3GPP 規範系統的協同運作。與 3G 相比，LTE 有技術優勢，包括較高的資料傳輸速率、分組傳送、延遲降低、廣域覆蓋和向下相容。

14.7.1　4G 發展的關鍵角色

LTE（Long Term Evolution）是 3GPP（the Third Generation Partnership Project）的一個專案計畫，大約從西元 2004 年 11 月開始，探討 UMTS（universal mobile telephone system）長期的演化，LTE-Advanced 是 3GPP 對 ITU-R IMT-Advanced 的計畫所提出來的通訊標準，UMTS 本身也是 3GPP 的專案計畫，探討 RAN（radio access network）所使用的技術，最後選擇了 W-CDMA（wideband code-division multiple access），所以後來大家把 UMTS 與 W-CDMA 看成是一樣的技術。

14.7.2　從 UMTS 到 LTE

UMTS RAN 的兩個主要的成員是 UTRA（universal terrestrial radio access）與 UTRAN（universal terrestrial radio access network），UTRA 定義的是自由空間傳送的介面（即 air interface），包括使用者設備（UE，user equipment）與行動電話。

UTRAN 則包括無線電網路控制（RNC，radio network controller）與基地台（base station），也稱為 B 節點（即 node B 或 NB）。

LTE 可以看成是 UMTS 的進化版，所以很多名稱也從 UMTS 轉化過來，例如 LTE 裡頭的 E-UTRA、E-UTRAN。不過 LTE 所描述的不只 RAN，還包括了 3GPP 的另外一個同時進行的專案，稱為 SAE（System Architecture Evolution），定義一個以封包為主的核心網路 EPC（evolved packet core），EPC 加上 E-UTRA 與 E-UTRAN 就成為所謂的 EPS（Evolved Packet System），所以整體的系統應該以 EPS 稱之，但是大多數人還是習慣以 LTE/SAE 或是 LTE 來稱呼。

14.7.3 從 LTE 到 LTE-Advanced

UMTS 在規格文件上的改變其實就代表著從 UMTS 進化到 LTE 的歷程，表 14-3 簡單地列出這個過程中的幾個重要的里程碑，技術與實際的部署是跟著改變的，我們可以對照市場上對應的變化。

表 14-3　UMTS 規格的進化

版本	定案時間	主要的內容
Rel-99	2000 年 3 月	基本的 3.84Mcps W-CDMA（FDD & TDD）
Rel-5	2002 年 6 月	HSDPA
Rel-6	2005 年 3 月	HSUPA（E-DCH）
Rel-7	2007 年 12 月	HSPA+（64QAM downlink, MIMO, 16QAM uplink） LTE 與 SAE 可行性的探索
Rel-8	2008 年 12 月	LTE（OFDMA/SC-FDMA air interface） SAE（IP core network） Dual carrier HSDPA
Rel-10	2011 年 3 月	LTE-Advanced
Rel-11	2012 年 9 月	further eICIC, CoMP, 8-carrier HSDPA
Rel-12	2013 年 Stage 1	Dynamic TDD, LTE-D

Release 5 的 HSDPA 對於 UMTS 的意義就相當於之前 GSM 中的 GPRS，將封包資料服務加入，Release 6 的 HSUPA 的訂定完成了 UMTS 的封包資料部分，HSDPA

與 HSUPA 合起來稱為 HSPA（high speed packet access）。Release 7 是 LTE/SAE 探索的起點，可以看到 MIMO 技術的加入，Release 10 則出現了 LTE-Advanced 的內容。

14.7.4 技術的特徵

LTE 的下傳連結（downlink）採用 OFDMA 的技術，上傳連結（uplink）則是採用 SC-FDMA 的技術，另外，LTE 透過多天線 MIMO 的技術來提昇涵蓋率（coverage）與系統的容量（capacity）。圖 14-9 顯示多天線的技術，這裡以最多兩組天線為例，在理論與實務上可以有更多天線的組合。4 種使用無線電頻道的方式分別是 SISO、SIMO、MISO 與 MIMO，I 代表 input，O 代表 output，S 代表 single，M 代表 multiple。所以 input 指傳送方的訊號流，output 指接收方的訊號流，SISO 是最基本的情況，也就是傳送與接收兩方都各使用一支天線，可以當做比較的基礎，看其他的多天線情況會有相對多少的提昇。

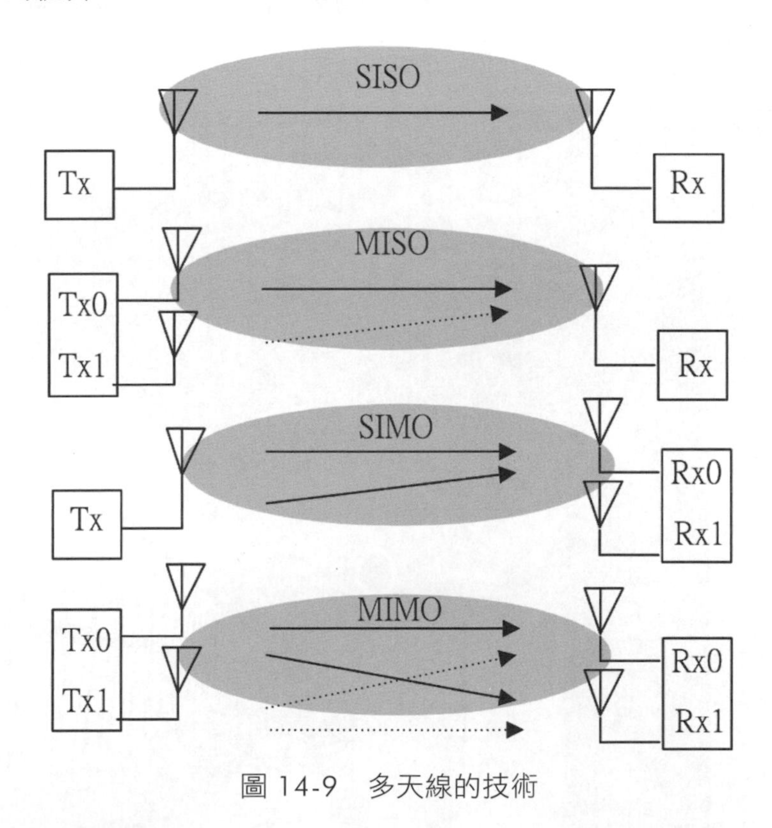

圖 14-9　多天線的技術

圖 14-9 裡頭的實線與虛線代表不同的訊號流，所以可以看得出來在 MIMO 的情況中可以透過不同的天線發送與接收不同的訊號流。在 LTE 中還探討了 single-user 與 multi-user 的情況，也就是 SU-MIMO 與 MU-MIMO。

圖 14-10 顯示使用了 MIMO 技術的基地台，基地台本身還連接了有線的網路，從外觀上可以看到一共有 6 支天線。

圖 14-10　使用了 MIMO 技術的基地台

圖 14-11 顯示多天線技術使用的實景，走廊左側是教室，基地台架設在靠上方處，沿著走廊上有其他類似的無線基地台。

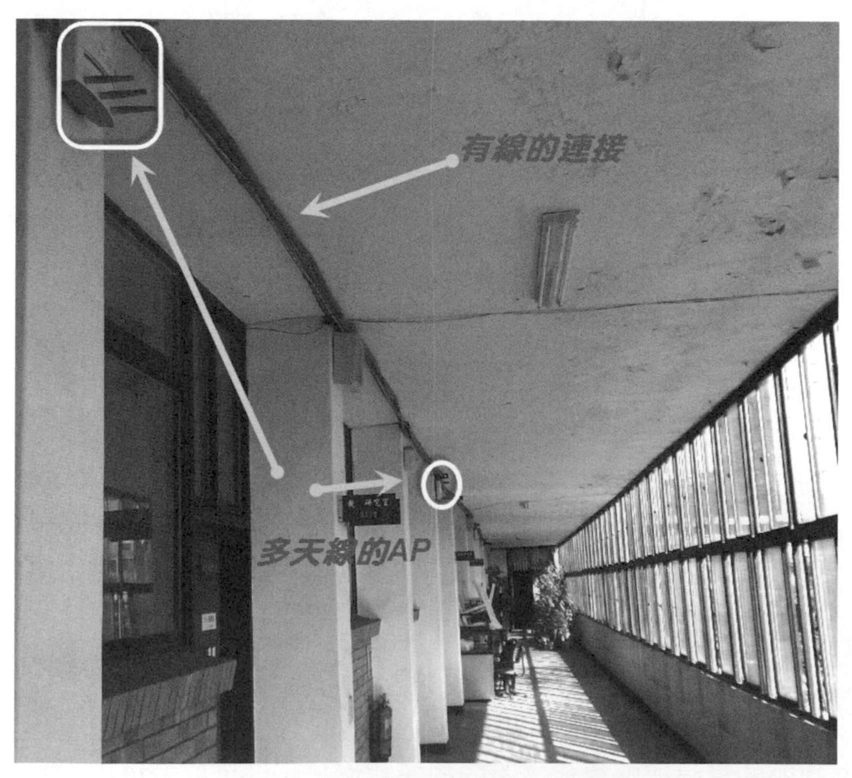

圖 14-11　多天線使用的實景

UMTS 的 Release 10 的內容提到了 LTE-Advanced，這就是一般認知的 4G 的技術，裡頭有很多改善無線通訊的技術與做法，其中也包括了居家基地台（home BS）的概念，亦稱為 femtocell。

14.8 合作式通訊與中繼的技術

無線通訊的品質一直持續在改善，在合作式網路中，無線通訊系統除了基地台外還多了中繼站可以扮演伺服器的角色，使用者以合作的方式，將所要傳輸的資訊，透過不同的路徑傳送到目的端，降低因通道衰減而造成的資料錯誤傳送機率，這就是多天線系統中經常提到的「空間之多樣性（space diversity）」，而合作式網路是利用彼此合作的通訊夥伴所建立的天線陣列，來達到所謂的空間多樣性。合作式通訊是目前發展相當迅速的領域，主要是因為這種技術會讓頻譜的運用更靈活而有彈性。

14.8.1 合作式通訊（Cooperative communication）

基地台之間的連線經常會因為地形地物的阻礙而造成連線品質不佳，使用者的終端器具可以選擇中繼站做為伺服器，利用多點跳躍傳輸（Multi-hop）來提升與基地台和後端網路間的通訊品質，避免這些使用者在基地台有限的傳送功率下，因為無法滿足所需的通訊品質而形成傳輸死角（dead spot），降低系統整體的效能。

在無線通道傳輸中，服務品質下降的原因除了多路徑所造成多重路徑干擾（Interference）外，所傳輸的訊號在一個符號（Symbol）週期的時間內可能遭遇數種不同程度的衰退（Fading），這種環境也稱為選時性衰退（Time Selective Fading）的通道，此種通道的特徵屬於萊禮分佈（Rayleigh Distribution），也稱為萊禮衰退通道（Rayleigh Fading Channel）。在合作式無線通訊網路的環境中，如何降低多路徑傳輸所造成的訊號延遲、路徑損失和通道衰減是關鍵的問題，可以利用多個中繼點的分集性增益（diversity gain）來降低路徑損失和通道衰減。

合作式多點跳躍（CoMP）傳輸技術是改善通訊範圍的技術，能進行有效的訊息交換，使干擾受到控制。目前已經有人提出無線寬頻頭端設備（RRH，Remote Radio Head）的概念，可以看成是某個基地台的延伸傳輸模組或是獨立運作的基地台，把基地台中的射頻伺服器（Radio Server）集中在一個基地台內，透過光纖與機房連接，導入光纖的連結，傳輸距離可以因此而延伸，電信業者不必在每個基地台建置機房，只要在區域內透過光纖就可以建置 RRH 裝置的據點，強化整體網路訊號的效能。

LTE-A 與 IEEE 802.16m 的技術已經針對 CoMP 提出規格，這樣的技術已被採用在 4G 寬頻無線通訊中。

14.8.2 中繼（Relay）技術

傳統的無線通訊技術考慮的是通訊雙方的訊號傳送，例如基地台與行動台之間的通訊，假如鄰近區域有其他的無線通訊設備，有可能因為競相通訊而造成干擾，但是以「中繼（Relay）」技術來說，其他通訊節點的存在反而是為了幫助目前期望通訊的兩方達到比較好的通訊品質，主要有兩種方式：

1. 專用型的中繼（dedicated relays）：中繼節點的存在完全是為了幫助其他節點達到良好的通訊品質。
2. 通訊節點兼扮中繼的角色（peer nodes acting as relays）：本身也有通訊需求的節點在需要時扮演中繼的角色。

採用中繼技術以後就產生了所謂的「中繼節點（Relay node）」的名詞，雖然對通訊品質的改善有幫助、也提昇了網路設計的彈性，但是會使設計的過程變複雜，也因此衍生出所謂的「合作式通訊（cooperative communication）」，我們可以這麼想像，經由中繼技術與合作式通訊，無線通訊涵蓋的範圍是可以延伸的。舉例來說，大家可以思考一下高鐵上的無線通訊要如何達成或是改善，其實就可以運用中繼技術與合作式通訊。

大家使用手機通話的時候，可能多少都有自己或是對方聽不清楚的經驗，這時候就需要稍微調整一下位置，讓聲音變清楚。甚至有時候乾脆直接告訴對方，直接撥打有線電話，這是因為行動無線通訊很容易受到干擾，經過那麼多年的發展，這些問題已經慢慢地改善了。我們下面針對一些比較新的發展，提供同學們參考的資訊。

14.8.2.1 中繼站（Relay Station）技術

WiMAX 跟 LTE 是廣域寬頻無線通訊的主要技術，WiMAX 的 IEEE 802.16j 的標準制訂工作小組負責多點躍徑中繼（Mobile Multi-hop Relay）技術的發展，LTE 這邊 3GPP R10 的版本主要的研究項目是中繼技術的制定。行動無線網路是由許多的基地台與用戶端設備所組成的。在 WiMAX 的領域裡，基地台稱為 Base Station（BS），用戶端為 Mobile Station（MS），在 LTE 的領域裡，基地台稱為 Evolved Node B（簡稱為 eNodeB），用戶端稱為 User Equipment（UE）。雖然名詞有點差異，概念其實都差不多。

在圖 14-12 中，我們可以依照用戶端是否知道連結的是不是中繼站，將中繼站分為透明式（Transparent）中繼站及非透明式（Non-Transparent）中繼站兩種。另外又可以依據所使用的無線頻寬的不同，分為 inband 與 outband 兩種。

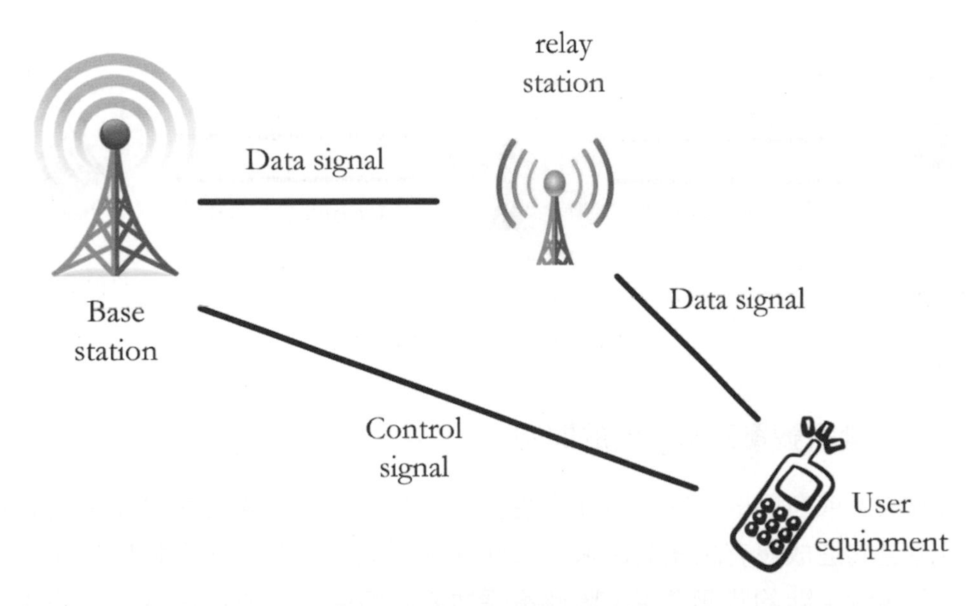

圖 14-12 透明式中繼站

1. 透明式中繼站：透明式中繼站指的是用戶端可以接收到基地台所傳送的訊號，但是因為通訊品質不佳，若一直利用這樣的訊號進行資料通訊，用戶端的通訊品質會比較差，同時造成所使用的資料編碼方式在同樣的無線資源下僅能傳送較少的資料量，也會導致這個基地台的無線通訊效能下降。利用透明式的中繼站技術可以解決這個問題。透明式中繼站服務能夠使收到基地台訊號但訊號較差的用戶端改善通訊品質。從基地台發出來的數據，分為控制封包與資料封包兩種，透明式中繼站僅協助傳送資料封包，在這個基地台覆蓋範圍內，所有的用戶端還是接收基地台所送出的控制封包，遵循基地台所規劃的整體傳輸方式。中繼站在這種架構下的使用目的是將通訊品質較差的資料傳輸連線，替換為通訊品質較好的資料傳輸連線，以達到提升整體傳輸速度的目的。在透明式中繼站的架構下，用戶端的通訊模式與直接相連基地台的情況一樣，所以用戶端不需要知道自己是否透過中繼站與基地台連線。

2. 非透明式中繼站：圖 14-13 顯示非透明式中繼站的架構，非透明式中繼站是指基地台所送出的控制封包與資料封包都由中繼站轉送。這種中繼站的型態適用於用戶端位於原來基地台訊號的覆蓋範圍之外，中繼站設置的目的是為了延伸原來基地台的覆蓋範圍。在這種通訊模式下，由於用戶端所有的訊號來源都是中繼站，因此用戶端知道自己是跟中繼站連線，不是直接跟原來基地台連線。

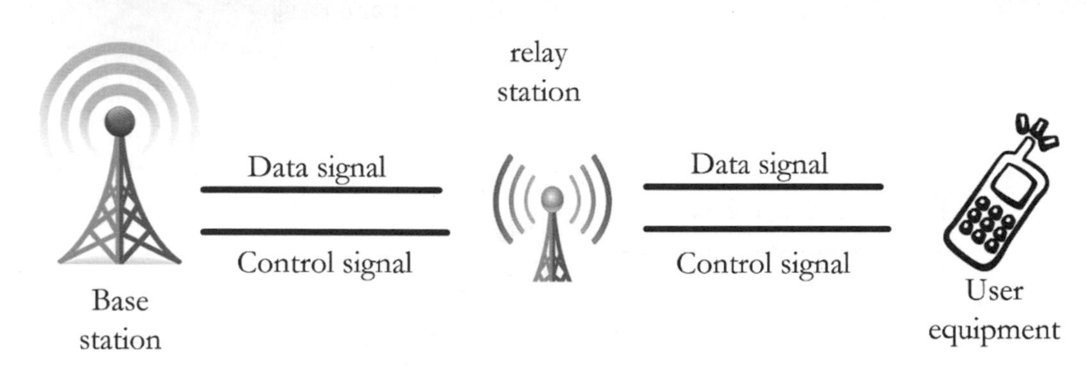

圖 14-13　非透明式中繼站

14.8.2.2　認識訊號覆蓋率不佳的問題

為距離較遠或有障礙物的影響而產生訊號衰減的狀況，會更有可能在兩個基地台的覆蓋範圍之間造成沒有訊號的區域。這些狀況不但可能會造成資料傳輸速度下降，也更可能有傳輸中斷的狀況發生。因此電信業者必須用一些方法來解決訊號覆蓋率不佳的問題。

以無線行動網路的覆蓋率來說，若是基地台的訊號覆蓋不足，系統廠商主要會利用微細胞基地台（micro cell）或強波器的佈建來提高覆蓋率。但是這兩種作法都有其問題與限制，前者的成本較高，因為微細胞基地台也是需要有機房以及後端連線，唯一不同的是功率較低，若利用強波器，則只是單純的將訊號放大，所以會有干擾訊號也一併被放大的狀況發生，若所在的地點干擾訊號源眾多，則架設訊號放大器對於通訊品質的改善並不會有很大的幫助。由於這些做法都有一些實際運用方面的問題，仍然需要其他的技術來解決原來的問題。

14.8.2.3　中繼站技術的解決方法

既然訊號覆蓋率不佳會造成問題，在技術上勢必要找出解決的辦法，中繼站技術提供了下列的解決方法。

1. 效能加強（Throughput Enhancement）：利用中繼站與用戶端之間比較短的傳輸距離，可以使用傳輸效能較好的調變與編碼技術。
2. 覆蓋率加強（Coverage Enhancement）：利用中繼站的覆蓋範圍來彌補基地台訊號不容易到達的死角。
3. 距離延伸（Range Extension）：利用中繼站的跳躍特性（Multi-hop），讓通訊距離延伸。

14.8.2.4 中繼站的移動性

可高速移動的中繼站可以在一些實際的場合中應用，因為現代有很多高速移動的交通工具載滿了乘客。中繼站有 3 種型態，分別是固定式中繼站（FRS，Fixed Relay Station），即長期置放在固定地點的中繼站；遊牧式中繼站（NRS，Nomadic Relay Station）是相對於行動式設備，在固定地點停留較長的一段期間的中繼站；以及行動式中繼站（MRS，Mobile Relay Station），亦即在行動期間也可以運作的中繼站。

在 3GPP LTE 的協定中，Release 11 的規格規劃了可高速移動的中繼站。因為在高速鐵路的列車上，若是不使用中繼站，則一次會有幾百個用戶端在基地台之間進行轉接，瞬間造成基地台很大的負擔，或者是造成用戶端的斷線。

舉例來說，高速列車行進時有相當快的速度（350～500 公里/小時），會在一段相對短的時間內有過度頻繁的切換發生。終端用戶只有很有限的時間內（一般會少於 2 秒）在相鄰通訊範圍的重疊區域測量和執行切換過程，包括測量和報告、無線資源控制（RRC，Radio Resource Control）連接重新配置，新的通訊連線的接入等。

在高速列車上架設移動式中繼站，而讓高速列車上的用戶端都連往移動式中繼站，就可以讓高速列車在移動時，只有移動式中繼站需要與基地台進行轉接，讓所有的使用者都能享用比較好的通訊品質。

14.8.2.5 移動式中繼站的運作方式

移動式中繼站的切換流程還是可以被分為三個階段：即切換準備，切換執行，與切換完成。如圖 14-14 所示，移動中繼透過前後天線報告的測量結果來比較服務基地台和目標基地台的信號源，基地台給移動中繼站發送 RRC 重新配置來通知它開始進行切換。在這一階段，中繼站一直通過前後天線保持與基地台的上行與下行數據傳輸。

在切換執行階段，前置天線（front relay station）與目標基地台進行同步並發起接入。然後目標基地台會給移動中繼分配上行資源並定時提前為車內所有用戶執行整組切換。最後前置天線給目標基地台回應 RRC 重新配置完成消息。與傳統的整組切換不同之處是在這一階段中，服務基地台一直為車內的所有用戶保持與後置天線（rear relay station）的數據傳輸，而在傳統的切換過程中，服務基地台會停止數據的傳輸。

最後目標基地台向移動管理實體（MME，Mobility Management Entity）發送一個路徑轉換請求，MME 向服務閘道發送用戶更新請求消息。服務閘道將下行數據路徑從服務基地台切換到目標基地台端。然後服務閘道向 MME 發送用戶端更新相對應的訊息，MME 再向目標基地台發送路徑轉換請求確認的訊息。此時前置天線和後置天線為目標基地台在同一模式下達到分集增益（diversity gain）。整個過程雖然看起來很複雜，卻能在極短的時間內精確地完成。

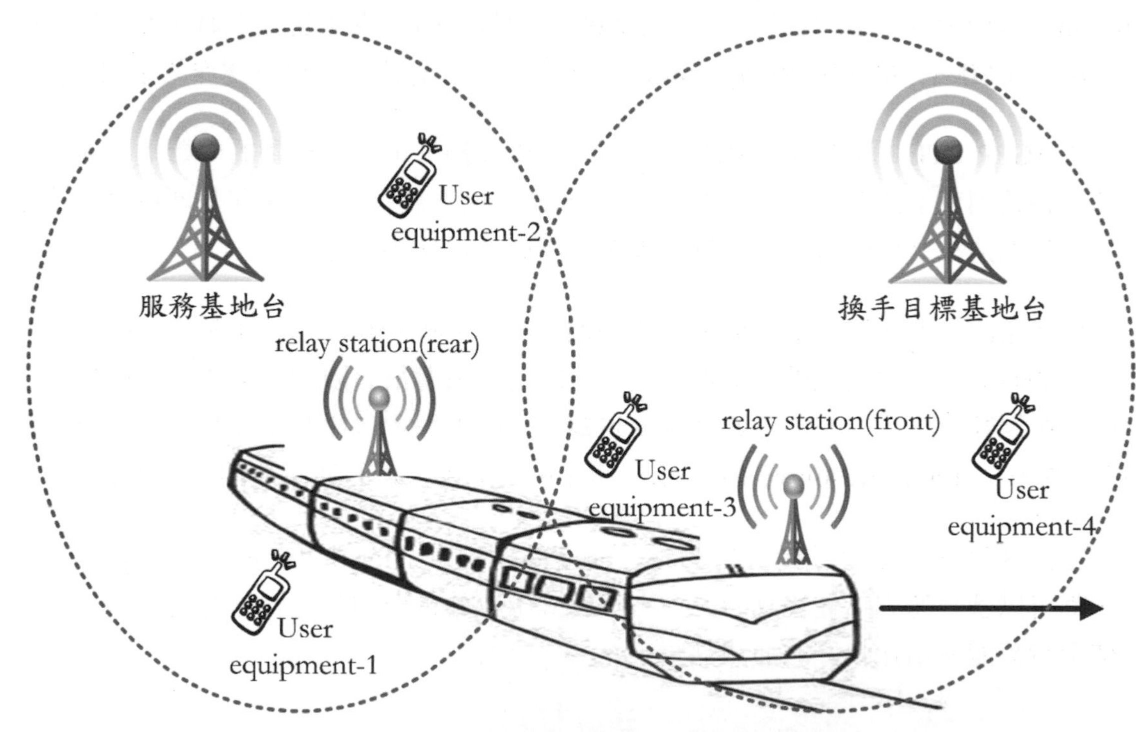

圖 14-14　移動式中繼站的運作方式

常見問答集

Q1 vocoder 是什麼？

答：vocoder 是數位蜂巢系統的部署所需要的一種特殊的設備。通常人類的語音很容易重製，vocoder 是放在手機與基地台收發（transceiver）中的晶片組，用來將語音數位化。vocoder 對所傳送的語音採樣（sampling），將採樣轉成封包，然後把含封包資料的訊號送往基地台，基地台的 vocoder 可以將收到的訊號還原成語音。GSM 系統中，一個全速的（full-rate）vocoder 可以在 30 KHz 的無線電頻道上容納 8 個使用者，和 AMPS 比較起來在容量上增加了 8 倍。

Q2 什麼是反向頻道干擾（Reverse channel interference）？

答：蜂巢系統中，基地台接收器會受到周圍細胞內的行動台的干擾，稱為反向頻道干擾（reverse channel interference）。對於行動台來說，所在細胞的基地台提供了正向頻道（forward channel），其他周遭共頻道的基地台（co-channel base station）會產生所謂的正向頻道干擾（forward channel interference）。

自我評量

1. 寬頻無線固網（broadband wireless fixed network）是什麼樣的網路？
2. 無線通訊網路中有那些固定網路的例子？
3. 思考一下若是基地台與 MSC 被破壞會造成什麼影響？
4. 我國 LMDS 與 MMDS 目前發展的現況如何？
5. LMDS 與 MMDS 有何差異？
6. WiMAX 的發展跟 Wi-Fi 有什麼關係？
7. LTE 的寬頻無線技術跟 WiMAX 比較起來有什麼主要的差異？
8. 試說明中繼技術與合作式通訊對於無線通訊的品質產生什麼樣的影響？

行動定位服務與行動商務

CHAPTER 15

本章的重要觀念

- 行動定位服務（LBS, location-based services）是什麼？
- 行動定位服務（LBS, location-based services）有什麼用途？
- 定位技術是什麼？
- 定位技術有什麼用？
- 行動商務（Mobile Business）是什麼？
- 行動商務需要那些技術上的支援？
- 行動商務有什麼樣的應用？
- 認識網際網路。
- 了解網際網路的原理。
- 了解網際網路的協定。
- 什麼是行動式網際網路?
- 什麼是行動式的 IP（Mobile IP）？

行動定位服務（LBS, location-based services）透過無線通訊來改變人們的生活方式。以往在描繪未來的影片上看到的手機訂位、衛星導引等場景，在行動定位服務實現以後都會成真。傳統的行動與無線通訊以語音通話為主，行動定位可以為這樣的通訊環境加值，使各種生活化的應用變得個人化與即時化。定位技術與移動性的管理

（mobility management）是支援行動定位服務的基礎。大家可能聽過車隊管理（fleet management）或是行動傳銷（mobile marketing），這在無線通訊的世界裡才辦得到的。為什麼有線的世界裡無法支援這些應用呢？主要是因為沒有無線的彈性，最簡單的想法是比較一下家裡的有線電話與一般的手機，顯然兩者在使用上有很大的差異。所謂的行動商務（Mobile Business）是將無線通訊應用到商務的領域裡，讓用戶能更方便地進行交易與取得服務。前面介紹的 RFID 與 NFC 技術也都與行動商務有關。

網際網路（Internet）是所有以 TCP/IP 協定為基礎而連接在一起的所有電腦網路的統稱，網際網路的使用者增加的速度非常快，使網路上共用的資源與資源的提供者迅速增加，加上 Web 瀏覽程式的普及，目前網際網路已經成為企業、組織與個人使用資訊應用的主要管道。無線的網際網路（wireless Internet）或行動式網際網路（mobile Internet）可讓我們更方便地存取網際網路上的資訊，「無線」代表人類不必再依靠有線網路來上網，行動式（mobile）表示人們可以在移動中同時利用網路的資源。這些發展在實際的應用上有很重要的涵義與啟示。

15.1 「行動定位」的定義

我們可以想像一下「定位」的功能，簡單地說，「定位」就是確定某個物件所在的位置，以手機來說，由於可以收送無線的訊號，只要能經由訊號辨識出手機，技術上就能確定該手機的位置，一般可以進一步地假設那也是手機使用者所在的位置。到底行動定位服務（LBS, location-based services）有那些應用呢？有人也把這種服務翻譯成「適地性服務」，以消費性的服務來說，若是業者能知道潛在的客戶就在附近，那麼透過無線通訊立即進行促銷顯然會得到很好的效果。例如接近午餐時間，餐廳業者可以試著把本日的特餐資訊或促銷商品以簡訊送往店舖周圍的無線通訊器具持有者，可能剛好有人正在找餐館，這時候前往用餐的機會大增。

車隊管理（fleet management）的應用算是一種很典型的 LBS（資料來源：友邁科技）。車輛衛星服務（資料來源：elocation.com.tw）也可以算是一種行動定位服務的應用。這一方面想像的空間很大，也是行動通訊與行動商務的商機所在。

行動定位服務也可以應用到消費性市場以外的範圍，例如電子地圖、緊急災難救助、即時尋人啟事、路途導引、車隊管理、緊急醫療救護、刑事偵搜等，在實際的作業上，使用者可以靈活運用行動定位服務的特性與功能：

1. 緊急災難救助：震災、火警或車禍發生時，救護人員可以馬上以收到的訊息確定事故發生的位置與大致的範圍，以及現場附近的初步狀況，例如交通動態。
2. 刑事偵搜：各種刑案發生後，不但能查出涉案人的通聯記錄，而且可以清查現場附近基地台的通話記錄。
3. 企業營運的彈性：企業重要資產可以利用行動定位服務來追蹤管理，人力或是各種行動資源的調派在行動定位下能更為即時而有效。

圖 15-1 顯示行動定位服務與相關的技術，現代的行動載具有完整的定位服務與應用，這要倚賴空間資料庫所記載的地理資訊，而用戶所在的位置對於行動應用來說也很重要，例如網際網路的廣告所觸及的行動載具數量以及用戶當下的位置，可以提供給數據分析的工具進行處理，達到更好的行銷效果，由於累積的資料數量很大，常成為大數據的應用。

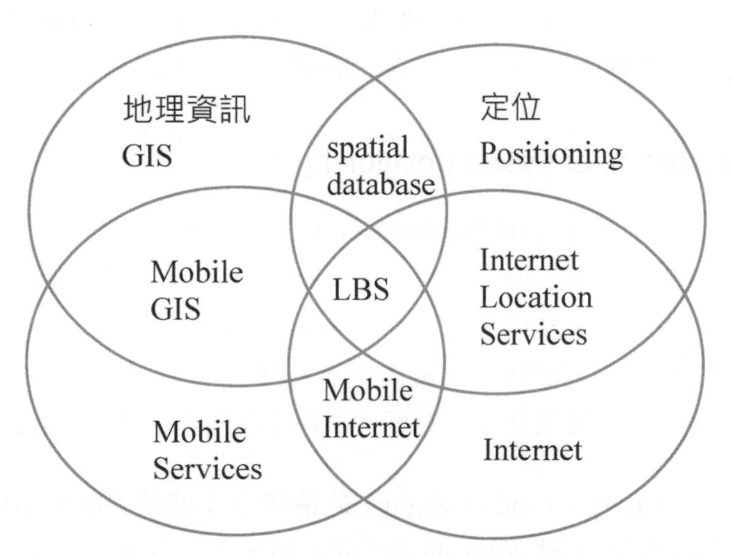

圖 15-1　行動定位服務與相關的技術

15.2 定位技術（Location-identification technologies）

定點式的個人化服務是一種未來的網路應用趨勢，現有的應用可以配合使用者所在的位置來做一些調整，讓業者與使用者雙方都能獲得更好的效益。為了達到這個目的，有多種行動定位技術來支援各種行動定位服務的應用，可以分為網路端定位（network-based positioning）、用戶端定位（terminal-based positioning）與混合型的定位。區分的方式是定位的地方，網路端定位由網路來找出用戶的位置，用戶端定位由手持器具（handset）確定自己的位置。混合型的定位則兼具網路端定位與用戶端定位的特點。

網路端定位技術（network-based positioning）

網路端定位技術是透過兩個以上的基地台來測量收到手機訊號的時間，先以第一個基地台的特殊天線估計無線電訊號的來源，再利用第 2 與第 3 個基地台所收到的訊號來計算更準確的手機位置。通常定位系統必須計算至少 3 個基地台與手機之間訊號的傳輸時間資料，才能從距離來估算手機的的位置。接收間隔（TDOA, Time Difference of Arrival）與加強型接收間隔（E-OTD, Enhanced Observed Time Difference）兩項技術是網路端定位技術的代表，我們會在後面深入說明。

用戶端定位（terminal-based positioning）

用戶端定位技術以 GPS（Global Positioning System）衛星定位為主。可以透過 3 顆以上的衛星來定位，計算每顆衛星的位置與其至接收器（receiver）之間的距離，算出接收器在地球上的三維座標值。所謂的 GPS 接收器（receiver）可能有些人有印象，體積相當龐大。GPS 的定位信號由衛星傳遞到 GPS 接收器（receiver），然後在 GPS 接收器內進行計算，行動服務業者不需要在網路端加裝其他的定位設備。

GPS 定位必須在 LOS（Line of Sight）的情形下才能接收衛星訊號。一旦進入室內或都會區中，將會嚴重干擾 GPS 的準確度，甚至收不到定位訊號。為了減少 GPS 無法定位的情況發生，衍生出網路輔助性 GPS（A-GPS, assisted GPS）的定位方式，以網路上其他輔助的 GPS 接收器來提供參考與輔助性的定位資料，改善 GPS 的效率，但是行動電話網路必須增加位置測量設備（LMU，Location Measurement Unit）才能支援這些功能。輔助的 GPS 接收器大約以 200 公里到 400 公里的間隔放置在行動網路的周圍，定時接收 GPS 衛星的資料。計算距離時，GPS 接收器需要知道衛星的位置，會造成所謂的 TTFF（time to first fix）的時間延遲，輔助的 GPS 接收器也可以降低這種影響。

三角定位法

定位技術可以找出無線通訊器具的使用者所在的位置，當然所得到的位置會因為使用的技術而有一些誤差，目前的技術可以讓誤差的範圍落在幾公尺之內。通訊器具本身也具有所謂的辨識碼（ID），例如一般行動電話的機具辨識碼（Cell ID），每一台行動電話都有其唯一特有的辨識碼。定位技術的主要用途是讓業者能提供所謂的定位服務（location-based services），舉例來說，有人在荒郊野外發生一件意外事故，需要趕到最近的醫院，透過手機撥號求救，定位服務的提供者得到電信業者定位取得的位置碼（geocode），裡頭含有發話者經度（longitude）與緯度（latitude）的資訊，經過電子地圖的比對，馬上就能決定最近的醫院與應該採用的路徑。當然，定位技術是達到上面這種神奇服務的關鍵，雖然定位技術本身有很多細節，不過我們還是可以從所謂的三角定位法來領略一下其原理，圖 15-2 畫出三角定位法的計算方式，由於定點甲和定點乙之間的距離已知，需要定位的點與兩個定點之間的角度也確定，這樣就能算出定位點的位置。

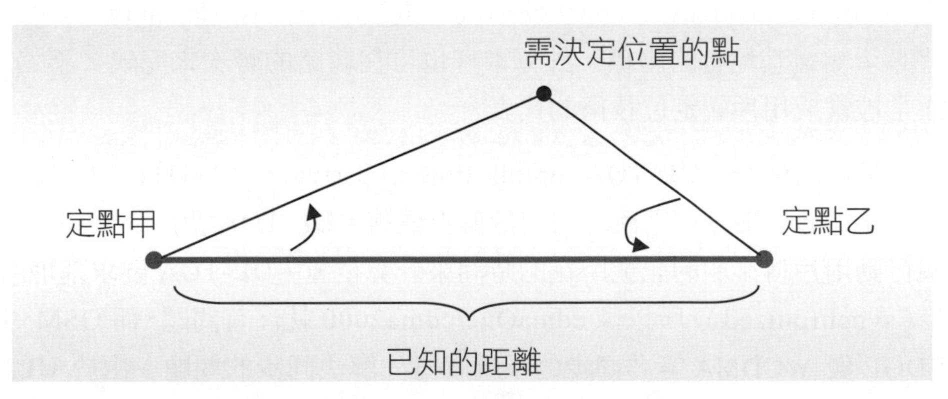

圖 15-2　三角定位法

15.2.1　定位技術的種類

前面從定位的地方來區分，可以把定位技術分成網路端（network-based）與用戶端（terminal-based）兩類，假如以比較傳統的觀點來看，定位技術大致可以分成兩大類，以衛星為基礎（satellite based）的方式與以網路為基礎（network based）的方式。大家都很熟悉的全球定位系統（GPS）就是一種以衛星為基礎的方法，這種方式的成本比較高，而且通訊機具需要有額外的功能。以網路為基礎的方法必須依賴眾多通訊基地台的合作。純粹從定位技術來看的話，目前還沒有所謂的大家通用的標準，以下所列出來的是常見的幾種技術。

1. 發源區（COO, Cell of Origin）：依據發話器具聯絡的基地台位置來決定發話器具所在的區域，由於基地台涵蓋的區域可能不小，這種定位方式不太精確，當然，若是區域內基地台很多，則定位會稍微準確一點。
2. 接收角（AOA, Angle of Arrival）：基地台收到發話器具的訊號時量出訊號收到時的角度，將資訊交給 AOA 的設備，由於數個基地台得到的接收角資訊都會送給 AOA 設備，利用三角定位法就可以算出發話器具的位置。
3. 接收間隔（TDOA, Time Difference of Arrival）：同樣利用三角定位法來決定發話器具的位置。記錄發話器具的訊號送達接收基地台的時間，以及同樣的訊號到達其他兩座基地台的時間，從訊號傳遞經過的時間可以計算出發話器具到各基地台的距離，由於畫出環繞各基地台的弧線，其交點就是發話器具的位置。
4. 加強型接收間隔（E-OTD, Enhanced Observed Time Difference）：使用的定位方式與 TDOA 一樣，但是 E-OTD 由基地台主動發送訊號給用戶，用戶的通訊機具有計算定位的能力。為了測量時計時（timing）的準確性，必須部署由 LMU（location measurement unit）所組成的重複網路（overlay network）。在計算時必須知道基地台的座標，計算本身也可在網路的層次來完成，不過 E-OTD 通常被當成用戶端定位技術的代表。
5. 上傳抵達時間差（UL-TOA, uplink time of arrival）：E-OTD 的計算是以下傳（downlink）部分在用戶端的測量值為依據，UL-TOA 使用 3 個基地台收到某個行動用戶傳來的的訊號所花的時間來計算位置。UL-TOA 要求基地台必須同步（synchronized），所以像 cdmaOne/cdma2000 就沒有問題，而 GSM、TDMA、EDGE 與 WCDMA 等非同步的系統就得先解決同步的問題。由於 UL-TOA 的定位都在網路上處理掉，所以手持器具本身就比較沒有特殊的要求。UL-TOA 算是一種網路端的定位技術，其準確度在都市區域可以達到 50 公尺，在鄉村區域可以達到 150 公尺。圖 15-3 顯示 UL-TOA 的架構。

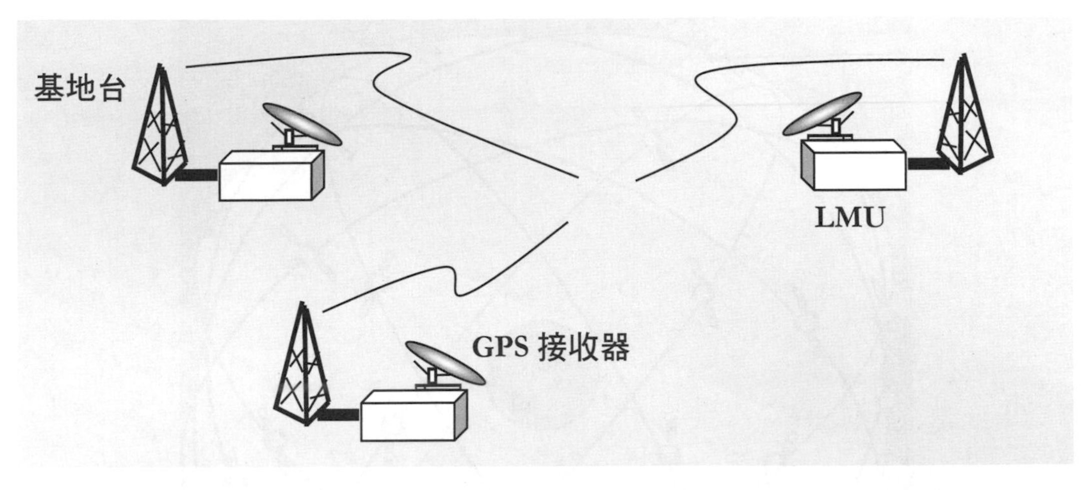

圖 15-3　UL-TOA 的架構

6. 細胞全域辨識（CGI, cell global identity）：UL-TOA 或一些定位技術往往要求網路業者（operators）加裝設備，有時候業者不見得願意投注資本建置。假如要利用現有的網路功能來定位，倒是能很容易地找到用戶所在的細胞（cell），這樣就把範圍縮小到細胞的大小。若是再運用現有的 TA（timing advance），可得到基地台與用戶端的距離，如此一來，將能把定位的範圍縮得更小，這個改善的方法叫做 CGI-TA，CGI-TA 的定位準確度可以達到 100 公尺至 200 公尺。

7. 位置模式比對（Location Pattern Matching）：通訊機具發送的訊號在到達基地台之前可能會呈現多路徑（multipath）的散佈，尤其是在都市裡大樓林立的環境下特別顯著，如此一來，前面談到的定位方法就沒辦法得到精確的數據，解決的辦法是根據各位置在發送訊號時的多路徑特徵，建立資料庫，將來要定位時就可以使用這種特徵的比對來定位。

8. 加強式的前向連結三角定位法（E-FLT, enhanced forward link triangulation）：配合 CDMA 的使用，以行動台收到的前向連結的訊號，運用 TDOA 來定位。

9. 全球定位系統（GPS）：在 1970 年代末期開始使用 GPS 時原本主要應用在軍事方面，透過衛星的幫助，GPS 可以做到全球定位，利用距離地面 12500 英哩高度的衛星與使用者的通訊機具連絡，不過對於室內的用戶來說，效果會因為來自衛星的訊號減弱而欠佳。GPS 的定位準確度可以達到 5 公尺至 40 公尺。圖 15-4 顯示 GPS 的衛星分佈圖（GPS satellite constellation）。

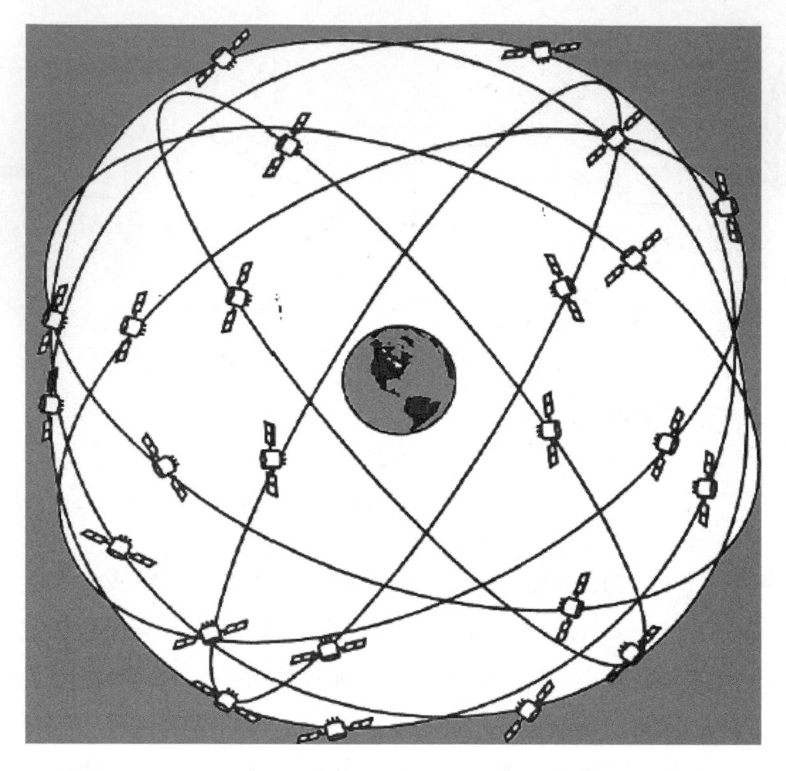

圖 15-4　GPS 衛星分佈圖（GPS satellite constellation）

10. 輔助式的 GPS（A-GPS, assisted GPS）：圖 15-5 顯示 A-GPS 的架構，需要 A-GPS 的 server，行動台本身則要有具有部分 GPS 功能的接收器（partial GPS receiver）。A-GPS server 可以從 MSC 得到行動台的大致位置，透過 A-GPS server 提供的輔助資訊與行動台本身所收到的資訊可以進行精確的定位。

在定位技術的實際建置上，有一些需要特別注意的地方，例如 E-OTD 須加裝 LMU，且手機端的 SIM card 必須改程式；AOA 則須加裝陣列天線（antenna arrays）。因此在規劃與設計上要特別考量。有關於定位技術的資訊可以參考 Goran M. Djuknic 與 Robert E. Richton 所寫的 Geolocation and Assisted-GPS 的文件。

增廣見聞

現在市面上的衛星手機其實是 A-GPS 的手機，必須靠基地台的功能來進行定位，因此就不像傳統的衛星手機，有體積大以及室內無法定位的問題，下次買衛星手機時，可以順便問一下所採用的定位技術喔！

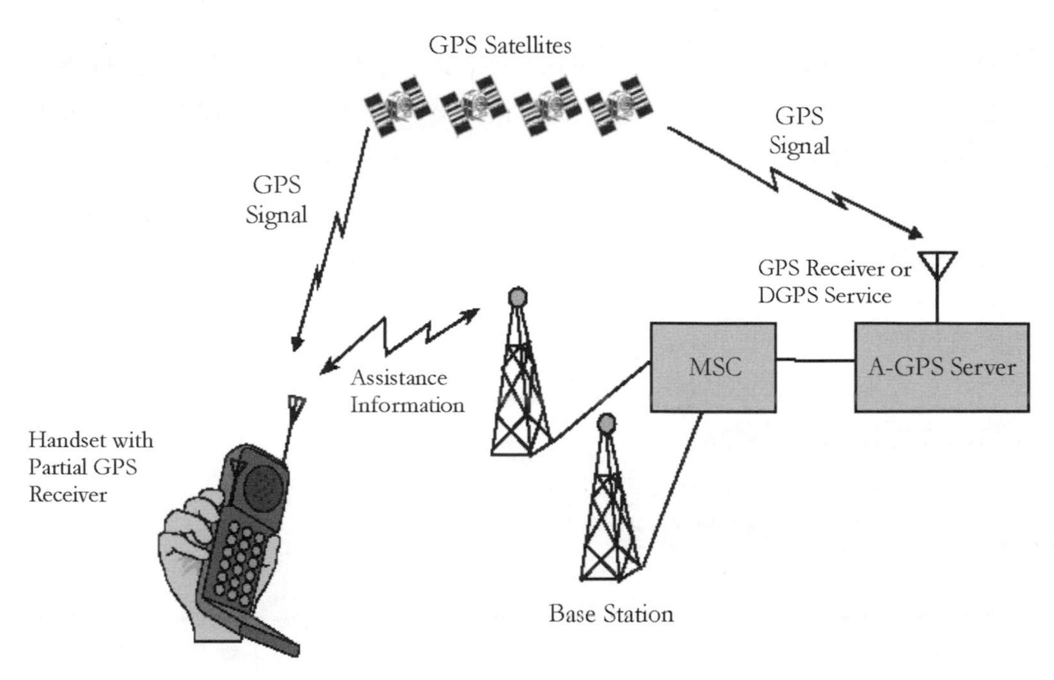

圖 15-5　A-GPS 的架構

定位技術的互補

從這些技術的原理，可以發現三角定位法是很重要的基礎，定位是否精確則是應用時的重要考量，行動通訊系統有時候不見得只採用一種定位技術，因為有些定位技術彼此之間可以互補，一起得到更準確的結果。例如在室外時採用 A-GPS，當然前提是要有 GPS 的接收器。回到室內時則使用 CGI-TA，避開 GPS 的缺點。

軟體的支援

透過 API（application programming interface）可以擷取定位資訊，進而開發各種行動定位的應用，LIF（location interoperability forum）針對以下兩大類的 API 進行標準化的工作：

1. 用戶端的 API（terminal-based API）：讓用戶端設備的應用能存取定位軟硬體系統的資訊。
2. 網路端的 API（network-based API）：讓伺服程式或其他程式存取有關於用戶的位置資訊。

早期多半採用第 2 類的 API，因為如此一來就不必考慮所用的行動器具與定位技術。不過用戶端的定位支援必須存在才能回報測量的位置資料。MPS SDK（software development kit）就是一種支援行動定位的 API，mobile client 與 mobile positioning center 之間以 HTTP 協定溝通，MPS SDK 提供了遵循 MPP（mobile positioning protocol）協定的 Java API。

行動定位技術的發展也可以從市場上的實際產品與系統來了解，有了理論上的認識之後，試著看看到底實務上是如何辦到的，行動定位的領域還變化得相當快，很多資訊從網路上可以比較早發覺。

15.2.2 行動定位系統的類型

行動無線通訊系統可以利用微細胞識別碼（Cell-ID）的定位技術。以行動用戶端設備所在的微細胞的識別碼為定位的依據，讓行動通訊系統從手機用戶碼找出其所對應的區域。強化細胞識別碼（Enhanced Cell ID）技術就是一種改良式的微細胞識別碼定位技術，對於網路端與用戶端設備的要求與影響很小。Enhanced Cell ID 技術可以直接擷取 GSM 網路上和訊號相關的一些資料，分析訊號的特定參數以後，可以計算出使用者所在的區域，現有的手機就能應用，對於網路本身不需要進行大規模的設備與資本投注，作業時對 GSM 網路的效能不會產生影響。其實無線通訊系統本身就有相當豐富的資料與定位有關，實務上有許多參數值與系統或設備的作業關係密切，例如頻道號碼（channel number）、時槽（time slot）、允許的發射功率、允許的接收強度、MSC 的編號、基地台編號、LAI（local area identity）與 sector cell ID 等。

圖 15-6 顯示行動定位系統的架構，通常行動定位系統可以在基地台與基地台控制中心（BSC, Base Station Controller）中間收集訊號的資訊，透過分析來了解通話品質、訊號強弱、網路擁塞程度等管理上所需要的參數。由這些參數讓系統業者（operators）來管理網路，一般我們會要求在進行大量而廣泛的定位追蹤時不影響網路本身的運作。

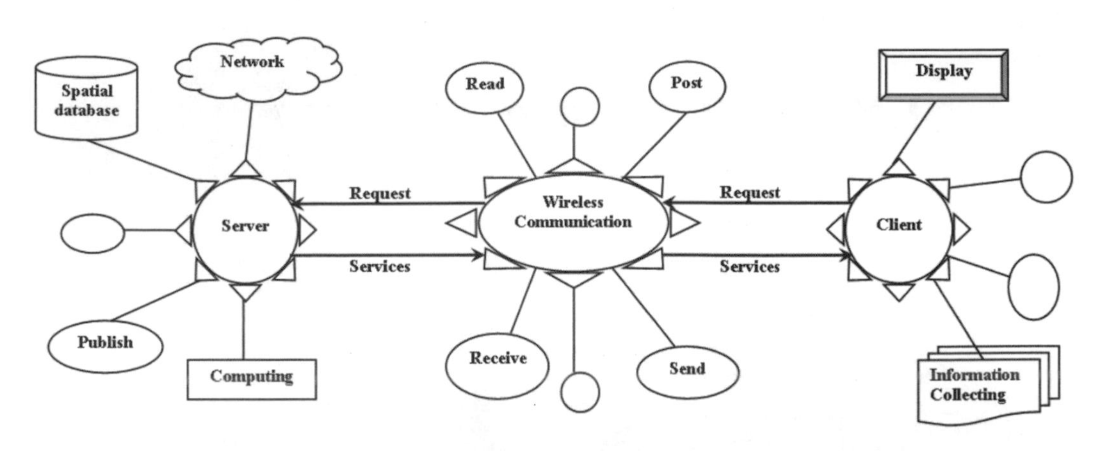

圖 15-6 行動定位系統的架構（資料來源：Semantic Scholar）

各種行動定位技術各有優劣。E-OTD 要求基地台加裝陣列天線或是 LMU，用來收集與分析一些數據資料。目前一台 LMU 的價格超過 100 萬台幣，假如每一個基地台都安裝，網路業者需要付出龐大的設備支出，而且用戶現有的手機也要更新以後才能使用這種定位方法。GPS 定位技術可以使業者減少在網路端的設備擴增，但是用戶必須有 GPS 通訊功能的手機。而且 GPS 手機在第一次定位時有數十秒的時間延遲，碰到氣候不好或是地形上的障礙，甚至進入室內，就無法順利進行定位。

圖 15-7 顯示典型的 LBS 無線通訊架構，可以看到加裝的 LMU。圖 15-8 畫出 LBS 平台供應者的系統架構，整個 LBS 的架構則整合於圖 15-9 中。基本上，手機上除了 LBS 的應用之外，也會有非 LBS 的應用，因此圖 15-9 裡頭有所謂的 non-LBS applications，由 ICP（Internet content provider）提供。

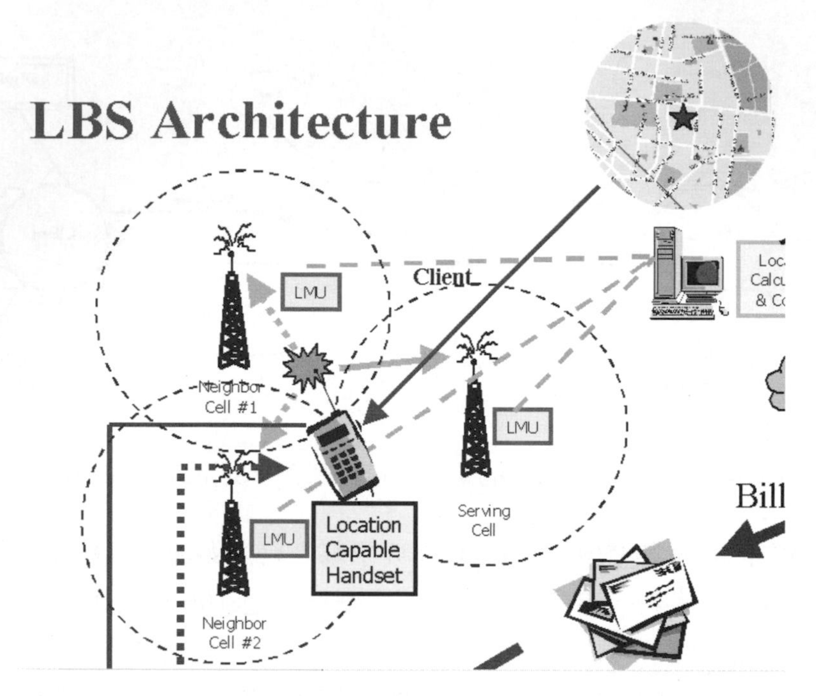

圖 15-7　LBS 的無線通訊架構（資料來源：友邁科技）

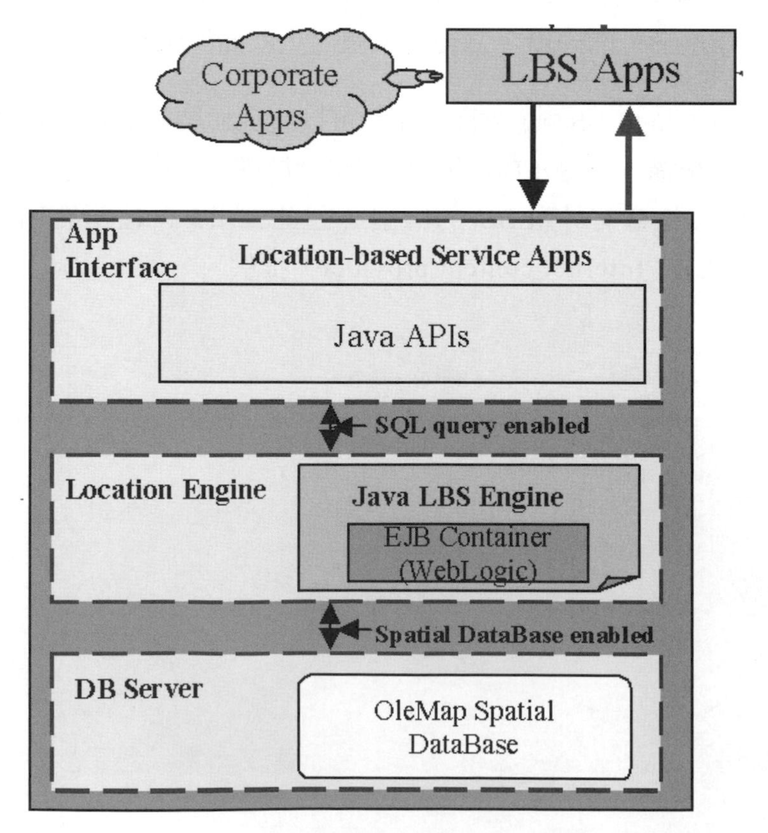

圖 15-8　LBS 平台供應者的系統架構（資料來源：友邁科技）

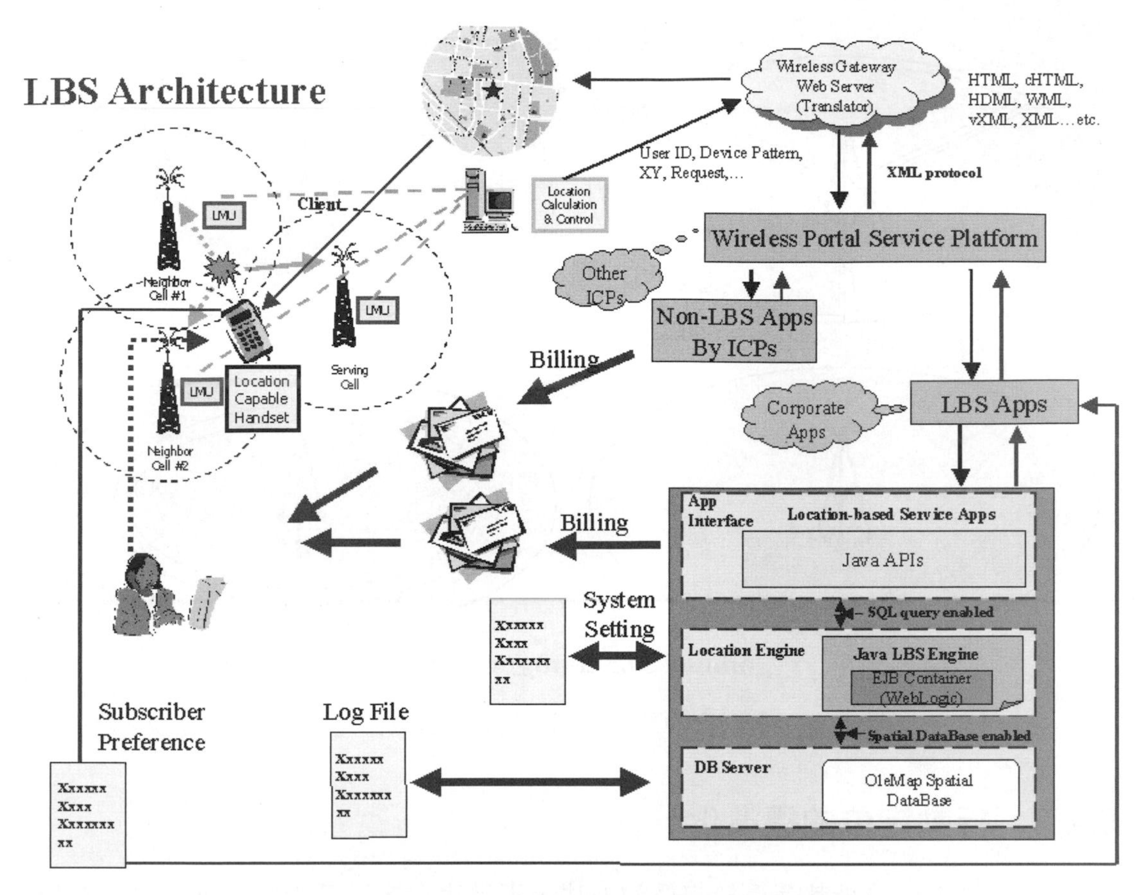

圖 15-9　LBS 的整體架構（資料來源：友邁科技）

Cell ID 技術可以適用於所有手機，網路系統端只要稍微做一些調整即可支援，而且定位的回應速度很快，但準確度不是很理想。前面介紹的 GPS 與 A-GPS 技術的準確度為 5 公尺到 40 公尺；Cell ID 的準確度必須看基地台的涵蓋面積而定，平均大約為 100 至 200 公尺左右，比較難滿足複雜的行動定位服務的需求。圖 15-10 顯示 CGI-TA 的定位區域概念，跟 Cell ID 的原理是一樣的，假如沒有 TA 資訊的輔助，只能準確到單一的 cell 或 sector 的範圍，有 TA 的話，可以縮小到圖右邊的小環形區域。

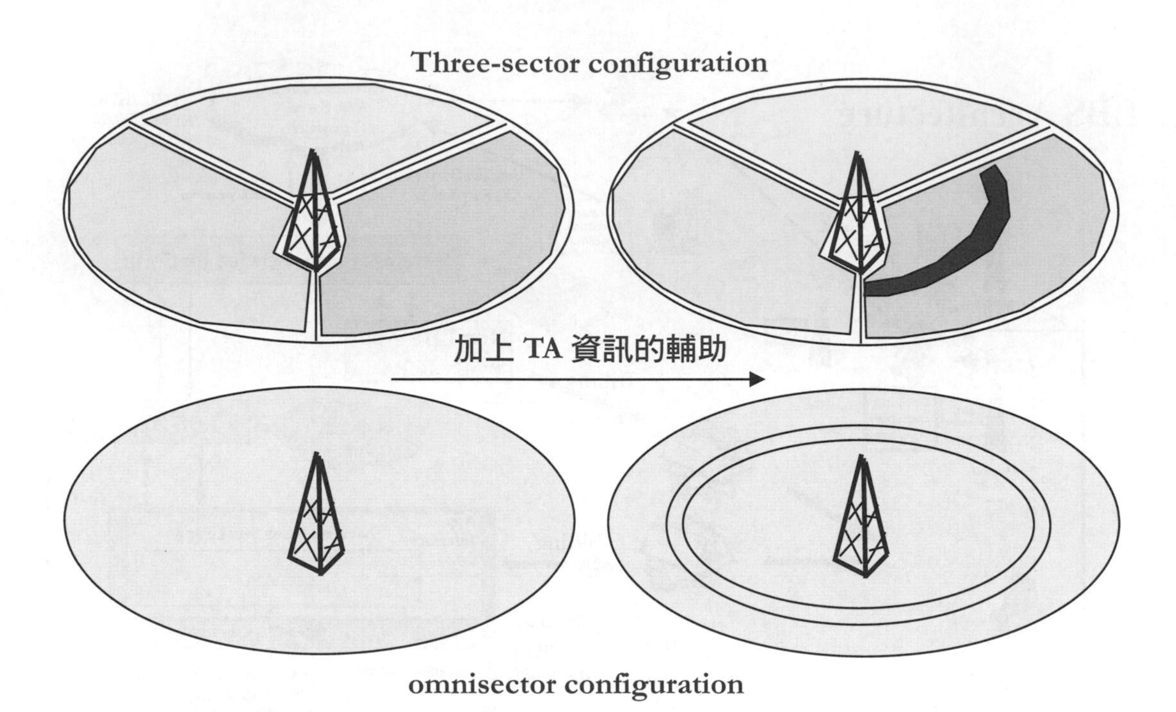

圖 15-10　CGI-TA 的定位區域

15.2.3　行動定位的標準化

大多數的定位技術都著重於定位的方法，不過也有人試著綜合各種不同的定位方法，發展出單一的 API 讓開發者使用（Andersson 2001）。2000 年時，Ericsson、Motorola 與 Nokia 組成 LIF（location interoperability forum），致力於行動定位的標準化，主要是希望在使用者採用不同的通訊技術時，例如 GSM、cdmaOne 與 TDMA 等，仍然能達到定位的目的。

定位的方法通常與網路的架構有關，最好是有定位服務的伺服器提供應用系統可用的 API，如此一來，系統開發者就不用知道定位的詳細方法與網路系統的特徵。目前業者的確有使用 MPP（mobile positioning protocol）的 API，可用來向 MPC（mobile positioning center）擷取有關於位置的資訊。LIF（location interoperability forum）訂出 3 個定位的層次（levels of positioning）：

1. 基本層次（basic level）：可為所有的手持器具定位，包括傳統的設備，例如 CGI-TA。
2. 加強服務層次（enhanced service level）：為比較新的手持器具定位，提高準確度並且降低成本。例如 UL-TOA 與 E-OTD。

3. 擴充服務層次（extended service level）：為比較新的手持器具定位，提高準確度，但成本也高。例如 GPS。

15.2.4 定位技術的應用

定位服務（location-based services）的應用很多，以廣告與行銷為例，由於行動機具的用戶是潛在的消費者，廣告訊息可以即時地送給用戶。在行銷上，行動中的用戶可能與某家餐館最近，可以發送簡訊給用戶並提供折扣鼓勵前往消費。派遣追蹤（fleet tracking）是定位服務的另外一種應用，貨運與快遞公司可以透過這種方式來追蹤某項貨品的運送狀況，甚至於讓託運者上網查詢類似的資訊。開車族在車子故障時若是有與定位服務業者聯絡的器具，可以馬上找到最近的道路服務商。其實有了定位服務之後，很多有趣的應用都變得可行了。快遞公司 UPS 提供的派遣追蹤服務，只要輸入條碼編號就能查出目前托運物品的位置（資料來源：www.ups.com）。

未來行動電話服務業者除了提供一般 LBS 的服務之外，也可以利用定位來監視與控管網路服務的品質。雖然行動無線通訊的技術與行動定位的技術都有各種不同的發展，市場上還是有一股標準化與要求合作互通的力量。

15.3 LBS 應用的實例

網路上已經可以找到很多 LBS 的應用，從無線網路環境的業者（operator）、平台供應者（platform provider）到內容提供者（content provider），都是促成這些應用實現的成員。圖 15-11 顯示早期 LBS 應用中手機上的介面，大家可以觀察並思考一下這樣的應用跟一般手機上的應用有什麼基本的差異，這要從「行動定位」的功能來想像，假如業者知道用戶目前的所在位置，則在商務上顯然有可資運用之處，即時性就是一個很大的差別。

圖 15-11 手機上的介面（資料來源：www.urmap.com）

15.4 行動商務（mobile commerce）

網際網路（Internet）的發展對於網路應用的影響最大，大多數人都或多或少接觸過網際網路的應用。同樣是使用 Web 瀏覽程式，每個人進行的活動都不太一樣，有的人會查詢資料、有的人進行學習，也有人花錢購物或是列印財務報表。這些不同的活動都代表一種網路的應用。電子商務（e-Commerce）或電子商業（e-Business）是網際網路應用中非常重要的一環，因為很多應用來自這個領域。我們可以把電子商務的型式分成 4 大類：

1. 業者對消費者（B2C, Business-to-consumer）：在 B2C 的電子商務中，業者是銷售貨品的主角，消費者是買方，有點像傳統的零售業，所以也稱為電子化的零售（electronic retailing）。
2. 業者對業者（B2B, Business-to-business）：在 B2B 的電子商務中，業者既是買方也是賣方，以供應鏈（supply chain）為例，合作廠商之間的商務關係就可以看成是一種 B2B 的商務。
3. 消費者對消費者（C2C, Consumer-to-consumer）：在 C2C 的電子商務中，買方與賣方都有扮演消費者的角色，例如線上拍賣（online auction）就算是一種 C2C 型式的電子商務。
4. 消費者對業者（C2B, Consumer-to-business）：C2B 是一種以買方為主的電子商務，因此消費者可以把自己的採購需要提供給業者，業者必須想辦法提供符合指定需求的產品。

圖 15-12 顯示一個行動商務的流程實例。在 MET（mobile electronic transactions）的標準下，蜂巢電話具有安全的編碼金鑰（encryption keys），這些金鑰可以確認消費者的身份，金鑰本身可以儲存在手機裡，或是存在另外一張 WIM（wireless identity module）的卡片上，卡片可插入手機，讀取上面的資訊。

消費者打開手機以後使用 WAP 協定連接到店家的網站，開始瀏覽商品，發現自己喜歡的就放到線上的購物車（online shopping cart）上。完成選購之後，到網頁的付款部分，這時候會進入 WTLS（wireless transport layer security）協定的範圍，手機與網站之間開始以 WTLS 協定的模式通訊以確保安全，基本上所傳送的資料都要經過編碼（encryption）。網站在處理完成後將訂單送往手機，並且送出一個含有 WMLScript signText 指令的 WAP 表單，要求消費者回傳數位簽章（digital signature）。

消費者確認訂單與付款明細，選擇付款的帳戶，並輸入 PIN（personal identification number）確認自己的身份，手機將確認的資訊與數位簽章傳回網站，網站確認交易，將收據送交手機並且安排送貨，手機收到收據以後呈現給消費者閱覽，當然和交易相關的金融轉帳部分也已經完成了！

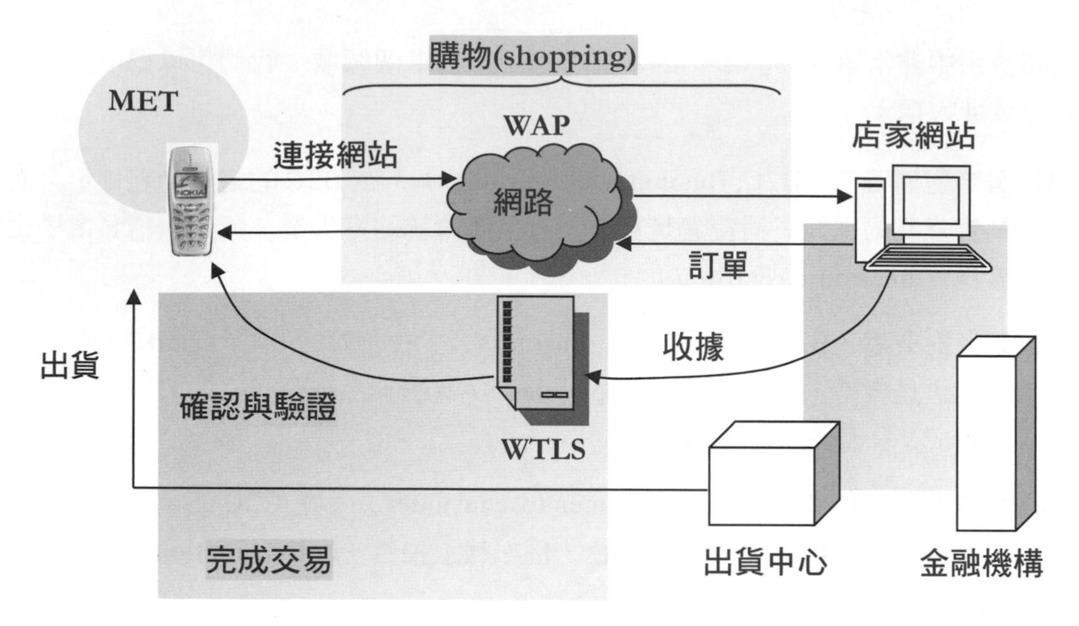

圖 15-12　行動商務的流程實例

行動通訊的技術已經完全與網際網路結合，行動載具上使用的社交網路（social network）也已經成為行銷與商務的平台，行動支付更是金流的重要管道。

15.4.1　電子商務簡介

目前產業走向全球化及跨企業的合作，各種商務活動都需要和資訊的運用結合，使資訊的使用從傳統的自治式的（autonomous）資訊轉化成整合式的（integrated）資訊應用，跨供應鏈（supply chain）的 B2B（business-to-business）電子商務總額預估將於幾年內達到數兆美金的規模，屆時透過電子商務完成的交易將占實際商業交易量的一半以上。假如這個預測成真的話，企業勢必要進行電子商務，而首先得建置完整的企業資訊系統，讓本身的企業資訊系統能和交易夥伴的企業資訊系統整合，才能有效的達成電子商務的目標。

15.4.1.1　商務價值鏈的觀念

從商務經營的觀點來看傳統商務，可以更明確地找出影響效益的癥結。圖 15-13 中商務價值鏈（Commerce Value Chain）的觀念應用在網路上，有很多有趣的發現，我們把網路上提供的資訊服務當作商品，瀏覽者是顧客，資訊機構提供資訊服務，並且以網路做為服務的方式。首先，透過廣告與行銷來吸引顧客，然後以現有的商品展示給顧客選擇，並透過互動來介紹服務的方式與選擇。一旦顧客決定採購，完成了資訊服務的使用，等於商務上交易的結束，所得到的經驗可以提供給經營者做進一步的改善。

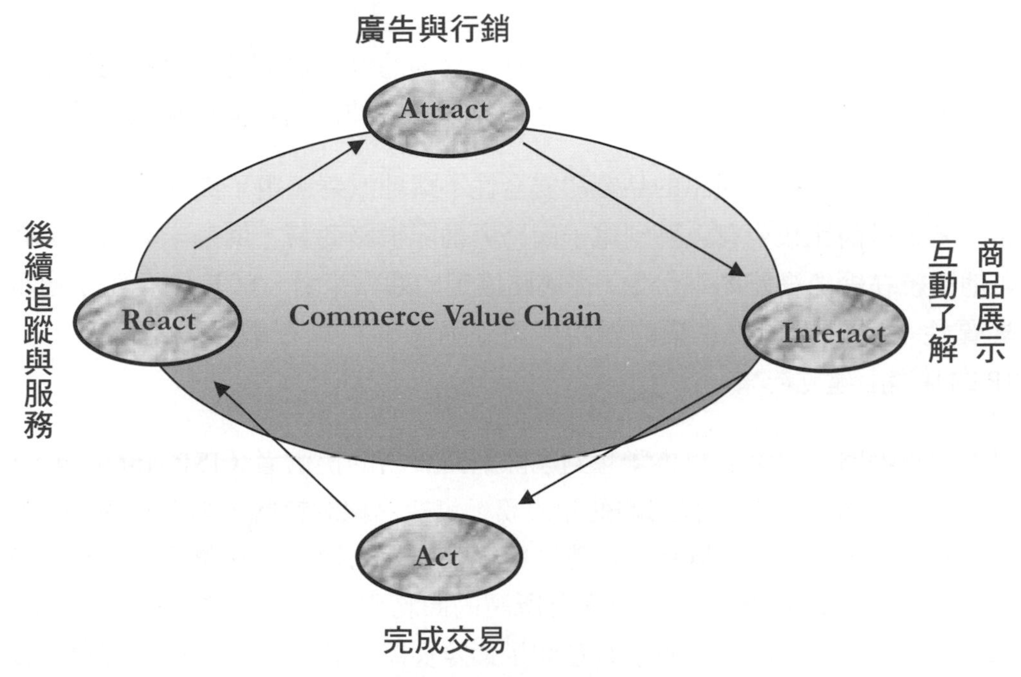

圖 15-13　商務價值鏈的觀念

在網路環境中，商務價值鏈的觀念特別重要，因為依照人類使用媒體的特性，在網路媒體中，商務價值鏈的循環最快，通透率（throughput）最佳，換句話說，完成的交易最多，代表收益的提昇，而回饋改善的速度快，則表示對於市場需求變更的調整速度也最快。從這樣的觀點來看，網路商務應該可以成為資訊服務相關商業機構營收的主力，當然，先決條件是要有品質良好且符合需求的商品，以及有效的服務。

15.4.1.2　網際網路商務

網際網路（Internet）的發展快邁向 30 年頭了，但應用在商務上而產生的影響，是近年來大家才逐漸感受到的事實。嚴格地說，網際網路商務（Internet commerce）是電子化商務（Electronic commerce）的一種，而電子化商務很早就存在了，很多早期的資訊系統，只要牽涉到電腦與通訊科技的使用，促成商務的自動化，都稱得上是一種電子化商務，電子資料交換（EDI, Electronic Data Interchange）是多數人都聽過的電子化商務標準，和網際網路商務比較起來，有下面幾點主要的差異：

1. 網際網路以公眾網路（Public network）為主，EDI 常建立在加值網路（VAN, Value-Added Network）上，所需的通訊費用較高，但通訊品質和安全性可以得到某種程度的保障。
2. 網際網路上的商務具有高度的開放性，交易的雙方之前可能沒有任何關係。傳統的電子商務多半要預先設定，使交易雙方在彼此同意與認定的方式下溝通。

網際網路普及之後，通訊的品質和安全性不斷地改善，電子商務的標準也經過了擴增和改變，目前比較少有人區別電子商務與網際網路商務，倒是未來的趨勢與商機很明顯地圍繞在網際網路的平台上。從網路協定的觀點來看，TCP/IP 化解了通訊軟硬體的異質性，所以組織或企業的對內與對外通訊都可以在網際網路協定，也就是 TCP/IP 的基礎上建立起來。

提到網際網路，很多人都會聯想到網際網路服務的提供者（ISP, Internet Service Provider），ISP 提供了網際網路的通訊服務，包括連線的帳號、固接的線路、網路應用等，ISP 的規模很大，足以長期地建置與維護龐大的網路軟硬體設施。網際網路商務既然是建立在網際網路之上，同樣有所謂的商務服務的提供者（CSP, Commerce Service Provider），CSP 可以省下有意涉足網際網路商務者一些環境建置與維護的投資和專業技術，而專注於產品面與行銷面的營運。當然傳統的 ISP 很有可能也同時扮演 CSP 的角色。

通常 CSP 的主要功能在於提供交易性質的服務（transaction services），例如訂單的接收、付款等，至於產品面和行銷面則可由一般足以提供內容服務（content services）的網站來經營。在選擇 CSP 時，常會考量下面幾項因素，例如所用的付款系統（payment system）、費用、作業的模式等。從技術層面來看，網際網路商務已往是市場化的科技，但是變化的速度很快，還好對於消費者來說，除了要會上網之外，未來的發展主要仍是帶來更大的便利與保障，而且能透過網路得到的服務和商品，將會更為豐富與精緻。

15.4.1.3 整合應用的實例：電子商務與網路產業

所謂的新經濟就是指因科技（尤其是網路科技）發展而形成的新經濟環境，其中最引人注目的就是電子商務的發展，電子商務和網路產業息息相關，有很多人試著將目前的網路產業分門別類，其實我們可以從一種層次化的架構來想像，要先有網路的基礎架構才能支援上層的應用，所以電腦設備、網路設備、網路介面、終端設備與網路存取裝備的製造商是建立整個環境的源頭，整個網路通信架構的擁有者為網路服務的提供者（或稱 ISP，Internet Service Provider）。

至於網路上的資訊流，最主要的功能是提供內容與各種服務，內容的提供者常稱為 ICP（Internet Content Provider），而電子商務則是網路服務的一種，比較廣義的電子商務把一些金融服務也包含在內，通俗的解釋是以進行商務的雙方來界定，例如 B（Business）代表企業，C 代表消費者（Customer），則 B-to-B 就代表企業對企業的電子商務活動，同理可引申出前面介紹過的 B-to-C、C-to-C 等模式的電子商務。像採購、零售、拍賣等各種型態的交易，都可以找到以電子商務型態進行的實例。

為什麼電子商務是資料庫與網路整合應用的一種呢？事實上網路中傳送的只是資訊流，並沒有物流、商流或是金流，但是這些資訊流在被詮釋之後，可以引發其他的事件，例如收到訂貨訊息將促成採購出貨。為了要處理與詮釋網路上的資訊流，必須利用資料庫應用系統的功能，因此，網路提供的是傳訊的機制，傳訊促成了溝通與交易，而資料庫則忠實而穩定地記載了交易的過程。

15.4.2 行動商務的定義

有了電子商務之後對我們會有什麼樣的影響呢？以購物來說，到傳統的零售商店舖去採購，往往要貨比三家，耗費很多時間與精力。透過電子商務，商品的資訊公開，採購比價可以在很短的時間內完成。傳統的分類廣告（classified advertisement）刊出以後，電話的聯絡頻繁，常應接不暇，事後也容易滋生困擾，電子商務線上拍賣的方式就有效率多了。隨著電子商務的逐漸成熟而迅速發展的網路應用應該算是行動商務（Mobile business 或 M-Business），行動商務的基礎是無線通訊的環境，無線通訊除了讓使用者能隨時隨地上網之外，最重要的特徵是可以找到持有無線通訊器具者目前所在的位置，有了這些資訊之後產生了許多相當有潛力的應用。

15.4.2.1 從無線通訊的應用來看行動商務

假如要把無線通訊的應用做一個比較大的分類，可以分成垂直的（vertical）與水平的（horizontal）兩大類，垂直的應用是針對某一個領域或行業發展出來的應用，水平的應用則廣泛地包括大多數人參與的應用，可能包括多個市場的範疇。以戶外行動用戶進行銷售或到府服務的應用來說，可以算是垂直的應用。電子郵件、傳真、資料庫存取等則算是水平的應用。以市場未來的發展來看，個人透過無線通訊來溝通至少佔整個無線通訊市場的 1/3 以上，戶外（field）行動用戶從事於各種服務與商業活動也會佔有相當大的比例。

未來可能更多人會透過無線通訊來進行原本用有線網路進行的活動，換句話說，許多水平的應用會更普及。過去無線通訊在運輸業（transportation）上的應用未來仍然會存在，例如交通工具的定位與指派，或是從交通工具上直接擷取各種資料。一般人在考慮是否採用無線通訊時，多半會想到保全（security）、安全（safety）、資料速率與應用的種類，以現有技術的發展來看，無線通訊比較適合看成是有線網路的延伸，光靠無線通訊仍然有些限制，當然以手機的普及來想像，無線通訊發展的空間真的是難以限量。

15.4.2.2 無線通訊服務的想像空間

無線通訊服務有很大的想像空間，很多無線通訊服務強調以客戶為核心的服務，譬如一個應用若能把用戶可以選擇而且最近的服務業者列出來，若是再配合自動定位服務，則連地址都不必輸入，就能提供最適合用戶當下最需要且最相關的資訊。

15.4.2.3 行動商務（Mobile Business）的模式

電子商務（e-Business）與行動商務（M-Business）的差異在於行動商務是在無線通訊的環境下進行的，一般說來，有線通訊的安全性與資料傳輸速率優於無線通訊，但是無線通訊的機動性加上即時性卻是有線通訊無法比擬的。行動商務可以看成是電子商務的延伸，但是加上了無線通訊的特質之後，電子商務的應用產生了很多變化，而且前景更寬廣。

新知加油站

手機可以買飲料嗎？答案是肯定的，只要自動販賣機有無線通訊的裝置，消費者利用手機撥號選擇飲料之後付款，自動販賣機就會收到提供飲料的指令，如此一來，消費者就不擔心身上沒零錢了。現在世界各地都推動行動支付，透過行動載具及短距離無線通訊進行交易，省下了使用現金的不便。

1. B2E（Business-to-Employee）：業者與雇用員工之間的溝通可以透過無線通訊的方式來進行。預期的效益是增加員工的效率，同時減低一些相關成本的支出。有 B2E 的支援之後，員工在任何地點都能與公司交換訊息，處理訂單或是監控回報生產的狀況，現在一般人熟悉的簡訊（SMS, short message service）就可以應用在 B2E 的場合中。

2. B2C（Business-to-Customer）：顧客與商店之間的商務關係，以零售業來說，有好多種可能的模式，例如購物車（shopping-cart）、拍賣（auction）或比價（price-comparison）等，這些模式都曾存在於電子商務裡，在行動商務中一樣可行。

15.4.3 促成行動商務的技術

行動商務好像跟無線通訊關係非常密切，這是事實，但是行動商務還需要很多其他技術的整合與支援，當然這也和實際的商務特質有關，也就是說，不同的應用可能會需要不同技術的組合。

15.4.3.1 行動客戶端（mobile client）的技術

行動客戶端（mobile client）在傳統上受限於設備本身的性質與功能，例如螢幕的大小、記憶體的容量、輸入資料不容易、電力的消耗與運算的能力等，因為傳統的應用是語音通訊，對於行動運算的要求不高，行動商務的應用雖然可以把部分的運算放在伺服器端解決，但是行動台還是需要有足夠的運算與儲存能力，才有辦法突破軟體開發上的限制。

15.4.3.2 通訊技術

在通訊上最重要的發展是提供數據通訊的功能，而且要有充裕的資料速率，目前的發展傾向所謂的行動無線網際網路（mobile wireless Internet），好處是能在標準化的開放基礎上開發各種軟體應用系統，而 Internet 已經是大家熟悉的環境，很容易將現有的應用移植到無線通訊的平台上，或是開發新的潛在應用。

15.4.3.3 其他相關的技術

和行動商務牽得上關係的技術很多，是否派得上用場還要看未來的發展。以協定來說，XML、MPEG-7、IPv6、VoIP/FoIP、HTTP-NG、Mobile IP、IPsec 與 WAP 都會影響行動商務的發展。定位技術、SMS、MMS 與 5G 網路的進展也將是行動商務的關鍵基礎。應用系統是由軟體來的，所以軟體開發環境的發展也值得注意。

15.4.4 無店舖業者的概念

店舖存在的目的是為了與潛在的客戶接觸，把商品展示在客戶面前，以有效的溝通促使交易成功。這是大家都知道的事實，若是類似的活動可以在沒有店舖的條件下完成，是不是更好呢？當然，要回答這個問題可能要考量很多的因素，不過，商務成功的要訣在於行銷（marketing），假如行銷也能電子化與自動化，則電子商務與行動商務成功的機率顯然會樂觀多了！圖 15-14 列出與行銷有關的活動，以廣告（advertisement）為例，在有線網路中電子郵件可以用來寄送廣告，無線通訊則可運用簡訊（SMS）或是網際網路來寄送廣告。

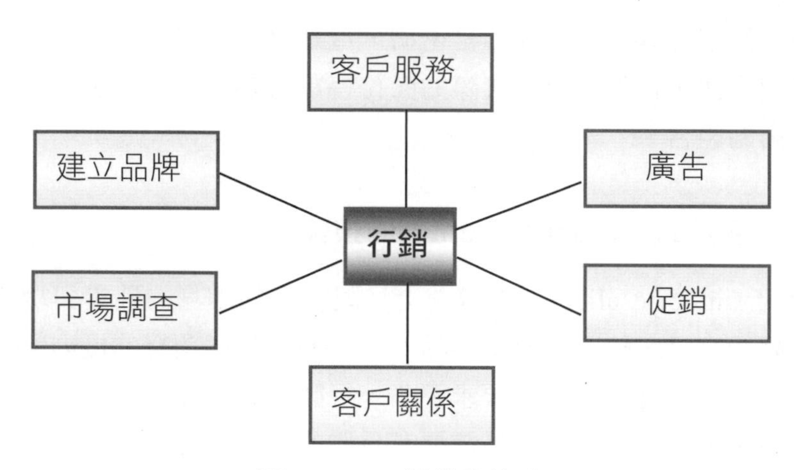

圖 15-14 行銷的範疇

無店舖業者除了具有無店舖的特點之外，還有一個很重要的特徵，就是所販售的商品有很大的彈性，除了傳統的貨物之外，內容、服務等無形的資產同樣可以在網路上販售。從另一個角度來看，行銷也可以運用這些新的商品來促銷，讓行銷的方式更多元化。與無店舖業者有關的另一個主要的問題是付款。

15.4.4.1 行銷機制

以資訊的接收方式來看，一般使用者對於網路上的訊息接收可能採取兩種模式：push 或 pull，在 push 的模式下，消費者不急著獲得資訊，選擇由業者在日後自行送出資訊給消費者，在 pull 的模式下，消費者要求即時的（real time）資訊服務；舉例來說，我們到達一個陌生地點時可能想找家麥當勞速食店，假如有業者提供定位服務，則撥完手機上的號碼後，應該會得到最近的麥當勞速食店的位置，而且顯示當日的特餐選擇與優惠項目，這算是 pull 模式的資訊接收方式。假如像平日到 Amazon 網路書店瀏覽，留下自己的 e-mail 與感興趣的主題領域，由 Amazon 將更新的相關書目

e-mail 給我們，就算是 push 模式的資訊接收方式。雖然手機螢幕不大，但是隨時都能找到潛在的用戶，這是有線或是傳統行銷比較難以辦到的。

15.4.4.2 付款機制

傳統的信用卡交易要求消費者提供持卡，算是一種銷售點（POS, Point of Sale）型態的交易，電子商務利用網際網路讓消費者購物，這時候就可能發生所謂的無卡交易（CNP , Card-not-present）。線上購物發生時，消費者提供信用卡號、使用期限、送貨與帳單資訊，商家收到資訊之後將相關的資訊送往自己帳戶所在的銀行（acquiring bank），接著由信用卡公司與發卡銀行（issuing bank）負責確認（verification），通知商家送貨，送貨之後才有貨款的轉移。當然，在無卡的情況下，詐欺的可能性大增，一般信用卡公司對於這樣的交易會收取比較高的費用。圖 15-15 顯示一般無卡交易的流程。在網路上可以找到很多已經存在的實例。

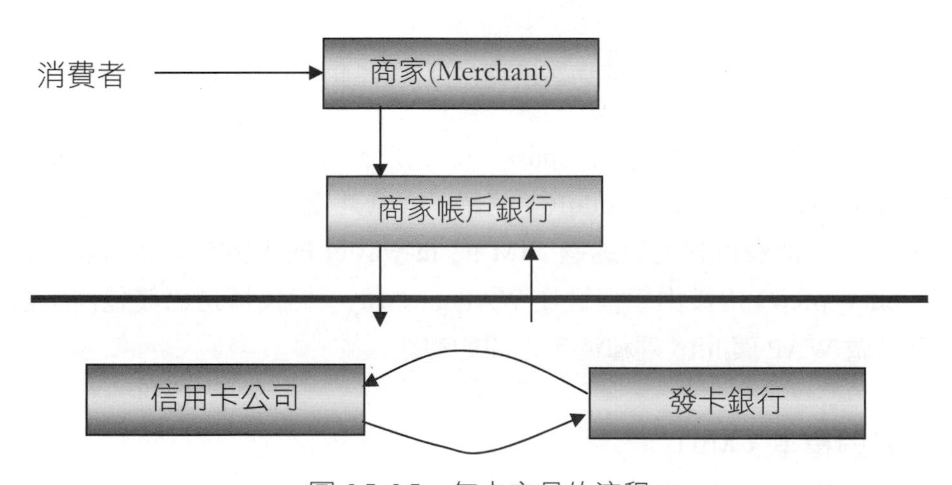

圖 15-15　無卡交易的流程

使用手機或無線通訊器具來付款的消費者勢必會覺得非常地方便，因為不但不用出門，連電腦都不必開機，就可以完成付款的手續，這也就是所謂的行動付款（M-Payment）。目前透過無線通訊器具來付款的技術還不是很成熟與普遍，由於無線通訊器具種類很多，要在軟硬體的平台上作標準化的整合是非常不容易的，其實電子付款（e-Payment）的機制相對地就比較沒有這樣的問題，只是消費者受限於使用電腦設備來付款，不像無線通訊那麼方便。

無線錢包

行動付款機制的標準化是目前正進行當中的程序，像 GMCIG（Global Mobile Commerce Interoperability Group）就是參與標準化工作的非營利組織，成員包括信用卡公司、網路服務業者與無線通訊技術與設備的業者，所發表的文件往往對市場有重大的影響。GMCIG 主導下發展出來的無線錢包交易模型（wireless wallet transaction model）提出了 m-wallet 的概念。圖 15-16 畫出這個模型運作的方式，錢包伺服器（wallet server）上存有用戶的資訊與帳號，包括貨運方式與住址等訊息。

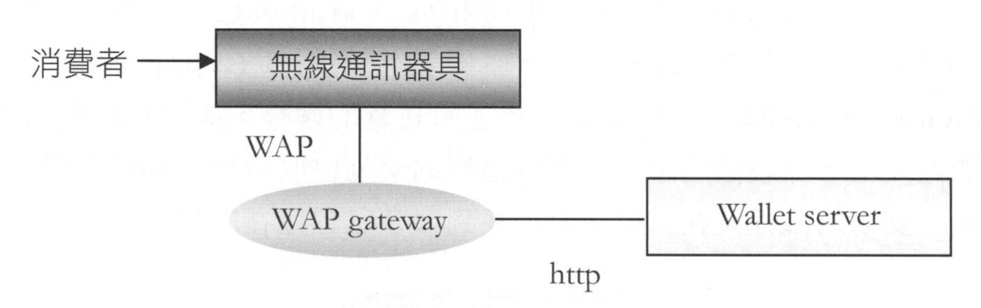

圖 15-16　無線通訊器具在付款機制中使用的模式

m-wallet 的用戶除了需要密碼（password）來證明自己的身份之外，還要提供手機的 SIM（Subscriber Identity Module）號碼，成為判定用戶的依據之一。從圖 15-15 的流程來看，用戶消費付款前要透過 SIM 或 m-wallet 的帳號來要求付款，用戶的資訊在編碼（encrypted）之後由手機送往 WAP gateway，然後轉送給錢包伺服器。WAP gateway 可以做 WAP 與 http 兩種協定之間的轉換。

行動交易的標準：MeT

MeT（Mobile Electronic Transactions）是一種專為手機發展出來的付款協定，在 MeT 的付款模型中，SIM 卡可以當作一種支援安全性的設施，提供未來驗證身份（authentication）的金鑰（key）。圖 15-17 畫出 MeT 的付款交易模型，在 MeT 中習慣把所用的無線通訊器具稱為 PTD（Personal Trusted Device），用戶利用 PTD 從發行憑證的業者（issuer）處下載憑證（certificate），商家帳戶銀行（acquirer）負責服務業者（content server）與 issuer 之間的溝通，確定交易的有效性並安排付款交易。

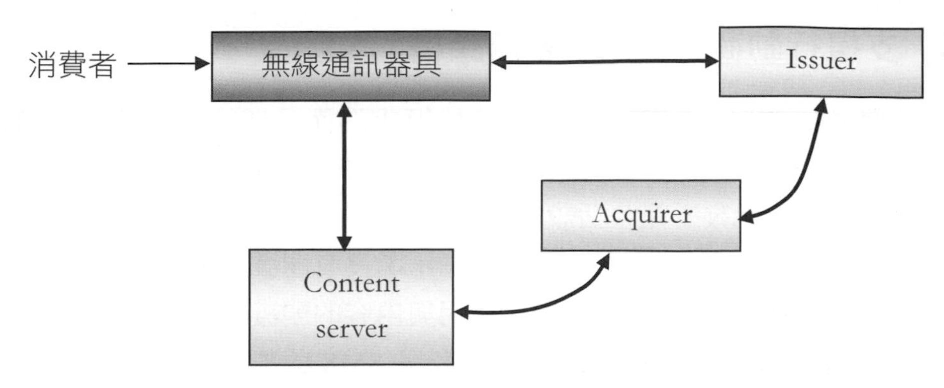

圖 15-17　MET 的付款交易模型

在 MeT 的標準中，蜂巢電話會有編碼金鑰（encryption keys），這些金鑰用來驗證消費者的身份，金鑰本身可以存入電話或是存在 WIM（Wireless Identity Module）的卡上。有關於 MeT 的資料可以在 www.mobiletransaction.org 的網站上找到。MeT 的交易機制可用以下的步驟來描述：

1. 消費者打開手機，使用 WAP 協定連上網路上的商家，發現想要購買的商品之後，放入線上的購物車（online shopping cart）中。
2. 進行付款時，消費者到網站上的付款區域，這時候手機與網站之間的溝通要遵循 WTLS（Wireless Transport Layer Security）的安全協定，所交換的資料會經過編碼（encryption）。

小額付款（micropayment）

一般的信用卡交易中，商家要付出一部分的手續費，假如消費者購買的商品價格低，商家的利潤少，則信用卡交易的手續費就顯得有點吃不消了，小額付款（micropayment）機制可以讓這些小額的交易不致造成不合理的手續費。舉例來說，商家可以累積多筆某個金額以下的交易，當成單一的交易帳單來處理，Jalda（www.jalda.com）是小額付款軟體的實例。再仔細思考一下可以發現，實際的生活中運用行動付款的機制所支付的很可能以小額的交易居多！把付款的作業交由別人來處理也是一種方法，即一般所謂的委外的方式，在那種情況下，自己就不必建置 e-Payment 或是 M-Payment 的環境。

15.4.5 支援行動商務應用的網路架構

通常各種網路的服務與應用是在網路技術成熟而且普及之後才陸續發展出來的，電子商務已經存在多年，行動商務則仍是發展中的領域，目前有線網路的佈建與設施對於大多數人來說幾乎是生活設施的一部分，無線通訊雖然在某些方面十分發達，例如手機的語音通訊，但是許多潛在的應用還沒有開發出來，所以未來不僅在網路基礎建設上會持續地改變，有很多網路應用與內容的開發也會跟著發達起來。舉例來說像互動式簡訊行銷軟體 StarGate 就可以利用 SMS 的基礎加上軟體應用的介面來進行無線傳銷。

15.5 行動式網際網路（mobile Internet）

行動式網際網路的發展可以實現所謂的無所不在的運算（ubiquitous computing），讓具有運算能力的設備能在日常的生活環境中發揮作用，這就有賴於行動式多媒體設備（mobile multimedia devices）的使用，在整體的網路架構上必須有效地支援這些設備的需求，包括寬頻段的無線電存取功能與 IP 的相關協定，使以下的環境得以建立：

1. IP 透明化（IP transparency）：所有的網路組成都支援 IP。
2. 行動性的管理（mobility management）：在全球性（global）的環境下支援行動性的管理。
3. 使用者的定位：每個使用者都需要唯一的位址。
4. 定位服務（positioning service）：透過定位的能力來支援與位置相關的服務（location-dependent services）。
5. 端對端的安全性（end-to-end security）：讓各種網路應用能在各種網路架構下得到端對端的安全性。
6. 資訊的個人化（personalization）。

網路基礎架構的變革

行動通訊的業者（operator）目前正忙著把 2 G 的網路更新到 2.5G 與 3G 的系統，2G 的行動網路和以下 4 種技術關係密切：GSM、PDC（Personal Digital Cellular）、UWC-136 與 CDMA。常見的更新到 3G 的方式是從 GSM 到 2.5G 的 GPRS 網路，支援 171 Kbps 的資料速率，然後再從 GSM/GPRS 到 EDGE，最後才進展到 UMTS，支援 2 Mbps 的資料速率。我們可以從圖 16-28 看到這些進展的歷程。UMTS 網路本身可以利用廣域的無線電技術 WCDMA 與其他的網路相連，例如藍牙網路、WLAN、HiperLAN 與 WPAN。

目前各種無線通訊的標準使用不同的頻段、頻道頻寬與協定，彼此之間無法相容與互連，在 3G 之後的發展上會要求所謂的技術間的垂直切換（vertical handover between technologies），對於用戶來說將有很大的影響。除此之外還有幾項值得注意的發展：

1. 使用 60 GHz 的行動寬頻系統（MBS, Mobile Broadband Systems），以目前來說還有許多問題需要解決。
2. ad hoc networks：ad-hoc network 屬於點對點（peer-to-peer）的網路節點形成的通訊網路，以無線通訊來說，這些節點以無線的方式彼此溝通，但沒有再與其他的網路或存取點（access point）通訊。
3. 新的無線電介面（radio interface）：這也屬於尚有許多未知但是值得探索的領域，會隨著技術的演進而導入無線通訊系統中。

由於光纖網路未來會部署地更廣泛，所以所有的網路之間可以在更優渥的頻寬下連接在一起。從圖 15-18 所看到的 3G 之後的資料速率，其實已經能衍生出很多有趣的應用，當然，多媒體的應用將會是相當重要的領域。雖然未來無線通訊的發展有許多不確定的因素，但是以 IP 為基礎的原則幾乎是肯定的，也就是說，Mobile Internet 將是可預期的結果，不但現有的網際網路資源能轉移到無線通訊的環境下，各種新的潛在應用也會由於行動的特性而變得可行。

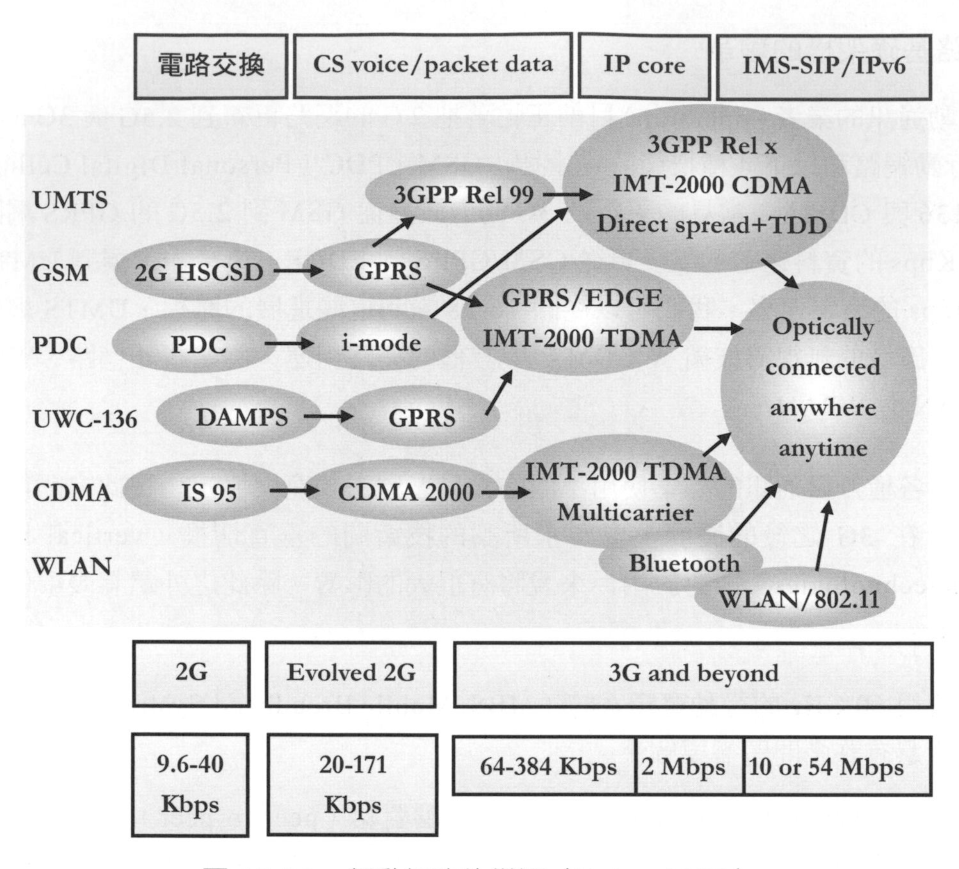

圖 15-18　行動網路的變遷（Huber 2002）

網際網路多媒體（Internet multimedia）

很多現有的行動網路使用電路交換的方式來提供語音與資料通訊的服務，這對於通訊管道的運用來說並不經濟。封包交換才能讓通訊的頻道有效地共享，尤其是多媒體的服務更是需要彈性地運用通訊的容量。UMTS 中的 IMS（Internet protocol multimedia subsystem）就是為了支援這樣的需求，提供以封包為主的傳輸，可用來進行語音或資料通訊。

IMS 把服務（service）、控制（control）與傳訊（signaling）的功能分開來，讓即時與非即時的應用都能在一個頻道中進行。UMTS 透過圖 15-19 顯示的 Internet protocol multimedia subsystem 來提供這樣的功能，IMS 於 2002 年 3 月通過成為 UMTS release 5 的一部分。IMS 提供以封包為基礎的傳輸服務，支援語音與資料，圖 15-18 可分成 3 個層次來看，bearer plane 可以連上 ISP、入口網站或是內容提供業者，control plane 包含網路控制的功能，例如連上外部電路交換網路或封包交換網路的通道。Service plane 使用 CORBA（common object request broker architecture）的標準提供發展網路應用的 API。IP 核心網路（IP core network）以 IPv6 為基礎，可以與 IPv4 相容。IPv6 支援一人一號，ENUM（extended numbering）的協定可以建立設備、電話號碼與網際網路之間的對應關係，進行 URL 與 E.164 號碼之間的轉換。圖 15-19 列出未來支援 Mobile Internet 的網路層次。

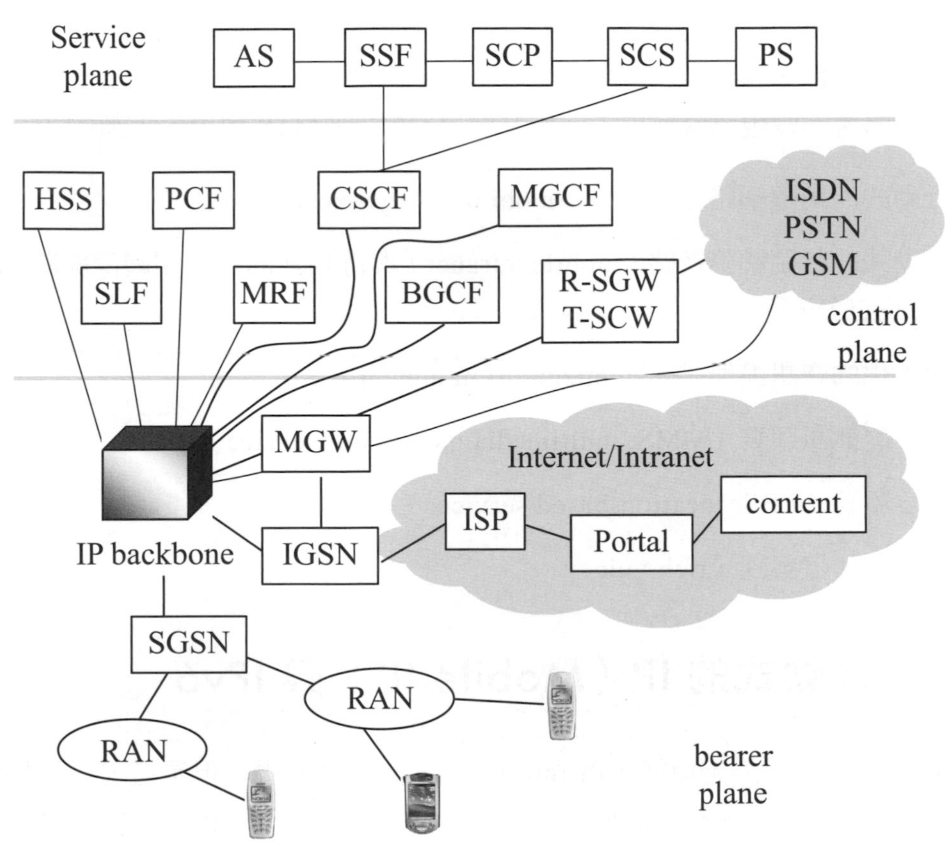

圖 15-19　IMS（Internet protocol multimedia system）（Huber 2002）

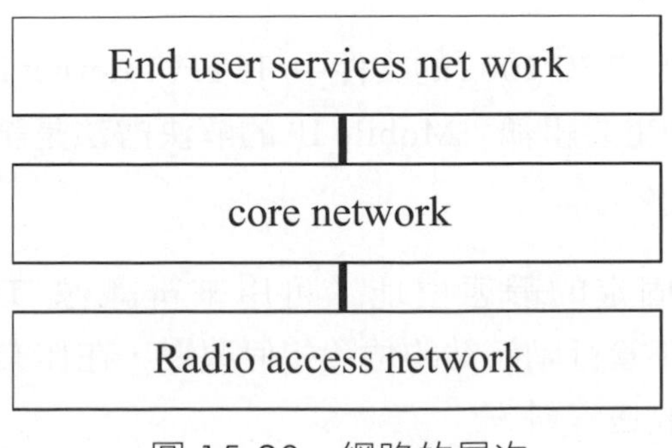

圖 15-20　網路的層次

各種應用的展望

IMS 的多媒體通話模型（multimedia call model）包括多媒體溝通（session）與管理的使用者服務、動態的 QoS、多媒體溝通（session）的控制與互連（interworking）的支援。IMS 採用所謂的 always on 的 SIP（session initiation protocol），將傳訊及控制的工作與資訊交換的部分分開，讓使用者能同時管理多個多媒體溝通（multimedia sessions），包括 voice-over-IP 或 video-over-IP 的連線，也就是說，當使用者在通話的時候也能傳送一段視訊資料出去，不必暫停通話。UMTS 列出 6 大類的 3G 服務：

1. 行動式的網際網路存取使用（mobile Internet access）。
2. 行動式的封閉網際網路（mobile intranet）與行動式的半封閉網際網路（mobile extranet）。
3. 個人化的資訊娛樂（customized infotainment）。
4. 多媒體簡訊服務（MMS, multimedia messaging service）。
5. 定位服務（LBS, location-based services）。
6. 語音的加值服務（rich voice）。

15.6 行動式的 IP（Mobile IP）與 IPv6

Mobile IP 是一種協定標準，以 Internet Protocol 為基礎，但是能支援行動通訊的環境，而且讓應用系統與高層的協定（例如 TCP）不受影響。PDA、數位蜂巢電話與手持的行動通訊器具也可以讓我們連上網際網路，這種連線方式對於使用者來說更為方便。

Mobile IP 的資料來自 RFC 2002 的文件中，IETF（Internet Engineering Task Force）是制定 Mobile IP 協定的主要組織。Mobile IP 的解決辦法是讓每個行動節點（mobile node）擁有兩個 IP 位址：

1. home address：固定的靜態位址，可用來辨識像 TCP 層次的連結（TCP connections）。不管行動節點的位置如何改變，在作業上好像行動節點一直在 home address 上收送資料。

2. care-of address：當網路的連結（point of attachment）改變時這個位址就會改變，可以想像成與行動節點的位置有關的位址。care-of address 會有網路號碼，明確定義行動節點所在的網路連結。

15.6.1 Mobile IP 運作的原理

在行動節點的 home network 上要有一個叫做 home agent 的網路節點，當行動節點不在 home network 時，home agent 負責替行動節點接收資料封包，然後轉送到行動節點所在的 foreign network。當行動節點的位置再度改變時，必須像 home agent 註冊（register）新的 care-of address。如此一來，home agent 就知道如何把資料封包轉送到新的 care-of address。當然在轉送前，所轉送的封包的目標位址（destination address）必須改變，這道程序叫做 packet transformation 或 redirection。當封包抵達行動節點時要重新轉換（packet retransformation），讓 home address 成為封包的目標位址，這樣行動節點上的高層協定才不會被搞糊塗了！

當 home agent 轉送（redirect）資料封包給行動節點時，會建立一個新的 IP 表頭（IP header），這個新的表頭把原來的封包（packet）包了起來，使原來的目標位址（即 home address）對於路由（routing）完全沒有作用，這種包裝（encapsulation）也叫做通道化（tunneling）。Mobile IP 的作用可以從以下 3 種機制來了解：

1. Care-of address 的發覺（discover）。
2. Care-of address 的註冊（register）。
3. Care-of address 的通道化（tunneling）。

Care-of address 的發覺（discover）

Mobile IP 的發覺程序（discovery process）是建立在 router advertisement 的基礎上，router advertisement 的協定可參考 RFC 1256。Mobile IP 擴充了原來的協定，讓 router advertisement 含有數個 care-of addresses，因此在 Mobile IP 中也把 router advertisement 稱做 agent advertisement。事實上，home agent 與 foreign agent 都會定時廣播 agent advertisement，行動節點也可以直接廣播或群播（multicast）需要 care-of address 的請求（solicitation）。Agent advertisement 的功能如下：

1. 偵測行動代理節點（mobility agent）的存在。
2. 列出可用的 care-of addresses。

3. 告知行動節點有關於 foreign agent 的功能，例如封裝的方法。
4. 讓行動節點決定網路號碼以及目前與網際網路連結的狀態。
5. 讓行動節點知道周圍的行動代理節點是 home agent 還是 foreign agent，決定自己是在 home network 還是 foreign network。

在 Mobile IP 中，行動節點可以透過 agent solicitation 來了解周遭有那些行動代理節點（mobility agent），所謂的周遭是指目前所連結的網路（current point of attachment）。假如某個 foreign agent 一直沒有再送 advertisement 過來，表示行動節點可能已經移出這個 foreign agent 的範圍。這時候行動節點就要再找一個 care-of address，或是選擇一個仍有收到 advertisement 的 foreign agent 之前提供的 care-of address。

Care-of address 的註冊（register）

行動節點取得 care-of address 之後，home agent 必須要得到這個資訊，這時候可以使用註冊（registration）的程序，行動節點將 care-of address 的資訊透過 foreign agent 送出註冊的請求（registration request），home agent 收到以後會將資料加到路由表格（routing table）中，同意請求，同時送出註冊回應（registration reply）給行動節點。接下來 home agent 就會建立起行動節點的 home address 與 care-of address 的關聯。

Care-of address 的通道化（tunneling）

通道化是 Mobile IP 中的一種封裝（encapsulation）的機制，所謂的 IP-within-IP 是指 homc agent 將新的 IP 表頭（header）插入到資料封包（datagram）的 IP header 之前，而該資料封包是要送往行動節點的 home address。新的通道表頭（tunnel header）以行動節點的 care-of address 為 tunnel destination，tunnel 的來源位址為 home agent，foreign agent 只要把 tunnel header 去除就能得到原來的資料封包。

15.6.2 IPv6 對於行動式運算的支援

IPv6 對於行動式運算的支援要比 IPv4 豐富多了，不過還是需要 Mobile IP 來達成行動透明化（mobility transparency）的要求。為了維持傳輸層（transport layer）的連線，行動節點的位置改變時，其 IP 位址還是要維持不變。以 TCP 來說，IP 位址與埠號（port number）決定了連線的特性，但是 IP 位址中的網路號碼（network number）

是封包正確傳送的指引，當行動節點的位置改變時，封包路由（route）的改變需要一個新的 IP 位址來反映網路連結（point of attachment）的改變。

TCP/IP 應用的延伸

在數據通訊中 TCP/IP 扮演了非常重要的角色，要把 TCP/IP 的應用延伸到行動無線通訊的領域中，必須先解決 IP 位址的問題。基本上，IP 位址是一種固定的位址，是網路節點位於某個網路或是子網路中的依據，在行動無線通訊的環境裡，由於網路節點可能會從某個網路漫遊（roam）到另一個網路，因而產生了 IP 位址需要變動或調整的情況。Mobile IP 的主要用途是加強傳統的網際網路協定，讓行動器具無論漫遊到什麼地方依然能夠正常地收送資料封包。

1. 行動台移動到另一個網路範圍時必須能在不改變 IP 位址的情況下繼續通訊。
2. 行動台必須能在不改變傳統網路組態的情況下與非行動式的網路節點做 IP 層次的通訊。
3. 行動台的 IP 位址必須跟一般傳統式的 IP 位址格式一樣。

Home agent 與 foreign agent 的觀念

圖 15-21 顯示 Mobile IP 的關鍵概念，行動節點（mobile node）從原本所在的網路（home network of attachment）移到另一個網路中，其 IP 位址是由 home network 所給的。當其他的網路節點送資訊給行動節點時，只知道行動節點原來的 home network 與 IP，但是 home network 知道如何把資料轉送到 foreign network 給行動節點，這就是資料再經過封裝（encapsulation）的由來。

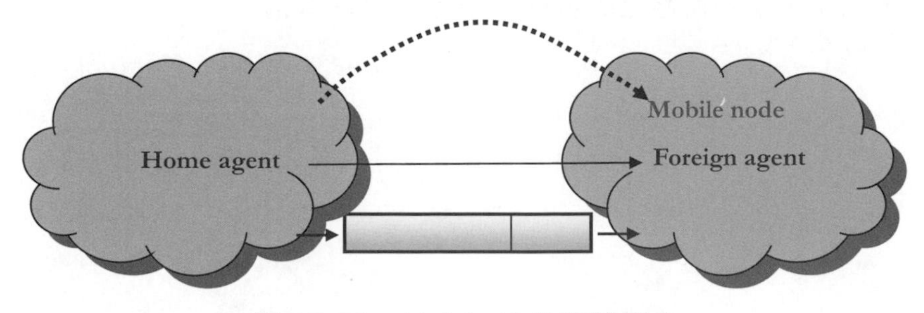

圖 15-21 Mobile IP 的關鍵概念

15.6.3 Mobile IP 的研究發展與其他的相關應用

Mobile IP 所面臨的最大的問題是安全（security）問題，還有一些技術上與部署上的問題，所以不管是在 IETF 或是市場上，有關於 Mobile IP 的研發仍舊十分活躍。Mobile IP 的運作方式遇到防火牆（firewall）會有一點問題，Mobile IP 本身必須能建立安全的通道（secure tunnel），另外有其他類似的協定與 Mobile IP 競爭，例如 PPTP 與 L2TP，以 PPP 為基礎。

值得注意的是 IP 網路的一些應用與無線通訊之間的相關性，例如 NDI（Network Device Interface）可以讓 IP 網路中的影音資料來源直接透過 IP 網路來交換影音資料，這對影音節目製作或是網路直播就有很大的影響，因為播出的畫面可以來自多臺攝影裝置或是其他類型的影音資料源，由影音處理的軟體工具做整合、後製或是特效處理。若再結合無線通訊，則可避免線路的佈置，並且擴大影音資料來源的所在範圍與移動性，對於影視以及網路直播產業來說，是相當方便而有用的工具。NDI 的資訊可以參考維基百科網站上的內容「https://en.wikipedia.org/wiki/Network_Device_Interface」。

15.6.4 與 Mobile IP 相關的文獻資料

IPv6 對於移動性的支援（mobility support）可參考 RFC 6275 的正式文件。Mobile IP 跟著無線通訊與網際網路的技術一起進展中，所以變化很快，也有很多參考資料，值得大家注意的是 VoIP（Voice over IP）、SIP（Session Initiation Protocol）等協定也在無線通訊的環境中的進展，因為這對一般使用者的影響很大，過去室內電話透過 PSTN 進行語音通訊，後來的 2G 數位無線蜂巢網路讓大家使用手機來通話，SIP 更進一步地支援網際網路上的各種應用進行語音通訊。

Q&A 常見問答集

Q1 行動定位服務（LBS, location-based services）對於交通路況可以提供什麼樣的支援？

答：行動定位服務業者可以針對付費的客戶提供定點的交通路況即時報導，同時依據客戶目前所在的位置，即時提供附近的路況，提醒客戶避開擁塞或發生事故的路段。

Q2 E-911（Emergency 911）代表什麼？

答：美國政府規定行動電話業者與用戶端通訊設備必須要能做到追蹤撥 911 電話的手機用戶，讓救護單位能為需要救助的人定位，這項法規就稱為 E-911，對於美國地區的行動定位服務的發展產生相當大的推升作用。

Q3 何謂遠近問題（near-far problem）？

答：在無線通訊中，離基地台比較近的行動台所發出的訊號的功率大於比較遠的行動台所發出的訊號的功率，對於頻道的使用來說會產生不均衡的現象，這也稱為所謂的遠近問題（near-far problem）。

Q4 從活動碼（mobile agent）的概念，可以想像出那些有趣的應用？

答：例如我們想在網路上找到最便宜的手機，這時候使用傳統的 Web 瀏覽方式的話，必須一一地到各個手機的商店去詢價，網路斷線或壅塞時只好枯等。若是使用活動碼，只要在程式中交代清楚，送出活動碼以後就可以做其他的事，等活動碼完成之後就能得到所需要的資訊了！

自我評量

1. 試著給行動定位服務（LBS, location-based services）下一個比較正式的定義。
2. 有那些定位技術（Location-identification technologies）可以支援 LBS？
3. 試說明三角定位法的原理。
4. 試由網路上尋找 3 種 LBS 的實例。
5. 移動性的管理（mobility management）有什麼用途？
6. 什麼是 MeT（mobile electronic transactions）？試由網路上找到更多相關的資料。
7. 行動商務與傳統的電子商務有什麼相似之處與不同的地方？
8. 促成行動商務的發展需要那些相關的技術？
9. 思考一下運用簡訊（SMS）來寄送廣告會有多大的成效？有沒有改善的方法或策略？
10. 試由網路上找出 5 種行動商務的實例。
11. 社交網路（social network）有哪些功能也結合了行動載具定位的功能？
12. Windows 裡有一個工具程式叫做 tracert，可以用來查看從我們的電腦到另外一台網際網路上的電腦所經過的路徑，理論上，我們可用這種方式畫出一個網際網路的世界地圖。請大家想像一下到底網際網路的整體架構是什麼模樣？
13. MAC address 與 IP address 之間有沒有什麼關係？
14. 為什麼網際網路需要 ARP 所提供的機制？
15. Mobile IP 與一般的 IP 協定最大的差異是什麼？
16. 思考一下有沒有比 Mobile IP 更有效率的解決辦法？

16 CHAPTER 無線通訊的其他相關發展

本章的重要觀念

- 了解無線通訊有那些具有未來性的應用。
- 了解無線通訊未來的發展。
- 無線通訊需要什麼樣的軟體開發？
- 無線通訊的軟體開發在什麼樣的平台上進行？
- 有那些無線通訊的軟體開發技術？
- 了解無線通訊的資安問題及解決辦法

無線通訊的未來發展充滿了許多不確定的因素，隨著各種無線網路與應用的部署，還有一些附帶的值得思考的議題，例如無線世界裡的智慧財產權問題。這些主題都和未來的無線通訊有關。無線通訊網路會逐漸地從封閉的本質走向開放的趨勢，與網際網路結合在一起。對於使用者來說，有線與無線網路的差異會越來越少，跨有線與無線網路的應用則會越來越多，雲端運算、行動學習、5G、物聯網，甚至更以後的發展充滿了想像的空間。

一般人都是手機的使用者，應該看過手機上提供的一些功能，除了設定的選項之外，還有像計算機與遊戲的功能。現在的手機有更大的顯示螢幕、記憶體與運算能力，再加上足夠的網路頻寬，有很多應用都能在手機的平台上實現，當然，這就需要軟體系統的開發了！智慧型手機或是平板電腦上的 app 都是仰賴無線通訊平台的軟體開發技術發展出來的。

以往網際網路是以有線網路的基礎建立起來的，產生了影響非常大的應用，要認識無線通訊網路的未來發展可以從未來電信服務的趨勢來觀察。以電信業者的分工來看，第一類電信業者提供基礎的線路與設施來支援通訊服務，第二類電信業者向第一類業者租用設施，提供所謂的加值服務（value-added services）。所以像中華電信就扮演著第一類電信業者的角色，ISP 則屬於第二類電信業者。

所以龐大的電信產業被分隔開來，建立競爭的環境。對於消費者來說是好事。像有線電信業者提供的固接式網路也有類似的競爭需要，所以政府開放了固網的執照。電信業者除了提供語音的服務外，還支援許多加值服務。對於無線通訊業者來說，加值服務可以分為三大類：

1. 語音（voice）加值服務：一般的語音通訊的用途是通話，但是也可以用來收聽氣象、新聞與金融資訊，或是訂火車票與掛號，這些額外的功能就是語音（voice）的加值服務。語音服務是電信業者主要的固定收益之一。
2. 簡訊（short message）加值服務：手機可以送簡訊，電腦也能發出簡訊，例如手機鈴聲或圖形的下載服務，就是透過簡訊的方式傳送到手機上。簡訊服務雖然不像語音通話那麼即時，卻能彌補語音通訊所缺乏的非同步通訊的需求。而且通訊的量相當大。
3. 數據（data）加值服務：所謂的行動上網服務就是一種無線數據通訊，WAP 或是日本 DoCoMo 的 i-mode 都是早期無線數據通訊服務的代表。

16.1 從應用上的趨勢談起

很多電信業或是無線通訊業者的網站上都提供了一些未來無線通訊的潛在應用，雖然有的看起來像是科幻電影裡的情節，但是事實上以目前科技進展的速度來看，這些應用在未來的 3 到 5 年內都有可能出現，甚至於普及化！所以從這些應用趨勢來觀察會比較容易想像未來的無線通訊技術會有什麼樣的發展。

16.1.1 從簡訊服務（SMS, short message service）到 MMS

簡訊服務（SMS, short message service）讓簡短的文字訊息從其他的手機、e-mail、平板電腦與類似的設備上送到另一個手機上。簡訊輸入以後可以傳送到蜂巢網路的行動交換中心（MSC, mobile switching center），MSC 再將簡訊送往訊息中心（message center）儲存起來。之後訊息中心會透過網路檢查指定接收簡訊的手機在那裡，找到以後，與該區域的基地台聯絡，通知手機將有簡訊送達。基地台利用控制頻道（control channel）送交通知（alert），手機收到通知後切換（tune）到接收的控制頻道上接收訊息，完成以後，手機送出告知（acknowledgement）的訊息，讓訊息中心把簡訊刪除。假如以上的過程無法完成，訊息中心會繼續試著把簡訊送出去。簡訊的長度是有限制的，通常是 160 個位元組（bytes），相當於 160 個英文字元，假如是中文的話會更短。假如網路的頻寬充裕，SMS 就可以延伸成為 MMS，也就是所謂的多媒體的簡訊服務，不過現在社群軟體傳送多媒體訊息既即時又方便，是多數人常用的訊息交換方式。

16.1.2 公眾無線區域網路

除了辦公室與家庭之外，另一個主要的無線區域網路的服務市場就是公共場所，例如飛機場、咖啡廳與百貨公司等。全球各地提供公眾無線區域網路（PWLAN, public wireless local area network）服務的地點越來越多，用戶也持續增加。但是這並不代表公眾無線區域網路的建置沒有什麼問題。以國內的現況來說，公眾無線區域網路有下面幾個需要解決的問題：

1. 公眾無線區域網路的漫遊機制：使用者會希望在不同的業者網路之間能夠漫遊。
2. 無線區域網路的管理方式：政府對於公眾無線區域網路的管理正逐步訂出規範，例如室外空間經營者的限制等。
3. 頻段干擾的管理問題：無線區域網路大幅建置以後還是可能發生頻段干擾的問題，應該要有管理的措施。

PWLAN 的發展需要相當多存取點（access point）的建置，有時候也稱為熱點（hot spots），但是到底使用者習慣上會多常使用 PWLAN 的服務可能是需要仔細評估的問題。

16.1.3 行動虛擬私有網路（mobile VPN, 簡稱 MVPN）

行動虛擬私有網路（MVPN, mobile virtual private network）可以讓企業員工在外以無線的方式連上企業的網路，企業網路通常是指所謂的 Intranet，也就是專門供企業員工使用的網際網路資訊，不對外開放。要導入 MVPN 必須考慮幾項因素：

1. 行動無線通訊網路的安全問題：語音通訊已經是相當普及的服務，MVPN 會在無線數據通訊上扮演重要的角色，但是如此一來，安全的問題必須解決。
2. 行動運算器具本身的限制：一般的手機螢幕都比較小，即使是 PDA，在記憶體容量與處理器的效能上都不如桌上型的電腦。而且行動器具使用電池，有使用時間的限制。
3. 網路管理的複雜變因：讓無線通訊的使用者也能進入企業網路將會為原來的網管帶來複雜的變因，包括用戶人數的增加、安全認證問題等，在技術上必須有辦法處理這些多出來的問題。

圖 16-1 顯示 MVPN 的架構，從這個架構來看可以發現 MVPN 的用途很多，圖 16-1 最右邊所能連結的資訊網路很多，包括 Intranet、Extranet、ISP 與 ASP（application service provider）等，而最左邊的使用者基本上在任何時間與任何地點都能連上這些網路，並且安全無虞，在這種情況下當然潛在的應用就很多了。舉例來說，派出在外的維修工程師可以機動地根據公司傳送過來的維修單進行維修，完成以後就直接上網填入維修狀況，維修系統可以根據所有的資料進行動態的調派作業。

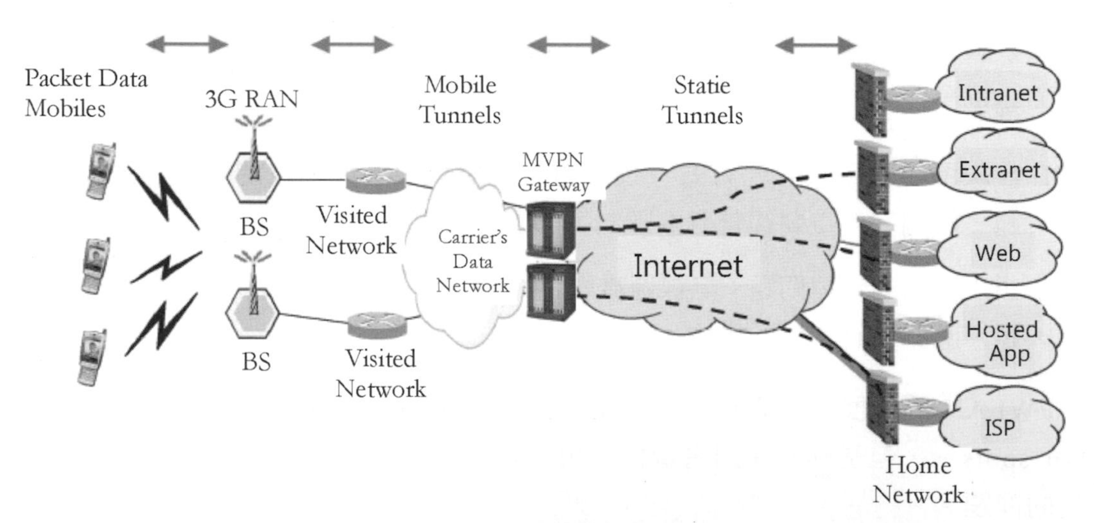

圖 16-1　MVPN 的架構（資料來源：Lucent Technologies）

MVPN 的建置除了運用傳統的 VPN 的技術之外，還要加上動態的 IP tunneling，支援使用者的移動性（user mobility），同時也要確保通訊的私密性與安全性。圖 16-2 顯示 MVPN IP tunneling 的架構，在技術上可以配合安全機制讓 MVPN 網路的通訊多一層保障。

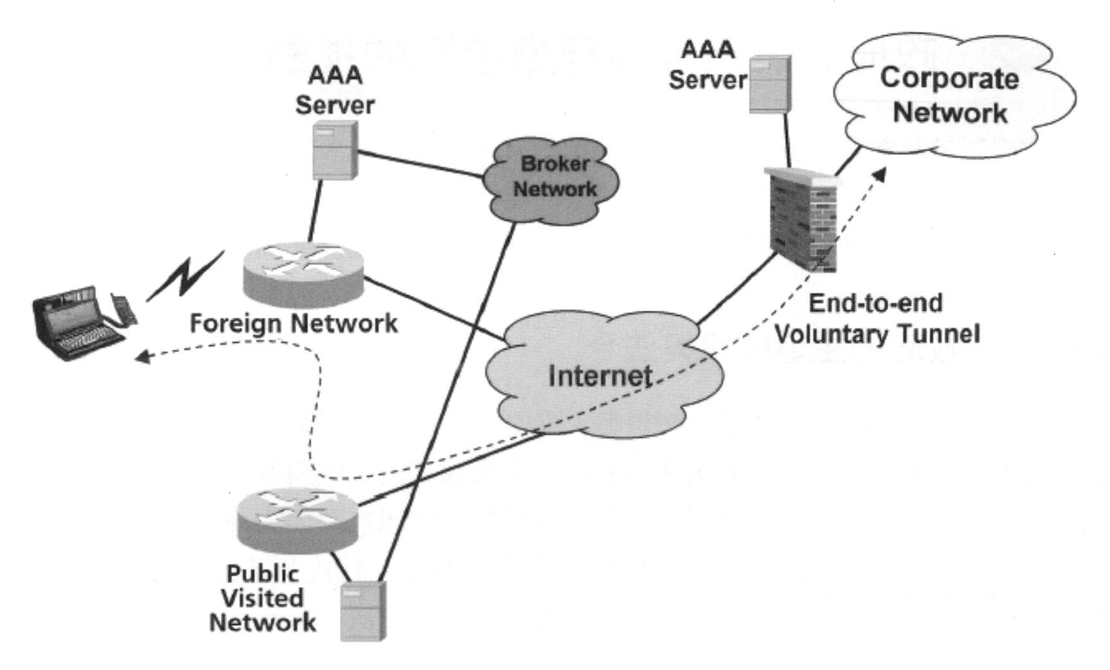

圖 16-2　MVPN IP tunneling 的架構（資料來源：Lucent Technologies）

16.1.4　行動家庭與行動生活

早期大家真正感受到的無線通訊主要是手機的語音通訊，電視與廣播早已習以為常，衛星轉播也不像以前那麼轟動了。但是實際上無線通訊帶來的方便與應用絕不僅只於這些，當然衛星導航多數人都聽過了，只是並不普及，電視上廣告的手機拍照後立即傳送有人已經體驗過了，有些地方能用手機向自動販賣機買飲料，這些應用有點新奇，不過都在意料之內。

大熱天回家之前先用手機開冷氣，進門以後留話機開始播放訊息，電視偵測到主人回家開始安排播放的節目。這種場景就有一點科幻了，但是不難想像在技術上已經不是遙不可及的理想了！其實有許多應用目前都進入了開發的階段，未來在無線通訊領域上的發展可能要比有線網路更精彩，直接與人類的生活相關。

電視的螢幕大、音效佳，播放視訊的效果比較好，所謂的智慧電視是指電視可以透過網路取得播放的視訊，讓使用者能自行搜尋視訊，透過電視來播放。「迷你雲」則是指讓使用者透過智慧型手機來搜尋視訊的應用，找到視訊以後再透過無線通訊傳遞給電視播放，假如電視沒有無線通訊的功能，就要加裝設備。

16.2 政府對於無線與行動通訊的推動

政府對於無線與行動通訊的推動經常扮演主要的角色，因為在無線電的天空裡其實存在著許多的限制，多半來自政府法令的規範，這與電信自由化是不牴觸的，因為在法令的保障之下才能讓業者自由而公平地發展，同時確保使用者的安全與權益。

16.2.1 政府的主導機構與法令

美國的 FCC 主管無線通訊的規範，國內則是由交通部電信總局來扮演類似的角色。要觀察國內的趨勢可以試著從政府的「未來頻譜需求與規劃」開始。由於無線通訊技術的發展與電信服務型態的多元化，各種無線通訊技術與網路的應用、網路服務與管理會在數位化的趨勢下整合。ITU 的「陸地無線互動式多媒體系統」（TWIMS, Terrestrial Wireless Interactive Multimedia Systems）對於未來頻譜需求及頻譜規劃進行研究，國內也針對這一部分做類似的規劃。

所謂的陸地無線互動式多媒體系統將整合多個行動通訊、固定通訊與廣播電視系統，提供互動式的語音、數據、影像等多媒體的服務。以規劃的歷程來看，陸地無線互動式多媒體系統包括：

1. 1G、2G、3G、4G、5G 與 5G 以上的行動通訊系統。
2. 無線區域網路（WLAN）與無線個人網路（WPAN）。
3. 數位電視（DTV）與數位音訊廣播（DAB）。
4. LMDS、LMCS、MVDS、MMDS 與 HDFS 等寬頻無線接取系統。

政府在頻譜規劃上是為了因應未來全球通訊數位化與電信自由化的需求，因此國際上有關於陸地無線互動式多媒體系統通訊的發展將會對國內的頻譜規劃有重大的影響。網路上有各種組織也對於未來的技術開始進行研發。

第五代以上行動通信業務（B5G, Beyond 5G）

對於行動通信頻譜的規劃，ITU 於 WRC -2000 會議決議增加以下 806MHz-960MHz、1710MHz-1885MHz 及 2500MHz-2690MHz 的頻段供 3G 陸地行動通訊業務使用。由於行動通訊通常比較適合使用 3GHz 以下的頻段，而且世界各國開放的行動通訊頻譜多集中在 1GHz 與 2 GHz 的頻段，所以所謂的 B3G 所使用的頻譜仍在 3GHz 以下。依據聯合國 ITU-R 與 3GPP 的規劃，5G 標準系統的研發、制定分為兩階段，Phase-1 5G 系統預計於 2018 年制定完成，於 2020 年開始提供服務，Phase-2 5G 系統於 2019 年制定完成，於 2021 年開始提供服務。學界及國際大廠也開始進行 B5G（beyond 5G）及 6G 的研究。

無線區域/個人網路（WLAN/WPAN）系統

無線區域網路（WLAN, Wireless Local Area Network）支援室內移動性低的高速傳輸服務，這類系統包括使用 2.4GHz 頻段的 802.11b，以及使用 5 GHz 頻段的 802.11a 與 HIPERLAN-2，最大的資料速率可以達 20Mbps 到 50 Mbps。個人區域網路（WPAN, Wireless Personal Access Network）指短距離、低功率的無線傳輸技術，可以連接居家環境的資訊家電，例如印表機、手機、筆記型電腦等，增進家庭生活的方便性，改善辦公室自動化的環境。Bluetooth、Home RF、IEEE 802.15 PAN 都算是這一類的系統，資料傳輸速率約 1 Mbps。

結合網際網路與無線存取（wireless access）系統提供使用者在任何時間與地點上網的 WLAN/WPAN 是未來通訊的趨勢，譬如公眾的 WLAN。以 WLAN 與 WPAN 的標準來說，使用的頻段主要在 2.4GHz 與 5 GHz，我國已經開放 2400MHz 到 2483.5 MHz 頻段供跳頻（frequency hopping）與直接序列展頻（DSSS, direct sequence spread spectrum）技術使用，並且開放 5.25GHz 到 5.35GHz 與 5.725GHz 到 5.825 GHz 的頻段供非法定的無線資訊傳輸設備（Unlicensed National Information Infrastructure）使用。

寬頻無線接取（Broadband Wireless Access, BWA）：區域多點分散式服務（Local Multipoint Distribution Services, LMDS）

由於網際網路對於資料傳輸頻寬的需求很高，但是有線網路的佈建又有許多困難，因此寬頻網路（Broadband Network）必須結合無線存取（Wireless Access）的技術使網際網路的存取線路能更有效地部署到需求地點。區域多點分散式服務（LMDS）是無線寬頻存取技術的一種，利用高容量點對多點的微波傳輸技術，可以提供雙向語音、數據與視訊等多媒體的服務，可達到 64 Kbps 到 2 Mbps，或是 155 Mbps 的資料速率。我國規劃 24GHz 到 42 GHz 的頻段供固定通訊業務經營者申請 LMDS 使用。

寬頻無線接取（Broadband Wireless Access, BWA）：高空平台（High Altitude Platform Stations, HAPS）

高空平台（high altitude platform）是將基地台佈置於離地表約 20 公里到 50 公里的汽球或無人飛機上，運作的原理和衛星相似。一個高空平台的涵蓋範圍約為 150 公里到 1000 公里，比較適合幅員廣大的區域使用。ITU 在 WRC-97 及 WRC-2000 的兩次會議中已經規劃 47.2 GHz 到 47.5 GHz 與 47.9 GHz 到 48.2 GHz 及 18 GHz 到 32 GHz 的頻段供高空平台使用。

寬頻無線接取（Broadband Wireless Access, BWA）：高密度固定通信業務（High-Density applications in the Fixed Service, HDFS）

由於高頻段傳輸距離比較短，30 GHz 以上的頻段適合高密度的點對點（point-to-point）及點對多點（point-to-multipoint）的寬頻無線系統使用，WRC-2000 會議決議分配 31.8 GHz -33.4 GHz、37 GHz -40 GHz、40.5 GHz -43.5 GHz、51.4 GHz -52.6 GHz、55.78 GHz -59 GHz 與 64 GHz -66 GHz 的頻段供高密度固定通信業務（High-Density applications in the Fixed Service）使用。我國在這些頻段中有部份頻段已經分配給公眾通訊行動中繼網路與衛星使用。

數位電視與數位音訊廣播（DTV / DAB）

廣播電視技術數位化是進行中的建設，將能提昇廣播電視的收訊品質，而且增進無線電頻率的使用效率。在數位電視廣播方面，目前政府以市場需求為導向，每個頻道頻寬仍維持原定之 6MHz。在數位音訊廣播（DAB）方面，將以試播實驗結果評估頻率需求。

智慧型運輸系統（Intelligent Transportation Systems, ITS）

智慧型運輸系統（Intelligent Transportation Systems, ITS）指利用先進的電子通訊方式來增加大眾運輸的安全。服務範圍包含交通管理、商用車輛管理、先進大眾傳輸系統、智慧型巡航系統、先進車輛控制系統等。世界各主要 ITS 發展國家多以低功率、短距離的通訊網路提供道路管理、流量控制、自動駕駛、即時路況報導等服務。美國於 1998 年完成短距離數位通訊（DSRC, Digital Short Range Communication）的傳送標準，開放 5.85GHz-5.925 GHz 的頻段供發展智慧型運輸系統使用。

超寬頻（Ultra-Wideband, UWB）技術

超寬頻（UWB, ultra-wideband）技術是使用 1 GHz 以上頻寬的無線通訊方式，特點在於發射非常窄的脈衝電波（impulse），因此需要很大的發射頻寬，可以大幅地降低使用功率，只要發射脈衝的寬度能控制在 1 ns（nano second）以下，就可以運用 UWB。目前的 UWB 技術主要應用在公共安全及寬頻無線通訊方面。美國 FCC 於 2002 年開放頻段供探地雷達（Ground Penetrating Radar Systems）、穿牆成像系統（Through Wall Imaging System）及醫療影像系統等 UWB 的設備使用。FCC 也開放 3.1 GHz -10.6 GHz 供 UWB 通訊及測量系統使用，屬於寬頻室內無線通訊的範圍。

防救災緊急通訊系統

國內對於重大災難的救護意識日增，現有的無線通訊系統中可以投入救災工作的包括公眾網路的行動電話系統、中繼式無線電話系統、衛星電話系統，以及屬於專用電信的警政署、消防署、與海岸巡防署等專用無線電系統。各單位所建置的通訊系統無法涵蓋全區，而且沒有共同平台，因此單位間缺乏橫向連繫，會造成救災資源不容易統合運用的困境。交通部計畫將現有的有線與無線通訊搭配衛星與陸地行動通訊使用，兼顧平時及重大災害發生時的通訊需求；同時成立中央災害應變中心建置緊急通訊系統的共同平台，簡化並統一現有的救災通訊系統介面。此外也規劃開放全國緊急通訊專屬頻道，整合各單位緊急通訊系統，建立緊急救災專屬無線通訊路由。

16.2.2 無線通訊與產業的結合

工研院歷年來在無線通訊領域上進行研發，各階段的研發成果會經由合作的方式導入國內的科技產業，我國在無線通訊的產業上的發展並不亞於其他的先進國家，尤其是手機使用的密度相當高。不過未來無線通訊產業的發展會與行動運算結合在一起，除了網路的基礎結構之外，還要有適當的內容與服務的研發，讓無線通訊的平台上能聚集多元化的應用，成為具有商業價值的產業，這一部分的發展也會與網際網路息息相關，台灣地區人口稠密，很適合無線產業在應用方面的發展。

16.3 無線感測網路（wireless sensor networks）

無線感測網路是繼無線通訊發展之後出現的一種相當有趣的無線網路結構，有很多潛在的應用（Mainwaring 2002）。國內的文獻對於感測網路的探討還不是相當多，下面的內容先對感測網路的基本觀念做入門的介紹。

16.3.1 感測網路的基本觀念

感測網路是由大量的感測節點（sensor nodes）所組成的，感測節點之間以無線的方式來進行通訊，這些節點密集地部署在感測區域內或附近的範圍，通常一般人不易或是不便到達。感測節點放置的地方不需要特別的施工或事先決定，所以在崎嶇的地形、受污染地區、軍事前線或是災區部署的時候有相當大的彈性。感測網路與 ad hoc network 的主要差異如下：

1. 感測網路中感測節點的數量遠大於 ad hoc network 中的節點數目。
2. 感測節點部署地相當密集。
3. 感測節點容易發生失敗。
4. 感測節點的拓樸結構（topology）經常變動。
5. 感測節點主要使用廣播通訊的方式，ad hoc network 則採用點對點的（point-to-point）通訊。
6. 感測節點的功率（power）、運算能力與記憶體受限。
7. 由於感測節點的數量龐大，所以不見得會有全區的識別（global identification）。

16.3.2 感測網路的架構

圖 16-3 顯示一個典型的感測網路的架構，感測節點遍佈在感區域內，每個節點都有蒐集資料的能力，而且可以將資料以接力的方式送回到回收點（sink），所謂的接力是指像圖 16-3 中感測節點 A 的資料經過多段路徑（multihop）送達 sink 的情況。sink 本身可以再透過其他網路與處理中心連絡。

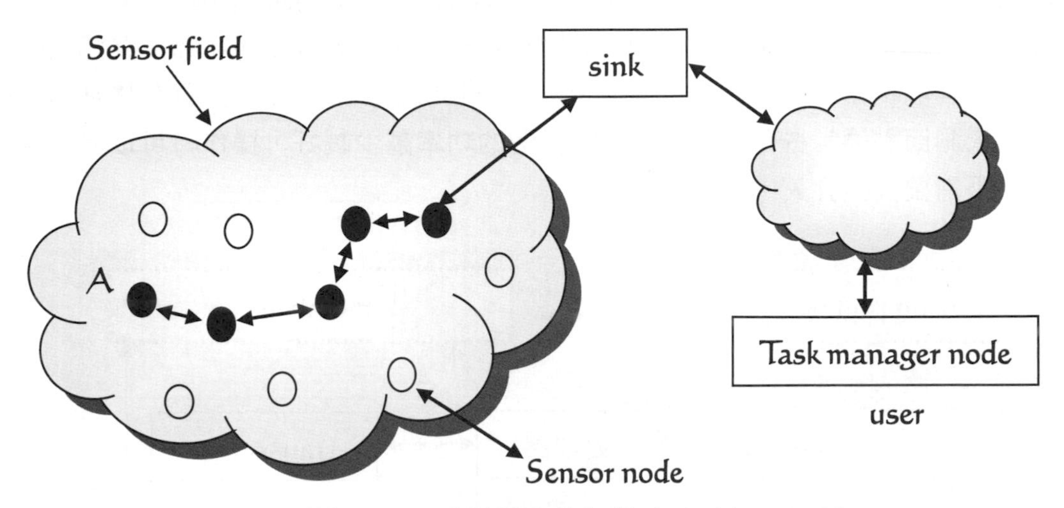

圖 16-3　感測網路的架構（Akyildiz 2002）

16.3.3　感測網路的設計

感測網路的設計受到很多因素的影響，在設計感測網路裡的協定或是演算法時，通常都需要考量到這些因素，在比較感測網路的設計時也可以使用這些因素當做比較的基礎。

1. 容錯（fault tolerance）：感測節點可能會因為功率不足而受到阻擋或是失敗，也有可能受到環境的干擾或破壞。容錯是指在設計上必須確認當感測節點失敗時不會影響感測網路整體的功能，容錯其實也是達到系統可靠性（reliability）的方法。

2. 製造的成本：感測網路含有大量的感測節點，單一的感測節點的製造成本太高的話，將使感測網路的成本過高。最好在成本上能低於傳統的感測裝置。

3. 延展性（scalability）：感測網路中感測節點的數量可能從數百、數千到上百萬都有可能，因此在設計上必須考量到感測網路的延展性，不管節點數目多少，都要能正常地作業，而且最好也能運用節點密度高的特性。

4. 硬體的限制：圖 16-4 顯示一個典型的感測節點的組成架構，感測裝置、處理裝置、收發器（transceiver）與 Power unit 是基本的配備，感測裝置中有感測器（sensor）與 ADC（analog-to-digital converter）。感測器在感測現象取得的類比訊號經由 ADC 轉換成數位訊號，然後送給處理裝置。處理裝置讓感測節點具有電腦處理的特徵，不過對於感測節點來說，主要的功能是配合其他的感測節點完成感測的任務。感測節點透過 transceiver 連接網路，供電裝置（power unit）也可以運用太陽能。位置找尋系統（location finding system）讓感測節點得以獲取精確的位置資訊，移動裝置（mobilizer）讓感測節點具有移動的能力。**感測節點通常占有的空間不大，耗費的功率越少越好，操作時可以完全自主，不需要人為介入。**

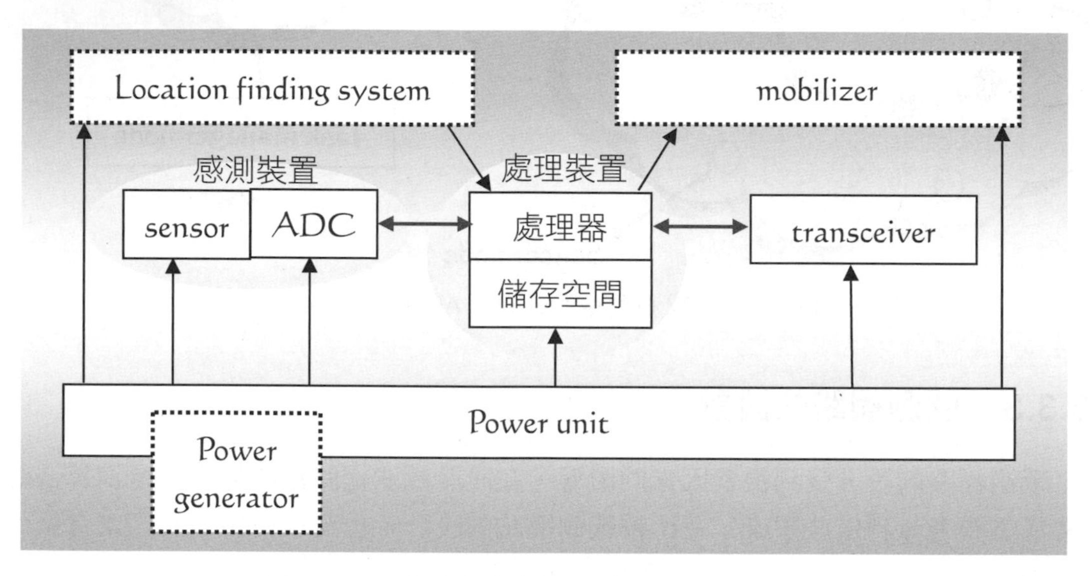

圖 16-4　感測節點的組成（Akyildiz 2002）

5. 環境因素：感測節點密集地部署在感測區域內，或是接近感測標的附近，通常都不必人為照顧，譬如在海洋底部、在化學污染地區或是戰場上。
6. 傳輸介質：感測網路中的節點透過無線通訊的方式來進行溝通，例如無線電（radio）或是紅外線（Infrared）等，假如採用的是紅外線或光學方式的通訊，通訊雙方必須有無障礙的視線（clear line of sight）。
7. 感測網路的拓樸結構（topology）：感測區域內可能有數百或數千個感測節點，彼此之間相距也可能在幾公尺左右的範圍內，網路的拓樸結構必須有適當的處理機制。感測節點部署的時候可能由人為處理，也可能是運用機械或載具來自動散發，一旦部署完成，網路的拓樸結構可能會因為感測節點的變化而改變，例如位置的變化或是故障。之後也有可能因為一些因素加入更多的感測節點，同樣會改變網路的拓樸結構。
8. 功率的需求：無線感測節點算是一種微電子儀器（microelectronic device），只能具備有限的功率，而且在某些應用中還不能重複補充能量，所以感測節點的使用壽命受限於電持的使用期限。由於每個感測節點同時扮演資料傳送與資料路由的角色，假如部分的感測節點無法作用，會造成網路結構的改變，資料必須重新再傳送。所以感測網路的協定與演算法在設計上會考量到功率耗用的問題。感測節點會耗用功率的情況包括偵測事件（event）時、處理資料時與傳送資料的時候。

16.3.4 感測網路的協定

感測網路的協定是指感測節點（sensor node）與回收點（sink）所使用的協定，圖 16-5 顯示感測網路的協定堆疊（protocol stack），與 ISO/OSI 網路模型很像，只是少了 session layer 與 presentation layer。感測網路的協定需要處理功率（power）與路由（routing）的問題，而且要能善用感測節點之間的合作。

1. Power management plane：管理感測節點對於功率的使用，例如感測節點收到鄰近節點的訊息以後可能會先關閉接收裝置，避免收到重複的訊息，當感測節點的功率降低時，則主要廣播給鄰近節點，告知無法參與路由訊息的傳遞，以節省功率用來感測。

2. Mobility management plane：偵測感測節點的移動，隨時記載通往 sink 的路徑，同時也記錄鄰近節點的相關資訊，用來調整功率的運用與感測工作的進行。

3. Task management plane：感測區域內的感測工作（task）可以分配給感測節點，但並不是所有的感測節點都要同時進行感測工作，協定可以試著做調整與排程（schedule），使功率能有效地運用，而且感測節點彼此之間能共用資源。

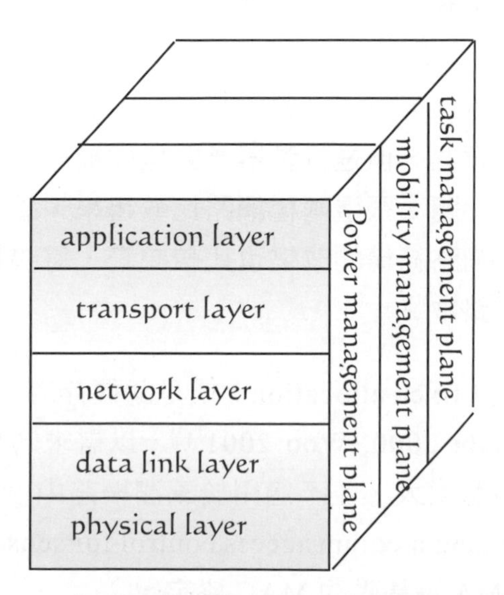

圖 16-5　感測網路的協定堆疊（protocol stack）

16.3.4.1 實體層（physical layer）的特徵

實體層負責頻率的選擇、載波頻率（carrier frequency）的產生、訊號的偵測、調變與資料的編碼（data encryption）。目前 915 MHz 的 ISM 頻段是感測網路中建議使用的頻率。頻率的選擇與訊號的偵測主要在硬體的層次完成，與收發器（transceiver）的設計有關。**比較遠距離的無線通訊在能量的耗用與建置的複雜度上都很高，對於感測網路來說，能量的耗用問題更重要**。就整體的實體層設計來說，還要考慮到調變的方式（modulation scheme）。

16.3.4.2 資料連結層（data link layer）

資料連結層負責資料流的多工（multiplexing）、偵測資料框（data frame）、介質存取控制（medium access control）與錯誤控制，確保點對點（point-to-point）與點對多點（point-to-multipoint）的可靠通訊。感測網路有自主（self-organizing）與多段（multihop）的特性，其 MAC 協定的主要功能為：

1. 建立網路的架構：感測網路中節點的數目很大，MAC 協定要能建立資料傳送的連結，同時讓感測網路能夠自主。
2. 有效地共用通訊的資源：通訊資源的共用必須能達到公平與有效的原則。

要了解感測網路的 MAC 協定最好先知道為什麼現有的 MAC 協定不太適用於感測網路中。在蜂巢網路中，基地台形成一個有線的網路主幹，行動台和最近的基地台之間只有一段（one hop）通訊的間隔，這種網路也稱為基礎架構型（infrastructure-based），基本上功率的使用算是次要的問題，因為基地台有穩定的電源供應，行動台的電源可以再充滿。對於藍牙（Bluetooth）或是 ad hoc network 來說，跟感測網路的情況很類似，但是行動器具同樣能補充電源，因此 MAC 協定在設計上不用特別考量電源的問題。跟這兩種網路比較起來，感測網路的節點數目很多，節點之間的距離比較近，網路結構的改變也比較頻繁，這些特性使得現有的 MAC 協定無法直接運用在感測網路中。

感測網路中固定分配（fixed allocation）或是隨機存取（random access）的 MAC 協定都有人提出來（Sohrabi 2000, Woo 2001），以需求為基礎的（demand-based）的存取方式由於訊息傳遞量太大，並不適用於感測網路中。（Sohrabi 2000）提出來的是 SMACS（self-organizing medium access control for sensor networks）協定，（Woo 2001）提出來的是以 CSMA 為基礎的 MAC 協定。

16.3.4.3 網路層（network layer）

感測網路中有密度相當高的感測節點，這些節點與 sink 之間路徑的建立要靠網路層的協定，ad hoc 網路的路由方法並不適用於感測網路中。以下各項為感測網路的網路層協定在設計時所考量的主要原則：

1. 功率使用的效能（power efficiency）。
2. 感測網路是以資料的處理為主的（data-centric）。

在找尋路由（route）時通常會考量感測節點的功率（PA, available power）與沿路徑的連結傳訊所需要的能量（α），sensor node 與 sink node 之間需要多段無線路由協定（multihop wireless routing protocol），圖 16-6 顯示一個典型的感測網路結構。

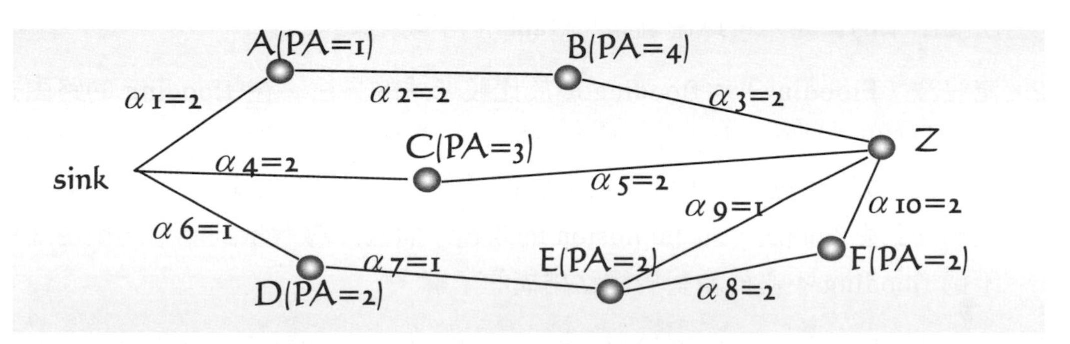

圖 16-6　感測網路的路由機制

以圖 16-6 的情況來看，從 sink 到 Z 有 4 條路由（routes），選 Sink-A-B-Z 的話，PA 的和為 5，α 的和為 6；選 Sink-C-Z 的話，PA 的和為 3，α 的和為 4；選 Sink-D-E-Z 的話，PA 的和為 4，α 的和為 3；選 Sink-D-E-F-Z 的話，PA 的和為 6，α 的和為 6；至於要選擇那一條路由，有下面幾種判定的方式：

1. maximum PA route：假如選擇 PA 總和最高的路由，可以選 Sink-D-E-F-Z，但是這個路由比 Sink-D-E-Z 還要多經過一個節點，因此我們選擇 Sink-A-B-Z。
2. minimum energy（ME）route：選擇傳送資料所需要的能量總和最低的路由，在這個條件下，我們選擇的是 Sink-D-E-Z。
3. minimum hop（MH）route：選擇路段最少的路由，在這個條件下，我們選擇的是 Sink-C-Z。

4. maximum minimum PA node route：選擇路由中最低 PA 值高於其他路由中最低 PA 值的路由，在這個條件下，我們選擇的是 Sink-A-B-Z。這個方法的源由是盡量讓快耗盡能量的節點少被用到，延長其壽命。

路由的方法也有可能是以資料為根據的，譬如說我們想知道有那些地區污染比較嚴重，這時候就不是針對某個節點來取得資料，而是將需求以查詢（query）的型式送出去，然後等待回應，這個過程也稱為需求的散發（interest dissemination），相關的路由方式則稱為 data-centric routing。以下為幾種已經發表的路由方法：

1. Small MECN（small minimum energy communication network）：我們可以針對一個網路計算能量有效使用（energy-efficient）的子網路，也就是所謂的 MECN（minimum energy communication network）。這是（Rodoplu 1999）所提出來的協定，可以用圖型（graph）結構來探討。
2. 淹沒法（Flooding）：flooding 屬於比較老式的方法。在 flooding 的路由方法中，每個節點收到封包的時候會再把封包廣播出去，除非該封包經過的路段（hop）數目超過一個上限，或是已經送達目的地。Flooding 有重複的訊息送往相同節點的問題，即 implosion 的問題，而且沒有考量到能量的使用問題，不過 flooding 不必倚賴對於網路結構的了解。
3. 閒聊法（Gossiping）：屬於 flooding 方法的延伸，節點不再廣播封包，只把封包送往一些特定的其他節點。這樣可以減緩 implosion 的問題。
4. Sequential assignment routing：Sohrabi 等人提出來的 SMACS 是一種分散式的協定（distributed protocol），不需要集中式的管理機制，感測節點先找出鄰近的節點，然後建立傳送與接收資料的排程（schedule）。
5. rumor routing：基本的概念是利用 event 與 query 的特性，讓資料的蒐集能以 query 為中心，在有足夠的資料存在時才建立 source 與 destination 之間的路由（route）（Braginsky, D. 2002）。

16.3.4.4 傳輸層（transport layer）

感測網路也需要傳輸層的協定，特別是要和 Internet 或外部網路連絡的時候。以現有的 TCP 與 UDP 協定來說，sink node 與外界的網路都能使用，但是 sensor node 的記憶體有限，最多只有 UDP 能用，而且由於感測網路的節點並沒有運用全域的定址（global addressing），而且又要考慮能量的使用問題，因此還是需要發展出適合感測網路使用的傳輸層協定。

16.3.4.5 應用層（application layer）

雖然有很多運用感測網路的應用出現，但是在應用層上的協定還未詳細地探討，（Akyildiz 2002）中列出 3 種可待發展的感測網路的應用層協定：sensor management protocol（SMP）、task assignment and data advertisement protocol（TADAP）與 sensor query and data dissemination protocol（SQDDP）。SMP 讓系統管理者能以比較簡單的方式來和感測網路溝通，需求的散發（interest dissemination）是 TADAP 所支援的功能之一，SQDDP 提供使用者設定查詢的介面。

16.4 無線通訊的未來

無線通訊未來會如何發展呢？5G 執照（5G license）在各國或跨國區域陸續標售出去，國際化的電信大廠也開始發展無線通訊的基礎與應用服務。雖然有時候會受全球性經濟衰退的影響而緩慢下來，但是發展的趨勢並沒有改變。不過，真正的關鍵在於內容與服務的開發，這也是值得我們注意的未來發展重點。

16.4.1 行動通訊的世代交替

3G 是什麼？將提供那些服務？目前都已經明朗，3.5G 或是 3.75G 的服務也都出現了，4G 的規劃中寬頻無線技術是重點。以 GSM 網路來說，在 1990 年都還在發展階段，可是現在已經那麼普及。4G 的發展成形之後，很快就出現在我們的日常生活裡。首先從 3G 的缺點談起：

1. 資料速率：依據 3G 的規格來看，UTRAN 能提供達 2 Mbps 的資料速率，不過在實際的情況下，UTRAN 的最高速率約 384 Kbps，因為用戶的移動性與所在區域都會有變數。由於現場即時的視訊或是要求高品質的視訊應用都需要較高的資料速率，3G 在這方面必須要有所改善。
2. UTRAN FDD 的模式所支援的上傳與下載資料速率是一樣的，但是一般來說，下傳的量要比上傳的量來得大。因此 UTRAN FDD 對於非對稱式的資料連結（asymmetric data connection）的支援不佳。

3. UTRAN TDD 的技術使用相同的頻段來上傳與下載，TDD 訊框（frame）裡的時槽（time slots）可依需要分配給上傳與下載使用，所以 TDD 對非對稱式的資料連結可以處理得很好。但是 TDD 模式的其他問題使得 TDD 在中大型的細胞裡難以使用，最好在室內使用。

2G 的代表是 GSM，3G 的代表為 UTRAN，但是 4G 只能想像成一些網路與精巧的通訊設備所形成的組合。圖 16-7 試著畫出 4G 的網路部署，當然 3G 的 UMTS 網路或是 GSM 的擴充網路都會存在，數位的廣播網路 DAB（digital audio broadcasting）與 DVB（digital video broadcasting）將會成為人們生活的必需品，就像目前大家常收視或收聽的管道一樣。4G 所提供的網路環境是多元化的，絕大部分的網路都能通往網際網路，而且網路之間的銜接會比現在更完善。

1. 自動發現服務（service discovery）：使用者不需要知道那些網路提供了那些服務，因為使用的器具有辦法分析所在的環境，然後把可用的網路與服務列出來供用戶選擇，這是一種自動發現服務（service discovery）的功能。假如之前用戶的偏好有儲存起來，系統可以依據偏好只列出用戶有興趣的服務項目。

2. 自動切換（handover）：行動器具可以持續地分析周圍的通訊網路，利用所設定的 QoS、安全要求與成本等參數來選擇是否切換（handover）到最適合的網路系統。

3. 聰明的行動器具（smart mobile devices）：行動器具本身配合其軟硬體的功能可以自動幫用戶進行很多的處理，例如行動器具與網路系統之間可以針對新的需求自動進行調整。

4. 層次化的網路：從圖 16-7 來看，最底層的是個人網路，把個人的設備互連，例如電腦與印表機，或是電話與耳機的連接，通訊的距離很短。再往上層的是 WLAN，使用者的行動性不高，資料速率高。再往上為蜂巢網路，涵蓋的區域廣，所以提供的資料速率不一，支援全球性的漫遊（global roaming）。HAPS（high-altitude platform stations）可以支援非常大範圍的蜂巢式通訊，基地台建置在相當高的地方，例如放置在航空載具上，如此一來，很容易有 LOS 的通訊路徑。網路的重新組成很容易完成。

5. 彈性的切換（HO, handover）：相同層次間的切換稱為水平切換（horizontal handover），不同層次間的切換稱為垂直切換（vertical handover）。所謂的切換是指行動器具能依照用戶的使用狀況與位置在不同的網路之間進行平順的轉移，例如用戶從外頭進入辦公室大樓時，可能就需要從蜂巢網路切換到 WLAN。

6. 通訊服務中介（service broker）：在多種網路共存的情況下，需要所謂的通訊服務中介（service broker）來整合用戶的需求同時管理計費的細節。內容提供業者（content providers）、服務業者（service providers）與網路業者（operators）透過通訊服務中介來與用戶接洽。通訊服務中介為不同的用戶需要組合出適當的網路服務。

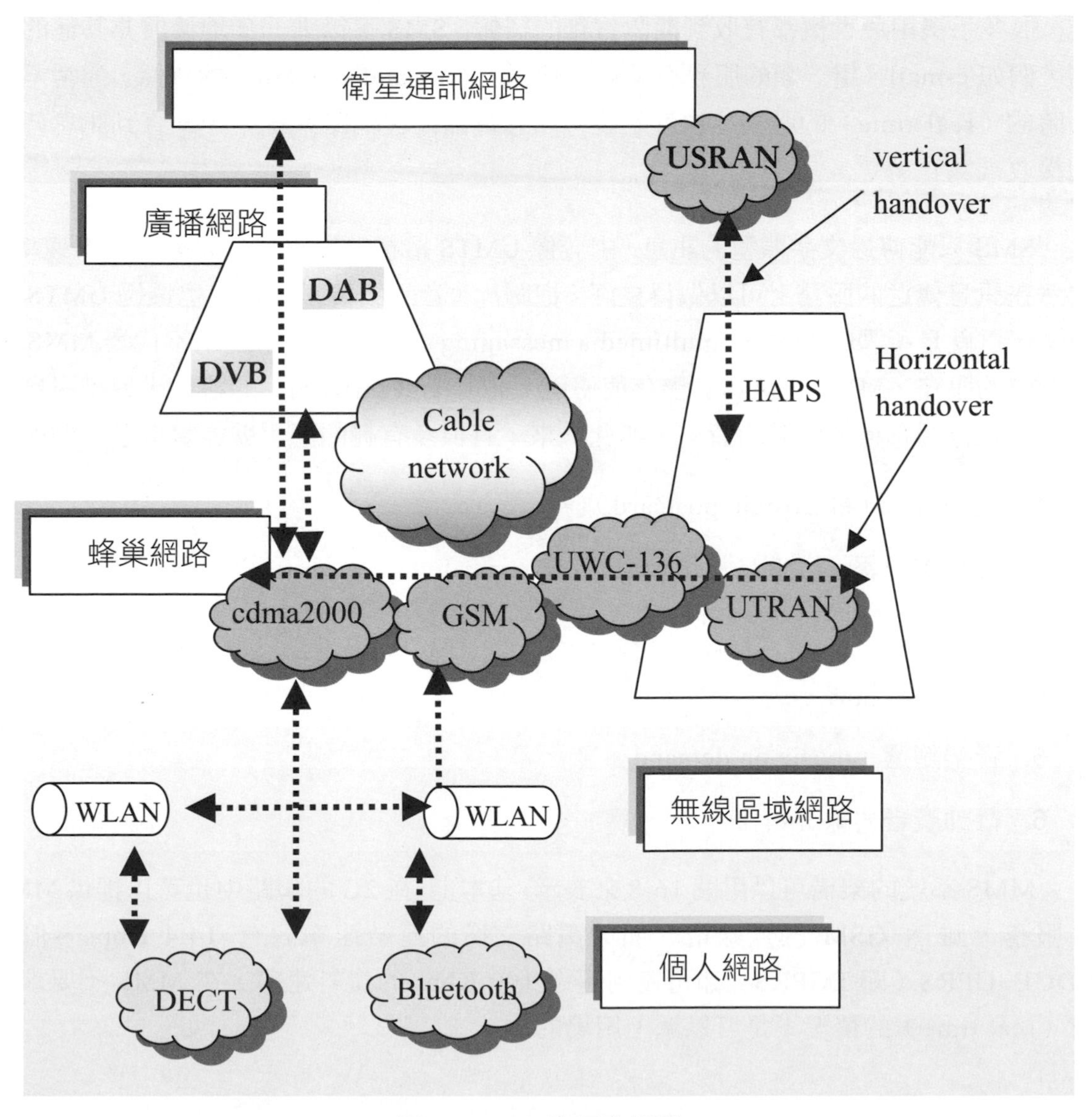

圖 16-7 4G 的網路部署

4G 的核心網路（core network）是寬頻的，而且以 IP 為基礎。我們現在看到的 GSM、UMTS 與 DAB 等網路與技術都會逐年地發展，所以 4G 的來臨也花了一些時間，5G 與 6G 也是一樣，許多技術都需要市場的肯定之後才可能普及。

16.4.2 什麼是 MMS（multimedia messaging service）？

MMS 是 UMTS 網路最令人矚目的功能（Korhonen 2001），由於 MMS 結合了多媒體的資料，在應用上有很大的想像空間。GSM 系統裡的簡訊服務（SMS）相當受歡迎，很多手機用戶大概都有收到簡訊賀年的經驗，SMS 可以進一步地擴展為其他的服務，例如 e-mail，這一類的服務有儲存與傳送（store and forward）的特性，通常不是即時的（real time）的服務，也就是說，訊息會儲存在網路系統中，一直到訊息傳送到接收端為止。

SMS 只能傳送文字類型的訊息，由於像 UMTS 這樣的網路具有足夠的資料速率，當然在訊息傳送的服務上可以做得更好，把圖片、音訊與視訊等資訊也透過 UMTS 來傳送，這就是所謂的 MMS（multimedia messaging service），不過這不代表 MMS 提供即時的服務，MMS 仍舊具有儲存與傳送（store and forward）的特性，只是訊息的內容型式包括各種多媒體的資料，如此一來，有很多有趣的應用就能實現了，例如：

1. 電子賀卡（electronic postcard）。
2. 行動電子報（mobile electronic newspaper）。
3. 即時新聞。
4. 交通路況報導。
5. 音樂隨選（music on demand）。
6. 行動廣告與線上購物。

MMS 系統的架構可以用圖 16-8 來表示，基本上，在 2G 的網路中也可以提供 MMS 的服務，雖然 GSM 的無線電介面的電路交換的連結速率只有 14.4 Kbps，但是 EDGE+GPRS（即 EGPRS）卻可達到超過 100 Kbps 的資料速率，在 MMS 不要求即時（real time）的情況下是可以派上用場的。

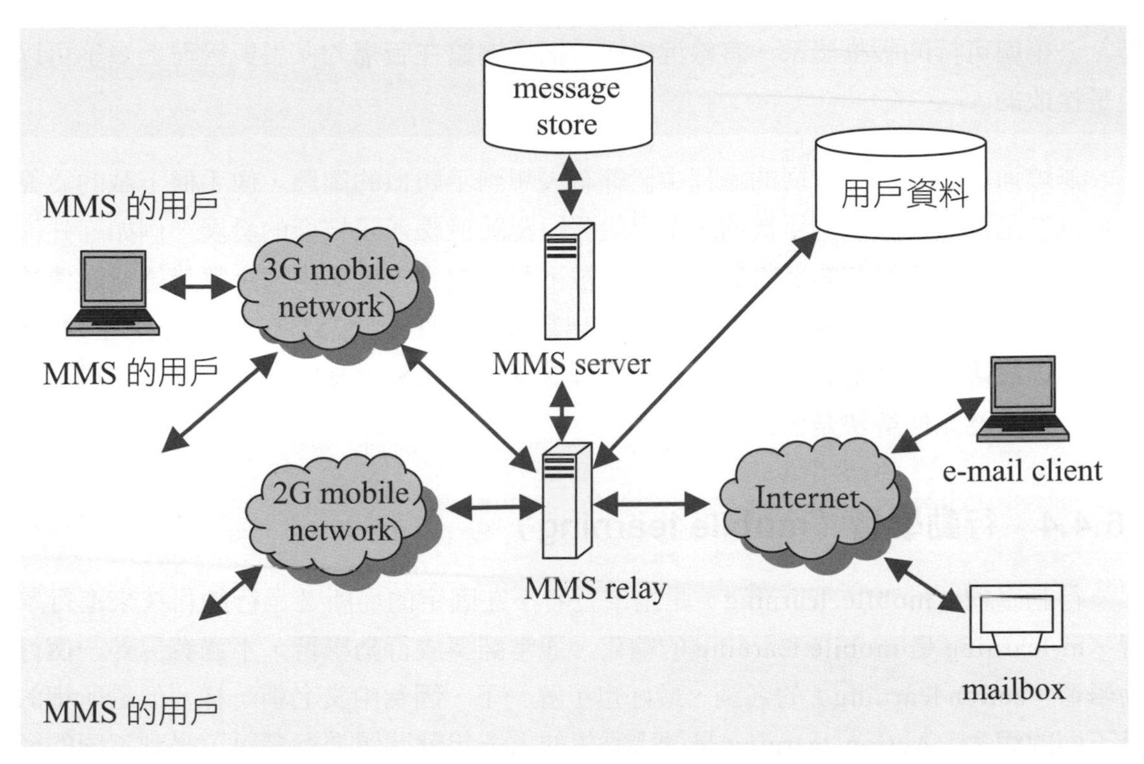

圖 16-8 MMS 系統的架構（Korhonen 2001）

MMS server 可以儲存與處理 MMS 的訊息，本身可以有一個專門儲存訊息的資料庫，MMS relay 是連上各種 MMS 用戶所在網路的設備，包括各種 2G、3G 與網際網路，MMS 也與 MMS server 以及相關的資料庫相連。MMS server 和 MMS relay 可以合併在一起。MMS relay 要檢查 MMS 用戶的訊息接收處理能力，把 MMS 訊息轉換成 MMS 用戶能接受的型式。

16.4.3 無線版權管理

數位內容版權的保護問題在網際網路普及以後曾經引發許多爭議，行動無線通訊網路出現以後，類似的問題勢必要再度接受審議。一般的電腦在使用者以 Web 瀏覽程式檢視網路資訊時，其實所收到的資訊已經完全在使用者的掌握當中，熟悉電腦系統運作的人可以突破軟體的保護將網路內容儲存起來再複製傳送。

版權管理的基本精神在於讓創作者能得到應有的報酬，這樣才能鼓勵創作，同時也維護社會的公平性，只是在網際網路的領域裡要做到妥善的版權保護與管理並不容易。任何一種內容的創作可能都包含了很多參與者的心血，例如一首歌曲的原作者、編曲者與演唱者，對於完成的歌曲創作都有版權。所謂的內容產業一定要有精確、完善、公平與可行的版權體系。有線世界裡的網際網路在版權的保護與管理上幾乎可以說是挫敗的。

無線通訊的領域在發展的過程中已經有人想到了類似的問題，像手機下載的鈴聲或是圖形是無法傳給別的手機的，不過隨著短距離無線通訊技術的發展，例如紅外線與藍牙通訊，通訊服務業者將無法管制所被下載的內容再度經由短距離無線通訊傳給其他的手持器具。而 MMS 的發展也衍生出類似的問題，因為含有版權內容的 MMS 訊息可以被傳送給其他人。這些技術上的演進讓無線版權保護與管理的問題變得更為複雜，未來要如何解決是值得觀察的！

16.4.4 行動學習（mobile learning）

行動學習（mobile learning）是指學習者不在固定的場所透過行動科技來進行學習，m-learning 是 mobile learning 的縮寫，通常翻譯成行動學習，不過有另外一個行動學習（action learning）的名詞，最好也了解一下，因為中文名稱一樣，但是所指的是不同的觀念。Action learning 是透過小組的人一起就問題進行探討，得到不同的經驗，發展出解決方法，同時付諸行動。Mobile learning 的意思就不一樣了，是指透過行動器具（mobile handheld）來進行的學習方式。

16.4.4.1 m-learning 的優點

很多工作人口常時間在外，可是工作上卻需要一些基本的與持續性的訓練。行動器具的使用人口也與日俱增，幾乎超過從以前到現在各地部署的電腦設備，這些趨勢都顯示著行動器具在人類未來生活中的重要性。由於一般對於行動學習的看法是把這種學習方式看成是一種播送策略（delivery strategy），所以在實際應用的優點上可以分成兩個層面來探討：

1. 提昇效率
   - 在工作場所就能取得所需要的訓練，結合實務。
   - 更即時地運用所取得的資訊。
   - 在需要的時候獲得訓練。
   - 運用多元媒體。

2. 透過通訊來建立知識
   - 與專家直接溝通。
   - 有效的社群分享（community practice）。
   - 與專業知識隨時同步。

16.4.4.2 m-learning 的限制

行動學習有一些技術上與教學上的限制，不過隨著科技的演進與行動教學經驗的累積，這些限制未來也有可能會消失。當然，當更多的經驗累積之後，也有可能發現更多的問題與限制。

1. 學習經驗的分割：行動器具的使用者可能在移動中進行學習，雖然恨很方便，但是也可能因而無法很專心地學習，造成學習的間斷，使效果不彰。
2. 缺乏自我認知(metacognitive)的技能：目前行動器具在使用上不見得是 always online，跟固定式的設備還是有一點差別，假如純粹是讓常時間在外奔走的人方便學習，可能會因為缺乏即時的回饋與互動，使學習者難以了解自己的學習狀況，這就是所謂的缺乏自我認知的技能。
3. 螢幕的限制：行動器具的螢幕比較小，在資料與介面的呈現上就吃了一點虧，所以設計上有一些先天的限制，可能會影響軟體的好用性（usability）。
4. 網路資料存取的限制：行動通訊的資料速率仍然比不上有線通訊，所以一般的網頁可能需要經過轉換才適合給行動器具使用。所謂的 content adaptation 就跟這個問題有關。
5. 成本高：行動通訊環境的建置與設備的取得需要一些成本的投注，而且行動器具損壞的機率很高，加上人員使用的訓練，都可能增加費用。
6. 資訊安全的問題：行動器具容易遺失，連同上頭的資料也可能因而被竊取，在技術上仍然需要一些突破與保障。

16.4.4.3 行動學習的實際案例探討

在文獻裡頭有介紹一個 IBM 的零售環境的行動學習的例子，在規劃行動學習的環境時，必須對現狀有清楚的了解。以零售業來說，由於產品種類多，零售量零散，工作人員的工作繁重，所以流動率高，往往造成龐大的重新訓練的企業成本。零售店員跟顧客有頻繁的接觸，產品的更動頻率高，新人的訓練最好能跟工作結合在一起，新店員可以拿著行動載具，一邊檢查貨品的庫存，也一邊從行動載具上讀取一些企業的訊息，或是有關於產品的介紹。如此一來，訓練就能隨時隨處進行不間斷。

對於零售業來說，雇用員工的費用不光是薪資而已，只要員工不在工作崗位上，企業就是在付出成本。由於零售業的利潤低，成本的降低相對地重要性就升高了。由於透過行動載具來進行的訓練在實地進行，每個訓練單元不宜太長，員工在實地受訓的好處是可以看到實際的產品，有臨場感，一邊熟悉真正的工作環境，訓練的成效高。

16.5 行動條碼（QR code）

行動條碼（QR code，quick response code）是大家在日常生活中越來越常看到的一種二維條碼，由於在使用時常搭配手機的照相與處理功能，所以也稱為「行動條碼」，圖 16-9 顯示行動條碼的外觀。QR code 的圖形隱藏著資訊，一旦取得其影像資料，只要透過適當的軟體解碼，就能還原所隱藏的資訊，進一步地用來瀏覽網頁、下載資訊或是進行網路交易。

圖 16-9　行動條碼（QR code）的外觀

使用行動條碼的好處是不必進行資料的輸入，只要用手機對著行動條碼照相，手機就會進行後續的處理，假如我們看到的廣告是一串網址，必須開啟瀏覽程式然後輸入網址，相較之下，就沒有那麼方便了。在 COVID-19 疫情期間所進行的實聯制，就是行動條碼的應用。

16.6 雲端運算（cloud computing）

從所謂的運算平台（computing paradigm）的變革可以看到人類運用運算資源方式的改變，雲端運算代表行動設備的使用已經越來越成熟與普及。圖 16-10 顯示以下 3 個階段：

1. 大型主機運算（mainframe computing）：使用者透過功能簡單與價格便宜的終端機（terminal）來分享大型主機（mainframe）的運算資源。
2. 個人電腦運算（PC computing）：個人電腦的效能提昇，足以應付個人的運算需求。
3. 網路運算（network computing）：網路普及使得個人電腦與伺服器能透過網路相連，分享資源。

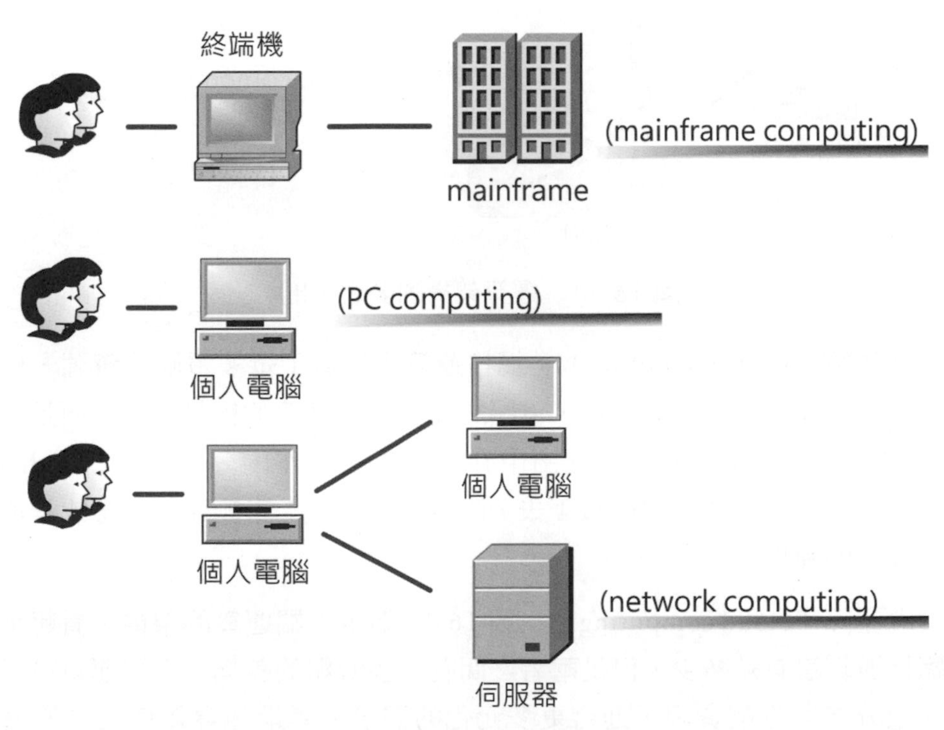

圖 16-10　運算架構的變遷（I）

4. 網際網路運算（Internet computing）：圖 16-11 顯示的是網際網路運算，讓使用者透過個人電腦上網，連接並使用其他伺服器上的運算資源，TCP/IP 的網路協定是促成網際網路運算普及的關鍵。

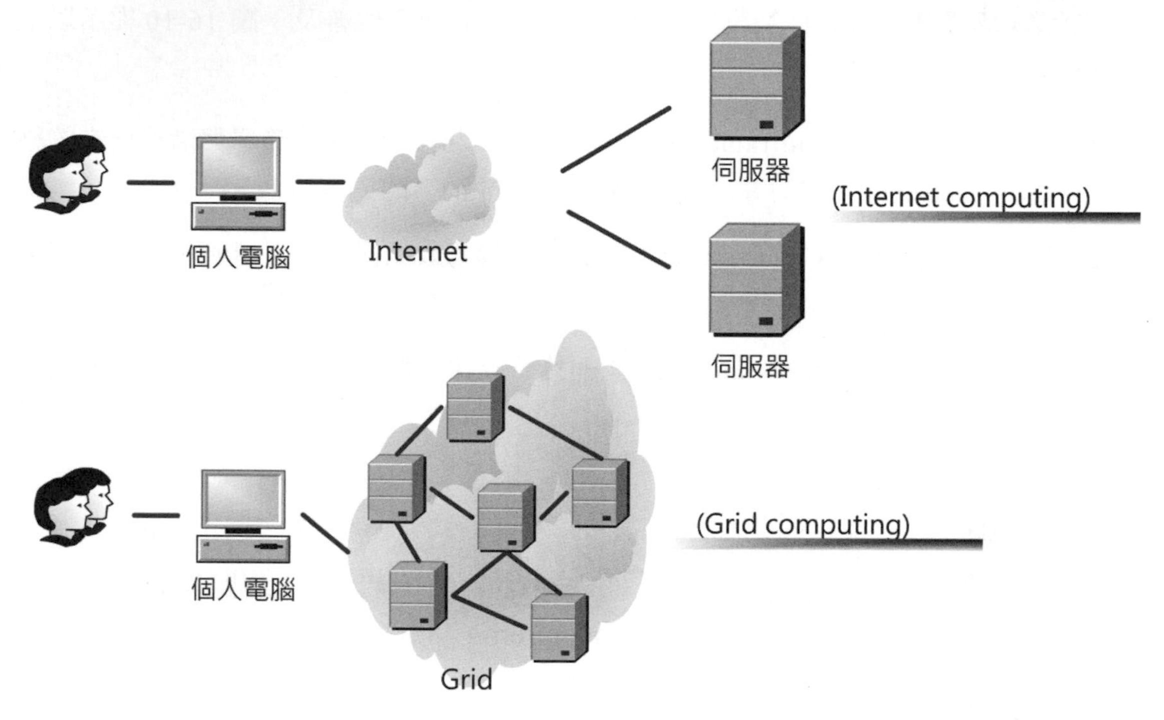

圖 16-11　運算架構的變遷（II）

5. 網格運算（grid computing）：網格運算也集合了眾多電腦的資源，但是跟傳統的平行運算架構不太一樣，電腦之間不是靠高速的線材相連，而是直接透過網路連接，反而比較像是經由中介軟體協調合作的分散式系統（distributed systems），所以建置比較費工夫，使用者比較缺乏對於運算資源或是環境調整與分配的彈性。

6. 雲端運算（cloud computing）：圖 16-12 顯示雲端運算的架構，看起來好像跟網格運算沒有差多少，但是兩者之間有一些明顯的差異，雲端運算可以更有彈性地分享與分配資源，迎合更多元化的需求。雲端運算以使用者的需求為中心，讓用戶能彈性調整所需要的資源與運算的環境。

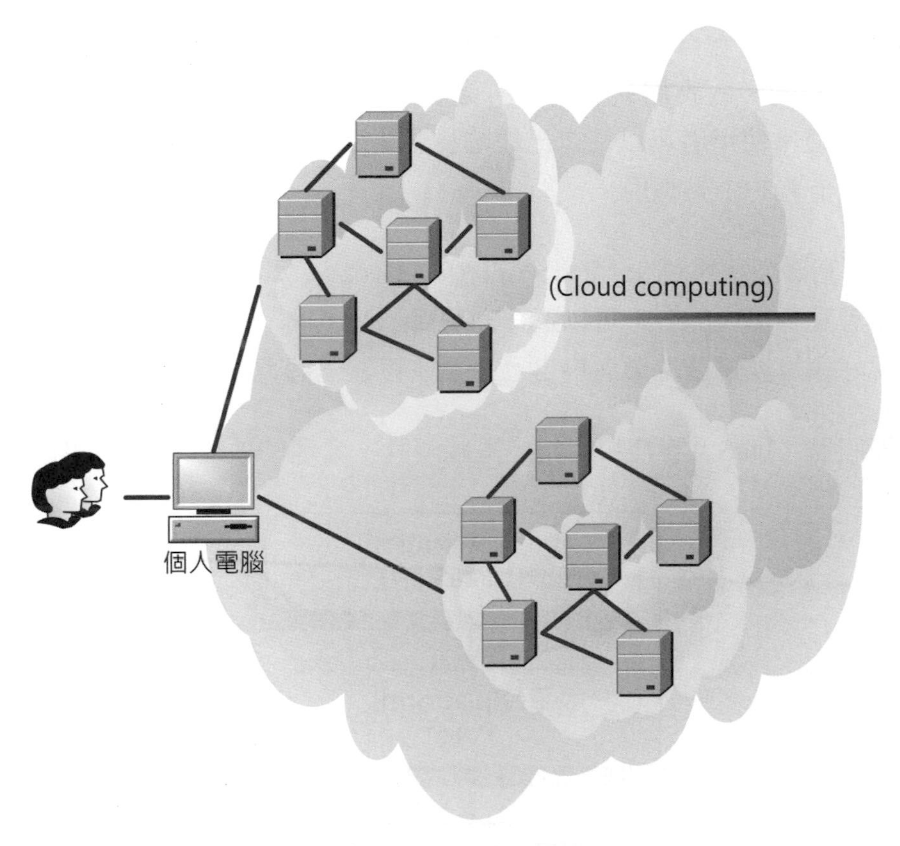

圖 16-12　運算架構的變遷（III）

16.6.1　雲端運算的層次化架構

雲端運算可以看成是由一群服務所組成的，如圖 16-13 所顯示的雲端運算架構，最上層的雲端應用由軟體即服務（SaaS）的概念來支援，讓使用者從遠端透過網路來執行資訊應用。平台即服務（PaaS）包括了作業系統跟相關的服務，換句話說，使用者還可以指定電腦的作業系統。架構即服務（IaaS）讓使用者指定電腦硬體、處理的效能與網路的頻寬。最下層的 dSaaS（data-Storage-as-a-Service）代表硬體的儲存空間，提供穩定安全的資料保存空間。

雲端運算的一個常見的詮釋是「軟體服務化（SaaS，Software as a Service）」，也就是讓使用者端的電腦設備經由雲端的伺服器執行程式，這麼做有什麼好處呢？就以一般學校開設的電腦實作課程為例，通常都要向軟體廠商購買使用的授權，讓學生能在實習教室裡頭使用，問題是當學生回到家以後，就沒有軟體的環境可以練習了，實習教室不可能全天開放，開放的時間越長，除了需要雇人看管之外，發生事故的風險也越高。

SaaS 是讓使用者在自己的電腦上連接雲端伺服器，執行伺服器上的應用軟體。假如是把企業本身開發的應用搬到雲裡，就叫做「平台服務化（PaaS，Platform as a Service）」，通常使用者可以在自己的電腦上執行網頁瀏覽程式，連接雲端伺服器，執行伺服器上佈署的企業應用。

所謂的「基礎架構服務化（PaaS，Platform as a Service）」，所指的是處理運算、儲存與網路等資源都成為客戶可以選擇的項目，並由此形成專用的基礎架構，對於客戶來說，就好像是委託雲端業者幫自己建置並管理一個資訊與網路的環境。

架構即服務（IaaS）讓使用者指定電腦硬體、處理的效能與網路的頻寬。

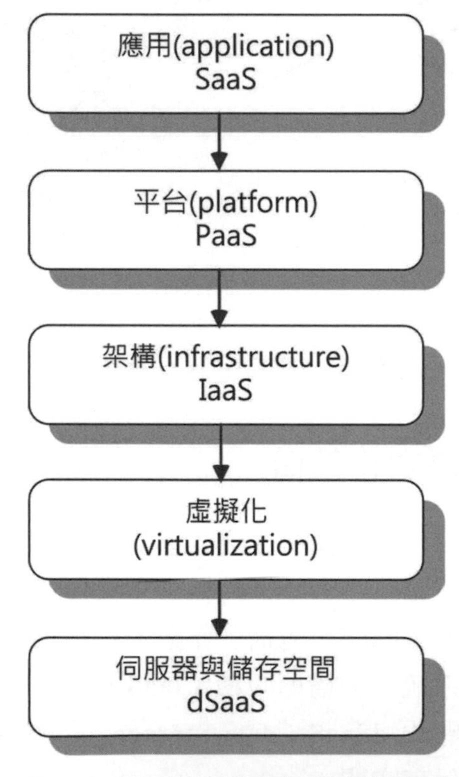

圖 16-13　雲端運算的層次化架構

16.6.2　雲端運算的特性

雲端運算所指的是一種平行與分散的運算系統，靠的是網路連接的電腦，以一致的方式來提供運算的資源，服務提供業者與用戶之間有服務層級的協議（SLA，Service-Level Agreement），雲端運算具備下列的特性，是其他的運算架構比較欠缺或是沒有那麼完備的部分：

1. 彈性規模（scalability）與隨需求調整的服務（on-demand service）：雲端運算業者能夠隨著需求的差異調整所提供的服務，所以彈性很大，使用者可以依自己的需求來取得資源或是服務。
2. 以使用者為中心的介面（user-centric interface）：不受地點的限制，使用者可以透過瀏覽器或是網際網路的服務（Web service）來取得雲端服務或是資源。
3. 確保服務品質（guaranteed quality of service）：雲端運算可以確保運算效能、儲存空間或是網路頻寬等服務的品質。
4. 自治的系統（autonomous system）：雲端運算的系統是自治的（autonomous），使用者不需要負責管理的工作。
5. 合理的價格：雲端服務不需要付出建置的初始費用，使用者可以依照自己的需求付出取得以及使用的服務費用。

16.6.3 雲端生活的想像

網路上經常看到一些影片，描述科技發展之下的未來生活，雖然不長，但是從技術的觀點來看，裡頭隱含了許多科技的應用，當然，雲端運算是其中很重要的一項。我們可以一幕一幕地從影片內容中體驗未來科技影響下的生活，同時也試著想像裡頭所運用的技術，既然說是未來科技，表示目前可能有的還辦不到，或是需要一點時間才會普及：

1. 觸控技術與即時通訊：現在大家都常使用具有觸控面板的手機或是平板電腦，未來我們的生活環境中會有越來越多的設施裝設觸控介面，讓使用者容易操作與輸入。假如再結合即時通訊，我們就可以看到兩個位於不同地點的人在一塊有觸控功能的大玻璃上一起畫圖寫字來溝通與互動。
2. 辨識技術與雲端儲存媒介：資料對於現代人來說太重要了，假如沒有取得資料就無法開始工作，雲端的儲存功能可以讓我們隨時隨地取得需要的資料，但是為了安全起見，必須確認是真實的自己取得資料使用，這可以透過辨識技術來達成。以手指輕觸螢幕之後打開專案的資料夾，就隱含著這樣的功能。
3. 行動裝置的普及：很多場景裡頭都有行動裝置的使用，例如醫院的醫師巡房時帶著平板電腦，在病房即時查驗病人的現況與檢驗結果。行動裝置也有定位的功能，可以結合行動定位的功能，或是在使用者到達定點時自動啟動一些功能，例如在我們進入辦公室時自動開燈、啟動電腦。

4. 無紙化空間：這是很久以前大家就一直在探討的技術，先是在辦公室的運作上希望少用紙張，從影片中我們可以看到老先生拿著以質感類似報紙的電子紙在瀏覽，要提供彈性取閱的大量內容，就很適當透過知識雲來達成。

5. 無國界的協同合作：開會不再像從前那樣需要把每個人找到同樣的地方，隨時可以透過手上的行動裝置來互動，資料的共享也更方便，影片中的使用者直接透過平板電腦的照像功能把自己看到的螢幕資訊擷取下來，馬上與裝置上的其他相關資訊整合在一起。

6. 結合各種科技營造智慧生活：工廠的自動化程序可以讓操作員以虛擬實境的設施操控現場的工作，另外感測的技術可以取得環境的數據，用來控制電腦系統調整各種設施的設定，例如環境中的溫度與濕度。

7. 方便的生活設施：量販店或是超商的店員直接使用平板電腦清點與更新庫存、透過晶片卡進行行動付款、購物時有行動導覽的服務幫我們找東西、遠端視訊會議可以啟動自動口譯的功能。

16.7 認識物聯網（IoT，Internet of Things）

隨著行動無線通訊與資訊科技的成熟與普及，「物聯網」已經漸漸地發展成可以實現的科技應用，物聯網（IoT，Internet of Things）是跟行動無線通訊的發展密切相關的技術，一旦各種不同的物件能夠彼此交換訊息以後，就會衍生出很多有趣的應用。

16.7.1 物聯網的定義

物聯網的英文是「Internet of Things」，簡稱 IoT，依據維基百科的定義如下：「The Internet of Things（IoT）is the network of physical objects or "things" embedded with electronics, software, sensors and connectivity to enable it to achieve greater value and service by exchanging data with the manufacturer, operator and/or other connected devices. Each thing is uniquely identifiable through its embedded computing system but is able to interoperate within the existing Internet infrastructure.」（資料來源為 en.wikipedia.org），翻譯成中文如下：「物聯網是由多個實體物件所形成的網路，這些物件內有電子裝置、軟體、感測器與網路連接的能力，目的是讓物件本身產生更高的價值與服務，達到這個目的的方式是與製造商、電信業者或是其他連接的裝置交換

資料。每個物聯網的物件都能透過其內部的運算系統被辨識，等於有個別唯一的身份，而且能夠在目前的網際網路的架構下相容地運作。」

上面的定義隱含了幾個重要的事實，首先，所謂的「實體物件（physical objects）」涵蓋的範圍是廣泛的，一般的資訊設備內建電子裝置並不稀奇，但是若是一般的生活用品內建了電子裝置就比較少見了。換句話說，假如生活環境中的很多東西內建了電子裝置，同時有可以連線並交換資料，顯然就會衍生出很多潛在的應用。

由於實體物件的種類很多，應用的目的也很多元，在設計上會跟一般的電腦不一樣，所以有很多技術上的問題也會有不同的考量。由於物聯網跟網際網路是結合在一起的，所以既可進行小範圍的任意物件的連接，又能透過網際網路延伸連線的範圍。

圖 16-14 試著從不同的角度來看物聯網的技術，除了物件相連的技術之外，物聯網也常看成是分散物件的集體智慧，因為資訊交換之後還需要比對、分析與處理，甚至於再度傳遞，不見得每一種物件都能具備通訊與資訊處理的功能，所以物聯網的建置需要整合多種不同的技術。

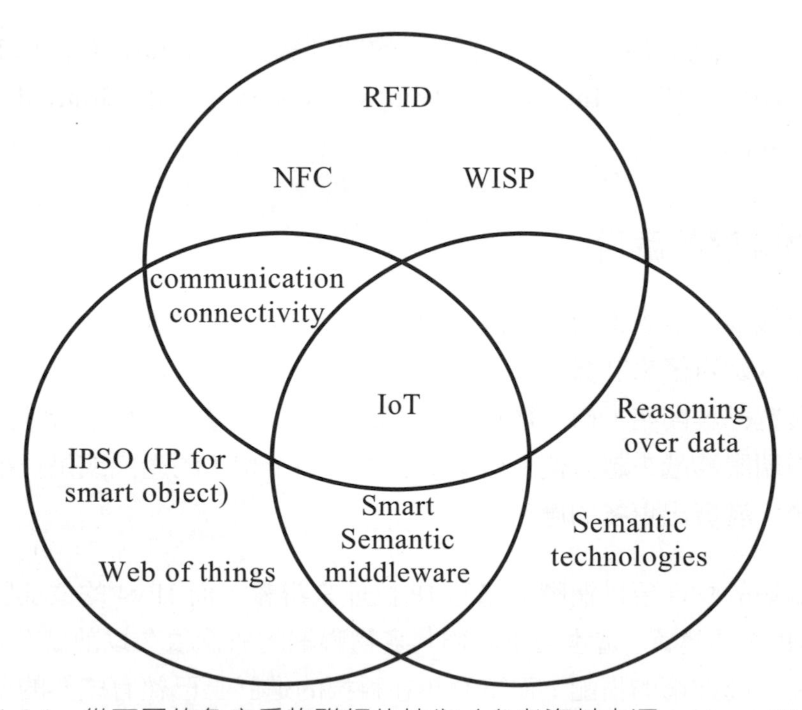

圖 16-14　從不同的角度看物聯網的技術（參考資料來源：Atzori 2010）

表 16-1 比較 RFID 系統、RSN（RFID sensor network）與 WSN（wireless sensor network），WSN 需要使用電池，但是 RFID 或是 RSN 可以透過感應的方式取得啟動晶片電路的能量。作用的範圍以 WSN 最大，但是使用週期有限。

表 16-1　比較不同的技術（參考資料來源：Atzori 2010）

	RFID	RSN	WSN
處理	X	O	O
感測	X	O	O
通訊	asymmetric	asymmetric	Peer-to-peer
電力來源	harvested	harvested	battery
作用範圍	10m	3m	100m
週期	永遠	永遠	小於 3 年
大小	very small	small	small
相關標準	ISO 18000	none	IEEE 802.15.4

有關於物聯網的介紹，可以參考下列的期刊論文，Atzori, L., A. Lera, and G. Morabito.（2010）, ‘’The Internet of Things：A survey,” the Journal of Computer Networks, Elsevier.

16.7.2　物聯網的應用

很多專業機構的調查都認為在西元 2020 或是 2025 之前會有很多物件會連上物聯網，數量可能以數百億來計算。從近來科技市場的變化可以看出物聯網的發展趨勢，例如穿戴式裝置已經開始上市、電視可以上網或是跟智慧型手機進行通訊、行動支付慢慢普及、雲端服務越來越方便。原本看起來似乎不相干的產品或是技術，經過物聯網的整合之後，發展出更多的應用。

由於物聯網的物件要以網際網路的 IP 位址來辨識，而 IPv4 的位址數目不夠用，勢必要仰賴 IPv6 的建置。這也告訴我們其實物聯網的概念很久以前就存在了，只是要真正落實需要各種技術的搭配，而這幾年在科技的進展上已經有成熟的環境來支持物聯網的建置。

物聯網的物件所具備的運算特徵是相當有限的，包括 CPU 的效能、記憶體空間以及電源等，都不像一般的電腦那麼強大，這樣才又辦法廣泛地在各種物件中埋設用來連接物聯網所需要的功能。物聯網的產品可以依照應用的領域分成 5 大類：智慧型的穿戴式裝置（smart wearable）、智慧家庭（smart home）、智慧城市（smart city）、智慧環境（smart environment）與智慧企業（smart enterprise）。

16.7.2.1 環境保護方面的應用

環境保護是目前受到大家重視的議題，關係著地球與人類的永續發展，物聯網的物件所具備的感測功能可以監測水質、空氣品質、土壤特性與大氣變化等大自然的特徵，然後透過連線提供數據，讓人類了解大自然的變化，進而採取必要的作為，例如地震或海嘯的預警、了解動物棲息地的改變、了解污染的狀況等。

16.7.2.2 媒體方面的應用

物聯網跟媒體結合可以讓我們更精確而即時地找到客群，並且擷取寶貴的消費資訊。以智慧型手機為例，一旦連上網路以後，可以容許定位，用戶執行的應用除了得到用戶輸入的資料以外，還能了解用戶所在的位置，這麼一來，可將更適當的資料或是服務提供給用戶，譬如說用戶在找餐廳，可以提供附近的餐廳資訊或是促銷打折的資料。一旦取得用戶的資料，可以進一步地了解與分析用戶的行為，大數據（Big Data）的技術就是這一方面的發展，物聯網可以更方便地提供更多我們所需要的資料。平時常使用社群媒體的使用者可能會發現，似乎自己曾經瀏覽過的資訊或是類似性質的資訊會不時地出現在電腦畫面上，這就是因為系統之前有記錄我們的使用行為。

16.7.2.3 醫療照護體系

透過物聯網可以建立遠距的健康監控系統，提供緊急狀況的通知。病人的血壓、心律等生命跡象可即時監控，也可對病人所接受的醫療進行監控，由於感測的數據會送到系統上，跟正常的數據範圍或是病人之前的數據比較就能發現是否有異常的狀況。其實目前也有不少人在慢跑時在手臂上戴上手機，讓手機定位並記錄跑步的時間與路徑，這也算是一種健康管理的應用，我們可以試著想像若是球鞋就有內建的裝置，就比手機更方便了。

16.7.2.4 建築物與家庭的自動化

建築物或是居家環境中的機械、電子或是電力系統可以透過物聯網來進行自動控制，燈光、空調、通訊、門禁安全等也都能納入自動控制的範圍，目的在於讓人類的生活更舒適，同時也達到節能與安全的效果。大家可能在電視上看過智慧型建築的廣告，裡頭就有物聯網的概念，其實這些自動化的控制是很久以前就有的概念，只是在物聯網的觀念裡，這種控制可以延伸到很廣的範圍中。

16.7.2.5 智慧城市

物聯網可以造就智慧城市，雖然聽起來有點遙不可及，但是事實上在目前的生活環境裡頭已經看到很多實際的例子。譬如說現在等公車的時候都可以看到公車的到站資訊，表示公車本身就是一種物聯網中的實體物件，系統跟公車的連線讓系統掌握公車目前的位置，同時經由公車的速度來預估到站時間，對於市民來說，等公車的時候就能大致知道還要等待多久，甚至有智慧型手機的人還可以透過 app 查詢到站時間，等時間差不多的時候再出門。

16.7.3 與物聯網一起生活的一天

當物聯網普及以後，將會改變我們每天的生活。從早上起床開始，鬧鐘叫醒我們並不稀奇，假如熱水壺自動通電燒熱水就可以省下一點時間了，當然，這就需要有類似於鬧鐘的設定了，不過，只是讓熱水壺啟動而已。吃完早餐準備穿衣服時，衣櫃前的顯示器告訴我們今天的氣溫，同時也提供了衣著上的建議，這代表一種資訊判別之後顯示的功能，至少我們不用再自己去查詢天氣的狀況。

接著戴上手錶以後，螢幕除了顯示心律、血壓與體溫之外，也針對個人的身體狀況提供了基本的評估，因為之前的紀錄可以透過網路查詢，跟現在的情況比對，這樣的功能除了需要有連線的能力之外，還包括從使用者端感測得到數據，然後進行一些處理與判斷，這就算得上具有一點智慧的功能了。

抵達辦公室以後，智慧型的手錶馬上與公司的智慧型大樓與辦公室建立起連線，準備開啟辦公室的設施，例如燈光照明、空調、電腦、印表機等，同時軟體系統自動登錄到達的時間，在該使用者將參與的會議管制名單上也做了特別的註記，讓其他的會議參與者知道此人已經開始上班。這些瑣事原本是我們每天要自己一項一項的去完成的，現在物聯網幫我們自動完成了，等我們進了辦公室以後，幾乎可以直接開始工作。當然，手上戴的智慧型的手錶扮演了很重要的角色，因為它成為我們在物聯網中的存在，同時代理我們去進行一些必要的溝通。仔細想想，手上戴的智慧型手錶跟現在幾乎大家都持有的智慧型手機有什麼差別呢？基本上，手錶是穿戴的，很少有離身的時候，手機有時候還是有可能沒有隨身攜帶，或許未來連身上穿的衣物或是腳上的鞋子也都能連上物聯網，成為我們的分身，衣服能感測溫度與濕度，甚至能調整鬆緊程度，鞋子可以感應路面的性質，調整氣墊的軟硬程度。

物聯網的未來有很大的想像空間，之所以能有這樣的可能性，主要還是在於各種科技的進步與成熟，蘋果電腦公司在 2015 年的 3 月發表 Apple Watch，算得上是穿戴式裝置發展的元年，我們可以預期未來會出現更多類似的產品，慢慢讓物聯網成形，發揮實際的功能。

16.8 軟體定義無線電

軟體定義無線電（SDR，software-defined radio）也算是一種無線電通訊系統（radio communication system），SDR 跟一般無線電通訊系統的差異在於有一些組成元件（例如混波器、濾波器、放大器等）是透過軟體來建置的。原本 SDR 的目標是要盡量地把無線電系統中類比的部分都交由軟體來完成。

一套最基本的 SDR 系統包括個人電腦、音效卡、類比數位轉換器（analog-to-digital converter）與無線電前端裝置（radio front-end）。SDR 將大多數的訊號處理的工作由電腦的處理器來執行，圖 16-15 顯示軟體定義無線電的理想架構，左邊的傳送端將電腦的數位訊號轉換成類比訊號，就可以透過天線傳送出去，右邊的接收端將收到的類比訊號轉換成數位訊號，即可交由電腦來進行處理。

這樣的架構看起來似乎沒有什麼問題，而且軟體的功能是可以透過程式的修改來調整的，彈性很大，但是關鍵在於訊號的傳送與接收速度很快，電腦以及軟體的處理速度會跟不上，這是實際應用時必須解決的問題。

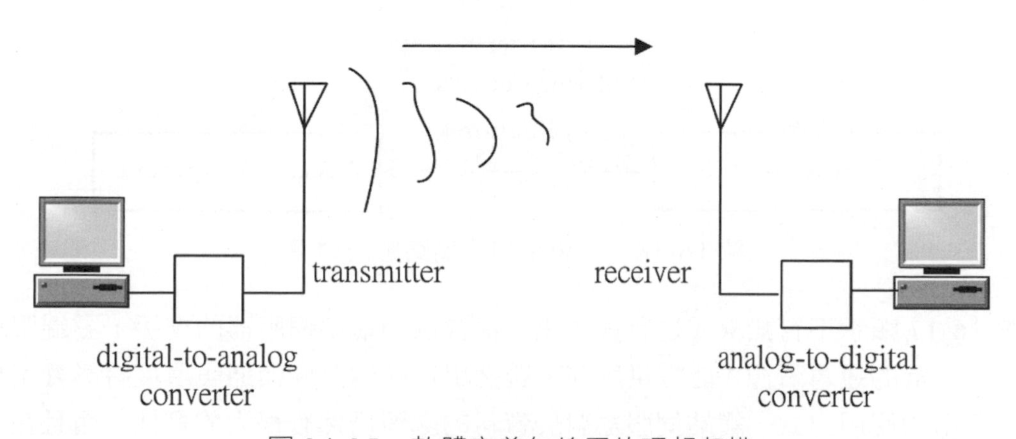

圖 16-15　軟體定義無線電的理想架構

感知無線電（cognitive radio）的技術可以感知附近無線電頻道使用的狀況，修改傳送與接收的參數，讓無線電頻段的運用更有效率，SDR 可以實現感知無線電的功能。假如從實際的用途來看，SDR 可以完成調變/解調變（modulation/demodulation）的操作、與衛星交換資料、掃瞄無線電訊號頻段、量測無線電訊號強度、偵測干擾、評估天線的特性、透過軟體的更新支援未來的無線通訊技術。

那麼到底軟體定義無線電的技術是否能實現呢？從短期的角度來看，電腦處理數位訊號速度的問題依然存在，但是有的應用可能比較不受這種限制的影響，或許有普及使用的可能性。從長遠的發展來看，軟體調整的彈性是很重要的誘因，可能在架構與技術上能有整合的空間，使訊號處理速度的問題得到解決。

16.9 行動無線通訊的應用與開發

網路環境中的商品有很多是所謂的內容（content）或服務（service），消費者透過適當的設備來獲得這樣的商品，由於是網路上的應用，當然也少不了系統廠商提供的通訊基礎架構。因此，圖 16-16 顯示的就是內容、存取設備與系統業者之間唇齒相依的關聯，在整個合作關係的背後需要支援的軟體，例如通訊業者的網管軟體、存取設備上的用戶介面與內容提供者的網頁，這些都是不可缺少的成員。

從另一方面來看，當技術在變更的時候，每個環節都要互相配合。例如 4G 或是 5G 的無線通訊環境支援比較高的資料傳輸速率，則系統業者的基地台設備可能需要更新，手機必須要能呈現視訊，內容提供業者則要花點巧思善用視訊的優勢。

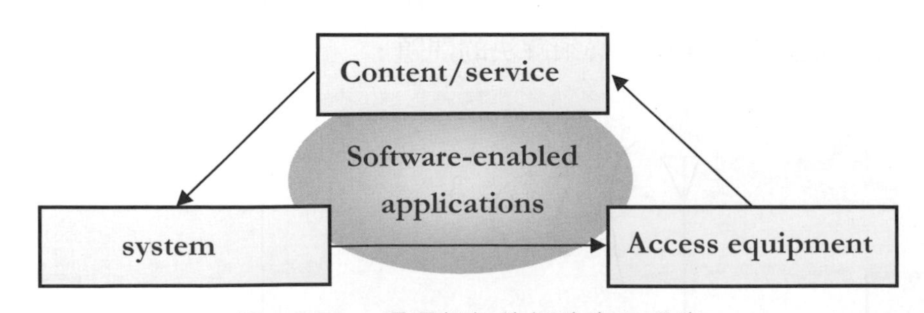

圖 16-16　環環相扣的網路應用環境

圖 16-17 顯示不管無線或是有線通訊，都會依賴網站伺服器的支援，雲端服務業者也要有適當的運算資源才能提供服務。雖然用戶端的設備與通訊環境將影響用戶對於網路應用的使用方式，網站伺服器對於資料的處理仍然有很大的彈性，而且在技術

上可以整合。未來不管無線或是有線通訊，在資料速率上都會提昇，所以目前遇到的一些限制可能以後都不會再存在了！

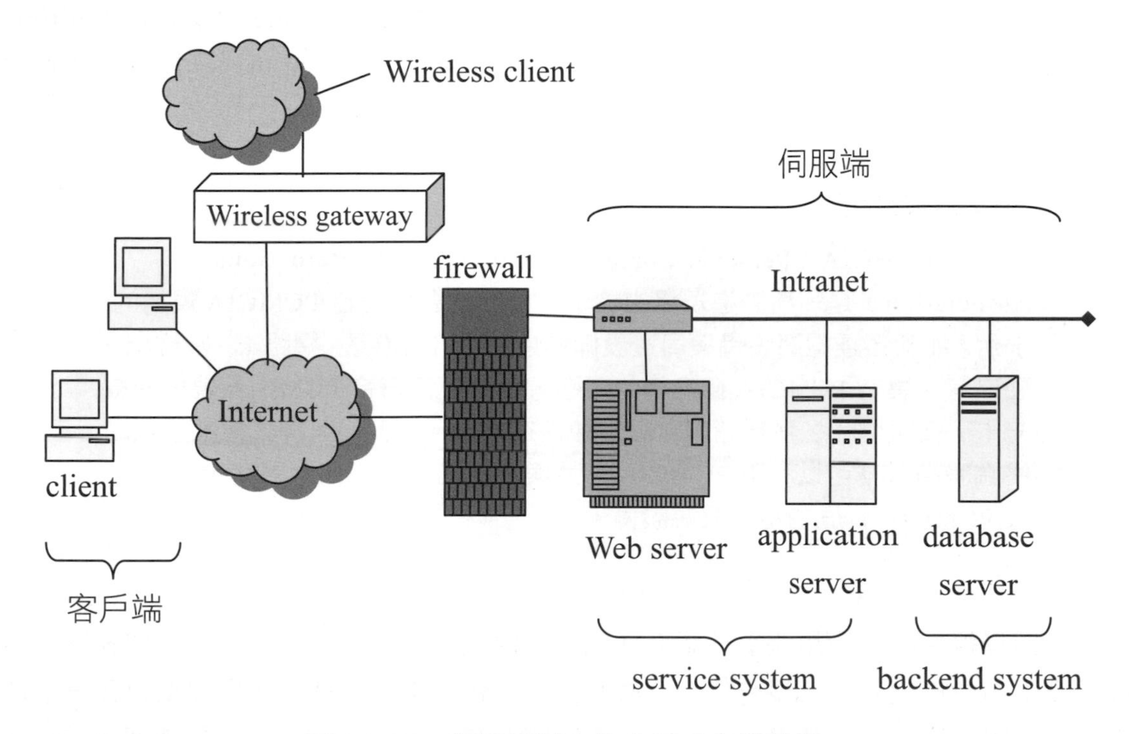

圖 16-17　網路應用中的多重式主從架構

16.9.1　無線通訊的技術與應用

無線通訊的發展將決定於技術上的突破，包括頻寬與頻道的擴充及有效使用、終端設備的改良、保密性的提高以及與有線網路的整合等。圖 16-18 顯示出市場上各種應用的需求，會刺激無線通訊的種類及產品的發展，這些發展及應用的基礎，還是在於無線通訊的技術。

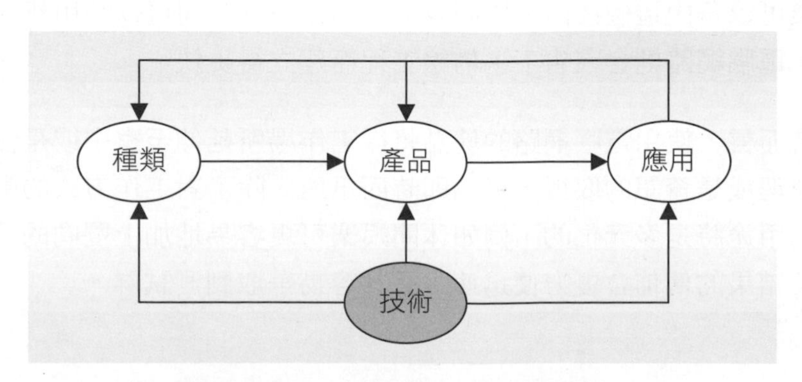

圖 16-18　市場上各種應用的需求

無線通訊的數位傳輸技術，和傳統的類比傳輸技術比較，有以下的優點：通訊管道增加、訊號干擾及衰減對傳輸品質的影響變小以及各類通訊服務可以整合。以蜂巢式系統為例，就有兩種常見的數位化技術，亦即 TDMA（Time Division Multiple Access）與 CDMA（Code Division Multiple Access），兩者都可以利用現有的無線電頻道，提供更高的無線通訊負載。

增廣見聞

早期的 PCMCIA（Personal Computer Memory Card International Association）是一種製造規格的標準，目的是要使符合 PCMCIA 規格的卡片，能和各種電腦設備與周邊設備連接，例如記憶體、網路卡、數據機、硬碟等。具有 PCMCIA 擴充槽的電腦，插入任何符合 PCMCIA 規格的擴充卡，就可以和各種電腦周邊設備連接在一起。因此，可攜式電腦或無線終端設備，就可以利用 PCMCIA 卡片與擴充槽，在任何地點使用具有連接 PCMCIA 介面的電腦終端設備。

早期無線通訊的應用偏重於語音通訊，提供機動性的通訊服務；與有線網路連接後，應用面會擴大到涵蓋現有的有線網路服務，包括電子郵件、休閒娛樂以及一般的資訊網路服務等。目前的發展將可攜式電腦與無線通訊結合在一起，無線通訊網路成為整個網路基礎架構的一部分，只是整個網路的接觸點因為無線通訊而擴大了，機動性也增加了。頻寬與頻道限制改善之後，多媒體通訊與應用也能透過無線通訊來進行。

16.9.2 無限可能的無線通訊

電腦與通訊的結合，使定點間的資料傳輸與資訊的處理，得以跨越廣域，互通有無。無線電腦通訊網路將是未來數年內發展迅速的工業。由於無線通訊的機動性很高，很多行業可以藉由這個技術來提高效率；例如快遞公司可以利用無線通訊來追蹤郵件的遞送。電腦網路則會因省下了佈線工程而建立得更快。

對使用者而言，使用電腦網路的地點將從工作場所延伸至家中或是任何地點，使各種事務的處理或是資訊的取得，更為即時而迅速。除了對工作方式的影響之外，無線電腦網路的用途將是多元化的，例如休閒娛樂可更容易地加上雙向的互動性；民意調查的進行及結果的傳佈會更方便迅速，而且容易爭取到測試群。

隨著無線通訊的發展，也將產生一些附帶的問題。例如個人的隱私權，會因為無線通訊設備可能會被用來偵測用戶端的位置而受到威脅。此外，安全性的考量、通訊的管制、對人類健康的影響、道德問題等，都是必須預為設想的重要主題。但是無線通訊所帶來的效益，已是眾所公認的事實，其發展會越來越快速；國內已經開放的各種行動通訊系統，就是一個明顯的例子。

16.9.2.1 無線行動式電腦運算網路

就是所謂的 Mobile and Wireless Computing Networks，也慣稱 Mobile Computing Networks。行動式運算（Mobile Computing）是指在行動中的使用者運用電腦資源的方式；廣義說來，可以包括無線通訊之外的方法，但是無線通訊很明顯的是行動式運算網路的主要成員。

行動式運算的重要性在於使電腦與網路的應用多元化，原本不需要電腦與網路的行業或服務，因為多了行動化的特性，而對電腦與網路產生了新的需求；例如快遞公司可以藉無線通訊，即時追蹤郵件及遞送者的進度與位置；需要常做緊急聯繫的消防或救難人員，則除了可經由無線通訊呼叫增援之外，更能透過行動式運算網路，查詢救難地點的位置，同時將現場狀況立即回饋給指揮中心。總結來說，無線通訊延伸了既有的電腦與網路資源的觸角，行動式運算則為無線通訊開拓了新的市場。

影響行動式運算系統發展的有三個主要的因素：無線通訊、使用者的移動性以及產品的可攜帶性。無線通訊發展過程中的主要缺失是頻寬小、資料傳輸失誤率大、傳輸管道有限、安全性容易被破壞，而且與現有的有線網路連接尚有技術上的問題要克服。使用者的移動性（User Mobility）帶來了很多亟需解決的問題，例如使用者移動過程中，如何重新定義網路的組態、如何追蹤使用者的位置等。產品的可攜帶性（Portability）則將直接影響行動式運算是否會被廣泛接受，因為移動中的使用者，勢必要求所攜帶的設備質輕耐久，例如所用的電池。

圖 16-19 顯示出未來有線與無線通訊網路將結合在一起，對於使用者而言，將提供無限的便利，而且不需要了解技術層面上的細節。所謂的個人通訊服務（PCS）就可以在這樣的基礎上，提供多元化的應用。圖 16-20 繪出有線與無線通訊結合後，可能產生的網路組態。值得注意的是，各類法規以及標準化將在未來的多元化網路結構中扮演重要的角色。

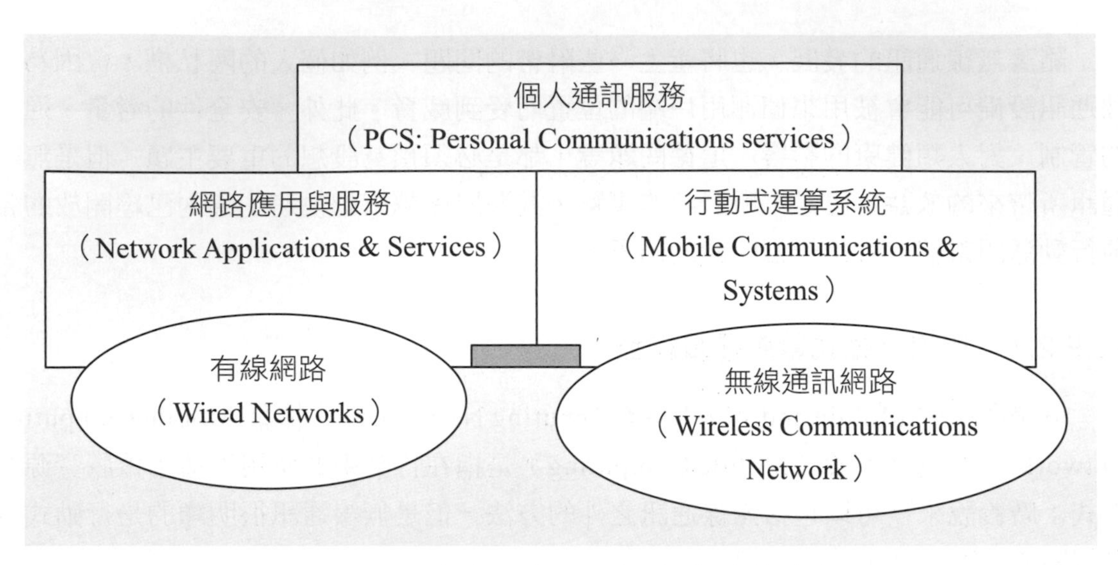

圖 16-19　未來有線與無線通訊網路的結合

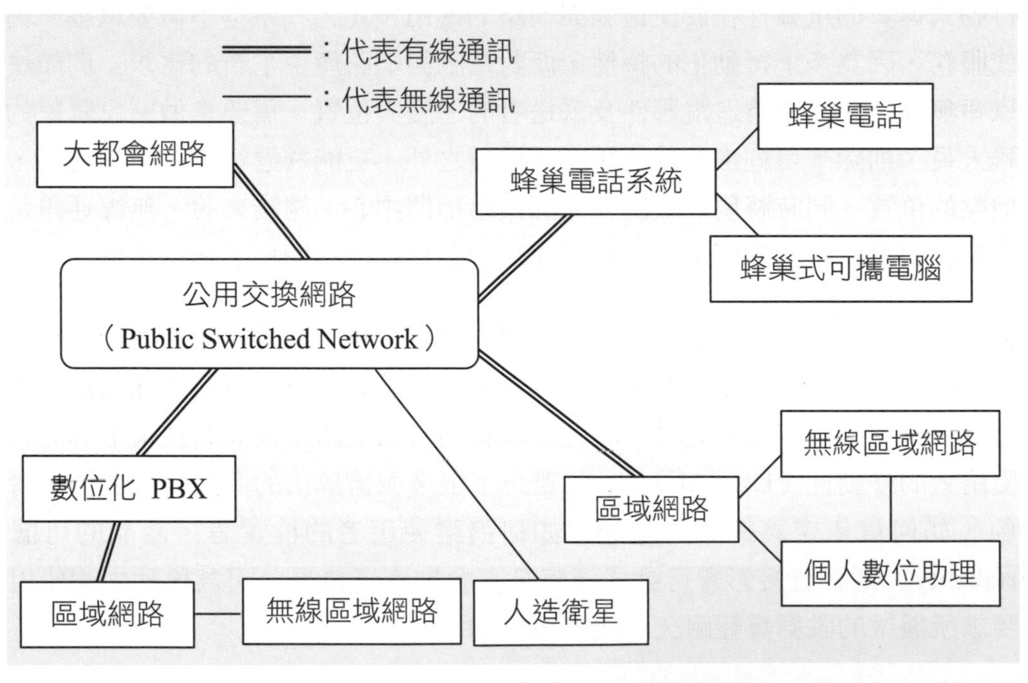

圖 16-20　結合後可能產生的網路組態

16.9.2.2　無線通訊服務

個人通訊服務（PCS, Personal Communication Services）的目標，是要達成一人一號，任何人在任何時間與任何地方，都可以使用任何型式來進行通訊。由於無線與有線通訊網路的結合，透過 PCS 將可使個人隨時連接網路上的資源。以組織與企業而言，我們可以預見以下的影響：

1. 組織成員將更容易獲取工作上所需要的資訊，不論是在倉庫裡、製造工廠、校園，或是業務員正處於外地推廣產品，都可以很方便地擷取各種資訊。
2. 資料的取得、傳送與處理，可以完全透過網路來進行，現場或外地的工作人員，能直接進行雙向的線上溝通。
3. 管理策略將產生改變，因為整個組織的運作效率提昇了，電腦網路取代了紙張與人工式的處理，資訊的取得與更新的速度加快了，組織成員的工作地點也機動化了。

總而言之，這些改變的主因來自於工作地點的活動性以及電腦與通訊資源的普及。PCS 朝向全球個人通訊網路發展，所謂的一人一號，是指每個人都有一個唯一的個人通訊識別碼（或稱 UPT Number, Universal Personal Telecommunication Number），而 PCS 將以數位技術為基礎，將資料、語音的傳送、呼叫服務、多媒體資訊服務等，完全結合在一起，使用者需要的將僅是單一的終端設備與唯一的個人通訊識別碼，就可以享用各種電信與電腦網路的資源與服務。

16.10 無線網路的安全

WEP 是 IEEE 802.11 WLAN 上面所使用的安全協定，提供的功能包括資料加密與資料完整性的檢查，資料封包的加密使用 40 位元的方式，安全性不高，由於 WEP 在加密與安全協定上有一些缺陷，WEP2 使用 128 位元的加密方式，在辨識（authentication）方面，IEEE 採用 Kerberos。

16.10.1 WEP 的基本原理

WEP 的基本原理是以密碼學（cryptography）為基礎的，WEP 使用 RC4 cipher，屬於一種對稱式私鑰的串流加密法（symmetric secret-key stream cipher）。串流加密使用位元串流，當做金鑰串流（keystream），金鑰串流與原始的訊息（message）結合產生密文（ciphertext），接收端使用相同的金鑰串流將密文還原成原始的訊息。RC4 使用 XOR（exclusive OR）的運算來處理加密與解密，如圖 16-21 所示。

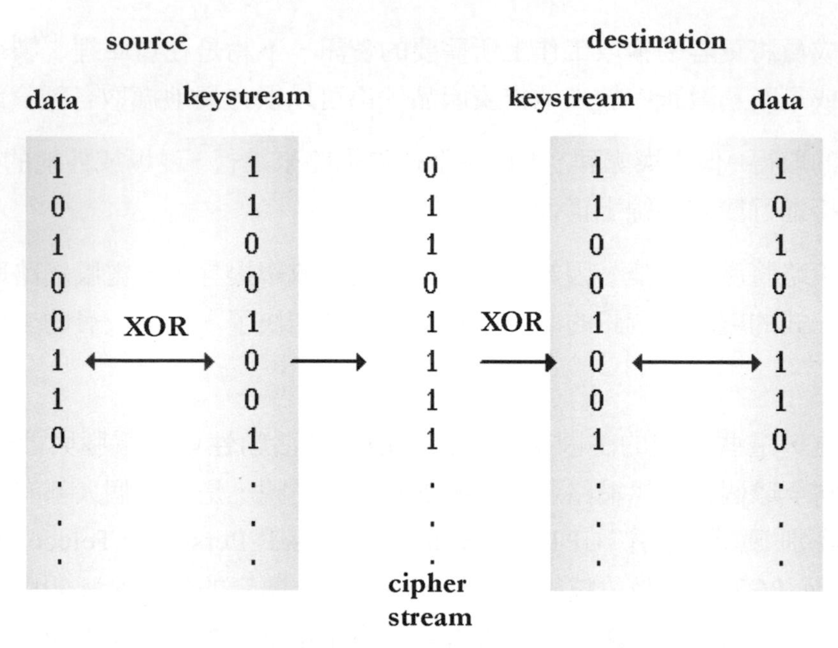

圖 16-21 基本的串流加密（stream cipher）作業

多數的串流加密法會使用比較短的私鑰（secret key），然後擴展成與訊息長度一樣的 pseudorandom keystream，這個程序可以透過 PRNG（pseudorandom keystream generator）來完成，PRNG 包含了將金鑰擴展成金鑰串（keystream）的規則。傳送端與接收端都使用相同的金鑰與演算法。這裡要注意串流加密的安全有賴於 keystream 的雜亂性（randomness）不易被破解，所以 PRNG 的設計很重要。802.11 選擇了 RC4，但仍然難逃被破解的結果。

16.10.1.1 串流加密（stream cipher）的安全

一個完全雜亂的金鑰串（keystream）也稱為 one-time pad，有只能用一次的意思，在數學上可以證明這種層次的加密（encryption）能有效地抵擋某些攻擊。這種 one-time pad 的產生在成本上比較高，所以並不常見，因為 keystream 必須完全雜亂（perfectly random）、與所保護的資料長度相同，而且不能重複使用。對於駭客來說，任何安全的漏洞都可能是攻擊的標的，所以 one-time pad 若是再使用（reuse）的話，很可能就會成為被攻擊的弱點，不過完全使用 one-time pad，不但產生金鑰串很費工，散佈金鑰資訊也同樣麻煩，因此實際應用的時候往往沒有要求做到完全雜亂。

16.10.1.2 密碼學運用的另類考量

密碼學的運用有一些非技術性的另類考量，由於 802.11 網路未來會往全球化的方向發展，採用的安全協定要能普遍使用，而且不受法規上的特殊限制，以下是跟密碼學有關的一些非技術性的考量：

1. RC4 是 RSA Security 公司的智慧財產，必須有使用的授權，對於一般用戶來說影響比較小，但是 WLAN 設備的製造商要取得 RC4 的授權，這樣對於像 Linux 的使用者就有點問題，因為不能在驅動程式中直接使用 RC4。不過後來無線網路卡直接把 RC4 的功能包括在內，驅動程式只要載入就能使用 RC4 的功能。
2. 802.11 的產品要能行銷全球才會有比較大的效益，美國的出口法規對於 WEP 金鑰的長度原本有 40 位元的限制。後來雖然限制放寬了，但是長金鑰的使用並未正式規範，可能造成不同廠商之間的產品發生不相容的情況。
3. 有些國家的政府對於運用密碼技術的軟硬體的進口有限制，因此可能會造成一些安全機制無法使用，這樣會大幅降低 WLAN 產品的可用性。

16.10.2 WEP 的運作

通訊的安全有 3 個主要的目標，即保密性、完整性與驗證，網路協定必須要達到這些目標才能讓資料安全地透過網路來傳送。系統必須使用驗證來保護資料的安全，授權（authorization）與存取控制（access control）都建立在驗證的基礎上，在讓使用者存取資料之前要先確認使用者的身份，這就是驗證，然後依照身份來判定所要求的存取作業是否允許，這是授權的部分。以下是通訊安全 3 大目標的涵義：

1. 保密性（confidentiality）：防止資料遭到截收（interception）。
2. 完整性（integrity）：確認資料沒有被人偷偷地修改。
3. 驗證（authentication）：確認資料的來源。

WEP 試著達到通訊安全的目標，封包主體（frame body）的加密可以滿足保密性的要求，完整性檢查序列（integrity check sequence）保護傳送中的資料，同時讓接收端能檢查收到的資料在傳送過程中是否曾遭到竄改，驗證的部分 WEP 支援共享金鑰的驗證（shared-key authentication）。在實務上，WEP 在這些方面都失敗了，保密性因為 RC4 cipher 的缺陷而被破解，完整性的檢查設計不良，驗證則只做到使用者 MAC 位址的驗證。WEP 將 frame 加密，但是沒有對在有線骨幹網路上傳送的封包加以保護，這也是 WEP 的缺失之一。

16.10.2.1　與 WEP 相關的資料處理

從 WEP 的加密（encryption）與解密（decryption）作業可以看出 WEP 處理保密性與完整性的方式，在加密以前，frame 會經過一個完整性檢查（integrity check）的演算法的處理，產生一個叫做 ICV（integrity check value）的雜湊（hash），ICV 的功能是防止資訊在傳送過程中被竄改，frame 與 ICV 都有經過加密，所以 ICV 也是受保護的。WEP 有規定使用 40 位元的私鑰（secret key），這個私鑰與 24 位元的 IV（initialization vector）組合產生 64 位元的 RC4 金鑰。RC4 金鑰的前 24 位元是 IV，後面 40 位元是 WEP 金鑰。

圖 16-22 顯示 WEP 的封包格式，可以看到 802.11 header 與 24-bit 的 IV 是以明文傳送的，沒有加密，Frame body 與 ICV 則是加密傳送的，最後的 FCS 也是以明文傳送的，至於整個過程如何，為何要這麼做，可以從下面加密與解密的作業來了解。

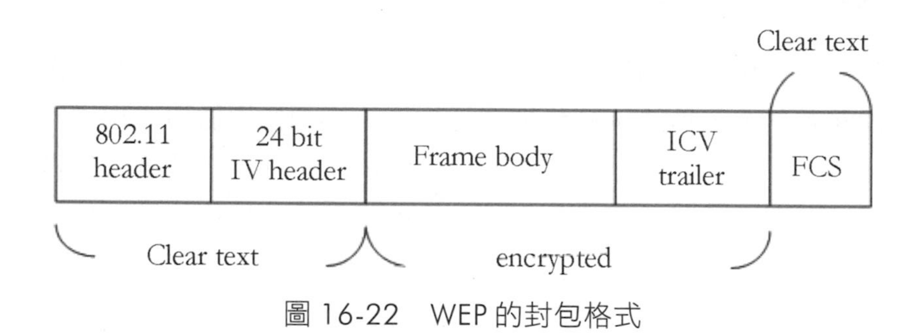

圖 16-22　WEP 的封包格式

圖 16-23 顯示 WEP 的加密作業，24-bit 的 IV 與 40-bit 的 secret key 用來產生 RC4 keystream，封包的 payload 經過 integrity check algorithm 的處理產生 ICV，payload+ICV 與 RC4 keystream 的長度一樣，所以可以進行 XOR 的運算，完成加密，得到 cipher text，也就是圖 16-23 中加密的部分。

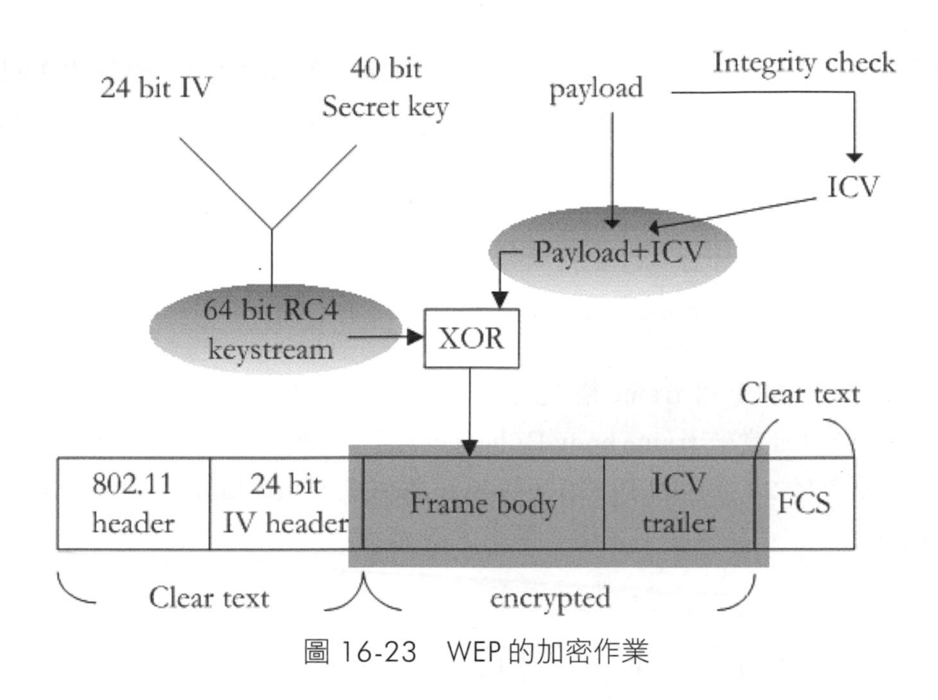

圖 16-23　WEP 的加密作業

圖 16-24 顯示 WEP 的解密作業，接收端擁有 40-bit 的 secret key，從收到的封包中可以取得 24-bit 的 IV，因為 IV 沒有加密，所以接收端能像傳送端一樣算出 RC4 keystream，封包加密的部分與 RC4 keystream 進行 XOR 的運算會得到 payload 與 ICV，這個 ICV 來自傳送端，而接收端自己可以用 payload 與 integrity check algorithm 算出一個 ICV，兩個 ICV 應該要一樣。

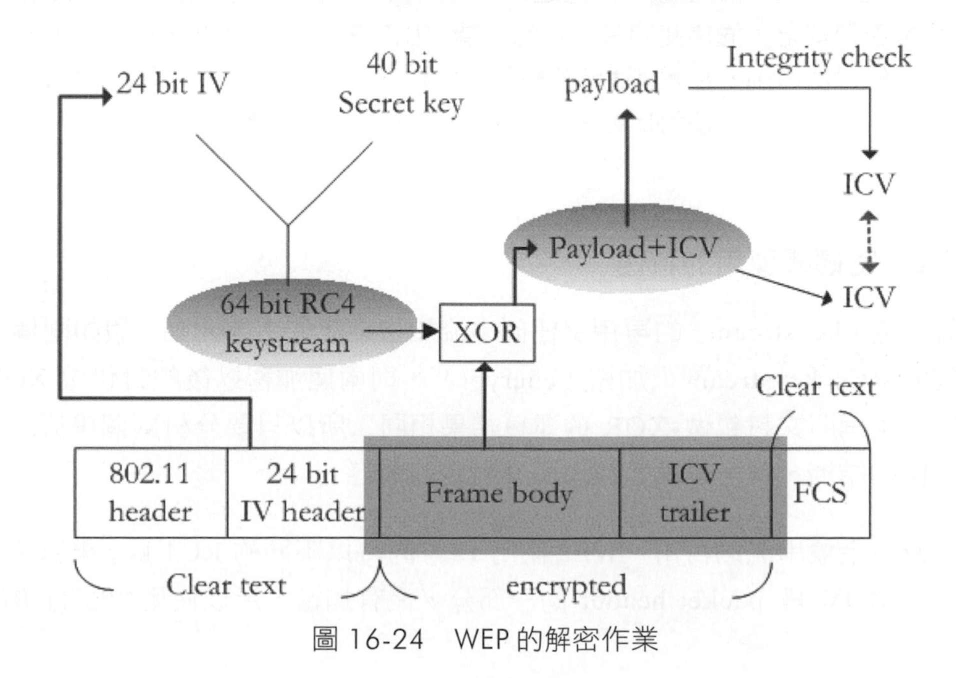

圖 16-24　WEP 的解密作業

為了防止蠻力式的（brute-force）攻擊猜測金鑰，WEP 使用一組包含 4 個的預設金鑰（default keys），也可以運用成對的金鑰（pairwise keys），稱為 mapped keys，預設金鑰由 service set 中所有的行動台共用，一旦行動台取得 service set 的預設金鑰，就可以開始使用 WEP 通訊。一般的加密協定（cryptographic protocols）的弱點是金鑰再用（key reuse），所以 WEP 有另外一種金鑰由兩個行動台共用進行通訊，形成行動台之間的 key mapping relationship，是 802.11 MIB 的一部分。

圖 16-25 顯示 WEP 對 frame 格式的擴充，使用 WEP 的時候，frame body 會增加 8 bytes，其中 4 bytes 當作 frame body IV header，其他 4 bytes 是 ICV trailer，IV header 使用 3 bytes 來存放 24 位元的 IV，第 4 個 byte 當做填充（padding）與金鑰的識別（key identification）。

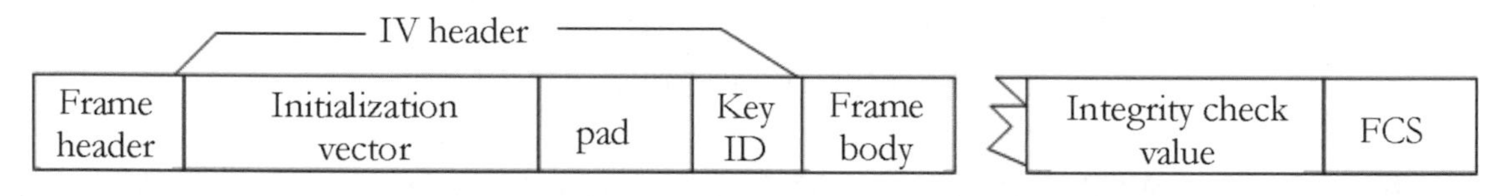

圖 16-25 WEP 對 frame 格式的擴充

新知加油站

標準的 WEP 實際運作使用 64 位元的共用 RC4 金鑰，其中包含 40 位元的 WEP 私鑰，這樣的私鑰在美國是准許輸出的，不過 40 位元的長度讓人懷疑是否夠安全，通常使用長一點的私鑰會比較安全，因此在出現比 WEP 更好的方法以前，也有廠商試著使用 128 位元的 RC4 key，不過由於 WEP 先天的設計不良，使用比較長的共用 RC4 金鑰並沒有改善多少。

16.10.2.2 密碼學運用的特性

金鑰串流（keystream）的再用是任何串流加密系統的主要弱點，假如兩個 frames 使用相同的 RC4 keystream 來加密（encrypt），則兩個加密以後的封包做 XOR 的運算會跟原來兩個明文封包做 XOR 的運算結果相同。所以只要分析兩個串流的差異與 frame body 的結構，就可以試著找出明文封包的內容。

為了避免金鑰串流的再用，WEP 使用 IV，同時以不同的 RC4 key 來為不同的封包加密，不過 IV 是 packet header 的一部分，沒有加密，所以使用相同的 RC4 key

加密的封包是不安全的，802.11 也承認大量的封包使用相同的 IV 是不安全的，而且允許不同的封包使用不同的 IV，但並未強制這麼做。

WEP 有提供完整性的檢查（integrity check），演算法使用 CRC（cyclic redundancy check），CRC 對於單一位元的變更很有效，找出的機率高，但在密碼學上 CRC 並不安全，雜湊函數（hash function）在密碼學上是安全的，即使封包中只有一個位元改變，已經足以讓完整性的檢查以無法預期的方式改變。

新知加油站

WEP 在設計上的缺陷衍生出安全上的弱點，RC4 演算法在 WEP 中並沒有發揮很完整的功用，大多數都以 0 為 IV 的初值，接著每送一個封包，IV 的值加 1，以忙碌的 WLAN 來說，約在 5 小時內所有可能的 2^{24} 個 IVs 的值就用完了，再從 0 開始。

16.10.2.3 金鑰的散佈

使用對稱性金鑰（symmetric keys）的加密協定都有散佈金鑰的問題，WEP key 的 secret bits 必須送到參與 802.11 網路的行動台上。不過 802.11 並沒有訂定金鑰散佈的機制，使用者需要自己將金鑰輸入到驅動程式或是 AP 中，這樣的方式很不方便，以下是金鑰散佈的常見問題：

1. 金鑰失去了私密性：所有的金鑰都要人為的輸入到軟體或硬體中，很容易喪失了金鑰的私密性。
2. 金鑰的更改問題：金鑰可能會碰到需要更改的情況，例如知道金鑰的員工離職，這時候所有使用到金鑰的地方又都要再輸入修改。
3. 管理上的考量：使用者眾多的組織往往知道金鑰的人也越多，如此一來，很難保有金鑰的私密性。

16.10.3 WEP 的問題

密碼學上的理論可以推敲出很多 WEP 的缺陷，原設計者指定使用的 RC4 雖然是廣為接受的密碼加密法，但是對於攻擊者來說，並不需要完全破解加密的演算法，只要針對加密系統的弱點來發動攻擊，一樣能達到目標。各種破解 WEP 的方式採取的攻擊角度都不同，也有一些弱點來自設備的缺陷，一樣會造成安全的問題。

16.10.3.1 設計上的缺陷

加州柏克萊大學的 ISAAC（Internet Security，Applications，Authentication and Cryptography）group 曾經針對 WEP 標準發表分析的結果，讓大家開始注意到 WEP 在設計上的缺陷，所發現的問題並不在於破解 RC4：

1. 人為的金鑰管理（manual key management）帶來很多問題，除了金鑰散佈的困難以外，金鑰不容易保密，員工離職時金鑰的更改等都會造成管理上的難題，一旦有人取得 WEP 金鑰，就可以進行 sniff attack。
2. WEP 提供 40 位元的 shared secret，這樣的長度讓人懷疑其效果，雖然也有人建議使用 128 bits 的金鑰，但是並未標準化。
3. 串流加密（stream cipher）在 keystream 再用時會因為攻擊者進行的分析而失效，WEP 使用 IV 會讓攻擊者發覺 keystream 的再用。使用相同的 IV 的兩個 frames 通常也使用相同的 secret key 與 keystream，在實務上可能會在這方面暴露出系統的安全漏洞。
4. 金鑰不常改變時，攻擊者會運用所謂的解密辭典（decryption dictionaries）來發動攻擊，也就是搜集夠多的封包，而封包使用相同的 keystream 加密。使用相同的 IV 的封包越多，即使 secret key 沒有破解，依然可以對加密的封包進行破解，所以網路管理者需要經常改變金鑰。
5. WEP 使用 CRC 進行完整性的檢查，雖然 integrity check 的值以 RC4 keystream 加密，CRC 在密碼學上並不安全。攻擊者仍有修改封包的機會。
6. AP 經常對封包進行解密（decrypt），所以攻擊者可以誘使 AP 重送以 WEP 加密的封包，AP 收到封包以後解密後再傳送給攻擊者的行動台。假如攻擊者使用 WEP 的話，AP 會使用攻擊者的金鑰加密。

16.10.3.2 WEP 的破解

Scott Fluhrer、Itsik Mantin 與 Adi Shamir 等 3 人在 2001 年 8 月發表了一篇名為 “Weaknesses in the Key Scheduling Algorithm of RC4.” 的論文，描述了一種在理論上破解 WEP 的方式。RC4 產生 keystream 的方式是主要的漏洞。主要的假設是能回復加密的 payload 中的第 1 個 byte，802.11 使用 LLC 封裝（encapsulation），第 1 個 byte 的明文是 0xAA，從圖 16-26 可以看到 0xAA 是 SNAP 的第 1 個 byte，由此可推敲出 keystream 的第 1 個 byte，只要做 XOR 運算即可。論文的攻擊方式集中於一種形式為

（B+3）：ff：N 的 weak keys，每個 weak IV 用來攻擊 RC4 key 私密部分中的 1 個 byte。假如把 RC4 key 的 bytes 從 0 開始編號的話，secret key 的 byte 0 的形式為 3：FF：N，byte 1 為 0xFF，第 3 個 byte 要先知道。

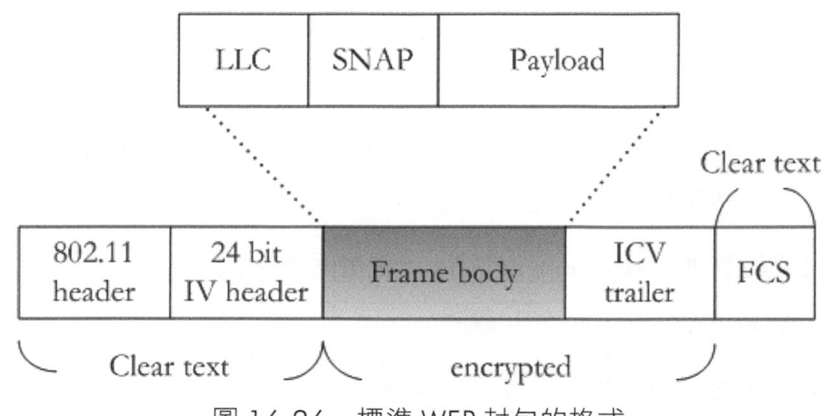

圖 16-26　標準 WEP 封包的格式

標準的 WEP key 有 40 個 secret bits，相當於 5 個 bytes，從 byte 0 到 byte 4。由 WEP 保護的 weak IV 的第 1 個 byte 從 3(B=0) 到 7(B=4)，第 2 個 byte 為 255，所以在標準的 WEP 網路中會有 5×1×256=1280 個 weak IVs。Weak IVs 的數目跟 RC4 金鑰的長度有關，當 RC4 key 變長時，weak IV 提供了更多會受到攻擊的資料，多數的產品使用 128 bit 的 RC4 key，等於讓 weak IVs 的數目變成兩倍，表 16-2 顯示 weak IV 的數目與金鑰長度的關係。

表 16-2　weak IV 的數目與金鑰長度的關係

Secret key 的長度	Weak IV (B+3:FF:N)中 B 的值	Weak IVs 的數目	占 IV space 的比例
40 bits	0≤B<5	1280	0.008%
104 bits	0≤B<13	3328	0.020%
128 bits	0≤B<16	4096	0.024%

Fluhrer、Mantin 與 Shamir 應用機率理論來預測，發現大約 60 個破解的案例可以用來決定一個 key byte，把金鑰長度變成兩倍，成功破解需要的時間也變成兩倍，這樣的結果顯示出 WEP 系統極不安全，2001 年八月，Adam Stubblefield、John Ioannidis 與 Avi Rubin 運用 Fluhrer 等人的發現攻擊一個實驗性質的網路，果然證實了原來的憂慮，60 個破解的案例決定一個 key byte，256 個破解的案例則得到完整的 key。整個攻擊準備的過程不到一週，金鑰的尋找使用了 500 萬到 600 萬個封包。

同樣在 2001 年，Jeremy Bruestle 與 Blake Hegerle 發表了 AirSnort，提供一種開放程式碼的 WEP key recovery 程式。

WEP 對於封包的傳送能提供的保護效果有限，在設計上本來就沒有針對安全性要求高的環境，能提供的保護有限，IEEE 802.11 有專門的 working group 負責發展更完備的安全機制。

1. WEP 只能對偶而發生的攻擊提供有限而短暫的保護。802.11 網路的管理者必須要認清這個事實預先防範。
2. 人為的金鑰管理（key management）是很嚴重的問題。
3. 金鑰共享。
4. 需要保密的資料應該使用保密能力夠強的密碼系統。
5. 不同區域對於安全的顧慮可能會不一樣。
6. 封包截聽（packet sniffing）。
7. 擁有 WEP key 的使用者之間並沒有相互區隔的保護。

16.10.4 WPA（Wi-Fi protected access）

無線網路的電磁波在自由的空間中傳遞，這代表任何在附近的人都可以嘗試擷取電磁波中的資訊，對於作業系統來說，這也是一種相當嚴重的資料外洩的管道。雖然未必會真正發生這樣的事，但是對於大型的企業來說，仍然要降低這種風險，我們下面就技術的層面來看看如何解決這樣的安全問題。

16.10.4.1 加密的效用

所謂的加密是指透過金鑰與演算法，將資料變成另外一種型式，無法直接查看裡頭的內容，要先經過解密還原成原本的格式，解密的演算也需要金鑰。假如沒有金鑰，要對加密的訊息進行破解是很困難的，對於無線通訊網路來說，可以透過加密來保護傳遞的訊息，但是關鍵是金鑰本身不能太容易遭到破解。

有線等效加密（WEP，Wired Equivalent Privacy）是 1999 年發佈的 IEEE 802.11 標準的一部分，希望能達到跟有線區域網路一樣的加密安全效果。但是協定標準本身有被破解的弱點，所以必須尋求解決的辦法，因此 IEEE 進一步地制定 802.11i 的安全標準來解決 WEP 的問題，只是制定的過程需要時間，在完成制定之前需要過渡的解決方法。

16.10.4.2 無線區域通訊加密安全的進化

WPA（Wi-Fi Protected Access）與 WPA2 是替代 WEP 的一種解決辦法，實現了 IEEE 802.11i 所訂定的大部分的規格，WPA 由 Wi-Fi 聯盟（即 Wi-Fi Alliance）所制定，WPA 標準的運用與檢驗從 2003 年 4 月就開始，相關的 IEEE 802.11i 標準則是到 2004 年 6 月正式通過。

WPA 將資料以 128 位元的金鑰與的 48 位元初始向量（IV，initialization vector）以 RC4 stream cipher 的方式進行加密，WPA 與 WEP 的主要差異在於 TKIP（Temporal Key Integrity Protocol）的使用，可以動態地改變金鑰，同時使用更長的初始向量，避免破解金鑰的攻擊。

WPA 是過渡到 802.11i 之前的解決辦法，主要是因為 IEEE 802.11i 標準的制定需要花費比較長的時間，而且要讓市場上的產品逐漸過渡到新的標準協定。一般無線頻寬分享器的規格多半都支援了 WEP、WPA 與 WPA2 的協定標準，表示能透過加密來維繫無線通訊的安全。

WPA 本身還是有一些弱點，WPA2 持續改善 WPA 的功能，以 AES（Advanced Encryption Standard）取代 RC4，所以可以看到市場上相關的產品規格通常會支援各種協定。簡單地說，WPA 大約是 IEEE 802.11i draft 3，技術規格上包含 IEEE 802.1X/EAP，加上 WEP 與 TKIP，WPA2 則是約等同於 IEEE 802.11i，技術規格上包含 IEEE 802.1X/EAP，加上 WEP、TKIP 與 CCMP（或稱 AES 或是 AES-CCMP）。CCMP（Counter Mode Cipher Block Chaining Message Authentication Code Protocol）也稱為 Counter Mode CBC-MAC protocol，是專門為 WLAN 設計的加密協定，其基礎是 CCM（Counter Mode with CBC-MAC），CCM 是 AES 標準的一部分。表 16-3 整理出 WPA 與 WPA2 的簡單比較，很多無線通訊的裝置都有支援這些安全協定。

表 16-3　WPA 與 WPA2 的簡單比較

	WPA	WPA2
代表的名稱	W-Fi protected access	Wi-Fi protected access 2
由來	Wi-Fi Alliance 於 2003 年發展出來取代 WEP	Wi-Fi Alliance 於 2004 年發展出來取代 WEP 與 WPA

	WPA	WPA2
採用的方法	RC4 stream cipher，TKIP	以 AES 取代 RC4，使用 CCMP
安全效果	高於 WEP 但低於 WPA2	高於 WEP 與 WPA

既然 IEEE 802.11i 是 WPA 之後完成並正式通過的標準，基本上能滿足大多數企業的 WLAN 安全需求，對於相關的產品來說，要支援 TKIP 與 AES，隨後通過的 IEEE 802.11 的標準當然也要納入 802.11i 所制定的安全機制，不管是無線網路卡、無線頻寬分享器、無線路由器（wireless router）或是 WLAN 的基地台，都可以透過所揭示的產品規格來看對於安全加密功能的支援，所以我們需要了解這些協定標準所代表的意義與技術。

對於使用無線 Wi-Fi 分享來上網的使用者來說，可以運用 WPA2 與 https 的加密來保護資料，假如 https 的加密保護被繞過，WPA2 又被破解，則使用者的資料就暴露在洩漏的風險中。KRACK（Key Reinstallation Attack）是針對 WPA2 的攻擊，利用協定的漏洞。這是研究者透過對於協定的瞭解，成功地破解了 WPA2。使用 WPA2 的無線分享器必須修正這個漏洞。

16.10.5 家用的無線頻寬分享器

IEEE 802.1X 需要認證伺服器來發送不同的金鑰給終端用戶，但是一般的個人用戶不容易擁有這樣的環境，所以市場上一般的產品會使用所謂的預設共用金鑰（PSK，pre-shared key），不需要認證伺服器，所以一般在使用無線頻寬分享器，大致上第一次使用時設定通行碼（passphrase）即可。

WPS（Wi-Fi Protected Setup）是 Wi-Fi 聯盟於 2007 年推動的認證，希望讓使用者能快速而簡便的設定無線網路的安全加密。無線設備有時候需要經過繁複的步驟進行設定，形成使用者的不便，有的人乾脆就不設定，造成安全上的威脅。Wi-Fi 聯盟開發出來的 WPS，除了簡化無線網路的安全性設定之外，也讓使用者在無線寬頻分享器上完成安全性設定後，只需使用通行碼或按鍵，即可同步完成無線網卡的設定，並保障無線網路的安全。有些裝置直接提供啟動 WPS 的按鈕，使用起來更簡易。

一般家用的無線頻寬分享器通常會有明顯的天線，假如家裡租用 ADSL 上網，則無線頻寬分享器要跟 ADSL 數據機連接在一起，常用 RJ-45 接頭與雙絞線建立這一段連線。ADSL 數據機有接頭連接電話線，所以是通往電話網路。至於需要分享頻寬的裝置就需要 WLAN 無線通訊介面來跟無線頻寬分享器連線。以 WLAN 的術語來說，無線頻寬分享器代表基地台（AP，access point），可以讓多個裝置共用 ADSL 上網的資源。圖 16-27 顯示的是把無線頻寬分享一起內建到數據機中的裝置，比較不占空間，通常由電信業者提供。

（正面的面板燈號）

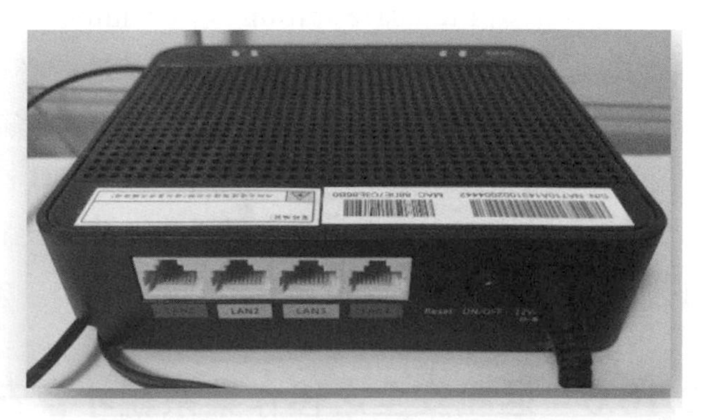

（背面的電源與網路接孔）

圖 16-27　家用整合無線頻寬分享器的數據機

圖 16-28 顯示家用的無線頻寬分享器的使用配置，需要上網的裝置可以透過有線的方式連接 ADSL 數據機就能上網，或是經由無線頻寬分享器來連接 ADSL 數據機。現在電信業者所提供的數據機（modem）已經把無線頻寬分享器的加進去，整個是一個設備，用戶不必自己再去購買與安裝無線頻寬分享器。

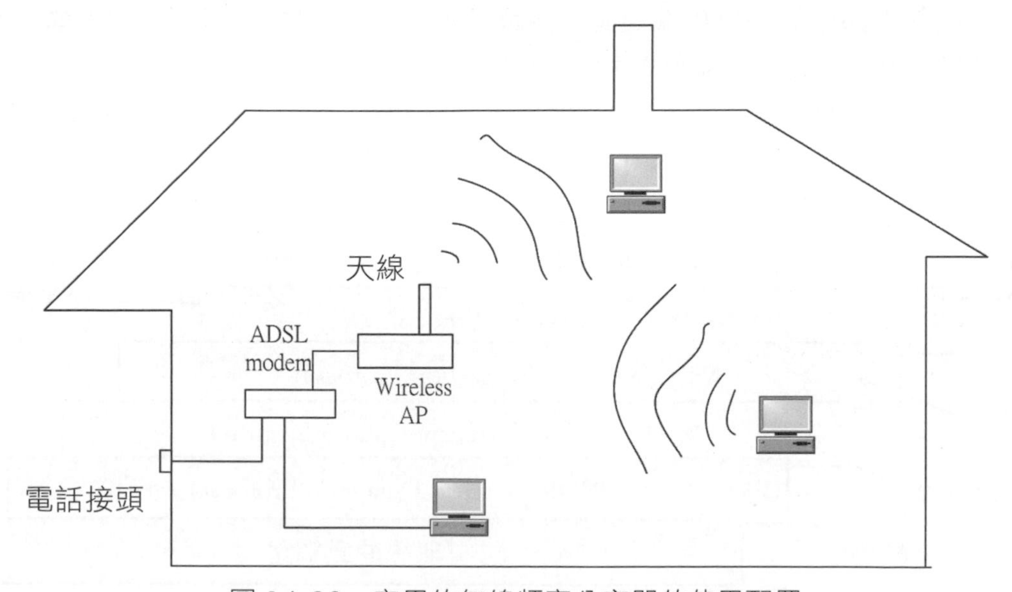

圖 16-28　家用的無線頻寬分享器的使用配置

提到無線網路的基地台通常有很多涵義，以蜂巢網路來說，常在加油站上方聚集的天線通常就是蜂巢基地台的所在。無線區域網路的基地台則是一般人常聽到的 AP，Wi-Fi 的熱點也是透過基地台來提供連線的服務。一般在家裡也有可能安裝所謂的微型基地台，例如 Pico base station 或是 femtocell，Pico base station 可以在大都會人口密集的區域補強現有的通訊裝置，因應基地台必須更密集的需求，縮短傳輸的距離。femtocell 則針對室內無線通訊的部分，加強電信網路的訊號。femtocell 也常稱為家庭基站或是「毫微微蜂巢式基地台」，可以把 2G、3G 與 Wi-Fi 整合到一個裝置中。可能大家會有點擔心在家裡裝設了基地台，事實上在技術的層面，這一類的基地台功率很低，並不像傳統的蜂巢基地台那麼可怕。

16.10.6 通訊安全之後作業系統才會安全

在 WLAN 裡頭，電腦透過基地台來上網，假如無線通訊本身不安全，則電腦的作業系統就會暴露在安全威脅中，因為駭客可以藉由擷取到的資料進行各種入侵的活動。所以 WPS 並不是一個安全的選擇，駭客可以透過暴力破解的方式取得密碼，一般還是要以 WPA2 來達到以加密保障安全的目標。

16.10.7 WTLS（Wireless Transport Layer Security）

無線網際網路中的 WAP 協定有一個跟 ISO/OSI 網路模型很類似的架構，如圖 16-29 所示，其中與安全機制有關的是 WTLS 協定，提供無線通訊器具之間以及與 server 之間溝通時的資料私密性、資料完整性、辨識的服務，以及避免癱瘓服務（DoS, Denial of Service）的攻擊。從圖 16-29 可以發現 WTLS 大約位於傳輸層之上。

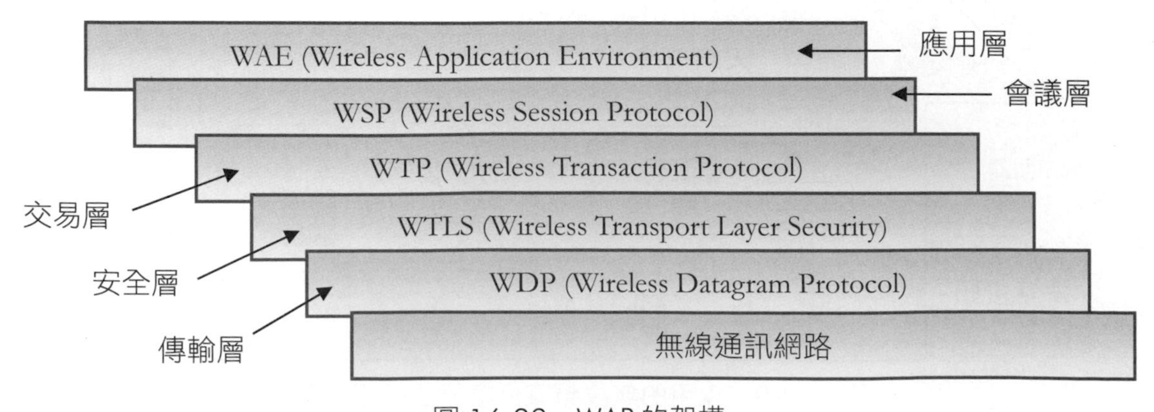

圖 16-29 WAP 的架構

支援 WAP 的手機送往 WAP gateway 的資料可以經由 WTLS 加密，到達 WAP gateway 時先解密之後再以 SSL 加密送往 Web server。假如使用 WTLS tunneling 的技術，資料不會在 WAP gateway 解密，可以直達 Web server，安全性更高。

16.11 建構安全的網路商務環境

防火牆(firewall)是建構網路商務環境時常考量的配置，由於防火牆的種類很多，所以軟體與硬體的防火牆都有，圖 16-30 畫出防火牆的基本觀念，我們希望企業內部的網路與企業外部的開放網路能有所區隔，防火牆就是要用來建立這道防線。防火牆作用的方式有很多種，以封包篩選的路由器（packet filter router）來說，可以在網路層（network layer）工作，依照封包的內容來決定是否讓封包通過，應用通道（application gateway）或代理伺服器（proxy server）在應用層上工作，使用者連上 Intranet 的服務之前必須與應用通道先建立連線，由應用通道代理向伺服器取得服務，如此一來，企業內部的主要伺服器就像隱形了起來！

從無線網路來的流量一樣可以導向防火牆與 VPN 這些基礎建設，可以通稱為行動基礎建設，在建置之前要先規劃出行動裝置安全管理的框架，隨著行動通訊與應用的普及，不管公務機關或是私人機構都應該及早因應。

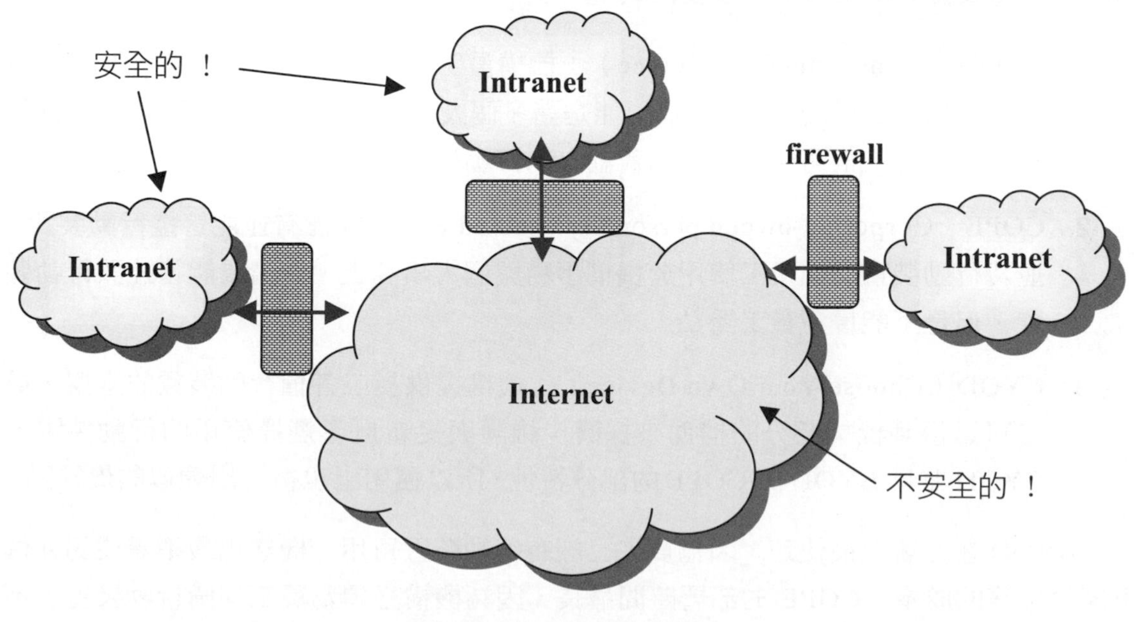

圖 16-30　防火牆的觀念

開發網路應用系統時一定不能忽視安全問題，網路雖然方便，但是相對地遭遇攻擊與入侵的機會也比較大。一般的應用系統雖然可以設置帳號與密碼，但是對於目前的網路駭客來說，這樣的防禦機制是不夠的，當然，不管安全機制有多穩固，人為的疏忽或是蓄意破壞幾乎肯定會對系統造成損害，這是任何的規劃都要謹記的事實。

16.12 行動化安全防護

行動與無線通訊網路越來越普及之後，使用行動裝置的人也越來越多，而且遍佈各地，成為資訊安全的漏洞。不管是政府或是一般機構，都必須針對行動化的安全問題建立制度與管理的辦法。以一般公務部門的公文系統為例，簽核時需要使用桌機再搭配自然人憑證，承辦人休假或是不在時就必須等待本人回到工作地點才能讓公文繼續傳送，若是能導入公文行動簽核，自然人憑證結合手機 SIM 卡，則公文的處理就能不間斷，只是資安的問題也要一起解決才行。

16.12.1 機構導入行動裝置使用的模式

以一般人使用的行動裝置為例，假如用在工作場域，可能會因為方便而提昇工作效率，但也可能因為對機構資料的存取太有彈性，容易產生資訊安全的威脅。一般機構導入行動裝置的使用有下列幾種模式：

1. BYOD（Bring Your Own Device）：機構員工是行動裝置的擁有者，而且將該裝置使用於機構的事務。機構可能是諸多個人資料的擁有者，但是在 BYOD 的模式下，員工很可能將大量個資儲存到行動裝置上，增加暴露的風險。
2. COPE（Corporate-owned personally enabled）：機構擁有並能管控行動裝置，並將行動裝置交由員工使用於機構事務與個人事務上，機構雖能管控該行動裝置，但是不能侵犯員工隱私。
3. CYOD（Choose Your Own Device）：機構提供員工各種行動裝置的選擇，員工可以得到機構部分的補助來採購、維護與更新自己選擇使用的行動裝置。CYOD 兼具 BYOD 與 COPE 的部分特性，所以運用上也衍生出類似的優缺點。

BYOD 在部署上最快速，因為員工已經有行動裝置可用，機構也最不需要另外付出硬體採購的成本。COPE 的部署時間最長，因為機構必須為員工採購行動裝置，不過 COPE 對於行動裝置的管控程度最高。

16.12.2 行動裝置安全管理機制

機構可以選擇適當的行動裝置安全管理機制，包含 MDM、MAM、IAM、MCM 與相關的基礎建設，建立一個安全的機構行動裝置使用與管理的安全環境。

1. MDM（Mobile Device Management）：MDM 指行動裝置管理，包括政策、安全、組態設定、行動網路的性能、行動裝置的應用程式、行動裝置中的資料管理與行動網路的監控。行動裝置的應用程式管理包括應用程式的性能、版本控管、應用程式的取得等。
2. MAM（Mobile Application Management）：MAM 指行動應用程式管理，行動應用程式的來源多元化，必須管控員工能取得的行動應用程式、員工利用這些程式存取資料的方式，以及相關安全程式的建立。
3. IAM（Identity and Access Management）：指身份與識別管理，包括認證（authentication）、授權（authorization）與稽核（auditing）等措施。例如可讓自然人憑證與手機的 SIM 卡結合。
4. MCM（Mobile Content Management）：指行動內容管理，包括檔案等資料形式的控制，建置儲存安全與存取控制機制，透過加密建立安全區域。

常見問答集

Q1 什麼是 VDSL（very high bit-rate digital subscriber line）？

答：VDSL 支援高達 51 Mbps 到 55 Mbps 的下載資料速率，在技術上與 ADSL 很類似，VDSL 的上傳資料速率為 1.6 Mbps 到 2.3 Mbps，VDSL 使用的距離只有 1000 英呎到 6000 英呎，所以在部署應用上有一些限制。

Q2 什麼是 IEEE 802.9a 標準？

答：IEEE 802.9a 是所謂的 IsoEthernet 標準，與 10 Base T 的標準很類似，支援 10 Mbps 的資料速率，不過 IsoEthernet 與 10 Base T 不同的地方在於能分隔出頻寬專門供對時間敏感的（time-sensitive）的流量使用，例如視訊（video）。

Q3 什麼是 Li-Fi？

答：字面上的意義是 Light Fidelity，以光源來進行通訊，仍然實驗與探索階段，號稱可達到 3 Tbps 的資料傳輸速率，不受頻譜使用的限制，但是受光會被阻隔的影響。

自我評量

1. 對於無線通訊業者來說，可以提供那些種類的加值服務？
2. 公眾無線區域網路的存取點（access point）適合建立在什麼樣的地方？
3. MVPN 和 VPN 有什麼不一樣？
4. 頻譜規劃對於無線通訊的發展有什麼樣的影響？
5. 試由網路上尋找有關於超寬頻（UWB, ultra-wideband）技術的資料。
6. 試列舉 3 種感測網路的應用。
7. 雲端運算跟行動無線通訊的技術有什麼關聯？
8. 請用自己的話說明軟體定義無線電的特徵與用途。
9. 網路環境中的商品有很多是所謂的內容（content）或服務（service），有沒有適當的方式可以用來對這些商品進行簡單的分類？
10. 無線通訊的發展會產生那些附帶的問題？
11. 無線軟體協定（WAP, Wireless Application Protocol）有那些主要的特徵？
12. 試由網路上的資料比較 Android、iOS 與 Windows Phone 的平台上所使用的軟體開發環境。
13. 請說明行動化安全防護對於機構資訊安全的影響。
14. 在 COVID-19 疫情期間所進行的實聯制，就是行動條碼的應用。要支援實聯制的建置需要什麼樣的資訊環境？

參考文獻

1. 金忠孝，(2000) ，致病的吸引力：電磁波，育民出版社，2000，9 月。
2. 黃繼遠等，(2003) ，電磁波 vs. 電磁波遮蔽材，科學發展，362 期，2003，2 月。
3. 國立師大，(1994) ，高中物理，第 4 冊，國立編譯館出版，8 版，1994。
4. 顏春煌，(2003) ，行動定位服務(location-based services) ，管理與資訊學報，國立空中大學，2003 年。
5. Akyildiz, I. (2002) ``A Survey on Sensor Networks.'' IEEE Communications Magazine.
6. Andersson, C. (2001), *GPRS and 3G Wireless Applications.* Professional Developer's Guide Series. Wiley. 2001.
7. Atzori, L., A. Lera, and G. Morabito. (2010). ''The Internet of Things: A survey," *the Journal of Computer Networks*, Elsevier.
8. Bedell, O. (2001), *Wireless Crash Course*. McGraw-Hill. 2001.
9. Black, U. (1999), *Second Generation Mobile & Wireless Networks.* Prentice Hall, Inc. 1999.
10. Braginsky, D. (2002) ``Rumor Routing Algorithm for Sensor Networks,'' First ACM International Workshop on Wireless Sensor Networks and Applications, Sep., Atlanta, Georgia, USA.
11. Bray, J. and C. F. Sturman. (2001), *Bluetooth : Connect without cables*. Prentice Hall PTR. 2001.
12. Cox, C. (2014). An Introduction to LTE, LTE-Advanced, SAE, VoLTE and 4G Mobile Communications, 2n Ed. Wiley.
13. Dayem , Rifaat A. (1997), *Mobile Data & Wireless LAN Technologies*. Prentice Hall. 1997.
14. Deitel, H. (2002), *Wireless Internet & Mobile Business*. Prentice Hall. 2002.
15. Gast, M. (2002). *802.11 Wireless Networks*. O'Reilly.
16. Gralla, P. (2002), *How Wireless Works*. Que. 2002.
17. Huber, J. F. (2002), ``Toward the Mobile Internet,'' *IEEE Computer Magazine*. Oct. 2002. pp. 100-103.
18. Kaaranen, H. (2001), *UMTS Networks*. Wiley. 2001.

19. Korhonen, J. (2001), *Introduction to 3G Mobile Communications*. Artech House, Inc. 2001.
20. Leon-Garcia, A. (2000), *Communication Networks : Fundamental Concepts and Key Architectures*. McGraw-Hill Higher Education. 2000.
21. Lin, Y. B. and Chlamtac, I. (2001), *Wireless and Mobile Network Architectures*. Wiley. 2001.
22. Mainwaring, A. et al. (2002) ``Wireless Sensor Networks for Habitat Monitoring,'' WSNA'02. Atlanta, Georgia, USA.
23. Neelakanta , P. S. (2000), *A Textbook on ATM Telecommunications*. CRC Press. 2000.
24. Osseiran, A. (2016). *5G Mobile and Wireless Commnuications Technology*. Cambridge University Press.
25. Parnell, T. (1997), L*AN Times Guide to Wide Area Networks*. Osborne McGraw-Hill. 1997.
26. Perkins, C. E. (1998), *Mobile IP : Design Principles and Practices*. Addison-Wesley. 1998.
27. Rappaport, T. S. (2002) *Wireless Communications : Principles and Practice*. 2nd Ed. Prentice Hall.
28. Rommer, S., et. al. (2020). 5G Core Networks. Academic Press.
29. Sauter, M. (2017). From GSM to LTE-Advanced Pro and 5G: An Introduction to Mobile Networks and Mobile Broadband. 3rd Ed., Wiley.
30. Sayre, C. W. (2001), *Complete Wireless Design*. McGraw-Hill Companies. 2001.
31. Smith, C. (2000), *Wireless Telecom FAQs*. McGraw Hill. 2000.
32. Sosinsky, Barrie. (2011). *Cloud Computing Bible*. Wiley.
33. Stallings, W. (2000), *Data & Computer Communications*. 6th Ed. Prentice Hall. 2000.
34. Tarasewich, P. et al. (2002), Issues in Mobile E-Commerce. *Communications of the Association for Information Systems*. Vol 8. 2002, pp. 41-64.
35. Wesel, E. K. (1998), *Wireless Multimedia Communications : Networking Video, Voice, and Data*. Addison Wesley Longman, Inc. 1998.
36. Wheat, J. et al. (2001), *Designing a Wireless Network*. Syngress Publishing, Inc. 2001.
37. IEC, the International Engineering Consortium, www.iec.org 網站

詞彙表

數字

A

B

C

我們使用電話通話時聽到別人的通話聲音就是一種交替干擾 (crosstalk)的現象。有線介質會因為電子耦合 (electrical coupling)的效應而發生交替干擾，微波天線也會因為訊號的擴散 (spread)而收到非接收頻道內的訊號而造成交替干擾。

D

E

訊號的大部分能量集中在整個頻寬中的某一小段，稱為訊號的有效頻寬。

無線通訊的媒介是電磁波，電磁波可以不必在實體的導向介質上傳送，在真空中電磁波以光速行進。

F

G

H

I

M

當電流在導線中流動時會在導線周圍產生磁場。

代表多路徑功率掉到比最大功率低 X dB 的時間延遲。

N

O

P

Q

R

S

T

U

電磁光譜上有很多頻段並不需要申請執照 (license)就能使用，這些頻段就是未法定的頻段 (unlicensed spectrum)。

V

W

X

X.25 是封包交換網路的一種，由於用於廣域的公眾網路，協定本身訂出繁複的資料傳輸失誤的檢查，以補償公眾網路的不穩定性，卻也相對地使 X.25 不適用於傳輸速率高的情況。

Y

Z

行動與無線通訊(經典第七版)

作　　者：顏春煌
企劃編輯：江佳慧
文字編輯：詹祐甯
設計裝幀：張寶莉
發 行 人：廖文良

發 行 所：碁峰資訊股份有限公司
地　　址：台北市南港區三重路 66 號 7 樓之 6
電　　話：(02)2788-2408
傳　　真：(02)8192-4433
網　　站：www.gotop.com.tw
書　　號：AEN005100
版　　次：2022 年 09 月七版
建議售價：NT$580

商標聲明：本書所引用之國內外公司各商標、商品名稱、網站畫面，其權利分屬合法註冊公司所有，絕無侵權之意，特此聲明。

版權聲明：本著作物內容僅授權合法持有本書之讀者學習所用，非經本書作者或碁峰資訊股份有限公司正式授權，不得以任何形式複製、抄襲、轉載或透過網路散佈其內容。
版權所有 ● 翻印必究

國家圖書館出版品預行編目資料

行動與無線通訊 / 顏春煌著. -- 七版. -- 臺北市：碁峰資訊, 2022.09
面；　公分
ISBN 978-626-324-243-2(平裝)
1.CST：無線電通訊　2.CST：無線網路
448.82　　111010810

讀者服務

- 感謝您購買碁峰圖書，如果您對本書的內容或表達上有不清楚的地方或其他建議，請至碁峰網站：「聯絡我們」\「圖書問題」留下您所購買之書籍及問題。（請註明購買書籍之書號及書名，以及問題頁數，以便能儘快為您處理）
http://www.gotop.com.tw

- 售後服務僅限書籍本身內容，若是軟、硬體問題，請您直接與軟、硬體廠商聯絡。

- 若於購買書籍後發現有破損、缺頁、裝訂錯誤之問題，請直接將書寄回更換，並註明您的姓名、連絡電話及地址，將有專人與您連絡補寄商品。